国家科学技术学术著作出版基金资助出版

稠密颗粒流体两相流的颗粒动理学

陆慧林　著

科学出版社
北京

内 容 简 介

本书概述稠密气固两相流的基本概念和流体颗粒两相流的基础理论知识；阐述高颗粒浓度流体颗粒系统的颗粒流复杂性和多尺度结构以及颗粒动理学；详细介绍颗粒动理学、混合颗粒流颗粒动理学、粗糙颗粒动理学、颗粒流矩理论、黏附性颗粒动理学、固相大涡模拟方法和高浓度弹性-惯性颗粒流模型的基本原理、理论和方法，并给出上述理论和方法在工业应用中的一些成果。

本书可供热能、化工、冶金、环境等过程工程相关领域从事两相流动和传热传质以及反应系统计算的科研人员、工程技术人员以及高等院校相关专业的教师、研究生和高年级本科生参考。

图书在版编目(CIP)数据

稠密颗粒流体两相流的颗粒动理学/陆慧林著. —北京：科学出版社，2017.11

ISBN 978-7-03-055198-6

Ⅰ.①稠… Ⅱ.①陆… Ⅲ.①颗粒-流体-多相流-工程热物理学 Ⅳ.①TK125

中国版本图书馆 CIP 数据核字(2017)第 271354 号

责任编辑：牛宇锋 罗 娟 / 责任校对：桂伟利

责任印制：吴兆东 / 封面设计：陈 敬

科学出版社 出版

北京东黄城根北街 16 号

邮政编码：100717

http://www.sciencep.com

北京凌奇印刷有限责任公司 印刷

科学出版社发行 各地新华书店经销

*

2017 年 11 月第 一 版 开本：720×1000 B5

2022 年 1 月第四次印刷 印张：18 3/4

字数：362 000

定价：135.00 元

(如有印装质量问题，我社负责调换)

前　言

稠密多相流动广泛存在于煤的燃烧和气化、石油的催化裂化、矿物的加工和生物质的利用等不同工业生产过程，以及风沙流和泥石流等自然界中，与人类的生活和生产密切相关。稠密多相流动的特征为流体和颗粒相都有强烈的湍流脉动，颗粒与其周围的颗粒相互碰撞接触。在热能动力工程、石油化工、冶金、轻工、生物和环境工程等行业许多生产设备中的不同过程都涉及高颗粒浓度多相流动、化学反应和传热传质过程。稠密多相流是以高颗粒浓度多相流系统为研究对象，以工程热物理学和多相流体力学为基础，与数学、化学工程和计算流体力学等学科相互融合交叉而逐步形成和发展起来的一门新兴交叉科学研究方向。随着科学技术的迅速发展，稠密多相流在科学研究和工业生产过程日益重要，使得稠密多相流研究成为国内外极为关注的前沿研究方向。

颗粒动理学理论是近年发展起来的一种对高浓度颗粒流动研究的理论与方法，该理论是联系颗粒细观流动和宏观流动的纽带。颗粒动理学模型是在保持多相流体力学理论的基本要素（如宏观守恒定律）的基础上来研究颗粒系统的细观行为的。颗粒流突出的特点是碰撞的非弹性。颗粒之间不仅有碰撞和扩散作用，同时存在滑动滚动半持续性接触作用。颗粒之间碰撞瞬时传递作用力，相对滑动滚动传递剪切应力，相互挤压传递正压力。利用力学和统计力学的定律来解释与预测颗粒流动的宏观性质，构建颗粒碰撞与流动耦合作用而形成了颗粒动理学理论。玻尔兹曼方程是颗粒动理论的基础，耦合颗粒碰撞非弹性的特点，建立颗粒介质动力学行为研究的理论基础，成为现阶段稠密多相流研究的唯一理论方法。本书遵循颗粒动理学研究稠密气固两相流体系的基本思路，以颗粒与颗粒相间、流体与颗粒相间作用为核心，以颗粒碰撞作用的动量和能量传递与耗散为主线，介绍高颗粒浓度多相流系统的基础理论和概念，阐述颗粒动理学数学模型、数值模拟和应用，交流作者在颗粒动理学方面的研究工作。

全书共八章。第 1 章介绍多相流体的基本概念、数学理论和两相流计算模型、气固两相的动量传递和气固多尺度能量耗散最小模型与应用。第 2 章介绍颗粒碰撞动力学和颗粒动理学的基本方程及应用、颗粒径向分布函数、颗粒拟温度、颗粒压力和颗粒黏性系数的试验测量以及数值模拟。第 3 章介绍混合颗粒流颗粒动理学和双组分颗粒拟温度的试验测量以及混合颗粒流颗粒动理学在燃煤流化床锅炉的应用。第 4 章介绍粗糙颗粒动理学应用于流化床的数值模拟。第 5 章介绍各向异性颗粒动理学和颗粒流矩模型、三阶矩的封闭和颗粒流矩边界条件。第 6 章介绍黏附性颗粒动理学和流化床气体黏附性颗粒流动的数值模拟。第 7 章介绍稠密气固两相流的固相大涡模拟方法、化学链反应器气固两相流动和稠密气固周期撞击流数值模拟。第 8 章介绍高浓度弹性-惯性颗粒流模型、线性叠加摩擦-碰撞颗粒流模型和喷动床气固两相流动的数值模拟。

本书总结了作者多年来的研究成果。1993～1997 年作者以访问学者的身份在美国伊利诺伊理工学院的 Dimitri Gidaspow 教授课题组进行颗粒动理学方面的理论、试验和数值模拟研究工作，至今已有 20 多年。在这些年的研究过程中，作者的部分博士研究生和硕士研究生参与了相关颗粒动理学方面的理论、试验和数值模拟等研究工作。本书部分内容引自王淑彦博士、郑建祥博士、孙巧群博士、尹丽洁博士、沈志恒博士、赵云华博士、郝振华博士、刘国栋博士、孙丹博士、王帅博士和孙立岩博士等的研究工作。我们从朦胧的想法开始，经历了建立模型、编制程序和试验验证及数值计算分析，逐步深化认识，克服种种困难，解决遇到的各种问题这样一个长期的历程。这期间，曾有过久无进展的茫然，也有过不被理解的苦恼，甚至有过放弃继续深入的念头。当然，更值得回忆的是在困境中突然成功的喜悦。最终，形成了初具雏形的颗粒动理学理论和方法，有些模型已被商业 CFD 软件包 FLUENT 等软件所采用。值本书出版之际，对为本书出版做出贡献的课题组博士研究生和硕士研究生表示诚挚的谢意。

作者由衷地感谢伊利诺伊理工学院的 Dimitri Gidaspow 教授的帮助和支持。同时，作者衷心感谢国家自然科学基金的资助，感谢国家科学技术学术著作出版基金对本书出版的资助。

本书在总结作者多年科研工作的基础上，提出了一些稠密多相流方向值得研究和探索的问题，并且展望了高颗粒浓度多相流研究的发展趋势。希望本书的出版能对稠密多相流的研究向纵深发展起到积极的促进作用。作者水平有限，特别是对一些问题的研究尚属探索阶段，因此书中难免有一些不准确、不全面和疏漏的地方，在敬请读者原谅的同时，也真诚希望读者能将本书不足之处反馈给作者，便于以后更正和完善。为缩减颗粒动理学模型的篇幅而省去大量数学理论推演和推导过程中的数学方法，需要的读者可与作者联系：huilin@hit. edu. cn。

作　者

2017 年 7 月于哈尔滨工业大学

目　　录

第 1 章　稠密两相流动的基本方程

在气固两相流动过程中，颗粒与颗粒之间发生相互作用的途径有两种：一是颗粒-颗粒的直接碰撞接触，二是颗粒通过流体动力学因素影响其周围的颗粒。通常，可以采用如下特征尺度描述气固两相流动结构：气相的 Kolmogorov 时间尺度 τ_k 和大涡时间特征尺度 τ_t、固相的颗粒松弛时间特征尺度 τ_x 和颗粒碰撞时间尺度 τ_c（Eaton，1994；Crowe et al.，1996）：

$$\tau_k=\left(\frac{\nu}{\varepsilon}\right)^{1/2},\quad \tau_t=C_m\frac{k}{\varepsilon},\quad \tau_x=\frac{4d_p\rho_s}{3\rho_g C_d|u_r|},\quad \tau_c=\frac{d_p}{24\varepsilon_s g_0}\left(\frac{\pi}{\theta}\right)^{1/2}$$

式中，ν 是流体运动黏性系数；k 和 ε 分别是气体湍动能和能量耗散率；g_0 是颗粒径向分布函数；θ 是颗粒拟温度（或者为颗粒温度）。当采用如上特征尺度时，研究分析表明，当颗粒间碰撞的特征时间远大于流体中颗粒的弛豫时间（$\tau_c \gg \tau_x$）时，颗粒就有足够的时间去响应流体施加的作用，因而颗粒运动主要受流体作用支配，可以忽略颗粒间的碰撞作用，流动为稀疏颗粒流；反之（$\tau_c \ll \tau_x$），颗粒运动主要受颗粒之间的碰撞作用支配，流动为稠密颗粒流。在稀疏流中，平均颗粒浓度很低，可以忽略颗粒之间的相互影响；而在稠密流中，随着颗粒浓度的增加，颗粒之间的相互作用必须考虑。一般而言，当颗粒浓度小于 10^{-6} 时，颗粒的存在不影响气相湍流流动，但气相流场会影响颗粒运动，这种情况称为单向耦合；当颗粒浓度为 $10^{-6}\sim 10^{-3}$ 时，不仅要考虑气相对颗粒的作用，还要考虑颗粒对气相湍流流动的影响，即双向耦合；当颗粒浓度大于 10^{-3} 时，气相与颗粒之间的相互作用以及颗粒与颗粒之间的相互作用都不可忽略，即四向耦合。通常，把前两种情况下的流动并称为稀疏颗粒流，后一种情况称为稠密颗粒流。特别当颗粒弛豫时间 τ_x 相对于气相湍流特征时间 τ_k 或者 τ_t 比值较大时，在更低的颗粒浓度下也会呈现出稠密气固两相流动特征。

对于稀疏两相流动的研究目前已比较深入，本书不再对其进行论述。Soo（1967）、Ishii（1975）、岑可法和樊建人（1990）、周力行（1991）、刘大有（1993）、郭烈锦（2002）等曾对稀疏气固两相流体力学和气液两相流体力学的理论和方法等研究作过详细论述，李静海等（2005）给出了颗粒流体复杂系统的多尺度模拟与理论。相关的理论和研究成果可以在著作中查到，这里不再赘述。

在稠密气固两相流动过程中，颗粒之间的相互作用包括：①颗粒扩散，即随机弥散作用。气体湍流作用下，在颗粒之间无接触条件下运动的颗粒位置变换而引起颗粒相流场中动量和能量的变化。②瞬时接触，即颗粒直接碰撞接触。在颗粒碰撞瞬时动态接触过程中传递作用力，形成颗粒碰撞的剪切应力和法向应力。③半持续性接触，即滚动-滑动接触。颗粒之间有相对滑动及相互挤压作用，相对滑动传递剪切应力，相互挤压传递法向应力。颗粒之间的相对滑动及相互挤压形成半持续性颗粒接触作用，进而消耗能量。为了维持颗粒的运动就必须额外输入更多的功，即施加较大的载荷，因此颗粒流动过程不仅与颗粒弹性有关，还与颗粒剪切速率有关。颗粒之间的半持续性接触和瞬时碰撞接触实现颗粒之间动量与能量的传递及交换。因此，稠密气固两相流体力学的研究远比上述稀疏气固两相流的研究复杂得多，因为它除了要克服求解两相流控制方程所遇到的数学困难，还要解决一些基本理论上的难题。例如，理论模型的建立、方程的封闭等。

1.1 雷诺输运定理-守恒方程的一般形式

1.1.1 雷诺输运定理

通常有两种方法推导流体运动的控制方程：拉格朗日法和欧拉法。拉格朗日法研究固定质量流体微团的运动规律，流体微团的体积是可变的，但不可渗透。而欧拉法研究流体占据固定空间体积（控制体）的瞬时特性，控制体是可渗透的。这两种方法最后可能得到同一结果，但拉格朗日法较为严密，因为物理守恒定理是针对质量为常数的流体微团的，而且能计及表面力（如表面张力）做功等。但拉格朗日法要跟随流体微团，特别是对于两相流动，由于气相和颗粒的速度不同，很难取一个对于气相和颗粒都适用的体系。相对于拉格朗日法和欧拉法，雷诺输运定理提供了系统的物质导数和定义在控制体上的物理量变化之间的联系，适合多相流体系的建模和分析。图 1-1 示出的空间是一个表面积为 A、体积为 V 的控制体（即区域Ⅰ和Ⅱ）。另有一个体系，在时刻 t 占据了控制体，它由区域Ⅰ和Ⅱ组成。而在时刻 $t+\Delta t$ 占据区域Ⅱ和Ⅲ。控制体与时刻 $t+\Delta t$ 的体系相交的控制面为 A_2，未相交的控制面为 A_1。所以，$A=A_1+A_2$。雷诺输运定理表述为某瞬间控制体内的流体所构成的体系，它所具有的物理量的随流导数，等于同一瞬间控制体系中所含同一随流物理量的增加率与该物理量通过控制面的净流出率之和。

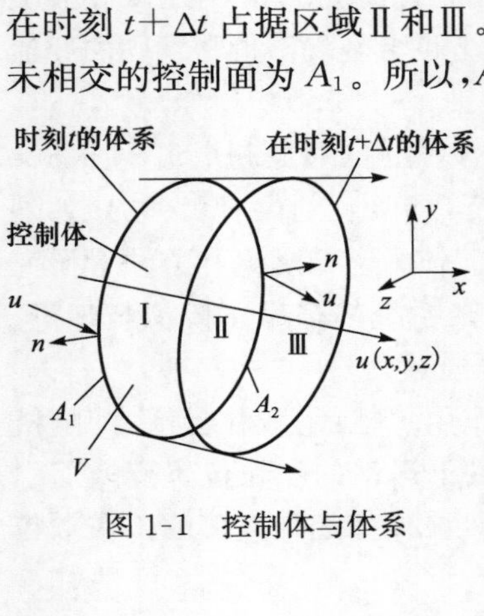

图 1-1 控制体与体系

设 Φ 是单位体积内的某物理量（对于质量，$\Phi=\rho$；对于动量，$\Phi=\rho\boldsymbol{u}$；对于能量，$\Phi=e$，e 是单位体积内的内能与动能之和），I 是体系中的某物理量，即 $I=\int_V \Phi \mathrm{d}V$，则体系中物理量 I 的时

间变化率是

$$\frac{\mathrm{D}I}{\mathrm{D}t}=\lim_{\Delta t\to 0}\frac{\Delta I}{\Delta t} \tag{1-1}$$

式中，$\frac{\mathrm{D}I}{\mathrm{D}t}$是跟随流体微团的总导数，即物质导数。

$$\frac{\mathrm{D}I}{\mathrm{D}t}=\lim_{\Delta t\to 0}\frac{I_{t+\Delta t}-I_t}{\Delta t}$$

$$I_{t+\Delta t}=\left(\int_{\mathrm{II}}\Phi\mathrm{d}V+\int_{\mathrm{III}}\Phi\mathrm{d}V\right)_{t+\Delta t},I_t=\left(\int_{\mathrm{I}}\Phi\mathrm{d}V+\int_{\mathrm{II}}\Phi\mathrm{d}V\right)_t$$

$$\frac{\mathrm{D}I}{\mathrm{D}t}=\lim_{\Delta t\to 0}\frac{\left(\int_{\mathrm{II}}\Phi\mathrm{d}V\right)_{t+\Delta t}-\left(\int_{\mathrm{II}}\Phi\mathrm{d}V\right)_t}{\Delta t}+\lim_{\Delta t\to 0}\frac{\left(\int_{\mathrm{III}}\Phi\mathrm{d}V\right)_{t+\Delta t}}{\Delta t}-\lim_{\Delta t\to 0}\frac{\left(\int_{\mathrm{I}}\Phi\mathrm{d}V\right)_t}{\Delta t} \tag{1-2}$$

当 $\Delta t\to 0$ 时，区域Ⅱ趋于控制体体积 V。式(1-2)右端第一项为控制体内物理量 I 在时刻 t 的时间变化率，可表示为

$$\lim_{\Delta t\to 0}\frac{\left(\int_{\mathrm{II}}\Phi\mathrm{d}V\right)_{t+\Delta t}-\left(\int_{\mathrm{II}}\Phi\mathrm{d}V\right)_t}{\Delta t}=\frac{\partial}{\partial t}\iiint_V\Phi\mathrm{d}V=\iiint_V\frac{\partial}{\partial t}\Phi\mathrm{d}V \tag{1-3}$$

式(1-2)右端第二项积分是区域Ⅲ中物理量 Φ 的时间变化率，也是时刻 t 通过控制面 A_2 流出控制体 V 的物理量 Φ 的流率。设控制面 A_2 上的流体速度为 $\boldsymbol{u}$，控制面的单位外法线方向矢量为 $\boldsymbol{n}$，则时刻 t 从控制体流出的物理量 Φ 的流率为

$$\lim_{\Delta t\to 0}\frac{\left(\int_{\mathrm{III}}\Phi\mathrm{d}V\right)_{t+\Delta t}}{\Delta t}=\oiint_{A_2}\Phi(\boldsymbol{u}\cdot\boldsymbol{n})\mathrm{d}A$$

该式把对区域Ⅲ的体积分转换成对控制面 A_2 的面积分。同样，式(1-2)右端第三项积分是物理量 Φ 在时刻 t 通过控制面 A_1 流入控制体的流率，即

$$\lim_{\Delta t\to 0}\frac{\left(\int_{\mathrm{I}}\Phi\mathrm{d}V\right)_t}{\Delta t}=-\oiint_{A_1}\Phi(\boldsymbol{u}\cdot\boldsymbol{n})\mathrm{d}A$$

因此，式(1-2)右端第二项和第三项之差是时刻 t 净流出控制体的物理量 Φ 的流率，即

$$\lim_{\Delta t\to 0}\frac{\left(\int_{\mathrm{III}}\Phi\mathrm{d}V\right)_{t+\Delta t}}{\Delta t}-\lim_{\Delta t\to 0}\frac{\left(\int_{\mathrm{I}}\Phi\mathrm{d}V\right)_t}{\Delta t}=\oiint_A\Phi(\boldsymbol{u}\cdot\boldsymbol{n})\mathrm{d}A \tag{1-4}$$

把式(1-3)和式(1-4)代入式(1-2)，得到

$$\frac{\mathrm{D}I}{\mathrm{D}t}=\iiint_V\frac{\partial}{\partial t}\Phi\mathrm{d}V+\oiint_A\Phi(\boldsymbol{u}\cdot\boldsymbol{n})\mathrm{d}A \tag{1-5}$$

式(1-5)的左端是拉格朗日形式，右端是欧拉形式，它说明在时刻 t 占据控制体的

体系中物理量Φ在时刻t的时间变化率等于控制体内物理量Φ在时刻t的时间变化率和通过控制面A净流出物理量Φ的流率之和。式(1-5)称为雷诺输运定理。

根据高斯定理，有如下关系：

$$\oiint_A \Phi(\boldsymbol{u}\cdot\boldsymbol{n})\mathrm{d}A=\iiint_V(\nabla\cdot\Phi\boldsymbol{u})\mathrm{d}V \tag{1-6}$$

因此，式(1-5)可以表述如下：

$$\frac{\mathrm{D}I}{\mathrm{D}t}=\iiint_V\left(\frac{\partial\Phi}{\partial t}+\nabla\cdot\Phi\boldsymbol{u}\right)\mathrm{d}V \tag{1-7}$$

在气固两相流动体系中，气相和固相在时刻t占据控制体V_{g}和V_{s}，气相容积分数（或者气相体积分数、孔隙率）ε_{g}和固相容积分数（或者固相体积分数、颗粒浓度）ε_{s}与控制体的关系如下：

$$V_{\mathrm{s}}=\iiint_V\varepsilon_{\mathrm{s}}\mathrm{d}V,\quad V_{\mathrm{g}}=\iiint_V\varepsilon_{\mathrm{g}}\mathrm{d}V,\quad \varepsilon_{\mathrm{g}}+\varepsilon_{\mathrm{s}}=1.0 \tag{1-8}$$

气相密度为ρ_{g}，体系内气相的质量为m_{g}。由雷诺输运定理(1-7)，应用于体系内的气相质量守恒可得

$$\frac{\mathrm{D}m_{\mathrm{g}}}{\mathrm{D}t}=\iiint_V\left(\frac{\partial\rho_{\mathrm{g}}\varepsilon_{\mathrm{g}}}{\partial t}+\nabla\cdot\rho_{\mathrm{g}}\varepsilon_{\mathrm{g}}\boldsymbol{u}_{\mathrm{g}}\right)\mathrm{d}V \tag{1-9}$$

式(1-9)左端是体系中气相质量的时间变化率，它可以是正值，也可以是零或负值。正值表示颗粒化学反应逐渐变为气相，负值表示气相凝结或化学反应使颗粒增大，零值表示两相间没有质量交换。

$$\frac{\mathrm{D}m_{\mathrm{g}}}{\mathrm{D}t}=\frac{\mathrm{D}}{\mathrm{D}t}\iiint_V\varepsilon_{\mathrm{g}}\rho_{\mathrm{g}}\mathrm{d}V=\iiint_V\dot{m}_{\mathrm{g}}\mathrm{d}V \tag{1-10}$$

将式(1-10)代入式(1-9)，得到

$$\iiint_V\left(\frac{\partial\rho_{\mathrm{g}}\varepsilon_{\mathrm{g}}}{\partial t}+\nabla\cdot\rho_{\mathrm{g}}\varepsilon_{\mathrm{g}}\boldsymbol{u}_{\mathrm{g}}-\dot{m}_{\mathrm{g}}\right)\mathrm{d}V=0 \tag{1-11}$$

考虑到控制体的任意性，得到微分形式的气相质量守恒方程如下：

$$\frac{\partial\rho_{\mathrm{g}}\varepsilon_{\mathrm{g}}}{\partial t}+\nabla\cdot\rho_{\mathrm{g}}\varepsilon_{\mathrm{g}}\boldsymbol{u}_{\mathrm{g}}=\dot{m}_{\mathrm{g}} \tag{1-12}$$

同理，对颗粒密度为ρ_{s}的固相，微分形式的固相质量守恒方程是

$$\frac{\partial\rho_{\mathrm{s}}\varepsilon_{\mathrm{s}}}{\partial t}+\nabla\cdot\rho_{\mathrm{s}}\varepsilon_{\mathrm{s}}\boldsymbol{u}_{\mathrm{s}}=\dot{m}_{\mathrm{s}} \tag{1-13}$$

且满足

$$\dot{m}_{\mathrm{s}}+\dot{m}_{\mathrm{g}}=0 \tag{1-14}$$

把雷诺输运定理(1-5)应用于体系中气相动量守恒，得到

$$\frac{\mathrm{D}I}{\mathrm{D}t}=\iiint_V\frac{\partial\varepsilon_{\mathrm{g}}\rho_{\mathrm{g}}\boldsymbol{u}_{\mathrm{g}}}{\partial t}\mathrm{d}V+\oiint_A\varepsilon_{\mathrm{g}}\rho_{\mathrm{g}}\boldsymbol{u}_{\mathrm{g}}(\boldsymbol{u}_{\mathrm{g}}\cdot\boldsymbol{n})\mathrm{d}A \tag{1-15}$$

式(1-15)左端是体系中气相动量的时间变化率。引起体系中气相动量变化的因素

有作用于体系中气相上的力和伴随质量传递带给气相的动量。作用于体系中气相上的力包括作用于体系表面的力和体系内部的力。

$$\frac{\mathrm{D}I}{\mathrm{D}t}=\oiint_A \boldsymbol{\tau}_g \mathrm{d}A+\iiint_V \varepsilon_g\rho_g \boldsymbol{f}_b \mathrm{d}V+\iiint_V \boldsymbol{f}_i \mathrm{d}V+\iiint_V \dot{\boldsymbol{M}}_g \mathrm{d}V \tag{1-16}$$

方程右端的各项依次为作用在控制体的表面力、作用于气相上的质量力、体系内部颗粒作用于气相上的作用力和由化学反应过程伴随传质带给气相的动量速率。在直角坐标系中，应力张量是

$$\boldsymbol{\tau}_i=\begin{pmatrix}\tau_{ixx} & \tau_{ixy} & \tau_{ixz}\\ \tau_{iyx} & \tau_{iyy} & \tau_{iyz}\\ \tau_{izx} & \tau_{izy} & \tau_{izz}\end{pmatrix} \tag{1-17}$$

式中，i 为气相或者固相。作用于单位质量气相上的质量力为 $\boldsymbol{g}$。应用高斯定理，式(1-16)写为

$$\frac{\mathrm{D}I}{\mathrm{D}t}=\oiint_A \boldsymbol{\tau}_g \mathrm{d}A+\iiint_V \varepsilon_g\rho_g \boldsymbol{f}_b \mathrm{d}V+\iiint_V \boldsymbol{f}_i \mathrm{d}V+\iiint_V \dot{\boldsymbol{M}}_g \mathrm{d}V \tag{1-18}$$

$$\dot{\boldsymbol{M}}_g=-\frac{1}{V}\int_{A_g} m_i \boldsymbol{u}_i \mathrm{d}A \tag{1-19}$$

式中，$\dot{\boldsymbol{M}}_g$ 为通过界面流入气相的动量；m_i 和 $\boldsymbol{u}_i$ 分别为界面质量流率和速度。把式(1-18)代入式(1-15)，并考虑控制体容积的任意性，得到气相动量守恒方程为

$$\frac{\partial}{\partial t}\varepsilon_g\rho_g \boldsymbol{u}_g+\varepsilon_g\rho_g \boldsymbol{u}_g(\nabla\cdot \boldsymbol{u}_g)+(\boldsymbol{u}_g\cdot\nabla)\varepsilon_g\rho_g \boldsymbol{u}_g=\nabla\cdot\boldsymbol{\tau}_g+\varepsilon_g\rho_g \boldsymbol{g}+\boldsymbol{f}_i+\dot{\boldsymbol{M}}_g \tag{1-20}$$

同理，微分形式的固相动量守恒方程为

$$\frac{\partial}{\partial t}\varepsilon_s\rho_s \boldsymbol{u}_s+\varepsilon_s\rho_s \boldsymbol{u}_s(\nabla\cdot \boldsymbol{u}_s)+(\boldsymbol{u}_s\cdot\nabla)\varepsilon_s\rho_s \boldsymbol{u}_s=\nabla\cdot\boldsymbol{\tau}_s+\varepsilon_s\rho_s \boldsymbol{g}-\boldsymbol{f}_i+\dot{\boldsymbol{M}}_s \tag{1-21}$$

体系内部气相与固相的作用力包括气固两相阻力(曳力)、压强梯度力、视质量力和巴西特力等，以及颗粒之间碰撞作用力。

对于体系内气相能量 E_g，控制体内单位体积气相能量 e_g 包括气相的内能和动能。把雷诺输运定理(1-5)应用于气相能量守恒，得到

$$\frac{\mathrm{D}E_g}{\mathrm{D}t}=\iiint_V \frac{\partial \varepsilon_g\rho_g e_g}{\partial t}\mathrm{d}V+\oiint_A \varepsilon_g\rho_g(\boldsymbol{u}_g\cdot\boldsymbol{n})e_g \mathrm{d}A \tag{1-22}$$

式(1-22)左端为体系中气相能量 E_g 的时间变化率。引起体系内气相能量改变的因素有：伴随两相间传质带给气相的能量、体系内颗粒对气相传热、两相间相互作用力对气相做功的功率；两相间相互作用的黏性耗散能(发生在颗粒表面的附面层及尾流中)又返回气相中，两相间化学反应或颗粒相变产生的热一部分或全部传给气相和质量力对气相做功以及体系内化学反应释放能量。

$$\frac{\partial \varepsilon_g\rho_g e_g}{\partial t}+\nabla\cdot(\varepsilon_g\rho_g e_g \boldsymbol{u}_g)=\nabla\cdot(\varepsilon_g\rho_g k_g \nabla T_g)+\boldsymbol{\Psi}_g+q_g \tag{1-23}$$

同理，把雷诺输运定理应用于颗粒，可以得到固相能量守恒方程为

$$\frac{\partial \varepsilon_s \rho_s e_s}{\partial t} + \nabla \cdot (\varepsilon_s \rho_s e_s \boldsymbol{u}_s) = \nabla \cdot (\varepsilon_s k_s \nabla T_s) + \boldsymbol{\Psi}_s - q_s \tag{1-24}$$

式中，$\boldsymbol{\Psi} = 2\mu \boldsymbol{S} : \boldsymbol{S}$ 和 $\boldsymbol{S}$ 表示应变率张量。

1.1.2　两相守恒方程

对瞬时气固守恒方程，应用适当的统计平均方法，对相内瞬时局部方程进行统计平均，可得到宏观平均变量所满足的基本方程。这种统计平均方程是从宏观统计平均意义上研究气固两相流，只注重统计平均速度和压力等一些宏观平均变量，对于相间耦合作用也只考虑其统计平均效应；不考虑流场中瞬时局部的细观特性。

设 $f(\boldsymbol{x},t)$ 表示气固两相流某一确定物理量的瞬时值，$\langle\rangle$ 表示对相应物理量的统计平均过程。常见的几种平均过程为时间平均、空间平均、时空平均和加权平均方法。在两相流体系中，直接运用上述平均方法是困难的。为此，引入一个相函数 $H(\boldsymbol{r},t)$，其定义如下：

$$H(\boldsymbol{r},t) = \begin{cases} 0, & \boldsymbol{r}\big|_{t=\tau} \in \Omega_g \\ 1, & \boldsymbol{r}\big|_{t=\tau} \in \Omega_s \end{cases} \tag{1-25}$$

式中，Ω_s 和 Ω_g 分别为固相和气相的相空间。从某一时刻 t 开始，观测并记录气相和固相流动参数在某一空间、某一时间间隔内的变化，得到$\langle\rangle$。再以同样的时间间隔在同一空间内反复进行 N 次观测，得到

$$\langle\rangle(\boldsymbol{r},t) = \lim_{N\to\infty} \frac{1}{N} \sum_{i=1}^{N} \langle f \rangle_i \tag{1-26}$$

即为流动参数的统计平均值。物理量 f 的相加权平均为

$$f_s = \langle Hf \rangle / \varepsilon_s \text{ 和 } f_g = \langle (1-H) f \rangle / \varepsilon_g \tag{1-27}$$

物理量 f 的质量加权平均是

$$f_s = \langle H\rho_s f \rangle / (\varepsilon_s \rho_s) \text{ 和 } f_g = \langle (1-H)\rho_g f \rangle / (\varepsilon_g \rho_g) \tag{1-28}$$

采用体积分数加权方法，体积分数加权过滤的气相或者颗粒相速度为

$$u_i = \frac{\langle \varepsilon_i u_i \rangle}{\varepsilon_i} \tag{1-29}$$

式中，u_i 为气相或者颗粒相的速度；ε_i 为气相或者颗粒相的体积分数。在气固两相流流场中，将所有动力学参数的瞬时值表示成时均值与脉动值之和，即湍流瞬时速度可以表示为

$$\boldsymbol{u}_g = \bar{\boldsymbol{u}}_g + \boldsymbol{u}'_g \text{ 和 } \boldsymbol{u}_s = \bar{\boldsymbol{u}}_s + \boldsymbol{u}'_s \tag{1-30}$$

对式(1-12)和式(1-13)进行相加权平均。对于无反应气固两相流动过程，气相和颗粒相平均质量守恒方程分别为

$$\frac{\partial}{\partial t}(\bar{\varepsilon}_g \rho_g) + \nabla \cdot (\bar{\varepsilon}_g \bar{\boldsymbol{u}}_g \rho_g) = 0 \tag{1-31}$$

$$\frac{\partial}{\partial t}(\bar{\varepsilon}_s\rho_s)+\nabla\cdot(\bar{\varepsilon}_s\bar{\boldsymbol{u}}_s\rho_s)=0 \tag{1-32}$$

对方程(1-19)进行相加权平均。对于无反应气固两相流动过程，气相平均动量守恒方程为

$$\frac{\partial}{\partial t}(\rho_g\bar{\varepsilon}_g\bar{\boldsymbol{u}}_g)+\nabla\cdot(\rho_g\bar{\varepsilon}_g\bar{\boldsymbol{u}}_g\bar{\boldsymbol{u}}_g)=-\bar{\varepsilon}_g\nabla\cdot\bar{\boldsymbol{p}}+\nabla\cdot\bar{\boldsymbol{\tau}}_g+\nabla\cdot[\rho_g\bar{\varepsilon}_g(\bar{\boldsymbol{u}}_g\bar{\boldsymbol{u}}_g-\overline{\boldsymbol{u}_g\boldsymbol{u}_g})]$$
$$+\bar{\varepsilon}_g\rho_g\boldsymbol{g}+\beta(\bar{\boldsymbol{u}}_s-\bar{\boldsymbol{u}}_g) \tag{1-33}$$

式中，β 为过滤后的气相和固相之间的动量交换系数；$\bar{\boldsymbol{\tau}}_g$ 为过滤后的气相分子黏性应力。气体浓度脉动和速度脉动引起的湍流应力张量是

$$\boldsymbol{\tau}_{gt}=\rho_g\bar{\varepsilon}_g(\bar{\boldsymbol{u}}_{gi}\bar{\boldsymbol{u}}_{gj}-\overline{\boldsymbol{u}_{gi}\boldsymbol{u}_{gj}}) \tag{1-34}$$

同理，固相平均动量守恒方程为

$$\frac{\partial}{\partial t}(\rho_s\bar{\varepsilon}_s\bar{\boldsymbol{u}}_s)+\nabla\cdot(\rho_s\bar{\varepsilon}_s\bar{\boldsymbol{u}}_s\bar{\boldsymbol{u}}_s)=-\bar{\varepsilon}_s\nabla\cdot\bar{\boldsymbol{p}}+\nabla\cdot\bar{\boldsymbol{\tau}}_s+\nabla\cdot[\rho_s\bar{\varepsilon}_s(\bar{\boldsymbol{u}}_s\bar{\boldsymbol{u}}_s-\overline{\boldsymbol{u}_s\boldsymbol{u}_s})]$$
$$+\bar{\varepsilon}_s\rho_s\boldsymbol{g}+\beta(\bar{\boldsymbol{u}}_{gi}-\bar{\boldsymbol{u}}_{si}) \tag{1-35}$$

式中，固相浓度脉动和速度脉动引起的湍流应力张量是

$$\boldsymbol{\tau}_{st}=\rho_s\bar{\varepsilon}_s(\bar{\boldsymbol{u}}_{si}\bar{\boldsymbol{u}}_{sj}-\overline{\boldsymbol{u}_{si}\boldsymbol{u}_{sj}}) \tag{1-36}$$

1.2　一维气固两相流动

当气固两相流动参数在横截面上均匀分布时，两相流动过程可近似地将流动看成一维两相流动。基本假设：①流动是一维、稳定、绝热的；②气相遵循理想气体状态方程，在流动过程中气相成分不发生变化；③颗粒呈球形、尺寸均一，颗粒内部温度分布均匀；④对两相间的相互作用，只考虑气体-颗粒流动阻力。

取微元体 $a\Delta x$，如图 1-2 所示，气体压力为 p，气相容积分数为 ε_g，流通截面由进口为 a 到出口为 $a+\Delta a$，稳定流动的气相动量守恒方程可以表示如下：

$$\rho_g v_g\varepsilon_g v_g\Big|_x^{x+\Delta x}=-\rho_g g\varepsilon_g a\Delta x-pa\varepsilon_g\Big|_x^{x+\Delta x}+\bar{p}\Delta a\varepsilon_g$$
$$-\beta(v_g-v_s)a\Delta x-\tau_{wg}\pi D_t\Delta x \tag{1-37}$$

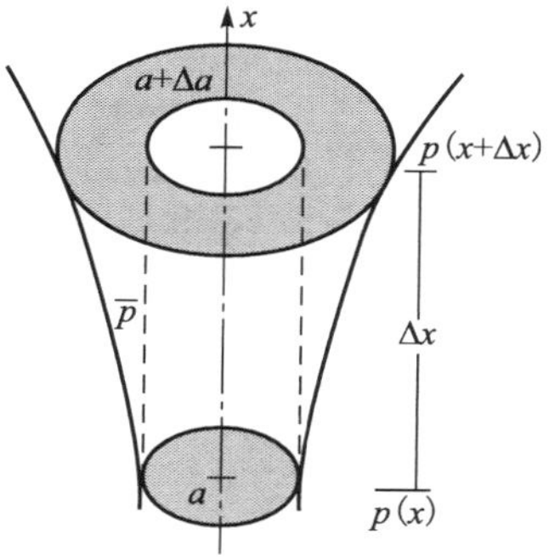

图 1-2　动量守恒计算微元体

方程(1-37)左端为微元体内气体动量的时间变化率。右端各项分别为气相重力、作用在微元体气相的气体压力、流通截面变化导致气体压力作用在固体壁面的法向作用力增量($x<x'<x+\Delta x$)、气体-颗粒相对运动产生相间作用力和气体与壁面之间的切应力 τ_{wg}。其中，气体-颗粒相间作用力是曳力系数 β 和气体-颗粒相对速度(v_g-v_s)的乘积。D_t 是通道当量直径。对于流通截面变化时，式(1-37)右端的第 2 和第 3 项为

$$-\frac{d(pa\varepsilon_g)}{dx}+p\frac{d(a\varepsilon_g)}{dx}=-a\varepsilon_g\frac{dp}{dx}-p\frac{d(a\varepsilon_g)}{dx}+p\frac{d(a\varepsilon_g)}{dx}=-a\varepsilon_g\frac{dp}{dx} \tag{1-38}$$

代入式(1-37),得一维稳定流动气体动量守恒方程为

$$\frac{d(\rho_g\varepsilon_g v_g^2)}{dx}=-\varepsilon_g\frac{dp}{dx}-\varepsilon_g\rho_g g-\beta(v_g-v_s)-\frac{4\tau_{wg}}{D_t} \tag{1-39}$$

微元体内固相容积分数为 ε_s,流动颗粒与壁面相互作用形成法向作用力 σ。稳定流动的固相动量守恒方程可以表示为

$$\begin{aligned}&\rho_s v_s\varepsilon_s v_s\big|_x^{x+\Delta x}+pa\varepsilon_s\big|_x^{x+\Delta x}+\sigma_s a\big|_x^{x+\Delta x}-(\bar{p}+\bar{\sigma}_s)\Delta a\varepsilon_s\\&=-\rho_g g\varepsilon_g a\Delta x-\beta(v_s-v_g)a\Delta x-\tau_{ws}\pi D_t\Delta x\end{aligned} \tag{1-40}$$

式(1-40)左端分别为微元体内颗粒相动量的时间变化率、作用在微元体内颗粒相的气体压力增量、颗粒相法向应力和流通截面变化导致气体压力和颗粒相法向应力作用在固体壁面的法向作用力增量($x<x'<x+\Delta x$)。右端各项分别为固相重力、气体-颗粒相对运动产生相间作用力和固相与壁面之间的切应力 τ_{ws}。对于流通截面变化时,式(1-40)左端的第 2 项、第 3 项及第 4 项为

$$\frac{d(pa\varepsilon_s)}{dx}+\frac{d(\sigma_s a)}{dx}-(p+\sigma_s)\frac{d(a\varepsilon_g)}{dx}=a\varepsilon_s\frac{dp}{dx}+a\frac{d\sigma_s}{dx} \tag{1-41}$$

处于流体流场中的颗粒受到流体分压对颗粒流产生作用(浮力),同时颗粒对流体产生反作用力,这一作用力产生的条件是颗粒流的压力梯度在流场中连续存在。代入式(1-40),得到一维稳定流动固相动量守恒方程为

$$\frac{d(\rho_s\varepsilon_s v_s^2)}{dx}=-\varepsilon_s\frac{dp}{dx}-\frac{d\sigma_s}{dx}-\varepsilon_s\rho_s g-\beta(v_s-v_g)-\frac{4\tau_{ws}}{D_t} \tag{1-42}$$

表 1-1 给出一维稳态等温气固两相流动守恒方程。模型 B 中取气体压力仅作用在气相上,而模型 A 中取流体压力分别施加在气相和颗粒相上。模型 C 是以气相与固相之间的相对速度表示的固相动量守恒方程(Gidaspow,1994)。通常,方程(1-39)和方程(1-42)是 Gidaspow 模型 A 的气相和颗粒相动量守恒方程表达形式。

合并方程(1-39)和方程(1-42),得到一维稳定流动气固混合物动量守恒方程为

$$\frac{d}{dx}(\rho_g\varepsilon_g v_g^2+\rho_s\varepsilon_s v_s^2)=-\frac{dp}{dx}-\frac{d\sigma_s}{dx}-(\varepsilon_g\rho_g+\varepsilon_s\rho_s)g-\frac{4(\tau_{wg}+\tau_{ws})}{D_t} \tag{1-43}$$

方程(1-43)左端表示气相和颗粒相动能的变化,右端各项依次为气体压力损失、颗粒相正压力梯度、气体和颗粒悬浮提升损失、气体和颗粒与壁面的摩擦阻力,包含固体颗粒之间、颗粒与管壁之间发生撞击和滑动现象引起能量损失以及气体与壁面之间摩擦而消耗的能量,反映气固混合物沿程能量损失的变化规律。当忽略颗粒相正压力梯度的影响时,方程(1-43)表明气固两相流动过程中压力梯度的变化是由加速压损、摩擦压损、悬浮提升压损所组成的,方程的各项与单相流体力学

相同。

混合物中气体和颗粒与壁面之间的摩擦阻力通常采用范宁(Fanning)摩擦系数的形式表示：

$$\frac{4(\tau_{wg}+\tau_{ws})}{D_t}=\frac{4}{D_t}\left(\frac{1}{2}\rho_g\varepsilon_g v_g^2 f_{gF}+\frac{1}{2}\rho_s\varepsilon_s v_s^2 f_{sF}\right) \tag{1-44}$$

假定气固两相流动中气体与壁面之间的摩擦损失和纯气体与壁面的摩擦损失相同，这样，气体与壁面之间的摩擦阻力可以按摩擦系数来进行计算。对于圆管，有如下经验关联式：

$$f_{gF}=\begin{cases}4Re^{-1}, & Re\leqslant 2300\\ 0.0791Re^{-0.25}, & Re>2300\end{cases} \tag{1-45}$$

$$Re=D_t\rho_g v_g/\mu_g$$

$$f_{sF}=12.2\varepsilon_s(\varepsilon_g^3 u_s)^{-1} \tag{1-46}$$

表 1-1　一维稳态等温气固两相流动模型(Gidaspow，1994)

1. 质量守恒方程	
气相	$\frac{d(\rho_g\varepsilon_g v_g)}{dx}=0$
固相	$\frac{d(\rho_s\varepsilon_s v_s)}{dx}=0$
2. 固相动量守恒方程	
模型 A	$\rho_s\varepsilon_s v_s\frac{dv_s}{dx}=-\varepsilon_s\frac{dp}{dx}-\frac{d\sigma_s}{dx}-\varepsilon_s\rho_s g-\beta_A(v_s-v_g)-\frac{4\tau_{ws}}{D_t}$
模型 B	$\rho_s\varepsilon_s v_s\frac{dv_s}{dx}=-\frac{d\sigma_s}{dx}-\varepsilon_s\rho_s g-\beta_B(v_s-v_g)-\frac{4\tau_{ws}}{D_t}$
模型 C	$\rho_s\varepsilon_s(v_s-v_g)\frac{d(v_s-v_g)}{dx}=-\frac{d\sigma_s}{dx}-\varepsilon_s g(\rho_s-\rho_g)-\beta_C(v_s-v_g)-\frac{4\tau_{ws}}{D_t}$
混合物	$\rho_g\varepsilon_g v_g\frac{dv_v}{dx}+\rho_s\varepsilon_s v_s\frac{dv_s}{dx}=-\frac{dp}{dx}-\frac{d\sigma_s}{dx}-(\varepsilon_g\rho_g+\varepsilon_s\rho_s)g-\frac{4(\tau_{wg}+\tau_{ws})}{D_t}$
3. 气相动量守恒方程	
模型 A	$\rho_g\varepsilon_g v_g\frac{dv_g}{dx}=-\varepsilon_g\frac{dp}{dx}-\varepsilon_g\rho_g g+\beta_A(v_s-v_g)-\frac{4\tau_{wg}}{D_t}$
模型 B	$\rho_g\varepsilon_g v_g\frac{dv_g}{dx}=-\frac{dp}{dx}-\varepsilon_g\rho_g g+\beta_B(v_s-v_g)-\frac{4\tau_{wg}}{D_t}$
模型 C	$\rho_g\varepsilon_g(v_s-v_g)\frac{d(v_s-v_g)}{dx}=-\varepsilon_g g(\rho_s-\rho_g)+\beta_C(v_s-v_g)-\frac{4\tau_{wg}}{D_t}$

由方程(1-43)可见,气固两相流动的总压力损失是由气相和颗粒相加速压降、气体-壁面和颗粒-壁面之间的摩擦压降及悬浮提升压降所组成的,总压力损失用于克服系统全部阻力。因此,正确确定气固两相流动中各项压降是极为重要的。

对于稳态流动过程,固相动量守恒方程可以简化如下(Gidaspow,1994):

$$\left(-v_{\mathrm{s}}^{2}+\frac{1}{\rho_{\mathrm{s}}}\frac{\mathrm{d}\sigma_{\mathrm{s}}}{\mathrm{d}\varepsilon_{\mathrm{s}}}\right)\frac{\mathrm{d}\varepsilon_{\mathrm{s}}}{\mathrm{d}x}=-\varepsilon_{\mathrm{s}}g-\frac{4\tau_{\mathrm{ws}}}{\rho_{\mathrm{s}}D_{\mathrm{t}}}+\frac{(v_{\mathrm{s}}-v_{\mathrm{g}})\beta_{\mathrm{B}}}{\varepsilon_{\mathrm{g}}(\rho_{\mathrm{s}}-\rho_{\mathrm{g}})} \tag{1-47}$$

式中,β_{B} 是气固动量变换系数。特别对于低浓度稀相流动,$\mathrm{d}\sigma_{\mathrm{s}}/\mathrm{d}\varepsilon_{\mathrm{s}}$ 趋于零,方程可以积分得到颗粒浓度沿流动方向的变化。对于均匀气体-颗粒流动,颗粒速度和相对速度可以表示为颗粒流率和空截面气体速度 U_0 的关系:

$$v_{\mathrm{s}}^{2}=\left(\frac{W_{\mathrm{s}}}{\rho_{\mathrm{s}}}\right)^{2}\frac{1}{\varepsilon_{\mathrm{s}}^{2}},\ v_{\mathrm{s}}-v_{1}=\left(\frac{W_{\mathrm{s}}}{\rho_{\mathrm{s}}\varepsilon_{\mathrm{s}}}-\frac{U_{0}}{\varepsilon_{\mathrm{g}}}\right) \tag{1-48}$$

另外,对于均匀气体-颗粒流动,平均颗粒浓度是

$$\varepsilon_{\mathrm{sm}}=\frac{W_{\mathrm{s}}/\rho_{\mathrm{s}}}{U_{0}+W_{\mathrm{s}}/\rho_{\mathrm{s}}} \tag{1-49}$$

对于低颗粒浓度的稀疏气固流动,气体速度大于颗粒速度,即 $U_0\gg W_{\mathrm{s}}/\rho_{\mathrm{s}}$,方程(1-49)可以简化如下:

$$\varepsilon_{\mathrm{sm}}=\frac{W_{\mathrm{s}}/\rho_{\mathrm{s}}}{U_{0}} \tag{1-50}$$

该颗粒浓度接近于假设气体-颗粒相对速度为零时的颗粒浓度。当忽略颗粒与壁面的作用力和气体与颗粒之间的作用力时,求解方程(1-47)得到特征无因次距离如下:

$$\bar{x}=\frac{gx\rho_{\mathrm{s}}^{2}}{W_{\mathrm{s}}^{2}}\varepsilon_{\mathrm{sm}}^{2}=\frac{gx}{U_{0}^{2}} \tag{1-51}$$

该方程给出了气固两相流动达到充分发展流动所需进口长度的估计。对于低颗粒浓度的稀相流动,固相弹性模量的数值很小,可以忽略不计。固相动量守恒方程(1-47)简化如下:

$$v_{\mathrm{s}}\frac{\mathrm{d}v_{\mathrm{s}}}{\mathrm{d}x}=-g-\frac{4\tau_{\mathrm{ws}}}{\varepsilon_{\mathrm{s}}\rho_{\mathrm{s}}D_{\mathrm{t}}}+\frac{3}{4}C_{\mathrm{d}}\frac{\rho_{\mathrm{g}}(v_{\mathrm{s}}-v_{\mathrm{g}})^{2}}{d_{\mathrm{p}}(\rho_{\mathrm{s}}-\rho_{\mathrm{g}})} \tag{1-52}$$

积分得到颗粒流动由进口速度达到稳定流动的加速段长度是

$$x_{\mathrm{acc}}=\int_{v_{\mathrm{s1}}}^{v_{\mathrm{s2}}}\frac{v_{\mathrm{s}}\mathrm{d}v_{\mathrm{s}}}{0.75d_{\mathrm{p}}^{-1}C_{\mathrm{d}}\rho_{\mathrm{g}}(\rho_{\mathrm{s}}-\rho_{\mathrm{g}})^{-1}(v_{\mathrm{s}}-v_{\mathrm{g}})^{2}-g-4\tau_{\mathrm{ws}}(\varepsilon_{\mathrm{s}}\rho_{\mathrm{s}}D_{\mathrm{t}})^{-1}} \tag{1-53}$$

式中,积分的下限颗粒速度可以取为进口颗粒速度,而积分上限颗粒速度可以取为充分发展流动条件下的颗粒速度,其值近似取为颗粒终端速度。由此可以确定直径为 d_{p} 的颗粒流动的加速段长度。

1.3　一维颗粒流和固相弹性模量

1.3.1　固相弹性模量

在气固两相流动过程中，颗粒具有对外界微小作用的敏感性、多尺度、非线性响应、自组织及能量耗散等基本特征。同时在不同条件下又会表现出一些复杂而又独特的性质。颗粒流是颗粒介质在外部载荷作用下发生屈服后所表现出的一种类似于流体的运动状态。此时颗粒的热运动即布朗运动完全可以忽略，颗粒之间的作用主要是摩擦力以及碰撞作用力。通常，忽略颗粒之间的流体作用而只考虑颗粒碰撞作用下的运动是合理的。则对于变流通截面的一维颗粒流动过程，如图 1-2 所示，微元体内颗粒相动量守恒(Gidaspow，1994)如下：

$$\frac{\mathrm{d}}{\mathrm{d}t}\int_x^{x+\Delta x}\rho_s v_s \varepsilon_s a\mathrm{d}x + a\rho_s v_s \varepsilon_s v_s\Big|_x^{x+\Delta x} + a\sigma_s\Big|_x^{x+\Delta x} - \sigma_s \Delta a = -\int_x^{x+\Delta x}\rho_s g\varepsilon_s a\mathrm{d}x + \int_x^{x+\Delta x}\tau_{ws}\pi D_t \mathrm{d}x \tag{1-54}$$

式(1-54)等号左端各项分别是微元体内颗粒相动量时间变化率、通过微元体表面的净动量增量、作用在微元体表面的颗粒法向力的增量和流通截面变化导致颗粒相法向应力作用于壁面的法向作用力的增量。式(1-54)右端第一项为微元体颗粒质量力，最后一项是颗粒与壁面的摩擦作用力。整理得到

$$\frac{\partial(\rho_s\varepsilon_s v_s)}{\partial t} + \frac{\partial(\rho_s\varepsilon_s v_s v_s)}{\partial x} = -\frac{\partial\sigma_s}{\partial x} - \varepsilon_s g\rho_s + \frac{\pi D_t \tau_{ws}}{a} \tag{1-55}$$

由于该式忽略颗粒间隙内气体流动的影响，因此，它适用于颗粒流过程。对于一维颗粒流动，质量守恒方程是

$$\frac{\partial(\rho_s\varepsilon_s)}{\partial t} + \frac{\partial(\rho_s\varepsilon_s v_s)}{\partial x} = 0 \tag{1-56}$$

对于粉体颗粒，颗粒之间的内摩擦和碰撞应力产生的颗粒法向作用力取决于固相容积分数、颗粒直径、颗粒密度等。通常，假设颗粒法向力是固相容积分数 ε_s 的函数(Gidaspow，1994)：

$$\sigma_s = \sigma_s(\varepsilon_s) \tag{1-57}$$

由微分法则，有如下关系：

$$\frac{\mathrm{d}\sigma_s}{\mathrm{d}x} = \frac{\mathrm{d}\sigma_s}{\mathrm{d}\varepsilon_s}\frac{\mathrm{d}\varepsilon_s}{\mathrm{d}x} = G\frac{\mathrm{d}\varepsilon_s}{\mathrm{d}x} \tag{1-58}$$

式中，G 称为颗粒弹性模量，定义如下：

$$G = \frac{\mathrm{d}\sigma_s}{\mathrm{d}\varepsilon_s} \tag{1-59}$$

将方程(1-59)代入式(1-55)，整理得到

$$\frac{\partial(\rho_b v_s)}{\partial t}+\frac{\partial(\rho_b v_s v_s)}{\partial x}=-G\frac{\partial \varepsilon_s}{\partial x}-g\rho_b+\frac{\pi D_t \tau_{ws}}{a} \tag{1-60}$$

式中，

$$\rho_b=\varepsilon_s\rho_s \tag{1-61}$$

称为颗粒相体积密度。方程(1-56)简化如下：

$$\frac{\partial \rho_b}{\partial t}+\frac{\partial(\rho_b v_s)}{\partial x}=0 \tag{1-62}$$

联立方程(1-60)和方程(1-62)表示为

$$\begin{pmatrix}\dfrac{\partial \rho_b}{\partial t}\\ \dfrac{\partial v_s}{\partial t}\end{pmatrix}+\begin{pmatrix}v_s & \rho_b\\ \dfrac{G}{\rho_b\rho_s} & v_s\end{pmatrix}\begin{pmatrix}\dfrac{\partial \rho_b}{\partial x}\\ \dfrac{\partial v_s}{\partial x}\end{pmatrix}=\begin{pmatrix}0\\ -g+\dfrac{4\tau_{ws}}{D_t\rho_b}\end{pmatrix} \tag{1-63}$$

方程(1-63)给出颗粒速度和颗粒相体积密度的时间与空间变化的相互关系，构成了一个关于颗粒速度的线性齐次代数方程组，要使颗粒相体积密度和颗粒速度变化有非零解，方程(1-63)的系数矩阵行列式必为零，即

$$\begin{vmatrix}v_s-\lambda & \rho_b\\ \dfrac{G}{\rho_b\rho_s} & v_s-\lambda\end{vmatrix}=0 \tag{1-64}$$

行列式的特征根 λ_i 是

$$\lambda_{1,2}=-v_s\pm\sqrt{\frac{G}{\rho_s}} \tag{1-65}$$

当特征根 λ_i 为零时，颗粒流达到临界流动，即颗粒流速度恰好与$\sqrt{G/\rho_s}$平衡。取临界流动条件下的颗粒速度为颗粒流临界速度，即颗粒声速：

$$C_s=\sqrt{\frac{G}{\rho_s}} \tag{1-66}$$

则颗粒流沿第一条特征线有

$$\frac{dx}{dt^{(1)}}=-v_s+C_s \tag{1-67}$$

$$\frac{d\rho_b}{dt^{(1)}}+\frac{\rho_s}{C_s}\frac{dv_s}{dt^{(1)}}=\frac{\rho_s}{C_s}\left(-g+\frac{4\tau_{ws}}{D_t\rho_b}\right) \tag{1-68}$$

沿第二条特征线有

$$\frac{dx}{dt^{(2)}}=-v_s-C_s \tag{1-69}$$

$$\frac{d\rho_b}{dt^{(2)}}+\frac{\rho_s}{C_s}\frac{dv_s}{dt^{(2)}}=\frac{\rho_s}{C_s}\left(-g+\frac{4\tau_{ws}}{D_t\rho_b}\right) \tag{1-70}$$

这样，通过流场内任一点有两条特征线，分别对应于方程(1-65)中的正号和负

号，位于颗粒轨迹线的两侧，并且对称分布。由式(1-66)可知，颗粒流的声速大小直接代表颗粒流可压缩性的大小。在颗粒流流动中，颗粒浓度的变化使得颗粒流正压力变化，颗粒流被压缩，形成扰动波，并以声速 C_s 向外传播。当颗粒以小于声速的速度运动时，扰动波在下游顺颗粒流方向的绝对速度为 $-v_s+C_s$，在上游逆颗粒流方向的绝对速度为 $-v_s-C_s$，其他方向的绝对速度则介于这两者之间。当颗粒流速度恰好等于当地声速($v_s=C_s$)时，在逆气流方向的绝对速度等于零，因此微扰动波不能逆流传播，即扰动源的上游不会受到任何影响，扰动被限制在扰动源的下游。若颗粒流速度超过声速，则由于颗粒流的运动速度比扰动波相对于颗粒流本身的传播速度还要大，因此，扰动不能逆流传播。物理扰动沿着特征线传播是特征线的特点之一，因此沿特征线传播的速度等于相对于运动颗粒的声速，该结果可以直接通过方程(1-63)整理得到：

$$\frac{\mathrm{d}\rho_b}{\mathrm{d}t}=\frac{\begin{vmatrix}0 & \rho_b\\ -g+\dfrac{4\tau_{ws}}{D_t\rho_b} & v_s\end{vmatrix}}{\begin{vmatrix}v_s & \rho_b\\ \dfrac{G}{\rho_b\rho_s} & v_s\end{vmatrix}}=\frac{g\rho_b-\dfrac{4\tau_{ws}}{D_t}}{v_s^2-\dfrac{G}{\rho_s}} \tag{1-71}$$

当方程(1-71)的分母为零时，颗粒流动达到临界流，即

$$v_s=\pm\sqrt{\frac{G}{\rho_s}} \tag{1-72}$$

要使式(1-71)可微有解，则要求分子也为零：

$$g\rho_b-\frac{4\tau_{ws}}{D_t}=0 \tag{1-73}$$

即颗粒达到临界流时颗粒重力与颗粒-壁面摩擦作用力相平衡。因此，在稳定流动时，颗粒流的动量方程(1-60)的左端第一项消失。由方程(1-73)可知，方程(1-60)的右端最后两项抵消。因此，在一维稳定流动时颗粒流动量守恒方程简化如下：

$$\frac{\mathrm{d}}{\mathrm{d}x}(\rho_b v_s v_s+\sigma_s)=0 \tag{1-74}$$

由颗粒流质量守恒方程(1-62)，在稳定流动情况下颗粒流率为定值：

$$J_s=\rho_b v_s \tag{1-75}$$

联立方程(1-74)和方程(1-75)，动量守恒方程可以表示为

$$J_s^2\frac{\mathrm{d}\rho_b^{-1}}{\mathrm{d}x}+\frac{\mathrm{d}\sigma_s}{\mathrm{d}x}=0 \tag{1-76}$$

由方程(1-57)可知，颗粒法向应力是颗粒体积分数的函数，即颗粒相体积密度的函数。因此，方程(1-76)又可以表示为

$$J_s^2=-\frac{d\sigma_s}{d\rho_b^{-1}}=\rho_b^2\frac{d\sigma_s}{d\rho_b} \tag{1-77}$$

根据方程(1-59)对颗粒弹性模量 G 的定义，由式(1-77)得到颗粒流最大颗粒流率是

$$J_s=\rho_b\sqrt{\frac{G}{\rho_s}}=\rho_b C_s \tag{1-78}$$

由此可见，颗粒流动所能够达到的最大流率与颗粒相体积密度和颗粒临界速度成正比。当颗粒流临界速度已知时，方程(1-78)可以用于粉体料仓、立管物料输送等过程中最大卸料量的预测。

方程(1-78)表明，颗粒弹性模量除以颗粒密度的开方代表颗粒传播速度，即颗粒流临界速度。因此，颗粒弹性模量是衡量颗粒流物理特性的基本参数。图 1-3 表示弹性模量随颗粒体积分数的变化规律(Gidaspow et al.，1983；Ettehadieh et al.，1984；Gidaspow et al.，1989)。不同的颗粒弹性模量表达式均表示为气体容积分数的函数。随着颗粒浓度的降低，弹性模量减小。当颗粒浓度趋于零时颗粒弹性模量趋于零，颗粒法向应力可以忽略不计。相反，在高颗粒浓度时，颗粒弹性模量增加迅速，颗粒法向应力增大。同时，结果表明不同颗粒弹性模量表达式给出不同的颗粒弹性模量，数值相差几个数量级。由此可见，颗粒弹性模量经验关联式影响颗粒流临界速度的变化规律。

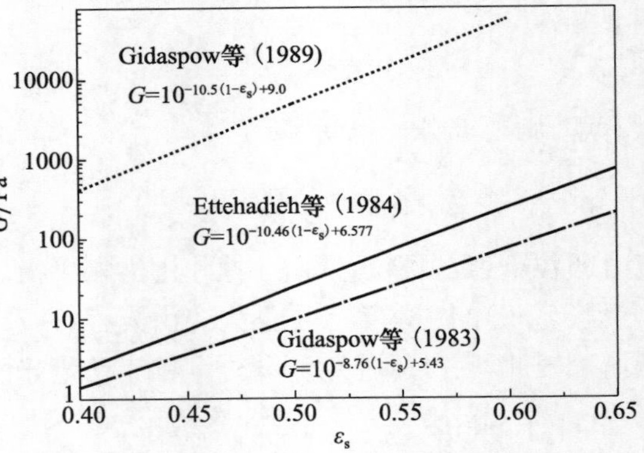

图 1-3　颗粒弹性模量的变化规律

1.3.2　颗粒流热力学

在颗粒流的流动过程中，设单位质量颗粒流的内能为 U_s，熵为 S_s，比容为 V_b。以颗粒流熵和比容为状态参量，颗粒流内能可以表述如下(Gidaspow，1994)：

$$U_s=U(S_s,V_b)=U\left(S_s,\frac{1}{\varepsilon_s\rho_s}\right) \tag{1-79}$$

颗粒流的法向应力是

$$\sigma_s = -\frac{\partial U_s}{\partial V_b} = -\frac{\partial U_s}{\partial(\varepsilon_s\rho_s)^{-1}} \tag{1-80}$$

当颗粒密度为常数时，对于颗粒流的等熵流动过程，由方程(1-79)可得

$$dU_s = \frac{\sigma_s}{\rho_s}\frac{d\varepsilon_s}{\varepsilon_s^2} \tag{1-81}$$

由方程(1-81)可见，颗粒流的膨胀过程伴随着颗粒流内能的降低。类比于气体热力学稳定性条件，颗粒流的稳定性条件可以表示如下：

$$d^2U_s > 0 \tag{1-82}$$

将方程(1-80)代入式(1-82)，得到

$$\left(\frac{\partial \sigma_s}{\partial V_b}\right)_{S_s} < 0 \tag{1-83}$$

颗粒流比容是颗粒密度和颗粒体积分数的乘积，因此，方程(1-83)又可表示为

$$\left(\frac{\partial \sigma_s}{\partial \rho_b}\right)_{S_s} > 0 \tag{1-84}$$

对于颗粒流的等熵流动过程，由颗粒弹性模量的定义，方程(1-84)可以表示为

$$\left(\frac{\partial \sigma_s}{\partial \rho_b}\right)_{S_s} = \frac{1}{\rho_s}\left(\frac{\partial \sigma_s}{\partial \varepsilon_s}\right)_{S_s} = \left(\frac{G}{\rho_s}\right)_{S_s} > 0 \tag{1-85}$$

式(1-85)表明，颗粒弹性模量代表颗粒法向压力随颗粒体积分数的变化率。因此，当颗粒弹性模量所代表的固相压力在空隙率小于最小流化空隙率(或者颗粒体积分数大于颗粒最大堆积浓度)时具有极其重要的意义，它可以将虚数特征值转化为实数，有助于解的稳定性。

由方程(1-79)，定义颗粒拟温度(或颗粒温度)：

$$\theta = \left(\frac{\partial U}{\partial S_s}\right)_{V_b} \tag{1-86}$$

对于等颗粒体积分数或者等颗粒浓度的颗粒流，颗粒流的定空隙率比热容(比定容热容)是

$$C_\varepsilon = \left(\frac{\partial U}{\partial \theta}\right)_{\rho_s^{-1}} \tag{1-87}$$

同理，对于等颗粒法向力的颗粒流，颗粒流的比定压热容是

$$C_\sigma = \left(\frac{\partial U}{\partial \theta}\right)_{\sigma_s} \tag{1-88}$$

由热力学稳定性条件，必有

$$C_\sigma > C_\varepsilon \tag{1-89}$$

像气体热力学中气体比定压热容总是大于比定容热容那样，颗粒流的比定压热容也大于定空隙率比热容。

由方程(1-89)，颗粒流内能以颗粒流熵和颗粒流容积密度为函数进行微分，得到

$$dU_s = \left(\frac{\partial U_s}{\partial S_s}\right)_{\rho_b^{-1}} dS_s + \left(\frac{\partial U_s}{\partial \rho_b^{-1}}\right)_{S_s} d\rho_b^{-1} \tag{1-90}$$

由颗粒拟温度和颗粒流法向应力(即颗粒压力)的关系,颗粒流内能可以表示为

$$dU_s = \theta dS_s - \sigma_s d\rho_b^{-1} \tag{1-91}$$

反映了颗粒流动过程中不同流动状态之间内能、熵和颗粒相体积密度之间的关系。

以颗粒拟温度和颗粒相体积密度为状态参量,颗粒流内能可以表述如下:

$$U_s = U(\theta, V_b) = U\left(\theta, \frac{1}{\varepsilon_s \rho_s}\right) \tag{1-92}$$

进行微分,整理得到

$$dU_s = \left(\frac{\partial U_s}{\partial \theta}\right)_{\rho_b^{-1}} d\theta + \left(\frac{\partial U_s}{\partial \rho_b^{-1}}\right)_{\theta} d\rho_b^{-1} \tag{1-93}$$

以颗粒流的定空隙率比热容表示为

$$dU_s = C_\varepsilon d\theta - \sigma_s d\rho_b^{-1} \tag{1-94}$$

揭示了颗粒流动过程中不同流动状态之间颗粒流内能、颗粒拟温度和颗粒浓度之间的关系。同理,颗粒流焓可以表示为

$$dH_s = \theta dS_s + \rho_b^{-1} d\sigma_s \tag{1-95}$$

或者

$$dH_s = C_\sigma d\theta + \left[\rho_b^{-1} - \theta\left(\frac{\partial \rho_b^{-1}}{\partial \theta}\right)_\sigma\right] d\sigma_s \tag{1-96}$$

对于颗粒流内能和焓的颗粒流热力学函数,其主要独立变量选择适当,就可以从已知的颗粒流热力学函数求得其他热力学函数,从而可以把一个颗粒流系统的平衡性质完全确定下来。

1.4 气固两相流的特征方程和特征线

1.4.1 特征方程

对于气固两相流动,气相和颗粒相的质量守恒方程分别为(Gidaspow,1994)

$$\frac{\partial \rho_g \varepsilon_g}{\partial t} + \frac{\partial \rho_g \varepsilon_g v_g}{\partial x} = 0 \tag{1-97}$$

$$\frac{\partial \rho_s \varepsilon_s}{\partial t} + \frac{\partial \rho_s \varepsilon_s v_s}{\partial x} = 0 \tag{1-98}$$

同样,气相和颗粒相的动量守恒方程分别为

$$\frac{\partial \rho_g \varepsilon_g v_g}{\partial t} + \rho_g \varepsilon_g v_g \frac{\partial v_g}{\partial x} = -\frac{\partial p}{\partial x} - \varepsilon_g \rho_g g + \beta_B (v_s - v_g) - \frac{4\tau_{wg}}{D_t} \tag{1-99}$$

$$\frac{\partial \rho_s \varepsilon_s v_s}{\partial t} + \rho_s \varepsilon_s v_s \frac{\partial v_s}{\partial x} = -G \frac{\partial \varepsilon_s}{\partial x} - \varepsilon_s \rho_s g - \beta_B (v_s - v_g) - \frac{4\tau_{ws}}{D_t} \tag{1-100}$$

对于一维气固两相流动，可以获得气体浓度、气体压力、气体速度和颗粒速度时间与空间的变化关系。以矩阵形式表示如下：

$$\boldsymbol{A}\begin{pmatrix}\partial\varepsilon_g/\partial t\\ \partial p/\partial t\\ \partial v_g/\partial t\\ \partial v_s/\partial t\end{pmatrix}+\boldsymbol{B}\begin{pmatrix}\partial\varepsilon_g/\partial x\\ \partial p/\partial x\\ \partial v_g/\partial x\\ \partial v_s/\partial x\end{pmatrix}=\begin{pmatrix}0\\ 0\\ \beta_B(v_s-v_g)-4\tau_{wg}/D_t-\varepsilon_g\rho_g g\\ -\beta_B(v_s-v_g)-4\tau_{ws}/D_t-\varepsilon_s\rho_s g\end{pmatrix} \tag{1-101}$$

式中，系数矩阵$\boldsymbol{A}$和$\boldsymbol{B}$分别如下：

$$\boldsymbol{A}=\begin{pmatrix}\rho_g & \varepsilon_g/C_g^2 & 0 & 0\\ \rho_s & 0 & 0 & 0\\ 0 & 0 & \rho_g\varepsilon_g & 0\\ 0 & 0 & 0 & \rho_s\varepsilon_s\end{pmatrix};\boldsymbol{B}=\begin{pmatrix}\rho_g v_g & \varepsilon_g v_g/C_g^2 & \rho_g\varepsilon_g & 0\\ \rho_s v_s & 0 & 0 & \rho_s\varepsilon_s\\ 0 & 1 & \rho_g\varepsilon_g v_g & 0\\ -G & 0 & 0 & \rho_s\varepsilon_s v_s\end{pmatrix} \tag{1-102}$$

式中，气体声速C_g是

$$C_g=\sqrt{(\partial p/\partial\rho_g)_T} \tag{1-103}$$

方程组(1-101)给出了关于气体浓度、气体压力、气体速度和颗粒速度随时间和空间位置的变化关系。$\partial\varepsilon_g/\partial x$、$\partial p/\partial x$、$\partial v_g/\partial x$和$\partial v_s/\partial x$有非零解的充分必要条件是系数矩阵$\boldsymbol{B}$必为零。由于$\boldsymbol{B}$是4阶矩阵，如果$\lambda$是$\boldsymbol{B}$的特征值，则$\lambda$就是$\boldsymbol{B}$的特征方程的一个根；反之，如果$\lambda$是$\boldsymbol{B}$的特征方程的一个根，即$|\boldsymbol{B}-\boldsymbol{E}\lambda|=0$($E$为单位矩阵)，则方程组(1-101)就有非零解。所以，特征矩阵是

$$\begin{pmatrix}v_s-\lambda & 0 & 0 & -\varepsilon_s\\ \dfrac{\rho_g C_g^2}{\varepsilon_g}(v_g-v_s) & v_g-\lambda & \rho_g C_g^2 & \dfrac{\varepsilon_s\rho_g C_g^2}{\varepsilon_g}\\ 0 & \dfrac{1}{\rho_g\varepsilon_g} & v_g-\lambda & 0\\ -\dfrac{G}{\rho_s\varepsilon_s} & 0 & 0 & v_s-\lambda\end{pmatrix} \tag{1-104}$$

1.4.2　特征线

行列式可以用拉普拉斯(Laplace)定理解得。拉普拉斯定理：如果n阶行列式中任意取定k个列($1\leqslant k\leqslant n-1$)，则含在这个$k$列中所有可能的$k$阶子行列式和相对应的代数余子式的乘积之和，恰好等于原来的行列式。因此，特征矩阵有四个实根，即有四条特征曲线，分别如下：

气相的特征曲线是

$$\lambda_{1,2} = v_g \pm \sqrt{C_g^2/\varepsilon_g} \tag{1-105}$$

颗粒相特征曲线是

$$\lambda_{3,4} = v_s \pm \sqrt{G/\rho_s} = v_s \pm C_s \tag{1-106}$$

在气固两相流动中，气体声速大于零，即$(C_g^2/\varepsilon_g)>0$。并且$(G/\rho_s)>0$，表明系数矩阵特征值具有实根。因此，非定常气固两相流动的控制方程是双曲型的，并且对于给定的定解条件（初始和边界条件），控制方程的解是存在的、唯一的和稳定的，因此气固两相流的控制方程组(1-101)是适定的。

一般而言，颗粒相应力表达式是

$$\sigma_s = \varepsilon_s \rho_s \theta + \frac{4\varepsilon_s^2 \theta}{1-(\varepsilon_s/\varepsilon_{s,\max})^{1/3}} \tag{1-107}$$

在低颗粒容积分数时，方程(1-107)右端最后一项可以忽略不计。微分得到颗粒弹性模量为

$$G(\varepsilon_s) = \left(\frac{\partial \sigma_s}{\partial \varepsilon_s}\right)_\theta = \rho_s \theta \tag{1-108}$$

颗粒流临界速度为

$$C_s = \sqrt{\theta} \tag{1-109}$$

即颗粒流临界速度与颗粒拟温度有相同的数量级。在高颗粒容积分数条件下，方程(1-107)微分得到颗粒弹性模量为

$$G(\varepsilon_s) = \rho_s \theta \left\{1 + \frac{4\varepsilon_s}{1-(\varepsilon_s/\varepsilon_{s,\max})^{1/3}}\left[2 + \frac{0.33}{1-(\varepsilon_s/\varepsilon_{s,\max})^{1/3}}\left(\frac{\varepsilon_s}{\varepsilon_{s,\max}}\right)^{1/3}\right]\right\} \tag{1-110}$$

方程(1-110)表明，随着颗粒容积分数的增加，颗粒弹性模量增大，特别当颗粒容积分数达到颗粒堆积的容积分数时，颗粒弹性模量迅速增大。同时，方程(1-110)表明颗粒弹性模量与颗粒拟温度有关。随着颗粒拟温度的提高，颗粒弹性模量增大。由此可见，颗粒弹性模量计算模型具有一定的适用范围，外推应用时需要慎重。应用方程(1-108)可以获得颗粒流声速 C_s，图 1-4 表示颗粒声速 C_s 随颗粒体积分数（即颗粒浓度）的变化。流化床提升管内气体和催化剂 FCC 颗粒气固两相流动的试验结果表明(Gidaspow et al.，2001)：随着颗粒浓度的增加，颗粒流声速 C_s 先增加，达到最大值后，再降低。由方程(1-106)可见，颗粒相特征线是 $\lambda_3 = v_s - C_s$ 和 $\lambda_4 = v_s + C_s$ 的两条轨迹线。对于实际气固两相流动过程，颗粒速度接近于气体速度，因此，颗粒相特征值通常是正值，一大一小。特别当颗粒浓度低时，颗粒流弹性模量很小，颗粒声速接近于零，特征线 λ_3 和 λ_4 合并为一，独立于气相流动，颗粒相特征线传播的速度等于颗粒相速度。

当气相压力梯度分别作用到气相和颗粒相时，气相和颗粒相动量守恒方程可以表示为如下形式：

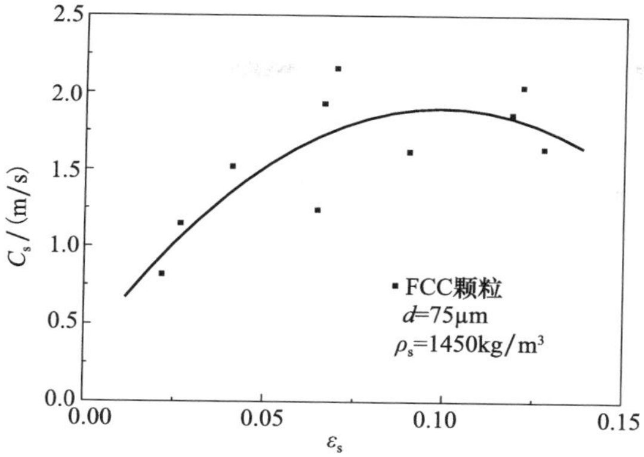

图 1-4　颗粒声速随颗粒浓度的变化(Gidaspow et al.,2001)

$$\frac{\partial \rho_g \varepsilon_g v_g}{\partial t}+\rho_g \varepsilon_g v_g \frac{\partial v_g}{\partial x}=-\varepsilon_g \frac{\partial p}{\partial x}-\varepsilon_g \rho_g g+\beta_A (v_s-v_g)-\frac{4\tau_{wg}}{D_t} \tag{1-111}$$

$$\frac{\partial \rho_s \varepsilon_s v_s}{\partial t}+\rho_s \varepsilon_s v_s \frac{\partial v_s}{\partial x}=-\varepsilon_s \frac{\partial p}{\partial x}-G\frac{\partial \varepsilon_s}{\partial x}-\varepsilon_s \rho_s g-\beta_A (v_s-v_g)-\frac{4\tau_{ws}}{D_t} \tag{1-112}$$

由方程(1-111)和方程(1-112)所组成的气固两相流动模型称为模型 A。颗粒相的特征线是

$$\lambda=\left(\frac{1}{\rho_g/\varepsilon_g+\rho_s/\varepsilon_s}\right)^{1/2}\left[\frac{-(v_g-v_s)}{\varepsilon_g/\rho_g+\varepsilon_s/\rho_s}+\frac{G}{\varepsilon_s}\right]^{1/2} \tag{1-113}$$

当颗粒弹性模量趋于零($G\to 0$)时,特征线的方程是虚数,气固两相流动方程(1-111)和方程(1-112)是不适定的。由此可见,颗粒弹性模量对气固两相流动方程的求解非常重要,它可以使气固两相流动方程组变成适定的,表明颗粒弹性模量在解决气固两相流动的定解问题过程中起到关键作用,在模型中不能忽略颗粒相应力项,该项的计算可以采用弹性模量或者颗粒动理学方法确定。

1.5　气固两相的动量传递

对于等温气固两相流动,不考虑化学反应对动量传递的影响,气相质量守恒方程为

$$\frac{\partial \rho_g \varepsilon_g}{\partial t}+\nabla\cdot \rho_g \varepsilon_g \boldsymbol{v}_g=0 \tag{1-114}$$

同理,固相质量守恒方程为

$$\frac{\partial \rho_s \varepsilon_s}{\partial t}+\nabla\cdot \rho_s \varepsilon_s \boldsymbol{v}_s=0 \tag{1-115}$$

气相动量守恒方程为

$$\frac{\partial}{\partial t}(\varepsilon_g\rho_g\boldsymbol{v}_g)+\nabla\cdot(\varepsilon_g\rho_g\boldsymbol{v}_g\boldsymbol{v}_g)=-\varepsilon_g\nabla\boldsymbol{p}_g+\varepsilon_g\nabla\cdot\boldsymbol{\tau}_g+\varepsilon_g\rho_g\boldsymbol{g}+\beta(\boldsymbol{v}_s-\boldsymbol{v}_g) \tag{1-116}$$

同理,固相动量守恒方程为

$$\frac{\partial}{\partial t}(\varepsilon_s\rho_s\boldsymbol{v}_s)+\nabla\cdot(\varepsilon_s\rho_s\boldsymbol{v}_s\boldsymbol{v}_s)=-\varepsilon_s\nabla\boldsymbol{p}_g-\nabla\boldsymbol{p}_s+\varepsilon_s\nabla\cdot\boldsymbol{\tau}_s+\varepsilon_s\rho_s\boldsymbol{g}+\beta(\boldsymbol{v}_g-\boldsymbol{v}_s) \tag{1-117}$$

方程(1-116)和方程(1-117)的最后一项代表气固之间作用力,β 为气固相间曳力系数(或者相间动量交换系数),需要模型进行封闭。

1.5.1 流体颗粒相间作用关联式

气固两相流动的主要特征是颗粒与流体的速度不相等,因此两相间存在相互作用力。阻力是在流体完全均匀条件下颗粒做匀速运动的流体作用于颗粒上的力。如果流体中存在不均匀性(如存在压强梯度、速度梯度和温度梯度)或颗粒做变速运动,则颗粒除了受阻力,还要承受由此引起的其他作用力:视质量力、巴塞特(Basset)加速度力、压强梯度力、马格努斯(Magnus)力、萨夫曼(Saffman)力等(Gidaspow,1994)。与颗粒本身惯性相比,浮力、压力梯度力、虚假质量力等力均很小,可以忽略不计。在这些气固相间作用力中,气固阻力是最关键的气固两相作用力,它对流动、传热、传质等都起着十分重要的作用。

气固作用力表示为曳力系数与气固相对速度的乘积。因此,曳力系数反映了相间作用的强弱程度。确定曳力系数方法大致分为两类:第一类是基于均匀体系的试验和理论分析结果获得的曳力系数计算方法;第二类是基于非均匀、多尺度结构获得的曳力系数计算模型。前者曳力系数关联式是由较为均匀的体系,如液固流化床或散式流化床的试验数据导出的。然而,在气固系统中,即使在气固两相流模型处理的计算网格内,也存在非均匀流动结构,如颗粒团聚物现象。非均匀流动结构对曳力系数影响很大,因此应用第一类关联式来计算非均匀流态化系统的曳力系数具有一定的局限性。除非网格足够小,网格分辨率可达到捕捉很小尺度上的团聚物现象,才能模拟出较准确的流动结构。但在实际计算中,由于计算能力和计算机内存的限制,网格不可能无限小。因此,对于非均匀气固流态化系统,第一类的曳力系数计算方法不再适合计算第二类非均匀系统内的曳力系数。

在气固两相流动过程中,忽略气体加速度和气体-壁面作用力,同时,不考虑气体质量力。简化得到一维稳定流动气体动量守恒方程为

$$-\varepsilon_g\frac{\mathrm{d}p}{\mathrm{d}x}-\beta_A(v_g-v_s)=0 \tag{1-118}$$

流体通过固定床的压降与许多因素有关,如流体流速、流体密度 ρ_g 和黏性系数 μ_g、颗粒直径 d_p、床层空隙率 ε_g、颗粒形状系数 ϕ 等。流体在床内与颗粒发生相互作用,流速越大,颗粒受到流体的曳力作用越大;反过来,颗粒对流体的反作用力即流

体对颗粒的阻力也就越大。对于均匀粒度颗粒固定床，床层压降可以按厄贡方程确定(Ergun，1952)：

$$\frac{\Delta p}{\Delta x}=150\frac{(1-\varepsilon_g)^2}{\varepsilon_g^3}\frac{\mu_g u_0}{(\phi d_p)^2}+1.75\frac{(1-\varepsilon_g)}{\varepsilon_g^3}\frac{\rho_g u_0^2}{\phi d_p} \tag{1-119}$$

方程等号右端第一项代表流体与颗粒表面摩擦的黏性阻力损失，第二项表示湍流漩涡和通道的扩大及收缩的惯性损失。气体表观速度 $u_0=\varepsilon_g(v_g-v_s)$。方程(1-119)代入方程(1-118)，得到曳力系数计算方程(Gidaspow，1994)：

$$\beta_A=150\frac{(1-\varepsilon_g)^2\mu_g}{\varepsilon_g(\phi d_p)^2}+1.75\frac{(1-\varepsilon_g)\rho_g|v_g-v_s|}{\phi d_p},\quad \varepsilon_g<0.8 \tag{1-120}$$

随着颗粒容积分数的降低，气体作用于颗粒作用力趋于气体与单颗粒的阻力。在气体-单颗粒流动过程中，由于流体有黏性，在颗粒表面有一黏性附面层，它在颗粒表面产生压强和剪应力。作用在球形颗粒上的压强分布是不对称的，形成压差阻力。另外，颗粒表面上的摩擦剪应力构成摩擦阻力。因此，颗粒在流体中运动时，流体作用于球体上的阻力由压差阻力和摩擦阻力组成 F_d。设体系内颗粒数为 n，流体对颗粒的总阻力为(Wen et al.，1966)

$$-\frac{dp}{dx}=nF_d=\frac{6\varepsilon_s}{\pi(\phi d_p)^3}C_d\frac{\rho_g}{2}|v_g-v_s|(\boldsymbol{v}_g-\boldsymbol{v}_s)\frac{\pi(\phi d_p)^2}{4}f(\varepsilon_g) \tag{1-121}$$

方程(1-121)代入方程(1-118)，可以得到低颗粒容积分数下的曳力系数计算式(Gidaspow，1994)：

$$\beta_A=\frac{3}{4}C_d\frac{(1-\varepsilon_g)\varepsilon_g\rho_g}{(\phi d_p)}|v_g-v_s|f(\varepsilon_g),\quad \varepsilon_g\geqslant 0.8 \tag{1-122}$$

式中，C_d 是单颗粒阻力系数，取决于 Re。

$$C_d=\frac{24}{Re}(1+0.15Re^{0.687}),\quad Re<1000 \tag{1-123}$$

$$C_d=0.44,\quad Re\geqslant 1000 \tag{1-124}$$

$$Re=\frac{\varepsilon_g\rho_g(v_g-v_s)(\phi d_p)}{\mu_g}$$

方程(1-121)中函数 $f(\varepsilon_g)$表示单颗粒周围的其他颗粒对单颗粒阻力系数的相互影响，反映了体系内颗粒之间的相互影响程度。当气体体积分数趋于 1.0 时，函数 $f(\varepsilon_g)$应趋于 1.0。函数 $f(\varepsilon_g)$表达式是

$$f(\varepsilon_g)=\varepsilon_g^{-2.65} \tag{1-125}$$

图 1-5 表示曳力系数随颗粒体积分数的变化规律。随着颗粒体积分数的增加，曳力系数增大，特别在低颗粒浓度时变化更为明显。同时，也发现在颗粒体积分数为 0.2 时，曳力系数会发生跳跃，曳力计算由方程(1-120)转换为方程(1-122)。因此，方程(1-120)和方程(1-122)所预测的曳力系数随 Re 连续变化，但是随颗粒体积分数 ε_s 是间断的，导致所呈现的曳力系数变化规律在物理上是失真的，同时在

数值计算中造成发散。为了保证曳力系数在颗粒容积分数场内连续，采用 Huilin-Gidaspow 气固曳力计算模型（Lu et al.，2003b；ANSYS，2011）：

$$\beta_A = (1-\varphi)\left[150\frac{(1-\varepsilon_g)^2\mu_g}{\varepsilon_g(\phi d_p)^2} + 1.75\frac{(1-\varepsilon_g)\rho_g|v_g - v_s|}{(\phi d_p)}\right] + \varphi\frac{3}{4}C_d\frac{(1-\varepsilon_g)\varepsilon_g\rho_g}{(\phi d_p)}|v_g - v_s|\varepsilon_g^{-2.65} \tag{1-126}$$

$$\varphi = \frac{\arctan[150\times 1.75(\varepsilon_g - 0.8)]}{\pi} + 0.5 \tag{1-127}$$

按方程(1-124)预测的曳力系数如图 1-5 所示。随着颗粒体积分数的逐渐增加，曳力系数逐渐增大。实现由低颗粒浓度至高颗粒浓度在速度场和浓度场内连续统一的气固曳力计算模型，揭示了稀疏和稠密气固两相流动中气相与固相之间相间作用的变化规律。

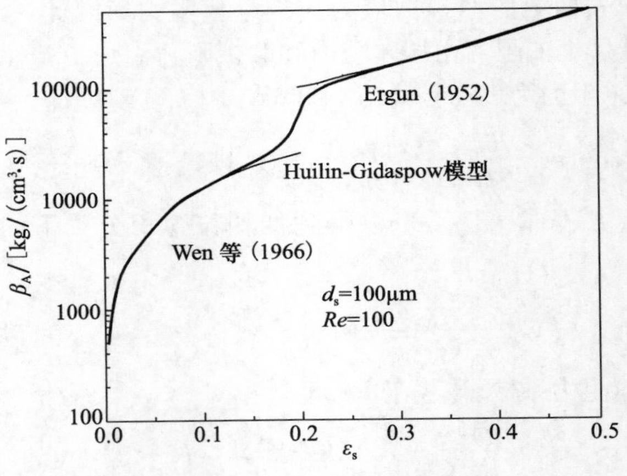

图 1-5　曳力系数随颗粒体积分数的变化

对于如图 1-2 所示的微元体，假设气体-颗粒两相稳定流动，气相动量守恒方程可以表示如下：

$$\rho_g\varepsilon_g v_g\frac{dv_g}{dx} = -\frac{dp}{dx} - \varepsilon_g\rho_g g - \beta_B(v_s - v_g) - \frac{4\tau_{wg}}{D_t} \tag{1-128}$$

当忽略气体动量变化率、气体质量力和气体与壁面作用时，可以简化如下：

$$-\frac{dp}{dx} - \beta_B(v_s - v_g) = 0 \tag{1-129}$$

由方程(1-119)和方程(1-121)，整理得到曳力系数表达式：

$$\beta_B = 150\frac{\varepsilon_s^2\mu_g}{\varepsilon_g^2(\phi d_p)^2} + 1.75\frac{\rho_g\varepsilon_s|v_g - v_s|}{\varepsilon_g(\phi d_p)},\quad \varepsilon_g < 0.8 \tag{1-130}$$

$$\beta_B = \frac{3}{4} C_d \frac{\rho_g \varepsilon_s |v_g - v_s|}{\varepsilon_g (\phi d_p)} \varepsilon_g^{-2.65}, \quad \varepsilon_g \geqslant 0.8 \tag{1-131}$$

$$\beta_B = (1-\varphi)\left[150 \frac{(1-\varepsilon_g)^2 \mu_g}{\varepsilon_g^2 (\phi d_p)^2} + 1.75 \frac{(1-\varepsilon_g)\rho_g |v_g - v_s|}{\varepsilon_g (\phi d_p)}\right] + \varphi \frac{3}{4} C_d \frac{(1-\varepsilon_g)\varepsilon_g \rho_g}{(\phi d_p)} |v_g - v_s| \varepsilon_g^{-2.65} \tag{1-132}$$

采用 Huilin-Gidaspow 气固曳力计算模型预测的曳力系数变化如图 1-5 所示(Lu et al.,2003b;ANSYS,2011)。由方程(1-126)～方程(1-132)可见,曳力系数计算模型存在如下关系(Gidaspow,1994):

$$\beta_B = \beta_C = \frac{\beta_A}{\varepsilon_g} \tag{1-133}$$

在气固两相流动,特别是流态化过程中,有许多不同的经验和半理论-半经验的曳力系数计算模型,不同计算模型具有一定的适用范围。气固曳力是表征气固两相之间相互作用和动量交换的重要参数,它决定了固体颗粒的夹带和输送过程。在气固两相流动数值模拟中,气固曳力模型准确与否从根本上决定了数值模拟在总体上的准确性。而现有的气固曳力模型大都是从均匀气固和液固两相流动以及颗粒沉降的试验数据中总结出来的经验关系式,它们共同的特征是在单颗粒的基础上,引入颗粒体积分数,对颗粒浓度效应加以修正。因此,适用于颗粒在流场中均匀分布的流动过程。

1.5.2　流体颗粒流动的能量耗散

气固两相流的流动特性可由能量耗散(或熵的增加)而得到理解。单相流的流动能量耗散是由壁面摩擦产生的。如果假设壁面没有摩擦,则能量耗散量为零。但对于气固两相流动,因气固两相之间存在相对速度,壁面上即使没有摩擦也有能量耗散。在气固两相流动过程中,气相和颗粒相动量守恒方程分别是

$$\rho_g \varepsilon_g \left(\frac{\partial v_g}{\partial t} + v_g \frac{\partial v_g}{\partial x}\right) = -\varepsilon_g \frac{\partial p}{\partial x} - \varepsilon_g \rho_g g + \beta_A (v_s - v_g) - \frac{4\tau_{wg}}{D_t} \tag{1-134}$$

$$\rho_s \varepsilon_s \left(\frac{\partial v_s}{\partial t} + v_s \frac{\partial v_s}{\partial x}\right) = -\varepsilon_s \frac{\partial p}{\partial x} - \frac{\partial \sigma_s}{\partial x} - \varepsilon_s \rho_s g - \beta_A (v_s - v_g) - \frac{4\tau_{ws}}{D_t} \tag{1-135}$$

气固两相混合物动能守恒方程是

$$\sum_{i=g,s}\left[\rho \frac{D\left(\frac{1}{2} v_i^2\right)}{Dt} + v_i \frac{\partial p}{\partial x} + v_i \rho_i g\right] + v_s \frac{\partial \sigma_s}{\partial x} = -(v_g - v_s)^2 \frac{\beta_A}{\varepsilon_g \varepsilon_s} - \frac{4\tau_{wg} v_g}{D_t \varepsilon_g} - \frac{4\tau_{ws} v_s}{D_t \varepsilon_s} = -\Omega \tag{1-136}$$

由方程可见,等号左侧各项分别表示气固混合物动能的变化率、流体压力做功、混合物势能和由颗粒应力形成做功。右侧各项分别表示气固相间摩擦引起的损耗、气体与壁面的摩擦和颗粒与壁面的摩擦而引起的能量损失。由此可见,气固

两相流的能量耗散性质是明显的。如果壁面没有摩擦能量损失，即右侧第二项和第三项的能量损失等于零，但由于气体和颗粒存在相对速度，方程右侧第一项不等于零，因此能量损耗不为零。气固两相流的不可逆性而引起熵的增加，就是由这些能量损失引起的。

在低颗粒体积分数(颗粒浓度)时，以气固曳力系数表示的能量损耗为

$$\Omega=\frac{3}{4}C_{\mathrm{d}}\frac{\rho_{\mathrm{g}}(v_{\mathrm{g}}-v_{\mathrm{s}})^{2}|v_{\mathrm{g}}-v_{\mathrm{s}}|}{d_{\mathrm{p}}}+\frac{4\tau_{\mathrm{wg}}v_{\mathrm{g}}}{D_{\mathrm{t}}\varepsilon_{\mathrm{g}}}+\frac{4\tau_{\mathrm{ws}}v_{\mathrm{s}}}{D_{\mathrm{t}}\varepsilon_{\mathrm{s}}} \tag{1-137}$$

方程表明，在低颗粒浓度时气固动能耗散与颗粒直径成反比，即小颗粒直径具有大的动能耗散。同时，气体与壁面的摩擦切应力和颗粒与壁面的摩擦切应力增大了气固两相能量的耗散。

对于高颗粒浓度和低雷诺数，并且忽略气体与壁面和颗粒与壁面之间摩擦作用引起的能量耗散，由气固相间作用引起的能量损耗为

$$\Omega=\frac{150\mu_{\mathrm{g}}\varepsilon_{\mathrm{s}}(v_{\mathrm{g}}-v_{\mathrm{s}})^{2}}{d_{\mathrm{p}}^{2}\varepsilon_{\mathrm{g}}^{2}},\quad Re<20 \tag{1-138}$$

方程表明，对于给定气体速度，为了降低能量耗散，颗粒将通过流化、床层膨胀来降低能量耗散。由于能量耗散与颗粒直径成反比，因此，颗粒直径越小，为了保持能量耗散有界，颗粒流化膨胀就越大。对于高颗粒浓度和高雷诺数，能量损耗是

$$\Omega=\frac{1.75\rho_{\mathrm{g}}(v_{\mathrm{g}}-v_{\mathrm{s}})^{2}|v_{\mathrm{g}}-v_{\mathrm{s}}|}{d_{\mathrm{p}}\varepsilon_{\mathrm{g}}},\quad Re>1000 \tag{1-139}$$

方程表明，能量耗散与气体密度成正比。因此，随着压力的提高，气体密度增加，能量耗散增大。因此，对于给定气体速度，为了降低能量耗散，随着压力的增加，气体空隙率(气体浓度)增大。注意到与低雷诺数相反，在高颗粒浓度和高雷诺数时，气固两相的动能耗散与气体黏性系数无关。

当忽略气体与壁面和颗粒与壁面之间摩擦作用引起的能量损失时，能量损耗可以表示如下：

$$\Omega=g(\rho_{\mathrm{s}}-\rho_{\mathrm{g}})(v_{\mathrm{g}}-v_{\mathrm{s}}) \tag{1-140}$$

即两相流动中动能耗散与两相密度差成正比。由于液固两相流动中密度差小于气固两相流动中的密度差，气固两相流动的能量耗散大于液固两相流动。

当忽略气体与壁面和颗粒与壁面之间作用时，以压力梯度表示的能量损耗为

$$\Omega=\frac{(v_{\mathrm{g}}-v_{\mathrm{s}})}{\varepsilon_{\mathrm{s}}}\left(-\frac{\Delta p}{\Delta x}\right) \tag{1-141}$$

方程表明，气固两相能量耗散是由压力梯度引起的。因此，对于给定输入气体能量的颗粒固定床，颗粒需要实现流化来降低压力梯度产生的能量耗散。

1.6　气固多尺度能量耗散最小模型和多尺度曳力计算模型

气固流化床的基本特征可以概括为以下四类：

(1)“域”过渡，气固两相流动系统随着操作速度的增加发生根本性变化，从而展现出一系列具有各自流动特征的流域，依次为固定床、鼓泡流化、节涌流化、湍动流化、快速流化和稀相输送。

(2)“型”演变，气固两相流动系统随着床层物料颗粒性质发生变化。例如，对于颗粒FCC/空气两相流动系统，流域可能表现为散式流化、鼓泡流化、湍动流化、快速流化和稀相输送多种情况。对于粗颗粒气固两相流动系统，流域表现为鼓泡流化和稀相输送。对于大部分液固两相系统则表现为散式流化。

(3)“相”结构，气固两相流动系统发生在介尺度上的非均匀结构现象，即颗粒密集的密相和流体密集的稀相。对于密相流化，连续相为密相(乳化相)，密相以外的气体以气泡形式通过床层。对于快速流态化，连续相为稀相，颗粒以聚团的形式称为分散相。介尺度非均匀的产生是气固两相系统内在相间作用协调控制的结果。

(4)“区”分布，气固两相系统在设备结构上的非均匀结构现象。例如，在气固快速流态化中颗粒体积分数的空间分布呈现出沿轴向上稀下浓、径向为中心低-壁面高的环核结构。

在流化床内，随着颗粒体积分数增加，颗粒不仅在流化床内整体空间上的分布极不均匀，沿轴向方向呈现底部密相区和顶部稀相区；同时沿径向方向形成内稀外浓的环-核流动结构，而且在局部空间的分布也不均匀，发生颗粒团聚现象。整体上的不均匀是边界条件和操作条件的影响所致的。通常，这种不均匀结构的尺度比计算网格尺寸大得多。因此，可以比较容易地用数值方法加以模拟。而局部的非均匀性则主要是当地的气固两相运动相互协调的结果。颗粒聚团的形成完全改变了两相之间的相互作用-气固曳力，而完全不同于颗粒均匀分布时的情形。大量试验结果表明，颗粒聚团尺寸可以小到毫米量级以下，以至于不可能通过无限加密网格来捕捉颗粒团聚效应，而只有通过改进气固曳力模型来计及这种效应，弥补其计算模型缺陷，否则不能正确地模拟高浓度的稠密气固两相流动。

1.6.1　颗粒团聚效应

由于颗粒在流化床内的分布是非均匀的，宏观上呈现轴向上稀下浓和径向内稀外浓的结构，介观上呈现浓稀分相的团聚物或气泡结构，形成复杂的多尺度结构：分散单颗粒、气泡微尺度。分散单颗粒和气泡微尺度是非均相反应的一个重要基本尺度，在此尺度下，分子扩散、物质对流对反应过程起决定性作用。化学反应则发生在颗粒表面,传递往往会成为控制反应过程的主要因素。颗粒聚团和气泡合并的介尺度:颗粒聚团和气泡合并形成的介尺度,使系统行为发生质的改变,其传递性能与分散体系截然不同。一般而言,这一尺度的行为受不同介质或不同过程之间协调机制所控制。界面现象在这一尺度上发挥重要作用。设备和体系的宏观尺度:该尺度的特征为宏观结构受设备和体系边界的影响而发生空间的分布,由此导致更大尺度"结构"的产生,外部因素对过程行为的影响主要体现在这一尺度上。由此可见,从均相气固系统总结得到的经验关联式难以适用于多尺度-非均匀稠密气固两相流动。

图 1-6 表示穿过颗粒聚团的气体容积流量占总气体容积流量的比例随颗粒聚团空隙率 ε_g 的变化。聚团中单颗粒直径为 100μm,聚团中共 65 个颗粒等距排列。由图可知,随着颗粒聚团空隙率的增大,穿过颗粒聚团的气体量逐渐增加。当颗粒聚团的空隙率大于 0.7 时,气体穿过量迅速增加。相反,当颗粒聚团的空隙率低于 0.7 时,穿过气体量很小,表明气体难以穿过颗粒聚团内部,大部分气体以绕流的形式绕过颗粒聚团,此时可以基本认为穿过颗粒聚团内部的气体量接近于零。空隙率为 1 表示孤立单颗粒,假定为孤立单颗粒时,气体全部从颗粒表面周围穿过,即气体穿过量的比值为 1。由图可见,通过颗粒聚团的气体流量或气体速度随着颗粒聚团空隙率而增加。颗粒聚团的颗粒浓度越大,通过的气体流量或者速度迅速下降。当颗粒聚团的空隙率小于 0.7 时,通过的气体流量可以忽略不计。

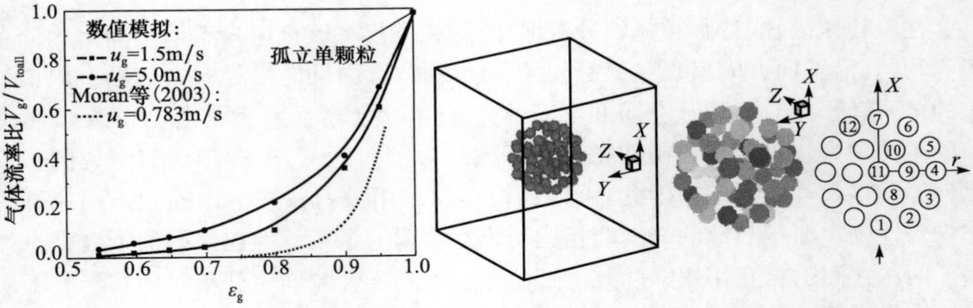

图 1-6　不同空隙率时穿过聚团的气体流率(王淑彦,2008)

图 1-7 表示聚团空隙率为 0.8 和进口气体速度为 5m/s 时,聚团中单个颗粒以及孤立单颗粒所受到的气动力。该力包括黏性力和压强梯度力。从图中可以看出,聚团中不同位置的颗粒所受到的力不同,由于聚团的阻力作用使得沿来流方向聚团内的气体速度越来越低,因此迎来流方向的颗粒所受到的力比较大,聚团内沿来流方向颗粒所受到的力越来越低。孤立单颗粒所受到的力比聚团中任何一个颗粒所受到的力都大,这表明颗粒的团聚使得单个颗粒所受到的力减小。同时由图可见,颗粒聚团内不同位置的颗粒将受到不同的作用力,位于聚团前部的颗粒

(图 1-6 中序号为 1、2 和 3 号颗粒)所受到的作用力相对较大,而位于聚团后部的颗粒(序号为 7 号颗粒)受到的作用力相对较小。由此可见,颗粒聚团内部颗粒受不同气动力的作用。

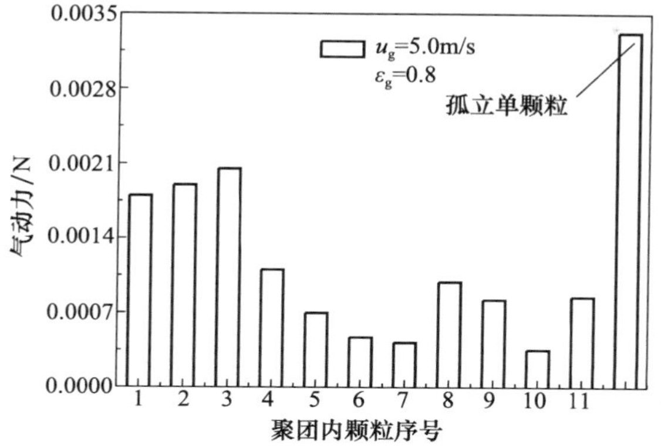

图 1-7　聚团中不同位置颗粒所受到的气动力(王淑彦,2008)

为了研究颗粒团聚过程中气体对颗粒的影响,采用动态分层法动网格更新方法,对颗粒团聚过程中气体对颗粒聚团作用力过程进行了数值模拟。图 1-8 表示单个颗粒(6 号颗粒和对称的 12 号颗粒)朝聚团方向的流动过程和速度变化。从该图可以看出,聚团后不同位置的局部速度分布不相同,离聚团越远的地方速度分布越均匀,并逐渐接近进口气体速度,单个颗粒尾部的气体速度为负值。单个颗粒的运动方程是

$$m_p \frac{d\boldsymbol{u}_p}{dt} = \frac{\pi}{8} C_d \rho_p d_p^2 \left| u_g - u_p \right| (\boldsymbol{u}_g - \boldsymbol{u}_p) + m_p \boldsymbol{g} \tag{1-142}$$

式中,m_p 和 d_p 分别是颗粒质量和直径;$\boldsymbol{u}_g$ 和 $\boldsymbol{u}_p$ 是气体和颗粒速度;ρ_p 是颗粒密度。由此,可以确定单颗粒的运动轨迹:

$$\frac{dx_i}{dt} = \boldsymbol{u}_p \tag{1-143}$$

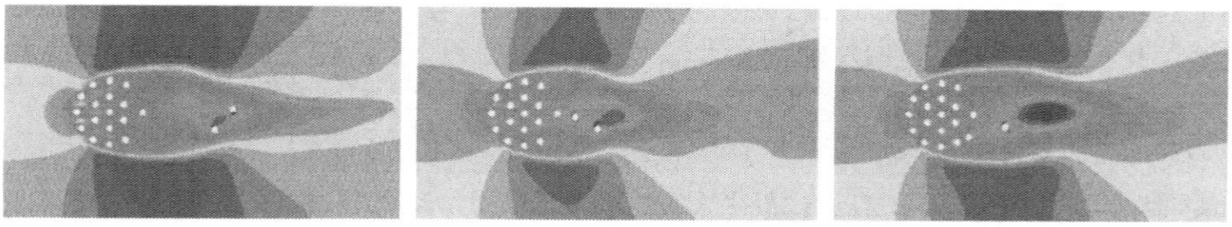

(a) t=0.01s　(b) t=0.018s　(c) t=0.028s

图 1-8　颗粒 6 号和 12 号朝聚团方向的流动过程和速度变化(王淑彦,2008)

图 1-9 表示进口气体速度分别为 1m/s、3m/s 和 5m/s 时,聚团和单颗粒(6 号颗粒)所受气动力。从图中可以看出,在单颗粒向聚团移动的过程中,由于

穿过聚团的气体受单颗粒运动的影响，聚团所受到的力逐渐减小，而单颗粒所受气动力先减小，后略有增大。随着进口气体速度增大，聚团和单颗粒所受到的气动力都逐渐增大，并且单颗粒所受气动力最小的位置随进口气体速度的增加逐渐向后移动，这是因为进口气体速度越大，聚团后部速度最小的位置越靠后。

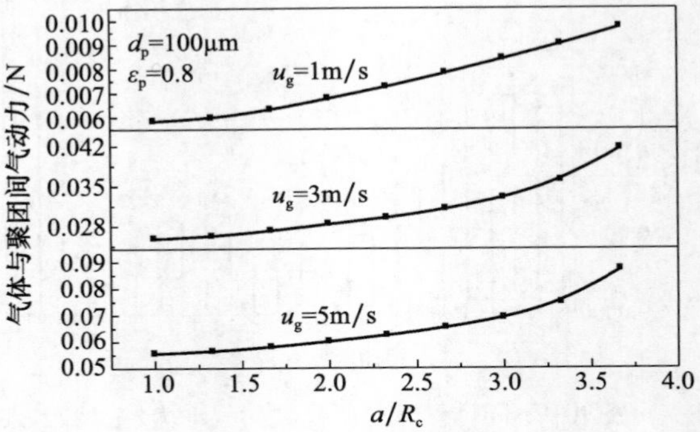

（a）聚团

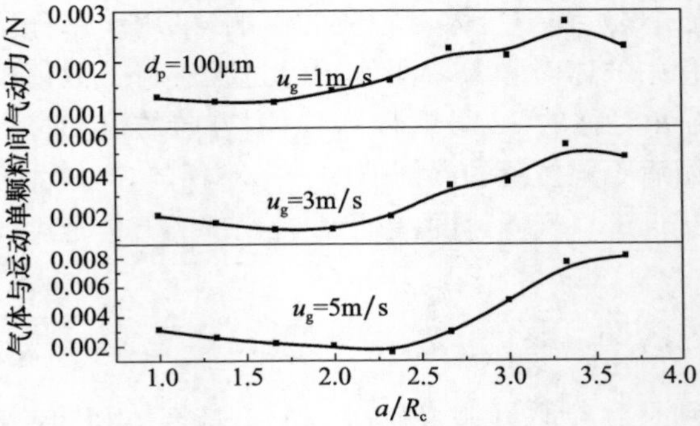

（b）单颗粒

图 1-9　颗粒 6 号进入聚团时聚团和单颗粒所受气动力（王淑彦，2008）

图 1-10 表示当一个运动颗粒逐渐流向颗粒聚团时的颗粒聚团总气动力和总阻力系数以及运动颗粒所受到的气动力和阻力系数随时间的变化。随着时间的推进，运动颗粒逐渐移向颗粒聚团，气体作用在聚团颗粒上的总气动力减小，同时运动颗粒的气动力也相应减小。当运动颗粒进入颗粒聚团时，作用在聚团上的总气动力和作用在运动颗粒上的气动力达到最小，相应的阻力系数也达到最小。由此可见，在颗粒聚团过程中，气体作用在颗粒上的气动力减小，颗粒为了避免气体的作用而形成团。计算结果表明，随着颗粒聚团内颗粒数的增加，运动颗粒流入颗粒聚团时，受到的气动力越大，对颗粒的影响就越大。同时，计算结果表明，运动颗粒所受到的气动力与其空间位置有关。

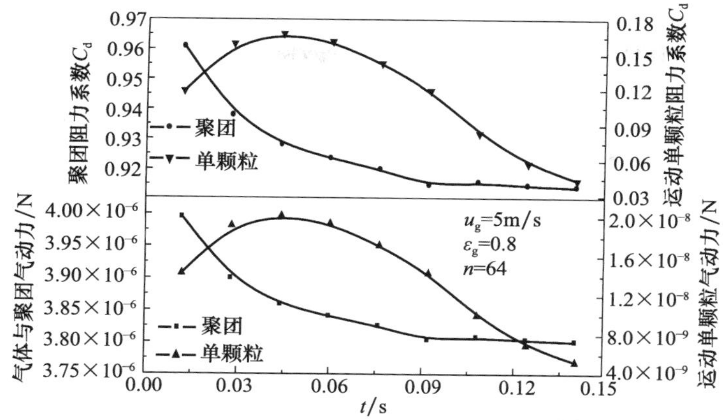

图 1-10　颗粒聚团和运动颗粒总气动力和阻力系数随时间的变化(王淑彦,2008)

1.6.2　多尺度体系守恒方程

循环流化床内颗粒团聚是气固两相流动为减小气动力形成的能量损失而进行的一种自适应调节,也是气固两相之间曳力协同作用的结果。这种协同效应在一定的颗粒浓度范围内随着颗粒浓度的增大而增强,而且与计算网格的流动参数密切相关,如图 1-11 所示。宏观尺度通过计算网格,结合进出口边界条件和壁面边界条件影响体系性能。颗粒(微观尺度)和颗粒聚团(介尺度)运动影响网格参数,即网格参数与微观尺度和介尺度的流体动力特性有关。由此可见,微观尺度和介尺度影响网格参数,并通过网格参数分布影响体系宏观尺度的变化。对于等温高颗粒浓度的气固两相流动过程,可以通过求解气相和固相质量守恒、动量守恒方程和颗粒拟温度方程,得到任意计算网格的气相浓度 ε_g、速度 u_g 和压力 p(或者网格压力梯度 Δp)、固相速度 u_s 和颗粒拟温度 θ 的分布。这也表明任意网格内微观尺度和介观尺度的流体动力特性将取决于网格的气相浓度、速度和压力、固相速度和颗粒拟温度的调控。当不考虑颗粒之间碰撞作用时,网格内微观尺度和介尺度时空变化将取决于计算网格内的气相浓度、速度和压力及固相速度的调控。同时也可以看出,计算网格内颗粒聚团流动过程受计算网格参数气相浓度、速度和压力以及固相速度和颗粒拟温度的控制。

对于高浓度气固两相流动过程,计算网格内多尺度非均匀的流动由密相(dense)和稀相(dilute)两个区域构成。密相区是颗粒密集团聚的区域,稀相区是密相区以外的稀疏流动区域。从气固两相相互作用的角度还可将流场进一步分解成三个子系统:密相、稀相和相互作用相(interface)。相互作用相指的是稀相流体与密相团聚物之间的整体相互作用,即把颗粒团看成一个大颗粒,稀相气流绕流时也将产生曳力作用。于是,一个非均匀的两相系统可以分解为三个均匀的子系统。

在任意计算网格的微元体容积 V 内,密相颗粒团聚具有相同的尺寸 d_c。密相区和稀相区所占体积为 V_{den} 和 V_{dil},密相区所占体积分数是 $f=V_{den}/V$。微元体密相区中气体所占体积为 $V_{g,den}$,稀相区中气体所占体积为 $V_{g,dil}$,密相区内气体所占体积分数(密相区空隙率)是 $\varepsilon_{den}=V_{g,den}/V_{den}$;同理,稀相区内气体所占体积分数(稀相区空隙率)为 $\varepsilon_{dil}=V_{g,dil}/V_{dil}$。同时,定义密相表观气体速度和密相表观颗粒速度为 $U_{g,den}$ 和 $U_{s,den}$,稀相表观气体速度和稀相表观颗粒速度分别为 $U_{g,dil}$ 和 $U_{s,dil}$。滑移速度定义为气体速度和颗粒速度之间的差值。在多尺度模型中,具有四种表观滑移速度,即整个床层的表观滑移速度 U_{slip}、密相区内表观滑移速度 U_{den}、稀相区内表观滑移速度 U_{dil} 以及相互作用相的表观滑移速度 U_{int}。由此可见,在任意计算网格内,需要用 3 个微观尺度参数、3 个介观尺度参数和 2 个微观-介观作用尺度参数描述气体、分散颗粒和颗粒聚团流动过程,并且这 8 个参数将受 4 个网格参数(ε_g、u_g、u_s 和 p)的控制。

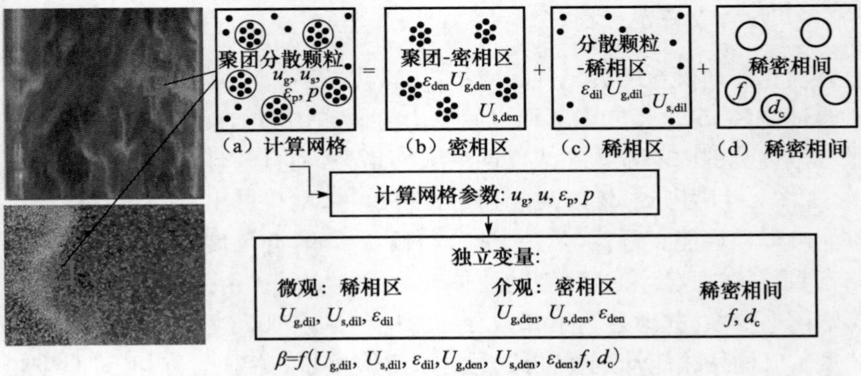

图 1-11 稠密气固两相多尺度结构(Lu,2014)

多尺度作用力包括稀相区内单颗粒所受到的作用力、密相区颗粒聚团受到的作用力和密相与稀相之间的作用力。在密相区内,气体对聚团内颗粒作用力 F_{den} 表示如下($Re_{den}<1000$):

$$F_{den}=\frac{\pi d_p^2\rho_g\varepsilon_{den}^{-4.7}}{8}\left[\frac{24\mu_g}{\rho_g d_p U_{den}}+\frac{3.6\mu_g^{0.313}}{(\rho_g d_p U_{den})^{0.313}}\right]|U_{den}|U_{den} \tag{1-144}$$

同理,稀相内气体对分散单颗粒的作用力 F_{dil} 如下($Re_{dil}<1000$):

$$F_{dil}=\frac{\pi d_p^2\rho_g\varepsilon_{dil}^{-4.7}}{8}\left[\frac{24\mu_g}{\rho_g d_p U_{dil}}+\frac{3.6\mu_g^{0.313}}{(\rho_g d_p U_{dil})^{0.313}}\right]|U_{dil}|U_{dil} \tag{1-145}$$

颗粒聚团当量直径为 d_c。相互作用相的介观尺度作用力 F_{int} 如下($Re_{int}<1000$):

$$F_{int}=\frac{\pi d_c^2\rho_g(1-f)^{-4.7}}{8}\left[\frac{24\mu_g}{\rho_g d_c U_{int}}+\frac{3.6\mu_g^{0.313}}{(\rho_g d_c U_{int})^{0.313}}\right]|U_{int}|U_{int} \tag{1-146}$$

气体颗粒两相多尺度系统可以通过密相、稀相和相互作用相三个子系统进行分析，其中密相和稀相内的颗粒流动不仅满足质量守恒，同时满足动量守恒方程。

1）密相区和稀相区内气体和颗粒质量守恒方程

微元体内密相和稀相的气体质量流率之和等于气体总质量流率，即

$$U_g = (1-f)U_{g,dil} + fU_{g,den} \tag{1-147}$$

同理，微元体内密相和稀相的颗粒质量流率之和等于颗粒总质量流率，即

$$U_s = (1-f)U_{s,dil} + fU_{s,den} \tag{1-148}$$

微元体内气体体积分数（空隙率）与密相区气体体积分数（密相空隙率）和稀相区气体体积分数（稀相空隙率）存在如下关系：

$$\varepsilon_g = f\varepsilon_{den} + (1-f)\varepsilon_{dil} \tag{1-149}$$

2）密相区和稀相区的气体动量守恒方程

在微元体内，密相区的颗粒聚团内颗粒均匀分布，且具有相同颗粒直径。假设气体流动为稳定、一维流动。假设气体流动为等温过程，气体压力为 p_g。采用 Gidaspow 模型 A 的表达形式，即流体压力梯度分别作用于气相和固相。密相区内一维稳态气体动量守恒方程如下（沈志恒，2010，Wang et al.，2011，2014）：

$$\frac{d}{dx}(f\varepsilon_{den}\rho_g u_{g,den}u_{g,den}) = -f\varepsilon_{den}\frac{dp_g}{dx} - n_{den}F_{den} - f\varepsilon_{den}\rho_g g - f\left(\frac{dp}{dx}\right)_{gw}\delta_{iw} \tag{1-150}$$

方程(1-150)的等号左侧表示密相区气体动量的变化率，右侧各项分别代表密相区气体压力梯度分量、密相区气体与颗粒之间阻力、密相区气体质量力和密相区内气体与壁面之间的摩擦作用力（$\delta_{iw}=1$）。当微元体远离壁面时，气体与壁面之间的摩擦作用力消失（$\delta_{iw}=0$）。

在微元体内的稀相区，分散颗粒均匀分布，气体与分散颗粒产生相互作用，同时对中间作用相发生作用。稀相区一维稳态气体动量守恒方程表示为

$$\frac{d}{dx}[(1-f)\varepsilon_{dil}\rho_g u_{g,dil}u_{g,dil}] = -(1-f)\varepsilon_{dil}\frac{dp_g}{dx} - n_{dil}F_{dil} - n_{int}F_{int}$$
$$-(1-f)\varepsilon_{dil}\rho_g g - (1-f)\left(\frac{dp}{dx}\right)_{gw}\delta_{iw} \tag{1-151}$$

方程(1-151)的等号左侧表示稀相区气体动量的变化率，右侧各项分别代表稀相区气体压力梯度分量、稀相区气体与颗粒之间阻力、稀相区气体与稀密界面的作用力、稀相区气体质量力和稀相区内气体与壁面之间的摩擦作用力。由方程(1-150)与方程(1-151)消除气体压力梯度项，合并得到

$$\frac{n_{den}F_{den}}{f\varepsilon_{den}} = \frac{n_{dil}F_{dil}}{(1-f)\varepsilon_{dil}} + \frac{n_{int}F_{int}}{(1-f)\varepsilon_{dil}} + \rho_g(a_{g,dil} - a_{g,den}) + \frac{\varepsilon_{den}-\varepsilon_{dil}}{\varepsilon_{dil}\varepsilon_{den}}\left(\frac{dp}{dx}\right)_{gw}\delta_{iw} \tag{1-152}$$

$$a_{g,dil} = \frac{d}{dx}\left[\frac{(1-f)U_{g,dil}}{\varepsilon_{dil}}\frac{(1-f)U_{g,dil}}{\varepsilon_{dil}}\right] \text{和 } a_{g,den} = \frac{d}{dx}\left[\frac{fU_{g,den}}{\varepsilon_{den}}\frac{fU_{g,den}}{\varepsilon_{den}}\right]$$

式中，$a_{g,dil}$和$a_{g,den}$分别为稀相区和密相区内单位质量的气体加速度，反映稀相区和密相区气体加速压降的变化。方程(1-152)等号右端第三项反映稀相区气体加速度和密相区气体加速度不同产生的稀密相间作用力。由于流体的惯性作用，在稀相区和密相区内气体加速不同，这样，在颗粒聚团表面的气体附面层不稳定形成了一个随时间变化的作用力，而且与稀相区和密相区气体加速历程有关，称为多尺度相间加速度力。右端最后一项反映了稀相区和密相区气体与壁面之间的摩擦作用力。当微元体离开壁面时，此项消失。

3) 稀相区颗粒动量守恒方程

在微元体内，稀相区的分散颗粒具有相同直径，且颗粒均匀分布。当稀相区分散颗粒为一维稳定流动时，稀相区颗粒动量守恒方程如下(沈志恒，2010；Wang et al.，2011，2014)：

$$\frac{\mathrm{d}}{\mathrm{d}x}\left[(1-f)(1-\varepsilon_{\mathrm{dil}})\rho_s u_{s,\mathrm{dil}} u_{s,\mathrm{dil}}\right] = -(1-f)(1-\varepsilon_{\mathrm{dil}})\frac{\mathrm{d}p_g}{\mathrm{d}x} + n_{\mathrm{dil}}F_{\mathrm{dil}} - (1-f)(1-\varepsilon_{\mathrm{dil}})\rho_s g - (1-f)\left(\frac{\mathrm{d}p}{\mathrm{d}x}\right)_{\mathrm{pw}}\delta_{\mathrm{iw}} \tag{1-153}$$

方程(1-153)的等号左侧表示稀相区分散颗粒动量的变化率(分散颗粒的加速压降)，右侧各项分别代表稀相区分散颗粒受到的气体压力梯度分量、气体与分散颗粒之间的阻力、分散颗粒质量力和稀相区分散颗粒与壁面之间的摩擦作用力。当微元体远离壁面时稀相区分散颗粒与壁面之间的摩擦作用力为零。由于颗粒密度大于气体密度，方程(1-153)简化如下：

$$n_{\mathrm{dil}}F_{\mathrm{dil}} = (1-f)(1-\varepsilon_{\mathrm{dil}})(\rho_s-\rho_g)(g+a_{s,\mathrm{dil}}) + (1-f)(1-\varepsilon_{\mathrm{dil}})\left[\frac{\mathrm{d}p_g}{\mathrm{d}x} + \left(\frac{\mathrm{d}p}{\mathrm{d}x}\right)_{\mathrm{pw}}\frac{\delta_{\mathrm{iw}}}{(1-\varepsilon_{\mathrm{dil}})}\right] \tag{1-154}$$

$$a_{s,\mathrm{dil}} = \frac{\mathrm{d}}{\mathrm{d}x}\left[\frac{(1-f)U_{s,\mathrm{dil}}}{1-\varepsilon_{\mathrm{dil}}}\frac{(1-f)U_{s,\mathrm{dil}}}{1-\varepsilon_{\mathrm{dil}}}\right]$$

式中，$a_{s,dil}$为稀相区单位质量分散颗粒加速度，反映稀相区分散颗粒加速压降的变化。稀相区气体与颗粒之间作用力F_{dil}不仅与颗粒加速压降有关，还与气体压降、颗粒与壁面摩擦压降有关。

方程(1-154)在不同条件下可以简化：①计算网格远离壁面时，颗粒与壁面之间的摩擦压力梯度$(\mathrm{d}p/\mathrm{d}x)_{pw}$可以忽略不计。②对于低浓度稀疏气固两相流动，气体压力梯度$(\mathrm{d}p_g/\mathrm{d}x)$可以忽略不计，方程(1-154)简化为单颗粒运动方程，即颗粒重力与气体-颗粒作用力相平衡。由此可见，气体压力梯度直接影响稀相区气体与颗粒之间作用力的变化。

4) 密相区的颗粒动量守恒方程

在微元体内，密相区的颗粒聚团具有相同的直径d_c，且颗粒聚团均匀分布。对于一维稳定流动，密相区颗粒聚团动量守恒方程可以表示为(沈志恒，2010，Wang et al. ,2011,2014)

$$\frac{\mathrm{d}}{\mathrm{d}x}\left[f(1-\varepsilon_{\mathrm{den}})\rho_{\mathrm{s}}u_{\mathrm{s,den}}u_{\mathrm{s,den}}\right]=-f(1-\varepsilon_{\mathrm{den}})\frac{\mathrm{d}p_{\mathrm{g}}}{\mathrm{d}x}+n_{\mathrm{den}}F_{\mathrm{den}}+n_{\mathrm{int}}F_{\mathrm{int}}$$
$$-f(1-\varepsilon_{\mathrm{den}})\rho_{\mathrm{s}}g-f\left(\frac{\mathrm{d}p}{\mathrm{d}x}\right)_{\mathrm{pw}}\delta_{\mathrm{iw}} \tag{1-155}$$

当颗粒密度远远大于气体密度时,方程(1-155)简化如下:

$$n_{\mathrm{den}}F_{\mathrm{den}}+n_{\mathrm{int}}F_{\mathrm{int}}=f(1-\varepsilon_{\mathrm{den}})(\rho_{\mathrm{s}}-\rho_{\mathrm{g}})(g+a_{\mathrm{s,den}})$$
$$+f(1-\varepsilon_{\mathrm{den}})\left[\frac{\mathrm{d}p_{\mathrm{g}}}{\mathrm{d}x}+\left(\frac{\mathrm{d}p}{\mathrm{d}x}\right)_{\mathrm{pw}}\frac{\delta_{\mathrm{iw}}}{1-\varepsilon_{\mathrm{den}}}\right] \tag{1-156}$$

$$a_{\mathrm{s,den}}=\frac{\mathrm{d}}{\mathrm{d}x}\left[\frac{fU_{\mathrm{s,den}}}{1-\varepsilon_{\mathrm{den}}}\frac{fU_{\mathrm{s,den}}}{1-\varepsilon_{\mathrm{den}}}\right]$$

式中,$a_{\mathrm{s,den}}$为颗粒聚团加速度,反映了颗粒聚团动量的变化率,体现出颗粒聚团对气动力的影响。

1.6.3　多尺度能量耗散最小方法

最小阻力原理就像许多大自然的基本法则(如热力学第一和第二定律等)那样被接受。最小阻力原理可以表述的形式之一是:为满足热力学第二定律,流体流动(每根流线)将沿着能量梯度寻找一条阻力最小的途径,最终目标是到达给定系统的汇。这里的"最小"意思是在几种可能性中为最小的一种。因此,此原理适用于有几条遵循的路线可供选择的过程。这并不会违反已知的自然法则。因此,最小阻力原理适用于应用已知的自然法则不可能获得正确答案的场合。通常,相间阻力以曳力的形式来表示,同时,阻力与速度的乘积表示阻力消耗能量(耗能)的大小。在气固两相多尺度结构中,气流将在密相和稀相两种不同尺度中自动平衡,寻找一条阻力耗能最小(阻力最小)的路径流动。因此,在两相流非均匀流动过程中最小阻力原理可以表述为稀相区内气体-颗粒阻力消耗的能量、密相区内气体与颗粒阻力消耗的能量和稀相与密相之间的相间作用消耗的能量的相互调控,使得气固混合物总耗能趋于最小。

在气固两相流动过程中,机械能衡算除了考虑气固两相位能、动能、压力能,还要考虑克服流动阻力、颗粒间碰撞等过程消耗的能量。由方程(1-136)可知,微元体的气固两相总压力损失与气体速度的乘积表示单位质量气体消耗的总能量。

$$-\frac{\mathrm{d}p_{\mathrm{g}}}{\mathrm{d}x}U_{\mathrm{g}}=(\rho_{\mathrm{s}}-\rho_{\mathrm{g}})g\left[(1-f)(1-\varepsilon_{\mathrm{dil}})U_{\mathrm{g,dil}}+f(1-\varepsilon_{\mathrm{den}})U_{\mathrm{g,den}}\right]$$
$$+\frac{1}{2}\left\{(1-f)\left[(1-\varepsilon_{\mathrm{dil}})\rho_{\mathrm{s}}U_{\mathrm{s,dil}}\frac{\mathrm{d}u_{\mathrm{s,dil}}^{2}}{\mathrm{d}x}+\varepsilon_{\mathrm{dil}}\rho_{\mathrm{g}}U_{\mathrm{g,dil}}\frac{\mathrm{d}u_{\mathrm{g,dil}}^{2}}{\mathrm{d}x}\right]\right.$$
$$\left.+f\left[(1-\varepsilon_{\mathrm{den}})\rho_{\mathrm{s}}U_{\mathrm{s,den}}\frac{\mathrm{d}u_{\mathrm{s,den}}^{2}}{\mathrm{d}x}+\varepsilon_{\mathrm{den}}\rho_{\mathrm{g}}U_{\mathrm{g,den}}\frac{\mathrm{d}u_{\mathrm{g,den}}^{2}}{\mathrm{d}x}\right]\right\}$$

$$+[n_{\text{dil}}F_{\text{dil}}U_{\text{g,dil}}+n_{\text{den}}F_{\text{den}}U_{\text{g,den}}+n_{\text{int}}F_{\text{int}}U_{\text{g,dil}}(1-f)]+\Gamma \tag{1-157}$$

方程等号右端第一项为单位质量气固两相的势能，其值等于气固悬浮输送能量或者提升压降与速度的乘积，第二项为单位质量密相区和稀相区内气固两相流的动能，其值等于气相和固相加速压降与速度的乘积，第三项为单位质量稀相区气固作用、密相区气固作用和稀相与密相之间相互作用所消耗的能量，其值等于稀相区气固曳力消耗能量、密相区气固曳力消耗的能量和稀相与密相之间作用所消耗能量之和，最后项表示单位质量密相区和稀相区颗粒相互碰撞作用消耗能量（Γ_{den}和Γ_{dil}）、稀密相间作用消耗能量Γ_{int}、气固两相与壁面摩擦阻力消耗的能量Γ_{gsw}。方程(1-157)可以整理成如下的表达形式：

$$\begin{aligned}&\frac{1}{2}\left\{(1-f)\left[(1-\varepsilon_{\text{dil}})\rho_{\text{s}}U_{\text{s,dil}}\frac{\text{d}u_{\text{s,dil}}^2}{\text{d}x}+\varepsilon_{\text{dil}}\rho_{\text{g}}U_{\text{g,dil}}\frac{\text{d}u_{\text{g,dil}}^2}{\text{d}x}\right]\right.\\&\left.+f\left[(1-\varepsilon_{\text{den}})\rho_{\text{s}}U_{\text{s,den}}\frac{\text{d}u_{\text{s,den}}^2}{\text{d}x}+\varepsilon_{\text{den}}\rho_{\text{g}}U_{\text{g,den}}\frac{\text{d}u_{\text{g,den}}^2}{\text{d}x}\right]\right\}\\&+\frac{\text{d}p_{\text{g}}}{\text{d}x}U_{\text{g}}+(\rho_{\text{s}}-\rho_{\text{g}})g[(1-f)(1-\varepsilon_{\text{dil}})U_{\text{g,dil}}+f(1-\varepsilon_{\text{den}})U_{\text{g,den}}]\\&=-[n_{\text{dil}}F_{\text{dil}}U_{\text{g,dil}}+n_{\text{den}}F_{\text{den}}U_{\text{g,den}}+n_{\text{int}}F_{\text{int}}U_{\text{g,dil}}(1-f)]-(\Gamma_{\text{den}}+\Gamma_{\text{dil}}+\Gamma_{\text{int}}+\Gamma_{\text{gsw}})\\&=-N_{\text{e}}\end{aligned} \tag{1-158}$$

由此可见等号右侧分别表示稀相和密相气体与颗粒相互作用所消耗能量以及稀密相间作用所消耗的能量、稀相和密相区内颗粒碰撞所消耗的能量、气固两相与壁面作用所损失的能量等。因此，等号右侧表示微元体内稀相和密相气体与颗粒流动所消耗的总能量。多尺度能量耗散由气固相间作用的耗能和稀密相间相互作用以及与壁面作用的耗能所组成：

$$\begin{aligned}N_{\text{e}}=&[n_{\text{dil}}F_{\text{dil}}U_{\text{g,dil}}+n_{\text{den}}F_{\text{den}}U_{\text{g,den}}+n_{\text{int}}F_{\text{int}}U_{\text{g,dil}}(1-f)]\\&+(\Gamma_{\text{den}}+\Gamma_{\text{dil}}+\Gamma_{\text{int}}+\Gamma_{\text{gsw}})\end{aligned} \tag{1-159}$$

假设忽略气相和固相与壁面摩擦阻力等消耗的能量，则气固两相流动过程消耗的能量是由稀相区气体与分散颗粒之间曳力消耗的能量、密相区气体与颗粒聚团之间曳力消耗的能量、稀相与密相之间作用消耗的能量、密相颗粒碰撞作用的能量损失、稀相颗粒碰撞作用的能量损失以及稀相与密相之间颗粒碰撞产生的能量损失所组成的，构成了气固两相多尺度的耗能。单位质量多尺度能量耗散是

$$\begin{aligned}N_{\text{df}}=\frac{N_{\text{e}}}{(1-\varepsilon_{\text{g}})\rho_{\text{s}}}=&\frac{1}{(1-\varepsilon_{\text{g}})\rho_{\text{s}}}[n_{\text{den}}F_{\text{den}}U_{\text{g,den}}+n_{\text{dil}}F_{\text{dil}}U_{\text{g,dil}}+n_{\text{int}}F_{\text{int}}U_{\text{g,dil}}(1-f)\\&+(\Gamma_{\text{den}}+\Gamma_{\text{dil}}+\Gamma_{\text{int}})]\end{aligned} \tag{1-160}$$

$$\Gamma_{\text{dil}}=\frac{12(1-\text{e}^2)g_{0,\text{dil}}[(1-f)(1-\varepsilon_{\text{dil}})]^2}{\sqrt{\pi\rho_{\text{s}}}\,d_{\text{p}}}\left\{\frac{10^{-8.76(1-f)\varepsilon_{\text{dil}}+5.43}}{[1+4(1+\text{e})g_{0,\text{dil}}(1-f)(1-\varepsilon_{\text{dil}})]}\right\}^{3/2} \tag{1-161}$$

$$\Gamma_{\mathrm{den}}=\frac{12(1-\mathrm{e}^2)g_{0,\mathrm{den}}[f(1-\varepsilon_{\mathrm{den}})]^2}{\sqrt{\pi\rho_{\mathrm{s}}}d_{\mathrm{p}}}\left\{\frac{10^{-8.76(f\varepsilon_{\mathrm{den}})+5.43}}{[1+4(1+e)g_{0,\mathrm{den}}f(1-\varepsilon_{\mathrm{den}})]}\right\}^{3/2} \tag{1-162}$$

$$\Gamma_{\mathrm{int}}=\frac{12(1-\mathrm{e}^2)}{\sqrt{\pi\rho_s}d_{\mathrm{p}}}g_{0,\mathrm{int}}\left\{\frac{10^{-8.76(1-f)+5.43}}{[1+4(1+\mathrm{e})g_{0,\mathrm{int}}f]}\right\}^{3/2} \tag{1-163}$$

$$g_{0,\mathrm{dil}}=\left\{1-\left[\frac{(1-f)(1-\varepsilon_{\mathrm{dil}})}{\varepsilon_{\mathrm{s,max}}}\right]^{1/3}\right\}^{-1},\quad g_{0,\mathrm{den}}=\left\{1-\left[\frac{f(1-\varepsilon_{\mathrm{den}})}{\varepsilon_{\mathrm{s,max}}}\right]^{1/3}\right\}^{-1},$$

$$g_{0,\mathrm{int}}=\left[1-\left(\frac{f}{\varepsilon_{\mathrm{s,max}}}\right)^{1/3}\right]^{-1}$$

式(1-160)～式(1-163)表明，在稀相区和密相区内两相的运动趋势都是为了减小耗能所做的自适应调节过程，反映了微元体(计算网格)内气体与分散颗粒的微观尺度、气体与聚团的介观尺度、网格内微观尺度与介观尺度之间的相互协调。结合方程(1-159)和方程(1-163)可见，由于不同尺度下气固相间作用和碰撞作用之间的相互约束，气固两相实际上依据各自控制流场运动趋势的能力相互协调，才使局部流动处于稳定状态。颗粒为了实现自身的运动趋势，会通过凝聚成团，降低能量耗散，增大沉降速度来抵抗气流的夹带。而气体总是趋向于选择耗能最小的路径向上流动。气体为了选择耗能最小的路径，更多地会选择绕流颗粒聚团，而不是试图穿过颗粒聚团。因此，发生颗粒团聚的条件是气固两相流能量耗散趋于最小。由此可见，网格内气固两相的微观尺度、介观尺度和网格下三个曳力作用和颗粒碰撞作用的相互协调，最终使网格内单位质量多尺度能量耗散趋于最小(minimization of energy dissipation by heterogeneous drag，MEDHD)，即

$$N_{\mathrm{df}}=\frac{1}{(1-\varepsilon_{\mathrm{g}})\rho_{\mathrm{s}}}[n_{\mathrm{den}}F_{\mathrm{den}}U_{\mathrm{g,den}}+n_{\mathrm{dil}}F_{\mathrm{dil}}U_{\mathrm{g,dil}}+n_{\mathrm{int}}F_{\mathrm{int}}U_{\mathrm{g,dil}}(1-f)$$
$$+(\Gamma_{\mathrm{den}}+\Gamma_{\mathrm{dil}}+\Gamma_{\mathrm{int}})]\rightarrow\min \tag{1-164}$$

方程(1-164)是以极值方程确定了气固多尺度非均匀流动的稳定性条件，构成了非均匀流动结构形成的必要充分条件。表明气固多尺度非均匀流动的稳定性条件是：在给定计算网格的气体压力梯度 $\mathrm{d}p_{\mathrm{g}}/\mathrm{d}x$、气体速度 u_{g}、颗粒速度 u_{s} 和颗粒体积分数 ε_{s}(或者气体容积分数 ε_{g})时，单位质量多尺度耗能 N_{df}趋于最小。因此，多尺度能量耗散最小(MEDHD)反映了气固非均匀体系不同尺度的气体与固相作用、固相与固相碰撞作用之间的相互协调和控制。值得注意的是：方程(1-157)和方程(1-164)的物理解释可参见 Gidaspow(1994)对流化床内气固两相流动过程中能量耗散的诠释和分析。

气固两相阻力是曳力系数和气固相对速度的乘积。由方程(1-164)，得到多尺度曳力系数(cluster structure-dependent drag coefficient，CSD 曳力系数)模型 A 是

$$\beta_{\mathrm{CSD}}=\begin{cases}\dfrac{3}{4}\dfrac{\varepsilon_{\mathrm{g}}\rho_{\mathrm{g}}}{|u_{\mathrm{g}}-u_{\mathrm{s}}|}\left[\dfrac{f(1-\varepsilon_{\mathrm{den}})C_{\mathrm{den}}U_{\mathrm{den}}^{2}}{d_{\mathrm{p}}}+\dfrac{(1-f)(1-\varepsilon_{\mathrm{dil}})C_{\mathrm{dil}}U_{\mathrm{dil}}^{2}}{d_{\mathrm{p}}}+\dfrac{fC_{\mathrm{int}}U_{\mathrm{int}}^{2}}{d_{\mathrm{c}}}\right], & N_{\mathrm{df}}=\min\\ \dfrac{3C_{\mathrm{d}}\varepsilon_{\mathrm{g}}\varepsilon_{\mathrm{s}}\rho_{\mathrm{g}}\,|u_{\mathrm{g}}-u_{\mathrm{s}}|}{4d_{\mathrm{p}}}\varepsilon_{\mathrm{g}}^{-2.65}, & N_{\mathrm{df}}\neq\min\end{cases}\tag{1-165}$$

$$\beta_{\mathrm{E}}=150\,\frac{(1-\varepsilon_{\mathrm{g}})^{2}\mu_{\mathrm{g}}}{\varepsilon_{\mathrm{g}}d_{\mathrm{p}}^{2}}+1.75\,\frac{\rho_{\mathrm{g}}(1-\varepsilon_{\mathrm{g}})|u_{\mathrm{g}}-u_{\mathrm{s}}|}{d_{\mathrm{p}}}\tag{1-166}$$

$$\beta_{\mathrm{gs}}=\varphi\beta_{\mathrm{E}}+(1-\varphi)\beta_{\mathrm{CSD}}\tag{1-167}$$

$$\varphi=\frac{\arctan[150\times1.75(0.2-\varepsilon_{\mathrm{s}})]}{\pi}+0.5$$

由此可见，描述气固多尺度流动结构流动过程的多尺度曳力系数计算由 6 个守恒方程和 1 个极值方程组成，它们分别是密相区颗粒聚团动量守恒方程、稀相区颗粒动量守恒方程、气相动量守恒方程、网格内气相质量守恒方程、网格内固相质量守恒方程和网格内体积衡算方程以及多尺度能量耗散最小极值条件，构成了微观-介观-网格(micro-meso-grid scales，M2GS)方程组。多尺度能量耗散趋于最小所构建的气固多尺度非均匀流动结构的稳定性条件由气固非均匀流动结构曳力所消耗能量和颗粒碰撞所消耗能量两部分组成。表明颗粒聚团的形成由气固气动力和颗粒碰撞作用两种不同机制协调控制。前者在低颗粒浓度时颗粒团聚起主导作用，而后者是在高颗粒浓度时颗粒团聚起主导作用。由此可见，颗粒碰撞可能将加剧颗粒团聚的形成。另外，描述的气固多尺度流动结构中有 8 个自变量，即独立变量，分别是 $\varepsilon_{\mathrm{dil}}$、$U_{\mathrm{g,dil}}$、$U_{\mathrm{g,den}}$、$\varepsilon_{\mathrm{den}}$、$U_{\mathrm{s,dil}}$、$U_{\mathrm{s,den}}$、$d_{\mathrm{c}}$ 和 f，使得 M2GS 方程组是欠定的，需要附加一个方程，才能使方程组封闭。

1.6.4　双变量极值原理

极值原理可以作为封闭方程，也可以作为微分方程的等价形式或弱形式来使用。当极值原理作为封闭方程使用时，方程组中无论有多少未知数或未知函数(假设有 n 个)，总能通过把 $n-1$ 个已知条件加上一个极值方程构成一个条件极值问题，并使方程封闭。对于函数的自变量，一般只要求落在定义域内，并无其他限制条件，这类极值称为无条件极值。对函数的自变量还有附加条件的极值称为条件极值。理论上往往把多元非线性极值问题归结于多元非线性方程组的求根问题。在计算数学中为了解决多元极值问题引出了许多计算方法，如牛顿迭代法、最速下降法、遗传算法、边缘检测算法等。

由双变量极值(bivariate extreme value theory，BEV)理论可知，若函数 $f(x,y)$在点(x_0,y_0)的某个领域内有定义，对于该领域内异于(x_0,y_0)的点(x,y)，都有$f(x,y)<f(x_0,y_0)$或者 $f(x,y)>f(x_0,y_0)$，则称 $f(x_0,y_0)$为函数 $f(x,y)$的极大值(或极小值)，即极值点。

在气固多尺度非均匀流动结构的 8 个自变量 ε_{dil}、$U_{g,dil}$、$U_{g,den}$、ε_{den}、$U_{s,dil}$、$U_{s,den}$、d_c 和 f 中，若任意选取其中两个自变量作为多尺度能量耗散 N_{df} 的自变量，则剩余的 6 个自变量可以通过气相、稀相区和密相区颗粒聚团的 3 个动量守恒方程、气相质量和固相质量以及网格内气体体积守恒方程构成封闭方程组求解确定，进而获得满足多尺度能量耗散为最小条件下（$N_{df}\rightarrow\min$）的 8 个自变量数值。通常，稀相气体浓度 ε_{dil} 和密相气体浓度 ε_{den} 具有一定的变化范围。与 f 的变化范围相比，稀相气体浓度 ε_{dil} 和密相气体浓度 ε_{den} 的变化范围相对窄。当稀相区内无颗粒时，稀相区气体浓度为 1.0，相反，最小值为临界流化条件下气体浓度 ε_{mf}。因此，ε_{dil} 的变化范围 $R_1=[\varepsilon_{mf},1.0]$。对不同气固循环流化床系统，试验得到的颗粒聚团存在的最大空隙率基本相同，其值为 0.9997。因此，ε_{den} 的变化范围 $R_2=[\varepsilon_{mf},0.9997]$。

对于气固多尺度流动结构中的 8 个自变量：ε_{dil}、$U_{g,dil}$、$U_{g,den}$、ε_{den}、$U_{s,dil}$、$U_{s,den}$、d_c 和 f 中，选取 ε_{dil} 和 ε_{den} 作为双变量极值的两个自变量，则极值条件(1-164)是

$$\{[N_{df}(U_{g,den},U_{s,den},U_{g,dil},U_{s,dil},f,d_c)]|_{u_g,u_s,\varepsilon_g,dp_g/dx}(\varepsilon_{dil}\in R_1,\varepsilon_{den}\in R_2)\}\rightarrow\min \tag{1-168}$$

这样，由 M2GS 方程组和双变量极值方法的耦合，实现方程的封闭，进而可以求解 8 个自变量。

以 ε_{dil} 和 ε_{den} 两个自变量构成二维空间 $N_{df}(\varepsilon_{dil},\varepsilon_{den})$，如图 1-12 所示，设($\varepsilon_{dil,0}$，$\varepsilon_{den,0}$)为定义域内任意一点，并选取适当的域半径 $\Delta\varepsilon_{dil}$ 和 $\Delta\varepsilon_{den}$，保证周围的 8 个点也在定义域内。总的原则是逐次逼近真正的极小值点。逼近是通过两个方面进行的，即移动中心点和缩小域半径 $\Delta\varepsilon_{dil}$ 和 $\Delta\varepsilon_{den}$。考察 $N_{df}(\varepsilon_{dil},\varepsilon_{den})$ 在这 9 个点上的最小值落在何处，由于是有限个点，所以必然在其中某个点上达到最小值。在 ε_{dil} 轴方向考虑($\varepsilon_{dil,0}-\Delta\varepsilon_{dil},\varepsilon_{den,0}$)、($\varepsilon_{dil,0},\varepsilon_{den,0}$)、($\varepsilon_{dil,0}+\Delta\varepsilon_{dil},\varepsilon_{den,0}$)。如果在($\varepsilon_{dil,0},\varepsilon_{den,0}$)点上 N_{df} 达到最小，说明 N_{df} 极小值点在($\varepsilon_{dil,0},\varepsilon_{den,0}$)附近，应该缩小域半径，所以用 $0.618\Delta\varepsilon_{dil}$ 代替 $\Delta\varepsilon_{dil}$；否则 N_{df} 极小值点不在($\varepsilon_{dil,0},\varepsilon_{den,0}$)附近，应该更换中心点，用 $1.618\Delta\varepsilon_{dil}$ 代替 $\Delta\varepsilon_{dil}$。同理，在 ε_{den} 轴方向考虑($\varepsilon_{dil,0},\varepsilon_{den,0}-\Delta\varepsilon_{den}$)、($\varepsilon_{dil,0},\varepsilon_{den,0}$)、($\varepsilon_{dil,0},\varepsilon_{den,0}+\Delta\varepsilon_{den}$)3 个点，以决定是否在 ε_{den} 轴方向移动($\varepsilon_{dil,0},\varepsilon_{den,0}$)。如果不移动就将 $\Delta\varepsilon_{den}$ 缩小到原来的 $0.618\Delta\varepsilon_{den}$。如果移动，就将 $\Delta\varepsilon_{den}$ 放大到原来的 1.618

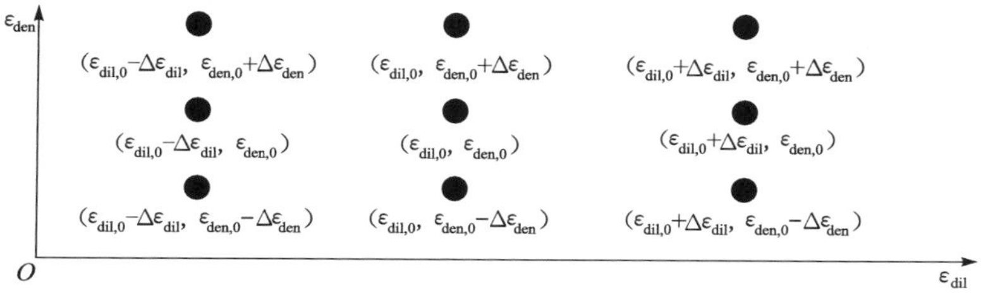

图 1-12　二维坐标系内颗粒缩放半径与移动中心点(Lu,2014)

$\Delta\varepsilon_{\mathrm{den}}$。不断移动中心点和缩小域半径，可以获得在 $\varepsilon_{\mathrm{dil}}$ 和 $\varepsilon_{\mathrm{den}}$ 下的 N_{df} 极小值。如此循环进行，便会依次得到在 $\varepsilon_{\mathrm{dil}}$ 和 $\varepsilon_{\mathrm{den}}$ 变化区域内所有 N_{df} 极小值。由此可以得到 N_{df} 最小值和最小值所对应的($\varepsilon_{\mathrm{dil}}$，$\varepsilon_{\mathrm{den}}$)点。因此，采用双变量极值方法，由极值条件可以确定两个自变量 $\varepsilon_{\mathrm{dil}}$ 和 $\varepsilon_{\mathrm{den}}$ 的数值。

1.6.5　微观-介观-网格方程组和多尺度曳力系数模型 A

表 1-2 给出气固多尺度曳力系数模型 A 的计算方法。气固多尺度曳力系数不仅取决于微观尺度参数($\varepsilon_{\mathrm{dil}}$、$U_{\mathrm{g,dil}}$ 和 $U_{\mathrm{s,dil}}$)、介观尺度参数($U_{\mathrm{g,den}}$、$\varepsilon_{\mathrm{den}}$ 和 $U_{\mathrm{s,den}}$)和相界面参数(d_{c} 和 f)，而且与网格参数(u_{g}、u_{s}、ε_{g} 和 $\mathrm{d}p_{\mathrm{g}}/\mathrm{d}x$)有关(其中，前两个网格参数是保证网格内气体和颗粒质量及动量守恒；第三个网格参数是保证气体浓度满足归一化条件；而最后一个网格参数是保证微观尺度和介观尺度的气相压力梯度的平衡)。由于气相压力梯度直接影响颗粒浓度的分布，因此，缺少网格的气体压力梯度将难以反映多尺度的流动特征。微观-介观-网格方程组揭示了微观尺度参数、介观尺度参数和网格参数之间的内在关系，如图 1-13 所示。由 M2GS 方程组-双变量极值方法耦合，在网格参数(u_{g}、u_{s}、ε_{g} 和 $\mathrm{d}p_{\mathrm{g}}/\mathrm{d}x$)条件下，可以确定网格内 8 个自变量($\varepsilon_{\mathrm{dil}}$、$U_{\mathrm{g,dil}}$、$U_{\mathrm{g,den}}$、$\varepsilon_{\mathrm{den}}$、$U_{\mathrm{s,dil}}$、$U_{\mathrm{s,den}}$、$d_{\mathrm{c}}$ 和 f)的数值，进而确定 4 个因变量($a_{\mathrm{s,den}}$、$a_{\mathrm{s,dil}}$、$a_{\mathrm{g,den}}$ 和 $a_{\mathrm{g,den}}$)的数值。通过耦合气固两相动量守恒方程(1-116)和方程(1-117)，形成微观-介观-网格-宏观尺度的耦合计算。应该注意，4 个因变量 $a_{\mathrm{s,den}}$、$a_{\mathrm{s,dil}}$、$a_{\mathrm{g,den}}$ 和 $a_{\mathrm{g,den}}$ 是网格内 8 个自变量的函数，其值是通过网格内 8 个自变量确定的，因而无需附加额外辅助方程。

表 1-2　气固多尺度曳力系数模型 A(M2GS 方程组-双变量极值方法，忽略颗粒与壁面的摩擦作用)

稀相区颗粒相动量守恒	$0.15\left(\frac{\rho_{\mathrm{g}}d_{\mathrm{p}}}{\mu_{\mathrm{g}}}\right)^{0.687}U_{\mathrm{dil}}^{1.687}+U_{\mathrm{dil}}-\frac{\varepsilon_{\mathrm{dil}}^{4.7}d_{\mathrm{p}}^{2}}{18\mu_{\mathrm{g}}}\left\{(\rho_{\mathrm{s}}-\rho_{\mathrm{g}})(g+a_{\mathrm{s,dil}})+\left(\frac{\mathrm{d}p_{\mathrm{g}}}{\mathrm{d}x}\right)\right\}=0,\ Re_{\mathrm{dil}}<1000$ $U_{\mathrm{dil}}^{2}-\frac{d_{\mathrm{p}}\varepsilon_{\mathrm{dil}}^{4.7}}{0.33\rho_{\mathrm{g}}}\left[(\rho_{\mathrm{s}}-\rho_{\mathrm{g}})(g+a_{\mathrm{s,dil}})+\frac{\mathrm{d}p_{\mathrm{g}}}{\mathrm{d}x}\right]=0,\quad Re_{\mathrm{dil}}\geqslant 1000$ $a_{\mathrm{s,dil}}=\frac{\mathrm{d}[(1-f)(1-\varepsilon_{\mathrm{dil}})u_{\mathrm{s,dil}}u_{\mathrm{s,dil}}]}{(1-f)(1-\varepsilon_{\mathrm{dil}})\mathrm{d}x}$ 和 $a_{\mathrm{s,den}}=\frac{\mathrm{d}[f(1-\varepsilon_{\mathrm{den}})u_{\mathrm{s,den}}u_{\mathrm{s,den}}]}{f(1-\varepsilon_{\mathrm{den}})\mathrm{d}x}$
密相区颗粒相动量守恒	$0.15\left(\frac{\rho_{\mathrm{g}}d_{\mathrm{p}}}{\mu_{\mathrm{g}}}\right)^{0.687}U_{\mathrm{den}}^{1.687}+U_{\mathrm{den}}-\frac{\varepsilon_{\mathrm{den}}^{4.7}d_{\mathrm{p}}^{2}}{18\varepsilon_{\mathrm{g}}(1-\varepsilon_{\mathrm{den}})\mu_{\mathrm{g}}}\left\{(1-\varepsilon_{\mathrm{g}})\left(\frac{\mathrm{d}p_{\mathrm{g}}}{\mathrm{d}x}\right)\right.$ $+(\rho_{\mathrm{s}}-\rho_{\mathrm{g}})[(1-f)(1-\varepsilon_{\mathrm{dil}})(g+a_{\mathrm{s,dil}})+f(1-\varepsilon_{\mathrm{den}})(g+a_{\mathrm{s,den}})]$ $\left.+(1-f)[\varepsilon_{\mathrm{dil}}\rho_{\mathrm{g}}(a_{\mathrm{g,dil}}-a_{\mathrm{g,den}})]\right\}=0,\quad Re_{\mathrm{den}}<1000$ $U_{\mathrm{den}}^{2}-\frac{d_{\mathrm{p}}\varepsilon_{\mathrm{den}}^{5.7}}{0.33(1-\varepsilon_{\mathrm{den}})\rho_{\mathrm{g}}\varepsilon_{\mathrm{g}}}\{(\rho_{\mathrm{s}}-\rho_{\mathrm{g}})[(1-f)(1-\varepsilon_{\mathrm{dil}})(g+a_{\mathrm{s,dil}})$ $+f(1-\varepsilon_{\mathrm{den}})(g+a_{\mathrm{s,den}})]+(1-\varepsilon_{\mathrm{g}})\frac{\mathrm{d}p_{\mathrm{g}}}{\mathrm{d}x}+(1-f)[\varepsilon_{\mathrm{dil}}\rho_{\mathrm{g}}(a_{\mathrm{g,dil}}-a_{\mathrm{g,den}})]\}=0,\ Re_{\mathrm{den}}\geqslant 1000$ $a_{\mathrm{g,dil}}=\frac{\mathrm{d}}{\mathrm{d}x}\left[\frac{(1-f)U_{\mathrm{g,dil}}}{\varepsilon_{\mathrm{dil}}}\frac{(1-f)U_{\mathrm{g,dil}}}{\varepsilon_{\mathrm{dil}}}\right]$ 和 $a_{\mathrm{g,den}}=\frac{\mathrm{d}}{\mathrm{d}x}\left[\frac{fU_{\mathrm{g,den}}}{\varepsilon_{\mathrm{den}}}\frac{fU_{\mathrm{g,den}}}{\varepsilon_{\mathrm{den}}}\right]$

续表

介观尺度-作用相的表观滑移速度	$0.15\left(\frac{\rho_g d_c}{\mu_g}\right)^{0.687} U_{int}^{1.687} + U_{int} - \frac{d_c^2 (1-f)^{5.7}}{18\varepsilon_g \mu_g}\{(\varepsilon_{dil}-\varepsilon_{den})\left(\frac{dp_g}{dx}\right) + (\rho_s-\rho_g)[\varepsilon_{dil}(1-\varepsilon_{den})(g+a_{s,den})-\varepsilon_{den}(1-\varepsilon_{dil})(g+a_{s,dil})] + \varepsilon_{den}\varepsilon_{dil}\rho_g(a_{g,den}-a_{g,dil})\}=0,\quad Re_{int}<1000$ $U_{int}^2 - \frac{(1-f)^{5.7} d_c}{0.33\rho_g\varepsilon_g}\{(\rho_s-\rho_g)[(1-\varepsilon_{den})(g+a_{s,den})\varepsilon_{dil}-(1-\varepsilon_{dil})(g+a_{s,dil})\varepsilon_{den}] + (\varepsilon_{dil}-\varepsilon_{den})\frac{dp_g}{dx} + \varepsilon_{den}\varepsilon_{dil}\rho_g(a_{g,den}-a_{g,dil})\}=0,\quad Re_{int}\geqslant 1000$
气体质量守恒	$u_g=\frac{1}{\varepsilon_g}[fU_{g,den}+(1-f)U_{g,dil}]$ 其中，$U_{g,den}=U_{den}+\frac{\varepsilon_{den}U_{s,den}}{1-\varepsilon_{den}}$；　$U_{g,dil}=U_{dil}+\frac{\varepsilon_{dil}U_{s,dil}}{1-\varepsilon_{dil}}$
颗粒质量守恒	$u_s=\frac{1}{(1-\varepsilon_g)}[fU_{s,den}+(1-f)U_{s,dil}]$ 其中，$U_{s,den}=\frac{1-\varepsilon_{den}}{\varepsilon_{dil}}\left[U_{g,dil}-\frac{U_{int}}{(1-f)}\right]$； $U_{s,dil}=\frac{(1-\varepsilon_{dil})(1-\varepsilon_{den})}{(\varepsilon_{dil}-\varepsilon_{den})(1-f)}\left[\varepsilon_g u_g-\frac{\varepsilon_{den}}{1-\varepsilon_{den}}(1-\varepsilon_g)u_s-(1-f)U_{dil}-fU_{den}\right]$
容积衡算	$\varepsilon_g=f\varepsilon_{den}+(1-f)\varepsilon_{dil}$
双变量极值理论	$N_{df}=\frac{n_{den}F_{den}U_{g,den}+n_{dil}F_{dil}U_{g,dil}+n_{int}F_{int}U_{g,dil}(1-f)+(\Gamma_{den}+\Gamma_{dil}+\Gamma_{int})}{(1-\varepsilon_g)\rho_s}\Bigg\vert$ $(\varepsilon_{dil}\in R_1, \varepsilon_{den}\in R_2)$
多尺度耗能最小方法	$\{[N_{df}(U_{g,den},U_{s,den},U_{g,dil},U_{s,dil},f,d_c)]\vert_{u_g,u_s,\varepsilon_g,dp_g/dx}(\varepsilon_{dil}\in R_1,\varepsilon_{den}\in R_2)\}\rightarrow \min$

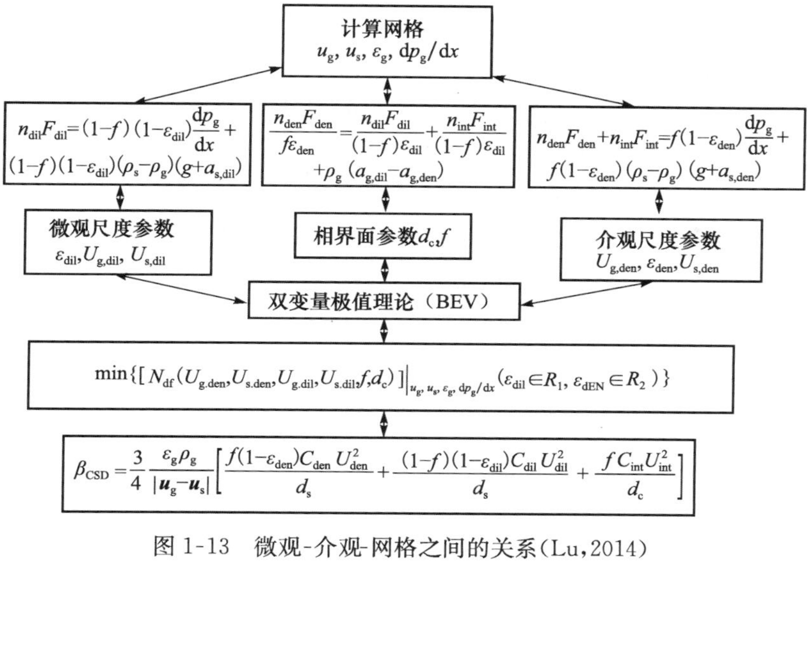

图 1-13　微观-介观-网格之间的关系(Lu,2014)

方程(1-168)表示在给定网格参数 ε_g、u_g、u_s 和 dp_g/dx 时,在一定 ε_{dil} 和 ε_{den} 范围内 N_{df} 的变化。提升管内气体和颗粒的流动可能出现三种流动状态:气体和颗粒同向向上的上升流动、气体和颗粒同向向下的下降流动、气体向上和颗粒向下的逆向流动。计算网格内不同气体和颗粒流动时 N_{df} 随 ε_{dil} 和 ε_{den} 的变化如图 1-14 和图 1-15 所示。由图可见,N_{df} 随 ε_{dil} 和 ε_{den} 变化呈现不同的变化,它们之间的变化可能是单一极值,也可能是多极值。若 N_{df} 与 ε_{dil} 和 ε_{den} 之间是单一极值,则该极值点就是计算网格的 N_{df} 极小值。相反,若 N_{df} 与 ε_{dil} 和 ε_{den} 之间是多极值,则应该求出多极值族中的最小值,就是计算网格的 N_{df} 极小值。

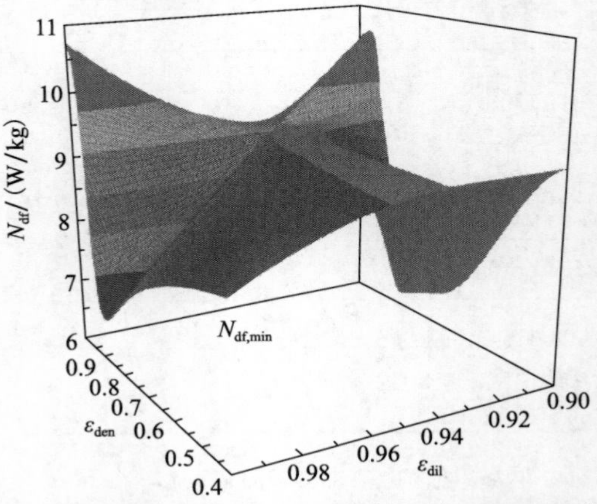

(a) ε_g=0.937, u_g=1.01m/s, u_s=0.92m/s, dp_g/dx=−250.0Pa/m

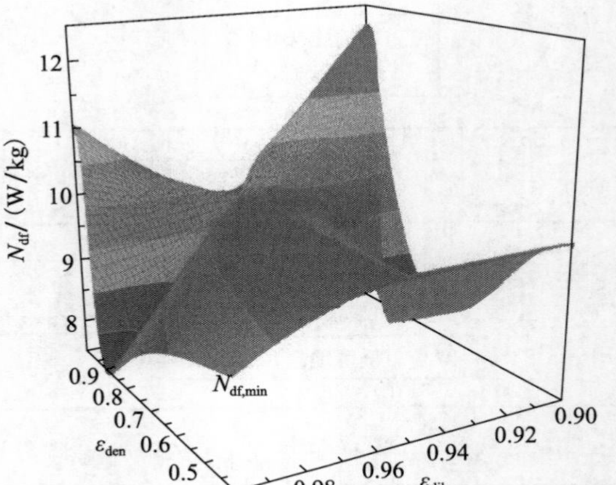

(b) ε_g=0.951, u_g=−1.09m/s, u_s=−1.26m/s, dp_g/dx=−498.1Pa/m

图 1-14　计算网格内气体和颗粒同向向上和同向向下流动时 N_{df} 随 ε_{dil} 和 ε_{den} 的变化(Lu,2014)

$\varepsilon_g=0.929,\ u_g=0.18\mathrm{m/s},\ u_s=-0.67\mathrm{m/s},\ \mathrm{d}p_g/\mathrm{d}x=-250.0\mathrm{Pa/m}$

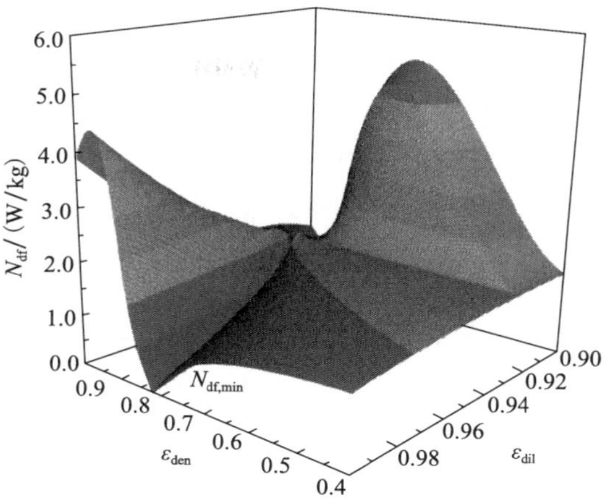

图 1-15　计算网格内气体向上和颗粒向下流动时 N_{df} 随 ε_{dil} 和 ε_{den} 的变化(Lu,2014)

值得注意的是,图 1-14 和图 1-15 中由 ε_{dil} 和 ε_{dem} 所构成的曲面上任何点都满足 6 个守恒方程,即所有点均是方程的解。但是只有 $N_{df,min}$ 点满足方程(1-164)能量耗散最小极值条件,即在给定计算网格参数气体压力梯度 $\mathrm{d}p_g/\mathrm{d}x$、气体速度 u_g、颗粒速度 u_s 和气体浓度 ε_g 下 $N_{df,min}$ 满足微观-介观-网格方程组和多尺度稳定性条件的解,由此可以获得 $N_{df,min}$ 点下多尺度流动结构的 8 个自变量。

以上计算分析表明,将多尺度能量耗散最小($N_{df}\rightarrow\min$)作为非均匀流动结构的稳定性条件引入气固两相多尺度流体力学中,从理论上把原来不封闭的气固多尺度流动问题变成了一个封闭的问题。多尺度能量耗散最小本身提供了一个增补的独立方程,并把其他已有多尺度方程看成满足极值方程的同时所必须满足的附加条件,从而构成了一个条件极值问题。因此,只要给出一个包含描述多尺度流动自变量的方程组,运用条件极值求解原则,就可以得到这些自变量的数值。由此可见,要得到正确的符合实际的解还取决于能否给出正确极值的限制条件。

1.6.6　多尺度曳力系数模型 B

当气体压力梯度全部作用于气相时,可以得到气固多尺度曳力系数模型 B。表 1-3 给出气固多尺度曳力系数模型 B 的计算方法。比较发现,多尺度曳力系数模型 A 和模型 B 是不同的,主要体现在稀相区和密相区气体表观速度计算方程的不同。

对于稠密气固两相流动过程,颗粒和气体流动的多尺度结构使得在确定气固两相流动状态时,不但需要求解气相和固相质量和动量守恒方程,还需要描述气固两相多尺度能量耗散的函数关系(MEDHD),通过求解这个函数的极值,才能确定满足多尺度能量耗散最小下的各种流场参数。这就相当于在原有的质量和动量守恒关系基础上,又加上一个多尺度能量耗散最小的定解约束条件。这个条件符合实际的气固两相多尺度非均匀流动物理过程的特征,可以很好地分析两相局部流场不均匀流动状态,即可以捕捉到颗粒局部不均匀性特征。因此,在理论上,应用多尺度能量耗散最小解决气固曳力模型的普适性问题是可行的。

表 1-3　气固多尺度曳力系数模型 B(M2GS 方程组-双变量极值方法)
(忽略颗粒与壁面的摩擦作用)

多尺度气固曳力系数模型 B	$\beta_{\mathrm{CSD}}=\begin{cases}\dfrac{3}{4}\dfrac{\rho_{\mathrm{g}}}{\lvert u_{\mathrm{g}}-u_{\mathrm{s}}\rvert}\left[\dfrac{f(1-\varepsilon_{\mathrm{den}})C_{\mathrm{den}}U_{\mathrm{den}}^{2}}{d_{\mathrm{p}}}+\dfrac{(1-f)(1-\varepsilon_{\mathrm{dil}})C_{\mathrm{dil}}U_{\mathrm{dil}}^{2}}{d_{\mathrm{p}}}+\dfrac{fC_{\mathrm{int}}U_{\mathrm{int}}^{2}}{d_{\mathrm{c}}}\right], & N_{\mathrm{df}}=\min\\ \dfrac{3C_{\mathrm{d}}\varepsilon_{\mathrm{s}}\rho_{\mathrm{g}}\lvert u_{\mathrm{g}}-u_{\mathrm{s}}\rvert}{4d_{\mathrm{p}}}\varepsilon_{\mathrm{g}}^{-2.65}, & N_{\mathrm{df}}\neq\min\end{cases}$ $\beta_{\mathrm{E}}=150\dfrac{(1-\varepsilon_{\mathrm{g}})^{2}\mu_{\mathrm{g}}}{(\varepsilon_{\mathrm{g}}d_{\mathrm{p}})^{2}}+1.75\dfrac{\rho_{\mathrm{g}}(1-\varepsilon_{\mathrm{g}})\lvert u_{\mathrm{g}}-u_{\mathrm{s}}\rvert}{\varepsilon_{\mathrm{g}}d_{\mathrm{p}}}$ $\beta_{\mathrm{gs}}=\varphi_{\mathrm{gs}}\beta_{\mathrm{E}}+(1-\varphi_{\mathrm{gs}})\beta_{\mathrm{CSD}}$ $\varphi_{\mathrm{gs}}=\dfrac{\arctan[150\times1.75(0.2-\varepsilon_{\mathrm{s}})]}{\pi}+0.5$
稀相区和密相区气体动量守恒	$\dfrac{n_{\mathrm{den}}F_{\mathrm{den}}}{f}=\dfrac{n_{\mathrm{dil}}F_{\mathrm{dil}}}{(1-f)}+\dfrac{n_{\mathrm{int}}F_{\mathrm{int}}}{(1-f)}+\rho_{\mathrm{g}}g(\varepsilon_{\mathrm{dil}}-\varepsilon_{\mathrm{den}})+\rho_{\mathrm{g}}(\varepsilon_{\mathrm{dil}}a_{\mathrm{g,dil}}-\varepsilon_{\mathrm{den}}a_{\mathrm{g,den}})$
稀相区颗粒相动量守恒	$n_{\mathrm{dil}}F_{\mathrm{dil}}=(1-f)\left[(1-\varepsilon_{\mathrm{dil}})(\rho_{\mathrm{s}}-\rho_{\mathrm{g}})(g+a_{\mathrm{s,dil}})+\left(\dfrac{\mathrm{d}p_{\mathrm{g}}}{\mathrm{d}x}\right)_{\mathrm{pw}}\delta_{\mathrm{iw}}\right],n_{\mathrm{dil}}=\dfrac{(1-f)(1-\varepsilon_{\mathrm{dil}})}{\pi d_{p}^{3}/6}$
密相区颗粒相动量守恒	$n_{\mathrm{den}}F_{\mathrm{den}}+n_{\mathrm{int}}F_{\mathrm{int}}=f(1-\varepsilon_{\mathrm{den}})(\rho_{\mathrm{s}}-\rho_{\mathrm{g}})(g+a_{\mathrm{s,den}})+f\left(\dfrac{\mathrm{d}p_{\mathrm{g}}}{\mathrm{d}x}\right)_{\mathrm{pw}}\delta_{\mathrm{iw}},n_{\mathrm{den}}=\dfrac{f(1-\varepsilon_{\mathrm{den}})}{\pi d_{p}^{3}/6},$ $n_{\mathrm{int}}=\dfrac{f}{\pi d_{\mathrm{c}}^{3}/6}$
稀相区表观滑移速度	$0.15\left(\dfrac{\rho_{\mathrm{g}}d_{\mathrm{p}}}{\mu_{\mathrm{g}}}\right)^{0.687}U_{\mathrm{dil}}^{1.687}+U_{\mathrm{dil}}=\dfrac{\varepsilon_{\mathrm{dil}}^{4.7}d_{\mathrm{p}}^{2}}{18\mu_{\mathrm{g}}}[(\rho_{\mathrm{s}}-\rho_{\mathrm{g}})(g+a_{\mathrm{s,dil}})]$
密相区表观滑移速度	$0.15\left(\dfrac{\rho_{\mathrm{g}}d_{\mathrm{p}}}{\mu_{\mathrm{g}}}\right)^{0.687}U_{\mathrm{den}}^{1.687}+U_{\mathrm{den}}=\dfrac{d_{\mathrm{p}}^{2}\varepsilon_{\mathrm{den}}^{4.7}}{(1-\varepsilon_{\mathrm{den}})18\mu_{\mathrm{g}}}\{(1-f)\rho_{\mathrm{g}}[\varepsilon_{\mathrm{dil}}(g+a_{\mathrm{g,dil}})-\varepsilon_{\mathrm{den}}(g+a_{\mathrm{g,den}})]$ $+(\rho_{\mathrm{s}}-\rho_{\mathrm{g}})[(1-f)(1-\varepsilon_{\mathrm{dil}})(g+a_{\mathrm{s,dil}})+f(1-\varepsilon_{\mathrm{den}})(g+a_{\mathrm{s,den}})]\}$
介观尺度表观滑移速度	$0.15\left(\dfrac{\rho_{\mathrm{g}}d_{\mathrm{c}}}{\mu_{\mathrm{g}}}\right)^{0.687}U_{\mathrm{int}}^{1.687}+U_{\mathrm{int}}=\dfrac{d_{\mathrm{c}}^{2}(1-f)^{5.7}}{18\mu_{\mathrm{g}}}\{\rho_{\mathrm{g}}[\varepsilon_{\mathrm{den}}(g+a_{\mathrm{g,den}})-\varepsilon_{\mathrm{dil}}(g+a_{\mathrm{g,dil}})]$ $+(\rho_{\mathrm{s}}-\rho_{\mathrm{g}})[(1-\varepsilon_{\mathrm{den}})(g+a_{\mathrm{s,den}})-(1-\varepsilon_{\mathrm{dil}})(g+a_{\mathrm{s,dil}})]\}$
气体质量守恒	$U_{\mathrm{g}}=(1-f)U_{\mathrm{g,dil}}+fU_{\mathrm{g,den}}$
颗粒质量守恒	$U_{\mathrm{s}}=(1-f)U_{\mathrm{s,dil}}+fU_{\mathrm{s,den}}$
气体容积衡算	$\varepsilon_{\mathrm{g}}=f\varepsilon_{\mathrm{den}}+(1-f)\varepsilon_{\mathrm{dil}}$
多尺度能量耗散	$N_{\mathrm{df}}=\dfrac{1}{(1-\varepsilon_{\mathrm{g}})\rho_{\mathrm{s}}}[n_{\mathrm{den}}F_{\mathrm{den}}U_{\mathrm{g,den}}+n_{\mathrm{dil}}F_{\mathrm{dil}}U_{\mathrm{g,dil}}+n_{\mathrm{int}}F_{\mathrm{int}}U_{\mathrm{g,dil}}(1-f)$ $+(\Gamma_{\mathrm{den}}+\Gamma_{\mathrm{dil}}+\Gamma_{\mathrm{int}})]$
双变量极值理论	$\min\{[N_{\mathrm{df}}(U_{\mathrm{g,den}},U_{\mathrm{s,den}},U_{\mathrm{g,dil}},U_{\mathrm{s,dil}},f,d_{\mathrm{c}})]\rvert_{u_{\mathrm{g}},u_{\mathrm{s}},\varepsilon_{\mathrm{g}},\mathrm{d}p_{\mathrm{g}}/\mathrm{d}x}(\varepsilon_{\mathrm{dil}}\in R_{1},\varepsilon_{\mathrm{den}}\in R_{2})\}$

1.6.7　循环流化床多尺度模拟

气固双流体模型(TFM)采用统一的流体力学方程,即质量和动量守恒方程,分别描述气固两相各自的运动特性;采用颗粒动理学描述颗粒相的离散介质特性,即由颗粒拟温度守恒方程确定颗粒之间的相互碰撞和摩擦导致的颗粒压力、颗粒黏性的变化。基于反应器结构和操作条件(通过进口条件、壁面条件和初始条件等),由CFD确定计算网格内的气相和颗粒相速度、气体浓度和气体压力梯度,构成宏观-网格的耦合计算。采用M2GS方程组,基于网格信息(ε_g、u_g、u_s和dp_g/dx),确定气固曳力系数,从而构建微观-介观-宏观多尺度气固曳力计算模型。

图1-16给出了在不同的曳力模型下循环流化床提升管内颗粒浓度的瞬时变化。提升管高8.0m,管径0.186m,固体颗粒选用FCC颗粒,颗粒直径为54μm,密度为1398kg/m^3。气体表观速度为3.25m/s,颗粒的质量流率为98.8kg/(m^2·s)。虽然两种模型都能够表现出颗粒浓度在床内呈现的下浓上稀、边壁浓中间稀的分布特征,但可以明显看出CSD模型可以很好地预测提升管内颗粒聚团的存在,以边壁处尤为明显,而Huilin-Gidaspow模型对这种非均匀结构的预测不是很明显,中心处形成了较低浓度的气体通道,CSD模型在中心区域仍能捕获到颗粒聚团与分散颗粒共存的特征,在气体的携带作用下,颗粒聚团不断地形成与破碎。因此,CSD模型可以更好地表征提升管内颗粒的真实流动状态。

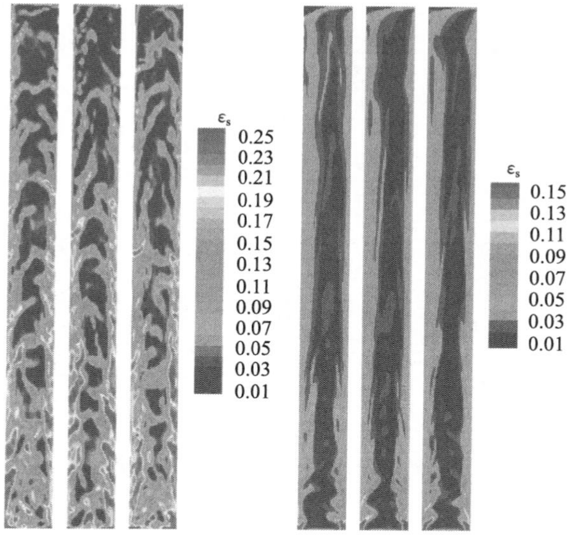

(a) CSD模型　　(b) Huilin-Gidaspow模型

图1-16　颗粒浓度瞬时分布(Lu,2014)

图1-17给出了曳力系数和聚团直径随颗粒浓度的变化关系。从图中可以看

出,由 Huilin-Gidaspow 曳力模型计算出的曳力系数随着颗粒浓度增加逐渐增加,增加的幅度随着颗粒浓度增大而减弱,CSD 模型给出的曳力系数在颗粒浓度小于 0.05 的范围内,随着颗粒浓度增加而减小,这表明颗粒聚团影响逐渐变得明显,随着颗粒浓度继续增加,曳力系数反而增大,逐渐逼近 Huilin-Gidaspow 曳力模型得到的曳力系数,表明颗粒聚团的影响不断被削弱,逐渐趋于均匀分布状态。由 CSD 模型得到的颗粒聚团直径随着颗粒浓度增加先增加后减小,在颗粒浓度为 0.05 时,聚团直径达到最大值,然后不断降低,逐渐趋于单颗粒直径,这也是与图 1-17 中曳力系数的变化规律相对应的,同样在颗粒浓度为 0.05 时,颗粒团聚效应表现得最为明显,在趋于均匀状态时,聚团直径回落到单颗粒直径状态,而不是无限制地增加。

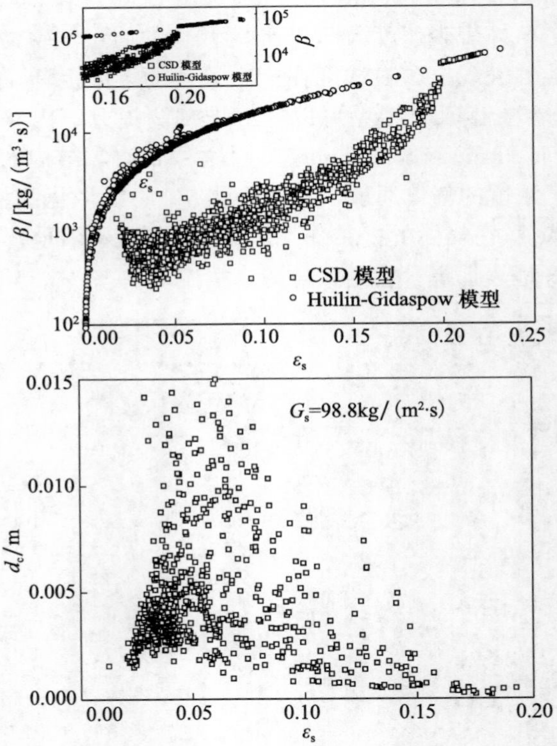

图 1-17　曳力系数和聚团直径与颗粒浓度的关系(Lu,2014)

图 1-18 给出了密相区和稀相区的气相和固相加速项与颗粒浓度之间的关系。由图可以看出,它们的分布趋势大体是一致的,随着颗粒浓度的增加,加速项均呈现逐渐减小的趋势,加速项正负表示相邻网格内颗粒相的流动状态是被促进还是削弱。当加速度为正值时表明流动被加速,减弱颗粒成团;当加速度为负值时表明

流动被减速，增强颗粒成团。因此，随着颗粒浓度增加，这种作用逐渐变得不明显。稀相区加速项总体上要大于密相区，表明稀相区呈现出的脉动性更强。从数值上看，加速项与重力加速度同处于一个数量级，因此在多尺度曳力模型的求解中不应忽略该项的影响。

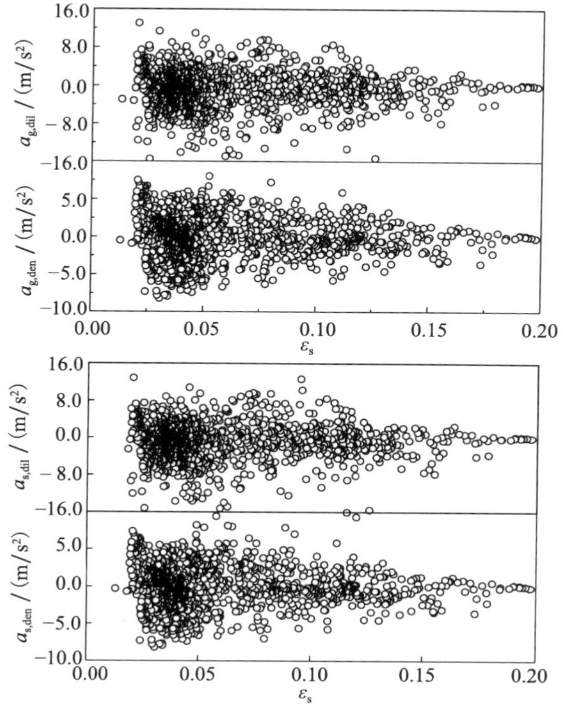

图 1-18　气相和固相加速度与颗粒浓度的关系(Lu,2014)

1.7　高浓度气固两相流的密度波和压力波的传播

1.7.1　流化床气固两相流的密度波传播

流化床气固两相流动中，颗粒的不稳定性并不总是源于气相的不稳定性，颗粒本身由于碰撞及惯性作用，也会产生不稳定现象。气固两相受到干扰后，颗粒浓度发生变化，导致流化床内气固混合物密度发生变化。随着流化过程的进行，形成变化的两相混合物密度波动传播，称为密度波不稳定性。

忽略颗粒相应力的影响，颗粒相动量守恒方程可以表示为

$$\frac{\partial(\varepsilon_s\rho_s v_s)}{\partial t}=-\frac{\partial\sigma_s}{\partial x}+\varepsilon_s(\rho_s-\rho_g)g-\beta(v_s-v_g) \tag{1-169}$$

由方程(1-169)可知，当忽略颗粒相压力时，对于稳态流动，方程表述了简单的颗粒浮力与曳力相互平衡。由质量守恒原理，颗粒相质量守恒方程为

$$\frac{\partial(\rho_s\varepsilon_s)}{\partial t}+\frac{\partial(\rho_s\varepsilon_s v_s)}{\partial x}=0 \tag{1-170}$$

以颗粒体积密度 $\rho_b=(\rho_s\varepsilon_s)$ 和颗粒流率 $F=(\rho_s\varepsilon_s v_s)$ 表示，颗粒相质量守恒方程和动量守恒方程分别为

$$\frac{\partial\rho_b}{\partial t}+\frac{\partial F}{\partial x}=0 \tag{1-171}$$

$$\frac{\partial F}{\partial t}=C_s^2\frac{\partial\rho_b}{\partial x}+\varepsilon_s(\rho_s-\rho_g)g-\beta(v_s-v_g) \tag{1-172}$$

分别对方程(1-171)进行时间 t 微分、方程(1-172)进行位置 x 微分，并合并，得到

$$\frac{\partial^2\rho_b}{\partial t^2}=C_s^2\frac{\partial^2\rho_b}{\partial x^2}+g\frac{\partial\rho_b}{\partial x}-\beta\left(\frac{\partial v_s}{\partial x}-\frac{\partial v_g}{\partial x}\right) \tag{1-173}$$

方程(1-173)表明，密度波以声速 C_s 传播的过程中重力起到源的作用，促进波的形成。而气固曳力起到阻尼作用，抑制波的形成。若将方程扩展到三维流动，方程中将增加气相和颗粒相速度梯度的附加项。这些附加项在进行颗粒浓度脉动的频谱分析中将给出附加的峰值。对于充分发展流动，沿流动方向的气固相对速度的变化为零。在低颗粒浓度条件下假设颗粒相压力梯度可以忽略不计，则方程(1-173)简化为扩散方程：

$$\frac{\partial^2\rho_b}{\partial t^2}=g\frac{\partial\rho_b}{\partial x} \tag{1-174}$$

对于充分发展的气固两相流动，单位高度的压力降与单位高度的颗粒质量在数值上相同，即

$$\frac{\partial p}{\partial x}=\rho_b g \tag{1-175}$$

微分后代入方程(1-172)，整理后得到

$$\frac{\partial^2\rho_b}{\partial t^2}=\frac{\partial^2 p}{\partial x^2} \tag{1-176}$$

在气固流化床内，对于低 Re 条件下，气体与颗粒之间的压降主要是流体与颗粒之间的摩擦损失，由方程(1-119)可以表示为

$$-\frac{\mathrm{d}p}{\mathrm{d}x}=\frac{150\mu_g}{(\phi d_p)^2}\frac{\varepsilon_s^2}{(1-\varepsilon_s)^3}U_0 \tag{1-177}$$

方程(1-177)表明，对于特定的气固流化床系统(即颗粒直径和气体黏性系数为定值)和操作条件(即表观气体速度为定值)，流化床内单位床高气体与颗粒之间的压降取决于颗粒浓度的变化：

$$\frac{\mathrm{d}\left(\frac{\mathrm{d}p}{\mathrm{d}x}\right)}{\frac{\mathrm{d}p}{\mathrm{d}x}}=-\left[3\frac{\varepsilon_{\mathrm{s}}}{1-\varepsilon_{\mathrm{s}}}+2\right]\frac{\mathrm{d}\varepsilon_{\mathrm{s}}}{\varepsilon_{\mathrm{s}}} \tag{1-178}$$

基于颗粒质量守恒方程,方程(1-178)可以表示为

$$\frac{\mathrm{d}\left(\frac{\mathrm{d}p}{\mathrm{d}x}\right)}{\mathrm{d}x}=-\left[3\frac{\varepsilon_{\mathrm{s}}}{1-\varepsilon_{\mathrm{s}}}+2\right]\frac{\varepsilon_{\mathrm{s}}\left(\frac{\mathrm{d}p}{\mathrm{d}x}\right)}{x_0\varepsilon_{\mathrm{s}0}} \tag{1-179}$$

式中,$\varepsilon_{\mathrm{s}0}$ 和 x_0 分别为流化床内初始颗粒浓度和该颗粒浓度下的颗粒流化高度。合并方程(1-176)和方程(1-179),得到

$$\frac{\partial^2\rho_{\mathrm{b}}}{\partial t^2}+\left\{\frac{[3\varepsilon_{\mathrm{s}}/(1-\varepsilon_{\mathrm{s}})+2]\varepsilon_{\mathrm{s}}g}{x_0\varepsilon_{\mathrm{s}0}}\right\}\rho_{\mathrm{b}}=0 \tag{1-180}$$

该方程与单位质量的自由振动弹簧运动方程具有相同的形式,括号数值代表单位质量的弹簧刚度系数。方程(1-180)的解是

$$\rho_{\mathrm{b}}=A\cos(\omega t)+B\sin(\omega t) \tag{1-181}$$

式中,A 和 B 是两个待定常数,由初始条件决定。固有频率 ω 是单位质量的刚度系数的开方,即

$$\omega=\left[\frac{g}{x_0}\right]^{\frac{1}{2}}\left\{\frac{[3\varepsilon_{\mathrm{s}}/(1-\varepsilon_{\mathrm{s}})+2]\varepsilon_{\mathrm{s}}}{\varepsilon_{\mathrm{s}0}}\right\}^{\frac{1}{2}} \tag{1-182}$$

频率为

$$f=\frac{\omega}{2\pi}=\frac{1}{2\pi}\left[\frac{g}{x_0}\right]^{\frac{1}{2}}\left\{\frac{[3\varepsilon_{\mathrm{s}}/(1-\varepsilon_{\mathrm{s}})+2]\varepsilon_{\mathrm{s}}}{\varepsilon_{\mathrm{s}0}}\right\}^{\frac{1}{2}} \tag{1-183}$$

对于气固流化床系统,气固两相脉动频率与床内颗粒浓度密切相关,随着颗粒浓度的降低,脉动频率减小。同时,方程(1-182)表明,气固系统密度脉动的基频是 $(g/x_0)^{1/2}$,是由重力作用引起的。

1.7.2　高浓度气固两相流的压力波传播

高浓度气固两相混合物流动过程中,两相介质的相互掺混,改变了两相介质混合物的可压缩性。两相可压缩性的不断变化,引起压力的波动传播,影响了两相界面的能量和动量传递,使得两相流的传热传质和流动特性发生变化。由颗粒相和流体相动量方程可以得到一维两相混合物动量守恒方程:

$$\rho_{\mathrm{m}}\frac{\mathrm{d}v}{\mathrm{d}t}=-\frac{\mathrm{d}p}{\mathrm{d}x}-\rho_{\mathrm{m}}g \tag{1-184}$$

式中,ρ_{m} 和 v 分别为混合物密度和速度。对于单相流体,由空气动力学可知,气体等熵声速 C_{g} 可以表示为

$$C_{\mathrm{g}}^2=\left(\frac{\partial p}{\partial\rho_{\mathrm{g}}}\right)_T \tag{1-185}$$

式中,流体密度是压力和温度的函数。

$$\rho_g = \rho_g(T, p) \tag{1-186}$$

对于无反应两相流动过程,气体质量守恒方程可以表示为

$$\frac{d\varepsilon}{dt} + \frac{\varepsilon}{\rho_g C_g^2}\frac{dp}{dt} + \varepsilon\frac{\partial v}{\partial x} = 0 \tag{1-187}$$

对于颗粒相,颗粒密度为常数,颗粒相质量守恒方程为

$$-\frac{d\varepsilon}{dt} + \varepsilon_s\frac{\partial v}{\partial x} = 0 \tag{1-188}$$

合并气体质量守恒方程和颗粒相守恒方程,得到

$$\frac{\varepsilon}{\rho_g C_g^2}\frac{dp}{dt} + \frac{\partial v}{\partial x} = 0 \tag{1-189}$$

若对方程(1-189)进行时间的微分,则可以表示为

$$\frac{d}{dt}\frac{\partial v}{\partial x} = -\frac{d}{dt}\left(\frac{\varepsilon}{\rho_g C_g^2}\frac{dp}{dt}\right) \tag{1-190}$$

若不考虑混合物重力的影响,对一维两相混合物动量守恒方程进行时间的微分,可以得到

$$\frac{d}{dt}\frac{\partial v}{\partial x} = -\frac{\partial}{\partial x}\left(\frac{1}{\rho_m}\frac{dp}{dx}\right) \tag{1-191}$$

由方程(1-185)与方程(1-186)得到

$$\frac{d}{dt}\left(\frac{\varepsilon}{\rho_g C_g^2}\frac{dp}{dt}\right) = \frac{\partial}{\partial x}\left(\frac{1}{\rho_m}\frac{dp}{dx}\right) \tag{1-192}$$

与平面波的波动方程比较可见,方程(1-192)反映了两相流动过程中压力波动的变化。当速度很小时,对流导数就简化为时间的偏导数,方程(1-192)就是一个关于两相流体压力为变量的一维齐次波动方程,是坐标 x 和时间的函数。同时,波动方程给出了压力波传播的波速。因此,由流体压力波动传播的波动方程可以直接得出气固两相流混合物的波速:

$$C_m^{-2} = \frac{\rho_m \varepsilon}{\rho_g C_g^2} = \frac{(\varepsilon\rho_g + \varepsilon_s\rho_s)\varepsilon}{\rho_g C_g^2} \tag{1-193}$$

气固两相流混合物压力波传播的波速与两相混合物密度成反比,与气体的波速 C_g 成正比。在气固两相体系中,通常颗粒密度大于气体密度,因此,方程(1-193)可以简化为

$$C_m = \frac{C_g}{\sqrt{(\varepsilon\varepsilon_s)}}\sqrt{\frac{\rho_g}{\rho_s}} \tag{1-194}$$

因此,在气固两相流动过程中,气固混合物压力波的传播速度小于单相气体流动压

力波的传播波速。同时,存在最小混合物速度,该速度取决于颗粒浓度。在循环流化床提升管分离器的立管和燃煤循环流化床锅炉的料腿等循环流化床系统中,气固混合物的波速 C_m 表示在立管和料腿等排料过程中最大的气固混合物流动速度。通常采用等直径管作为提升管分离器的立管和燃煤循环流化床锅炉的料腿,使得在立管和料腿内颗粒浓度基本保持不变。由方程(1-194)可知,当颗粒密度和气体密度一定时,立管和料腿内气固混合物的波速 C_m 的变化范围不大。这就限制了循环流化床的循环物料调节与控制,也直接影响燃煤循环流化床锅炉和循环流化床提升管反应器的负荷调整。直径小的立管和料腿可能会出现循环颗粒的堵塞现象,影响循环颗粒的排料和输送。因此,提升管分离器的立管和燃煤循环流化床锅炉的料腿中气固混合物流动直接与提升管反应器性能和循环流化床锅炉负荷调节密切相关,提高立管和料腿内混合物波速的变化范围,加大提升管反应器和循环流化床锅炉循环物料量的调节范围,增加提升管反应器和循环流化床锅炉变负荷的能力。有效可行的方法是采用缩放立管和料腿,将等直径立管和料腿更换为渐缩渐扩立管与料腿,能够明显改变气固混合物波速 C_m 的变化范围,增加立管和料腿内排料输送的能力。然而,渐缩渐扩立管和料腿结构的复杂性,限制了渐缩渐扩立管和料腿在循环流化床提升管反应器及燃煤循环流化床锅炉等的应用。

1.8　流化床提升管内气固两相流动

等温高浓度的气固两相流动计算模型见表 1-4。采用固相弹性模量预测固相压力。基于循环流化床气固两相流动实验结果的经验关联式(Miller et al.,1992)和半理论-半经验关联式(Lu et al.,2003a)的颗粒相黏性系数计算模型适用于气固流化床的计算。

表 1-4　等温气固两相流动模型

气相连续性方程	$\frac{\partial}{\partial t}(\varepsilon_g\rho_g)+\nabla\cdot(\varepsilon_g\rho_g\boldsymbol{v}_g)=0$
固相连续性方程	$\frac{\partial}{\partial t}(\varepsilon_s\rho_s)+\nabla\cdot(\varepsilon_s\rho_s\boldsymbol{v}_s)=0$
气固容积衡算方程(容积分数归一化条件)	$\varepsilon_s+\varepsilon_g=1.0$
气相动量守恒方程	$\frac{\partial}{\partial t}(\varepsilon_g\rho_g\boldsymbol{v}_g)+\nabla\cdot(\varepsilon_g\rho_g\boldsymbol{v}_g\boldsymbol{v}_g)=-\nabla\boldsymbol{p}_g+\varepsilon_g\rho_g\boldsymbol{g}-\beta_{gs}(\boldsymbol{v}_s-\boldsymbol{v}_g)+\nabla\cdot\boldsymbol{\tau}_g$

续表

固相动量守恒方程	$\frac{\partial}{\partial t}(\varepsilon_s\rho_s \boldsymbol{v}_s)+\nabla\cdot(\varepsilon_s\rho_s\boldsymbol{v}_s\boldsymbol{v}_s)=-\nabla\boldsymbol{p}_s+\varepsilon_s\rho_s\boldsymbol{g}+\beta_{gs}(\boldsymbol{v}_s-\boldsymbol{v}_g)+\nabla\cdot\boldsymbol{\tau}_s$
气相应力	$\boldsymbol{\tau}_g=\frac{2}{3}\mu_g\varepsilon_g\nabla\cdot\boldsymbol{v}_g+\mu_g\varepsilon_g[\nabla\boldsymbol{v}_g+(\nabla\boldsymbol{v}_g)^T]$
固相应力	$\boldsymbol{\tau}_s=\mu_s\varepsilon_s[\nabla\boldsymbol{v}_s+(\nabla\boldsymbol{v}_s)^T]-\frac{2}{3}\mu_s\varepsilon_s\nabla\cdot\boldsymbol{v}_s$
固相压力方程	$\nabla p_s=G(\varepsilon_g)\nabla\varepsilon_s$ 和 $G(\varepsilon_g)=10^{-8.686\varepsilon_g+6.385}$
固相黏性系数方程	(1) Lu 等的模型(2003a)$\mu_s=0.165\varepsilon_s^{1/3}g_0, g_0=\left[1-\left(\frac{\varepsilon_s}{\varepsilon_{s,max}}\right)^{1/3}\right]^{-1}$ (2) Miller 等的模型(1992)$\mu_s=5.0\varepsilon_s$
气固曳力系数模型	$\beta_{gs}=\frac{3}{4}C_d\frac{\rho_g\varepsilon_s\lvert v_g-v_s\rvert}{d_p}\varepsilon_g^{-2.65},\quad \varepsilon_g\geqslant 0.8$ $\beta_{gs}=150\frac{(1-\varepsilon_g)\varepsilon_s\mu_g}{(\varepsilon_g d_p)^2}+1.75\frac{\rho_g\varepsilon_s\lvert v_g-v_s\rvert}{\varepsilon_g d_p},\quad \varepsilon_g<0.8$ $C_d=\frac{24}{Re}(1+0.15Re^{0.687}),\quad Re<1000$ $C_d=0.44,\quad Re\geqslant 1000$ $Re=\frac{\rho_g\varepsilon_g\lvert v_g-v_s\rvert d_p}{\mu_g}$
理想气体状态方程	$\rho_g=\frac{p}{RT}$

Miller 等(1992)进行循环流化床提升管的试验研究，分别采用 X 射线密度仪测量颗粒浓度、等速取样器测量颗粒流率、高精度压力传感器测量提升管压降，获得颗粒相黏性系数与颗粒浓度之间的关系，颗粒相黏性系数与颗粒浓度成正比，颗粒浓度增加，颗粒相黏性系数增大。因此，Miller 等(1992)的模型适用于循环流化床提升管内的气固两相流动过程。

Lu 等(2003a)在循环流化床提升管进行冷态试验研究，分别采用 γ 射线密度计测量颗粒浓度、高速摄像 CCD 测量颗粒速度和等速取样器测量颗粒流率。冷态循环流化床试验系统由提升管、分离器和回料系统等组成，提升管高度为 6.58m，提升管直径为 75mm。颗粒直径和密度分别为 75μm 和 1650kg/m³(Gidaspow et al.，1996)。颗粒被气流携带出提升管，分别进入二级旋风筒分离器，被分离下来的颗粒经料腿返回提升管。颗粒流率采用颗粒取样器测定，取样管内径和外径分别是 0.4724cm 和 0.63cm。气体-颗粒混合物经取样管进入收集器被分离、过滤，气体由真空泵排出。取样速度为 8.5～10.5m/s，取样时间 3.5～15min。在壁面附近区域，同时测量上升和下降颗粒流率。上升颗粒流率与下降颗粒流率之差为净颗粒流率。基于试验实测的颗粒黏性系数、颗粒浓度和颗粒拟温度等，结合颗粒动理学分析，得到颗粒相黏性系数与颗粒浓度之间的关系（Lu et al.，2003b）。图 1-19 表示气体表观速度为 2.89m/s 时循环流化床提升管内不同时刻颗粒相的流动状态。由图可见，在床的中上部存在条状或絮状的高浓度颗粒聚团，随着计算时间的推进可以观测到颗粒聚团的形成、运动和破碎消失。计算中发现床内颗粒聚团时而上升，时而下降流动，同时伴随颗粒聚团的形成和消失，表明在床内出现较强烈的颗粒聚团运动。床内颗粒非弹性碰撞造成颗粒间动量和能量的传递及耗散，引起局部区域颗粒速度和压力下降，同时该局部区域以外的颗粒由于压力差的作用被推入该局部区域，从而导致该局部区域颗粒团聚物的形成。颗粒能量耗散的另一原因是气相黏滞应力，在气体与颗粒的相互作用下，颗粒彼此相互接近，引起黏性耗散的增加，最终导致颗粒聚团的形成。由此可见，在循环流化床非均匀气固两相流动系统中，颗粒团聚物流动是颗粒相为满足气相流动以减小能量损失所进行的一种自适应调节。由图 1-19 可见，提升管内颗粒团聚物对管内气相和颗粒相速度场造成了严重影响。

计算结果表明，在管中心区域的颗粒浓度较低，沿管壁颗粒浓度逐渐增加，在壁面处颗粒浓度达到最大。由图 1-19 可见，模拟计算和实测值的变化趋势一致，沿床层高度平均颗粒浓度下降。床径向壁面区域颗粒浓度高、中心区域浓度低，形成循环流化床特有的环-核流动结构。按 Miller 等（1992）的方程得到的颗粒浓度低于试验结果。采用 Lu 等（2003a）的方程得到的颗粒浓度与试验结果具有相同的变化趋势，定量是一致的。由模拟计算和实测颗粒轴向速度沿径向的变化可见，沿床宽度方向呈现中部时均颗粒轴向速度高、壁面区域低的分布。壁面区域时均颗粒轴向速度出现负值，表明在此区域颗粒向下运动，形成贴壁下降颗粒流。且在壁面区域下降颗粒速度达到最大而在管中心区域颗粒上升流动颗粒速度达到最大。按 Miller 等（1992）方程得到的颗粒轴向速度低于试验结果，在壁面区域有较大差异。采用 Lu 等（2003a）的方程得到的颗粒速度与试验测量结果基本是相同的。

气固两相流动数值模拟中，基于试验拟合关系的黏性系数和弹性模量模型，由于其具有简单的表达和相对容易的模拟计算，获得的颗粒浓度和颗粒速度与试验结果基本吻合，模拟计算能基本反映循环流化床提升管内气固两相流动的环-核流动结构。由于高浓度气固两相流动中气体-颗粒和颗粒-颗粒作用的复杂性，经验关联式封闭方法应该进行针对性试验，得到不同气体速度、固体流率和颗粒物性等范围的固相应力模型，拓宽模型的应用范围。

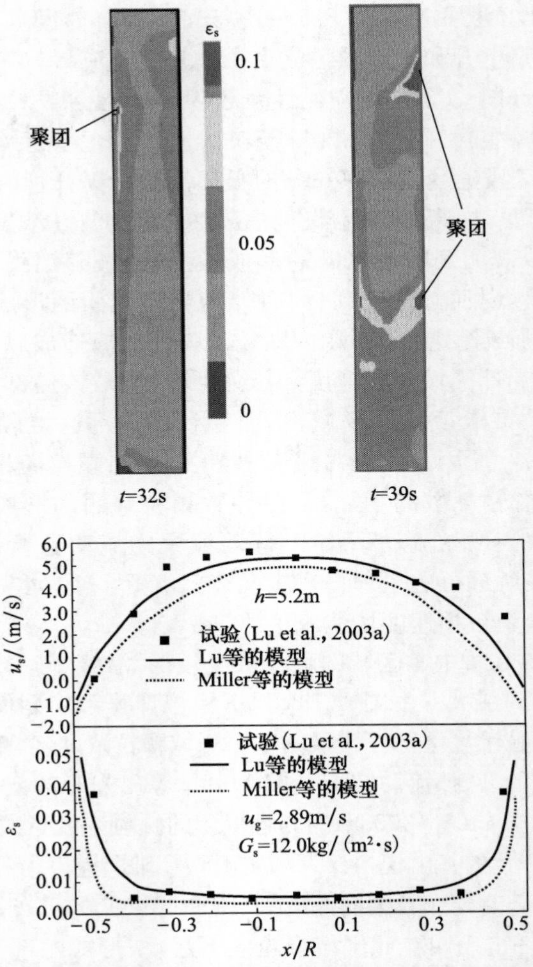

图 1-19　循环流化床提升管内瞬时颗粒浓度的变化(Lu et al. ,2003a)

1.9 本章小结

在两相流动中两相之间相互作用,发生动量和能量的传递。对流体与固相之间的耦合必须搞清楚两相之间的作用力,也就是流体与颗粒之间的相间作用力。相间作用力是建立两相流基本方程组的主要问题之一。两相流中颗粒受到的作用力包括两部分:流体与颗粒间的相互作用力和颗粒间碰撞所产生的作用力。颗粒在流体中的阻力是颗粒与流体间相互作用最基本的形式。在一些特殊流动过程中,还需要考虑虚质量力(或称表观质量力)、Basset 加速度力、颗粒自身旋转而产生的 Magnus 侧向力和速度梯度产生的 Saffman 力等。两相流双流体模型和流体与固相作用力计算方法可以查阅相关书籍,但还有许多问题亟待解决。

固相压力是由颗粒间碰撞引起的压力(也称为碰撞压力分量)和由流经颗粒流的流体对颗粒产生的压力(也称为动力压力分量或者弥散压力分量)。碰撞压力不仅传递短时间的颗粒间碰撞冲力,也传递相对长时间的颗粒间接触力。本章的部分内容是 Gidaspow(1994)的研究成果,包括 Gidaspow 提出的相间动量交换系数计算模型、固相弹性模量计算模型和声速计算方法以及固相黏性系数经验式(Miller et al.,1992)等。

多尺度能量耗散最小(MEDHD)作为颗粒团聚流动过程的稳定性条件可以叙述为:对于流体与分散颗粒和颗粒聚团的多尺度流动过程,在给定的初始条件和边界条件下,任何时刻下不同尺度的浓度和速度总是这样分布,使得计算网格内多尺度结构曳力和碰撞作用所消耗的能量随时为一最小值。把这一极值原理在不同条件下用数学形式表达出来,就构成了数学上的极值问题。极值原理可以作为封闭方程来使用,也可以作为微分方程的等价形式或弱形式来使用。因此,多尺度能量耗散最小是 CSD 曳力计算模型的核心。在运用极值原理时,需要有足够的、正确的约束条件与之相匹配,即极值原理会同正确的约束条件而构成一个数学上完整的极值问题。当所给约束条件不同时,如模型中某些自变量用试验经验式或者假设为常数等,即使极值原理是正确的,也会得出不合理的结论。

参考文献

岑可法. 樊建人. 1990. 工程气固多相流动的理论及计算. 杭州:浙江大学出版社.

郭烈锦. 2002. 两相与多相流动力学. 西安:西安交通大学出版社.

李静海,欧阳洁,高士秋,等. 2005. 颗粒流体复杂系统的多尺度模拟. 北京:科学出版社.

刘大有. 1993. 二相流体动力学. 北京:高等教育出版社.

沈志恒. 2010. 循环流化床颗粒团聚作用的气固两相流动数值模拟. 哈尔滨:哈尔滨工业大学博士学位论文.

王淑彦. 2008. 稠密气固两相流颗粒聚团流动与反应特性的数值模拟研究. 哈尔滨:哈尔滨工业大学博士学位论文.

周力行. 1991. 湍流两相流动与燃烧的数值模拟. 北京:科学出版社.

ANSYS, Inc. 2011. ANSYS FLUENT theory guide, 275 Technology Drive, Canonsburg, PA 15317, USA.

Crowe C T, Troutt T R, Chung J N. 1996. Numerical models for two-phase turbulent flows. Annual Review of Fluid Mechanics, 28: 11-43.

Eaton J K. 1994. Experiments and simulations on turbulence modification by dispersed particles. Applied Mechanics Reviews, 47: 44-48.

Ettehadieh B, Gidaspow D, Lyczkowski R W. 1984. Hydrodynamics of fluidization in a semicircular bed with a jet. AIChE Journal, 30: 529-556.

Ergun S. 1952. Fluid flow through packed columns. Chemical Engineering and Processing, 48: 89-96.

Gidaspow D. 1994. Multiphase Flow and Fluidization: Continuum and Kinetic Theory Descriptions. Boston: Academic Press.

Gidaspow D. Ettehadieh B. 1983. Fluidization in two-dimensional beds with a jet Ⅲ: Hydrodynamic modeling. Industrial & Engineering Chemistry Fundamentals, 22: 193-201.

Gidaspow D, Huilin L. 1996. Collisional viscosity of FCC particles in a CFB. AIChE Journal, 42: 2503-2510.

Gidaspow D, Huilin L, Mostofi R. 2001. Large scale oscillations or gravity waves in a riser and bubbling beds. Fluidization X, New York: Engineering Foundation: 317-323.

Gidaspow D, Shih Y T, Bouillard J, et al. 1989. Hydrodynamics of a lamella electrosettler. AIChE Journal, 35: 714-744.

Ishii M. 1975. Thermo-Fluid Dynamic Theory of Two-Phase Flow. Paris: Eyrolles.

Lu H L. 2014. Cluster structure-dependent drag model for simulations of gas-solids circulating fluidized beds//11th International Conference on Fluidized Bed Technology, Beijing.

Lu H L, Gidaspow D. 2003a. Hydrodynamic simulations of gas-solid flow in a riser. Industrial and Engineering Chemistry Research, 42: 2390-2398.

Lu H L, Gidaspow D, Bouillard J, et al. 2003b. Hydrodynamic simulation of gas-solid flow in a riser using kinetic theory of granular flow. Chemical Engineering Journal, 95: 1-13.

Lu H L, Liu G D. Wang S. et al. 2015. Structure-dependent drag model for simulations of gas-solids fluidized beds//11th International Conference on CFD in the Minerals and Process Industries. Melbourne: CSIRO Press.

Moran J C, Glicksman L R. 2003. Experimental and numerical studies on the gas flow surrounding a single cluster applied to a circulating fluidized bed. Chemical Engineering Science, 58: 1879-1886.

Miller A, Gidaspow D. 1992. Dense, vertical gas-solid flow in a pipe. AIChE Journal, 38: 1801-1815.

Soo S L. 1967. Fluid Dynamics of Multiphase Systems. Waltham: Blaisdell.

Syamlal M, O'Brien T J. 1989. Computer simulation of bubbles in a fluidized bed. AIChE Symposium Series, 85: 22-31.

Wang S, Lu H L, Liu G D, et al. 2011. Modeling of cluster structure-dependent drag with Eulerian approach for circulating fluidized beds. Powder Technology, 208: 98-110.

Wang S, Zhao G B, Liu G D, et al. 2014. Hydrodynamics of gas-solid risers using cluster structure-dependent drag model. Powder Technology, 254: 214-227.

Wen C Y. Yu Y H. 1966. Mechanics of fluidization. Chemical Engineering Progress Symposium Series, 62: 102-113.

第 2 章　颗粒动理学理论

在稠密气固两相流模型中，颗粒相本构方程一般是指气固混合物流动中由于固相颗粒间的相互作用而产生的应力、能量耗散率及颗粒拟热流率的本构方程。固相本构模型大致可分为两类：①唯象本构模型。唯象本构模型从固相颗粒介质拟连续性假设出发，采用量纲分析方法，给出了颗粒相的应力、能耗率、拟颗粒热流率的本构方程。这类模型避免了分子统计模型中对颗粒细观结构、随机碰撞等数学推导上的困难。所得结果表达形式比较简洁。但是，这类模型过于粗糙，方程中许多反映颗粒介质动力学特征的参数需要通过试验来确定，使得这类模型的实用价值非常有限。②颗粒动理学的颗粒流统计本构模型。该类模型认为，在一定的流动条件下，颗粒间的动量传递与能量转换主要是由颗粒间的相互碰撞引起的。颗粒流内颗粒之间的相互作用与稠密气体分子间的作用相似。因此，可以用 Chapman-Enskog 的稠密气体分子动力学理论来研究颗粒的随机运动与相互作用，与气体分子动力学相类似的统计方法建立相应的固相应力、脉动能耗散率及拟颗粒热流率的本构模型。基于玻尔兹曼(Boltzmann)方程的动理学能够很好地描述气固两相流的各相分子间或颗粒间相互作用的微观特性。

颗粒动理学(或光滑颗粒动理学)可以追溯到 20 世纪中叶，由 Bagnold(1954)推导了均匀剪切流中的颗粒相应力表达形式。之后 Ogawa 等(1980)提出由颗粒脉动比能 $e=\langle \boldsymbol{CC} \rangle/2$ 来表征颗粒的随机运动，并认为颗粒相的机械能可以转化为颗粒的随机脉动能，颗粒随机脉动能再通过颗粒的碰撞耗散转换为颗粒的内能。把颗粒的随机运动类比分子的热运动，采用 Maxwell 型分布函数表示颗粒脉动速度分布，Savage 等(1981)和 Lun 等(1984)先后推导了均匀剪切流中光滑弹性球颗粒应力模型。Jenkins 等(1983)推导了非均匀流场中光滑近弹性球颗粒的固相本构模型。Sinclair 等(1989)直接将颗粒应力模型应用于气固两相流动的模拟。Ding 等(1990)采用 Chapman-Enskog 方法求解 Boltzmann 方程，推导出非均匀流场中非弹性颗粒的颗粒动理学模型。Gidaspow(1994)系统地建立和完善了颗粒动理学理论。

2.1　颗粒碰撞动力学和输运现象的初等理论

2.1.1　颗粒碰撞动力学

颗粒碰撞过程假设是：①颗粒体系具有相同的直径和密度，颗粒质量相同，即均匀单一颗粒体系。②颗粒互相碰撞时只考虑二体碰撞，即认为三个颗粒或三个以上颗粒同时碰撞在一起的概率很小。③混沌假设，或不相关假设，认为各个颗粒的速度分布是不依赖另外的颗粒而独立的。在稀疏气固两相流中，二体碰撞占主导作用，然而，在稠密气固两相流动中，颗粒体积的增加将使任何一个颗粒中心可以占有的体积相应减少，结果增加了颗粒碰撞概率。假设③要求颗粒相互接触具有极短的碰撞时间。这一假设也导致了不可逆性。在外力(如重力等)和颗粒之间的相互作用下，颗粒的运动包括颗粒的平移运动和旋转运动。为了简化理论研究，仅考虑颗粒的平移运动，忽略颗粒的旋转运动。

假设存在这样一个体积元 $\mathrm{d}\boldsymbol{r}$，这个 $\mathrm{d}\boldsymbol{r}$ 比起宏观量变化的空间小得多，但其中包含大量的颗粒，因而可以用统计的方法。引入速度分布函数 $f(\boldsymbol{r},\boldsymbol{c},t)$，定义为 $f(\boldsymbol{r},\boldsymbol{c},t)\mathrm{d}\boldsymbol{r}\mathrm{d}\boldsymbol{c}$，表示颗粒在 $\boldsymbol{r}$ 附近的 $\mathrm{d}\boldsymbol{r}$ 体积元中，颗粒速度为 $\boldsymbol{c}$ 附近的 $\mathrm{d}\boldsymbol{c}$ 中可能具有的颗粒数，$f\mathrm{d}\boldsymbol{c}$ 对整个速度空间积分就可以得到体积元 $\mathrm{d}\boldsymbol{r}$ 中的颗粒总数 $n\mathrm{d}\boldsymbol{r}$。

$$n(\boldsymbol{r},t)=\int f(\boldsymbol{c},\boldsymbol{r},t)\mathrm{d}\boldsymbol{c} \tag{2-1}$$

显然，$n(\boldsymbol{r},t)$就是 t 时 $\boldsymbol{r}$ 处的颗粒数密度。$f(\boldsymbol{r},\boldsymbol{c},t)$绝不会是负值，且当 $\boldsymbol{c}$ 变为无穷时，$f(\boldsymbol{r},\boldsymbol{c},t)$必趋于零。每个颗粒的质量为 m，在 t 时 $\boldsymbol{r}$ 处的密度为

$$\rho(\boldsymbol{r},t)=mn(\boldsymbol{r},t) \tag{2-2}$$

应用速度分布函数加权平均，可得到颗粒属性 $\phi(\boldsymbol{c})$的平均值为

$$\langle\phi(\boldsymbol{r},t)\rangle=\frac{1}{n(\boldsymbol{r},t)}\int\phi(\boldsymbol{c})f(\boldsymbol{c},\boldsymbol{r},t)\mathrm{d}\boldsymbol{c} \tag{2-3}$$

颗粒宏观速度(或平均速度)为

$$\boldsymbol{u}(\boldsymbol{r},t)=\frac{1}{n(\boldsymbol{r},t)}\int\boldsymbol{c}f(\boldsymbol{c},\boldsymbol{r},t)\mathrm{d}\boldsymbol{c} \tag{2-4}$$

颗粒脉动速度 $\boldsymbol{C}$ 为

$$\boldsymbol{C}(\boldsymbol{r},t)=\boldsymbol{c}(\boldsymbol{r},t)-\boldsymbol{u}(\boldsymbol{r},t) \tag{2-5}$$

显然，颗粒脉动速度平均值为

$$\langle\boldsymbol{C}\rangle=\langle(\boldsymbol{c}-\boldsymbol{u})\rangle=\langle\boldsymbol{c}\rangle-\boldsymbol{u}=0 \tag{2-6}$$

即脉动速度的平均值为零。

单个颗粒的平动能为

$$\frac{1}{2}m\boldsymbol{c}^2=\frac{1}{2}m\boldsymbol{C}^2+\frac{1}{2}m\boldsymbol{C}\cdot\boldsymbol{u}+\frac{1}{2}m\boldsymbol{u}^2 \tag{2-7}$$

对此平动能取平均值可知，中间项将无贡献。最后一项的贡献是平均平动能。$m\boldsymbol{C}^2/2$是颗粒的内能：

$$U_{\mathrm{s}}(\boldsymbol{r},t)=\frac{1}{\rho(\boldsymbol{r},t)}\int\frac{1}{2}m\boldsymbol{C}^2f(\boldsymbol{r},\boldsymbol{c},t)\mathrm{d}\boldsymbol{c} \tag{2-8}$$

在气体动理学理论中，气体内能与热力学温度 T 有如下关系：

$$U_g = \frac{3}{2}\frac{nk_B}{\rho_g}T \tag{2-9}$$

式中，U_g 为气体单位质量的内能；k_B 为 Boltzmann 常量。

同样，类似于热力学温度，颗粒内能与颗粒拟温度（或颗粒温度）θ 为

$$U_s = \frac{3}{2}mn\theta \tag{2-10}$$

由方程(2-8)与方程(2-10)，得到颗粒拟温度与颗粒脉动速度的关系如下：

$$\theta = \frac{1}{3}\langle \boldsymbol{C}^2 \rangle \tag{2-11}$$

比较方程(2-9)和方程(2-10)，颗粒拟温度与热力学温度的差别是：①热力学温度是分子热运动的量度，而颗粒拟温度是颗粒脉动强度的量度；②分子运动是由自身的温度决定的，而颗粒运动是由外力或运动边界驱动的；③分子碰撞不耗散能量，而颗粒碰撞有能量损失。

假设所研究的体系是接近平衡的，至少在局域范围内是接近平衡的。在局域范围内单颗粒的速度分布接近于平衡态的 Maxwell 速度分布，以颗粒拟温度表示如下：

$$f^{(0)}(\boldsymbol{r},\boldsymbol{c}) = \frac{n}{(2\pi\theta)^{3/2}}\exp\left[-\frac{(\boldsymbol{c}-\boldsymbol{u})^2}{2\theta}\right] \tag{2-12}$$

当颗粒平均速度取为零时的颗粒速度$\langle \boldsymbol{c} \rangle$为

$$\langle \boldsymbol{c} \rangle = \frac{1}{(2\pi\theta)^{3/2}}\int \boldsymbol{c}\exp\left(-\frac{\boldsymbol{c}^2}{2\theta}\right)\mathrm{d}\boldsymbol{c} \tag{2-13}$$

对于各向同性颗粒流动，有

$$\mathrm{d}\boldsymbol{c} = \mathrm{d}\boldsymbol{c}_x\mathrm{d}\boldsymbol{c}_y\mathrm{d}\boldsymbol{c}_z = 4\pi\boldsymbol{c}^2\mathrm{d}\boldsymbol{c} \tag{2-14}$$

方程(2-13)表示为

$$\langle \boldsymbol{c} \rangle = \frac{4\pi}{(2\pi\theta)^{3/2}}\int_0^\infty \boldsymbol{c}^3\exp\left(-\frac{\boldsymbol{c}^2}{2\theta}\right)\mathrm{d}\boldsymbol{c} \tag{2-15}$$

积分得到颗粒平均速度如下：

$$\langle \boldsymbol{c} \rangle = \sqrt{8\theta/\pi} \tag{2-16}$$

当物理量 ϕ 取为速度 $\boldsymbol{c}^2$ 时，由平均值的定义方程(2-3)，当速度均值为零($u=0$)时颗粒平均速度为

$$\langle \boldsymbol{c}^2 \rangle = \frac{1}{(2\pi\theta)^{3/2}}\int \boldsymbol{c}^2\exp\left(-\frac{\boldsymbol{c}^2}{2\theta}\right)\mathrm{d}\boldsymbol{c} \tag{2-17}$$

对于各向同性颗粒流动，有

$$\langle \boldsymbol{c}^2 \rangle = \frac{4\pi}{(2\pi\theta)^{3/2}} \int_0^\infty \boldsymbol{c}^4 \exp\left(-\frac{\boldsymbol{c}^2}{2\theta}\right) \mathrm{d}\boldsymbol{c} = 3\theta \tag{2-18}$$

比较式(2-16),有

$$\langle \boldsymbol{c}^2 \rangle^{1/2} = \langle \boldsymbol{c} \rangle \left(\frac{3\pi}{8}\right)^{1/2} = 1.086 \langle \boldsymbol{c} \rangle \tag{2-19}$$

由此可见,方程(2-19)和方程(2-16)预测的颗粒平均速度相差小于10%。因此,当颗粒拟温度一致时,可以方便地采用方程(2-16)预测颗粒平均速度。

假设:均一光滑圆球颗粒为非弹性碰撞,忽略颗粒表面摩擦及转动,颗粒碰撞遵循混沌条件,颗粒为二体碰撞。设圆球颗粒1和2的直径为 d_1 和 d_2,分别以速度 $\boldsymbol{c}_1$ 和 $\boldsymbol{c}_2$ 运动,颗粒1相对颗粒2的相对速度为 $\boldsymbol{c}_{12} = \boldsymbol{c}_1 - \boldsymbol{c}_2$。两颗粒在 $d_{12} = (d_1 + d_2)/2$ 处发生碰撞,如图2-1所示。碰撞后颗粒速度分别为 $\boldsymbol{c}_1'$ 和 $\boldsymbol{c}_2'$,颗粒1相对于颗粒2的相对速度 $\boldsymbol{c}_{12}' = \boldsymbol{c}_1' - \boldsymbol{c}_2'$。颗粒1所走过的轨迹为 LMN,该曲线的渐进线为 PO 和 OQ,它们位于相对速度 $\boldsymbol{c}_{12}$ 和 $\boldsymbol{c}_{12}'$ 上。极距线是两颗粒相碰撞时球心的连线,轨迹线 LMN 对称于极距线。极距线的方向是 OAK,其中 K 是 OA 的延长线与中心在 A 的单位球的相交点,单位矢量 AK 用 $\boldsymbol{k}$ 表示,这样 $\mathrm{d}\boldsymbol{k}$ 就表示一个单位球面上的面积元。

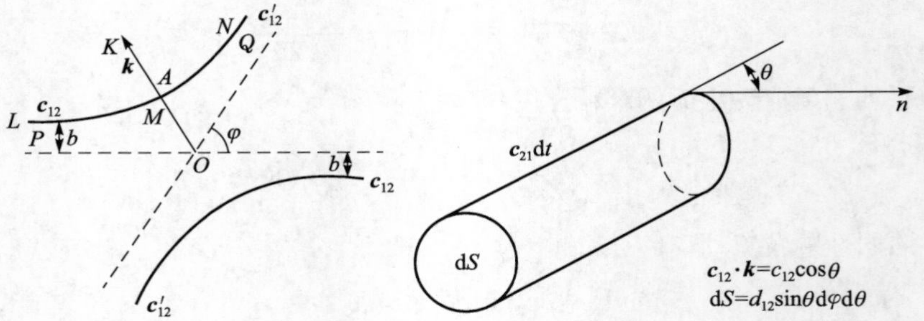

图2-1　双颗粒的碰撞

考虑颗粒的光滑非弹性碰撞,颗粒的碰撞恢复系数为 e,相对速度 $\boldsymbol{c}_{12}$ 与 $\boldsymbol{c}_{12}'$ 在 $\boldsymbol{k}$ 方向上的分量方向相反,大小有如下关系:

$$\boldsymbol{c}_{12}' \cdot \boldsymbol{k} = -e\boldsymbol{c}_{12} \cdot \boldsymbol{k} \tag{2-20}$$

颗粒1和颗粒2碰撞前后的动量应满足动量守恒方程:

$$m(\boldsymbol{c}_1 + \boldsymbol{c}_2) = m(\boldsymbol{c}_1' + \boldsymbol{c}_2') = 2m\boldsymbol{G} \tag{2-21}$$

式中,$\boldsymbol{G}$ 为颗粒1和2质点系的质心速度,与相对速度之间的关系为

$$\boldsymbol{c}_1 = \boldsymbol{G} - \frac{1}{2}\boldsymbol{c}_{12} \text{ 和 } \boldsymbol{c}_2 = \boldsymbol{G} + \frac{1}{2}\boldsymbol{c}_{12} \tag{2-22}$$

和

$$\boldsymbol{c}_1'=\boldsymbol{G}-\frac{1}{2}\boldsymbol{c}_{12}' \text{和} \boldsymbol{c}_2'=\boldsymbol{G}+\frac{1}{2}\boldsymbol{c}_{12}' \tag{2-23}$$

相对碰撞前的动能为

$$\frac{1}{2}m(\boldsymbol{c}_1^2+\boldsymbol{c}_2^2)=m\left(\boldsymbol{G}^2+\frac{1}{2}\boldsymbol{c}_{12}^2\right) \text{和} \frac{1}{2}m(\boldsymbol{c}_1'^2+\boldsymbol{c}_2'^2)=m\left(\boldsymbol{G}^2+\frac{1}{4}\boldsymbol{c}_{12}'^2\right) \tag{2-24}$$

碰撞前后的动能变化为

$$\Delta E=\frac{m}{4}(e^2-1)(\boldsymbol{k}\cdot\boldsymbol{c}_{12})^2 \tag{2-25}$$

由方程(2-21)～方程(2-23),得到颗粒碰撞前后的速度变化为

$$\boldsymbol{c}_1'-\boldsymbol{c}_1=-\frac{1}{2}(1+e)(\boldsymbol{k}\cdot\boldsymbol{c}_{12})\boldsymbol{k} \text{和} \boldsymbol{c}_2'-\boldsymbol{c}_2=\frac{1}{2}(1+e)(\boldsymbol{k}\cdot\boldsymbol{c}_{12})\boldsymbol{k} \tag{2-26}$$

双颗粒速度分布函数 $f^{(2)}(\boldsymbol{r}_1,\boldsymbol{c}_1;\boldsymbol{r}_2,\boldsymbol{c}_2;t)$ 表示 $f^{(2)}(\boldsymbol{r}_1,\boldsymbol{c}_1;\boldsymbol{r}_2,\boldsymbol{c}_2;t)\mathrm{d}\boldsymbol{c}_1\mathrm{d}\boldsymbol{c}_2\mathrm{d}\boldsymbol{r}_1\mathrm{d}\boldsymbol{r}_2$ 在中心为 $\boldsymbol{r}_1$、$\boldsymbol{r}_2$ 的体积元 $\mathrm{d}\boldsymbol{r}_1$、$\mathrm{d}\boldsymbol{r}_2$ 中发现一对颗粒速度分别位于 $\boldsymbol{c}_1$、$\boldsymbol{c}_1+\mathrm{d}\boldsymbol{c}_1$ 和 $\boldsymbol{c}_2$,$\boldsymbol{c}_2+\mathrm{d}\boldsymbol{c}_2$ 范围内的概率。双颗粒速度分布函数可以表示为径向分布函数和单颗粒速度分布函数的乘积,即

$$f^{(2)}(\boldsymbol{r}_1,\boldsymbol{c}_1,\boldsymbol{r}_2,\boldsymbol{c}_2,t)=g(\boldsymbol{r}_1,\boldsymbol{r}_2)f^{(1)}(\boldsymbol{r}_1,\boldsymbol{c}_1,t)f^{(2)}(\boldsymbol{r}_2,\boldsymbol{c}_2,t) \tag{2-27}$$

式中,$g(\boldsymbol{r}_1,\boldsymbol{r}_2)$为径向分布函数。

在颗粒 1 与颗粒 2 相接触时,有

$$f^{(2)}(\boldsymbol{r}_1,\boldsymbol{c}_1,\boldsymbol{r}_2,\boldsymbol{c}_2,t)=g_0f^{(1)}(\boldsymbol{r}_1,\boldsymbol{c}_1,t)f^{(2)}(\boldsymbol{r}_2,\boldsymbol{c}_2,t) \tag{2-28}$$

式中,g_0 为颗粒相接触时平衡态球对称径向分布函数,或简称为径向分布函数。

单位时间单位体积内两颗粒碰撞次数是

$$N_{12}=\iiint f^{(2)}(\boldsymbol{r}_1,\boldsymbol{c}_1,\boldsymbol{r}_2,\boldsymbol{c}_2,t)(\boldsymbol{c}_{12}\cdot\boldsymbol{k})d_{12}^2\mathrm{d}\boldsymbol{k}\mathrm{d}\boldsymbol{c}_1\mathrm{d}\boldsymbol{c}_2 \tag{2-29}$$

当两个具有相同直径的光滑颗粒间发生非弹性碰撞的瞬间,颗粒 2 的中心为 O_2,其空间位置为 $\boldsymbol{r}$,颗粒 1 的中心为 O_1,位于 $\boldsymbol{r}-\mathrm{d}\boldsymbol{k}$ 处,其中 $\boldsymbol{k}$ 为沿 O_1 到 O_2 连线上的单位矢量。在碰撞前的时间 $\mathrm{d}t$ 内,颗粒 1 相对于颗粒 2 运动的距离为 $\boldsymbol{c}_{21}\mathrm{d}t$。在时间间隔 $\mathrm{d}t$ 之后,碰撞发生,如图 2-2 所示。

$$(\boldsymbol{c}_{12}\cdot\boldsymbol{k})=\boldsymbol{c}_{12}\cos\varphi\sin\varphi\mathrm{d}\varphi\mathrm{d}\phi \text{和} \mathrm{d}\boldsymbol{r}=\mathrm{d}_{12}^2\sin\varphi\mathrm{d}\varphi\mathrm{d}\phi\cdot\boldsymbol{c}_{12}\cos\varphi\mathrm{d}t \tag{2-30}$$

代入双颗粒碰撞次数方程(2-29),得到

$$N_{12}=g_0\frac{n_1n_2d_{12}^2}{(2\pi\theta)^3}\iiint\exp\left[-\frac{(\boldsymbol{c}_1-\boldsymbol{u})^2+(\boldsymbol{c}_2-\boldsymbol{u})^2}{2\theta}\right]\boldsymbol{c}_{12}\cos\varphi\sin\varphi\mathrm{d}\varphi\mathrm{d}\phi\mathrm{d}\boldsymbol{c}_1\mathrm{d}\boldsymbol{c}_2 \tag{2-31}$$

对于稳定流动过程,取颗粒速度均值 u 为零,单位时间、单位体积内颗粒碰撞的次数为

$$N_{12}=\frac{\pi d_{12}^2g_0n_1n_2}{(2\pi\theta)^3}\iint\boldsymbol{c}_{21}\exp\left[-\frac{\boldsymbol{c}_1^2+\boldsymbol{c}_2^2}{2\theta}\right]\mathrm{d}\boldsymbol{c}_1\mathrm{d}\boldsymbol{c}_2 \tag{2-32}$$

颗粒 1 和颗粒 2 具有相同质量时,有

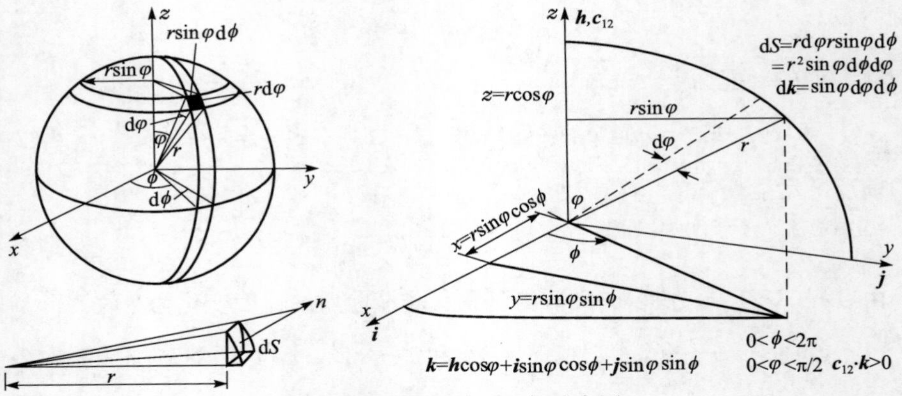

图 2-2 颗粒碰撞元几何示意图

$$\boldsymbol{c}_1^2+\boldsymbol{c}_2^2=2\boldsymbol{G}^2+\frac{1}{2}\boldsymbol{c}_{12}^2 \tag{2-33}$$

为此,对式(2-32)中的积分变量要从 $\boldsymbol{c}_1$、$\boldsymbol{c}_2$ 转换到 $\boldsymbol{G}$、$\boldsymbol{c}_{12}$。

$$\frac{\partial(\boldsymbol{G},\boldsymbol{c}_{12})}{\partial(\boldsymbol{c}_1,\boldsymbol{c}_2)}=\frac{\partial(\boldsymbol{c}_1+\boldsymbol{c}_{21}/2,\boldsymbol{c}_2-\boldsymbol{c}_1)}{\partial(\boldsymbol{c}_1,\boldsymbol{c}_2)}=\frac{\partial(\boldsymbol{c}_1,\boldsymbol{c}_2)}{\partial(\boldsymbol{c}_1,\boldsymbol{c}_2)}=1.0 \tag{2-34}$$

对于球对称分布,有如下关系:

$$\mathrm{d}\boldsymbol{G}=2\pi G^2\mathrm{d}G \tag{2-35}$$

$$\mathrm{d}\boldsymbol{c}_{21}=4\pi c_{21}^2\mathrm{d}c_{21} \tag{2-36}$$

颗粒碰撞次数为

$$N_{12}=\frac{2n_1n_2d_{12}^2g}{\theta_3}\int_0^\infty\int_0^\infty\exp\left[-\frac{2G+\frac{1}{2}c_{21}^2}{2\theta}\right]G^2\mathrm{d}Gc_{21}^3\mathrm{d}c_{21} \tag{2-37}$$

积分得到

$$N_{12}=4n_1n_2d_{12}^2g_0\sqrt{\pi\theta} \tag{2-38}$$

2.1.2 输运现象的初等理论

单位时间内颗粒与其他颗粒发生碰撞的平均次数称为碰撞频率,表示为

$$\omega_c=\frac{1}{2}\frac{N_{11}}{n_1}=2n_1d_{12}^2g_0\sqrt{\pi\theta}=12g_0\frac{\varepsilon_s}{d_{12}}\sqrt{\frac{\theta}{\pi}} \tag{2-39}$$

由式(2-38)和式(2-39)可见,颗粒碰撞次数和碰撞频率与颗粒拟温度和颗粒浓度成正比,与颗粒直径成反比。颗粒拟温度越高,颗粒碰撞频率越大。两颗粒相互碰撞之间的平均时间是

$$\tau_c=\frac{\tau_1}{N_{11}}=\frac{1}{4n_1g_0d_{12}^2\sqrt{\pi\theta}} \tag{2-40}$$

两颗粒相互碰撞之间经历的平均路程 τ_c 称为平均自由程,它是平均时间和速

度的乘积，即

$$\tau_c = \tau_c \langle \boldsymbol{c} \rangle \tag{2-41}$$

于是颗粒平均自由程 τ_c 为

$$\tau_c = \frac{1}{\pi\sqrt{2}\, n_1 d_{12}^2 g_0} = \frac{1}{6\sqrt{2}} \frac{d_{12}}{\varepsilon s g_0} \tag{2-42}$$

在低颗粒浓度时可以简化为

$$\tau_c = \frac{1}{\pi\sqrt{2}\, n_1 d_{12}^2 g_0} = \frac{1}{6\sqrt{2}} \frac{d_{12}}{\varepsilon s} \tag{2-43}$$

颗粒弥散(扩散)运动和颗粒相互碰撞作用实现颗粒属性的输运，将密度较大的区域中颗粒输运到密度较小的区域，当然，反向的输运也存在，不过比前者少。因此，沿颗粒密度减小的方向存在净输运量。颗粒的净输运过程就是颗粒宏观的扩散现象。当然，同时也存在另一种相反的颗粒输运，其过程与前者是相同的。取 Q 表示在空间 x 和 $x+\tau_c$ 的任意颗粒物理量参数(如质量和动量等)，按 Taylor 级数展开，有

$$Q(x+\tau_c) = Q(x) + \tau_c \frac{\mathrm{d}Q}{\mathrm{d}x} \tag{2-44}$$

方程(2-44)表明，颗粒物理量 Q 的迁移率为

$$\Delta Q = \tau_c \frac{\mathrm{d}Q}{\mathrm{d}x} \tag{2-45}$$

当颗粒物理量 Q 为颗粒动量流率时，表示为

$$Q = (\varepsilon_s \rho_s u_s \langle u_s \rangle) \tag{2-46}$$

由方程(2-44)，当颗粒质量流率一定时，单位面积颗粒动量的净迁移率如下：

$$\Delta Q = \tau_c (\varepsilon_s \rho_s \langle u_s \rangle) \frac{\mathrm{d}\boldsymbol{u}_s}{\mathrm{d}x} \tag{2-47}$$

由牛顿第二定律，单位面积颗粒动量的净迁移率等于单位面积的黏滞力 $\boldsymbol{F}_A$。

$$\boldsymbol{F}_A = \mu_{\mathrm{dil}} \frac{\mathrm{d}\boldsymbol{u}_s}{\mathrm{d}x} \tag{2-48}$$

合并方程(2-47)和方程(2-48)，且低颗粒浓度下颗粒径向分布函数取为 1.0，得到颗粒黏性系数如下：

$$\mu_{\mathrm{dli}} = \tau_c \varepsilon_s \rho_s \langle u_s \rangle = \frac{1}{6\sqrt{2}} \frac{d_{12}}{\varepsilon_s} \varepsilon_s \rho_s \sqrt{\frac{8\theta}{\pi}} = \frac{\rho_s d_{12}}{3\sqrt{\pi}} \sqrt{\theta} \tag{2-49}$$

方程(2-49)表明，颗粒相黏性系数与颗粒直径成正比、与颗粒拟温度的开方成正比。当颗粒拟温度已知时，就可以确定颗粒相黏性系数。

对于颗粒直径为 d_{12} 的光滑弹性刚球，颗粒速度分布为近似一级，颗粒相黏性系数为

$$\mu_{\mathrm{dil}} = \frac{5\sqrt{\pi}}{96} \rho_s d_{12} \sqrt{\theta} \tag{2-50}$$

2.2 Boltzmann 积分-微分方程

任一颗粒在时间间隔 $\mathrm{d}t$ 中与其他颗粒无发生碰撞，则颗粒的位置矢量将由 $\boldsymbol{r}$ 变为 $\boldsymbol{r}+\boldsymbol{c}\mathrm{d}t$，而它的速度将由 $\boldsymbol{c}$ 变为 $\boldsymbol{c}+\boldsymbol{F}\mathrm{d}t$，其中 $\boldsymbol{F}$ 是作用的外力。因此在 t 时 $\mathrm{d}\boldsymbol{r}\mathrm{d}\boldsymbol{c}$ 中的颗粒 $f(\boldsymbol{r},\boldsymbol{c},t)\mathrm{d}\boldsymbol{r}\mathrm{d}\boldsymbol{c}$ 将全部既不增加也不减少地变到 $\boldsymbol{r}+\boldsymbol{c}\mathrm{d}t$、$\boldsymbol{c}+\boldsymbol{F}\mathrm{d}t$ 的 $\mathrm{d}\boldsymbol{r}\mathrm{d}\boldsymbol{c}$ 中，有如下关系：

$$f(\boldsymbol{r}+\boldsymbol{c}\mathrm{d}t,\boldsymbol{c}+\boldsymbol{F}\mathrm{d}t,t+\mathrm{d}t)\mathrm{d}\boldsymbol{r}\mathrm{d}\boldsymbol{c}=f(\boldsymbol{r},\boldsymbol{c},t)\mathrm{d}\boldsymbol{r}\mathrm{d}\boldsymbol{c}$$

然而，在 $\mathrm{d}t$ 间隔中颗粒间的碰撞，使得

$$f(\boldsymbol{r}+\boldsymbol{c}\mathrm{d}t,\boldsymbol{c}+\boldsymbol{F}\mathrm{d}t,t+\mathrm{d}t)\mathrm{d}\boldsymbol{r}\mathrm{d}\boldsymbol{c}-f(\boldsymbol{r},\boldsymbol{c},t)\mathrm{d}\boldsymbol{r}\mathrm{d}\boldsymbol{c}=\left(\frac{\partial f}{\partial t}\right)_{\mathrm{coll}}\mathrm{d}t\mathrm{d}\boldsymbol{r}\mathrm{d}\boldsymbol{c} \tag{2-51}$$

式中，$(\partial f/)\partial t_{\mathrm{coll}}\mathrm{d}t\mathrm{d}\boldsymbol{r}\mathrm{d}\boldsymbol{c}$ 为在 $\mathrm{d}t$ 时间间隔中在 $\boldsymbol{r}$、$\boldsymbol{c}$ 处的 $\mathrm{d}\boldsymbol{r}\mathrm{d}\boldsymbol{c}$ 中颗粒碰撞导致颗粒速度分布函数 f 的变化量。两边各除以 $\mathrm{d}t$，并令 $\mathrm{d}t\to 0$，可以得到

$$\frac{\partial}{\partial t}f+\boldsymbol{c}\cdot\frac{\partial}{\partial \boldsymbol{r}}f+\boldsymbol{F}\cdot\frac{\partial}{\partial \boldsymbol{c}}f=\left(\frac{\partial f}{\partial t}\right)_{\mathrm{coll}} \tag{2-52}$$

Chapman 等(1970)给出式(2-52)右边项为

$$\left(\frac{\partial f}{\partial t}\right)_{\mathrm{coll}}=\iint(f^{(2)}\boldsymbol{c}_{12}'\cdot\boldsymbol{k}-f^{(2)}\boldsymbol{c}_{12}\cdot\boldsymbol{k})d_{12}^{2}\mathrm{d}\boldsymbol{k}\mathrm{d}\boldsymbol{c}_{1} \tag{2-53}$$

代入式(2-52)，可得

$$\frac{\partial}{\partial t}f+\boldsymbol{c}\cdot\frac{\partial}{\partial \boldsymbol{r}}f+\boldsymbol{F}\cdot\frac{\partial}{\partial \boldsymbol{c}}f=\iint(f^{(2)}\boldsymbol{c}_{12}'\cdot\boldsymbol{k}-f^{(2)}\boldsymbol{c}_{12}\cdot\boldsymbol{k})d_{12}^{2}\mathrm{d}\boldsymbol{k}\mathrm{d}\boldsymbol{c}_{1} \tag{2-54}$$

这就是速度分布函数 f 满足的 Boltzmann 方程，它表明速度分布函数 f 随时间的变化率$(\partial f/\partial t)_{\mathrm{coll}}$由两部分组成，一部分是由外力和运动作用产生的变化量，另一部分是由碰撞产生的变化量。由于方程右边是对双颗粒分布函数的积分，因此 Boltzmann 方程是一个积分-微分方程。

设 ϕ 是颗粒的一个任意性能参数或者函数，它可以是颗粒的质量、动量和动能等。两边各乘以 $\phi\mathrm{d}\boldsymbol{c}$，并对 $\boldsymbol{c}$ 积分。可得到

$$\int\phi\left(\frac{\partial}{\partial t}f+\boldsymbol{c}\cdot\frac{\partial}{\partial \boldsymbol{r}}f+\boldsymbol{F}\cdot\frac{\partial}{\partial \boldsymbol{c}}f\right)\mathrm{d}\boldsymbol{c}=\int\phi\left(\frac{\partial f}{\partial t}\right)_{\mathrm{coll}}\mathrm{d}\boldsymbol{c} \tag{2-55}$$

左边第一项是

$$\int\phi\left(\frac{\partial}{\partial t}f\right)\mathrm{d}\boldsymbol{c}=\frac{\partial n\langle\phi\rangle}{\partial t}-n\left\langle\frac{\partial\phi}{\partial t}\right\rangle \tag{2-56a}$$

式中，$\langle\rangle$为该物理量的统计平均值。左边的第二项是

$$\int\phi\boldsymbol{c}\cdot\left(\frac{\partial}{\partial \boldsymbol{r}}f\right)\mathrm{d}\boldsymbol{c}=n\frac{\partial}{\partial \boldsymbol{r}}\langle\boldsymbol{c}\phi\rangle-n\left\langle\boldsymbol{c}\cdot\frac{\partial\phi}{\partial \boldsymbol{r}}\right\rangle \tag{2-56b}$$

最后一项由于 $\boldsymbol{F}$ 和 $\boldsymbol{c}$ 无关，可变为

$$\int \phi \left(\boldsymbol{F} \cdot \frac{\partial}{\partial \boldsymbol{c}} f \right) \mathrm{d}\boldsymbol{c} = \boldsymbol{F} \cdot \int \phi \frac{\partial}{\partial \boldsymbol{c}} f \mathrm{d}\boldsymbol{c}$$

当 $\boldsymbol{c} \to \pm\infty$ 时，$\phi \to 0$，因而有

$$\int \phi \left(\boldsymbol{F} \cdot \frac{\partial}{\partial \boldsymbol{c}} f \right) \mathrm{d}\boldsymbol{c} = -n\boldsymbol{F} \cdot \left\langle \frac{\partial \phi}{\partial \boldsymbol{c}} \right\rangle \tag{2-56c}$$

利用式(2-56)，可得到

$$\frac{\partial n\langle \phi \rangle}{\partial t} + \frac{\partial}{\partial \boldsymbol{r}} \cdot n\langle \boldsymbol{c}\phi \rangle - n\left\{ \left\langle \frac{\partial \phi}{\partial t} \right\rangle + \left\langle \boldsymbol{c} \cdot \frac{\partial \phi}{\partial \boldsymbol{r}} \right\rangle + \boldsymbol{F} \cdot \left\langle \frac{\partial \phi}{\partial \boldsymbol{c}} \right\rangle \right\} = \int \phi \left(\frac{\partial f}{\partial t} \right)_{\mathrm{coll}} \mathrm{d}\boldsymbol{c} = \langle \psi_{\mathrm{coll}} \rangle \tag{2-57}$$

颗粒瞬时速度 $\boldsymbol{c}$ 可以分解为颗粒脉动速度 $\boldsymbol{C}$ 和速度均值 u，即

$$\boldsymbol{C} = \boldsymbol{c} - u(\boldsymbol{r}) \tag{2-58}$$

进行坐标换算从 $\boldsymbol{c}$ 到 $\boldsymbol{C}$，有

$$f(t, \boldsymbol{r}, \boldsymbol{c}) = f_{\mathrm{c}}(t, \boldsymbol{r}, \boldsymbol{C}) \tag{2-59}$$

由微分法则，对方程(2-59)微分，得到如下关系：

$$\frac{\partial f}{\partial \boldsymbol{c}} = \frac{\partial f_{\mathrm{c}}}{\partial \boldsymbol{C}} \tag{2-60}$$

$$\frac{\partial f}{\partial t} = \frac{\partial f_{\mathrm{c}}}{\partial t} - \frac{\partial f_{\mathrm{c}}}{\partial \boldsymbol{C}} \frac{\partial \boldsymbol{u}}{\partial t} \tag{2-61}$$

$$\frac{\partial f}{\partial \boldsymbol{r}} = \frac{\partial f_{\mathrm{c}}}{\partial \boldsymbol{r}} - \frac{\partial f_{\mathrm{c}}}{\partial \boldsymbol{C}} \frac{\partial \boldsymbol{u}}{\partial \boldsymbol{r}} \tag{2-62}$$

将颗粒瞬时速度 $\boldsymbol{c}$ 以颗粒脉动速度 $\boldsymbol{C}$ 代替，方程(2-57)表示为

$$\frac{\mathrm{D}n\langle \phi \rangle}{\mathrm{D}t} + n\langle \phi \rangle \frac{\partial}{\partial \boldsymbol{r}} \boldsymbol{u} + \frac{\partial}{\partial \boldsymbol{r}} n\langle \phi \boldsymbol{C} \rangle - n\left(\boldsymbol{F} - \frac{\mathrm{D}}{\mathrm{D}t} \boldsymbol{u} \right) \left\langle \frac{\partial \phi}{\partial \boldsymbol{C}} \right\rangle - \left\langle \frac{\partial \phi}{\partial \boldsymbol{C}} \boldsymbol{C} \right\rangle : \frac{\partial}{\partial \boldsymbol{r}} \boldsymbol{u}$$

$$= n\int \phi \left(\frac{\partial f}{\partial \boldsymbol{r}} \right)_{\mathrm{coll}} \mathrm{d}\boldsymbol{c} = \langle \psi_{\mathrm{coll}} \rangle \tag{2-63}$$

此方程是宏观量 ϕ 满足的方程。方程右边项表示由于颗粒碰撞使 ϕ 发生变化的变化率。

如果忽略颗粒碰撞，则由方程(2-63)可得颗粒相质量守恒、动量守恒和能量守恒方程。

以 $\phi = m$ 代入方程(2-63)，颗粒相质量守恒为

$$\frac{\partial}{\partial t}(nm) + \frac{\partial}{\partial \boldsymbol{r}} \cdot (nm\boldsymbol{u}) = 0 \tag{2-64}$$

因为 $(nm) = \varepsilon_{\mathrm{s}}\rho_{\mathrm{s}} = \rho$，式(2-64)可表示为

$$\frac{\partial}{\partial t}(\varepsilon_{\mathrm{s}}\rho_{\mathrm{s}}) + \frac{\partial}{\partial \boldsymbol{r}} \cdot (\varepsilon_{\mathrm{s}}\rho_{\mathrm{s}}\boldsymbol{u}) = 0 \tag{2-65}$$

以 $\phi = m\boldsymbol{u}$ 代入方程(2-63)，得颗粒相动量守恒为

$$\frac{\partial}{\partial t}(nm\boldsymbol{u})+\frac{\partial}{\partial \boldsymbol{r}}\cdot(\boldsymbol{P}_{\mathrm{k}}+nm\boldsymbol{uu})-nm\boldsymbol{F}=0 \tag{2-66}$$

式中，

$$\boldsymbol{P}_{\mathrm{k}}=m\int f\boldsymbol{CC}\mathrm{d}\boldsymbol{c} \tag{2-67}$$

可简化如下：

$$\frac{\partial}{\partial t}(\rho\boldsymbol{u})+\rho\boldsymbol{u}\cdot\frac{\partial \boldsymbol{u}}{\partial \boldsymbol{r}}+\frac{\partial}{\partial \boldsymbol{r}}\cdot\boldsymbol{P}_{\mathrm{k}}-\rho\boldsymbol{F}=0 \tag{2-68}$$

此式与流体力学的动量守恒方程相一致。

假设颗粒速度分布函数 f 近似为 Maxwell 分布，即

$$f(\boldsymbol{r},\boldsymbol{c},t)=f^{(0)}(\boldsymbol{r},\boldsymbol{c},t)=\frac{n}{(2\pi\theta)^{3/2}}\exp\left(-\frac{\boldsymbol{C}^2}{2\theta}\right)$$

将上述方程代入方程(2-67)，得到无颗粒碰撞时的颗粒压力张量 $\boldsymbol{P}_{\mathrm{k}}$ 为

$$\boldsymbol{P}_{\mathrm{k}}=m\int\boldsymbol{CC}\frac{n}{(2\pi\theta)^{3/2}}\exp\left[-\frac{\boldsymbol{C}^2}{2\theta}\right]\mathrm{d}\boldsymbol{c} \tag{2-69}$$

对于对角线分量，方程(2-69)积分得

$$\boldsymbol{P}_{\mathrm{k}}=\frac{1}{3}\rho\langle C^2\rangle\boldsymbol{I}=\rho\theta\boldsymbol{I}=\varepsilon_{\mathrm{s}}\rho_{\mathrm{s}}\theta\boldsymbol{I} \tag{2-70}$$

而非对角线分量，有如下关系：

$$P_{xy}=\int\rho C_xC_yf(\boldsymbol{C})\mathrm{d}\boldsymbol{c}=\rho C_z\int_{-\infty}^{+\infty}f_y^{(0)}C_y\mathrm{d}C_y\int_{-\infty}^{+\infty}f_x^{(0)}C_x\mathrm{d}C_x=0 \tag{2-71}$$

即

$$P_{xy}=P_{yx}=P_{ij}=0,\quad i\neq j \tag{2-72}$$

表明颗粒压力张量的非对角线分量都等于零。

对于能量守恒，以 $\phi=m\boldsymbol{c}^2/2$ 代入方程(2-63)，其中第三项的积分是

$$\begin{aligned}n\langle\phi\boldsymbol{c}\rangle&=\int\frac{1}{2}m\boldsymbol{c}^2\boldsymbol{c}f\mathrm{d}\boldsymbol{c}=\frac{1}{2}\int m(\boldsymbol{C}^2+2\boldsymbol{C}\cdot\boldsymbol{u}+\boldsymbol{u}^2)(\boldsymbol{C}+\boldsymbol{u})f\mathrm{d}\boldsymbol{C}\\&=\boldsymbol{q}_{\mathrm{k}}+\rho\left(\frac{1}{2}\langle\boldsymbol{C}^2\rangle+\frac{1}{2}\boldsymbol{u}^2\right)\boldsymbol{u}+\boldsymbol{P}_{\mathrm{k}}\cdot\boldsymbol{u}\end{aligned} \tag{2-73}$$

式中，颗粒脉动能量流率 $\boldsymbol{q}_{\mathrm{k}}$ 为

$$\boldsymbol{q}_{\mathrm{k}}=\int\frac{1}{2}m\boldsymbol{C}^2\boldsymbol{C}f\mathrm{d}\boldsymbol{C} \tag{2-74}$$

在方程(2-63)中的第四项中有如下关系：

$$\left\langle\frac{\partial(m\boldsymbol{C}^2/2)}{\partial\boldsymbol{C}}\right\rangle=m\langle\boldsymbol{C}\rangle=0$$

因而将方程(2-63)整理得到颗粒脉动能量守恒方程为

$$\rho\frac{3}{2}\left[\frac{\partial\theta}{\partial t}+\boldsymbol{u}\cdot\frac{\partial\theta}{\partial\boldsymbol{r}}\right]+\frac{\partial}{\partial\boldsymbol{r}}\cdot\boldsymbol{q}_{\mathrm{k}}+\boldsymbol{P}_{\mathrm{k}}:\frac{\partial\boldsymbol{u}}{\partial\boldsymbol{r}}=0 \tag{2-75}$$

式(2-75)反映在不出现颗粒碰撞引起能量损失时颗粒流动的能量守恒方程，表明颗粒速度梯度引发颗粒脉动。通常，以定容比热容 C_v 和流体温度 T 表述的流体能量方程有如下形式：

$$C_v\rho\left[\frac{\partial T}{\partial t}+\boldsymbol{u}\cdot\frac{\partial T}{\partial \boldsymbol{r}}\right]=\frac{\partial \boldsymbol{q}}{\partial \boldsymbol{r}}+\boldsymbol{P}:\frac{\partial \boldsymbol{u}}{\partial \boldsymbol{r}} \tag{2-76}$$

式中，$\boldsymbol{q}$ 为流体热流率。比较方程(2-75)和流体能量方程可以发现，颗粒比定容热容是 $3m/2$。由方程(2-74)，颗粒脉动能量流率可以表示为

$$\boldsymbol{q}_k=\frac{3}{2}n\langle\theta\boldsymbol{C}\rangle \tag{2-77}$$

假设分布函数 f 服从 Maxwell 分布，有

$$\boldsymbol{q}_k^{(0)}=\int\frac{1}{2}m\boldsymbol{C}^2\frac{n}{(2\pi\theta)^{3/2}}\exp\left[-\frac{C^2}{2\theta}\right]\boldsymbol{C}\mathrm{d}\boldsymbol{C}=0$$

2.3　颗粒动理学基本方程

假设颗粒为二体碰撞，碰撞只是一个瞬态过程。取 ϕ 是任意函数(质量、动量、动能等)。每一次正向碰撞引起的物理量 ϕ 增量是 $(\phi'-\phi)$，在单位时间内的总增量是

$$\iiint(\phi'-\phi)d_{12}^2(\boldsymbol{c}_{12}\cdot\boldsymbol{k})f^{(2)}(\boldsymbol{r},\boldsymbol{c}_1;\boldsymbol{r}+d_{12}\boldsymbol{k},\boldsymbol{c}_2)\mathrm{d}\boldsymbol{k}\mathrm{d}\boldsymbol{c}_1\mathrm{d}\boldsymbol{c}_2$$

同样，对于相应的反向颗粒碰撞，即将 $\boldsymbol{c}$ 和 $\boldsymbol{c}_1$ 交换，$\boldsymbol{k}$ 将变成 $-\boldsymbol{k}$，$\boldsymbol{c}_{12}$ 由 $-\boldsymbol{c}_{12}$ 代替，$(\phi'-\phi)$ 变为 $(\phi_1'-\phi_1)$，可得到形式上相同的反向颗粒碰撞过程中物理量 ϕ 总增量是

$$\iiint(\phi_1'-\phi_1)d_{12}^2(\boldsymbol{c}_{12}\cdot\boldsymbol{k})f^{(2)}(\boldsymbol{r}-d_{12}\boldsymbol{k},\boldsymbol{c}_1;\boldsymbol{r},\boldsymbol{c}_2)\mathrm{d}\boldsymbol{k}\mathrm{d}\boldsymbol{c}_1\mathrm{d}\boldsymbol{c}_2$$

则由颗粒碰撞造成的物理量 ϕ 总变化是

$$\begin{aligned}\langle\psi_{\text{coll}}\rangle=&\frac{1}{2}\iiint(\phi'-\phi)d_{12}^2(\boldsymbol{c}_{12}\cdot\boldsymbol{k})f^{(2)}(\boldsymbol{r},\boldsymbol{c}_1;\boldsymbol{r}+d_{12}\boldsymbol{k},\boldsymbol{c}_2)\mathrm{d}\boldsymbol{k}\mathrm{d}\boldsymbol{c}_1\mathrm{d}\boldsymbol{c}_2\\&+\frac{1}{2}\iiint(\phi_1'-\phi_1)d_{12}^2(\boldsymbol{c}_{12}\cdot\boldsymbol{k})f^{(2)}(\boldsymbol{r}-d_{12}\boldsymbol{k},\boldsymbol{c}_1;\boldsymbol{r},\boldsymbol{c}_2)\mathrm{d}\boldsymbol{k}\mathrm{d}\boldsymbol{c}_1\mathrm{d}\boldsymbol{c}_2\end{aligned}$$

将函数 $f^{(2)}(\boldsymbol{r}-d_{12}\boldsymbol{k},\boldsymbol{c}_1;\boldsymbol{r},\boldsymbol{c}_2)$ 在 $d_{12}\boldsymbol{k}$ 按 Taylor 级数展开，得到

$$f^{(2)}(\boldsymbol{r}-d_{12}\boldsymbol{k},\boldsymbol{c}_1;\boldsymbol{r},\boldsymbol{c}_2)=f^2(\boldsymbol{r},\boldsymbol{c}_1;\boldsymbol{r}+d_{12}\boldsymbol{k},\boldsymbol{c}_2)-d_{12}\boldsymbol{k}\cdot\nabla f^{(2)}(\boldsymbol{r},\boldsymbol{c}_1,\boldsymbol{r}+d_{12}\boldsymbol{k},\boldsymbol{c}_2)+\cdots$$

并忽略高阶项，代入得到

$$\begin{aligned}\langle\psi_{\text{coll}}\rangle=&\frac{1}{2}\iiint(\phi'+\phi_1'-\phi-\phi_1)d_{12}^2(\boldsymbol{c}_{12}\cdot\boldsymbol{k})f^{(2)}(r,\boldsymbol{c};r+d_{12}\boldsymbol{k},\boldsymbol{c}_2)\mathrm{d}\boldsymbol{k}\mathrm{d}\boldsymbol{c}_1\mathrm{d}\boldsymbol{c}\\&-\frac{1}{2}\iiint(\phi_1'-\phi_1)d_{12}^3(\boldsymbol{c}_{12}\cdot\boldsymbol{k})\boldsymbol{k}\,\nabla f^{(2)}(r,\boldsymbol{c}_1;r+d_{12}\boldsymbol{k},\boldsymbol{c}_2)\mathrm{d}\boldsymbol{k}\mathrm{d}\boldsymbol{c}_1\mathrm{d}\boldsymbol{c}\end{aligned}$$

$$=N_c-\nabla\cdot\boldsymbol{P}_c \tag{2-78a}$$

式中，

$$N_c=\frac{d_{12}^2}{2}\iiint(\phi'+\phi_1'-\phi-\phi_1)(\boldsymbol{c}_{12}\cdot\boldsymbol{k})f^{(2)}(\boldsymbol{r},\boldsymbol{c}_1;\boldsymbol{r}+d_{12}\boldsymbol{k},\boldsymbol{c}_2)\mathrm{d}\boldsymbol{k}\mathrm{d}\boldsymbol{c}_1\mathrm{d}\boldsymbol{c} \tag{2-78b}$$

$$\boldsymbol{P}_c=-\frac{d_{12}^3}{2}\iiint(\phi'-\phi_1)(\boldsymbol{c}_{12}\cdot\boldsymbol{k})\boldsymbol{k}\,\nabla f^{(2)}(\boldsymbol{r},\boldsymbol{c}_1;\boldsymbol{r}+d_{12}\boldsymbol{k},\boldsymbol{c})\mathrm{d}\boldsymbol{k}\mathrm{d}\boldsymbol{c}_1\mathrm{d}\boldsymbol{c} \tag{2-78c}$$

于是，Boltzmann 积分-微分方程变为

$$\frac{\mathrm{D}n\langle\phi\rangle}{\mathrm{D}t}+n\langle\phi\rangle\,\nabla\cdot\boldsymbol{u}+\nabla\cdot(n\langle\phi\boldsymbol{C}\rangle+n\boldsymbol{P}_c)-n\left(\boldsymbol{F}-\frac{\mathrm{D}\boldsymbol{u}}{\mathrm{D}t}\right)\left\langle\frac{\partial\phi}{\partial\boldsymbol{C}}\right\rangle-n\left\langle\frac{\partial\phi}{\partial\boldsymbol{C}}\boldsymbol{C}\right\rangle:\nabla\boldsymbol{u}=nN_c \tag{2-79}$$

取 $\phi=m\boldsymbol{c}$，代入方程(2-79)，得到如下颗粒相动量守恒方程：

$$\rho\frac{\mathrm{D}}{\mathrm{D}t}\boldsymbol{u}_s+\nabla(\boldsymbol{P}_k+\boldsymbol{P}_c)=\rho\boldsymbol{F} \tag{2-80}$$

式中，

$$\boldsymbol{P}_k=\rho\langle\boldsymbol{CC}\rangle=\varepsilon_s\rho_s\langle\boldsymbol{CC}\rangle \tag{2-81}$$

外力 $\boldsymbol{F}$ 包括重力、气固两相阻力和气体压力，即

$$\rho\boldsymbol{F}=\varepsilon_s\rho_s\boldsymbol{g}+\beta(\boldsymbol{u}_g-\boldsymbol{u}_s)-\varepsilon_s\,\nabla p_g \tag{2-82}$$

式中，β 是两相曳力系数；p_g 是气体压力。方程(2-80)表示为

$$\frac{\partial(\varepsilon_s\rho_s\boldsymbol{u}_s)}{\partial t}+\nabla(\varepsilon_s\rho_s\boldsymbol{u}_s\boldsymbol{u}_s)+\nabla\cdot(\boldsymbol{P}_k+\boldsymbol{P}_c)=-\varepsilon_s\,\nabla p_g+\varepsilon_s\rho_s\boldsymbol{g}+\beta(\boldsymbol{u}_g-\boldsymbol{u}_s) \tag{2-83}$$

根据定义，有如下关系：

$$n\left\langle\frac{1}{2}m\boldsymbol{c}^2\right\rangle=\frac{1}{2}\rho(\langle\boldsymbol{CC}\rangle+\boldsymbol{u}_s^2)=\rho\left(\frac{3}{2}\theta+\frac{1}{2}\boldsymbol{u}_s^2\right) \tag{2-84}$$

$$n\left\langle\frac{1}{2}m\boldsymbol{c}^2\boldsymbol{c}\right\rangle=\frac{1}{2}\rho\langle\boldsymbol{C}^2\boldsymbol{C}\rangle+\boldsymbol{u}_s\left(\frac{1}{2}\rho u_s^2+\frac{3}{2}\rho\theta\right)+\boldsymbol{P}_k\boldsymbol{u}_s=\boldsymbol{q}_k+\boldsymbol{u}_s\left(\frac{1}{2}\rho u_s^2+\frac{3}{2}\rho\theta\right)+\boldsymbol{P}_k\boldsymbol{u}_s \tag{2-85}$$

取 $\phi=m\boldsymbol{c}^2/2$，得颗粒脉动能量方程为

$$\frac{\partial}{\partial t}\left[\rho\left(\frac{3}{2}\theta+\frac{1}{2}u_s^2\right)\right]+\nabla\cdot\left[\boldsymbol{q}_k+\boldsymbol{q}_c+\boldsymbol{u}_s\,\rho\left(\frac{3}{2}\theta+\frac{1}{2}u^2\right)+\boldsymbol{u}_s(\boldsymbol{P}_k+\boldsymbol{P}_c)\right]$$
$$=\rho\langle\boldsymbol{FC}\rangle+N_c\left(\frac{1}{2}m\boldsymbol{c}^2\right) \tag{2-86}$$

将动量守恒方程(2-80)乘以 $\boldsymbol{u}_s$，可得颗粒相机械能守恒方程是

$$\frac{\partial}{\partial t}\left(\frac{1}{2}\rho u_s^2\right)+\nabla\cdot\frac{1}{2}\rho u_s^2\boldsymbol{u}_s=\nabla\boldsymbol{u}_s(\boldsymbol{P}_k+\boldsymbol{P}_c)+\boldsymbol{u}_s\cdot\rho\langle\boldsymbol{FC}\rangle-(\boldsymbol{P}_k+\boldsymbol{P}_c):\nabla\boldsymbol{u}_s \tag{2-87}$$

注意到

$$\rho\langle\boldsymbol{FC}\rangle-\rho\boldsymbol{F}\cdot\boldsymbol{u}_s=\beta[\langle\boldsymbol{C}\cdot(\boldsymbol{C}_g-\boldsymbol{C})\rangle-\boldsymbol{u}_s\cdot(\boldsymbol{u}_g-\boldsymbol{u}_s)]=\beta\langle\boldsymbol{C}_g\cdot\boldsymbol{C}\rangle-3\beta\theta \tag{2-88}$$

合并颗粒脉动能量守恒方程和机械能守恒方程，得到

$$\frac{3}{2}\left[\frac{\partial}{\partial t}(\varepsilon_s\rho_s\theta)+\nabla\cdot\varepsilon_s\rho_s\theta\boldsymbol{u}_s\right]=(\boldsymbol{P}_k+\boldsymbol{P}_c):\nabla\boldsymbol{u}_s-\nabla\cdot(\boldsymbol{q}_k+\boldsymbol{q}_c)+N_c\left(\frac{1}{2}m\boldsymbol{c}^2\right)+\beta\langle\boldsymbol{C}_g\cdot\boldsymbol{C}\rangle-3\beta\theta \tag{2-89}$$

2.4　颗粒属性的碰撞输运

2.4.1　固相压力和黏性系数

固相压力是指固相应力张量中的各向同性部分。固相切应力通常以牛顿内摩擦定律表示，即表示为颗粒黏性系数和变形速率的函数关系。

将双颗粒分布函数 $f^{(2)}(\boldsymbol{r},\boldsymbol{c},t)$按 Taylor 级数展开，并且忽略高阶项，得到

$$\begin{aligned}f^2\left(\boldsymbol{r}-\frac{d_{12}}{2}\boldsymbol{k},\boldsymbol{c}_1;\boldsymbol{r}+\frac{d_{12}}{2}\boldsymbol{k},\boldsymbol{c}_2\right)&=g_0f\left(\boldsymbol{r}-\frac{d_{12}}{2}\boldsymbol{k},\boldsymbol{c}\right)f_1\left(\boldsymbol{r}+\frac{d_{12}}{2}\boldsymbol{k},\boldsymbol{c}_1\right)\\&=g_0\left[f(\boldsymbol{r},\boldsymbol{c})f_1(\boldsymbol{r},\boldsymbol{c}_1)-\frac{d_{12}}{2}\boldsymbol{k}f_1(\boldsymbol{r},\boldsymbol{c}_1)\nabla f(\boldsymbol{r},\boldsymbol{c})+\frac{d_{12}}{2}\boldsymbol{k}f(\boldsymbol{r},\boldsymbol{c})-\cdots\right]\\&\approx g_0\left[f(\boldsymbol{r},\boldsymbol{c})f_1(\boldsymbol{r},\boldsymbol{c}_1)+\frac{d_{12}}{2}\boldsymbol{k}f(\boldsymbol{r},\boldsymbol{c})f_1(\boldsymbol{r},\boldsymbol{c}_1)\nabla\ln\frac{f_1}{f}\right]\end{aligned} \tag{2-90}$$

代入碰撞压力项，得到

$$\begin{aligned}\boldsymbol{P}_c=&-\frac{1}{2}g_0d_{12}^3\iiint_{\boldsymbol{c}_{12}\cdot\boldsymbol{k}>0}(\phi'-\phi)f(\boldsymbol{r},\boldsymbol{c})f_1(\boldsymbol{r},\boldsymbol{c}_1)\boldsymbol{k}(\boldsymbol{c}_{12}\cdot\boldsymbol{k})\mathrm{d}\boldsymbol{k}\mathrm{d}\boldsymbol{c}_1\mathrm{d}\boldsymbol{c}\\&-\frac{1}{4}g_0d_{12}^4\iiint_{\boldsymbol{c}_{12}\cdot\boldsymbol{k}>0}(\phi'-\phi)f(\boldsymbol{r},\boldsymbol{c})f_1(\boldsymbol{r},\boldsymbol{c}_1)\nabla\ln\frac{f_1}{f}\boldsymbol{k}(\boldsymbol{c}_{12}\cdot\boldsymbol{k})\mathrm{d}\boldsymbol{k}\mathrm{d}\boldsymbol{c}_1\mathrm{d}\boldsymbol{c}\end{aligned} \tag{2-91}$$

取 $\phi=m\boldsymbol{C}=m(\boldsymbol{c}-\boldsymbol{u})$代入式(2-91)，得到

$$\begin{aligned}\boldsymbol{P}_c=&\frac{1}{4}g_0d_{12}^3m(1+e)\iiint_{\boldsymbol{c}_{12}\cdot\boldsymbol{k}>0}(\boldsymbol{c}_{12}\cdot\boldsymbol{k})^2\boldsymbol{kk}f(\boldsymbol{r},\boldsymbol{c})f_1(\boldsymbol{r},\boldsymbol{c}_1)\mathrm{d}\boldsymbol{k}\mathrm{d}\boldsymbol{c}_1\mathrm{d}\boldsymbol{c}\\&+\frac{1}{8}g_0d_{12}^4m(1+e)\iiint_{\boldsymbol{c}_{12}\cdot\boldsymbol{k}>0}\boldsymbol{kk}(\boldsymbol{c}_{12}\cdot\boldsymbol{k})^2f(\boldsymbol{r},\boldsymbol{c})f_1(\boldsymbol{r},\boldsymbol{c}_1)\boldsymbol{k}\cdot\nabla\ln\frac{f_1}{f}\mathrm{d}\boldsymbol{k}\mathrm{d}\boldsymbol{c}_1\mathrm{d}\boldsymbol{c}\\=&\boldsymbol{P}_{c1}+\boldsymbol{P}_{c2}\end{aligned} \tag{2-92}$$

式中，

$$\boldsymbol{P}_{c1}=\frac{1}{4}g_0 d_{12}^3 m(1+e)\iiint_{\boldsymbol{c}_{12}\cdot\boldsymbol{k}>0}(\boldsymbol{c}_{12}\cdot\boldsymbol{k})^2\boldsymbol{kk}f(\boldsymbol{r},\boldsymbol{c})f_1(\boldsymbol{r},\boldsymbol{c}_1)\mathrm{d}\boldsymbol{k}\mathrm{d}\boldsymbol{c}_1\mathrm{d}\boldsymbol{c} \quad (2\text{-}93\mathrm{a})$$

$$\boldsymbol{P}_{c2}=\frac{1}{8}g_0 d_{12}^4 m(1+e)\iiint_{\boldsymbol{c}_{12}\cdot\boldsymbol{k}>0}\boldsymbol{kk}(\boldsymbol{c}_{12}\cdot\boldsymbol{k})^2 f(\boldsymbol{r},\boldsymbol{c})f_1(\boldsymbol{r},\boldsymbol{c}_1)\boldsymbol{k}\cdot\nabla\ln\frac{f_1}{f}\mathrm{d}\boldsymbol{k}\mathrm{d}\boldsymbol{c}_1\mathrm{d}\boldsymbol{c}$$

(2-93b)

积分利用如下关系：

$$\iint\boldsymbol{kk}(\boldsymbol{c}_{12}\cdot\boldsymbol{k})^2\mathrm{d}\boldsymbol{k}=\frac{2\pi}{15}(2\boldsymbol{c}_{12}\boldsymbol{c}_{12}+c_{12}^2\boldsymbol{I}) \quad (2\text{-}94\mathrm{a})$$

$$\iint\boldsymbol{kk}(\psi\cdot\boldsymbol{k})(\boldsymbol{c}_{12}\cdot\boldsymbol{k})^2\mathrm{d}\boldsymbol{k}=\frac{\pi}{12}\left[\frac{\psi\cdot\boldsymbol{c}_{12}(\boldsymbol{c}_{12}\boldsymbol{c}_{12}+c_{12}^2\boldsymbol{I})}{\boldsymbol{c}_{12}}+\boldsymbol{c}_{12}(\psi\boldsymbol{c}_{12}+\boldsymbol{c}_{12}\psi)\right]$$

(2-94b)

方程(2-93a)积分得到

$$\boldsymbol{P}_{c1}=\frac{\pi}{30}d_{12}^3 g_0 m(1+e)\iint_{\boldsymbol{c}_{12}\cdot\boldsymbol{k}>0}f(\boldsymbol{r},\boldsymbol{c})f_1(\boldsymbol{r},\boldsymbol{c}_1)(2\boldsymbol{c}_{12}\boldsymbol{c}_{12}+c_{12}^2\boldsymbol{I})\mathrm{d}\boldsymbol{c}_1\mathrm{d}\boldsymbol{c} \quad (2\text{-}95)$$

单颗粒速度分布函数 f 和 f_1 取为 Maxwell 分布，有如下关系：

$$\langle\boldsymbol{C}\rangle=\langle\boldsymbol{C}_1\rangle=0 \quad (2\text{-}96\mathrm{a})$$

$$\langle\boldsymbol{C}_{12}^2\rangle=\langle\boldsymbol{C}^2+\boldsymbol{C}_1^2-2\boldsymbol{C}\boldsymbol{C}_1\rangle=2\langle\boldsymbol{C}^2\rangle \quad (2\text{-}96\mathrm{b})$$

所以积分得到

$$\boldsymbol{P}_{c1}=\frac{\pi}{15}(1+e)d_{12}^3 g_0(mn)n(2\langle\boldsymbol{CC}\rangle+\boldsymbol{C}^2\boldsymbol{I}) \quad (2\text{-}97)$$

根据颗粒拟温度 θ 的定义，有如下关系：

$$\langle\boldsymbol{CC}\rangle=\theta\boldsymbol{I}$$

得到

$$\boldsymbol{P}_{c1}=2(1+e)g_0\rho_s\varepsilon_s^2\theta\boldsymbol{I} \quad (2\text{-}98)$$

由方程(2-81)和方程(2-98)，得到固相压力为

$$p_s=\varepsilon_s\rho_s\theta+2(1+e)g_0\rho_s\varepsilon_s^2\theta=[1+2(1+e)g_0\varepsilon_s]\varepsilon_s\rho_s\theta \quad (2\text{-}99)$$

式中，第一项来自颗粒动压力分量；第二项来自颗粒碰撞分量。在低颗粒浓度下，第一项颗粒弥散压力起主导作用。随着颗粒浓度增加，第二项颗粒碰撞应力分量贡献逐渐增大。

对于非 Maxwell 速度分布函数，$\rho\langle\boldsymbol{CC}\rangle$ 可表示为对称速度梯度的线性函数：

$$\rho\langle\boldsymbol{CC}\rangle=-\frac{2}{(1+e)}\left[1+\frac{4}{5}\varepsilon_s g_0(1+e)\right]^2 2\mu_{\mathrm{dil}}\nabla^s\boldsymbol{u}_s \quad (2\text{-}100)$$

式中，

$$\mu_{\mathrm{dil}}=\frac{5\sqrt{\pi}}{96}\rho_s d_{12}\sqrt{\theta} \quad (2\text{-}101)$$

$$\nabla^s \boldsymbol{u}_s = \frac{1}{2}[\nabla \boldsymbol{u}_s + (\nabla \boldsymbol{u}_s)^T] - \frac{1}{3}(\nabla \boldsymbol{u}_s : \boldsymbol{I})\boldsymbol{I}$$

式(2-94)代入 $\boldsymbol{P}_{c1}$ 表达式，整理得到

$$\boldsymbol{P}_{c1} = 2(1+e)g_0\rho_s\varepsilon_s^2\theta\boldsymbol{I} - \frac{2}{(1+e)g_0}\left[1+\frac{4}{5}\varepsilon_s g_0(1+e)\right]^2 2\mu_{dil}\nabla^s\boldsymbol{u}_s \tag{2-102}$$

方程(2-93b)$\boldsymbol{P}_{c2}$ 积分可表示为

$$\boldsymbol{P}_{c2} = \frac{\pi}{96}g_0 d_{12}^4 m(1+e)\iint_{\boldsymbol{c}_{12}\cdot\boldsymbol{k}>0} f(\boldsymbol{r},\boldsymbol{c})f_1(\boldsymbol{r},\boldsymbol{c}_1)\left[c_{12}\cdot\nabla\ln\frac{f_1}{f}(\boldsymbol{c}_{12}\boldsymbol{c}_{12}+\boldsymbol{c}_{12}^2\boldsymbol{I})/\boldsymbol{c}_{12}\right.$$

$$\left.+\boldsymbol{c}_{12}\left(\boldsymbol{c}_{12}\cdot\nabla\ln\frac{f_1}{f}+\nabla\ln\frac{f_1}{f}\boldsymbol{c}_{12}\right)\right]\mathrm{d}\boldsymbol{c}_1\mathrm{d}\boldsymbol{c} \tag{2-103}$$

取颗粒分布函数为 Maxwell 分布，则有

$$\frac{\ln f_1}{\ln f} = \ln\frac{f_1^{(0)}}{f^{(0)}} = -\frac{1}{2\theta}(\boldsymbol{C}_1^2 - \boldsymbol{C}^2)$$

因此，有如下关系：

$$\nabla\ln\frac{f_1}{f} = \frac{1}{2\theta^2}(\boldsymbol{C}_1^2-\boldsymbol{C}^2)\nabla\theta + \frac{1}{\theta}\nabla\cdot\boldsymbol{u}_s(\boldsymbol{C}_1-\boldsymbol{C}) \tag{2-104}$$

由式(2-104)可见，包含 $\nabla\theta$ 的项在积分中是 $\boldsymbol{C}$ 和 $\boldsymbol{C}_1$ 的奇函数，因此它们的积分为零。这样 $\boldsymbol{P}_{c2}$ 就等于

$$\boldsymbol{P}_{c2} = -\frac{\pi}{96\theta}g_0 d_{12}^4 m(1+e)\iint_{\boldsymbol{c}_{12}\cdot\boldsymbol{k}>0} f(\boldsymbol{r},\boldsymbol{c})f_1(\boldsymbol{r},\boldsymbol{c}_1)\left[\frac{\nabla u : \boldsymbol{c}_{12}\boldsymbol{c}_{12}(\boldsymbol{c}_{12}\boldsymbol{c}_{12}+c_{12}^2\boldsymbol{I})}{c_{12}}\right.$$

$$\left.+c_{12}(\nabla\boldsymbol{u}_s\boldsymbol{c}_{12})\boldsymbol{c}_{12}+c_{12}\boldsymbol{c}_{12}(\nabla\boldsymbol{u}_s\boldsymbol{c}_{12})\right]\mathrm{d}\boldsymbol{c}_1\mathrm{d}\boldsymbol{c} \tag{2-105}$$

将积分变数由 $\boldsymbol{c}$ 和 $\boldsymbol{c}_1$ 变为 $\boldsymbol{c}_{12}$，可得到

$$\boldsymbol{P}_{c2} = -\frac{\sqrt{\pi}(1+e)}{3}g_0 d_{12}^4 n^2 m\sqrt{\theta}\left[\frac{4}{5}\nabla^s\boldsymbol{u}_s + \frac{2}{3}\nabla\boldsymbol{u}_s\cdot\boldsymbol{I}\right] \tag{2-106}$$

相加得颗粒碰撞的颗粒应力为

$$\begin{aligned}\boldsymbol{P}_c &= \boldsymbol{P}_{c1}+\boldsymbol{P}_{c2}\\ &= 2(1+e)g_0\rho_s\varepsilon_s^2\theta\boldsymbol{I} - \left\{\frac{2\mu_{dil}}{(1+e)g_0}\left[1+\frac{4}{5}\varepsilon_s g_0(1+e)\right]^2 + \frac{4\varepsilon_s^2\rho_s d_{12}g_0(1+e)}{5\sqrt{\pi}}\sqrt{\theta}\right\}2\nabla^s\boldsymbol{u}_s\\ &\quad -\frac{4}{3}\varepsilon_s\rho_s d_{12}g_0(1+e)\sqrt{\frac{\theta}{\pi}}(\varepsilon_s\nabla\cdot\boldsymbol{u}_s\boldsymbol{I})\\ &= 2(1+e)g_0\rho_s\varepsilon_s^2\theta\boldsymbol{I} - 2\mu_s\nabla^s\boldsymbol{u}_s - \varepsilon_s\xi_s\nabla\cdot\boldsymbol{u}_s\boldsymbol{I}\end{aligned} \tag{2-107}$$

式中，μ_s 称为颗粒动力黏性系数：

$$\mu_s = \mu_k + \mu_c = \frac{2\mu_{dil}}{(1+e)g_0}\left[1+\frac{4}{5}\varepsilon_s g_0(1+e)\right]^2 + \frac{4\varepsilon_s^2\rho_s d_{12}g_0(1+e)}{5}\sqrt{\frac{\theta}{\pi}} \tag{2-108}$$

颗粒容积黏性系数 ξ_s 为

$$\xi_s = \frac{4}{3}\varepsilon_s^2\rho_s d_{12} g_0 (1+e)\sqrt{\frac{\theta}{\pi}} \tag{2-109}$$

颗粒动力黏性系数 μ_s 可分为两部分，第一部分是平衡态下颗粒相互作用造成的，称为动力分量，低颗粒浓度下起主导作用；第二部分来自颗粒在非平衡态下的作用，称为颗粒碰撞分量，在高颗粒浓度下起主导作用。它们之比为

$$\frac{\mu_c}{\mu_k} = \frac{192\varepsilon_s^2(1+e)^2 g_0}{25\pi[1+4\varepsilon_s g_0(1+e)/5]^2} \tag{2-110}$$

2.4.2　颗粒相碰撞能传递系数

取 $\phi=\frac{1}{2}m\boldsymbol{c}^2$，由双颗粒速度分布函数方程(2-90)，可得到颗粒碰撞引起的脉动能流率：

$$\begin{aligned}\boldsymbol{q}_c &= \frac{1}{4}mg_0 d_{12}^3\iiint (C'^2 - C^2) ff_1 \boldsymbol{k}(\boldsymbol{c}_{12}\cdot\boldsymbol{k})\mathrm{d}\boldsymbol{k}\mathrm{d}\boldsymbol{c}_1\mathrm{d}\boldsymbol{c} \\ &\quad + \frac{1}{8}mg_0 d_{12}^4\iiint (C'^2 - C^2) ff_1 \boldsymbol{k}\,\nabla\ln\frac{f_1}{f}\boldsymbol{k}(\boldsymbol{c}_{12}\cdot\boldsymbol{k})\mathrm{d}\boldsymbol{k}\mathrm{d}\boldsymbol{c}_1\mathrm{d}\boldsymbol{c} \\ &= \boldsymbol{q}_{c1} + \boldsymbol{q}_{c2}\end{aligned} \tag{2-111}$$

式中，

$$\boldsymbol{q}_{c1} = \frac{1}{4}mg_0 d_{12}^3\iiint (C'^2 - C^2) ff_1 \boldsymbol{k}(\boldsymbol{c}_{12}\cdot\boldsymbol{k})\mathrm{d}\boldsymbol{k}\mathrm{d}\boldsymbol{c}_1\mathrm{d}\boldsymbol{c} \tag{2-112}$$

$$\boldsymbol{q}_{c2} = \frac{1}{8}mg_0 d_{12}^4\iiint (C'^2 - C^2) ff_1 \boldsymbol{k}\,\nabla\ln\frac{f_1}{f}\boldsymbol{k}(\boldsymbol{c}_{12}\cdot\boldsymbol{k})\mathrm{d}\boldsymbol{k}\mathrm{d}\boldsymbol{c}_1\mathrm{d}\boldsymbol{c} \tag{2-113}$$

取颗粒速度分布函数 f 为一级近似(Gidaspow,1994)：

$$f = f^{(0)}(1+\varepsilon) \tag{2-114}$$

式中，$f^{(0)}$ 是平衡态下的速度分布函数：

$$f^{(0)}(\boldsymbol{r},\boldsymbol{c},t) = \frac{n}{(2\pi\theta)^{3/2}}\exp\left[-\frac{C^2}{(2\theta)}\right]$$

ε 可表示为

$$\varepsilon = -\frac{1}{n}A(\boldsymbol{C})\boldsymbol{C}\cdot\nabla\ln\theta$$

式中，$A(\boldsymbol{C})$是待定矢量，是颗粒脉动速度的函数。

$$A(\boldsymbol{C}) = -\frac{15}{8}\left(5-\frac{\boldsymbol{C}^2}{\theta}\right)\left(\frac{1}{2\theta}\right)^{1/2}\boldsymbol{C}$$

则方程(2-111)可表示为

$$\boldsymbol{q}_k^{(1)} = \frac{1}{2}\rho\int C^2\boldsymbol{C}f^{(0)}\mathrm{d}\boldsymbol{C} + \frac{1}{2}\rho\int C^2\boldsymbol{C}\varepsilon f^{(0)}\mathrm{d}\boldsymbol{C}$$

$$
=\frac{1}{2}\rho\int C^2\boldsymbol{C}f^{(0)}\mathrm{d}\boldsymbol{C}-\frac{m}{n}\int C^2\boldsymbol{C}f^{(0)}A(\boldsymbol{C})\boldsymbol{C}\cdot\nabla\ln\theta\mathrm{d}\boldsymbol{C}
$$

$$
=-\frac{m}{n}\int C^2\boldsymbol{C}f^{(0)}A(\boldsymbol{C})\boldsymbol{C}\cdot\nabla\ln\theta\mathrm{d}\boldsymbol{C} \tag{2-115}
$$

通过积分可以表示为

$$
\boldsymbol{q}_{\mathrm{k}}^{(1)}=-k_{\mathrm{dil}}\nabla\theta \tag{2-116}
$$

$$
k_{\mathrm{dil}}=\frac{75\sqrt{\pi}}{384}d_{12}\rho_{\mathrm{s}}\theta^{1/2} \tag{2-117}
$$

根据颗粒碰撞关系，有如下关系：

$$
\boldsymbol{C}_1'^2=\boldsymbol{C}^2+\boldsymbol{C}_1\cdot\boldsymbol{k}(1+e)+\frac{1}{4}(1+e)^2(\boldsymbol{c}_{12}\cdot\boldsymbol{k}) \tag{2-118}
$$

代入方程(2-112)积分变为

$$
\boldsymbol{q}_{\mathrm{c1}}=\frac{1}{4}mg_0d_{12}^3\iiint\Big[\boldsymbol{C}_1\cdot\boldsymbol{k}(1+e)
+\frac{1}{4}(1+e)^2(\boldsymbol{c}_{12}\cdot\boldsymbol{k})^2\Big]ff_1\boldsymbol{k}(\boldsymbol{c}_{12}\cdot\boldsymbol{k})\mathrm{d}\boldsymbol{k}\mathrm{d}\boldsymbol{c}_1\mathrm{d}\boldsymbol{c} \tag{2-119}
$$

对于颗粒速度分布函数为 Maxwell 速度分布函数时，此项积分为零。当颗粒速度分布函数取一级近似时，可得到积分表达式：

$$
\boldsymbol{q}_{\mathrm{c1}}=-\frac{2}{g_0(1+e)}\Big[1+\frac{6}{5}\varepsilon_{\mathrm{s}}g_0(1+e)\Big]k_{\mathrm{dil}}\nabla\theta \tag{2-120}
$$

对于方程(2-113)积分，取速度分布函数为 Maxwell 分布函数时，有

$$
\begin{aligned}
\boldsymbol{q}_{\mathrm{c2}}&=\frac{1}{8}mg_0d_{12}^4\iiint(C'^2-C^2)f^{(0)}f_1^{(0)}\boldsymbol{k}\nabla\ln\frac{f_1^{(0)}}{f^{(0)}}\boldsymbol{k}(\boldsymbol{c}_{12}\cdot\boldsymbol{k})\mathrm{d}\boldsymbol{k}\mathrm{d}\boldsymbol{c}_1\mathrm{d}\boldsymbol{c}\\
&=\frac{1}{8}mg_0d_{12}^4\iiint\Big[C_1\cdot\boldsymbol{k}(1+e)\\
&\quad+\frac{1}{4}(1+e)^2(\boldsymbol{c}_{12}\cdot\boldsymbol{k})^2\Big]f^{(0)}f_1^{(0)}\boldsymbol{k}\nabla\ln\frac{f_1^{(0)}}{f^{(0)}}\boldsymbol{k}(\boldsymbol{c}_{12}\cdot\boldsymbol{k})\mathrm{d}\boldsymbol{k}\mathrm{d}\boldsymbol{c}_1\mathrm{d}\boldsymbol{c}
\end{aligned} \tag{2-121}
$$

积分整理得到

$$
\boldsymbol{q}_{\mathrm{c2}}=-2\rho_{\mathrm{s}}\varepsilon_{\mathrm{s}}^2d_{12}(1+e)g_0\left(\frac{\theta}{\pi}\right)^{1/2}\nabla\theta \tag{2-122}
$$

颗粒相总热流矢量 $\boldsymbol{q}$ 为

$$
\begin{aligned}
\boldsymbol{q}&=\boldsymbol{q}_{\mathrm{k}}^{(1)}+(\boldsymbol{q}_{\mathrm{c1}}+\boldsymbol{q}_{\mathrm{c2}})\\
&=-\left\{\frac{2}{g_0(1+e)}\Big[1+\frac{6}{5}\varepsilon_{\mathrm{s}}g_0(1+e)\Big]^2k_{\mathrm{dil}}+2\rho_{\mathrm{s}}\varepsilon_{\mathrm{s}}^2d_{12}(1+e)g_0\sqrt{\frac{\theta}{\pi}}\right\}\nabla\theta=-k_{\mathrm{c}}\nabla\theta
\end{aligned} \tag{2-123}
$$

式中，k_c 称为颗粒相碰撞能传递系数，可表示为

$$k_c = \frac{2}{g_0(1+e)}\left[1+\frac{6}{5}\varepsilon_s g_0(1+e)\right]^2 k_{dil} + 2\rho_s\varepsilon_s^2 d_{12}(1+e)g_0\sqrt{\frac{\theta}{\pi}} \tag{2-124}$$

2.5 颗粒碰撞的能量耗散

由方程(2-51)可得，颗粒碰撞造成的能量耗散 $N_c\left(\frac{1}{2}m\boldsymbol{c}^2\right)$ 为

$$\begin{aligned} N_c\left(\frac{1}{2}m\boldsymbol{c}^2\right) &= \frac{d_{12}^2}{2}\iiint m(\boldsymbol{c}_1'^2+\boldsymbol{c}'^2-\boldsymbol{c}_1^2-\boldsymbol{c}^2)(\boldsymbol{c}_{12}\cdot\boldsymbol{k})ff_1\mathrm{d}\boldsymbol{k}\mathrm{d}\boldsymbol{c}_1\mathrm{d}\boldsymbol{c} \\ &= \frac{d_{12}^2}{2}\iiint \frac{1}{4}m(e^2-1)(\boldsymbol{c}_{12}\cdot\boldsymbol{k})^2 g_0\left[ff_1+\frac{1}{2}d_{12}ff_1\nabla\ln\frac{f_1}{f}\right]\mathrm{d}\boldsymbol{k}\mathrm{d}\boldsymbol{c}_1\mathrm{d}\boldsymbol{c} \end{aligned} \tag{2-125}$$

取分布函数为 Maxwell 速度分布函数，即

$$\begin{aligned} N_c\left(\frac{1}{2}m\boldsymbol{c}^2\right) = \frac{d_{12}^2}{2}\iiint \frac{1}{4}m(e^2-1)(\boldsymbol{c}_{12}\cdot\boldsymbol{k})^2 g_0\Big[&f^{(0)}f_1^{(0)} \\ &+\frac{1}{2}d_{12}f^{(0)}f_1^{(0)}\nabla\ln\frac{f_1^{(0)}}{f^{(0)}}\Big]\mathrm{d}\boldsymbol{k}\mathrm{d}\boldsymbol{c}_1\mathrm{d}\boldsymbol{c} \end{aligned} \tag{2-126}$$

积分得到如下表达式：

$$\gamma = N_c\left(\frac{1}{2}m\boldsymbol{c}^2\right) = 3(e^2-1)\varepsilon_s^2\rho_s g_0\theta\left[\frac{4}{d_{12}}\sqrt{\frac{\theta}{\pi}}-\nabla\cdot\boldsymbol{u}_s\right] \tag{2-127}$$

2.6 颗粒径向分布函数

颗粒动理学中颗粒压力、颗粒黏性系数、颗粒相碰撞能传递系数和颗粒碰撞能量耗散率与颗粒拟温度和径向分布函数密切相关。在循环流化床提升管和鼓泡流化床内，试验研究颗粒拟温度、颗粒相压力和浓度以及颗粒径向分布函数的分布规律，检验颗粒动理学模型，实现互相补充和互相印证。这些研究对于完善颗粒动理学方法是非常重要的，具有特殊意义。

由气体动理学理论可知，对于稀薄气体，颗粒径向分布函数 $g(\boldsymbol{r}_1,\boldsymbol{r}_2)$ 等于 1.0；随着密度增加，径向分布函数 $g(\boldsymbol{r}_1,\boldsymbol{r}_2)$ 也增加，当气体处于这样一种状态，即分子如此紧密地挤在一起，以至于不可能发生运动时，颗粒径向分布函数 $g(\boldsymbol{r}_1,\boldsymbol{r}_2)$ 就变成无穷大。

设粒子分布函数 $n^{(s)}(\boldsymbol{r}_1,\boldsymbol{r}_2,\cdots,\boldsymbol{r}_s)$，有

$$n^{(s)}(\boldsymbol{r}_1,\boldsymbol{r}_2,\cdots,\boldsymbol{r}_s) = g(\boldsymbol{r}_1,\boldsymbol{r}_2,\cdots,\boldsymbol{r}_s)n^s \tag{2-128}$$

特别当 $s=1$ 时，有

$$n^{(1)}(\boldsymbol{r}_1)=n=\langle N\rangle/V \tag{2-129}$$

即正好是平均粒子数密度。当 $s=2$ 时，有

$$n^{(2)}(\boldsymbol{r}_1,\boldsymbol{r}_2)=g(\boldsymbol{r}_1,\boldsymbol{r}_2)n_1n_2 \tag{2-130}$$

由方程(2-130)可知，基于颗粒空间分布和位置，确定径向分布函数 $g(\boldsymbol{r}_1,\boldsymbol{r}_2)$。

处于平衡态的流体中具有空间均匀性，$g(\boldsymbol{r}_1,\boldsymbol{r}_2)$仅仅取决于颗粒间的距离 $\boldsymbol{r}=\boldsymbol{r}_1-\boldsymbol{r}_2$，它可视为距某一颗粒中心为 $\boldsymbol{r}$ 处的当地颗粒数密度与总体数密度之比。Carnahan 等(1969)通过刚球模型的气体压力方程提出径向分布函数计算模型是

$$g_0=\frac{2-\varepsilon_s}{2(1-\varepsilon_s)^3} \tag{2-131}$$

根据颗粒在空间中的几何排列，Bagnold(1954)提出径向分布函数表达式为

$$g_0=\left[1-\left(\frac{\varepsilon_s}{\varepsilon_{s,\max}}\right)^{1/3}\right]^{-1} \tag{2-132}$$

式中，$\varepsilon_{s,\max}$为颗粒填充时的颗粒浓度。Ahmadi 等(1990)在分子动力学模拟的基础上给出了径向分布函数计算模型：

$$g_0=1+4\varepsilon_s\frac{1+2.5\varepsilon_s+4.5904\varepsilon_s^2+4.515439\varepsilon_s^3}{\left[1-\left(\frac{\varepsilon_s}{\varepsilon_{s,\max}}\right)^3\right]^{0.67802}} \tag{2-133}$$

Ding 等(1990)在 Bagnold 方程中引入修正系数，即

$$g_0=\frac{3}{5}\left[1-\left(\frac{\varepsilon_s}{\varepsilon_{s,\max}}\right)^{1/3}\right]^{-1} \tag{2-134}$$

方程(2-134)表明，当颗粒浓度 $\varepsilon_s<0.064\varepsilon_{s,\max}$时径向分布函数小于 1.0。根据径向分布函数的定义可知，$g_0\geqslant1.0$。因此，该修正是有限制的，方程(2-134)只能应用于高颗粒浓度的气固两相流动。

冷态循环流化床试验系统如图 2-3 所示。试验系统主要包括上升管、分离器、料腿和送风系统等。上升管由 6 段 PIV 管串联组成，以方便装拆。有效高度约 7.0m。上升管内直径为 75cm。颗粒被上升气流携带出上升管后，分别进入一级分离器和二级分离器。一级分离器为旋风分离器，它的筒体高约 1.05m，直径为 200mm。分离器的排料口直接与料腿相连接。为了提高系统分离效率，由一级分离器排出的气体-颗粒混合物进入具有高分离效率的二级分离器。二级旋风筒分离器直径为 120mm，筒体高约 800mm。由二级分离器分离下来的颗粒被送入收集器后，再排入料腿。料腿由三段 PIV 管串联组成，内直径为 100mm。风源由压气机提供。空气依次经过除湿器、除油器、压力调节装置和流量计进入上升管。空气流量采用调节阀调正。试验所用物料为 FCC 颗粒，颗粒密度为1650kg/m^3，颗

粒粒度分布为 30～200μm，平均直径为 75μm。采用 γ 射线密度计测量瞬时颗粒浓度。γ 射线密度计的射线源是 500mCi-Cs-137，它的辐射能量为 667keV，半衰减周期为 30 年。γ 射线源被密封于注满铅的容器内。γ 射线检测器的型号为 ISOTOPESS-44-I/2。γ 射线由检测器输出的信号，依次通过前置放大器（133 型，EG&G）、放大器（117 型，EG&G）和双通道分析仪（778 型，EG&G）后，被送入信号处理器（ISAAC-91I），最后将信号送入计算机。

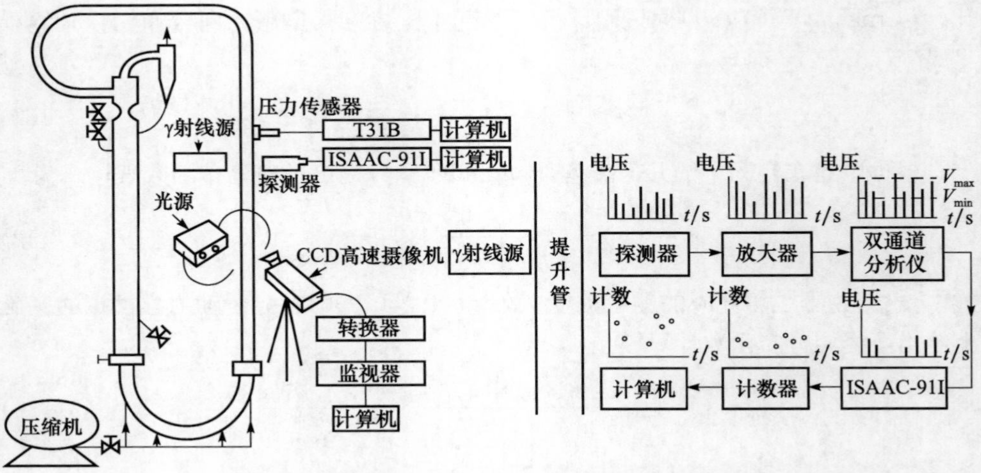

图 2-3　循环流化床试验系统和数据测量处理系统（Gidaspow et al.，1996）

γ 射线源穿过任何介质时能量变化服从 Beer-Lambert 定律：

$$I = I_0 \exp(-\delta L) = I_0 \exp(-\mu\rho L) \tag{2-135}$$

式中，I 是辐射强度；I_0 是初始辐射强度；δ 是线性吸收系数；L 是介质层厚度；μ 是介质质量吸收系数；ρ 是介质密度。当 γ 射线穿过气固两相介质时，式(2-135)可表示为

$$I = I_0 \exp[-(\varepsilon_s \rho_s \mu_s + \varepsilon_g \rho_g \mu_g)]L \tag{2-136}$$

则颗粒浓度是

$$\varepsilon_s = \frac{[\ln(I_0/I)]/L - \rho_g \mu_g}{\rho_s \mu_s - \rho_g \mu_g} \tag{2-137}$$

对于特定的颗粒体系，颗粒质量吸收系数可以通过试验确定。因此，通过试验确定辐射强度，可以根据方程(2-137)计算颗粒浓度。

采用高速摄像技术测量颗粒的空间分布。CCD 高速摄像机为 SONY DXC-151A 型。通过 CCD 高速摄像机获得二维颗粒空间分布图像，图 2-4 给出在表观气体速度为 2.46m/s 和颗粒循环流率 18.44kg/(m² · s)的颗粒空间分布和颗粒运动轨迹的图像，可以确定颗粒的空间位置坐标和颗粒运动速度。径向分布函数表

示颗粒空间分布中距离一个颗粒为 r 处出现另一个颗粒的概率密度：

$$g(r)=\frac{A\Delta N}{2\pi r\Delta rN} \tag{2-138}$$

式中，A 为统计区域的面积；ΔN 为在统计面积 $\pi r\Delta r$ 内的颗粒数；N 为总颗粒数。

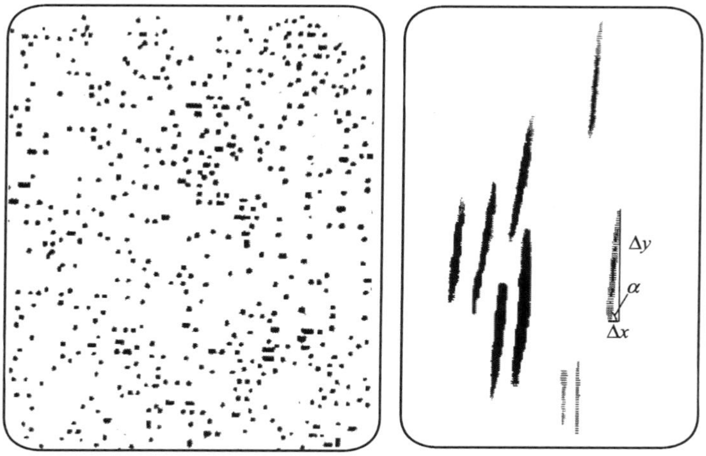

图 2-4　CCD 高速摄像获取的颗粒空间分布和颗粒运动轨迹(Gidaspow et al.，1996)

由 CCD 高速摄像实测的颗粒空间分布和通过方程(2-138)计算得到颗粒径向分布函数的变化如图 2-5 所示。径向分布函数给出了整个空间上颗粒分布平均结构的信息。在相同表观气体速度、不同颗粒循环流率下，随着相对距离 r/d_{p} 的增加，颗粒径向分布函数增加；在相对距离等于 1.0 时，达到最大；之后，在径向分布函数为 1.0 的范围内波动减小。不同颗粒循环流率具有不同的颗粒径向分布函数变化趋势。在低颗粒循环流率下，有一个峰存在，表明颗粒相对分散和均匀，颗粒分布表现为有序。在高颗粒循环流率下，至少有两个以上的峰存在，表明颗粒空间分布存在明显的颗粒簇团状结构，分布具有高度非均匀性，颗粒空间分布表现为无序。特别是短程(相当于二个颗粒直径)颗粒簇团结构依然存在，但更远一些距离的这种结构却逐渐模糊。颗粒径向分布函数曲线的这一特征恰好反映了气固两相流动过程中随颗粒循环流量增加颗粒空间分布从有序到无序的结构变化特点。由于颗粒具有一定的粒度分布(30～200μm)，使得在相对距离 r/d_{p} 小于 1.0 时颗粒径向分布函数逐渐增大，在相对距离 $r/d_{\mathrm{p}}=1.0$ 时峰值达到最大。

颗粒径向分布函数的第一个峰值给出了颗粒发生碰撞时颗粒径向分布函数 g_0。图 2-6 给出颗粒径向分布函数 g_0 与颗粒浓度之间的关系。随着颗粒浓度的增加，颗粒径向分布函数增大。图中同时给出按方程(2-132)和方程(2-131)计算的颗粒径向分布函数。方程预测的颗粒径向分布函数与试验结果的趋势是一致的。但是,方程(2-131)计算的颗粒径向分布函数是低估的,试验结果接近于方程(2-132)的计算结果。

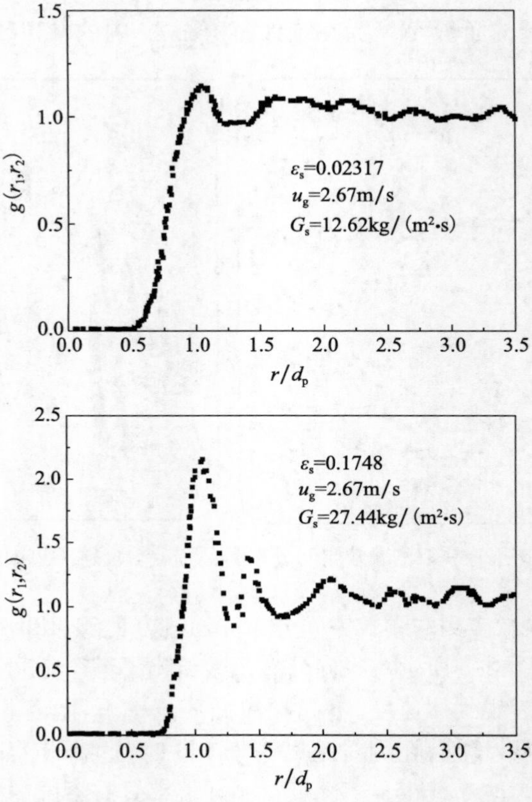

图 2-5　颗粒径向分布函数的变化(Gidaspow et al.,1998)

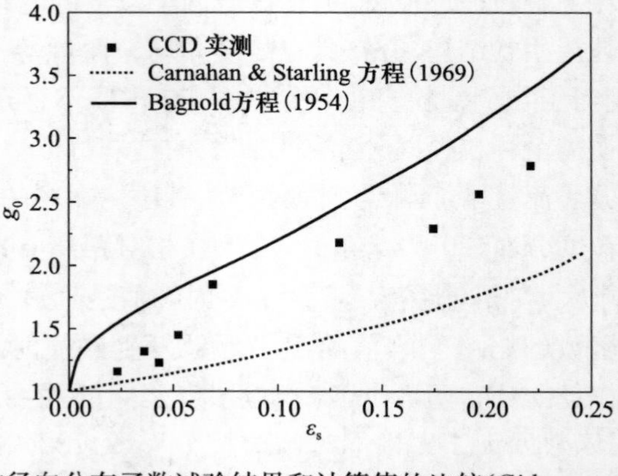

图 2-6　颗粒径向分布函数试验结果和计算值的比较(Gidaspow et al.,1998)

2.7　颗粒拟温度的试验

通过 CCD 高速摄像机可以获得颗粒运动的图像，进而确定颗粒运动轨迹。由颗粒运动轨迹的大小和方向确定颗粒轴向和径向速度。对不同颗粒的运动轨迹进行统计分析，得到颗粒轴向速度和径向速度的分布如图 2-7 所示。轴向速度分布和径向速度分布近似服从高斯(Gauss)正态分布，表明在气固两相流动过程中颗粒速度分布是满足 Maxwell 速度分布的。由颗粒轴向和径向速度分布计算平均颗粒轴向和径向速度，以及颗粒轴向速度和径向速度方差。平均颗粒轴向速度为负值说明颗粒为下降流动。颗粒轴向速度方差大于径向速度方差，表明颗粒流动主要为轴向流动。

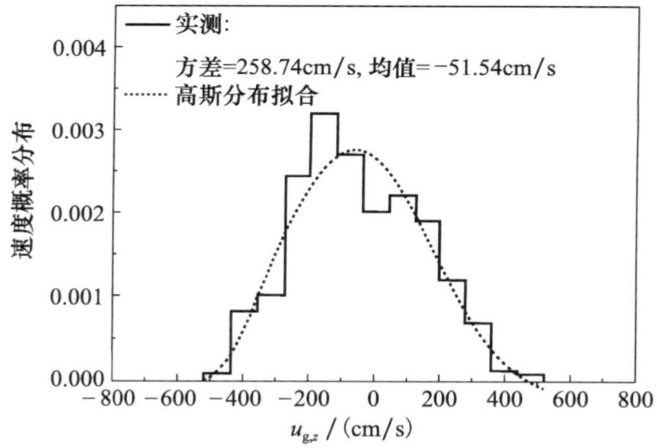

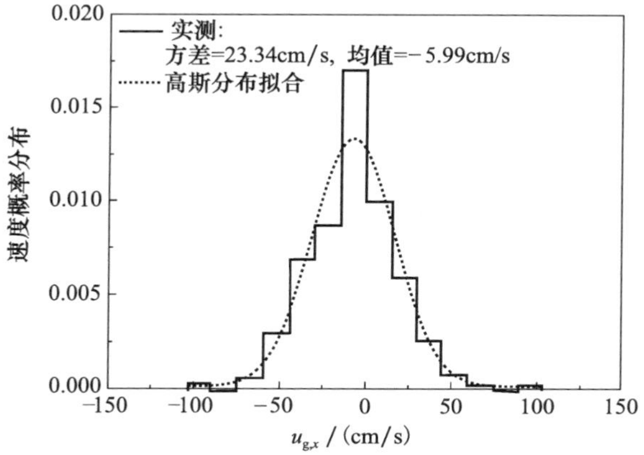

图 2-7　CCD 高速摄像获取的颗粒速度分布(Gidaspow et al.，1996)

图 2-8 表示不同表观气体速度和颗粒循环流率对颗粒轴向速度方差 σ_z 和径向速度方差 σ_x 的影响。试验结果表明，在一定的表观气体速度下随着颗粒循环流率的增加颗粒轴向速度方差增大。颗粒径向速度方差逐渐增大，之后基本保持不变。随着颗粒循环流率的增加，颗粒浓度增大，颗粒之间碰撞作用加强，导致颗粒速度脉动增强，颗粒轴向和径向速度方差增大。试验结果表明，颗粒轴向速度方差比径向速度方差大一个数量级。

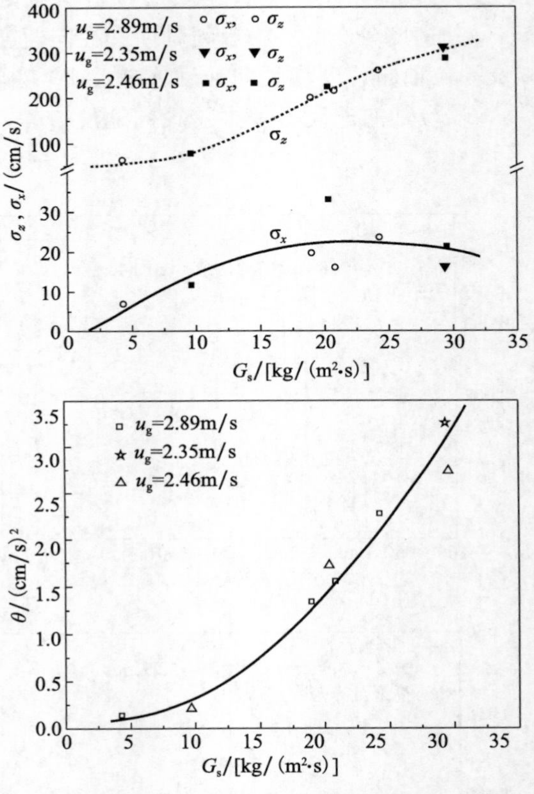

图 2-8　试验颗粒轴向和径向速度方差以及颗粒拟温度的变化(Gidaspow et al.,1996)

颗粒拟温度与颗粒速度方差之间有如下关系：

$$\theta=\frac{1}{3}(\sigma_z^2+\sigma_y^2+\sigma_x^2)=\frac{1}{3}\sigma_z^2+\frac{2}{3}\sigma_x^2 \tag{2-139}$$

式中，近似假设颗粒径向速度方差 σ_y 与 σ_x 相同。随着颗粒循环流率的增加，颗粒拟温度增大。在低颗粒循环流率下，颗粒碰撞减弱，颗粒速度脉动主要是气体湍流的作用。当气体速度相对较低时，气体湍流较弱，使得颗粒速度脉动相对较小。随着颗粒循环流率的增加，颗粒碰撞引起颗粒速度脉动增强，颗粒拟温度增大。

随着颗粒循环流率和表观气体速度的变化，循环流化床提升管内颗粒浓度随之改变。图 2-9 表示颗粒拟温度随颗粒浓度的变化。由图可见，随着颗粒浓度的增加，颗粒拟温度逐渐增大，达到最大值后，再逐渐减小。在低颗粒浓度下，颗粒相质量守恒方程是

$$\frac{\mathrm{D}\varepsilon_{\mathrm{s}}}{\mathrm{D}t}=-\varepsilon_{\mathrm{s}}\frac{\partial \boldsymbol{u}_{\mathrm{s}}}{\partial \boldsymbol{r}} \tag{2-140}$$

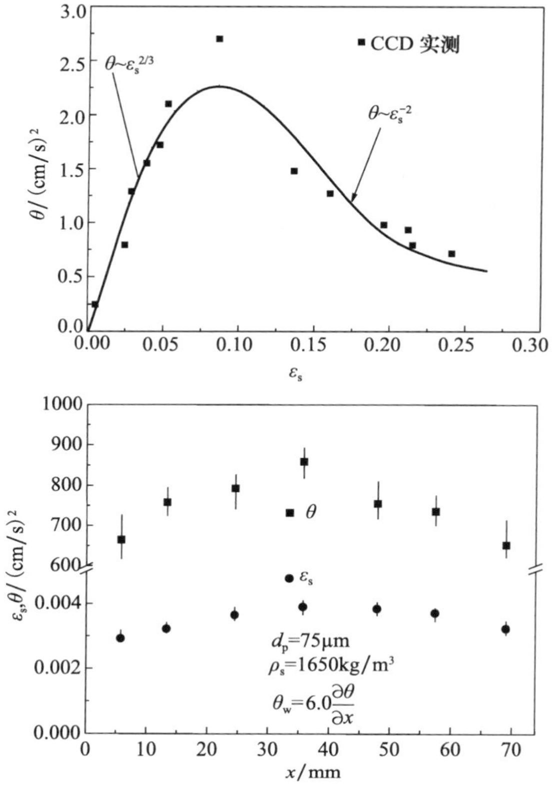

图 2-9　实测颗粒拟温度与颗粒浓度和径向的变化关系(Gidaspow et al.，1996)

在低颗粒浓度下，颗粒相重力($\varepsilon_{\mathrm{s}}\rho_{\mathrm{s}}g$)相对较小，同时忽略颗粒应力的贡献(相当于无黏性颗粒流动)，则颗粒相动量守恒方程为

$$\frac{\mathrm{D}\boldsymbol{u}_{\mathrm{s}}}{\mathrm{D}t}=-\frac{1}{\varepsilon_{\mathrm{s}}\rho_{\mathrm{s}}}\frac{\partial \boldsymbol{P}_{\mathrm{k}}}{\partial \boldsymbol{r}} \tag{2-141}$$

低颗粒浓度时颗粒碰撞对颗粒相脉动能量的传递和耗散可以忽略不计，则颗粒拟温度守恒方程是

$$\frac{3}{2}\varepsilon_s\rho_s\frac{D\theta}{Dt}=-\varepsilon_s\rho_s\frac{\partial \boldsymbol{u}_s}{\partial \boldsymbol{r}} \tag{2-142}$$

方程(2-140)与方程(2-142)合并，整理得到

$$\frac{3}{2\theta}\frac{D\theta}{Dt}=\frac{1}{\varepsilon_s}\frac{D\varepsilon_s}{Dt} \tag{2-143}$$

方程(2-143)表明颗粒拟温度随颗粒浓度的 2/3 次方成正比，即

$$\theta\propto\varepsilon_s^{2/3} \tag{2-144}$$

方程(2-144)类似于气体等熵膨胀过程。气体等熵膨胀所做的功以焓的减小为补偿，且伴随温度的下降。方程(2-144)表明，在颗粒流动过程中，随着颗粒浓度的增加颗粒拟温度增加是由颗粒流压缩效应所导致的。

由实测颗粒拟温度和颗粒浓度沿径向变化发现：当颗粒循环流率较低时，在壁面区域颗粒浓度和颗粒拟温度相对较小。在提升管中心区域，颗粒浓度较大，颗粒拟温度较高。颗粒与壁面之间的非完全弹性碰撞势必导致系统内脉动能量的损耗。颗粒与壁面之间碰撞作用的非弹性恢复系数为 e_w。在壁面处颗粒脉动能量与颗粒和壁面碰撞作用所消耗的能量相平衡，可以得到壁面处颗粒拟温度为

$$\theta_w=\left(0.153\frac{d_p}{\varepsilon_s}\right)\frac{1}{1-e_w^2}\frac{\partial\theta}{\partial r} \tag{2-145}$$

式中，d_p 为颗粒直径。由实测颗粒拟温度和颗粒浓度分布，结合方程(2-145)可以得到颗粒与壁面之间碰撞作用的非弹性恢复系数 e_w 为 0.96，该数值用于流化床反应器等气固两相流动数值模拟中壁面边界条件的确定。由此可见，通过 CCD 高速摄像确定颗粒拟温度分布和 γ 射线密度仪测量颗粒浓度分布，就能确定颗粒与壁面碰撞参数。

2.8 颗粒压力的试验

高颗粒浓度的气固两相流动中颗粒碰撞作用产生碰撞正应力和切应力（即颗粒相压力和剪切力）。颗粒间无碰撞发生，颗粒可做随机自由运动。颗粒间的动量和能量传递主要是由其颗粒随机弥散作用引起的，即颗粒的位置交换伴随着动量交换产生颗粒流的应力，这种应力称为颗粒流的动力应力（或者弥散应力）。当颗粒发生瞬时碰撞作用时，碰撞传递颗粒的运动特征量，形成的颗粒流应力称为碰撞应力。

采用 Druck 的 PDCR 型高精度压力测量仪测量颗粒相压力，如图 2-10 所示。压力传感器嵌入循环流化床提升管内壁面，信号经过放大器放大和滤波，并且过滤掉气体压力的脉动信息，最后得到颗粒压力的信号。图 2-11 表示颗粒压力随测量时间的变化。在一定的表观气体速度下，循环流化床提升管内颗粒碰撞作用于压

力传感器隔膜，颗粒与隔膜之间的碰撞频率越高、颗粒碰撞作用越强，压力传感器经受的作用力就越大，输出的压力信号越强。颗粒压力信号的脉动意味着提升管内颗粒碰撞随气固两相流动过程而变化。在相同气体表观速度下，随着颗粒循环流量增加，颗粒压力提高。

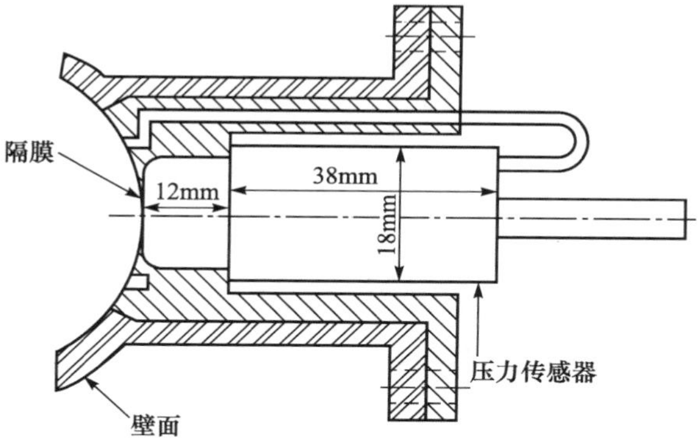

图 2-10　高精度颗粒压力测量仪(Gidaspow et al.，1998)

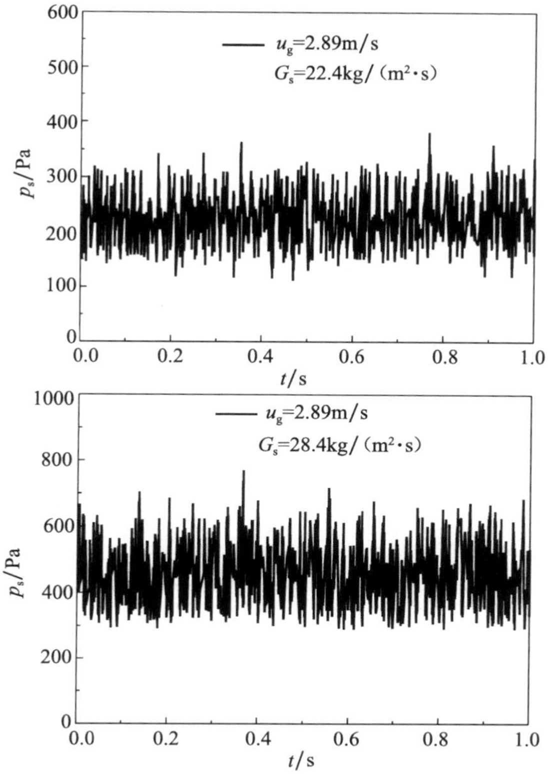

图 2-11　瞬时颗粒压力的变化(Gidaspow et al.，1998)

对瞬时颗粒压力进行时均计算，得到时均颗粒压力。图 2-12 表示实测时均颗粒压力随颗粒流率的变化。随着颗粒质量流率的增加，提升管内颗粒浓度提高，实测颗粒压力增大。相反，当颗粒流量比较低时颗粒压力很小，表明颗粒压力与提升管内颗粒浓度有关。图 2-13 表示颗粒压力与颗粒浓度的变化。在不同气体表观速度下，随着颗粒浓度的增加，颗粒压力增大。在颗粒浓度小于 0.1 时，颗粒压力随颗粒浓度迅速增大。当颗粒浓度比较大时，颗粒压力增加不明显，表明颗粒浓度对颗粒压力影响减弱。由方程(2-99)可知，颗粒压力由两部分组成：颗粒动力分量(颗粒弥散压力)和碰撞分量，即

$$p_s = P_k + P_c = \varepsilon_s \rho_s \theta + 2(1+e)\varepsilon_s^2 \rho_s g_0 \theta \tag{2-146}$$

在低颗粒浓度时，颗粒碰撞分量相对较小，可以忽略，保留颗粒动力分量。随着颗粒浓度增加，颗粒拟温度增大，使得颗粒压力增加；相反，在高颗粒浓度时，颗粒动力分量可以忽略。在高颗粒浓度时，一方面随颗粒浓度增加，颗粒拟温度降低，使得颗粒压力减小；另一方面，颗粒压力随颗粒浓度的平方增加。上述两方面的增加和减小趋势，最终使得颗粒压力增加相对较小。

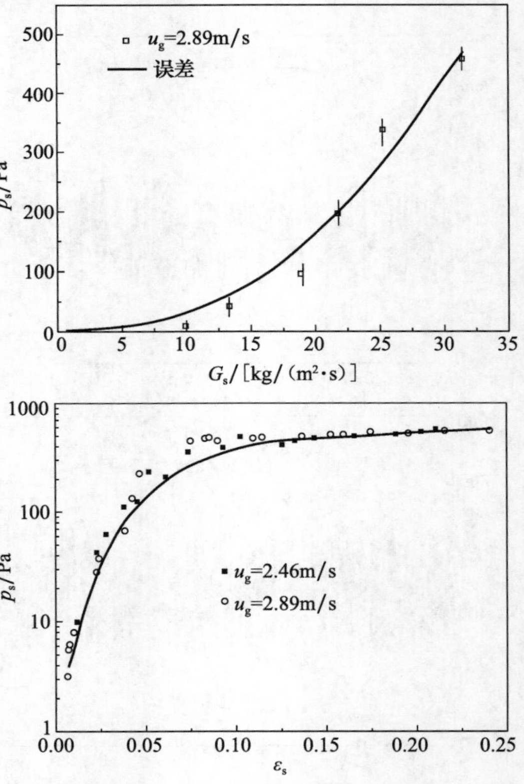

图 2-12　实测颗粒压力随固相质量流率和颗粒浓度的变化(Gidaspow et al.，1998)

方程(2-146)等号两侧同除以颗粒动力分量,可以表示成如下形式:

$$\frac{p_s}{\varepsilon_s \rho_s \theta}=1+2(1+e)\varepsilon_s g_0 \tag{2-147}$$

方程(2-147)在形式上与气体位力方程相似。位力方程近似到第二位力系数,第三位力系数忽略不计。第二位力系数表征两个粒子之间的相互作用。由此可见,方程(2-147)中第二项代表颗粒间相互作用而引起颗粒压力的改变。在低颗粒浓度下,方程(2-147)近似为

$$\frac{p_s}{\varepsilon_s \rho_s \theta}=1 \tag{2-148}$$

方程(2-148)在形式上与理想气体状态方程相同。图 2-13 表示无因次颗粒压力与颗粒浓度的变化。在低颗粒浓度下($\varepsilon_s<0.05$)试验结果证明颗粒压力随颗粒浓度的变化服从方程(2-148)。方程(2-147)中第二项与颗粒径向分布函数 g_0 有关。图中同时给出由方程(2-131)(Carnahan et al.,1969)和方程(2-132)(Bagnold,1954)计算的颗粒压力与颗粒浓度的变化。随着颗粒浓度的增加,循环流化床提升管内颗粒凝聚成团,使得实测无因次颗粒压力偏离方程(2-147)。

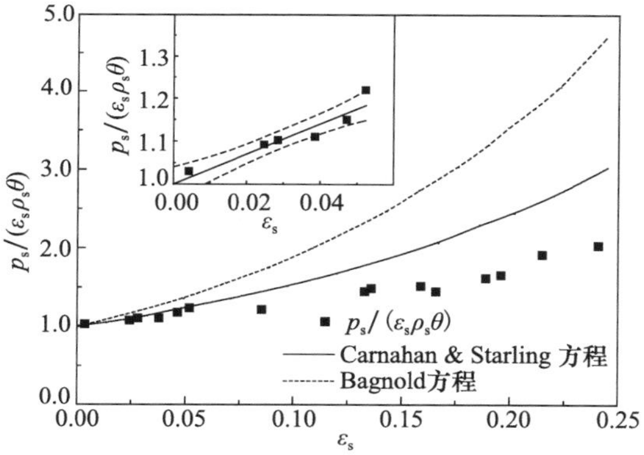

图 2-13　无因次颗粒压力与颗粒浓度的变化(Gidaspow et al.,1998)

对于颗粒粒度分布为 30～200μm、平均直径为 75μm 的 FCC 颗粒,颗粒之间的相互作用可由颗粒间作用力或相互作用势能来度量。将颗粒拟温度替代气体温度与玻尔兹曼常量的乘积,颗粒作用势可以表示为颗粒径向分布函数 $g(r)$ 的函数:

$$W(r)=-\theta \lg[g(r)] \tag{2-149}$$

图 2-14 表示不同气体表观速度和颗粒流率的颗粒作用势变化。随着相对距离的增加,颗粒作用势逐渐减弱,呈现振荡衰减趋势。表明颗粒之间呈现出引力和斥力的交替变化。这是因为颗粒之间的碰撞使得颗粒分离和颗粒聚集作用之间存

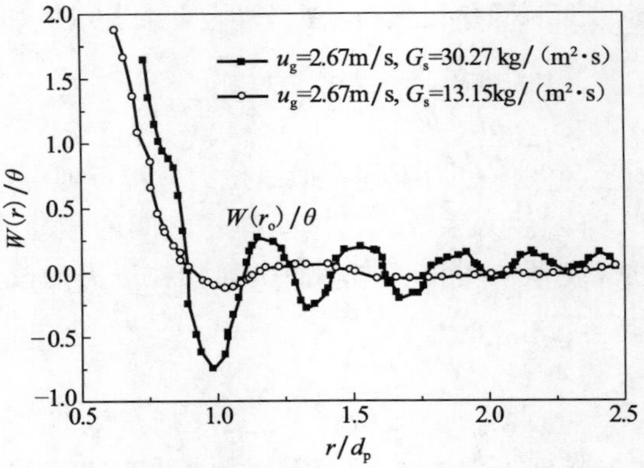

图 2-14 颗粒作用势随相对距离的变化(Gidaspow et al. ,1998)

在相互竞争。在 $r/d_p=1.0$ 处,颗粒作用势 $W(r=d_p)$ 为负值,且是最小值,形成的颗粒作用力表征颗粒碰撞压力 P_c。之后,颗粒作用势逐渐增加,达到最大,且为正值,即$W(r_o)$。当相碰的一对颗粒具有的平动能足以克服这一势垒$W(r_o)$时,它们才能进一步靠拢而发生团聚。不同气体表观速度和颗粒流率下 $W(r_o)$ 数值不同,颗粒流率越小,或者颗粒浓度越低,势垒 $W(r_o)$ 就越小。这意味颗粒浓度越高,势垒 $W(r_o)$ 越高,越有利于颗粒的聚集。因此,$W(r_o)$ 至少是颗粒浓度的函数。对颗粒作用势取微分得到颗粒耗尽力:

$$\frac{\partial W(r_o,\varepsilon_s)}{\partial(\varepsilon_s\rho_s)^{-1}}=P_{coh} \tag{2-150}$$

颗粒耗尽力表征颗粒之间相互作用力,是颗粒发生聚集的驱动力之一。因此,颗粒压力方程(2-147)是颗粒动力分量、碰撞分量和引发颗粒团聚的颗粒耗尽力之和,即

$$p_s=P_k+P_c+P_{coh}=\rho_s\varepsilon_s\theta\left\{1+2(1+e)\varepsilon_s g_0-\varepsilon_s\frac{\mathrm{d}[W(r_o,\varepsilon_s)/\theta]}{\mathrm{d}\varepsilon_s}\right\} \tag{2-151}$$

通过不同气体表观速度和颗粒流量下的 $W(r_o)$,得到颗粒之间作用力 P_{coh} 与颗粒浓度的变化,如图 2-15 所示。随着颗粒浓度的增加,颗粒耗尽力 P_{coh} 增大。在颗粒浓度为零时作用力 P_{coh} 消失。由方程(2-151)整理得到颗粒压力方程:

$$\frac{p_s}{\rho_s\varepsilon_s\theta}=1+2(1+e)\varepsilon_s g_0-(0.73\varepsilon_s+8.957\varepsilon_s^2) \tag{2-152}$$

由图可见,方程(2-152)重要性之一是方程能够正确反映颗粒压力、颗粒浓度和颗粒拟温度三者之间的内在关系和变化规律。

由弹性模量 G 的定义可知,它反映流化床颗粒介质在外力作用下产生剪切形变的应力:

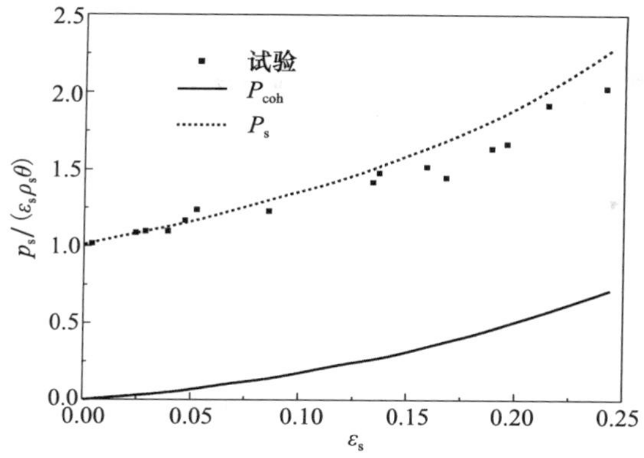

图 2-15　颗粒压力和作用力与颗粒浓度的变化(Gidaspow et al. ,1998)

$$G(\varepsilon_s)=\rho_s\theta\left\{1+2(1+e)\varepsilon_s g_0\left[2+0.33g_0\left(\frac{\varepsilon_s}{\varepsilon_{s,max}}\right)^{0.333}\right]-1.46\varepsilon_s-26.871\varepsilon_s^2\right\} \tag{2-153}$$

流化床内密度波的传播速度 v_w 是床内介质密度和弹性模量的函数，颗粒拟温度可以表示为传播速度的函数：

$$\theta=\frac{v_w{}^2}{1+2(1+e)\varepsilon_s g_0\left[2+0.33g_0\left(\frac{\varepsilon_s}{\varepsilon_{s,max}}\right)^{0.333}\right]-1.46\varepsilon_s-26.871\varepsilon_s^2} \tag{2-154}$$

方程(2-154)表明，流化床内颗粒拟温度是传播速度和颗粒浓度的函数。当测量出流化床内传播速度和颗粒浓度时，就可以获得颗粒拟温度。由此可见，方程(2-154)给出了流化床内颗粒拟温度的测量方法。流化床内颗粒拟温度除了通过测量颗粒速度确定颗粒拟温度，还可以通过测量流化床内压力或者浓度的脉动，确定传播速度，最终得到流化床内颗粒拟温度的分布。

2.9　颗粒黏性系数的试验

颗粒相的黏滞特性可以由颗粒黏性系数表征。由颗粒动理学方法，颗粒黏性系数由颗粒动力黏性系数分量 μ_k 和颗粒碰撞黏性系数分量 μ_c 组成，它们均是颗粒浓度和颗粒拟温度的函数。通过 γ 射线密度计测量颗粒浓度、CCD 高速摄像技术测量颗粒拟温度，可以获得颗粒相黏性系数 μ_s。采用 Brookfield 黏度计(LVDV-Ⅱ＋型)测量循环流化床提升管内气固两相混合物黏性系数。与颗粒相黏性系数相比，气体黏性系数可以忽略不计，因此，通过 Brookfield 黏度计测量得到的混合物黏性系数接近于颗粒相黏性系数。图 2-16 表示颗粒黏性系数与颗粒浓度的变化规律。分别采用两种不同的测量方法测得颗粒相黏性系数均随颗粒浓度而增大。

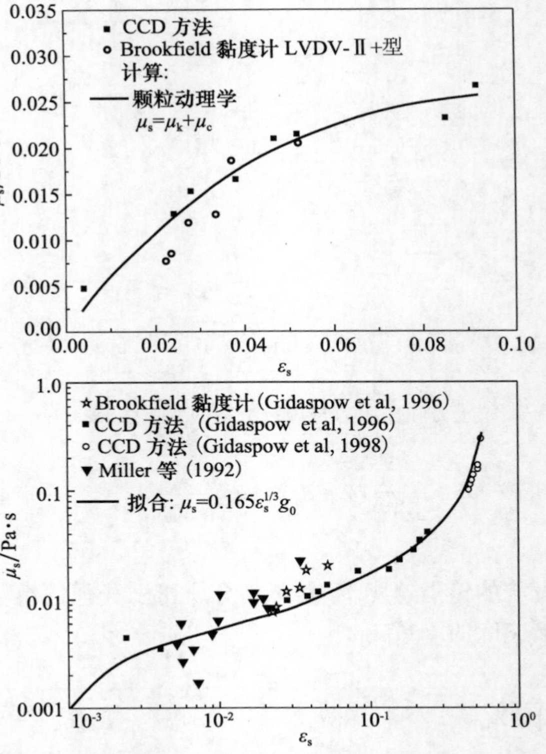

图 2-16　颗粒黏性系数与颗粒浓度的关系(Gidaspow et al. ,1996)

在气固提升管内,Miller 等(1992)通过测量循环流化床提升管内充分发展区域内的颗粒速度和颗粒浓度的径向变化(即径向颗粒速度-浓度方法),获得颗粒相黏性系数。

$$2\pi RL\mu_s\frac{\partial v_s}{\partial r}=\frac{\Delta p}{L}\pi R^2L-\int_0^R 2\pi L\varepsilon_s\rho_s gr\,\mathrm{d}r \tag{2-155}$$

采用三种独立的颗粒相黏性系数测量方法(CCD 高速摄像方法、Brookfield 黏度计法、径向颗粒速度-浓度方法)获得的颗粒相黏性系数均随颗粒浓度增大而增加。回归整理得到半理论-半经验颗粒相黏性系数方程为

$$\mu_s=0.165\varepsilon_s^{1/3}g_0 \tag{2-156}$$

由此可见,方程(2-156)反映颗粒相黏性系数与颗粒浓度之间的变化规律,可以用于流化床气固两相流动的数值模拟与分析。

2.10　颗粒动理学的应用

2.10.1　颗粒流剪切流动

对于二维颗粒流剪切流动(或者称 Couette 流),假设如下:颗粒的密度梯度和

脉动能量(即颗粒拟温度)梯度为零,只有一个方向的平均流速。由假定条件可知,在二维 Couette 流动条件下,颗粒浓度分布为定值。由颗粒相质量守恒方程可知,颗粒速度梯度为零。由此颗粒动量守恒方程简化为

$$\mu_s \frac{\mathrm{d}u_s}{\mathrm{d}y} = \text{常数} \tag{2-157}$$

方程(2-157)表明,在 Couette 流下通过测量沿颗粒流动方向的颗粒速度分布,就可以获得颗粒相黏性系数。

由二维 Couette 流动的假定条件可知,颗粒脉动能量传递为零。同时颗粒与壁面的摩擦作用导致颗粒能量的损失 γ_w。因此,颗粒相脉动能量方程(2-89)简化为剪切功和碰撞能量耗散率的简单平衡:

$$-P_c : \nabla u_s = \mu_s \left(\frac{\partial u_s}{\partial y}\right)^2 = \gamma - 3\beta_A\theta + \gamma_w \tag{2-158}$$

当忽略气固相互作用所消耗的能量和颗粒与壁面之间相互作用所产生的能量损失时,方程(2-158)简化为剪切功和碰撞能量耗散率的简单平衡:

$$\mu_s \left(\frac{\mathrm{d}u_s}{\mathrm{d}y}\right)^2 = \gamma \tag{2-159}$$

2.10.2　高颗粒浓度密相流动的颗粒拟温度

对于高颗粒浓度的密相气固两相流动,气体与颗粒之间的作用相对较小,颗粒与颗粒之间碰撞起主导控制作用。由方程(2-89),可以得到颗粒脉动能量守恒方程如下:

$$-p_{s,xy} \frac{\partial u_s}{\partial y} = \gamma \tag{2-160}$$

当颗粒速度分布满足 Maxwell 分布时,方程(2-107)简化为

$$-p_{s,xy} = \frac{4}{5}\varepsilon_s^2 \rho_s d_p g_0 (1+e) \sqrt{\frac{\theta}{\pi}} \left(\frac{\partial u_s}{\partial y}\right) \tag{2-161}$$

由二维 Couette 流动的假定条件,颗粒碰撞能量耗散率方程(2-127)简化为

$$\gamma = N_c \left(\frac{1}{2} m c^2\right) = 12(e^2 - 1)\varepsilon_s^2 \rho_s g_0 \frac{\theta}{d_p} \sqrt{\frac{\theta}{\pi}} \tag{2-162}$$

合并方程(2-160)～方程(2-162),可以得到密相颗粒流的颗粒拟温度是

$$(1-e)\theta = \frac{1}{15}\left(\frac{\partial u_s}{\partial y}\right)^2 d_p^2 \tag{2-163}$$

表明在密相颗粒流过程中随着颗粒粒度的增加,颗粒拟温度增大。以颗粒脉动速度 C 替代颗粒拟温度,方程(2-163)变为

$$\sqrt{(1-e)}\,\langle C^2 \rangle^{1/2} = \frac{1}{\sqrt{5}} \left|\frac{\partial u_s}{\partial y}\right| d_p \tag{2-164}$$

对于颗粒直径为 100μm 的流动，颗粒剪切速率在 10^2(1/s)，颗粒脉动速度取为 1.0m/s。由方程(2-164)，得到

$$\sqrt{(1-e)}\langle 1.0\rangle^{1/2}=\frac{1}{\sqrt{5}}(10^2)(10^{-4})$$

解得颗粒非弹性碰撞系数是

$$1-e\approx 10^{-4}$$

表明颗粒非弹性碰撞系数接近 1.0 时才能获得合理的颗粒速度分布。因此，在稠密气固两相流动数值模拟和分析中，颗粒非弹性碰撞系数的取值应该接近 1.0，才能满足颗粒动理学理论。

2.10.3 低颗粒浓度稀疏流动的颗粒拟温度

在低颗粒浓度的稀疏气固两相流动过程中，颗粒与颗粒之间碰撞作用可以忽略，同时不考虑颗粒与壁面之间的相互作用，颗粒拟温度方程简化如下：

$$12\varepsilon_s^2(1-e^2)\theta\rho_s g_0 d_p^{-1}\sqrt{\frac{\theta}{\pi}}=\frac{5\sqrt{\pi}}{96}\rho_s d_p\sqrt{\theta}\left(\frac{\partial u_s}{\partial y}\right)^2 \tag{2-165}$$

在低颗粒浓度下颗粒径向分布函数接近 1.0，方程(2-165)简化如下：

$$12\varepsilon_s^2(1-e^2)\theta=\frac{5\pi}{96}d_p^2\left(\frac{\partial u_s}{\partial y}\right)^2 \tag{2-166}$$

方程(2-166)表明，在低浓度的稀疏气固两相流动过程中，颗粒拟温度随着颗粒剪切速率和颗粒直径平方的增大而增大，随着颗粒非弹性碰撞系数 e 的增加而增大。同时当颗粒浓度趋于零时颗粒拟温度趋于无穷大，呈现奇异。

方程(2-165)可以表示成如下形式：

$$\mu_s=\frac{5\sqrt{5}\,\pi}{288\sqrt{2(1-e^2)}}\rho_s d_p\tau_c\frac{\partial u_s}{\partial y} \tag{2-167}$$

表明在颗粒剪切速率一定下颗粒相黏性系数随着颗粒平均自由程的增加(或者颗粒浓度减小)而增大。由此可见颗粒相黏性系数表现为非牛顿流体的特征。

在低浓度稀疏气固两相流动过程中，存在气体脉动引起的颗粒相能量损失。气体与颗粒之间的曳力系数取为

$$\beta_A=\frac{18\mu_f}{d_p^2}\varepsilon_s \tag{2-168}$$

由方程(2-158)可以获得颗粒拟温度为

$$\theta=\frac{5}{864\sqrt{\pi}}\frac{\rho_s}{\mu_f}\frac{1}{n}\left(\frac{\partial u_s}{\partial y}\right)^2 \tag{2-169}$$

表明颗粒拟温度随颗粒剪切速率平方的增大而增大。相应地，颗粒相黏性系数随颗粒剪切速率的平方变化而变化，在这种条件下颗粒切应力是随颗粒剪切速率立方变化的。方程(2-169)表明，颗粒拟温度与流体黏性系数成反比，意味着在高黏

性系数流体流动过程中颗粒具有低的脉动速度。随着颗粒浓度的降低，颗粒拟温度增大，出现颗粒拟温度变化的奇异。这些表明方程(2-166)和方程(2-169)应该有一定的适用范围。为此，将方程(2-166)表示为如下形式：

$$(1-e^2)^{1/2}\theta^{1/2}=\left(\frac{5\pi}{18}\right)^{1/2}\tau_c\left(\frac{\partial u_s}{\partial y}\right) \tag{2-170}$$

方程(2-170)等号左侧为颗粒脉动速度，右侧为颗粒平均自由程与颗粒剪切速率的乘积。在数值上，颗粒的最大平均自由程是提升管(或者反应器)直径 D_t。由方程(2-170)可见，当颗粒平均自由程取为提升管直径时随颗粒浓度趋于零就可以避免颗粒拟温度趋于无穷大的奇异出现。因此，方程(2-166)和方程(2-169)的限制条件为

$$\frac{1}{6\sqrt{2}}\frac{d_p}{D_t}\geqslant\varepsilon_s \tag{2-171}$$

2.10.4　鼓泡流化床气固两相流动

鼓泡流化床气固两相流动的数学模型见表 2-1。气固流化床的床高和床宽是 1500mm 和 500mm，颗粒密度和颗粒直径是 2000kg/m^3 和 2.0mm。床料初始的堆积高度是 500mm。表观气体速度是 1.96m/s。颗粒非弹性碰撞系数取为 0.97。

表 2-1　等温气固两相流动数学模型

气体质量守恒方程	$\frac{\partial}{\partial t}(\varepsilon_g\rho_g)+\nabla\cdot(\varepsilon_g\rho_g\boldsymbol{u}_g)=0$
颗粒相质量守恒方程	$\frac{\partial}{\partial t}(\varepsilon_s\rho_s)+\nabla\cdot(\varepsilon_s\rho_s\boldsymbol{u}_s)=0$
气体动量守恒方程	$\frac{\partial}{\partial t}(\varepsilon_g\rho_g\boldsymbol{u}_g)+\nabla\cdot(\varepsilon_g\rho_g\boldsymbol{u}_g\boldsymbol{u}_g)=-\varepsilon_g\nabla p_g+\nabla\cdot\boldsymbol{\tau}_g+\varepsilon_g\rho_g\boldsymbol{g}+\beta(u_s-u_g)$
颗粒相动量守恒方程	$\frac{\partial}{\partial t}(\varepsilon_s\rho_s\boldsymbol{u}_s)+\nabla\cdot(\varepsilon_s\rho_s\boldsymbol{u}_s\boldsymbol{u}_s)=-\varepsilon_s\nabla p_g-\nabla p_s+\nabla\cdot\boldsymbol{\tau}_s+\varepsilon_s\rho_s\boldsymbol{g}+\beta(u_g-u_s)$
颗粒拟温度守恒方程	$\frac{3}{2}\left[\frac{\partial}{\partial t}(\varepsilon_s\rho_s\theta)+\nabla\cdot(\varepsilon_s\rho_s\theta\boldsymbol{u}_s)\right]=\boldsymbol{\tau}_s:\nabla\boldsymbol{u}_s+\nabla\cdot(k_s\nabla\theta)-\gamma_s+\phi_s+D_{gs}$
气体应力	$\boldsymbol{\tau}_g=\varepsilon_g\mu_g\{[\nabla\boldsymbol{u}_g+(\nabla\boldsymbol{u}_g)^T]-\frac{2}{3}(\nabla\cdot\boldsymbol{u}_g)\boldsymbol{I}\}$
颗粒相应力	$\boldsymbol{\tau}_s=\varepsilon_s\mu_s[\nabla\boldsymbol{u}_s+(\nabla\boldsymbol{u}_s)^T]+\varepsilon_s\left(\xi_s-\frac{2}{3}\mu_s\right)(\nabla\cdot\boldsymbol{u}_s)\boldsymbol{I}$
颗粒相压力	$p_s=\varepsilon_s\rho_s\theta+2\rho_s(1+e)\varepsilon_s^2g_0\theta$
颗粒径向分布函数	$g_0=\left[1-\left(\frac{\varepsilon_s}{\varepsilon_{s,\max}}\right)^{1/3}\right]^{-1}$
颗粒相动力黏性系数	$\mu_s=\frac{4}{5}\varepsilon_s^2\rho_sd_pg_0(1+e)\sqrt{\frac{\theta}{\pi}}+\frac{10\rho_sd_p\sqrt{\pi\theta}}{96(1+e)\varepsilon_sg_0}\left[1+\frac{4}{5}g_0\varepsilon_s(1+e)\right]^2$

续表

颗粒相体积黏性系数	$\xi_s=\frac{4}{3}\varepsilon_s^2\rho_s d_p g_0(1+e)\left(\frac{\theta}{\pi}\right)^{1/2}$
脉动能量传递系数	$\kappa_s=\frac{2\kappa_{dil}}{(1+e)g_0}\left[1+\frac{6}{5}(1+e)g_0\varepsilon_s\right]^2+2\varepsilon_s^2\rho_s d_p g_0(1+e)\sqrt{\frac{\theta}{\pi}}$ $\kappa_{dil}=\frac{75}{384}\rho_s d_p\sqrt{\pi\theta}$
颗粒碰撞能量耗散	$\gamma_s=3(1-e^2)\varepsilon_s^2\rho_s g_0\theta\left[\frac{4}{d_p}\sqrt{\frac{\theta}{\pi}}-\nabla\cdot\boldsymbol{u}_s\right]$
曳力系数	$\beta=150\frac{\varepsilon_s(1-\varepsilon_g)\mu_g}{\varepsilon_g d_p^2}+1.75\frac{\rho_g\varepsilon_s}{d_p}\mid u_s-u_g\mid$ $\beta=\frac{3C_d\varepsilon_g\varepsilon_s\rho_g\mid u_g-u_s\mid}{4d_p}\varepsilon_g^{-2.65}$

图 2-17 表示入口气体速度为 1.96m/s 时气固流化床内气泡破裂的运动过程。床层流化数 $w=u/u_{mf}$ 为 1.495。气泡在上升过程中携带颗粒向上运动;同时,气泡直径逐渐变大。当气泡上升到床层表面时,气泡开始破裂。此时,床层表面的颗粒由于气泡的破裂而被抛向上部自由空间。被抛射的颗粒又由于重力作用回落到床层表面,并沿壁面向下运动,使颗粒在流化床内形成循环运动。

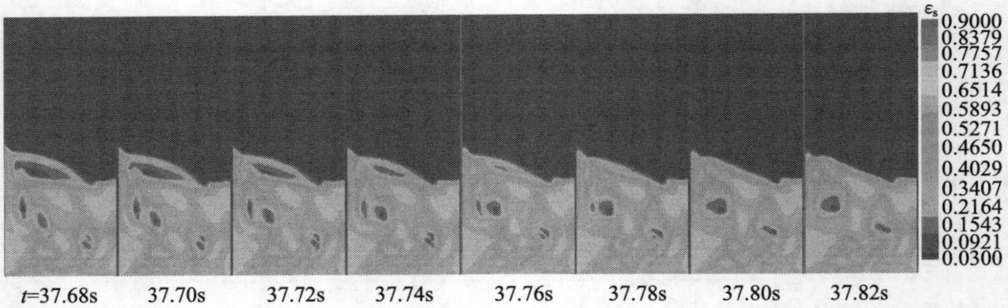

图 2-17　气泡旁侧聚并的运动过程

气泡聚并主要有两种方式:旁侧聚并和追尾聚并。由图 2-17 可以观察到两个气泡旁侧聚并的运动过程。当两个快速运动的气泡并行上升,且它们之间的间隔较小时,这两个气泡开始发生聚并。主要是气泡的运动速度较快,使得气泡之间的气体压力变小。这样一来,气泡两侧将会产生压力梯度。气泡在压力差的作用下,将向内侧运动。当两个气泡的气泡晕接触时,由于受到穿流气流和围绕气泡运动颗粒的作用,气泡将会聚并。同时还可以观察到,气泡在发生聚并时会变得狭长。气泡发生聚并后,气泡的体积将会变大。

图 2-18 表示流化床内气泡分裂的运动过程。由图可以清楚地看到,当床内气泡发展到一定尺寸时,由于颗粒与气泡之间的相互运动会产生扰动。因此,在气泡

接近中心的位置开始向内凹陷。随着气泡继续上升，气泡逐渐被拉长，气泡大约在中心处被一分为二。随着气泡在中心处的扰动继续加剧，使气泡从中间裂开，完全分裂为两个独立的气泡。气泡分裂之后，所形成的新气泡体积之和小于原来气泡分裂前的体积。主要是由于气泡边缘具有可渗透性，气泡在分裂过程中向气泡周围空隙率较大的区域释放气体，从而体积总量减小。

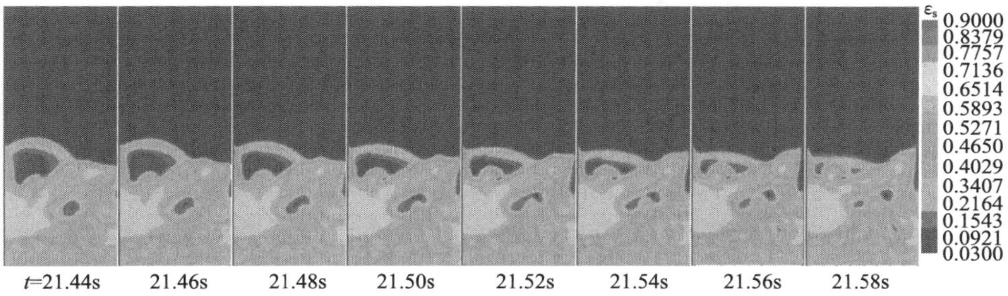

图 2-18　气泡分裂的运动过程

在气固鼓泡流化床中，气泡的形成改变床内气体和颗粒的流体动力特性。当流化气体速度超过最小流化速度(对 Geldart B 和 D 类颗粒)或最小鼓泡速度(对 Geldart A 类颗粒)时，气体将以气泡的形式通过床层，形成鼓泡流化床，如图 2-19 所示。在气固鼓泡床中，气泡在分布板上或稍高一点的地方形成，并沿床层上升。由于气泡的聚并及压力的变化等，小气泡在上升的过程中不断长大，并且上升速度逐渐加快。这些气泡的存在，造成部分反应气体经气泡短路通过床层，对化学反应产生不利的影响。但是，气泡流动所引起的强烈搅动，也增加了气固的接触效率，保证了良好的传质和传热行为。在鼓泡流化床中，正是这种气泡的行

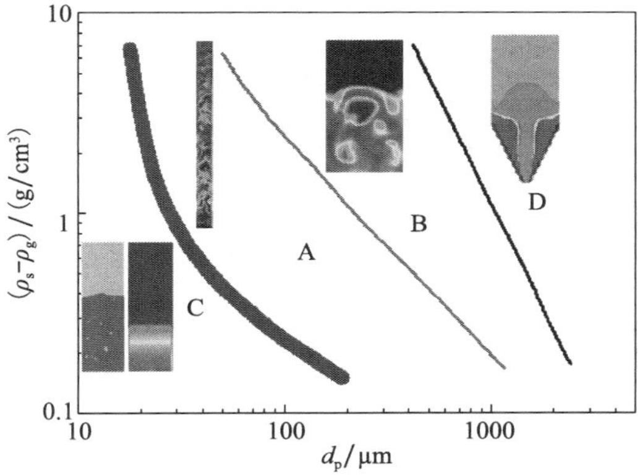

图 2-19　Geldart 颗粒分类(Geldart，1973)

为，在床层的传递特性方面起着决定性作用。这些传递特性，包括颗粒和气体的混合、颗粒扬析、传热和传质等与床内空隙率波动密切相关。对于床内气体和颗粒一维流动过程，由气体和固相质量守恒方程，可以得到气体浓度 ε 守恒方程如下：

$$\frac{\partial\varepsilon}{\partial t}+\hat{v}\frac{\partial\varepsilon}{\partial x}=\varepsilon\varepsilon_{\mathrm{s}}\frac{\partial v_{\mathrm{r}}}{\partial x} \tag{2-172}$$

式中，加权平均速度 $\hat{v}=\varepsilon v_{\mathrm{s}}+\varepsilon_{\mathrm{s}}v_{\mathrm{g}}$ 和相对速度 $v_{\mathrm{r}}=v_{\mathrm{s}}-v_{\mathrm{g}}$。以相对速度为变量的一维固相动量守恒方程为

$$\varepsilon_{\mathrm{s}}\rho_{\mathrm{s}}v_{\mathrm{r}}\frac{\partial v_{\mathrm{r}}}{\partial x}=-\frac{\partial\sigma}{\partial x}-g\varepsilon_{\mathrm{s}}\Delta\rho-\beta_{\mathrm{B}}v_{\mathrm{r}}-\frac{4\tau_{\mathrm{ws}}}{D_{\mathrm{t}}} \tag{2-173}$$

式中，重力加速度方向与坐标 x 方向反向；D_{t} 为反应器当量直径；β_{B}为气固曳力系数，固相应力 σ 可以表示如下：

$$\frac{\partial\sigma_{\mathrm{s}}}{\partial x}=\frac{\partial\sigma_{\mathrm{s}}}{\partial\varepsilon_{\mathrm{s}}}\frac{\partial\varepsilon_{\mathrm{s}}}{\partial x}=\rho_{\mathrm{s}}[1+4(1+e)g_0\varepsilon_{\mathrm{s}}]\theta\frac{\partial\varepsilon_{\mathrm{s}}}{\partial x} \tag{2-174}$$

联立气体浓度守恒方程和固相动量守恒方程，整理得到气体浓度传播方程：

$$\frac{\partial\varepsilon}{\partial t}+\left(\hat{v}-\frac{k_0\varepsilon\theta}{v_{\mathrm{r}}}\right)\frac{\partial\varepsilon}{\partial x}=-\frac{\varepsilon\varepsilon_{\mathrm{s}}g\Delta\rho}{\rho_{\mathrm{s}}v_{\mathrm{r}}}-\frac{\varepsilon\beta_{\mathrm{B}}}{\rho_{\mathrm{s}}}-\frac{4\varepsilon\tau_{\mathrm{ws}}}{\rho_{\mathrm{s}}v_{\mathrm{r}}D_{\mathrm{t}}} \tag{2-175}$$

式中，$k_0=1+4(1+e)g_0\varepsilon_{\mathrm{s}}$。方程左侧气体浓度对流项系数为气体空隙率传播速度，方程右侧分别表示浮力、曳力和壁面作用力。方程表明鼓泡流化床内气体空隙率以传播速度 $\hat{v}-k_0\varepsilon\theta/v_{\mathrm{r}}$ 进行传播。在临界流化条件下，床内浮力与曳力相平衡。同时，忽略壁面作用力时，床内空隙率传播方程为

$$\frac{\partial\varepsilon}{\partial t}+C_{\mathrm{p}}\frac{\partial\varepsilon}{\partial x}=0 \tag{2-176}$$

$$C_{\mathrm{p}}=\frac{\partial x}{\partial t}=\left(\hat{v}-\frac{k_0\varepsilon\theta}{v_{\mathrm{r}}}\right) \tag{2-177}$$

对于 Geldart B 类颗粒，在低颗粒雷诺数时，传播速度为

$$C_{\mathrm{p}}=\frac{\Delta\rho g}{150\mu_{\mathrm{g}}}\varepsilon^2d_{\mathrm{p}}^2+\frac{150k_0\mu_{\mathrm{g}}}{\Delta\rho g}\frac{(1-\varepsilon)\theta}{\varepsilon d_{\mathrm{p}}^2}=A_0\varepsilon^2+\frac{k_0}{A_0}\theta\left(\frac{1}{\varepsilon}-1\right) \tag{2-178}$$

式中，$A_0=\Delta\rho g d_{\mathrm{p}}^2/(150\mu_{\mathrm{g}})$。空隙率传播方程给出了床内气体浓度波的形成，取决于床内空隙率和颗粒拟温度的分布，同时与床内初始气体浓度边界条件和进口边界条件有关。气体以气泡形式进入床内，表明在一定的进口条件下，传播速度的第二项接近于零，空隙率传播与系数 A_0 成正比，与气体浓度的平方成正比。以临界流化状态作为初始条件，床内颗粒拟温度比较低，同时传播速度第一项的数值也比较小，使得空隙率传播慢。由方程(2-178)可见，当气体进入床内后，气体空隙率传播快于临界流化状态的气体传播，图 2-20 表示流化床内空隙率的传播路径和传播

特征方向。传播速度的交点形成空隙率波。由此可见,当流化气体由床底部进入后,气体空隙率波动快于床内气体流动,快速气体空隙率捕捉慢速流动的床内气体,不断加速床内空隙率波动,最终床内形成空隙率波。由方程(2-178)得到床内形成气泡的条件为

$$\frac{\mathrm{d}C_{\mathrm{p}}}{\mathrm{d}\varepsilon}=2\frac{\Delta\rho g}{150\mu_{\mathrm{g}}}\varepsilon d_{\mathrm{p}}^{2}-\frac{150k_{0}\mu_{\mathrm{g}}}{\Delta\rho g}\frac{\theta}{\varepsilon^{2}d_{\mathrm{p}}^{2}}=2\frac{\varepsilon_{\mathrm{s}}v_{\mathrm{slip}}}{\varepsilon}-\frac{k_{0}}{v_{\mathrm{slip}}}\frac{\theta}{\varepsilon_{\mathrm{s}}}>0 \tag{2-179}$$

$$v_{\mathrm{slip}}=\frac{\Delta\rho g}{150\mu_{\mathrm{g}}\varepsilon_{\mathrm{s}}}\varepsilon^{2}d_{\mathrm{p}}^{2} \tag{2-180}$$

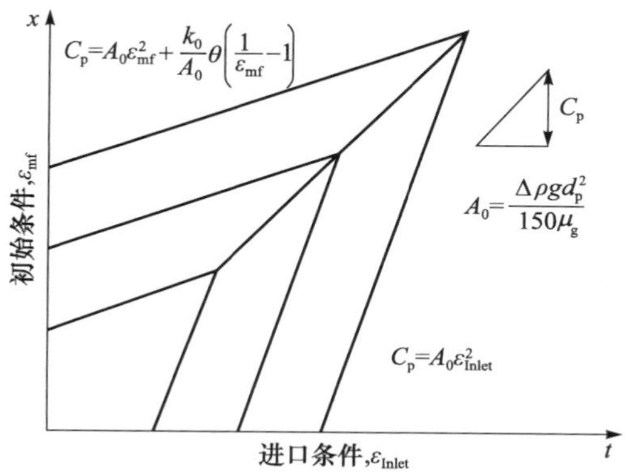

图 2-20　床内空隙率的传播

2.10.5　循环流化床气固两相流动

循环流化床提升管内局部瞬时颗粒浓度采用 X 射线密度计进行测量。X 射线密度计的辐射源是 200m CiCu-244,它的辐射能量是 23keV,半衰减周期是 17.8 年。X 射线源被密封于填满铅的不锈钢管内(Gidaspow et al., 1995)。颗粒平均直径和颗粒密度分别是 75μm 和 1650kg/m^3。图 2-21 表示气体速度和颗粒流率分别为 2.35m/s 和 22.37kg/(m^2 · s)时沿径向不同位置处实测的瞬时空隙率随时间的变化。它们反映了局部颗粒流动结构随时间的变化。瞬时最大和最小空隙率代表稀相和浓相(颗粒聚团物)的流动状态。它们的差值越大说明瞬时颗粒浓度变化的幅值越大,单位时间内该幅值出现的次数越多表明颗粒稀相和浓相交替出现的频率越高,颗粒的混合和交换越强烈。由图可见,在中心区域瞬时最大和最小空隙率的差值较小,说明颗粒浓度的变化比较平缓;而接近壁面区域,瞬时空隙率变化幅值和频率都增大,表明颗粒聚团物不断地形成和破裂,使得颗粒稀相和浓相流动交替出现,具有强烈的颗粒混合。

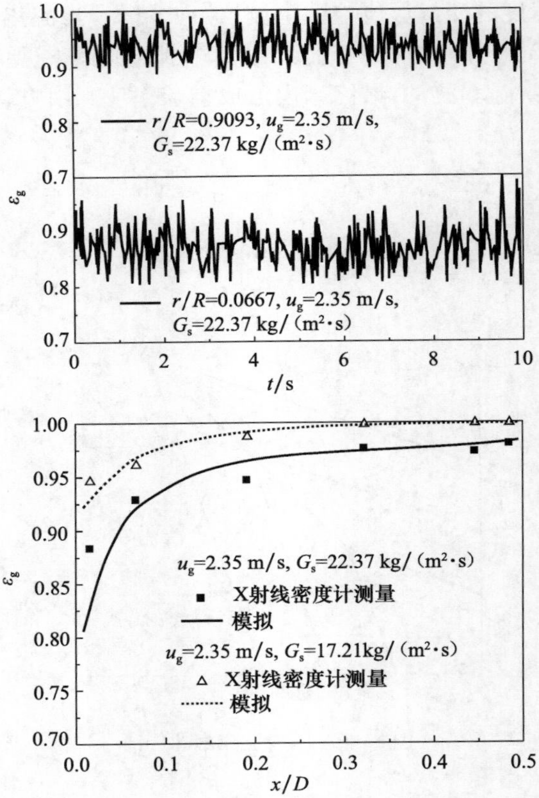

图 2-21　实测的瞬时和时均空隙率的变化(Gidaspow et al. ,1994)

数值模拟与实测的平均空隙率径向变化表明,在壁面附近,颗粒浓度最大(空隙率最小);而在管中心,颗粒浓度最小。沿径向方向颗粒浓度形成了中心稀壁面浓的环-核分布结构。随着颗粒流率的减小,沿径向颗粒浓度的环-核结构将逐渐消失。图 2-22 表示采用 X 射线密度计在表观气体速度为 2.98m/s 和颗粒流率为 29.04kg/(m² · s)时气体空隙率的三维变化。在循环流化床提升管的中心气体空隙率高、壁面区域气体空隙率较小,表明壁面区域颗粒浓度相对较大,而中心区域颗粒浓度相对较小,形成提升管内的环-核流动(core-annulus)结构,气体空隙率分布呈现非对称分布。

颗粒流率采用颗粒取样设备测量,如图 2-23 所示。取样管内径和外径分别是 0.4724cm 和 0.63cm,气体/颗粒混合物经取样管进入收集器被分离。收集器内装有二级过滤装置,以便有效地捕捉颗粒。由收集器排出的气体经流量计、调节阀后从真空泵排出。

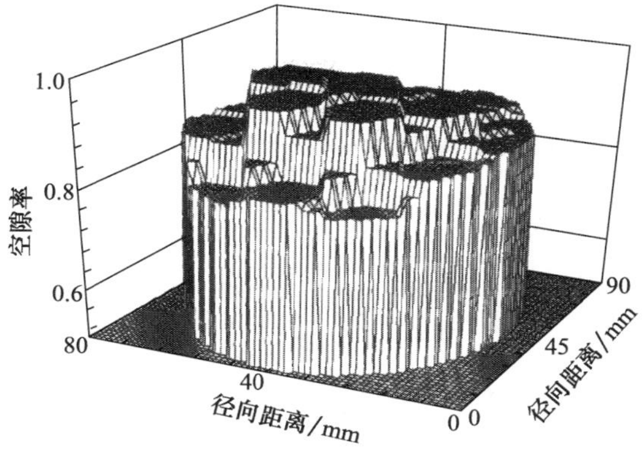

图 2-22　X 射线密度计实测气体空隙率三维分布(Gidaspow et al.,1994)

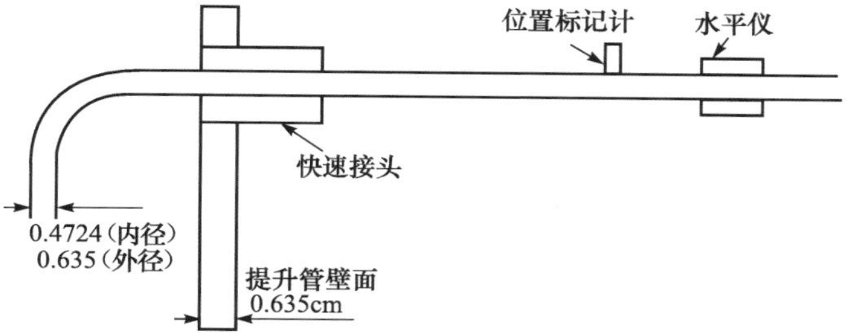

图 2-23　非等速颗粒取样探头(Gidaspow et al.,1994)

在壁面附近区域,同时测量上升和下降颗粒流率。上升颗粒流率与下降颗粒流率之差为净颗粒流率。图 2-24 表示不同表观气体速度和颗粒流率的测量以及模拟预测颗粒流率沿径向的变化。在壁面处颗粒具有上升和下降流动,为了确定净颗粒流率,需要同时测定下降流动和上升流动颗粒流率。净颗粒流率等于上升流率与下降流率之和。由图可见,在较高颗粒流率下,壁面处颗粒净流率为负值。随颗粒流率的增大,壁面处净下降颗粒流率也增大,而在管中心区域颗粒下降流动消失,上升流动颗粒流率逐渐增加。相反,当颗粒流率较小时,在壁面处无下降颗粒流,管内颗粒均做上升流动。

由非等速颗粒取样管测量的颗粒流率和 X 射线密度计测量的颗粒浓度,可以计算获得颗粒轴向速度。实测和数值模拟的轴向颗粒速度分布的变化趋势是相同的。在较高颗粒流率时,壁面附近区域的轴向颗粒速度为负值,即颗粒做下降流动。而在管中心区域,颗粒速度为正值,颗粒做上升流动。可见在壁面区域具有较高浓度的颗粒做下降流动,而在管中心区域具有颗粒浓度较低的颗粒做上升流动,形成了典型的环-核流动结构。随着表观气体速度和颗粒流率的降低,壁面区域的下降颗粒流消失。同时,提升管内环核流动将影响颗粒拟温度的径向分布。

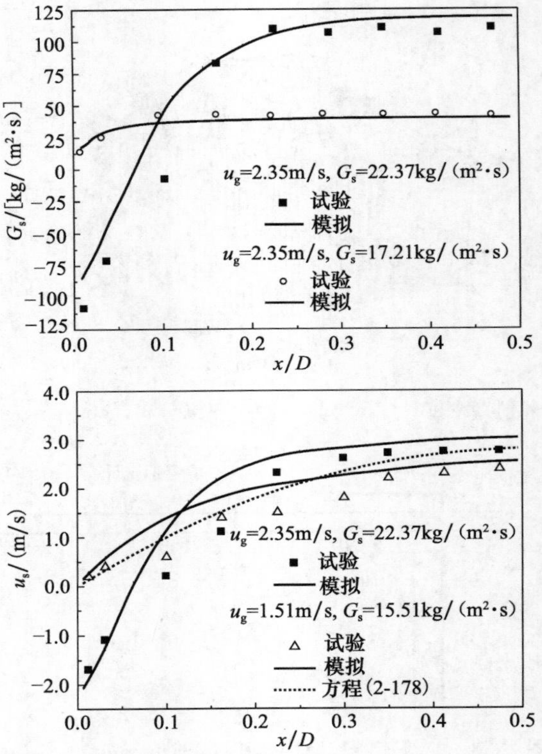

图 2-24 测量和模拟预测颗粒流率和速度的变化(Gidaspow et al.,1994)

对于提升管气固两相充分发展流动,圆柱坐标系下颗粒拟温度方程可以简化为

$$0=\mu_s\left(\frac{du_{sz}}{dr}\right)^2+\frac{1}{r}\frac{d}{dr}\left(rk_s\frac{d\theta}{dr}\right)-\frac{12\rho_s g_0(1-e^2)\varepsilon_s^2\theta^{3/2}}{d_p\sqrt{\pi}} \tag{2-181}$$

即颗粒脉动能量的黏性耗散、颗粒脉动能量的传递和颗粒相互碰撞而导致的能量耗散率相互平衡。假设颗粒脉动能传递系数 k_s 为常数,方程(2-181)可以表示如下:

$$0=\frac{\mu_s}{k_s}\left(\frac{du_{sz}}{dr}\right)^2+\frac{1}{r}\frac{d}{dr}\left(r\frac{d\theta}{dr}\right)-\frac{12\rho_s g_0(1-e^2)\varepsilon_s^2\theta}{k_s d_p\sqrt{\pi}} \tag{2-182}$$

取提升管半径为 R,引入如下无因次参数:

$$a=\frac{12\rho_s g_0(1-e^2)\varepsilon_s^2 R}{k_s d_p\sqrt{\pi}},\quad b=16\frac{\mu_s}{k_s}V_m^2,\quad r'=\frac{r}{R},\quad \frac{u_{sz}}{V_m}=2\left(1-\frac{r^2}{R^2}\right) \tag{2-183}$$

式中,V_m 为平均颗粒速度。以无因次参数表示的方程(2-182)为

$$\frac{1}{r'}\frac{\mathrm{d}}{\mathrm{d}r'}\left(r'\frac{\mathrm{d}\theta}{\mathrm{d}r'}\right)-a\theta=br'^2 \tag{2-184}$$

方程(2-184)由通解和特解两部分组成。方程的通解如下：

$$\theta_\mathrm{h}=c_1J_0(\sqrt{-a}r')+c_2Y_0(\sqrt{-a}r') \tag{2-185}$$

$$J_0(\sqrt{-a}r')=1+\frac{ar'^2}{2^2}+\frac{a^2r'^4}{2^24^2}+\frac{a^3r'^6}{2^24^26^2}+\cdots \tag{2-186}$$

$$Y_0(\sqrt{-a}r')=\frac{2}{\pi}\left\{\ln\left(\frac{\sqrt{-a}}{2}r'\right)\right\}J_0\sqrt{-a}r'+\frac{2}{\pi}\left\{-\frac{ar'^2}{2^2}-\frac{a^2r'^4}{2^24^2}-\cdots\right\} \tag{2-187}$$

特解为

$$\theta_\mathrm{p}=\frac{4b}{a^2}+\frac{b}{a}r'^2 \tag{2-188}$$

方程(2-185)中积分常数 c_1 和 c_2 由边界条件确定。在提升管中心，颗粒拟温度对称分布，且不能为无穷大。因此，积分常数 c_2 必为零，即 $c_2=0$。在壁面，颗粒拟温度边界条件为

$$\theta_\mathrm{w}=-\frac{k_\mathrm{s}}{\gamma_\mathrm{w}}\frac{\partial\theta}{\partial n}\bigg|_\mathrm{w}=-B_1\frac{\partial\theta}{\partial n}\bigg|_\mathrm{w} \tag{2-189}$$

式中，

$$\gamma_\mathrm{w}=\frac{\sqrt{3}\pi(1-e_\mathrm{w}^2)\varepsilon_\mathrm{s}\rho_\mathrm{s}g_0\theta^{3/2}}{4\varepsilon_{\mathrm{s,max}}} \tag{2-190}$$

联立方程(2-185)和方程(2-189)，得到积分常数 c_1 为

$$c_1=\frac{-\left(\dfrac{2bB_1}{aR}+\dfrac{4b}{a^2}+\dfrac{b}{a}\right)}{1+\dfrac{a}{2^2}\left(\dfrac{2B_1}{R}+1\right)+\dfrac{a^2}{2^24^2}\left(\dfrac{4B_1}{R}+1\right)+\dfrac{a^3}{2^24^26^2}\left(\dfrac{6B_1}{R}+1\right)+\cdots} \tag{2-191}$$

由方程(2-185)和方程(2-188)，得到颗粒拟温度沿径向分布为

$$\theta=c_1\left(1+\frac{ar'^2}{2^2}+\frac{a^2r'^4}{2^24^2}+\frac{a^3r'^6}{2^24^26^2}+\cdots\right)+\frac{4b}{a^2}+\frac{b}{a}r'^2 \tag{2-192}$$

由方程(2-192)预测出在提升管中心处颗粒拟温度低，沿径向颗粒拟温度逐渐增大，达到最大值后，将逐渐降低。在壁面处颗粒拟温度减小，在环核交界处颗粒拟温度最大。

在循环流化床提升管内，除了进口和出口区域，气固两相假设是充分发展流动。气固两相混合物动量方程是

$$\frac{\mu_\mathrm{s}}{r}\frac{\mathrm{d}}{\mathrm{d}r}\left(r\frac{\mathrm{d}u_\mathrm{m}}{\mathrm{d}r}\right)=\frac{\mathrm{d}p}{\mathrm{d}z}-\rho_\mathrm{m}g \tag{2-193}$$

式中，u_m 为气固两相混合物速度，$u_\mathrm{m}=\varepsilon_\mathrm{s}u_\mathrm{s}+\varepsilon_\mathrm{g}u_\mathrm{g}$；$\rho_\mathrm{m}$ 为气固两相混合物密度，$\rho_\mathrm{m}=\varepsilon_\mathrm{s}\rho_\mathrm{s}+\varepsilon_\mathrm{g}\rho_\mathrm{g}$。假设颗粒速度等于气体速度，即 $u_\mathrm{m}=u_\mathrm{s}$。提升管壁面($r=R$)和中心($r=0$)边界条件分别为

$$u_s = 0, \quad r = R \quad 和 \quad \frac{du_s}{dr} = 0, \quad r = 0$$

方程(2-193)积分可以得到颗粒速度为

$$u_s = 2u_{s,m}\left(1 - \frac{r^2}{R^2}\right) \tag{2-194}$$

$$u_{s,m} = -\frac{R^2}{8\mu_s}\left(\frac{dp}{dz} - \rho_m g\right)$$

式中，$u_{s,m}$为颗粒平均速度。方程(2-194)表明，循环流化床提升管壁面处颗粒速度为零；在提升管中心颗粒速度是颗粒平均速度的两倍。按方程(2-194)预测的颗粒速度能够反映提升管内颗粒速度的分布特性。

忽略颗粒碰撞的能量损失，气固两相充分发展流动的颗粒拟温度方程为

$$\frac{k_s}{r}\frac{d}{dr}\left(r\frac{d\theta}{dr}\right) = -\mu_s\left(\frac{\partial u_s}{\partial r}\right)^2 \tag{2-195}$$

提升管壁面($r=R$)和中心($r=0$)边界条件分别为

$$\theta = \theta_w, \quad r = R \quad 和 \quad \frac{d\theta}{dr} = 0, \quad r = 0$$

方程(2-195)积分可以得到颗粒拟温度如下：

$$\theta - \theta_w = \left(\frac{\mu_s}{k_s}\right)u_{s,m}^2\left(1 - \frac{r^4}{R^4}\right) \tag{2-196}$$

在提升管中心($r=0$)，颗粒拟温度达到最大θ_m：

$$\theta_m - \theta_w = \left(\frac{\mu_s}{k_s}\right)u_{s,m}^2 \tag{2-197}$$

方程(2-197)表明，提升管中心的颗粒拟温度正比于平均颗粒速度的平方。低的颗粒速度具有低的颗粒拟温度。因此，方程(2-197)给出了颗粒拟温度的估计值。

由X射线密度计实测的瞬时颗粒浓度，通过快速傅里叶变换(FFT)，可以获得颗粒浓度的频谱特性。瞬时颗粒浓度的功率谱密度定义为

$$S_{xx}(\omega) = \frac{1}{\pi}\int_{-\infty}^{\infty} R_{xx}(\tau)e^{-j\omega\tau}d\tau \tag{2-198}$$

功率谱密度提供了在频域内描述颗粒流动所具有的特征。图2-25表示提升管颗粒浓度功率谱密度随频率的变化。颗粒流动主要在低频率区域内，在高频率区域内，颗粒浓度的功率谱密度接近于零。在不同空间颗粒浓度的功率谱密度分布是不同的。从图中可以确定其主频率。在提升管中心区域，频率高于1.0Hz的颗粒浓度脉动基本消失，颗粒脉动主要发生在低于1.0Hz的频率内，颗粒浓度脉动的主频出现在0.18Hz。相反，在提升管壁面区域，颗粒浓度脉动频率在大于2.5Hz后消失，颗粒浓度脉动的主频发生在0.834Hz。表明当地颗粒浓度直接影响颗粒浓度频谱特性。颗粒声速C_s按如下方程计算：

$$C_s = [1 + 4\varepsilon_s(1+e)g_0]^{0.5}\theta^{0.5} \tag{2-199}$$

由此可以得到颗粒浓度脉动的主频率 f_m 与颗粒声速 C_s 之间的变化关系。结果表明，颗粒声速随颗粒浓度脉动主频率增加而增加。曲线斜率给出颗粒浓度脉动传播的距离，其值为 1.78m，反映出循环流化床提升管内颗粒聚团的扩散距离。

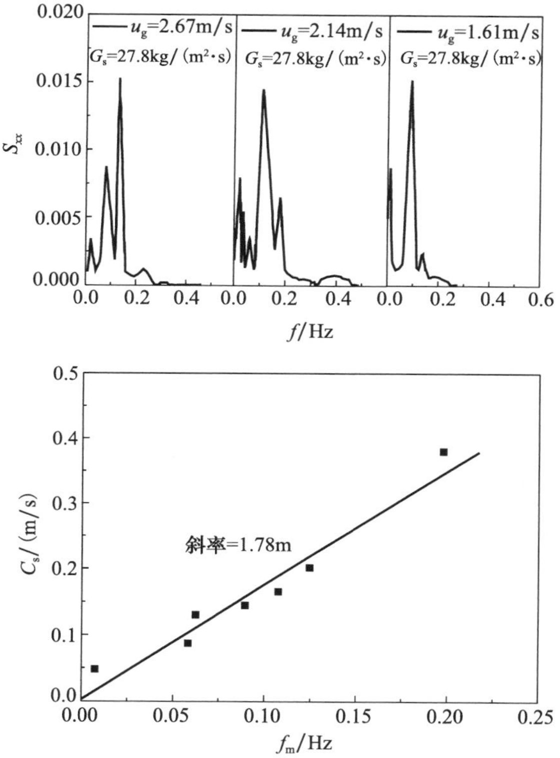

图 2-25　按瞬时颗粒浓度计算得到的功率谱密度和颗粒声速随主频率的变化(Gidaspow et al.，2001)

由颗粒浓度的频谱分析可知，循环流化床内气固两相流动是一个非线性随机过程。颗粒碰撞作用和气体湍流的非线性相互作用导致流化床内存在混沌行为(Lu et al.，2002，2003)。混沌理论表明，对于一个能量耗散的系统，所有相空间轨迹占据的体积随时间的延长总是不断地缩小，最后趋向于某些不变集合，这些不变集合称为吸引子。混沌动力学理论引入分维数、Lyapunov 指数和 Kolmogorov 熵对奇怪吸引子的研究性质进行定量描述。分维数是吸引子几何结构复杂程度的完全表征，它刻画奇怪吸引子的静态性质(不变测度)，给出奇怪吸引子上混沌运动过程自由度的估计。定义关联维数：

$$D_2 = -\lim_{r \to \infty} \frac{\lg C(r)}{\lg r} \tag{2-200}$$

式中，$C(r)$为关联积分。图 2-26 表示在气体速度为 2.35m/s、颗粒流率为 22.37kg/(m^2 · s)时采用 X 射线密度计测得的瞬时颗粒浓度计算得到的关联积分 $C(r)$和关联维数 D_2 的变化曲线。当嵌入维数 m 大于 5 后，曲线的斜率几乎不变。计算关联维数时需要判定关联积分曲线的无标度区。无标度区应是一段斜率相等的直线段。由方程(2-200)表明曲线的斜率给出关联维数。在提升管中心区域关联维数 D_2 为 1.7324，而在壁面区域关联维数 D_2 为 1.8103，表明关联维数 D_2 是颗粒浓度的函数，即关联维数 D_2 随着径向变化。结果表明，关联维数 D_2 在 1.5～2.0 变化(Gidaspow et al.，1995)。

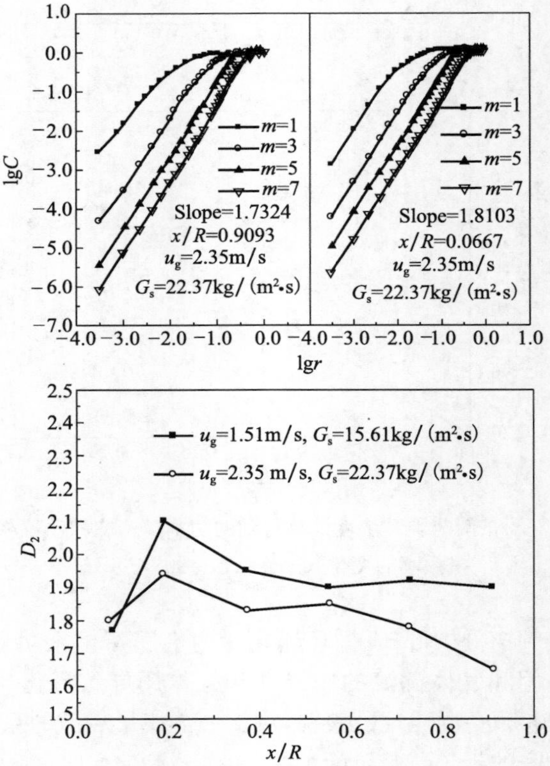

图 2-26 关联积分和关联维数的变化(Lu et al.，1997)

通过对 X 射线密度计测量局部颗粒浓度的频谱分析和关联维数计算分析可知，在循环流化床提升管内的气固两相流动是一个低维混沌过程，关联维数为 1.5～2.0。对于这样的气固两相流动过程，描述等温颗粒流动的基本方程应该至少由 3 个独立的微分方程式或者 2 个独立的微分方程式和 1 个附加独立方程所组成。

2.10.6　颗粒惯性流

定义 Ba 无因次数(Bagnold 数)为颗粒的惯性力与流体黏性力之比：

$$Ba=\frac{\rho_s d_p^2 \gamma\lambda}{\mu_g} \tag{2-201}$$

$$\lambda=\frac{1}{(\varepsilon_{s,\max}/\varepsilon_s)^{1/3}-1} \tag{2-202}$$

式中，γ 为剪切率。当 Ba 无因次数小时($Ba<40$)，流体黏性应力控制颗粒流动，颗粒应力 τ 是

$$\tau=A(\lambda^{3/2}\mu_f)\frac{du_s}{dy} \tag{2-203}$$

式中，A 为常数。当 Ba 无因次数大时($Ba<450$)，颗粒流的流动为颗粒惯性流，颗粒应力是

$$\tau=B(d_p\lambda)^2\left(\frac{du_s}{dy}\right)^2 \tag{2-204}$$

式中，B 为常数。由此可见，颗粒流处于惯性区流动的明显特征是颗粒的应力变化和颗粒剪切率之间的平方关系。颗粒间瞬时碰撞作用形成颗粒碰撞剪切应力和离散颗粒压力，导致动量和能量的传递和耗散。由颗粒脉动能量守恒方程(2-175)，可以得到无因次剪切应力如下：

$$\frac{p_{s,xy}}{\rho_s d_p^2\left(\frac{du_{sx}}{dy}\right)^2}=\frac{4\sqrt{15}}{75\sqrt{\pi}}\varepsilon_s^2 g_0\frac{1+e}{(1-e)^{1/2}} \tag{2-205}$$

图 2-27 表示无因次剪切应力与颗粒浓度之间的变化关系。随着颗粒浓度增加，无因次剪切应力增大。因为无因次剪切应力与颗粒浓度平方成正比。图中同时给出 Lun 等(1984)和 Jenkins 等(1983)无因次剪切应力的计算结果。

$$\left.\frac{p_{s,xy}}{\rho_s d_p^2\,(du_{sx}/dy)^2}\right|_{\text{Lun}}=\frac{12}{5(3\pi)^{1/2}}\varepsilon_s^2 g_0 \tag{2-206}$$

$$\left.\frac{p_{s,xy}}{\rho_s d_p^2(du_{sx}/dy)^2}\right|_{\text{Jenkins}}=\frac{g(1+e)}{25(3\pi)^{1/2}(1-e)}\varepsilon_s^2 g_0 \tag{2-207}$$

在高颗粒浓度下，方程(2-206)和方程(2-207)模型预测的无因次剪切应力结果相近，接近试验结果。随着颗粒浓度的降低，不同模型相差变明显。Jenkins 等(1983)模型估高了无因次剪切应力。

随着颗粒浓度的增加，颗粒流动状态进入快速颗粒流，颗粒之间动量和能量的传递主要通过颗粒之间瞬时碰撞起主要作用，无因次颗粒压力表示如下：

$$\frac{p_s}{\rho_s d_p^2\left(\frac{du_{sx}}{dy}\right)^2}=\frac{\varepsilon_s}{15(1-e)}[1+2\varepsilon_s g_0(1+e)] \tag{2-208}$$

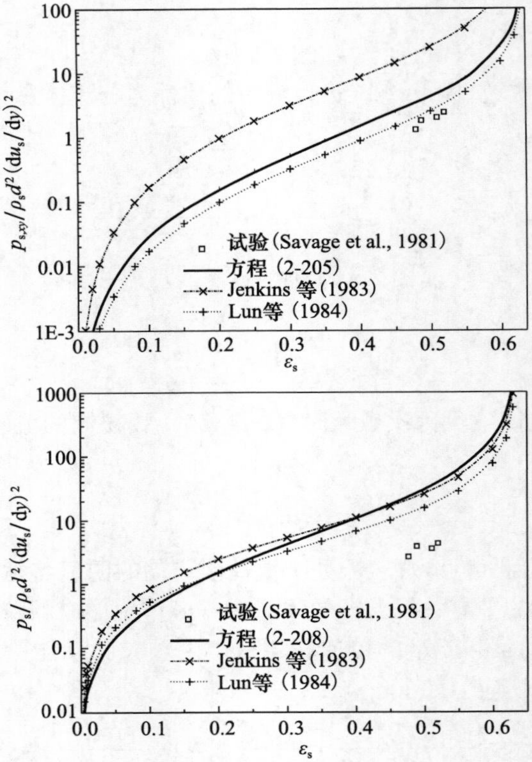

图 2-27　无因次剪切应力和压力与颗粒浓度的
变化关系(Gidaspow et al. ,1995)

随着颗粒浓度的增加,无因次颗粒压力增大。Lun 等(1984)和 Jenkins 等(1983)给出无因次颗粒压力计算方程:

$$\left.\frac{p_s}{\rho_s d_p^2(du_{sx}/dy)^2}\right|_{Lun}=\frac{3}{25(1-e)}\varepsilon_s^2 g_0 \tag{2-209}$$

$$\left.\frac{p_s}{\rho_s d_p^2(du_{sx}/dy)^2}\right|_{Jenkins}=\frac{9(1+e)}{25(1-e)}\varepsilon_s^2 g_0 \tag{2-210}$$

无因次颗粒压力与颗粒浓度平方成正比,因而无因次颗粒压力随颗粒浓度增大而增大。无因次剪切应力与无因次颗粒压力之比给出颗粒动态休止角:

$$\frac{p_{s,xy}}{p_s}=\tan\phi \tag{2-211}$$

由此可见,颗粒动态休止角与颗粒浓度无关,随着颗粒非弹性碰撞恢复系数 e 变化而变化。

2.10.7　气固提升管环核流动

气固提升管内环-核流动(core-annulus)模型是基于循环流化床内在床层中心颗粒浓度较小和向上流动，在壁面附近颗粒浓度较大和通常向下流动的试验事实而建立的一种流动结构模型。这种模型不仅可以描述气固流动的轴向不均匀性，也可以在一定程度上描述气固流动在径向的变化。环-核流动模型的基本假设是将气固流动沿床层截面划分为两个区域(或称通道)：中部核心区(core)及边壁环隙区(annulus)。在每一区域内气体速度、颗粒速度以及颗粒浓度为均匀分布，两区之间存在质量和动量交换。

对于提升管内气固两相稳态流动过程，颗粒相动量守恒方程可以简化为

$$\varepsilon_s(\rho_s-\rho_g)g=\frac{\beta_A}{\varepsilon}(v_g-v_s)=\frac{150\varepsilon_s^2\mu_g}{\varepsilon^2 d_p^2}(v_g-v_s) \tag{2-212}$$

整理得到

$$(\rho_s-\rho_g)g=\frac{150\varepsilon_s\mu_g}{\varepsilon^2 d_p^2}(v_g-v_s) \tag{2-213}$$

在壁面，有 $v_g=0$。因此，在壁面颗粒下降流动的流率为

$$v_s\varepsilon_s=-\frac{(\rho_s-\rho_g)g\varepsilon^2 d_p^2}{150\mu_g} \tag{2-214}$$

在提升管环隙区内，下降流动的颗粒流动过程可以由方程(2-212)给出：

$$v_g\varepsilon_s-v_s\varepsilon_s=\frac{(\rho_s-\rho_g)g\varepsilon_s^2 d_p^2}{150\mu_g} \tag{2-215}$$

则环隙区内颗粒下降流动的颗粒流率为

$$v_s\varepsilon_s=v_g\varepsilon_s-\frac{(\rho_s-\rho_g)g\varepsilon_s^2 d_p^2}{150\mu_g} \tag{2-216}$$

取核心区半径为 r，截面平均颗粒浓度为 ε_{sm}。由方程(2-196)，可以得到颗粒浓度分布为

$$\varepsilon_s=\frac{2/3\varepsilon_{sm}}{1-\left(\dfrac{r}{R}\right)^4} \tag{2-217}$$

联立方程(2-215)和方程(2-216)，可以得到环隙区下降流动的颗粒流率为

$$v_s\varepsilon_s=\frac{v_g(2/3)\varepsilon_{sm}}{1-\left(\dfrac{r}{R}\right)^4}-\frac{(\rho_s-\rho_g)g\varepsilon^2 d_p^2}{150\mu_g} \tag{2-218}$$

由方程(2-194)，可以得到核心区颗粒上升流动的颗粒流率为

$$v_s\varepsilon_s = 2\varepsilon_s u_{sm}\left(1-\frac{r^2}{R^2}\right) \tag{2-219}$$

方程(2-219)预测的向上颗粒流率与(2-218)预测的向下颗粒流率的差值表示流过该截面处颗粒净流率,整理得到

$$W_s = 2\varepsilon_s u_{sm}\left(1-\frac{r^2}{R^2}\right) - \left[\frac{v_g(2/3)\varepsilon_{sm}}{1-\left(\frac{r}{R}\right)^4} - \frac{(\rho_s-\rho_g)g\varepsilon^2 d_p^2}{150\mu_g}\right] \tag{2-220}$$

2.11 本章小结

颗粒动理学理论(或光滑颗粒动理学)广泛应用于石油化工、热能与动力机械、冶金和环境等不同工业领域高颗粒浓度气固两相流动的基础研究和应用。本章的颗粒动理学数学推导和模型分析是 Gidaspow 等的研究成果。Gidaspow(1994)详细给出颗粒动理学理论。圆筒剪切颗粒流的剪切应力数据和理论分析分别是 Savage等(1981)、Jenkins 等 (1983)和 Lun 等(1984)的研究成果,颗粒分类是 Geldart(1973)的研究成果。

颗粒动理学理论应用于高颗粒浓度的稠密两相流动,经历了从理论模型建立、试验验证与检验到实际工业应用等阶段的发展历程,被理论研究和实际工程应用证明是现阶段描述稠密两相流动的唯一理论模型,能够正确揭示颗粒之间动量和能量传递与耗散的变化规律。颗粒动理学中还存在许多前沿课题亟待解决,包括高浓度下颗粒之间三体以上碰撞作用效应和高颗粒浓度流动试验研究等。

参考文献

Ahmadi G, Ma D. 1990. Thermodynamical formulation for dispersed multiphase turbulent flow. International Journal of Multiphase Flow, 16: 323-340.

Bagnold R A. 1954. Experiments on a gravity-free dispersion of large solid spheres in a Newtonian fluid under shear. Proceeding of the Royal Society, 225: 49-63.

Carnahan N F, Starling K E. 1969. Equation of state for nonattracting rigid spheres. Journal of Chemical Physics, 51: 635-636.

Chapman S, Cowling T G. 1970. The Mathematical Theory of Non-uniform Gases. Cambridge: Cambridge University Press.

Ding J, Gidaspow D. 1990. A bubbling fluidization model using kinetic theory of granular flow. AIChE Journal, 36: 523-538.

Geldart D. 1973. Type of gas fluidization. Powder Technology, 7: 285-292.

Gidaspow D. 1994. Multiphase Flow and Fluidization: Continuum and Kinetic Theory Descriptions. Boston: Academic Press.

Gidaspow D, Lu H L. 1994. Understanding the fluid dynamic behavior of circulating fluidized bed through chaotic time series analysis. Technical Report, Chicago: Illinois Institute of Technology.

Gidaspow D, Lu H L. 1995. Porosity fluctuating investigation in the circulating fluidized bed. Technical Report, Chicago: Illinois Institute of Technology.

Gidaspow D, Lu H L. 1996. Collision viscosity of FCC particles in a CFB. AIChE Journal, 42: 2503-2510.

Gidaspow D, Lu H L. 1998. Equation of state and radial distribution functions of FCC particles in a CFB. AIChE Journal, 44: 279-293.

Gidaspow D, Lu H L, Mostofi R. 2001. Large Scale Oscillations or Gravity Waves in Risers and Bubbling Beds. Fluidization X, New York: United Engineering Foundation: 317-323.

Jenkins J T, Savage S B. 1983. A theory for the rapid flow of identical smooth, nearly elastic, spherical particles. Journal of Fluid Mechanics, 130: 187-202.

Lu H L, Gidaspow D, Bouiilard J X. 1997. Dimension measurements of hydrodynamic attractors in circulating fluidized beds. Powder Technology, 90: 179-185.

Lu H L, Gidaspow D, Bouillard J X. 2002. Chaotic behavior of local temperature fluctuations in a laboratory-scale circulating fluidized bed. Powder Technology, 123: 59-68.

Lu H L, Gidaspow D, Bouillard J. et al. 2003. Hydrodynamic simulation of gas-solid flow in a riser using kinetic theory of granular flow. Chemical Engineering Journal, 95: 1-13.

Lun C K K, Savage S B, Jeffrey D J, et al. 1984. Kinetic theories for granular flow-inelastic particles in Couette-flow and slightly inelastic particles in a general flow field. Journal of Fluid Mechanics, 140: 223-256.

Miller A, Gidaspow D. 1992. Dense vertical gas-solid flow in a pipe. AIChE Journal, 38: 1801-1815.

Ogawa S, Umemura A, Sshima U. 1980. On the equations of fully fluidized granular materials. Journal of Applied Mathematics and Physics, 31: 483-493.

Savage S B, Jeffrey D J. 1981. The stress tensor in a granular flow at high shear rates. Journal of Fluid Mechanics, 110: 255-272.

Savage S B, Sayed M, 1984. Stresses developed by dry cohesionless granular materials sheared in an annular shear cell. Journal of Fluid Mechanics, 142: 391-430.

Sinclair J L, Jackson R. 1989. Gas-particle flow in a vertical pipe with particle-particle interactions. AIChE Journal, 35: 1473-1486.

第3章　混合颗粒流颗粒动理学

燃煤流化床锅炉床料颗粒具有宽筛分特性。流化床床层物料是直径或密度大小不同的颗粒所构成的宽筛分分布。由于颗粒的直径或密度不同，其流动特性和规律也各不相同。这样就需要预知煤颗粒大小的分布规律，利用此规律来研究流化床锅炉中气体煤颗粒两相流动和燃烧过程。因此，床层物料粒径分布规律是一个重要特性。Geldart 根据在常温常压下气固流态特性的分析，依据颗粒粒径和颗粒与气体密度差的关系，将固体颗粒分为 A、B、C 和 D 四类(Geldart，1973)。C 类颗粒的粒度很细，一般都小于 20μm。A 类颗粒的粒度比较细。一般为 20～90μm，通常很易流化。B 类颗粒粒度范围为 90～650μm，具有良好的流化性能。它在流体速度达到临界流化速度后就会发生鼓泡现象。D 类颗粒通常具有较大在粒度和密度。流化床锅炉所用的床料和燃料粒度属于上述四类颗粒。在气固流化床内，一些终端速度小于床层表观气速的细颗粒将被上升气流带走，发生扬析。在流化过程中更多颗粒被夹带着离开床层，其中终端速度大于床层表观气体速度的颗粒经过一定的分离高度后会陆续返回床层，因此存在输送分离高度(TDH)。在 TDH 以上的空间，颗粒浓度不再降低，床层表面至 TDH 之间的空间称为自由空间，宽筛分燃煤流化床锅炉的燃烧室出口高度通常低于 TDH。因此，炉膛内细颗粒流动存在夹带和扬析现象。宽筛分颗粒床层物料流化时具有如下流体动力特征：①当床层物料由固定床进入流化床过程中，在大颗粒尚未流化前，小颗粒已经部分流化，出现分层流化。对于宽筛分床层物料，用一个最小流化速度来描述床层的流化状态和计算乳化相中的气体流率是不合适的。沿床层高度方向各层的最小流化速度不同，取决于各层颗粒的平均粒径。空截面流速高于最下一层颗粒的最小流化速度时床层才能进入完全流化状态。②在鼓泡流化床中，轻的颗粒易于浮在床层表面，而重的颗粒会下沉，出现离析。③在循环流化床中，小颗粒易于稀相区内的流动过程，分离后参与外循环；而大颗粒易于密相区的流动过程，参与内循环。

基于稠密气体动理学理论，建立颗粒相动理学模型和本构方程(见第 2 章)。该模型很好地预测了流化床内气泡的形成、颗粒和气相速度以及容积份额等分布。然而，颗粒动理学和封闭模型是假设固相是由相同粒径和密度的均匀颗粒体系，即由单一组分颗粒所组成。在燃煤流化床锅炉等流态化过程中，床层颗粒物料为宽筛分。在流化和化学反应过程中，不同组分颗粒呈现不同的流化特性，进而影响流化床内气固两相传热和化学反应等过程，甚至会导致流化的失败。

3.1　混合颗粒的碰撞动力学

3.1.1　混合颗粒碰撞动力学

对于由两颗粒组分 A 和 B 构成的混合颗粒，颗粒组分 A 的颗粒直径是 d_a，颗粒质量是 m_a。颗粒组分 B 的颗粒直径是 d_b，颗粒质量是 m_b。颗粒之间相互碰撞可以分解为一对 A 组分颗粒之间的碰撞，一对 B 组分颗粒之间的碰撞以及颗粒组分 A 与颗粒组分 B 两颗粒之间的碰撞。考虑颗粒组分 i 的颗粒与颗粒组分 k 的颗粒相互碰撞过程(其中 i 和 k 都可为颗粒组分 A 或者 B)。两颗粒之间碰撞前后速度变化如下(Chapman et al.，1970)：

$$\boldsymbol{k}\cdot\boldsymbol{c}'_{21}=-e_{ik}(\boldsymbol{k}\cdot\boldsymbol{c}_{21}) \tag{3-1}$$

式中，$\boldsymbol{k}$ 为单位矢量，方向为两颗粒相碰撞时从颗粒 2 的球心指向颗粒 1 的球心。e_{ik} 为颗粒组分 i 与颗粒组分 k 相碰撞的非弹性恢复系数。两颗粒的质心速度可以由颗粒 1 和颗粒 2 碰撞前后的速度变化求得：

$$\boldsymbol{G}_{ki}=\frac{m_i}{m_0}\boldsymbol{c}_1+\frac{m_k}{m_0}\boldsymbol{c}_2=\frac{m_i}{m_0}\boldsymbol{c}'_1+\frac{m_k}{m_0}\boldsymbol{c}'_2 \tag{3-2}$$

颗粒 1 和 2 速度与质心速度之间的关系为

$$\boldsymbol{c}_1=\boldsymbol{G}_{ki}-\frac{m_k}{m_0}\boldsymbol{c}_{12},\quad \boldsymbol{c}_2=\boldsymbol{G}_{ki}-\frac{m_i}{m_0}\boldsymbol{c}_{12} \tag{3-3}$$

和

$$\boldsymbol{c}'_1=\boldsymbol{G}_{ki}+\frac{m_k}{m_0}\boldsymbol{c}'_{12},\quad \boldsymbol{c}'_2=\boldsymbol{G}_{ki}+\frac{m_i}{m_0}\boldsymbol{c}'_{12} \tag{3-4}$$

颗粒 1 和 2 碰撞前后的速度变化为

$$\boldsymbol{c}'_1-\boldsymbol{c}_1=\frac{m_k}{m_0}(\boldsymbol{c}_{12}-\boldsymbol{c}'_{12})=\frac{m_k}{m_0}(1+e_{ik})(\boldsymbol{k}\cdot\boldsymbol{c}_{21})\boldsymbol{k} \tag{3-5}$$

$$\boldsymbol{c}'_2-\boldsymbol{c}_2=\frac{m_i}{m_0}(\boldsymbol{c}_{12}-\boldsymbol{c}'_{12})=\frac{m_i}{m_0}(1+e_{ik})(\boldsymbol{k}\cdot\boldsymbol{c}_{21})\boldsymbol{k} \tag{3-6}$$

颗粒 1 碰撞前后的动能变化为

$$\frac{1}{2}m_i(\boldsymbol{c}'^2_1-\boldsymbol{c}^2_1)=\frac{1}{2}m_i\left[2\frac{m_k}{m_0}(1+e_{ik})(\boldsymbol{k}\cdot\boldsymbol{c}_{21})(\boldsymbol{k}\cdot\boldsymbol{G}_{ik})-\left(\frac{m_k}{m_0}\right)^2(1-e^2_{ik})(\boldsymbol{k}\cdot\boldsymbol{c}_{21})^2\right] \tag{3-7}$$

定义组分 i 颗粒的分布函数 $f_i(t,\boldsymbol{r},\boldsymbol{c})$，则颗粒组分 i 的颗粒数密度为

$$n_i(t,\boldsymbol{r})=\int f_i(t,\boldsymbol{r},\boldsymbol{c})\mathrm{d}\boldsymbol{c} \tag{3-8}$$

颗粒组分 i 的颗粒属性 $\phi_i=\phi_i(\boldsymbol{c}_i)$ 的平均值定义如下：

$$\langle \phi_i \rangle = \frac{1}{n_i}\int \phi_i(\boldsymbol{c}_i) f_i(t,\boldsymbol{r},\boldsymbol{c}) \mathrm{d}\boldsymbol{c} \tag{3-9}$$

相应地，颗粒组分 i 的平均速度为 $\boldsymbol{u}_i$。组分 i 的颗粒相对质心的脉动速度为

$$\boldsymbol{C}_i = \boldsymbol{c}_i - \boldsymbol{u}_i \tag{3-10}$$

定义颗粒组分 i 的组分颗粒温度或者组分颗粒拟温度为

$$\theta_i = \frac{1}{3} m_i \langle \boldsymbol{C}_i^2 \rangle \tag{3-11}$$

颗粒组分 i 的颗粒拟温度不仅与颗粒脉动速度有关，而且与颗粒质量相关。

虽然在混合颗粒流动中，不同组分的颗粒速度分布偏离正态分布。但是，可以期待颗粒组分速度分布函数偏离正态分布对于组分颗粒碰撞属性的传递所产生的影响很小，而保留最终对颗粒碰撞属性的传递函数形式是不变的。于是，假定组分的颗粒速度分布遵循 Maxwell 分布。则颗粒组分 i 的颗粒速度分布函数为（Gidaspow，1994）

$$f_i^{(0)} = n_i \left(\frac{m_i}{2\pi\theta_i}\right) \exp\left[-\frac{m_i}{2\theta_i}(\boldsymbol{c}_i - \boldsymbol{u}_i)^2\right] \tag{3-12}$$

由方程(3-9)，颗粒组分 i 的平均颗粒速度如下：

$$\langle \boldsymbol{c}_i \rangle = \int \boldsymbol{c} \left(\frac{m_i}{2\pi\theta_i}\right) \exp\left[-\frac{m_i}{2\theta_i}(\boldsymbol{c}_i - \boldsymbol{u}_i)^2\right] \mathrm{d}\boldsymbol{c} = \sqrt{\frac{8\theta_i}{\pi m_i}} \tag{3-13}$$

取两个不同直径 d_i 和质量 $m_i(i=1,2)$ 的颗粒，定义组分 i 的颗粒 1 的瞬时速度是 $\boldsymbol{c}_1$，组分 k 的颗粒 2 瞬时速度为 $\boldsymbol{c}_2$，则颗粒 1 和 2 的双颗粒分布函数（或互关联函数）定义如下（Gidaspow et al.，1996）：

$$f_{ik}^{(2)} = f_{ik}^{(2)}(\boldsymbol{r}_{1i}, \boldsymbol{c}_{1i}, \boldsymbol{r}_{2k}, \boldsymbol{c}_{2k}) \tag{3-14}$$

由双颗粒分布函数可见，$f_{ik}^{(2)} \mathrm{d}\boldsymbol{c}_{1i} \mathrm{d}\boldsymbol{r}_{1i} \mathrm{d}\boldsymbol{c}_{2k} \mathrm{d}\boldsymbol{r}_{2k}$ 是在微元体 $\mathrm{d}\boldsymbol{r}_{1i}\mathrm{d}\boldsymbol{r}_{2k}$ 和速度空间 $\mathrm{d}\boldsymbol{c}_{1i}\mathrm{d}\boldsymbol{c}_{2k}$ 中出现颗粒 1 和颗粒 2 发生碰撞的概率。则颗粒 1 和 2 碰撞次数为

$$N_{ik} = \iiint f_{ik}^{(2)}(\boldsymbol{r}_{1i}, \boldsymbol{c}_{1i}, \boldsymbol{r}_{2k}, \boldsymbol{c}_{2k})(\boldsymbol{c}_{21ki} \cdot \boldsymbol{k} \mathrm{d}_{ik}^2) \mathrm{d}\boldsymbol{k} \mathrm{d}\boldsymbol{c}_{1i} \mathrm{d}\boldsymbol{c}_{2k} \tag{3-15}$$

对于颗粒碰撞瞬时，且忽略三体以上的多体碰撞，并且颗粒组分 i 和 k 的颗粒运动混沌假设仍然成立，则双颗粒分布函数可表示如下：

$$f_{ik}^{(2)} = f_{ik}^{(2)}(\boldsymbol{r}_{1i}, \boldsymbol{c}_{1i}, \boldsymbol{r}_{2k}, \boldsymbol{c}_{2k}) = g_{ik}(\boldsymbol{r}_{1i}, \boldsymbol{r}_{2k}) f_i(\boldsymbol{r}, \boldsymbol{c}_{1i}) f_k(\boldsymbol{r}, \boldsymbol{c}_{2k}) \tag{3-16}$$

应用方程(3-12)，得到如下关系：

$$f_{ik}^{(2)} = g_{ik}(\boldsymbol{r}_{1i}, \boldsymbol{r}_{2k}) \frac{n_i n_k}{(2\pi)^3} \left(\frac{m_i m_k}{\theta_i \theta_k}\right)^{3/2} \exp\left[-\frac{m_i}{2\theta_i}(\boldsymbol{c}_{1i} - \boldsymbol{u}_{1i})^2 - \frac{m_k}{2\theta_k}(\boldsymbol{c}_{2k} - \boldsymbol{u}_{2k})^2\right] \tag{3-17}$$

式中，$\boldsymbol{u}_{1i}$ 和 $\boldsymbol{u}_{2k}$ 为组分 i 和 k 的平均速度，特别当组分颗粒 i 和 k 处于均匀稳定流动

条件下，颗粒 1 与 2 的碰撞次数为(Lu et al. 2001)

$$N_{ik}=\frac{n_i n_k}{(2\pi)^3}\left(\frac{m_i m_k}{\theta_i\theta_k}\right)^{3/2} g_{ik}(\boldsymbol{r}_i,\boldsymbol{r}_k)\iiint(\boldsymbol{c}_{21ki}\cdot\boldsymbol{k}d_{ik}^2)\exp\left[-\frac{m_i\boldsymbol{c}_i^2}{2\theta_i}-\frac{m_k\boldsymbol{c}_{2k}^2}{2\theta_k}\right]\mathrm{d}\boldsymbol{k}\mathrm{d}\boldsymbol{c}_1\mathrm{d}\boldsymbol{c}_2$$

$$=\frac{\pi d_{ik}^2 n_i n_k}{(2\pi)^3}\left(\frac{m_i m_k}{\theta_i\theta_k}\right)^{3/2} g_{ik}(\boldsymbol{r}_i,\boldsymbol{r}_k)\iint\boldsymbol{c}_{21ki}\exp\left[-\frac{m_i\boldsymbol{c}_i^2}{2\theta_i}-\frac{m_k\boldsymbol{c}_{2k}^2}{2\theta_k}\right]\mathrm{d}\boldsymbol{c}_{1i}\mathrm{d}\boldsymbol{c}_{2k} \tag{3-18}$$

将组分颗粒速度 $\boldsymbol{c}_{1i}$ 和 $\boldsymbol{c}_{2k}$ 转换为相对速度 $\boldsymbol{c}_{21ki}$ 和 $\boldsymbol{G}_{ki}$ 的关系，则有

$$-\frac{m_i\boldsymbol{c}_i^2}{2\theta_i}-\frac{m_k\boldsymbol{c}_{2k}^2}{2\theta_k}=-(AG_{ki}^2+2B\boldsymbol{G}_{ki}\boldsymbol{c}_{21ki}+C\boldsymbol{c}_{21ki}^2) \tag{3-19}$$

式中，

$$A=\frac{m_i\theta_k+m_k\theta_i}{2\theta_i\theta_k},B=\frac{m_i m_k(\theta_i-\theta_k)}{2m_0\theta_i\theta_k},C=\frac{m_i m_k(m_i\theta_i-m_k\theta_k)}{2m_0^2\theta_i\theta_k} \tag{3-20}$$

则颗粒碰撞次数表示如下：

$$N_{ik}=\frac{\pi d_{ik}^2}{(2\pi)^3}\left(\frac{m_i m_k}{\theta_i\theta_k}\right)^{3/2} g_{ik}\iint\boldsymbol{c}_{21ki}\exp[-(A\boldsymbol{G}_{ki}^2+2B\boldsymbol{G}_{ki}\boldsymbol{c}_{21ki}+C\boldsymbol{c}_{21ki}^2)]\mathrm{d}\boldsymbol{G}_{ki}\mathrm{d}\boldsymbol{c}_{21ki} \tag{3-21}$$

上述方程不能直接积分求得颗粒碰撞次数，需要进行简化。将积分函数进行 Taylor 级数展开：

$$\begin{aligned}&\exp[-(A\boldsymbol{G}_{ki}^2+2B\boldsymbol{G}_{ki}\boldsymbol{c}_{21ki}+C\boldsymbol{c}_{21ki}^2)]\\&=\exp[-(A\boldsymbol{G}_{ki}^2+C\boldsymbol{c}_{21ki}^2)](1-2B\boldsymbol{G}_{ki}\boldsymbol{c}_{21ki}+2B^2\boldsymbol{G}_{ki}^2\boldsymbol{c}_{21ki}^2-\cdots)\end{aligned} \tag{3-22}$$

进行分部积分，得颗粒碰撞次数为

$$N_{ik}=\frac{\sqrt{\pi}}{4}d_{ik}^2 n_i n_k g_{ik}\left(\frac{m_i m_k}{\theta_i\theta_k}\right)^{3/2}\frac{1}{C^2A^{3/2}}\left(1+6\frac{B^2}{AC}+\cdots\right) \tag{3-23}$$

将系数 A、B 和 C 表达式代入式(3-23)，双组分颗粒碰撞次数为

$$\begin{aligned}N_{ik}=&2\sqrt{2\pi}n_i n_k d_{ik}^2 g_{ik}\left[\frac{\theta_i\theta_k m_0^2}{(m_i\theta_i+m_k\theta_k)(m_i\theta_k+m_k\theta_i)}\right]^{1/2}\\&\times\left[\frac{\theta_i\theta_k m_0^2}{(m_i\theta_i+m_k\theta_k)(m_i\theta_k+m_k\theta_i)}\right]^{3/2}(1+6\Delta^2+\cdots)\end{aligned} \tag{3-24}$$

$$\Delta=\frac{(\theta_i-\theta_k)\sqrt{m_i m_k}}{\sqrt{m_i m_k(\theta_i^2+\theta_k^2)+\theta_i\theta_k(m_i^2+m_k^2)}} \tag{3-25}$$

由此可见，双组分颗粒 i 和 k 碰撞次数与组分颗粒拟温度 θ_i 和 θ_k 有关，同时与颗粒质量 m_i 和 m_k 有关(Lu et al.，2000，2001)。

图 3-1 表示颗粒碰撞次数(即颗粒碰撞频率)随组分颗粒拟温度的变化，当组分颗粒拟温度 θ_i 一定时，随着组分颗粒拟温度 θ_k 增加，双组分颗粒碰撞次数增加。同样，随组分颗粒拟温度 θ_i 增加，双组分颗粒碰撞次数增加。这是因为组分颗粒拟

温度增大，意味着颗粒脉动越强烈，增大了颗粒之间的碰撞作用。图中同时给出组分颗粒拟温度相同（即 $\theta_i=\theta_k$）的颗粒碰撞次数 N_{ik}^{e} 变化曲线。显然，当 $\theta_i<\theta_k$ 时，N_{ik} 小于 N_{ik}^{e}，相反，当 $\theta_i>\theta_k$ 时，N_{ik} 大于 N_{ik}^{e}。由此可见，颗粒碰撞次数与组分的 θ_i 和 θ_k 密切相关。

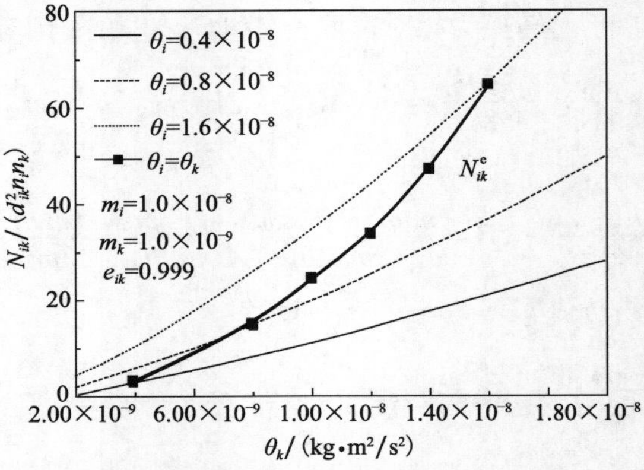

图 3-1　颗粒碰撞次数随组分颗粒拟温度的变化(Lu et al.，2001)

3.1.2　混合颗粒流输运现象的初等理论

由碰撞次数可以得到组分颗粒 i 或 k 的碰撞频率为

$$\omega_i=2\sqrt{2\pi}\left\{n_i d_{ik}^2 g_{ik}\left(\frac{2\theta_i}{m_i}\right)^{1/2}+n_k d_{ik}^2 g_{ik}\left[\frac{\theta_i\theta_k m_0^2}{m_i m_k(m_i\theta_i+m_k\theta_k)}\right]^3\right.$$
$$\left.\times\left(\frac{m_i m_k\theta_i\theta_k}{m_i\theta_k+m_k\theta_i}\right)^{3/2}(1+6\Delta^2+\cdots)\right\} \tag{3-26}$$

组分颗粒 i 或者 k 的平均自由程是组分颗粒平均速度与碰撞时间（碰撞频率的倒数）的乘积，即

$$\tau_i=\frac{1}{\pi}\sqrt{\frac{\theta_i}{m_i}}\left\{n_i d_i^2 k g_{ik}\left(\frac{2\theta_i}{m_i}\right)^{1/2}+n_k d_{ik}^2 g_{ik}\left[\frac{\theta_i\theta_k m_0^2}{m_i m_k(m_i\theta_i+m_k\theta_k)}\right]^3\right.$$
$$\left.\times\left(\frac{m_i m_k\theta_i\theta_k}{m_i\theta_k+m_k\theta_i}\right)^{3/2}(1+6\Delta^2+\cdots)\right\}^{-1} \tag{3-27}$$

双组分颗粒中组分颗粒 i 或者 k 的组分扩散系数 D_i（或自扩散系数）是组分平均速度和平均自由程的乘积，即

$$D_i=\frac{2\sqrt{2}}{\pi^{3/2}}\frac{\theta_i}{m_i}\left\{n_i d_i^2 k g_{ik}\left(\frac{2\theta_i}{m_i}\right)^{1/2}+n_k d_{ik}^2 g_{ik}\left[\frac{\theta_i\theta_k m_0^2}{m_i m_k(m_i\theta_i+m_k\theta_k)}\right]^3\right.$$
$$\left.\times\left(\frac{m_i m_k\theta_i\theta_k}{m_i\theta_k+m_k\theta_i}\right)^{3/2}(1+6\Delta^2+\cdots)\right\}^{-1} \tag{3-28}$$

双组分颗粒中组分颗粒 i 或者 k 的组分黏性系数是组分扩散系数与组分密度的乘

积，即

$$\mu_i=\frac{2\sqrt{2}}{\pi^{3/2}}n_i\theta_i\left\{n_id_{ik}^2g_{ik}\left(\frac{2\theta_i}{m_i}\right)^{1/2}+n_kd_{ik}^2g_{ik}\left[\frac{\theta_i\theta_km_0^2}{m_im_k(m_i\theta_i+m_k\theta_k)}\right]^3\right.$$
$$\left.\times\left(\frac{m_im_k\theta_i\theta_k}{m_i\theta_k+m_k\theta_i}\right)^{3/2}(1+6\Delta^2+\cdots)\right\}^{-1} \tag{3-29}$$

由双组分颗粒碰撞频率、平均自由程、互扩散系数和组分颗粒黏性系数计算方程可见，颗粒组分输运参数不仅与双组分的颗粒质量比有关，同时受双组分颗粒拟温度比影响。

3.2　多组分颗粒 Boltzmann 方程和输运方程

在多组分颗粒流动过程中，组分颗粒速度、浓度和颗粒拟温度（或者颗粒温度）与颗粒速度分布函数密切相关。对任意颗粒组分 i 应满足下列方程（Gidaspow，1994）：

$$\frac{\partial f_i}{\partial t}+\boldsymbol{c}_i\frac{\partial f_i}{\partial r}+\boldsymbol{F}_i\cdot\frac{\partial f}{\partial \boldsymbol{c}_i}=\sum\iint(f_i'f_k'-f_if_k)(\boldsymbol{c}_{ik}\cdot\boldsymbol{k}d_{ik}^2)\mathrm{d}\boldsymbol{k}\mathrm{d}\boldsymbol{c}_k \tag{3-30}$$

式中，$\boldsymbol{F}_i$ 是颗粒组分 i 受到的外力。速度分布函数 f_i 可以表示为速度 $\boldsymbol{c}$、位置 $\boldsymbol{r}$ 和时间 t 的函数。取任意变量 ψ_i（质量和动量等），将变量 ψ_i 代入式(3-30)，通过积分，转换后可得到输运方程如下：

$$\frac{\partial(n_i\psi_i)}{\partial t}+\nabla\cdot\left(n_i\langle\boldsymbol{c}_i\psi_i\rangle+\sum_k\boldsymbol{P}_{cik}\right)=\sum_kN_{cik}+n_i\left\langle\boldsymbol{F}_i\frac{\partial\psi_i}{\partial\boldsymbol{c}_i}\right\rangle \tag{3-31}$$

$$\boldsymbol{P}_{cik}=-\frac{d_{ik}^3}{2}\iiint_{\boldsymbol{k}\cdot\boldsymbol{c}_{12,ik}>0}(\psi_{1i}'-\psi_{1i})(\boldsymbol{k}\cdot\boldsymbol{c}_{12ik})\boldsymbol{k}f_{ik}^{(2)}\left(\boldsymbol{r}-\frac{1}{2}d_{ik}\boldsymbol{k},\boldsymbol{c}_{1i},\boldsymbol{r}\right.$$
$$\left.+\frac{1}{2}d_{ik}\boldsymbol{k},\boldsymbol{c}_{2k}\right)\mathrm{d}\boldsymbol{k}\mathrm{d}\boldsymbol{c}_{1i}\mathrm{d}\boldsymbol{c}_{2k} \tag{3-32a}$$

$$N_{cik}=\frac{d_{ik}^2}{2}\iiint_{\boldsymbol{k}\cdot\boldsymbol{c}_{12ik}>0}(\psi_{1i}'+\psi_{2k}'-\psi_{1i}-\psi_{2k})(\boldsymbol{k}\cdot\boldsymbol{c}_{12ik})\boldsymbol{k}f_{ik}^{(2)}\left(\boldsymbol{r}-\frac{1}{2}d_{ik}\boldsymbol{k},\boldsymbol{c}_{1i},\boldsymbol{r}\right.$$
$$\left.+\frac{1}{2}d_{ik}\boldsymbol{k},\boldsymbol{c}_{2k}\right)\mathrm{d}\boldsymbol{k}\mathrm{d}\boldsymbol{c}_{1i}\mathrm{d}\boldsymbol{c}_{2k} \tag{3-32b}$$

3.2.1　组分颗粒质量守恒方程

取 $\psi_i=m_i$，由方程(3-31)可得到颗粒组分 i 的质量守恒方程如下：

$$\frac{\partial}{\partial t}(n_im_i)+\nabla\cdot(n_im_i\boldsymbol{u}_{si})=0 \tag{3-33}$$

或者由 $n_im_i=\varepsilon_{si}\rho_{si}$，有

$$\frac{\partial}{\partial t}(\varepsilon_{si}\rho_{si}) + \nabla\cdot(\varepsilon_{si}\rho_{si}\boldsymbol{u}_{si}) = 0 \tag{3-34}$$

3.2.2　组分颗粒动量守恒方程

取 $\psi_i = m_i\boldsymbol{c}_i$，并以脉动速度 $\boldsymbol{C}$ 替代颗粒瞬时速度 $\boldsymbol{c}$ 作为独立变量，就有

$$\begin{aligned} n_i\langle\boldsymbol{c}_i\psi_i\rangle &= n_i m_i\langle\boldsymbol{c}_i\boldsymbol{c}_i\rangle = n_i m_i\langle(\boldsymbol{C}_i + \boldsymbol{u}_{si})\cdot(\boldsymbol{C}_i + \boldsymbol{u}_{si})\rangle \\ &= n_i m_i\langle\boldsymbol{C}_i\boldsymbol{C}_i\rangle + n_i m_i\boldsymbol{u}_{si}\boldsymbol{u}_{si} = \boldsymbol{P}_{ki} + n_i m_i\boldsymbol{u}_{si}\boldsymbol{u}_{si} \end{aligned} \tag{3-35}$$

由方程(3-31)可得到颗粒组分 i 的动量守恒方程如下：

$$\frac{\partial}{\partial t}(\varepsilon_{si}\rho_{si}\boldsymbol{u}_{si}) + \nabla\cdot(\varepsilon_{si}\rho_{si}\boldsymbol{u}_{si}\boldsymbol{u}_{si}) = -\nabla\cdot(\boldsymbol{P}_{ki} + \boldsymbol{P}_{ci}) + \varepsilon_{si}\rho_{si}\boldsymbol{F}_i + N_{ci}(m_i\boldsymbol{c}_i) \tag{3-36}$$

3.2.3　组分颗粒的颗粒拟温度守恒方程

取 $\psi_i = \frac{1}{2}m_i\boldsymbol{c}_i^2$，并且由组分颗粒拟温度定义 $\langle m_i\boldsymbol{c}_i^2\rangle = 3\theta_i$。方程(3-31)的第一项可以表示如下：

$$\frac{\partial m_i\langle\psi_i\rangle}{\partial t} = \frac{\partial}{\partial t}\left(\frac{3}{2}n_i\theta_i + \frac{1}{2}\varepsilon_{si}\rho_{si}\boldsymbol{u}_{si}^2\right)$$

由变量 ψ_i 的平均值定义，有如下关系：

$$n_i\langle\boldsymbol{c}_i\psi_i\rangle = \frac{1}{2}n_i m_i\langle\boldsymbol{C}_i\boldsymbol{C}_i^2\rangle + n_i m_i\langle\boldsymbol{C}_i\boldsymbol{C}_i\rangle\cdot\boldsymbol{u}_{si} + \frac{1}{2}n_i\boldsymbol{u}_{si}\langle m_i\boldsymbol{C}_i^2\rangle + \frac{1}{2}n_i m_i\boldsymbol{u}_{si}^2\boldsymbol{u}_{si}$$

于是，方程(3-31)的第二项可以表示如下：

$$\nabla(n_i\langle\boldsymbol{c}_i\psi_i\rangle) = \nabla\boldsymbol{q}_{ki} + \nabla(\boldsymbol{P}_{ki}\boldsymbol{u}_{si}) + \nabla\left[\boldsymbol{u}_{si}\cdot\left(\frac{3}{2}n_i\theta_i + \frac{1}{2}\varepsilon_{si}\rho_{si}\boldsymbol{u}_{si}^2\right)\right]$$

方程(3-31)的第三项可以分解如下：

$$\sum_k \boldsymbol{P}_{cik} = \sum_k(\boldsymbol{q}_{cik} + \boldsymbol{u}_{si}\cdot\boldsymbol{P}_{cik})$$

$$\boldsymbol{q}_{cik} = \sum_k \boldsymbol{P}_{cik}\left(\frac{1}{2}m_i\boldsymbol{C}_i^2\right)$$

同理，方程(3-31)的最后一项可以表示如下：

$$n_i\left\langle\boldsymbol{F}_i\frac{\partial\psi_i}{\partial\boldsymbol{c}_i}\right\rangle = \varepsilon_{si}\rho_{si}\boldsymbol{F}_i\cdot\boldsymbol{u}_{si} + \varepsilon_{si}\rho_{si}\langle\boldsymbol{F}_i\cdot\boldsymbol{C}_i\rangle$$

于是，由方程(3-31)可以得到组分颗粒拟温度(或者组分颗粒温度)守恒方程为

$$\begin{aligned} \frac{3}{2}\left[\frac{\partial}{\partial t}(n_i\theta_i) + \nabla\cdot(n_i\boldsymbol{u}_{si}\theta_i)\right] =& (\boldsymbol{P}_{ki} + \boldsymbol{P}_{ci}):\nabla\boldsymbol{u}_{si} - \nabla(\boldsymbol{q}_{ki} + \boldsymbol{q}_{ci}) \\ &+ N_{ci}\left(\frac{1}{2}m\boldsymbol{c}_i^2\right) + \varepsilon_{si}\rho_{si}\langle\boldsymbol{F}_i\cdot\boldsymbol{C}_i\rangle \end{aligned} \tag{3-37}$$

3.3　多组分颗粒的扩散应力和碰撞应力

3.3.1　组分颗粒的弥散应力和弥散能量通量

对于多组分颗粒的混合颗粒中，取颗粒速度分布函数服从 Maxwell 分布函数，则颗粒组分 i 的扩散（弥散）应力如下：

$$\boldsymbol{P}_{\mathrm{k}i}^{(0)}=n_i m_i\langle \boldsymbol{C}_i^{(0)}\boldsymbol{C}_i^{(0)}\rangle=\int n_i m_i \boldsymbol{C}_i \boldsymbol{C}_i f_i^{(0)}\,\mathrm{d}\boldsymbol{c}_i \tag{3-38}$$

式中，$f_i^{(0)}$ 是组分颗粒速度分布函数，且满足 Maxwell 分布函数。积分可得颗粒组分 i 的扩散（弥散）应力或者颗粒动力压力分量是

$$\boldsymbol{P}_{\mathrm{k}i}^{(0)}=n_i\theta_i \boldsymbol{I} \tag{3-39}$$

同理，颗粒组分 i 的扩散通量为

$$\boldsymbol{q}_{\mathrm{k}i}^{(0)}=\int \frac{1}{2}n_i m_i \boldsymbol{C}_i^2 \boldsymbol{C}_i f_i^{(0)}\,\mathrm{d}\boldsymbol{c}_i \tag{3-40}$$

积分得到如下：

$$\boldsymbol{q}_{\mathrm{k}i}^{(0)}=0 \tag{3-41}$$

3.3.2　组分颗粒的碰撞应力

对多组分颗粒中的任一组分颗粒的碰撞应力为

$$\boldsymbol{P}_{\mathrm{c}ik}=-\frac{d_{ik}^3}{2}\iiint_{\boldsymbol{c}_{12ik}\cdot\boldsymbol{k}>0}(\psi_{1i}'-\psi_{1i})f_{ik}^{(2)}\left(\boldsymbol{r}-\frac{1}{2}d_{ik}\boldsymbol{k},\boldsymbol{c}_{1i},\boldsymbol{r}+\frac{1}{2}d_{ik}\boldsymbol{k},\boldsymbol{c}_{2k}\right)(\boldsymbol{k}\cdot\boldsymbol{c}_{12ik})\boldsymbol{k}\,\mathrm{d}\boldsymbol{k}\,\mathrm{d}\boldsymbol{c}_{1i}\,\mathrm{d}\boldsymbol{c}_{2k} \tag{3-42}$$

由颗粒双组分分布速度函数的定义，并且按级数展开，保留其一级，可表示如下：

$$\begin{aligned}f_{ik}^{(2)}\left(\boldsymbol{r}-\frac{1}{2}d_{ik}\boldsymbol{k},\boldsymbol{c}_{1i},\boldsymbol{r}+\frac{1}{2}d_{ik}\boldsymbol{k},\boldsymbol{c}_{2k}\right)&=g_{ik}(d_i,d_k)f_i\left(\boldsymbol{r}-\frac{1}{2}d_{ik}\boldsymbol{k},\boldsymbol{c}_{1i}\right)f_k\left(\boldsymbol{r}+\frac{1}{2}d_{ik}\boldsymbol{k},\boldsymbol{c}_{2k}\right)\\&=g_{ik}\left[f_i f_k+\frac{1}{2}(d_{ik}\cdot\boldsymbol{k})f_i f_k\,\nabla\ln\frac{f_k}{f_i}\right]\end{aligned} \tag{3-43}$$

组分颗粒速度分布函数 f_i 和 f_k 服从 Maxwell 分布函数，即

$$f_i f_k=\frac{n_i n_k}{(2\pi)^3}\left(\frac{m_i m_k}{\theta_i\theta_k}\right)^{3/2}\exp\left[-\frac{m_i}{2\theta_i}(\boldsymbol{c}_{1i}-\boldsymbol{u}_{\mathrm{s}i})^2-\frac{m_k}{2\theta_k}(\boldsymbol{c}_{2k}-\boldsymbol{u}_{\mathrm{s}2k})^2\right] \tag{3-44}$$

同理，由组分颗粒的 Maxwell 分布函数可以得到

$$\begin{aligned}\nabla\ln\frac{f_k}{f_i}=&\nabla\ln\frac{n_k}{n_i}+\frac{1}{2}\left[\left(\frac{m_k}{\theta_k^2}\boldsymbol{C}_{2k}^2-\frac{3}{\theta_k}\right)\nabla\theta_k-\left(\frac{m_i}{\theta_i^2}\boldsymbol{C}_{1i}^2-\frac{3}{\theta_i}\right)\nabla\theta_i\right]\\&+\left(\frac{m_k}{\theta_k}\nabla\boldsymbol{u}_{\mathrm{s}k}\boldsymbol{C}_{2k}-\frac{m_i}{\theta_i}\nabla\boldsymbol{u}_{\mathrm{s}i}\boldsymbol{C}_{1i}\right)\end{aligned} \tag{3-45}$$

将方程(3-43)代入方程(3-42)，组分颗粒 i 的碰撞应力可以表示如下：

$$\boldsymbol{P}_{ci}=\sum_k\left[-\frac{1}{2}g_{ik}d_{ik}^3\iiint_{\boldsymbol{c}_{12ik}\cdot\boldsymbol{k}>0}(\psi_{1i}'-\psi_{1i})f_if_k\boldsymbol{k}(\boldsymbol{k}\cdot\boldsymbol{c}_{12ik})\mathrm{d}\boldsymbol{k}\mathrm{d}\boldsymbol{c}_{1i}\mathrm{d}\boldsymbol{c}_{2k}\right.$$
$$\left.-\frac{1}{4}g_{ik}d_{ik}^4\iiint_{\boldsymbol{c}_{12ik}\cdot\boldsymbol{k}>0}(\psi_{1i}'-\psi_{1i})f_if_k\nabla\ln\frac{f_k}{f_i}\boldsymbol{k}\cdot(\boldsymbol{k}\cdot\boldsymbol{c}_{12ik})\mathrm{d}\boldsymbol{k}\mathrm{d}\boldsymbol{c}_{1i}\mathrm{d}\boldsymbol{c}_{2k}\right]\tag{3-46}$$

由颗粒碰撞动力学得到两颗粒碰撞前后速度的变化，可以得到

$$\boldsymbol{c}_{1i}'-\boldsymbol{c}_{1k}=-\frac{m_k}{m_0}(1+e_{ik})(\boldsymbol{k}\cdot\boldsymbol{c}_{12ik})\boldsymbol{k}\tag{3-47}$$

代入方程(3-46)，整理得到

$$\begin{aligned}\boldsymbol{P}_{cik}=&\frac{1}{2}g_{ik}d_{ik}^3\frac{m_im_k}{m_0}(1+e_{ik})\iiint_{\boldsymbol{c}_{12ik}\cdot\boldsymbol{k}>0}\boldsymbol{kk}(\boldsymbol{k}\cdot\boldsymbol{c}_{12ik})^2f_if_k\mathrm{d}\boldsymbol{k}\mathrm{d}\boldsymbol{c}_{1i}\mathrm{d}\boldsymbol{c}_{2k}\\&-\frac{1}{4}g_{ik}d_{ik}^4\frac{m_im_k}{m_0}(1+e_{ik})\iiint_{\boldsymbol{c}_{12ik}\cdot\boldsymbol{k}>0}\boldsymbol{kk}(\boldsymbol{k}\cdot\boldsymbol{c}_{12ik})^2f_if_k\nabla\ln\frac{f_k}{f_i}\mathrm{d}\boldsymbol{k}\mathrm{d}\boldsymbol{c}_{1i}\mathrm{d}\boldsymbol{c}_{2k}\\=&\boldsymbol{P}_{cik}^1+\boldsymbol{P}_{cik}^2\end{aligned}\tag{3-48}$$

利用如下等式：

$$\int\boldsymbol{kk}(\boldsymbol{k}\cdot\boldsymbol{c}_{12ik})^2\mathrm{d}\boldsymbol{k}=\frac{2\pi}{15}(2\boldsymbol{c}_{12ik}\boldsymbol{c}_{12ik}+\boldsymbol{c}_{12ik}^2\boldsymbol{I})\tag{3-49}$$

代入 $\boldsymbol{P}_{cik}^1$ 项，得到如下关系：

$$\begin{aligned}\boldsymbol{P}_{cik}^1=&\frac{\pi}{15}g_{ik}d_{ik}^3\frac{m_im_k}{m_0}(1+e_{ik})\iint_{\boldsymbol{c}_{12ik}\cdot\boldsymbol{k}>0}f_if_k(2\boldsymbol{c}_{12ik}\boldsymbol{c}_{12ik}+\boldsymbol{c}_{12ik}^2\boldsymbol{I})\mathrm{d}\boldsymbol{c}_{1i}\mathrm{d}\boldsymbol{c}_{2k}\\=&\frac{\pi}{48}g_{ik}d_{ik}^3\frac{m_im_k}{m_0}(1+e_{ik})\left(\frac{m_im_k}{\theta_i\theta_k}\right)^{3/2}\frac{n_in_k}{A^{3/2}C^{2/5}}(1+6\Delta^2+\cdots)\end{aligned}\tag{3-50}$$

系数 A、B 和 C 与组分颗粒温度相关，整理得到组分颗粒压力是

$$\begin{aligned}\boldsymbol{P}_{cik}^1=&\frac{\pi}{3}g_{ik}d_{ik}^3n_in_k(1+e_{ik})\frac{m_0\theta_i\theta_k}{m_i\theta_i+m_k\theta_k}\left[\frac{{m_0}^2\theta_i\theta_k}{(m_i\theta_i+m_k\theta_k)(m_i\theta_k+m_k\theta_i)}\right]^{3/2}\\&\times(1+6\Delta^2+\cdots)\end{aligned}\tag{3-51}$$

在进行数值模拟过程中，考虑其收敛性，建议采用如下计算方程：

$$\begin{aligned}\boldsymbol{P}_{cik}^1=&\frac{\pi}{3}g_{ik}d_{ik}^3n_in_k(1+e_{ik})\frac{m_0\theta_i\theta_k}{m_i\theta_i+m_k\theta_k}\left[\frac{{m_0}^2\theta_i\theta_k}{(m_i\theta_i+m_k\theta_k)(m_i\theta_k+m_k\theta_i)}\right]^{3/2}(1-3\Delta\\&+6\Delta^2-10\Delta^3+\cdots)\end{aligned}\tag{3-52}$$

若定义颗粒组分 i 的组分颗粒压力分量是

$$\begin{aligned}\boldsymbol{P}_i=&\boldsymbol{P}_{ki}+\sum_k\boldsymbol{P}_{cik}=n_i\theta_i+\sum_k\frac{\pi}{3}g_{ik}d_{ik}^3(1+e_{ik})\\&\times\frac{n_in_km_0\theta_i\theta_k}{m_i\theta_i+m_k\theta_k}\left[\frac{m_0^2\theta_i\theta_k}{(m_i\theta_i+m_k\theta_k)(m_i\theta_k+m_k\theta_i)}\right]^{3/2}(1+6\Delta^2+\cdots)\end{aligned}\tag{3-53}$$

或者采用如下计算方程：

$$\boldsymbol{P}_i = n_i\theta_i + \sum_k \frac{\pi}{3} g_{ik} d_{ik}^3 (1+e_{ik}) \frac{n_i n_k m_0 \theta_i \theta_k}{m_i\theta_i + m_k\theta_k} \times \left[\frac{m_0^2 \theta_i\theta_k}{(m_i\theta_i + m_k\theta_k)(m_i\theta_k + m_k\theta_i)}\right]^{3/2} (1 - 3\Delta + 6\Delta^2 - 10\Delta^3 + \cdots)$$

多组分颗粒的颗粒混合物压力是

$$\boldsymbol{P}_{\mathrm{s}} = \sum_i \boldsymbol{P}_i = \sum_i \left(n_i\theta_i \boldsymbol{I} + \sum_k \boldsymbol{P}_{cik}\right) \tag{3-54}$$

利用如下等式：

$$\int \boldsymbol{k}(\boldsymbol{u}\cdot\boldsymbol{k})(\boldsymbol{k}\cdot\boldsymbol{c}_{12})^2 \mathrm{d}\boldsymbol{k} = \frac{\pi}{12}\left[\frac{\boldsymbol{u}\cdot\boldsymbol{c}_{13}}{c_{12}}(\boldsymbol{c}_{12}\boldsymbol{c}_{12} + c_{12}^2\boldsymbol{I}) + c_{12}(\boldsymbol{u}\boldsymbol{c}_{12} + \boldsymbol{c}_{12}\boldsymbol{u})\right]$$

代入 $\boldsymbol{P}_{cik}^2$，得到如下：

$$\boldsymbol{P}_{cik}^2 = \frac{\pi}{48} g_{ik} \mathrm{d}_{ik}^4 \frac{m_i m_k}{m_0} \iint_{c_{12ik}\cdot k>0} f_i f_k \left[\boldsymbol{c}_{12ik}\cdot \nabla \ln \frac{f_k}{f_i} \frac{(\boldsymbol{c}_{12ik}\boldsymbol{c}_{12ik} + c_{12ik}^2\boldsymbol{I})}{c_{12ik}} + c_{12ik}\left(\boldsymbol{c}_{12ik}\nabla\ln\frac{f_k}{f_i} + \nabla\ln\frac{f_k}{f_i}\boldsymbol{c}_{12ik}\right)\right] \mathrm{d}\boldsymbol{c}_{1i}\mathrm{d}\boldsymbol{c}_{2k} \tag{3-55}$$

结合方程(3-45)，整理得到

$$\begin{aligned}\boldsymbol{P}_{cik}^2 = {} & \frac{\pi}{48}(1+e_{ik}) d_{ik}^4 g_{ik} \frac{m_i m_k}{m_0} \iint_{k\cdot c_{12ik}>0} f_i f_k \left\{ \boldsymbol{c}_{12ik}\left(\frac{m_k}{\theta_k}\nabla\boldsymbol{u}_k\boldsymbol{C}_{2k} - \frac{m_i}{\theta_i}\nabla\boldsymbol{u}_i\boldsymbol{C}_{1i}\right)\right. \\ & \times \frac{(\boldsymbol{c}_{12ik}\boldsymbol{c}_{12ik} + c_{12ik}^2\boldsymbol{I})}{c_{12ik}} + c_{12ik}\left[\boldsymbol{c}_{12ik}\left(\frac{m_k}{\theta_k}\nabla\boldsymbol{u}_k\boldsymbol{C}_{2k} - \frac{m_i}{\theta_i}\nabla\boldsymbol{u}_i\boldsymbol{C}_{1i}\right)\right. \\ & \left.\left. + \left(\frac{m_k}{\theta_k}\nabla\boldsymbol{u}_k\boldsymbol{C}_{2k} - \frac{m_i}{\theta_i}\nabla\boldsymbol{u}_i\boldsymbol{C}_{1i}\right)\boldsymbol{c}_{12ik}\right]\right\} \mathrm{d}\boldsymbol{c}_{1i}\mathrm{d}\boldsymbol{c}_{2k}\end{aligned} \tag{3-56}$$

式(3-56)表现出复杂的积分表达式，然而积分仍然可以进行，由于

$$\boldsymbol{c}_{12ik}\cdot\left(\frac{m_k}{\theta_k}\nabla\boldsymbol{u}_k\boldsymbol{C}_{2k}\right) = \frac{m_k}{\theta_k}[(\boldsymbol{c}_{12ik}\boldsymbol{C}_{2k}) : \nabla\boldsymbol{u}_k]$$

并且

$$\boldsymbol{C}_{2k} = \boldsymbol{c}_{2k} - \boldsymbol{u}_k = \boldsymbol{G} - \frac{m_i}{m_0}\boldsymbol{c}_{12ik} - \boldsymbol{u}_k$$

由于质心速度 $\boldsymbol{G}$ 和组分颗粒平均速度 $\boldsymbol{u}_k$ 与相对速度 $\boldsymbol{c}_{12ik}$ 相互独立。由方程(3-56)得到

$$\boldsymbol{P}_{cik}^2 = -\frac{\pi}{48}(1+e_{ik}) d_{ik}^4 g_{ik} \frac{m_i m_k}{m_0} \iint f_i f_k \left\{ \frac{m_i m_k(\theta_k+\theta_i)}{m_0\theta_i\theta_k}\nabla\boldsymbol{u}_i : \boldsymbol{c}_{21ki}\boldsymbol{c}_{21ki} \times \frac{(\boldsymbol{c}_{21ki}\boldsymbol{c}_{21ki} + \boldsymbol{c}_{21ki}^2\boldsymbol{I})}{\boldsymbol{c}_{21ki}} + \boldsymbol{c}_{21ki}\frac{m_i m_k(\theta_k+\theta_i)}{m_0\theta_i\theta_k}(\nabla\boldsymbol{u}_i + \overline{\nabla\boldsymbol{u}_i})\boldsymbol{c}_{21ki}\boldsymbol{c}_{21ki}\right\}\mathrm{d}\boldsymbol{c}_{1i}\mathrm{d}\boldsymbol{c}_{2k}$$

$$= -\frac{\pi}{27}(1+e_{ik})d_{ik}^4 g_{ik} n_i n_k \frac{m_i^2 m_k^2}{m_o^2 \theta_i \theta_k}(\theta_i+\theta_k)\left(\frac{6}{5}\overline{\overline{\overset{\circ}{\nabla \boldsymbol{u}_i}}}+\nabla\cdot\boldsymbol{u}_i\boldsymbol{I}\right)\iint f_i f_k \boldsymbol{c}_{21ki}^3 \mathrm{d}\boldsymbol{c}_{1i}\mathrm{d}\boldsymbol{c}_{2k} \tag{3-57}$$

积分得到组分颗粒碰撞压力分量如下：

$$\boldsymbol{P}_{cik}^2 = -\boldsymbol{P}_{cik}\left\{\frac{1}{3}d_{ik}\left[\frac{2m_i m_k(\theta_i+\theta_k)^2}{\pi\theta_i\theta_k(m_i\theta_i+m_k\theta_k)}\right]^{\frac{1}{2}}\left(\frac{6}{5}\overline{\overline{\overset{\circ}{\nabla \boldsymbol{u}_i}}}+\nabla\cdot\boldsymbol{u}_i\boldsymbol{I}\right)\right\} \tag{3-58}$$

式中，$\overline{\overline{\overset{\circ}{\nabla \boldsymbol{u}_i}}}$为切变率张量。由此可得到颗粒组分 i 的颗粒黏性系数分量是

$$\mu_{cik} = \boldsymbol{P}_{cik}\left\{\frac{1}{5}d_{ik}\left[\frac{2m_i m_k(\theta_i+\theta_k)^2}{\pi\theta_i\theta_k(m_i\theta_i+m_k\theta_k)}\right]\right\}^{\frac{1}{2}} \tag{3-59}$$

图 3-2 表示组分颗粒碰撞压力分量和组分颗粒黏性系数分量随组分颗粒质量比 m_k/m_i 的变化。当组分颗粒拟温度相同时，组分颗粒碰撞压力分量为常数，与两组分颗粒质量比 m_k/m_i 无关。当组分颗粒温度 $\theta_k>\theta_i$ 时，组分颗粒碰撞压力分量先增加，达到最大值后，逐渐减小。相反，当组分颗粒温度 $\theta_k<\theta_i$ 时，随组分颗粒质量

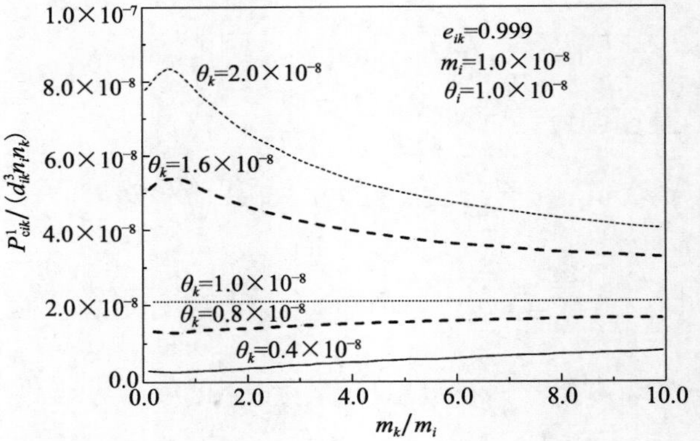

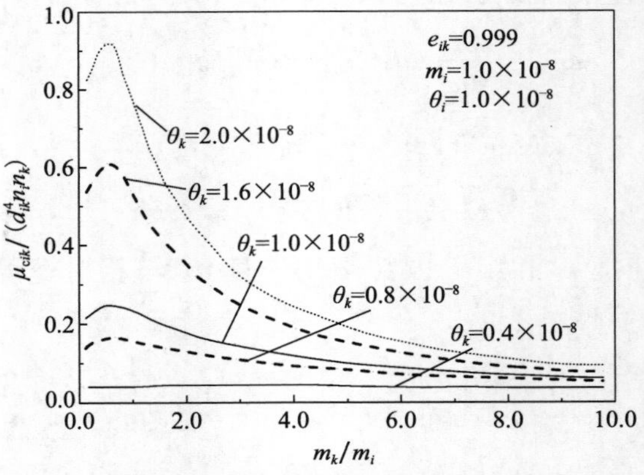

图 3-2　组分颗粒压力和黏性系数分量随双组分颗粒质量比的变化(Lu et al.,2001)

的增加，组分颗粒压力分量先减小，达到最小值后，再继续增加。表现出不同的变化规律。在 $m_k/m_i=0.5$ 处组分颗粒碰撞压力分量达到最大(最小)值。当 $\theta_i=\theta_k$ 时，组分颗粒碰撞压力分量与组分颗粒质量比 m_k/m_i 无关，且为常数。随着质量比 m_k/m_i 的增加，组分颗粒动力黏性系数分量逐渐增加，达到最大值后，再逐渐减小。在质量比 $m_k/m_i=0.5$ 时，组分颗粒黏性系数分量达到最大值。

3.4　颗粒组分的碰撞动量传递

多组分颗粒体系中颗粒组分 i 的碰撞动量通量(产生率)为

$$\phi_i=\sum_k N_{ik}(m_i\boldsymbol{c}_{1i})=\sum_k d_{ik}^2\iiint_{\boldsymbol{k}\cdot\boldsymbol{c}_{12ik}>0}(m_i\boldsymbol{c}'_{1i}-m_i\boldsymbol{c}_{1i})(\boldsymbol{k}\cdot\boldsymbol{c}_{12ik})f_{ik}^{(2)}\mathrm{d}\boldsymbol{k}\mathrm{d}\boldsymbol{c}_{1i}\mathrm{d}\boldsymbol{c}_{2k} \tag{3-60}$$

由方程(3-47)、方程(3-60)中积分部分可以表示如下：

$$\boldsymbol{c}'_{1i}-\boldsymbol{c}_{1i}=\frac{m_k}{m_0}(\boldsymbol{c}'_{12ik}-\boldsymbol{c}_{12ik})=-\frac{m_k}{m_0}(1+e_{ik})(\boldsymbol{k}\cdot\boldsymbol{c}_{12ik})\boldsymbol{k}$$

方程(3-60)中积分部分可以表示如下：

$$\begin{aligned}\phi_{ik}&=-d_{ik}^2\iiint_{\boldsymbol{k}\boldsymbol{c}_{12ik}>0}\frac{m_im_k}{m_0}(1+e_{ik})(\boldsymbol{k}\cdot\boldsymbol{c}_{12ik})^2\boldsymbol{k}f_{ik}^{(2)}\mathrm{d}\boldsymbol{k}\mathrm{d}\boldsymbol{c}_{1i}\mathrm{d}\boldsymbol{c}_{2k}\\&=-\frac{m_im_k}{m_0}d_{ik}^2(1+e_{ik})g_{ik}\iiint_{\boldsymbol{k}\boldsymbol{c}_{12ik}>0}(\boldsymbol{k}\cdot\boldsymbol{c}_{12ik})^2\boldsymbol{k}f_if_k\mathrm{d}\boldsymbol{k}\mathrm{d}\boldsymbol{c}_{1i}\mathrm{d}\boldsymbol{c}_{2k}\\&\quad-\frac{m_im_k}{m_0}\frac{d_{ik}^3}{2}(1+e_{ik})g_{ik}\iiint_{\boldsymbol{k}\boldsymbol{c}_{12ik}>0}(\boldsymbol{k}\cdot\boldsymbol{c}_{12ik})^2\boldsymbol{k}f_if_k\boldsymbol{k}\,\nabla\ln\frac{f_k}{f_i}\mathrm{d}\boldsymbol{k}\mathrm{d}\boldsymbol{c}_{1i}\mathrm{d}\boldsymbol{c}_{2k}=\phi_{ik}^1+\phi_{ik}^2\end{aligned} \tag{3-61}$$

方程(3-61)中第一部分的被积函数满足如下积分等式：

$$\int(\boldsymbol{k}\cdot\boldsymbol{c}_{12})^2\mathrm{d}\boldsymbol{k}=\frac{2\pi}{3}\boldsymbol{c}_{12}^3$$

则 ϕ_{ik}^1 可以表示为

$$\begin{aligned}\phi_{ik}^1&=\frac{m_im_k}{2m_0}(1+e_{ik})g_{ik}\pi d_{ik}^2\iint\boldsymbol{c}_{21ki}\boldsymbol{c}_{21ki}f_if_k\mathrm{d}\boldsymbol{c}_{1i}\mathrm{d}\boldsymbol{c}_{2k}\\&=\boldsymbol{P}_{cik}\left\{\frac{3}{d_{ik}}\left[\frac{2m_im_k(m_i\theta_i+m_k\theta_k)}{\pi m_0^2\theta_i\theta_k}\right]^{\frac{1}{2}}(\boldsymbol{u}_k-\boldsymbol{u}_i)\right\}\end{aligned} \tag{3-62}$$

方程(3-61)中第二部分的被积函数满足如下积分等式：

$$\int\boldsymbol{k}(\boldsymbol{u}\cdot\boldsymbol{k})(\boldsymbol{k}\cdot\boldsymbol{c}_{12})^2\mathrm{d}\boldsymbol{k}=\frac{2\pi}{15}[2(\boldsymbol{u}\cdot\boldsymbol{c}_{12})\boldsymbol{c}_{12}+\boldsymbol{c}_{12}^2\cdot\boldsymbol{u}]$$

代入 ϕ_{ik}^2，得到

$$\begin{aligned}\phi_{ik}^{2}=&-\frac{\pi}{15}\frac{m_i m_k}{m_0}d_{ik}^{3}(1+e_{ik})g_{ik}\iint\left[2\left(\nabla\ln\frac{f_k}{f_i}\cdot\boldsymbol{c}_{12ik}\right)\boldsymbol{c}_{12ik}+\boldsymbol{c}_{12ik}^{2}\cdot\nabla\ln\frac{f_k}{f_i}\right]f_i f_k\mathrm{d}\boldsymbol{c}_{1i}\mathrm{d}\boldsymbol{c}_{2k}\\=&-\frac{\pi}{9}\frac{m_i m_k}{m_0}d_{ik}^{3}(1+e_{ik})g_{ik}\left\{\left[\nabla\ln\frac{n_k}{n_i}+3(\nabla\ln\theta_i-\nabla\ln\theta_k)\right]\iint f_i f_k\boldsymbol{c}_{12ik}^{2}\mathrm{d}\boldsymbol{c}_{1i}\mathrm{d}\boldsymbol{c}_{2k}\right.\\&+\frac{\nabla\ln\theta_k}{\theta_k}\iint f_i f_k\left(m_k\boldsymbol{G}^2+\frac{m_i m_k}{m_0}\boldsymbol{c}_{12ik}^{2}\right)\boldsymbol{c}_{12ik}^{2}\mathrm{d}\boldsymbol{c}_{1i}\mathrm{d}\boldsymbol{c}_{2k}-\frac{\nabla\ln\theta_i}{\theta_i}\iint f_i f_k\left(m_i\boldsymbol{G}^2\right.\\&\left.\left.+\frac{m_i m_k}{m_0}\boldsymbol{c}_{12ik}^{2}\right)\boldsymbol{c}_{12ik}^{2}\mathrm{d}\boldsymbol{c}_{1i}\mathrm{d}\boldsymbol{c}_{2k}\right\}\end{aligned}\tag{3-63}$$

积分得到颗粒组分的碰撞动量产生率为

$$\begin{aligned}\phi_{ik}^{2}=&\boldsymbol{P}_{cik}\left[\nabla\ln\frac{n_i}{n_k}+\frac{\theta_i\theta_k}{m_i\theta_k+m_k\theta_i}\left(\frac{m_k\nabla\ln\theta_k}{\theta_k}-\frac{m_i\nabla\ln\theta_i}{\theta_i}\right)\right.\\&\left.+3\nabla\left(\frac{\ln\theta_k}{\ln\theta_i}\right)+\frac{5}{3}\frac{m_i m_k\theta_i\theta_k}{(m_i^2\theta_i+m_k^2\theta_k)}\left(\frac{m_i\nabla\ln\theta_k}{m_k\theta_k}-\frac{m_k\nabla\ln\theta_i}{m_i\theta_i}\right)\right]\end{aligned}\tag{3-64}$$

3.5　颗粒组分的颗粒碰撞能流率和耗散

3.5.1　颗粒组分的颗粒碰撞能流率

对于多组分颗粒，颗粒组分 i 的颗粒碰撞能流率（即颗粒组分传递能量通量）为

$$\begin{aligned}\boldsymbol{q}_{ci}=&\sum_k P_{cik}\left(\frac{1}{2}m_i\boldsymbol{c}_{ik}^{3}\right)=\frac{1}{2}g_{ik}d_{ik}^{3}\iiint_{\boldsymbol{c}_{12ik}\cdot\boldsymbol{k}>0}(\psi_{1i}'-\psi_{1i})f_i f_k\boldsymbol{k}(\boldsymbol{c}_{12ik}\cdot\boldsymbol{k})\mathrm{d}\boldsymbol{k}\mathrm{d}\boldsymbol{c}_{1i}\mathrm{d}\boldsymbol{c}_{2k}\\&+\frac{1}{4}g_{ik}d_{ik}^{4}\iiint_{\boldsymbol{c}_{12ik}\cdot\boldsymbol{k}>0}(\psi_{1i}'-\psi_{1i})f_i f_k\boldsymbol{k}\,\nabla\ln\frac{f_k}{f_i}\boldsymbol{k}(\boldsymbol{c}_{12ik}\cdot\boldsymbol{k})\mathrm{d}\boldsymbol{k}\mathrm{d}\boldsymbol{c}_{1i}\mathrm{d}\boldsymbol{c}_{2k}\end{aligned}\tag{3-65}$$

若颗粒组分平均速度不受颗粒碰撞作用的影响，则颗粒速度 $\boldsymbol{c}$ 可以转换为脉动速度 $\boldsymbol{C}$，有

$$\boldsymbol{C}_{1i}'-\boldsymbol{C}_{1i}=-\frac{m_k}{m_0}(1+e_{ik})(\boldsymbol{k}\cdot\boldsymbol{c}_{12ik})\boldsymbol{k}$$

$$\boldsymbol{C}_{1i}'+\boldsymbol{C}_{1i}=-\frac{m_k}{m_0}(1+e_{ik})(\boldsymbol{k}\cdot\boldsymbol{c}_{12ik})\boldsymbol{k}+2\boldsymbol{c}_{1i}$$

联立以上两方程，可得

$$\boldsymbol{C}_{1i}'^{2}-\boldsymbol{C}_{1i}^{2}=\frac{m_k}{m_0}(1+e_{ik})(\boldsymbol{k}\cdot\boldsymbol{c}_{12ik})\cdot\boldsymbol{k}\cdot\left[\frac{m_k}{m_0}(1+e_{ik})(\boldsymbol{k}\cdot\boldsymbol{c}_{12ik})\boldsymbol{k}-2\boldsymbol{C}_{1i}\right]\tag{3-66}$$

将式(3-66)代入方程(3-65)，颗粒组分 i 的碰撞能流率可分解为下述四项之和，即

$$\boldsymbol{q}_{cik}^{1}=\frac{m_i m_k^2}{4m_0^2}(1+e_{ik})^2 g_{ik} d_{ik}^3 \iiint_{\boldsymbol{c}_{12ik}\cdot\boldsymbol{k}>0} f_i f_k \boldsymbol{k}(\boldsymbol{c}_{12ik}\cdot\boldsymbol{k})^3 \mathrm{d}\boldsymbol{k}\mathrm{d}\boldsymbol{c}_{1i}\mathrm{d}\boldsymbol{c}_{2k} \tag{3-67}$$

$$\boldsymbol{q}_{cik}^{2}=-\frac{m_i m_k}{2m_0}(1+e_{ik}) g_{ik} d_{ik}^3 \iiint_{\boldsymbol{c}_{12ik}\cdot\boldsymbol{k}>0} f_i f_k \boldsymbol{k}(\boldsymbol{c}_{21ik}\cdot\boldsymbol{k})^2(\boldsymbol{k}\cdot\boldsymbol{C}_{1i}) \mathrm{d}\boldsymbol{k}\mathrm{d}\boldsymbol{c}_{1i}\mathrm{d}\boldsymbol{c}_{2k} \tag{3-68}$$

$$\boldsymbol{q}_{cik}^{3}=\frac{m_i m_k^2}{8m_0^2}(1+e_{ik})^2 g_{ik} d_{ik}^4 \iiint_{\boldsymbol{c}_{12ik}\cdot\boldsymbol{k}>0} f_i f_k \boldsymbol{k}\,\nabla\ln\frac{f_k}{f_i}\boldsymbol{k}(\boldsymbol{c}_{12ik}\cdot\boldsymbol{k})^3 \mathrm{d}\boldsymbol{k}\mathrm{d}\boldsymbol{c}_{1i}\mathrm{d}\boldsymbol{c}_{2k} \tag{3-69}$$

$$\boldsymbol{q}_{cik}^{4}=-\frac{m_i m_k}{4m_0}(1+e_{ik}) g_{ik} d_{ik}^4 \iiint_{\boldsymbol{c}_{12ik}\cdot\boldsymbol{k}>0} f_i f_k \boldsymbol{k}\,\nabla\ln\frac{f_k}{f_i}\boldsymbol{k}(\boldsymbol{c}_{12ik}\cdot\boldsymbol{k})^2(\boldsymbol{k}\cdot\boldsymbol{C}_{1i}) \mathrm{d}\boldsymbol{k}\mathrm{d}\boldsymbol{c}_{1i}\mathrm{d}\boldsymbol{c}_{2k} \tag{3-70}$$

上述各项可以分别积分，整理得到

$$\begin{aligned}\boldsymbol{q}_{cik}^{1}&=\frac{\pi}{5}d_{ik}^3 g_{ik} m_i\left(\frac{m_k}{m_0}\right)^2(1+e_{ik})^2\iint_{\boldsymbol{c}_{12ik}\cdot\boldsymbol{k}>0} f_i f_k \boldsymbol{c}_{12ik}^2\mathrm{d}\boldsymbol{c}_{1i}\mathrm{d}\boldsymbol{c}_{2k}\\&=-\frac{9}{5}\boldsymbol{P}_{cik}(1+e_{ik})\frac{m_k}{m_0}(\boldsymbol{u}_k-\boldsymbol{u}_i)\end{aligned} \tag{3-71}$$

对 $\boldsymbol{q}_{cik}^{2}$ 项的被积函数分析可知，该项的积分为零。

$$\boldsymbol{q}_{cik}^{2}=0 \tag{3-72}$$

对 $\boldsymbol{q}_{cik}^{3}$ 积分得到

$$\begin{aligned}\boldsymbol{q}_{cik}^{3}=&\frac{\pi}{24}g_{ik}d_{ik}^4(1+e_{ik})^2 m_i\left(\frac{m_k}{m_0}\right)^2\left\{\left[\nabla\ln\frac{n_k}{n_i}+3(\nabla\ln\theta_i-\nabla\ln\theta_k)\right]\right.\\&\times\iint_{\boldsymbol{c}_{12ik}\cdot\boldsymbol{k}>0} f_i f_k \boldsymbol{c}_{12ik}\boldsymbol{c}_{12ik}^2\mathrm{d}\boldsymbol{c}_{1i}\mathrm{d}\boldsymbol{c}_{2k}+\frac{\nabla\ln\theta_k}{\theta_k}\iint_{\boldsymbol{c}_{12ik}\cdot\boldsymbol{k}>0} f_i f_k\left(m_k\boldsymbol{G}^2+\frac{m_i^2 m_k}{m_0^2}\boldsymbol{c}_{12ik}^2\right)\boldsymbol{c}_{12ik}\boldsymbol{c}_{12ik}^2\mathrm{d}\boldsymbol{c}_{1i}\mathrm{d}\boldsymbol{c}_{2k}\\&\left.-\frac{\nabla\ln\theta_i}{\theta_i}\iint_{\boldsymbol{c}_{12ik}\cdot\boldsymbol{k}>0} f_i f_k\left(m_i\boldsymbol{G}^2+\frac{m_k^2 m_i}{m_0^2}\boldsymbol{c}_{12ik}^2\right)\boldsymbol{c}_{12ik}\boldsymbol{c}_{12ik}^2\mathrm{d}\boldsymbol{c}_{1i}\mathrm{d}\boldsymbol{c}_{2k}\right\}\\=&-\boldsymbol{P}_{cik}d_{ik}(1+e_{ik})\left\{\left[\frac{2m_k\theta_i\theta_k}{\pi m_i(m_i\theta_i+m_k\theta_k)}\right]^{\frac{1}{2}}\left[\nabla\ln\frac{n_i}{n_k}+3\nabla\left(\frac{\ln\theta_k}{\ln\theta_i}\right)\right]\right.\\&+3\left(\frac{2m_i^2 m_k^2\theta_i\theta_k}{\pi(m_i\theta_i+m_k\theta_k)}\right)^{\frac{1}{2}}\left(\frac{m_k\theta_i\theta_k}{m_i\theta_k+m_k\theta_i}\right)\left(\frac{m_i\nabla\ln\theta_i}{\theta_i}-\frac{m_k\nabla\ln\theta_k}{\theta_k}\right)\\&\left.+6m_k\left(\frac{2m_i^2 m_k^2\theta_i\theta_k}{m_i\theta_i+m_k\theta_k}\right)^{\frac{3}{2}}\left(\frac{\nabla\ln\theta_i}{\theta_i}-\frac{\nabla\ln\theta_k}{\theta_k}\right)\right\}\end{aligned} \tag{3-73}$$

对 $\boldsymbol{q}_{cik}^{4}$ 项的被积函数分析可知，该项的积分为零。

$$\boldsymbol{q}_{cik}^{4}=0 \tag{3-74}$$

于是，合并得到碰撞能量流率是

$$\boldsymbol{q}_{cik}=-\boldsymbol{P}_{cik}(1+e_{ik})\left\{\frac{9}{5}\frac{m_k}{m_0}(\boldsymbol{u}_k-\boldsymbol{u}_i)+d_{ik}\left[\frac{2m_k\theta_i\theta_k}{\pi m_i(m_i\theta_i+m_k\theta_k)}\right]^{\frac{1}{2}}\left[\nabla\ln\frac{n_i}{n_k}\right.\right.$$
$$\left.+3\nabla\left(\frac{\ln\theta_k}{\ln\theta_i}\right)\right]+3\left(\frac{2m_i^2m_k^2\theta_i\theta_k}{\pi(m_i\theta_i+m_k\theta_k)}\right)^{\frac{1}{2}}\left(\frac{m_k\theta_i\theta_k}{m_i\theta_k+m_k\theta_i}\right)\left(\frac{m_i\nabla\ln\theta_i}{\theta_i}-\frac{m_k\nabla\ln\theta_k}{\theta_k}\right)$$
$$\left.+6m_k\left(\frac{2m_i^2m_k^2\theta_i\theta_k}{m_i\theta_i+m_k\theta_k}\right)^{\frac{3}{2}}\left(\frac{\nabla\ln\theta_i}{\theta_i}-\frac{\nabla\ln\theta_k}{\theta_k}\right)\right\} \tag{3-75}$$

颗粒组分 i 的碰撞能量流率是

$$\boldsymbol{q}_{ci}=\sum_k-\boldsymbol{P}_{cik}(1+e_{ik})\left\{\frac{9}{5}\frac{m_k}{m_0}(\boldsymbol{u}_k-\boldsymbol{u}_i)+d_{ik}\left[\frac{2m_k\theta_i\theta_k}{\pi m_i(m_i\theta_i+m_k\theta_k)}\right]^{\frac{1}{2}}\left[\nabla\ln\frac{n_i}{n_k}\right.\right.$$
$$\left.+3\nabla\left(\frac{\ln\theta_k}{\ln\theta_i}\right)\right]+3\left(\frac{2m_i^2m_k^2\theta_i\theta_k}{\pi(m_i\theta_i+m_k\theta_k)}\right)^{\frac{1}{2}}\left(\frac{m_k\theta_i\theta_k}{m_i\theta_k+m_k\theta_i}\right)\left(\frac{m_i\nabla\ln\theta_i}{\theta_i}-\frac{m_k\nabla\ln\theta_k}{\theta_k}\right)$$
$$\left.+6m_k\left(\frac{2m_i^2m_k^2\theta_i\theta_k}{m_i\theta_i+m_k\theta_k}\right)^{\frac{3}{2}}\left(\frac{\nabla\ln\theta_i}{\theta_i}-\frac{\nabla\ln\theta_k}{\theta_k}\right)\right\} \tag{3-76}$$

3.5.2 颗粒组分的颗粒碰撞能量耗散

颗粒组分 i 的颗粒碰撞能量耗散(即颗粒组分碰撞能量源项)表示如下:

$$\gamma_i=\sum_k\gamma_{ik}=\sum_k N_{cik}\left(\frac{1}{2}m_i\boldsymbol{c}_{1i}^2\right)$$
$$=\sum_k\frac{1}{2}d_{ik}^2\iiint_{\boldsymbol{c}_{12ik}\cdot\boldsymbol{k}>0}(\psi'_{1i}+\psi'_{2k}-\psi_{1i}-\psi_{2k})(\boldsymbol{k}\cdot\boldsymbol{c}_{12ik})f_{ik}^{(2)}\mathrm{d}\boldsymbol{k}\mathrm{d}\boldsymbol{c}_{1i}\mathrm{d}\boldsymbol{c}_{2k} \tag{3-77}$$

由颗粒碰撞动力学,可得

$$\Delta E=(\psi'_{1i}+\psi'_{2k}-\psi_{1i}-\psi_{2k})=\frac{m_im_k}{2m_0}(e_{ik}^2-1)(\boldsymbol{k}\cdot\boldsymbol{c}_{12ik})^2 \tag{3-78}$$

于是颗粒组分 i 的碰撞能量耗散表示为

$$\gamma_i=\sum_k\frac{1}{2}d_{ik}^2\iiint_{\boldsymbol{c}_{12ik}\cdot\boldsymbol{k}>0}\frac{m_im_k}{2m_0}(e_{ik}^2-1)(\boldsymbol{k}\cdot\boldsymbol{c}_{12ik})^2f_{ik}^{(2)}\mathrm{d}\boldsymbol{k}\mathrm{d}\boldsymbol{c}_{1i}\mathrm{d}\boldsymbol{c}_{2k}$$
$$=\sum_k\frac{d_{ik}^2}{4}\frac{m_im_k}{m_0}(e_{ik}^2-1)g_{ik}\iiint_{\boldsymbol{c}_{12ik}\cdot\boldsymbol{k}>0}(\boldsymbol{k}\cdot\boldsymbol{c}_{12ik})^3\left[f_if_k+\frac{1}{2}d_{ik}\boldsymbol{k}f_if_k\nabla\ln\frac{f_k}{f_i}\right]\mathrm{d}\boldsymbol{k}\mathrm{d}\boldsymbol{c}_{1i}\mathrm{d}\boldsymbol{c}_{2k}$$
$$=\sum_k(\gamma_{ik}^1+\gamma_{ik}^2) \tag{3-79}$$

由方程(3-79)可见颗粒组分 i 的碰撞能量耗散可分解为两部分:

$$\gamma_{ik}^1=\frac{d_{ik}^2}{2}\frac{m_im_k}{m_0}(e_{ik}^2-1)g_{ik}\iiint_{\boldsymbol{c}_{12ik}\cdot\boldsymbol{k}>0}(\boldsymbol{k}\cdot\boldsymbol{c}_{12ik})^3f_if_k\mathrm{d}\boldsymbol{k}\mathrm{d}\boldsymbol{c}_{1i}\mathrm{d}\boldsymbol{c}_{2k} \tag{3-80}$$

和

$$\gamma_{ik}^{2}=\frac{d_{ik}^{2}}{8}\frac{m_i m_k}{m_0}(e_{ik}^{2}-1)g_{ik}\iiint\limits_{\boldsymbol{c}_{12ik}\cdot\boldsymbol{k}>0}(\boldsymbol{k}\cdot\boldsymbol{c}_{12ik})^3\boldsymbol{k}f_i f_k\nabla\ln\frac{f_k}{f_i}\mathrm{d}\boldsymbol{k}\mathrm{d}\boldsymbol{c}_{1i}\mathrm{d}\boldsymbol{c}_{2k}\quad(3\text{-}81)$$

方程(3-80)中被积函数为

$$\int(\boldsymbol{k}\cdot\boldsymbol{c}_{12ik})^3\mathrm{d}\boldsymbol{k}=\frac{\pi}{2}\boldsymbol{c}_{12ik}^{3}$$

代入方程(3-80),得到

$$\begin{aligned}\gamma_{ik}^{1}&=\frac{\pi}{8}d_{ik}^{2}\frac{m_i m_k}{m_0}(1-e_{ik}^{2})g_{ik}\iint\limits_{\boldsymbol{c}_{12ik}\cdot\boldsymbol{k}>0}\boldsymbol{c}_{12ik}^{3}f_i f_k\mathrm{d}\boldsymbol{c}_{1i}\mathrm{d}\boldsymbol{c}_{2k}\\&=\frac{3}{\pi}\boldsymbol{P}_{cik}\left[\frac{1-e_{ik}}{d_{ik}}\left(\frac{2\pi m_0^2\theta_i\theta_k}{m_i m_k(m_i\theta_i+m_k\theta_k)}\right)^{\frac{1}{2}}\right]\end{aligned}\quad(3\text{-}82)$$

图 3-3 表示组分颗粒碰撞能量耗散分量随组分颗粒拟温度的变化。随着组分颗粒拟温度的增大,组分颗粒碰撞能量耗散分量增加。图中同时给出组分颗粒拟温度相同(即 $\theta_i=\theta_k$)时组分颗粒碰撞能量耗散 γ_{ik}^{c} 的变化。当组分颗粒拟温度 $\theta_i<\theta_k$

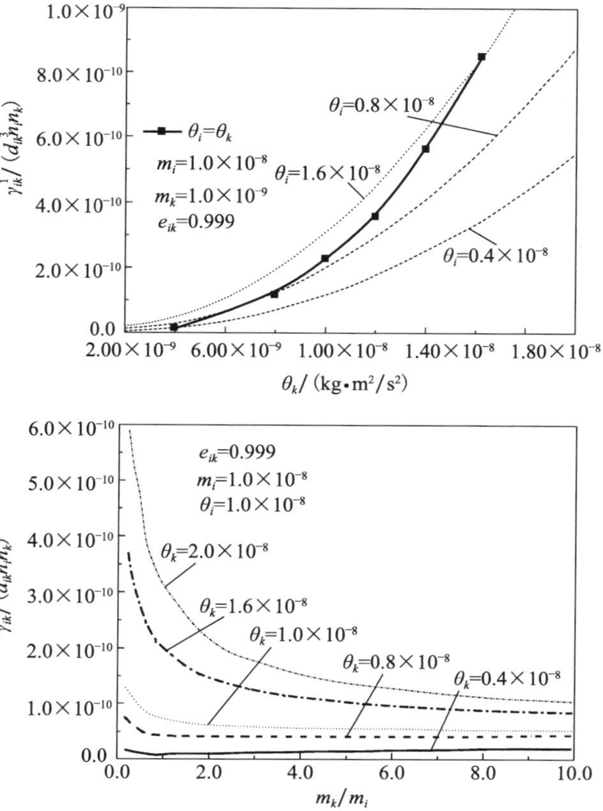

图 3-3　组分颗粒碰撞能量耗散分量随组分颗粒拟温度和质量比的变化(Lu et al.,2001)

时，组分颗粒碰撞能量耗散 γ_{ik}^{1} 小于 γ_{ik}^{e}。相反，当组分颗粒温度 $\theta_i>\theta_k$ 时，组分颗粒碰撞能量耗散 γ_{ik}^{1} 大于 γ_{ik}^{e}。由此可见，不同组分颗粒温度分布直接影响组分颗粒碰撞能量耗散的变化。

方程(3-81)中被积函数有如下关系：

$$\int(\boldsymbol{k}\cdot\boldsymbol{c}_{12ik})^3\boldsymbol{k}\mathrm{d}\boldsymbol{k}=\frac{2\pi}{5}c_{12ik}^2\boldsymbol{c}_{12ik}$$

代入方程(3-81)，得到

$$\begin{aligned}\gamma_{ik}^{2}&=\frac{\pi}{20}d_{ik}^{3}\frac{m_im_k}{m_0}(e_{ik}^2-1)g_{ik}\iint_{\boldsymbol{c}_{12ik}\cdot\boldsymbol{k}>0}\boldsymbol{c}_{12ik}^2\boldsymbol{c}_{12ik}f_if_k\nabla\ln\frac{f_k}{f_i}\mathrm{d}\boldsymbol{c}_{1i}\mathrm{d}\boldsymbol{c}_{2k}\\&=\frac{\pi}{20}d_{ik}^{3}\frac{m_im_k}{m_0}(e_{ik}^2-1)g_{ik}\iint_{\boldsymbol{c}_{12ik}\cdot\boldsymbol{k}>0}f_if_k\boldsymbol{c}_{12ik}^2\boldsymbol{c}_{12ik}\left(\frac{m_k}{\theta_k}\nabla\boldsymbol{u}_k\boldsymbol{C}_{2k}-\frac{m_i}{\theta_i}\nabla\boldsymbol{u}_i\boldsymbol{C}_{1i}\right)\mathrm{d}\boldsymbol{c}_{1i}\mathrm{d}\boldsymbol{c}_{2k}\\&=-\frac{\pi}{4}(1-e_{ik})\boldsymbol{P}_{cik}\frac{m_0(\theta_i+\theta_k)}{(m_i\theta_i+m_k\theta_k)}\nabla\cdot\boldsymbol{u}_i\end{aligned}\tag{3-83}$$

合并方程(3-82)和方程(3-83)，得颗粒组分 i 的碰撞能量耗散率是

$$\gamma_i=\sum_k\frac{3}{\pi}\boldsymbol{P}_{cik}\frac{1-e_{ik}}{d_{ik}}\left[\left(\frac{2\pi m_0^2\theta_i\theta_k}{m_im_k(m_i\theta_i+m_k\theta_k)}\right)^{\frac{1}{2}}-\frac{\pi}{4}\frac{d_{ik}m_0(\theta_i+\theta_k)}{(m_i\theta_i+m_k\theta_k)}\nabla\cdot\boldsymbol{u}_i\right]\tag{3-84}$$

3.6 液固流化床双组分颗粒拟温度的试验与测量

在液固流化床中进行双组分颗粒流动试验研究，试验台采用有机玻璃搭建，床高 1.2m，床宽和床厚分别为 0.4m 和 0.15m。常温水在系统内循环，如图 3-4 所示。采用球形玻璃颗粒和铁粉颗粒构成双组分床料。玻璃球颗粒直径和密度分别是 450μm 和 2500kg/m³。球形铁粉颗粒直径和密度分别是 170μm 和 7800kg/m³，采用 X 射线密度计和 γ 射线密度计测量双组分颗粒浓度。X 射线和 γ 射线由检测器输出信号，依次通过前置放大器和双通道分析仪后，送入信号处理器，最后将信号送入计算机。

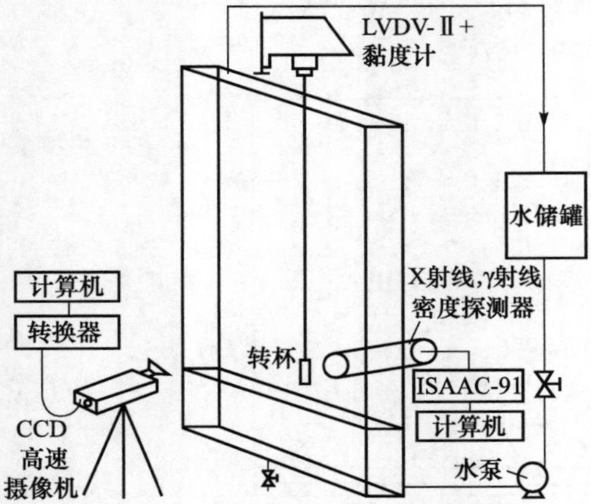

图 3-4 液固流化床双组分颗粒流动试验系统(Gidaspow et al.,1997)

X 射线和 γ 射线穿过双组分颗粒液固流化床时能量变化服从 Beer-Lambert 定律：

$$I_{x}=I_{0x}\exp[-(\varepsilon_{s}\rho_{s}\mu_{sx}+\varepsilon_{b}\rho_{b}\mu_{bx}+\varepsilon_{f}\rho_{f}\mu_{fx})]L \tag{3-85}$$

$$I_{\gamma}=I_{0\gamma}\exp[-(\varepsilon_{s}\rho_{s}\mu_{s\gamma}+\varepsilon_{b}\rho_{b}\mu_{b\gamma}+\varepsilon_{f}\rho_{f}\mu_{f\gamma})]L \tag{3-86}$$

式中，I_x 和 I_γ 分别是 X 射线和 γ 射线辐射强度；I_0 是初始辐射强度；L 是介质层厚度；μ 是介质质量吸收系数；ε_f 是介质浓度；ρ_f 是介质密度，ρ_s 和 ρ_b 分别是颗粒组分 s 和颗粒组分 b 的颗粒密度。同时，双组分颗粒液固流化床内颗粒浓度满足

$$\varepsilon_{s}+\varepsilon_{b}+\varepsilon_{f}=1 \tag{3-87}$$

联立方程(3-85)～方程(3-87)，可以求得玻璃球颗粒和铁粉颗粒的浓度为

$$\varepsilon_{b}=\left[\frac{\ln(I_{\gamma}/I_{0\gamma})/L+\rho_{f}\mu_{f\gamma}}{\rho_{s}\mu_{sr}-\rho_{f}\mu_{f\gamma}}-\frac{\ln(I_{x}/I_{0x})/L+\rho_{f}\mu_{fx}}{\rho_{s}\mu_{sx}-\rho_{f}\mu_{fx}}\right]\left[\frac{\rho_{b}\mu_{bx}-\rho_{f}\mu_{fx}}{\rho_{s}\mu_{sx}-\rho_{f}\mu_{fx}}-\frac{\rho_{b}\mu_{b\gamma}-\rho_{f}\mu_{f\gamma}}{\rho_{s}\mu_{s\gamma}-\rho_{f}\mu_{f\gamma}}\right]^{-1} \tag{3-88}$$

$$\varepsilon_{s}=\left[\frac{\ln(I_{\gamma}/I_{0\gamma})/L+\rho_{f}\mu_{f\gamma}}{\rho_{b}\mu_{b\gamma}-\rho_{f}\mu_{f\gamma}}-\frac{\ln(I_{x}/I_{0x})/L+\rho_{f}\mu_{fx}}{\rho_{b}\mu_{bx}-\rho_{f}\mu_{fx}}\right]\left[\frac{\rho_{s}\mu_{sx}-\rho_{f}\mu_{fx}}{\rho_{b}\mu_{bx}-\rho_{f}\mu_{fx}}-\frac{\rho_{s}\mu_{s\gamma}-\rho_{f}\mu_{f\gamma}}{\rho_{b}\mu_{b\gamma}-\rho_{f}\mu_{f\gamma}}\right]^{-1} \tag{3-89}$$

由方程(3-87)～方程(3-89)联立求解，可以得到玻璃球颗粒和铁粉颗粒的浓度以及流体空隙率。以此类推，对于三组分混合颗粒的气固或者液固流动体系，需要采用三种独立的不同颗粒浓度测量方法，才能获得体系内三种不同颗粒组分各自的浓度分布。

采用高速摄像技术测量颗粒速度分布。CCD 高速摄像机为 SONY DXC-151A 型。通过 CCD 高速摄像机获得二维颗粒运动图像，确定颗粒速度分布。图 3-5 表示铁粉颗粒的速度概率分布。由图可见，双组分混合颗粒中铁粉颗粒的轴向速度和径向速度分布服从正态分布，表明在双组分混合颗粒流动过程中，组分颗粒的速度分布满足 Maxwell 速度分布函数。图中同时给出铁粉颗粒的平均轴向速度和横向速度以及速度方差。

由统计获得的颗粒速度方差，可以确定颗粒温度分布。图 3-6 表示玻璃球颗粒和铁粉颗粒的组分颗粒拟温度随组分颗粒浓度的变化。玻璃球颗粒和铁粉颗粒

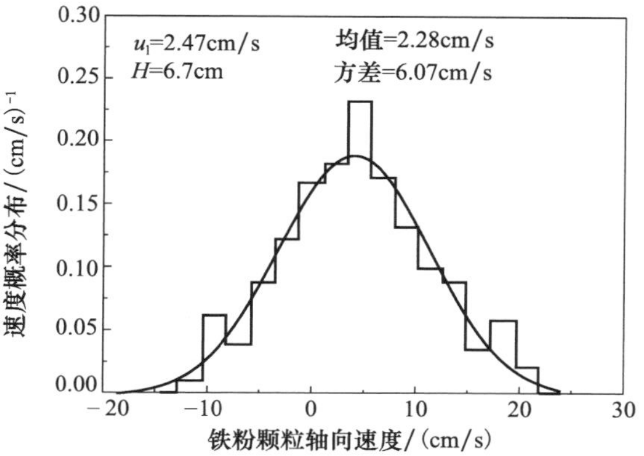

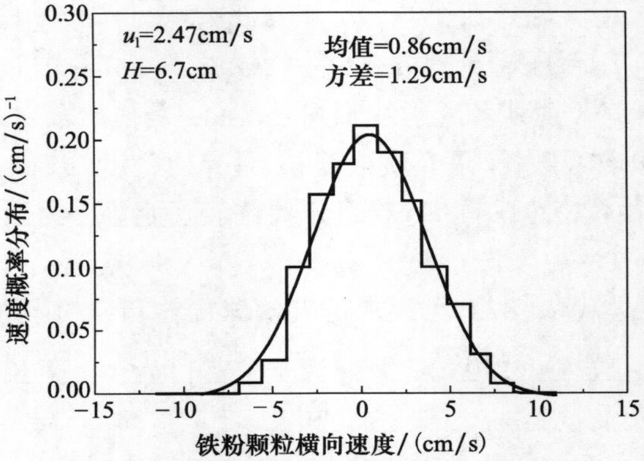

图 3-5　液固流化床双组分颗粒的铁粉颗粒速度分布(Gidaspow et al.,1997)

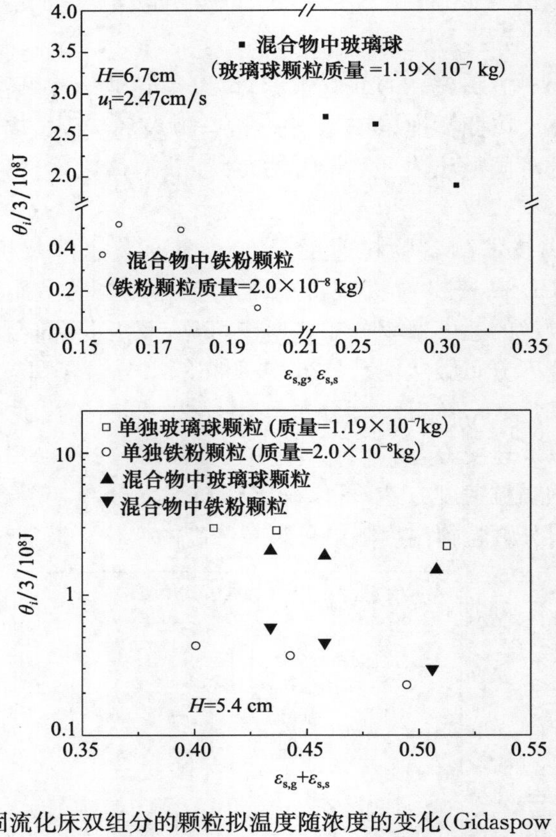

图 3-6　液固流化床双组分的颗粒拟温度随浓度的变化(Gidaspow et al.,1997)

的颗粒拟温度随着组分颗粒浓度的增加而降低。随着颗粒浓度的增加,加大颗粒之间碰撞作用,增大颗粒碰撞能量耗散,降低了颗粒温度。

试验结果表明，球形玻璃颗粒拟温度和铁粉颗粒拟温度随混合颗粒浓度改变而变化。球形玻璃颗粒和铁粉颗粒的组分颗粒拟温度随着混合颗粒浓度的增加而降低。比较发现，双组分混合颗粒中的玻璃球组分颗粒拟温度低于液体玻璃球颗粒流化床的玻璃颗粒拟温度，而双组分混合颗粒中的铁粉组分颗粒拟温度高于液体铁粉颗粒流化床的铁粉颗粒拟温度。表明在玻璃球颗粒和铁粉颗粒双组分混合颗粒液固流化床中，玻璃球颗粒与铁粉颗粒之间的相互碰撞作用，玻璃球颗粒的能量传递给铁粉颗粒，使得玻璃球颗粒脉动强度降低，而铁粉颗粒获得来自玻璃球颗粒给予的能量而颗粒脉动增强。同时，试验结果也证明在玻璃球颗粒和铁粉颗粒双组分混合颗粒流化床中，玻璃球颗粒和铁粉颗粒的颗粒拟温度不同，不满足能量均分原理的变化规律。

由实测的玻璃球颗粒和铁粉颗粒的组分浓度和组分颗粒拟温度，可以求得双组分混合颗粒中玻璃球颗粒组分和铁粉颗粒组分的输运参数。图 3-7 表示双组分混合颗粒中玻璃球颗粒组分黏性系数和铁粉颗粒组分黏性系数（单位 cP，1cP＝

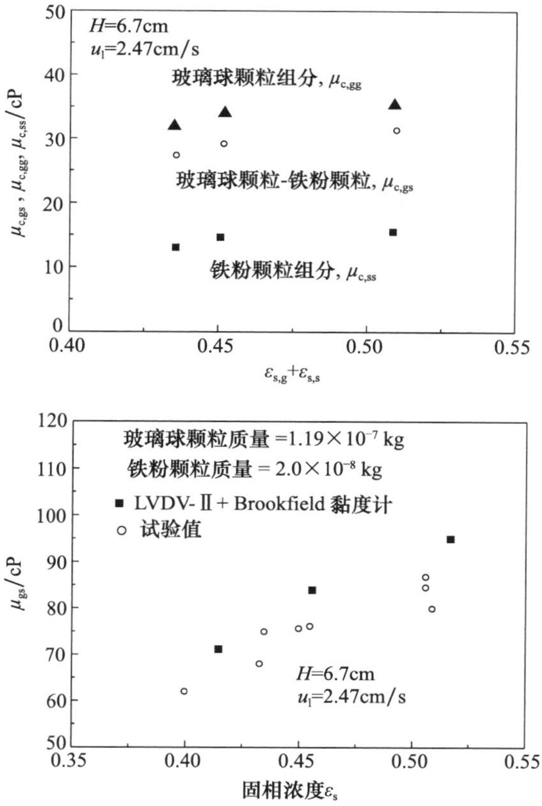

图 3-7　双组分液固流化床不同组分颗粒黏性系数分布（Gidaspow et al.，1997）

1mPa · s)与颗粒浓度之间的关系。由图可见,玻璃球颗粒组分黏性系数、铁粉颗粒组分黏性系数和玻璃球颗粒与铁粉颗粒之间黏性系数随混合颗粒浓度增大而增加。玻璃球颗粒组分黏性系数最大,铁粉颗粒组分黏性系数最小,这是由于玻璃球颗粒组分的颗粒拟温度高,而铁粉颗粒组分的颗粒拟温度低。玻璃球颗粒与铁粉颗粒之间相互碰撞而形成组分与组分之间的相互作用,玻璃球颗粒组分与铁粉颗粒组分构成颗粒组分的动量和能量传递与耗散。

玻璃球颗粒和铁粉颗粒双组分液固流化床内混合物黏性系数采用旋转黏度计进行测量。实测混合物黏性系数和计算固相黏性系数随混合颗粒浓度增大而增加,双组分液固流化床混合颗粒浓度越高,固相黏性系数越大。

3.7 多组分颗粒径向分布函数

3.7.1 离散颗粒硬球模型

数值模拟流化床内不同颗粒直径、相同密度两组分颗粒流化过程,颗粒直径分别为 2.3mm 和 4.0mm,颗粒密度均为 2600kg/m^3。图 3-8 表示不同瞬时两组分颗粒的流化状态。床内气泡的形成影响床内大颗粒和小颗粒的流化。床内颗粒运动满足牛顿第二定律:

$$m_i \frac{\mathrm{d}\boldsymbol{u}_i}{\mathrm{d}t} = m_i \boldsymbol{g} + \boldsymbol{f}_i - V_\mathrm{p} \nabla p \tag{3-90}$$

式中,V_p 为颗粒体积;$\boldsymbol{f}_i$ 为气体与颗粒之间的作用力。颗粒间碰撞满足颗粒碰撞动力学的动量守恒原理。假设:颗粒为刚体;两颗粒间的碰撞具有顺序的二体瞬时碰撞。不考虑颗粒旋转运动的两颗粒瞬时碰撞的动量守恒方程为(Crowe et al., 1998)

$$m_1(\boldsymbol{u}_1 - \boldsymbol{u}_{1,0}) = \boldsymbol{J} \tag{3-91}$$

$$m_2(\boldsymbol{u}_2 - \boldsymbol{u}_{2,0}) = -\boldsymbol{J} \tag{3-92}$$

式中,m 为单颗粒质量;$\boldsymbol{u}$ 为颗粒速度;$\boldsymbol{J}$ 为施加于颗粒 1 的冲量(施加于颗粒 2 则方向相反),下角标 0 表示碰撞前参数。颗粒质心处碰撞前后的相对速度为

$$\boldsymbol{u}_{12,0} = (\boldsymbol{u}_{1,0} - \boldsymbol{u}_{2,0}) \tag{3-93}$$

$$\boldsymbol{u}_{12} = (\boldsymbol{u}_1 - \boldsymbol{u}_2) \tag{3-94}$$

由颗粒碰撞弹性恢复系数 e 的定义,颗粒碰撞后的相对速度与碰撞前的相对速度满足关系式

$$\boldsymbol{u}_{12} \cdot \boldsymbol{n} = -e(\boldsymbol{u}_{12,0} \cdot \boldsymbol{u}) \tag{3-95}$$

法向冲量分量为

$$\boldsymbol{J}_n = -\frac{(1+e)m_1 m_2}{(m_1 + m_2)}(\boldsymbol{u}_{12,0} \cdot \boldsymbol{n}) \tag{3-96}$$

由此可以确定流化床内颗粒的运动,获得颗粒在床内的瞬时速度和位置。通过数

值模拟得到流化床内某瞬间空间两种不同直径、相同密度的颗粒位置和速度。这些颗粒位置和速度描述了流化床在各个时刻的两种不同颗粒组分微观状态与宏观流动的关系。

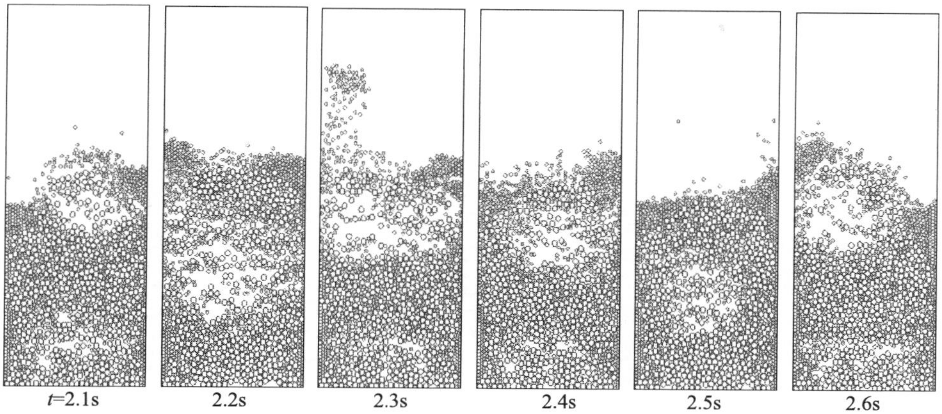

图 3-8　不同瞬时两组分颗粒流化床的流化状态(Wang et al. ,2009)

3.7.2　双组分颗粒径向分布函数

径向分布函数是表征颗粒流动过程中微观结构的重要参数，是颗粒宏观流动特性与颗粒间相互作用的桥梁。颗粒径向分布函数表示距一个颗粒为 r 处出现另一个颗粒的概率密度，反映颗粒短程有序的特点。对不同瞬时流化床内颗粒空间分布，颗粒径向分布函数为

$$g_{ik}(r)=\frac{\Delta N(r)V}{4\pi r^2\Delta rN} \tag{3-97}$$

式中，$\Delta N(r)$为在离中心颗粒距离为 r、体积为 $4\pi r^2\Delta r$ 球壳内的颗粒数；N 是统计区域 V 的总颗粒数。按方程(3-97)对图 3-8 中两种不同颗粒组分的颗粒空间位置进行统计，可以得到图 3-9 所示细颗粒径向分布函数和大小混合颗粒径向分布函数的变化。随着相对距离的增加，径向分布函数突然增加，之后迅速降低，在 1.0 上下波动。第一个峰值对应颗粒碰撞接触时的径向分布函数。由图可见，径向分布函数值随颗粒浓度而变化。

图 3-10 表示两组分颗粒径向分布函数随颗粒浓度的变化。随着颗粒浓度的增加，径向分布函数增大。对于低颗粒浓度的稀相流动，径向分布函数接近 1.0；在高颗粒浓度时，颗粒难以流动，颗粒径向分布函数趋于无穷大。当体系内颗粒分布仅随颗粒浓度变化时，双组分混合物颗粒的径向分布函数可以由均匀颗粒径向分布函数计算模型修正得到：

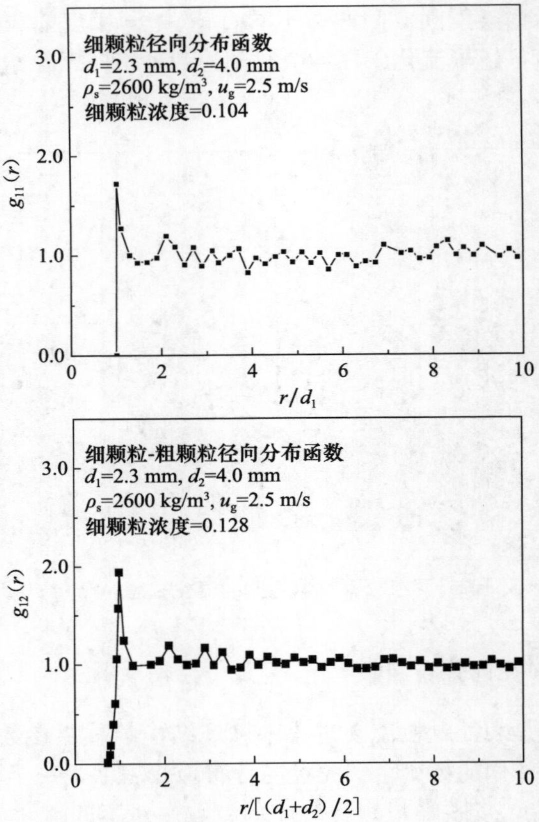

图 3-9　不同瞬时两组分颗粒流化床的颗粒径向分布函数
(Wang et al. ,2009)

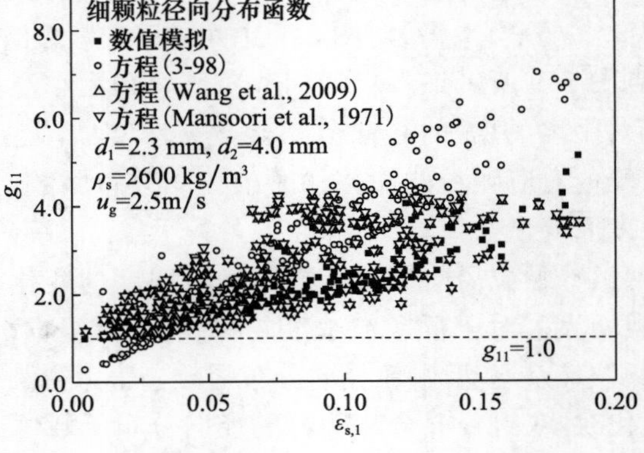

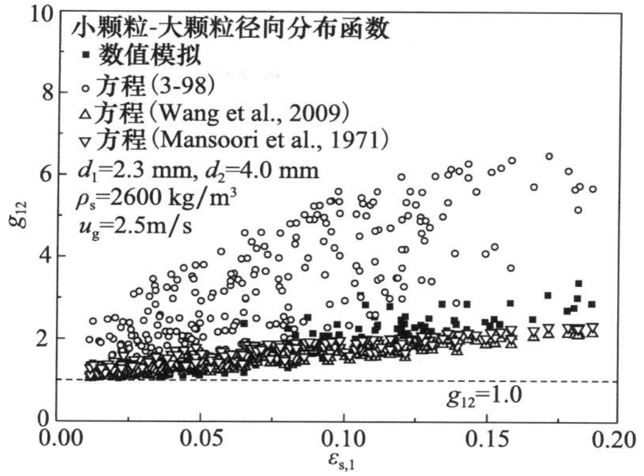

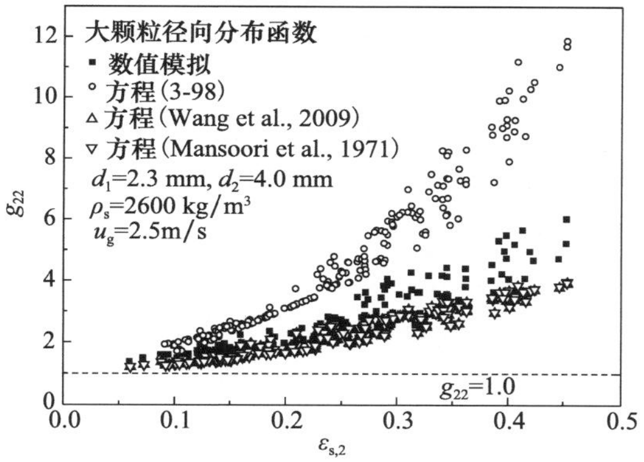

图 3-10　双组分颗粒径向分布函数的变化(Wang et al.,2009)

$$g_{ik}=\left[1-\left(\frac{1-\varepsilon_g}{\varepsilon_{s,\max}}\right)^{1/3}\right]^{-1}\frac{(\varepsilon_{si}+\varepsilon_{sk})}{N(1-\varepsilon_g)} \tag{3-98}$$

双组分混合物颗粒径向分布函数可按 Mansoori 等硬球模型方程确定(Mansoori et al.,1971)：

$$g_{ik}=\frac{1}{1-\varepsilon_g/\varepsilon_{smax}}+\frac{3d_id_k}{d_i+d_k}\frac{\delta}{(1-\varepsilon_g/\varepsilon_{smax})^2}+2\left(\frac{d_id_k}{d_i+d_k}\right)^2\frac{\delta^2}{(1-\varepsilon_g/\varepsilon_{smax})^3} \tag{3-99}$$

式中，$\delta=4\pi(n_id_i^2+n_kd_k^2)/3$。方程(3-98)和方程(3-99)分别给出双组分混合物颗粒(i 组分和 k 组分)的径向分布函数，分别为 g_{ii}、g_{ik} 和 g_{kk}。计算预测双组分混合物颗粒的径向分布函数随颗粒组分浓度增大而增加。颗粒径向分布函数 g_{ii} 和 g_{kk} 分别表示颗粒组分 i 和 k 寻找到各自组分颗粒的概率，颗粒径向分布函数 g_{ik} 表示颗粒组分 i 寻找到颗粒组分 k 的概率。由图可见，数值模拟双组分混合物颗粒的径向分布函数与计算模型预测结果的变化趋势是相同的。但是，颗粒径向分布函数 g_{ik} 的模型预测结果明显低于数值模拟。

不同密度和相同直径的双组分混合物颗粒的径向分布函数结果表明，方程(3-99)预测 g_{ik} 是不合理的，因而方程(3-99)难以用于不同密度双组分颗粒混合物径向分布函数预测。对于不同密度和直径的双组分颗粒混合物，径向分布函数按如下计算模型进行预测：

$$g_{ik}=\frac{1}{\varepsilon_{g}}+\frac{3}{\varepsilon_{g}^{2}}\left(\frac{d_i d_k}{d_i+d_k}\right)\sum_{\lambda=i,k}\frac{\varepsilon_{s\lambda}(\rho_{si}+\rho_{sk})}{2\rho_s d_\lambda}+\frac{0.5}{\varepsilon^{3}}\left(\frac{d_i d_k}{d_i+d_k}\right)^{2}\left[\sum_{\lambda=i,k}^{s}\frac{\varepsilon(\rho+\rho)}{2\rho d_\lambda}\right]^{2} \tag{3-100}$$

式中，ρ_{si} 和 ρ_{sk} 分别为组分 i 和 k 的颗粒密度。与方程(3-99)相比，方程(3-100)预测双组分颗粒混合物径向分布函数更接近于数值模拟计算结果。随着颗粒浓度的增加，计算双组分颗粒混合物径向分布函数与数值模拟值的差异增大。

3.8　鼓泡流化床多组分颗粒流动数值模拟

3.8.1　鼓泡流化床双组分颗粒流化过程

对气体双组分颗粒在流化床内的流动进行数值模拟(Sun et al.,2005)。床高和床宽分别是 1.0m 和 0.3m。床层静止高度为 0.4m，固相总体积比例为 0.59。小颗粒和大颗粒直径为 1.0mm 和 2.5mm，颗粒密度均为 1600kg/m^3。计算模型见表 3-1。假设初始时双组分颗粒具有相同体积比例，且均匀混合。出口处气相参数的变化率取为零，颗粒未被携带出床。壁面处气相和颗粒相采用无滑移边界条件，壁面颗粒相湍流动能变化率取为零(Lu et al.,2007)。

表 3-1　非等组分颗粒拟温度的气体多组分颗粒流动模型(Lu et al.,2003a,2003c)

气相质量守恒	$\frac{\partial}{\partial t}(\varepsilon_g\rho_g)+\nabla\cdot(\varepsilon_g\rho_g\boldsymbol{u}_g)=0$
颗粒组分 k 的质量守恒	$\frac{\partial}{\partial t}(\varepsilon_k\rho_k)+\nabla\cdot(\varepsilon_k\rho_k\boldsymbol{u}_k)=0$
浓度归一化条件	$\varepsilon_g+\sum_k\varepsilon_k=1.0$
气相动量守恒	$\frac{\partial}{\partial t}(\varepsilon_g\rho_g\boldsymbol{u}_g)+\nabla\cdot(\varepsilon_g\rho_g\boldsymbol{u}_g\boldsymbol{u}_g)=-\varepsilon_g\nabla p\boldsymbol{I}+\nabla\cdot\boldsymbol{\tau}_g+\varepsilon_g\rho_g\boldsymbol{g}+\sum_{k=1}^{N}\beta_{gk}(\boldsymbol{u}_k-\boldsymbol{u}_g)$
颗粒组分 k 的动量守恒	$\frac{\partial}{\partial t}(\varepsilon_k\rho_k\boldsymbol{u}_k)+\nabla\cdot(\varepsilon_k\rho_k\boldsymbol{u}_k\boldsymbol{u}_k)=-\varepsilon_k\nabla p\boldsymbol{I}+\nabla\cdot\boldsymbol{\tau}_k+\varepsilon_k\rho_k\boldsymbol{g}+\beta_{gk}(\boldsymbol{u}_g-\boldsymbol{u}_k)+\sum_{i=1,k\neq i}^{N}\beta_{ik}(\boldsymbol{u}_i-\boldsymbol{u}_k)$
颗粒组分 k 的颗粒温度守恒	$\frac{3}{2}\left[\frac{\partial}{\partial t}(\varepsilon_k\rho_k\theta_k)+\nabla\cdot(\varepsilon_k\rho_k\theta_k\boldsymbol{u}_k)\right]=(\boldsymbol{\tau}_k:\nabla\boldsymbol{u}_k)+\nabla\cdot q_k-\gamma_k-3\beta_{gk}\theta_k$
气相应力张量	$\boldsymbol{\tau}_g=\varepsilon_g\mu_g[\nabla\boldsymbol{u}_g+(\nabla\boldsymbol{u}_g)^{\mathrm{T}}]-\frac{2}{3}\varepsilon_g\mu_g\nabla\cdot\boldsymbol{u}_g$

续表

颗粒组分 k 应力张量	$\boldsymbol{\tau}_k=-p_k\boldsymbol{I}+\varepsilon_k\{\xi_k\nabla\cdot\boldsymbol{u}_k+\mu_k[\nabla\boldsymbol{u}_k+(\nabla\boldsymbol{u}_k)^{\mathrm{T}}]\}$
颗粒组分 k 的颗粒压力	$p_k=\varepsilon_k\rho_k\theta_k+\sum_{i=1}^{N}p_{\mathrm{c},ik}$
颗粒组分 k 与颗粒组分 i 颗粒压力	$p_{\mathrm{c},ik}=\dfrac{\pi(1+e_{ik})d_{ik}^3g_{ik}n_in_km_im_km_0\theta_i\theta_k}{3(m_i^2\theta_i+m_k^2\theta_k)}\left[\dfrac{m_0^2\theta_i\theta_k}{(m_i^2\theta_i+m_k^2\theta_k)(\theta_i+\theta_k)}\right]^{3/2}(1+6\Delta^2+\cdots)$ 或者：$p_{\mathrm{c},ik}=\dfrac{\pi(1+e_{ik})d_{ik}^3g_{ik}n_in_km_im_km_0\theta_i\theta_k}{3(m_i^2\theta_i+m_k^2\theta_k)}\left[\dfrac{m_0^2\theta_i\theta_k}{(m_i^2\theta_i+m_k^2\theta_k)(\theta_i+\theta_k)}\right]^{3/2}(1-3\Delta+6\Delta^2-10\Delta^3\cdots)$ $\Delta=\dfrac{(m_k\theta_k-m_i\theta_i)}{[(m_k^2\theta_k^2+m_i^2\theta_i^2)+\theta_k\theta_i(m_k^2+m_i^2)]^{1/2}}$，$e_{ik}=\dfrac{e_i+e_k}{2}$，$d_{ik}=\dfrac{d_i+d_k}{2}$， $m_0=(m_i+m_k)$，$m_k=\dfrac{\pi}{6}d_k^3\rho_k$，$m_i=\dfrac{\pi}{6}d_i^3\rho_i$，$n_k=\dfrac{6\varepsilon_k}{\pi d_k^3}$，$n_i=\dfrac{6\varepsilon_i}{\pi d_i^3}$
颗粒组分 k 的表观黏性系数	$\xi_k=\sum_{i=1}^{N}\dfrac{d_{ik}}{3}\left[\dfrac{2(m_k\theta_k+m_i\theta_i)^2}{\pi\theta_k\theta_i(m_k^2\theta_k+m_i^2\theta_i)}\right]^{1/2}p_{\mathrm{c},ik}$
颗粒组分 k 的动力黏性系数	$\mu_k=\sum_{i=1}^{N}\dfrac{d_{ik}}{5}\sqrt{\dfrac{2(m_k\theta_k+m_i\theta_i)^2}{\pi\theta_k\theta_i(m_k^2\theta_i+m_i^2\theta_i)}}p_{\mathrm{c},ik}+\dfrac{2\mu_{k,\mathrm{dil}}}{\dfrac{1}{N}\sum_{i=1}^{N}(1+e_{ik})g_{ik}}\left[1+\dfrac{4}{5}\sum_{i=1}^{N}(1+e_{ik})\varepsilon_ig_{ik}\right]^2$ $\mu_{k,\mathrm{dil}}=\dfrac{5\sqrt{\pi}}{96}d_k\rho_k\theta_{k,\mathrm{av}}^{1/2}$ $\theta_{k,\mathrm{av}}=\dfrac{2\theta_k}{\left\{\sum_{i=1}^{M}\left(\dfrac{n_i}{n_k}\right)\left(\dfrac{d_{ik}}{d_k}\right)^2\left(\dfrac{m_0^2\theta_i}{m_k^2\theta_k+m_i^2\theta_i}\right)^{1/2}\left[\dfrac{m_0^2\theta_k\theta_i}{(m_k^2\theta_k+m_i^2\theta_i)(\theta_k+\theta_i)}\right]^{3/2}(1-3\Delta+6\Delta^2-10\Delta^3+\cdots)\right\}^2}$ 或者 $\theta_{k,\mathrm{av}}=\dfrac{2\theta_k}{\left\{\sum_{i=1}^{M}\left(\dfrac{n_i}{n_k}\right)\left(\dfrac{d_{ik}}{d_k}\right)^2\left(\dfrac{m_0^2\theta_i}{m_k^2\theta_k+m_i^2\theta_i}\right)^{1/2}\left[\dfrac{m_0^2\theta_K\theta_i}{(m_k^2\theta_k+m_i^2\theta_i)(\theta_k+\theta_i)}\right]^{3/2}(1-3\Delta+6\Delta^2-10\Delta^3+\cdots)\right\}^2}$
颗粒组分 k 与组分 i 的动量交换系数	$\beta_{ik}=p_{\mathrm{c},ik}\left\{\dfrac{3}{d_{ik}}\left[\dfrac{2(m_k^2\theta_k+m_i^2\theta_i)}{\pi m_0^2\theta_k\theta_i}\right]^{1/2}+\dfrac{1}{\lvert\boldsymbol{u}_k-\boldsymbol{u}_i\rvert}\left[\nabla\ln\dfrac{\varepsilon_k}{\varepsilon_i}+3\nabla\dfrac{\ln(m_i\theta_i)}{\ln(m_k\theta_k)}\right.\right.$ $\left.\left.+\dfrac{\theta_k\theta_i}{\theta_k+\theta_i}\left(\dfrac{\nabla\theta_k}{\theta_k^2}-\dfrac{\nabla\theta_i}{\theta_i^2}\right)+\dfrac{5}{3}\dfrac{m_km_i\theta_k\theta_i}{m_k^2\theta_k+m_i^2\theta_i}\left(\dfrac{m_i\nabla\theta_k}{m_k\theta_k^2}-\dfrac{m_k\nabla\theta_i}{m_i\theta_i^2}\right)\right]\right\}$
颗粒组分 k 脉动能量流率	$q_k=\varepsilon_kk_k\nabla\theta_k$ $+\sum_{i=1}^{N}p_{\mathrm{c},ik}(1+e_{ik})\left(\dfrac{9m_i}{5m_0}(\boldsymbol{u}_i-\boldsymbol{u}_k)+d_{ik}\left\{\left[\dfrac{2m_i^2\theta_i}{\pi(m_k^2\theta_k+m_i^2\theta_i)}\right]^{1/2}\left[\nabla\ln\dfrac{\varepsilon_k}{\varepsilon_i}+3\nabla\dfrac{\ln(m_i\theta_i)}{\ln(m_k\theta_k)}\right]\right.\right.$ $\left.\left.+3\left[\dfrac{2m_k^3m_i^3\theta_k\theta_i}{\pi(m_k^2\theta_k+m_i^2\theta_i)}\right]^{1/2}\left(\dfrac{m_i\theta_k\theta_i}{\theta_k+\theta_i}\right)\left(\dfrac{\nabla\theta_k}{\theta_k^2}-\dfrac{\nabla\theta_i}{\theta_i^2}\right)+6m_i\left(\dfrac{2m_k^3m_i^3\theta_k\theta_i}{m_k^2\theta_k+m_i^2\theta_i}\right)^{3/2}\left(\dfrac{\nabla\theta_k}{m_k\theta_k^2}-\dfrac{\nabla\theta_i}{m_i\theta_i^2}\right)\right\}\right)$
颗粒组分 k 的碰撞能传递系数	$k_k=\dfrac{2k_{k,\mathrm{dil}}}{\dfrac{1}{N}\sum_{i=1}^{N}(1+e_{ik})g_{ik}}\left[1+\dfrac{6}{5}\sum_{i=1}^{N}g_{ik}\varepsilon_i(1+e_{ik})\right]^2+2\varepsilon_k\rho_kd_k\sqrt{\dfrac{\theta_k}{\pi}}\sum_{i=1}^{N}\varepsilon_ig_{ik}(1+e_{ik})$ $k_{k,\mathrm{dil}}=\dfrac{75\sqrt{\pi}}{384}d_k\rho_k\theta_{k,\mathrm{av}}^{1/2}$

续表

颗粒组分 k 的碰撞能量损耗速率	$\gamma_k=\sum_{i=1}^{N}\left\{\frac{3}{d_{ik}}\left[\frac{2m_0^2\theta_k\theta_i}{\pi(m_k^2\theta_k+m_i^2\theta_i)}\right]^{1/2}-\frac{3m_0(m_k\theta_k+m_i\theta_i)}{4(m_k^2\theta_k+m_i^2\theta_i)}\nabla\cdot\boldsymbol{u}_k\right\}(1-e_{ik})p_{c,ik}$
径向分布函数	$g_{ik}=\frac{1}{\varepsilon_g}+\frac{3}{\varepsilon_g^2}\left(\frac{d_id_k}{d_i+d_k}\right)\sum_{\lambda=i,k}\frac{\varepsilon_{s\lambda}(\rho_{si}+\rho_{sk})}{2\rho_{s\lambda}d_\lambda}+\frac{0.5}{\varepsilon_g^3}\left(\frac{d_id_k}{d_i+d_k}\right)^2\left[\sum_{\lambda=i,k}\frac{\varepsilon_{s\lambda}(\rho_{si}+\rho_{sk})}{2\rho_{s\lambda}d_\lambda}\right]^2$
气体与颗粒组分 k 的气固相间曳力系数	$\beta_{gk}=150\frac{(1-\varepsilon_g)\varepsilon_k\mu_g}{\varepsilon_g^2d_k^3}+1.75\frac{\rho_g\varepsilon_k\lvert u_g-u_k\rvert}{\varepsilon_gd_k}$，$\varepsilon_g\leqslant0.8$ $\beta_{gk}=\frac{3}{4}C_d\frac{\varepsilon_g\rho_g\lvert u_g-u_k\rvert}{d_k}\varepsilon_g^{-2.65}$，$\varepsilon_g>0.2$

图 3-11 给出了气体速度为 1.6m/s 时的床内瞬时气相体积比例(空隙率)分布。床内气相流动行为以气泡非周期性形成为特点，床底部形成的气泡在向上运动过程中，将发生合并和破裂。这些气泡的形成、破裂和合并导致颗粒进行强烈的上下运动，形成了床内的颗粒循环。

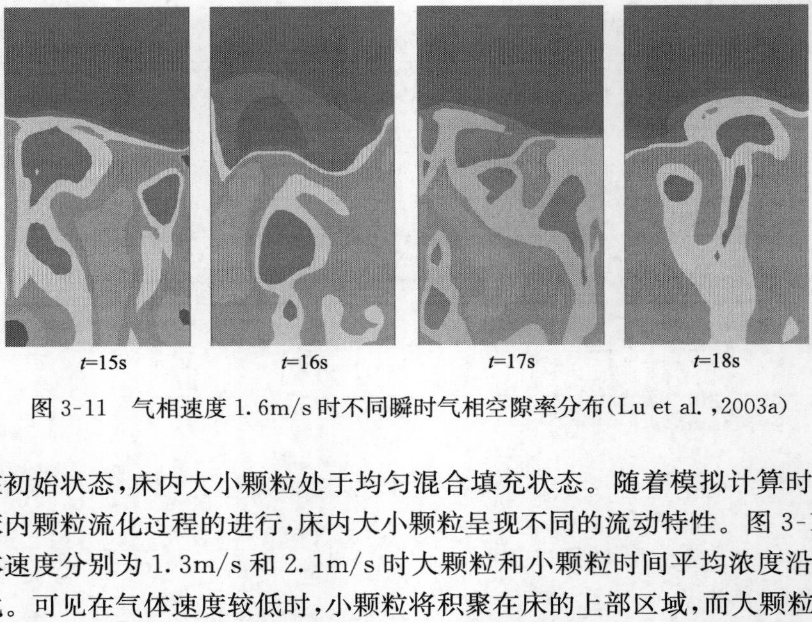

图 3-11　气相速度 1.6m/s 时不同瞬时气相空隙率分布(Lu et al.,2003a)

在初始状态，床内大小颗粒处于均匀混合填充状态。随着模拟计算时间的持续和床内颗粒流化过程的进行，床内大小颗粒呈现不同的流动特性。图 3-12 给出了气体速度分别为 1.3m/s 和 2.1m/s 时大颗粒和小颗粒时间平均浓度沿床高度的变化。可见在气体速度较低时，小颗粒将积聚在床的上部区域，而大颗粒沉入床的底部。随着气体速度的增加，大颗粒和小颗粒浓度沿床高分布趋于均匀。在床下部，混合床料的平均直径大；床表面混合床料的平均直径最小。随着气体速度的增加，沿床高平均直径分布趋于均匀。

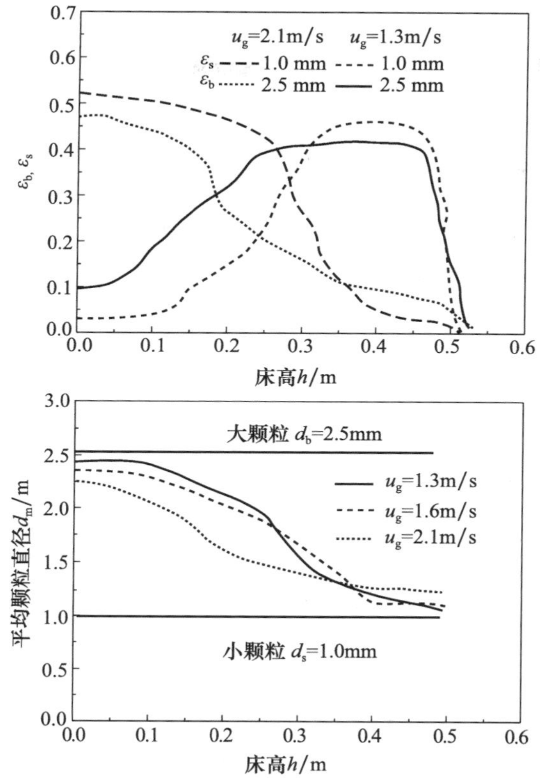

图 3-12　不同气相速度颗粒相浓度和平均颗粒直径分布(Lu et al.,2003b)

图 3-13 表示在气体速度为 1.6m/s 时大颗粒和小颗粒的时间平均颗粒拟温度分布。除入口区域外,沿床高大颗粒和小颗粒时间平均颗粒拟温度逐渐增大,表明在床上部区域颗粒湍流流动比床下部运动要剧烈。沿床高大颗粒时间平均颗粒拟

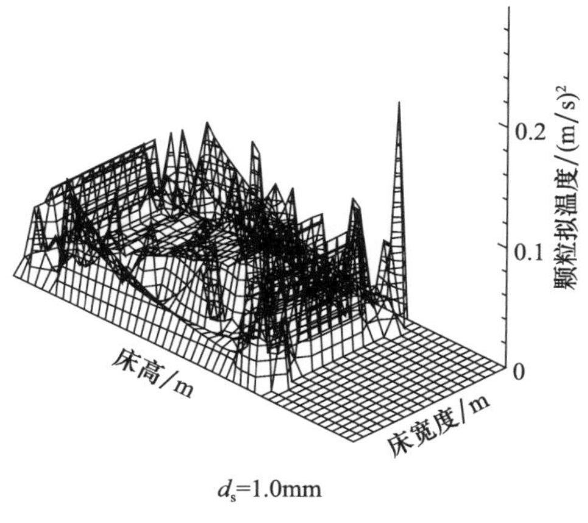

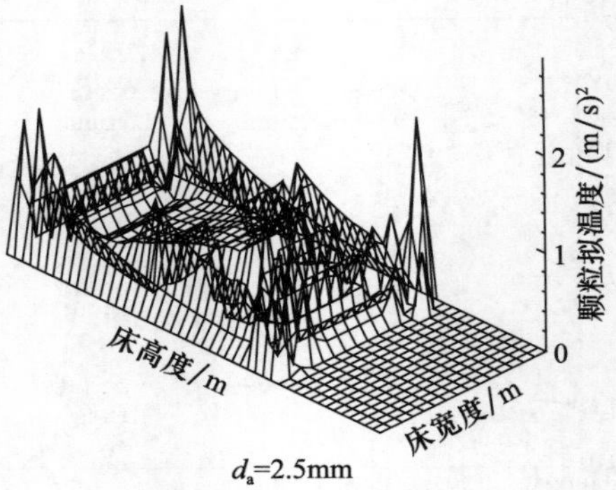

图 3-13　气相速度 1.6 m/s 时颗粒相颗粒拟温度的变化(Lu et al.,2003b)

温度小于小颗粒时间平均颗粒拟温度,表明大颗粒具有低湍流动能,而小颗粒具有高湍流动能,大颗粒和小颗粒具有不同的颗粒温度反映大小颗粒在床内有着不同的流动特性,从而改变床内不同颗粒组分的速度、浓度等参数的分布。

3.8.2　鼓泡流化床双组分颗粒的分层流化

燃煤流化床锅炉应用的床料均为宽筛分物料。最小流化速度(或称临界流化速度)是流化床系统的基本物理参量之一,它表示流化床可能运行的最低气体流速。它是流化床的流动、传热、燃烧等各种数学模型的基本变量之一。流态化的两相理论认为,流化床中可分为乳化相及气泡相两个基本部分,在乳化相(密相)中气体以最小流化速度通过,多余的气体通过气泡相。因此,最小流化速度直至目前仍有不少学者在进行研究。已有的最小流化速度的计算公式均出于窄筛分或者单一均匀颗粒物料的试验结果。当床料颗粒筛分较宽时,则可能出现分层。如当颗粒密度相同,仅为粒径不同时,大小颗粒直径比值大于 1.4 则将出现分层流化。当流化速度较小时,仅床层上层小颗粒进入流化状态,床底大颗粒仍处于静止状态,如图 3-14 的试验结果所示。随着流化速度的增加,颗粒被流化部分与颗粒处于静止部分的分界面逐渐下移,直到流化速度达到某一值,颗粒床层全部进入流化状态。

试验结果表明,在一定的气体速度下,对于由不同组分颗粒构成的床层物料,在不同床层高度下物料组成是不同的,使得沿床层不同高度处平均直径不同。在床表面物料平均粒径较小;相反,越接近床底部平均粒径越大。为计算方便,假设床料粒径沿床高的分布规律为

$$\frac{d(x)}{d_p} = Ae^{Bx/x_0} \tag{3-101}$$

式中,x 为从床层物料顶部向下的高度;x_0 为静止床层物料高度;$d(x)$为高度 x 处物料平均直径;d_p 为床层物料平均粒径;A 和 B 为待定系数,其值可以通过试验获得。

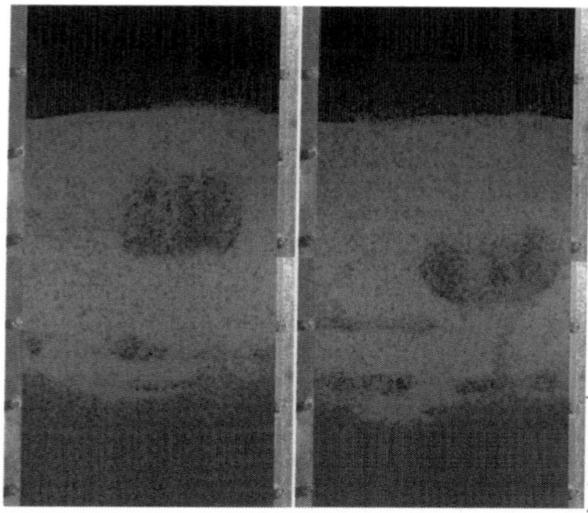

图 3-14　不同直径和密度的双组分混合颗粒的流化过程(Lu et al.,2014)

设距静止床层表面 x 的高度处物料厚度为 $\mathrm{d}x$,该处的物料平均直径为 $d(x)$。当空截面速度 u 小于该处颗粒最小流化速度 $u_{\mathrm{mf}}(x)$时,表明床层高度低于 x 处的物料处于静止状态,如图 3-14 的固定床所示。流体通过静止颗粒床层压降 Δp_{b} 可用厄贡方程求得(Ergun,1952):

$$\frac{\mathrm{d}[\Delta p_{\mathrm{b}}(x,u)]}{\mathrm{d}x}=150\frac{(1-\varepsilon_{\mathrm{g}})^2}{\varepsilon_{\mathrm{g}}^3}\frac{\mu_{\mathrm{g}}u}{d(x)^2}+1.75\frac{(1-\varepsilon_{\mathrm{g}})}{\varepsilon_{\mathrm{g}}^3}\frac{\rho_{\mathrm{g}}u^2}{d(x)} \tag{3-102}$$

相反,当空截面流速 u 大于该处颗粒最小流化速度 $u_{\mathrm{mf}}(x)$时,物料处于流化态,如图 3-14的流化区域所示。该区域的床层压降应是

$$\frac{\mathrm{d}[\Delta p_{\mathrm{b}}(x,u)]}{\mathrm{d}x}=150\frac{(1-\varepsilon_{\mathrm{g}})^2}{\varepsilon_{\mathrm{g}}^3}\frac{\mu_{\mathrm{g}}u_{\mathrm{mf}}(x)}{d(x)^2}+1.75\frac{(1-\varepsilon_{\mathrm{g}})}{\varepsilon_{\mathrm{g}}^3}\frac{\rho_{\mathrm{g}}u_{\mathrm{mf}}(x)^2}{d(x)} \tag{3-103}$$

当空截面速度 u 大于床层表面处颗粒的最小流化速度 $u_{\mathrm{mf}}(0)$、小于床层底部处颗粒的最小流化速度 $u_{\mathrm{mf}}(x)$时,将必然存在在某一床层高度 x'处,满足 $u=u_{\mathrm{mf}}(x')$。这样,床层将在 x'处分为两个区域,在 x'以上区域床层物料为流化床。在 x'以下区域床层物料为静止状态(固定床)。此时,整个床层物料的压降 Δp_{b} 由上部流化物料的压降和下部静止物料的压降组成,即

$$\begin{aligned}\Delta p_{\mathrm{b}}(u)=&\int_0^{x'}\left[150\frac{(1-\varepsilon_{\mathrm{g}})^2}{\varepsilon_{\mathrm{g}}^3}\frac{\mu_{\mathrm{g}}u_{\mathrm{mf}}(x)}{d(x)^2}+1.75\frac{(1-\varepsilon_{\mathrm{g}})}{\varepsilon_{\mathrm{g}}^3}\frac{\rho_{\mathrm{g}}u_{\mathrm{mf}}(x)^2}{d(x)}\right]\mathrm{d}x\\&+\int_{x'}^{x}\left[150\frac{(1-\varepsilon_{\mathrm{g}})^2}{\varepsilon_{\mathrm{g}}^3}\frac{\mu_{\mathrm{g}}u(x)}{d(x)^2}+1.75\frac{(1-\varepsilon_{\mathrm{g}})}{\varepsilon_{\mathrm{g}}^3}\frac{\rho_{\mathrm{g}}u(x)^2}{d(x)}\right]\mathrm{d}x\end{aligned} \tag{3-104}$$

积分后可得到床层物料出现分层流化时床层压降与空截面速度的关系式为

$$\Delta p_{\rm b}(u)=C_2C_3\nu_{\rm g}^2\rho_{\rm g}x'+\nu_{\rm g}^2\rho_{\rm g}(2268C_2-33.67C_1)\frac{x_0}{3BA^3d_{\rm p}^3}\left[1-\exp\left(-3B\frac{x'}{x_0}\right)\right]$$
$$+\nu_{\rm g}^2\rho_{\rm g}(C_1-67.34C_2)\left\{\frac{x_0}{3402BA^3d_{\rm p}^3}\left[C_5^3-\frac{C_4^3}{\exp\left(3B\frac{x'}{x_0}\right)}\right]\right.$$
$$+\frac{C_3x_0}{202.02B}\left[\frac{C_4-C_5}{16.84}+\ln\frac{(C_4-33.67)(C_5+33.67)}{(C_4+33.67)(C_5-33.67)}\right]\Bigg\}$$
$$+\frac{ux_0}{ABd_{\rm p}}\left\{\frac{C_1\mu_{\rm g}}{2Ad_{\rm p}}\left[\exp\left(-2B\frac{x'}{x_0}\right)-\exp(-2B)\right]\right.$$
$$\left.+C_2u\left[\exp\left(-B\frac{x'}{x_0}\right)-\exp(-B)\right]\right\} \tag{3-105}$$

式中，$\nu_{\rm g}$ 为气体运动黏性系数；各系数为

$$C_1=150\,\frac{(1-\varepsilon_{\rm g})^2}{\varepsilon_{\rm g}^3};\quad C_2=1.75\,\frac{1-\varepsilon_{\rm g}}{\varepsilon_{\rm g}^3};\quad C_3=0.0408\,\frac{\rho_{\rm s}-\rho_{\rm g}}{\rho_{\rm g}}\frac{g}{\nu_{\rm g}^2};$$

$$C_4=\left[1134+C_3A^3d_{\rm p}^3\exp\left(3B\frac{x'}{x_0}\right)\right]^{0.5};\quad C_5=[1134+C_3A^3d_{\rm p}^3]^{0.5}$$

$$x'=\frac{x_0}{B}\ln\left[\frac{\frac{u^2}{\nu_{\rm g}^2}+\left(\frac{u^4}{\nu_{\rm g}^4}+10.995\,\frac{\rho_{\rm s}-\rho_{\rm g}}{\rho_{\rm g}}\frac{g}{\nu_{\rm g}^2}\frac{u}{\nu_{\rm g}}\right)^{0.5}}{0.0816Ad_{\rm p}\frac{\rho_{\rm s}-\rho_{\rm g}}{\rho_{\rm g}}\frac{g}{\nu_{\rm g}^2}}\right]$$

由此可以确定床层压降 $\Delta p_{\rm b}$ 与床层空截面速度 u 的关系。由式(3-101)可见，在多组分宽筛分流化床中沿床层高度存在床层物料平均粒径分布不均匀，即处于流化床底部的床料平均粒径最大，而位于床层表面的物料平均粒径最小，使得宽筛分料层沿床高自下而上乳化相中气体流率将不断减小。由方程(3-105)可见，由固定床到流化床转变过程中床层压降变化与床层物料粒度分布密切相关。

3.8.3 双组分颗粒最小流化速度

对双组分颗粒的气固流化特性进行试验测量，双组分混合颗粒最小流化速度是在有机玻璃圆筒形空气流化试验台上测量的。采用各种不同直径的球形玻璃球为流化床物料，通过对不同粒径的单一组分、不同粒径颗粒配比的双组分混合玻璃球床料的压降测定，用降低流速法确定流态化和固定床压降与流速曲线的切线交点，确定双组分混合玻璃球床料的最小流化速度 $u_{\rm mf}$。

按各种配比将两种粒径玻璃球进行混合，得出双组分混合玻璃球最小流化速度 $u_{\rm mf}$ 与小颗粒质量分数 $x_{\rm s}$ 的关系，如图 3-15 所示。当小颗粒质量分数为零时($x_{\rm s}=0$)，床内物料均是大直径玻璃球颗粒($x_{\rm b}=1.0$)。由图可见，双组分混合玻璃

球物料的最小流化速度在大玻璃球和小玻璃球颗粒单独存在时的最小流化速度之间，而且随大颗粒所占比例的增加而增加。由试验观察到，大颗粒不仅受颗粒间气流作用，同时也受到大小颗粒相互碰撞作用。小粒子所占比例越大，对大粒子的碰撞次数越多，在碰撞过程中，大颗粒获得的能量也越大。因此，当降低流化速度时，使流化大颗粒转入非流化(固定)状态推迟，从而使得双组分玻璃球混合颗粒的最小流化速度不同于单一颗粒时的最小流化速度。双组分玻璃球混合颗粒中小颗粒的质量份额越大，相差也越大。基于试验得到双组分玻璃球混合颗粒的最小流化速度与小颗粒质量分数为线性关系，并可表示为

$$u_{\mathrm{mf}} = x_{\mathrm{s}} u_{\mathrm{mf,s}} + x_{\mathrm{b}} u_{\mathrm{mf,b}} \tag{3-106}$$

式中，x_{s} 和 x_{b} 为小粒径和大粒径玻璃球颗粒的质量分数；$u_{\mathrm{mf,s}}$和 $u_{\mathrm{mf,b}}$为全部床料为小粒径和大粒径玻璃球的最小流化速度。推广到多组分的混合玻璃球床料，则有

$$u_{\mathrm{mf}} = \sum_{i}^{N} x_i u_{\mathrm{mf},i} \tag{3-107}$$

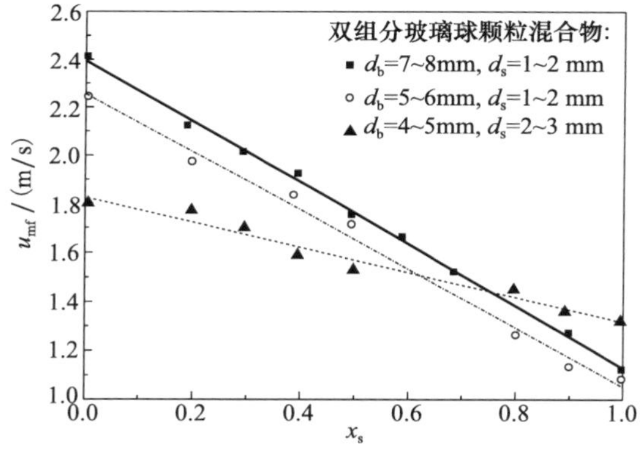

图 3-15　双组分混合玻璃球最小流化速度与小颗粒质量分数的关系(Lu et al. ,2014)

3.9　燃煤循环流化床锅炉气固流动的数值模拟

3.9.1　燃煤循环流化床锅炉气固流态

在燃煤循环流化床锅炉中，通常采用宽筛分煤颗粒，颗粒粒径会相差很大，导致锅炉从启动到带负荷运行过程变成流化床物料累积和粒度逐渐变化的过程。刚启动运行时因为采用较大的床料而使得循环流化床锅炉处于鼓泡床状态，燃烧室底部的密相区表面有少量细颗粒扬析夹带。随着燃料煤颗粒的进入，逐渐建立正常的循环流化状态，流化气体对床层物料进行自然淘洗。同时，由回料器返回燃烧室的循环物料的参与，使得燃烧室上部稀相区细物料所占比例逐渐增加。当流化

气体夹带超过最小夹带量，即最小固体循环量时，循环流化床锅炉进入循环流化床状态。若循环量继续增加，则床层颗粒浓度沿高度分布逐渐增加，床层下部还会出现细颗粒浓相区。

由此可见，采用宽筛分燃料的循环流化床锅炉的燃烧室是由多组分颗粒构成的下部鼓泡流化床和上部快速床（循环流化床）的复合流态。物料循环量或物料浓度空间分布受到烟气速度、煤种、煤粒度和分离器效率等的影响。在设计循环流化床锅炉燃烧室中需要确定一个流化状态作为满负荷计算参考，即在满负荷条件下的物料循环量。一旦沿燃烧室高度的物料浓度分布是确定量，相应传热系数沿燃烧室高度分布也是确定的。

Grace(1986)采用无因次颗粒直径为横坐标、无因次气体速度为纵坐标，提出了窄筛分颗粒的气固两相流化床相图，鼓泡流化床、湍动流化床和循环流化床的操作范围如图 3-16所示。当颗粒和气体特性一定时，随着气速的增加，床层将依次发生鼓泡流态化、湍动流态化和快速流态化（循环流化床）。对于窄筛分颗粒的气固两相流化床，各流型之间的转变边界相对比较明确。

对于燃煤流化床锅炉的燃料特点、多组分颗粒流动和燃烧过程，研究整理给出燃煤流化床锅炉燃烧室内气固两相流化区域，如图 3-16 所示，燃烧室下部为密相区，燃烧室上部为稀相区。燃煤流化床锅炉的密相区操作在有气泡状态的鼓泡流态化床和湍动流态化床，稀相区操作在由颗粒聚团流动构成的快速床。燃煤流化

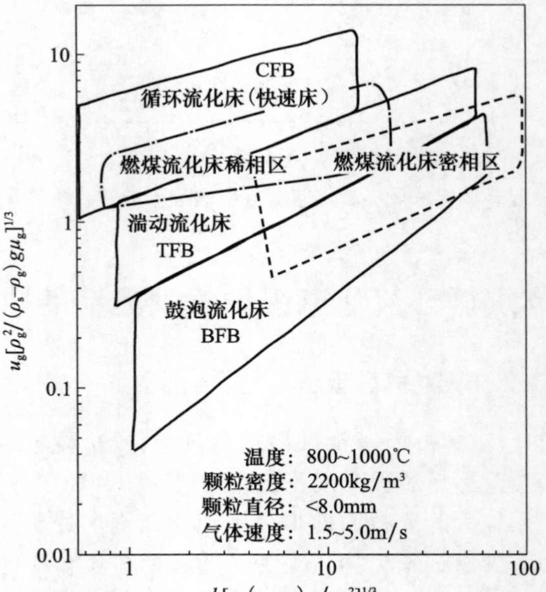

图 3-16 燃煤流化床的床料颗粒流化区域

床的密相区和稀相区的转变边界是模糊的，存在一个交叉区。在交叉区内，随着流化床内密相区气泡和稀相区颗粒聚团的形成以及流化床内速度和浓度的脉动等因素，使得床料中部分颗粒将交替处于密相区和稀相区。交叉区的颗粒将随流化速度的增加，由密相区粗颗粒变成稀相区细颗粒。

在循环流化床锅炉密相区内，当流化气体速度超过床料粗颗粒最小流化速度时，一部分多余的气体将以气泡的形式通过密相区形成鼓泡流化床。在密相区内，气泡在分布板上或稍高一点的地方形成，并沿密相区上升流动。由于气泡的聚并等原因，小气泡在上升过程中不断长大，并逐渐加快上升速度。气泡流动所引起颗粒的强烈搅动，增加了气固之间的接触效率。在密相区内，正是这种气泡的行为，在密相区化学反应和传热传质特性等方面起着决定性作用。

在循环流化床锅炉稀相区内，高温气体携带颗粒上升过程中存在固体颗粒的团聚现象。细颗粒聚集成团后，质量增加，体积增大，表现出较高的自由沉降速度。在下降过程中，颗粒聚团被上升的气流和颗粒之间的碰撞作用破碎为分散颗粒，又被上升气体带动向上运动，再聚集成颗粒团，沉降下来。这种颗粒不断聚集、下沉、吹散、上升又聚集形成的物理过程，使循环流化床锅炉稀相区内气固两相间发生强烈的热量和质量交换。稀相区内气固流动形成复杂流动结构，使得靠近水冷壁壁面处很浓的颗粒团向下运动，稀相区中心则是相对较稀的气固两相向上运动，产生一个强烈的稀相区内颗粒循环运动。相对于从分离器分离下来回送的外循环量，稀相区内颗粒循环对停留时间的贡献要高一个量级，循环流化床内颗粒的内循环和外循环为燃烧颗粒提供了比较长的停留时间。

由此可见，无论进入循环流化床锅炉的物料粒度分布如何分散，系统均可对其进行淘洗，形成粗颗粒和细颗粒。由于气体携带能力有限，粒径大的颗粒很难被气流携带，只能集中在密相床内从床底排出，该部分颗粒为床料粗颗粒。细颗粒又可以大致分为直流细颗粒和循环细颗粒。直流细颗粒被气体携带并且一次直接通过炉膛燃烧室。相反，循环细颗粒是在通过分离器分离后，经过回料装置回送返回炉膛，参与循环流动。图 3-16 中交叉区就是由循环细颗粒所承担的区域。交叉区范围越宽，所占床料中的质量分数越大，对燃煤流化床的流化和燃烧调节控制越有利，燃煤流化床锅炉可以在更宽的锅炉负荷范围内运行。因此，在循环流化床锅炉设计和运行中，进行煤粒度分布和飞灰颗粒粒度分布调节和优化循环细颗粒是非常重要的。

床料粗颗粒进入密相区所需要的流化空截面速度或者流化速度 u_g 下限为

$$u_g = A^{-1}\exp[-3.3118 + 0.9487 \times \ln(d_p B)] \tag{3-108}$$

$$A = \left[\frac{\rho_g^2}{(\rho_s - \rho_g)\mu_g g}\right]^{1/3}, \quad B = \left[\frac{\rho_g(\rho_s - \rho_g)g}{\mu_g^2}\right]^{1/3}$$

同理，也可以确定在一定空截面流化速度或者流化速度 u_g 下处于密相区流化的床料粗颗粒直径为

$$d_p = B^{-1}\exp[3.4907 + 1.0539 \times \ln(u_g A)] \tag{3-109}$$

由方程(3-108)可以确定床料粗颗粒的鼓泡流态化最小速度。当实际流化速度小于该速度时，床料粗颗粒流化可能失败。方程(3-109)给出进入鼓泡流化的最大床料粗颗粒直径。当床物料直径大于该直径时，床内颗粒的流化状态消失而进入固定床。

床料循环细颗粒进入循环流化床稀相区所需要的流化速度下限为

$$u_g = A^{-1}\exp[0.2529 + 0.3525 \times \ln(d_p B)] \tag{3-110}$$

也可以由方程(3-111)确定在流化速度 u_g 下进入循环流化床稀相区的循环细颗粒直径：

$$d_p = B^{-1}\exp[-0.4057 + 2.7605 \times \ln(u_g A)] \tag{3-111}$$

方程(3-111)表明，当床料中颗粒直径小于 d_p 的颗粒处于快速流化床，颗粒被气体携带出炉膛后，被分离器分离，通过返料器送回炉膛。直流细颗粒直径取决于分离器分离性能(分级分离效率和切割直径 d_{c50})。凡是未能被分离器捕获的直流细颗粒，可能将被迫一次通过炉膛。

3.9.2 燃煤循环流化床锅炉流动与反应特性

以 165t/h 燃煤循环流化床锅炉燃烧室为基础建立三维计算模型。考虑到燃烧过程模拟的复杂性和模拟计算能力，模拟过程中对循环流化床锅炉燃烧室结构做适当简化，去掉旋风分离器和回料装置等部分，对循环流化床锅炉燃烧室进行模拟(Wang et al.，2014)。锅炉燃烧室高 28m(z 向)，宽 8.05m(x 向)，深 4.21m(y 向)。一次风入口位于燃烧室底部布风板处，布风板面积为 2.8m×8.05m，燃烧室收缩段分别布置上排二次风和下排二次风。由燃煤元素分析得出，收到基碳、氢、氧、氮和硫分别为 63.57%、3.0%、1.79%、0.96%和 1.54%，锅炉设计计算燃料消耗量为 5.25kg/s。

固相由床料粗颗粒组分和循环细颗粒组分构成，粗颗粒组分的颗粒直径和密度为 3.0mm 和 2400kg/m^3，循环细颗粒组分的颗粒直径和密度为 0.1mm 和 2000kg/m^3。图 3-17 表示瞬时粗颗粒组分和细颗粒组分的颗粒浓度沿燃烧室高度的变化。由图可见，粗颗粒组分浓度在高度方向呈现出密相区和稀相区的不同分布状态，大致可以从上排二次风出口位置处为分界，密相区的颗粒浓度明显高于稀相区，而且形成气泡相，构成鼓泡流化状态。稀相区的颗粒浓度较低而且分布均匀，并且在稀相区形成颗粒聚团。在燃烧室出口区域，采用局部出口结构，使得在燃烧室出口处有局部的较高浓度的颗粒聚集。

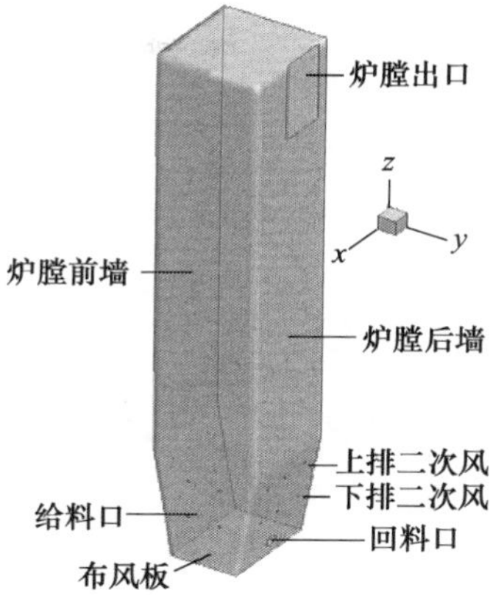

（a）蒸发量165 t/h燃煤循环流化床锅炉燃烧室三维计算模型

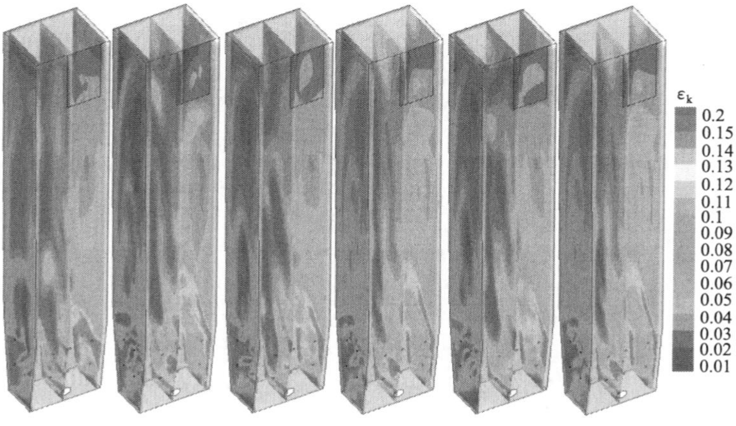

粗颗粒　细颗粒　　粗颗粒　细颗粒　　粗颗粒　细颗粒

（b）t=32s　　（c）t=33s　　（d）t=34s

图 3-17　瞬时粗颗粒组分和循环细颗粒组分浓度沿炉膛高度的变化

计算结果表明，沿燃烧室宽度方向，距离受热壁面处颗粒浓度都有增大的趋势，表明燃烧室内颗粒趋向于在壁面附近聚集。可以发现，在燃烧室底部粗颗粒浓度都比较大，形成粗颗粒的累积。随着高度的增加颗粒浓度逐渐趋向均匀，稀相区内细颗粒浓度要大于粗颗粒浓度。由于侧壁面二次风的作用，二次风区域的颗粒浓度较小，细颗粒组分被吹向床中心区域。

对循环流化床燃烧室内煤颗粒的燃烧过程进行数值模拟，获得气体和颗粒温度场以及气体组分浓度的分布。图 3-18 表示气相和粗颗粒组分以及细颗粒组分的温度沿燃烧室高度的分布。由图分析可知，沿燃烧室高度温度分布比较均匀，温度相差在 50K 以内。燃烧室下部引入较低温度的一次风和二次风导致燃烧室下部温度较低，而在回料口附近温度有明显提高，原因是高温回料对底部低温气体的加热作用。燃烧室上部出现了部分区域产生局部温升。随着燃烧室高温气体和颗粒与壁面受热面之间的辐射和对流换热，气相和颗粒相温度均呈现逐渐下降的趋势。

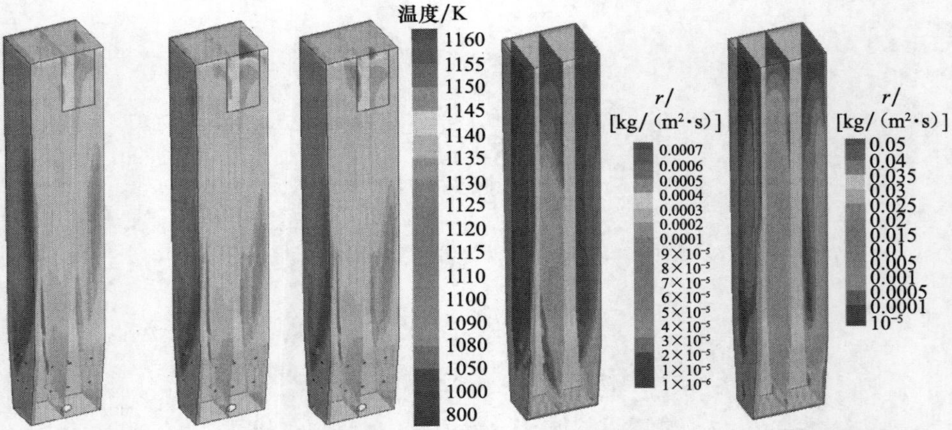

(a) 气相温度 (b) 粗颗粒组分温度 (c) 细颗粒组分温度 (d) 粗颗粒组分焦炭燃烧速率 (e) 细颗粒组分焦炭燃烧速率

图 3-18　沿燃烧室高度的气体和颗粒温度分布以及焦炭燃烧速率分布

与气相组分的燃烧相比，焦炭燃烧速率低。计算结果表明，粗颗粒组分和细颗粒组分的焦炭反应速率不同。细颗粒组分的焦炭燃烧反应速率要比粗颗粒组分的焦炭燃烧反应速率大两个数量级左右，原因是焦炭颗粒的反应速率需要考虑焦炭颗粒与氧气的接触，细颗粒组分提供较大的反应面积，使得细颗粒组分的焦炭燃烧反应速率更大。

煤颗粒燃烧模拟计算中煤粒热解过程采用单方程模型。煤颗粒和焦炭颗粒的当量化学式可以通过煤的工业分析产物推导获得，考虑到炉内温度比较均匀，原煤颗粒入炉后被迅速加热热解。煤热解产生的挥发分由 CH_4、CO、CO_2、H_2、焦油气(C_xH_y)和 H_2O(气相)组成。

在焦炭的燃烧过程中，氧气扩散到焦炭表面并形成 CO 与 CO_2。焦炭燃烧模拟中选择 Field 提出的模型(Field，1969)，燃烧速率由化学反应速率和氧气扩散速率共同决定。焦炭燃烧反应如下：

$$C+\frac{1}{\phi}O_2 = \left(2-\frac{2}{\phi}\right)CO+\left(\frac{2}{\phi}-1\right)CO_2$$

式中，因子 ϕ 决定燃烧过程中 CO 和 CO_2 的平衡。对于直径为 d_c 的焦炭颗粒，ϕ 由式(3-112)计算：

$$\phi=\begin{cases}\dfrac{2p+2}{p+2}, & d_c\leqslant 0.05\\ \dfrac{1}{p+2}\left[2p+2-\dfrac{p}{0.095}(100d_c-0.005)\right], & 0.05<d_c\leqslant 1.0\\ 1, & d_c>1.0\end{cases} \tag{3-112}$$

式中，$p=2500\exp[-5.19\times10^4/(RT)]$。

密相区和稀相区内考虑 CO、CH_4 和 H_2 的燃烧和焦炭燃烧反应以及脱硫剂石灰石的分解和固硫反应：

$$CH_4+1.5O_2 \longrightarrow CO+2H_2O \tag{R1}$$

$$C+O_2 \longrightarrow CO_2 \tag{R2}$$

$$H_2+0.5O_2 \longrightarrow H_2O \tag{R3}$$

$$C+CO_2 \longrightarrow 2CO \tag{R4}$$

$$CaCO_3 \longrightarrow CaO+CO_2 \tag{R5}$$

$$CaO+SO_2+0.5O_2 \longrightarrow CaSO_4 \tag{R6}$$

反应速率见表 3-2。

表 3-2　煤颗粒燃烧化学反应速率

反应过程	反应速率 r/[kmol/(m³ · s)]	常数
R1	$R_3=k_3Y_{CH_4}^{0.7}Y_{O_2}^{0.8}$	$k_3=5.122\times10^{11}\exp(-24157/T)$
R2	$R_4=k_4Y_{CO}Y_{O_2}^{0.5}$	$k_4=1.0\times10^{15}\exp(-16000/T)$
R3	$R_5=k_5Y_{H_2}^{1.5}Y_{O_2}$	$k_5=5.159\times10^{15}T^{-1.5}\exp(-3430/T)$
R4	$R_6=[6(1-\varepsilon)\rho_sY_c]/(d_p\rho_c)k_6Y_{CO_2}$	$k_6=4.1\times10^6\exp(-29787/T)$
R5	$R_7=\varepsilon_s\rho_sk_7Y_cS_{CaCO_3}$	$k_7=6.078\times10^4\exp[-1.702\times10^4/(RT)]$
R6	$R_8=\varepsilon_s\dfrac{Y_{CaO}\rho_s}{\rho_{CaO}}\eta k_8Y_{SO_2}$	$k_8=1.1\times10^6\exp[-0.595\times10^8/(RT)]$ $X=\dfrac{Y_{CaSO_4}}{Y_{CaO}+Y_{CaSO_4}}$，　$\eta=\exp(-5.71X)$

图 3-19 表示燃烧室内煤燃烧过程中不同气体组分体积浓度沿燃烧室高度的变化。由图分析可知，由于煤热解反应、焦炭和挥发分的燃烧反应，O_2 浓度随着燃烧室高度的增加逐渐被消耗。一次风和二次风入口处 O_2 浓度较大。燃烧室底部的焦炭燃烧消耗掉较少部分 O_2；随着高度增加，O_2 浓度降低。在燃烧室底部 CO_2 浓度较小；随着高度增加，CO_2 浓度逐渐增大。由于煤颗粒在前墙单侧给入，气体组分 CO_2 生成有明显的差异。沿燃烧室高度方向气体组分 CO 分布比较均匀，然

而在煤进口区域 CO 气体浓度达到最大值。CO 的主要来源是挥发分燃烧形成的 CO 气体和焦炭燃烧产生的 CO 气体。结果表明，CO 气体组分并没有像其他挥发分气体一样在入口区域出现剧增，而是焦炭燃烧过程中产生的 CO 气体比例很大。综合以上两部分因素，可以解释 CO 气体在燃烧室范围内的分布趋势。由于煤颗粒干燥热解过程直接生成水蒸气，同时生成 CH_4 和 H_2；燃烧过程中也会产生水蒸气，因此沿炉膛高度 H_2O 气体组分不断增加。

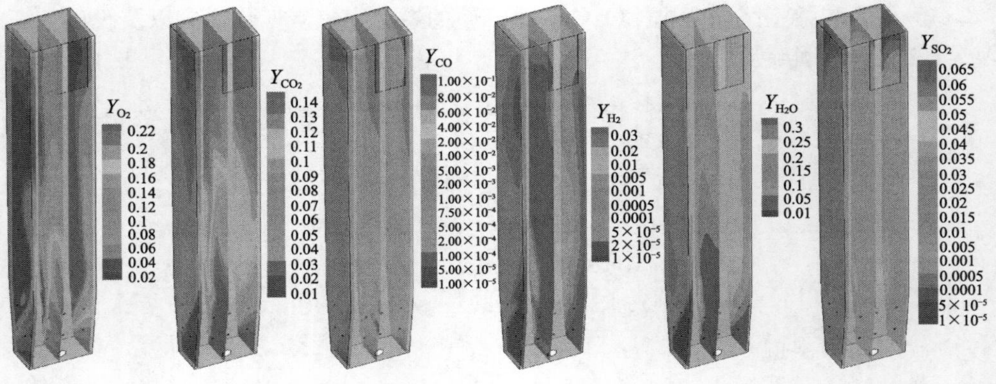

(a) O_2　(b) CO_2　(c) CO　(d) H_2　(e) H_2O　(f) SO_2

图 3-19　沿燃烧室高度的各气体组分的浓度分布

循环流化床锅炉中添加脱硫剂石灰石（$CaCO_3$），使燃烧反应和固硫反应同时进行。$CaCO_3$ 受热分解产生的 CaO 与烟气中的 SO_2 结合生成 $CaSO_4$。计算结果表明，在煤入口处气体组分 SO_2 浓度较高，沿燃烧室高度逐渐降低。SO_2 气体生成主要来自两方面：一是由挥发分燃烧产生 SO_2 气体，该过程主要发生在给煤口附近区域，化学反应速率较大；二是焦炭燃烧过程中释放的 SO_2 气体。从而使得在燃烧室给煤口附近产生较高浓度的 SO_2，随之与 CaO 反应，使得 SO_2 气体浓度沿燃烧室高度逐渐降低。

3.10　均等组分颗粒拟温度的混合颗粒动理学模型

在混合气体流动中，不同气体组分具有不同的气体浓度和速度分布，但是具有相同的温度。在混合颗粒流动中，不同组分颗粒具有不同的浓度和速度以及颗粒拟温度。若假设双组分混合颗粒流动中，满足（Farrell et al.，1986；Jenkins et al.，1989；Gidaspow，1994）

$$\theta_i = \theta_k = \frac{1}{3} m_i \langle \boldsymbol{C}_i^2 \rangle \tag{3-113}$$

即双组分混合颗粒具有相同的颗粒拟温度（即 $\theta_i = \theta_k$），这种流动称为均等组分颗粒拟温度混合颗粒流动（或为均等组分颗粒拟温度的混合颗粒动理学）。双组分混合颗粒的平均颗粒拟温度是

$$\theta_{\mathrm{av}} = \frac{1}{3} \frac{n_i \langle C_i^2 \rangle + n_k \langle C_k^2 \rangle}{n_i + n_k} \tag{3-114}$$

式中，n 为颗粒数密度。通过对混合颗粒组分 i 或者 k 脉动速度为函数的 Maxwell-Boltzmann 方程求解，可以得到颗粒组分 i 或者 k 的输运参数。双组分混合颗粒的平均颗粒拟温度取决于颗粒组分的数密度。当颗粒组分 i 数密度比颗粒组分 k 数密度小很多时，双组分混合颗粒的平均颗粒拟温度接近于颗粒组分 k 的颗粒拟温度，与颗粒组分 i 的颗粒拟温度无关。

颗粒组分 i 与组分 k 的碰撞压力分量为

$$p_{\mathrm{c},ik} = \frac{\pi}{3} g_{ik} d_{ik}^3 n_i n_k (1 + e_{ik}) \theta_i \tag{3-115}$$

双组分混合颗粒的固相压力是由颗粒组分 i 与组分 k 的碰撞压力分量以及不同组分的颗粒动力压力（或者扩散应力分量）所组成的，表示如下：

$$p_{\mathrm{s}} = \sum_{i=1}^{2} \sum_{k=1}^{2} p_{\mathrm{c},ik} + \sum_{i=1}^{2} n_i \theta_i \tag{3-116}$$

颗粒组分 i 的颗粒碰撞应力是

$$\boldsymbol{P}_{\mathrm{c}ik} = p_{\mathrm{c},ik} \left[\boldsymbol{I} - \frac{4}{5} d_{ik} \left(\frac{2 m_i m_k}{\pi (m_i + m_k) \theta_i} \right) \right]^{\frac{1}{2}} \left(\frac{1}{2} \nabla \cdot \boldsymbol{u}_{\mathrm{s}i} \boldsymbol{I} + \nabla^{\mathrm{T}} \boldsymbol{u}_{\mathrm{s}i} \right) \tag{3-117}$$

混合颗粒流的颗粒组分 i 黏性系数为

$$\mu_{\mathrm{c},i} = \sum_{k=1}^{2} \mu_{\mathrm{c},ik} \tag{3-118}$$

$$\mu_{\mathrm{c},ik} = \frac{3}{2\pi} (1 + e_{ik}) \frac{d_{ik}^4}{d_i^3 d_k^3} g_{ik} \varepsilon_i \varepsilon_k \theta_{ik}^{\frac{1}{2}} \tag{3-119}$$

混合颗粒流的颗粒组分 i 动力黏性系数分量为

$$\mu_{\mathrm{k},i} = \frac{5}{16 d_i^2} \left(\frac{m_i^2}{\pi} \theta_i \right)^{\frac{1}{2}} \tag{3-120}$$

颗粒组分 i 与组分 k 非弹性碰撞的单位体积脉动能量通量为

$$\boldsymbol{q}_{ik} = \frac{3 p_{\mathrm{c},ik}}{\pi (m_i + m_k)} \left\{ -\frac{2}{3} d_{ik} \left(\frac{2\pi m_i m_k \theta_i}{(m_i + m_k)} \right)^{\frac{1}{2}} \nabla \ln \theta_i + \frac{\pi}{3} (m_i \boldsymbol{u}_{\mathrm{s}i} + m_k \boldsymbol{u}_{\mathrm{s}k}) \right.$$

$$\left. - \frac{m_k}{m_i + m_k} (1 - e_{ik}) \left[\frac{1}{4} d_{ik} (m_k - m_i) \left(\frac{2\pi (m_i + m_k) \theta_i}{m_i m_k} \right)^{\frac{1}{2}} \nabla \ln \theta_i \right. \right.$$

$$+\frac{1}{6}d_{ik}\left(\frac{2\pi(m_i+m_k)^3\theta_i}{m_i m_k}\right)^{\frac{1}{2}}\nabla\ln\frac{n_i}{n_k}+\frac{\pi}{2}(m_i+m_k)(\boldsymbol{u}_{sk}-\boldsymbol{u}_{si})\Bigg]\Bigg\} \tag{3-121}$$

双组分混合颗粒的单位体积能量碰撞耗散率为

$$\gamma=\sum_{k=1,2}\frac{6}{\pi}\boldsymbol{p}_{c,ik}\Bigg\{\frac{\pi}{6}\left(\frac{m_i-m_k}{m_i+m_k}\right)\nabla\cdot\boldsymbol{u}_{si} +\frac{m_k(1-e_{ik})}{m_i+m_k}\left[\frac{1}{d_{ik}}\left(\frac{2\pi(m_i+m_k)\theta_i}{m_i m_k}\right)^{\frac{1}{2}}-\frac{\pi}{2}\nabla\cdot\boldsymbol{u}_{si}\right]\Bigg\} \tag{3-122}$$

颗粒组分 i 与组分 k 之间的动量交换为

$$\phi_{ik}=p_{c,ik}\left\{\frac{m_k-m_i}{m_i+m_k}\nabla\ln\theta_i+\nabla\ln\frac{n_i}{n_k}+\frac{4}{d_{ik}}\left[\frac{2m_i m_k}{\pi(m_i+m_k)\theta_i}\right]^{\frac{1}{2}}(\boldsymbol{u}_{si}-\boldsymbol{u}_{sk})\right\} \tag{3-123}$$

由此可见，颗粒组分 i 与组分 k 之间的动量交换来自于组分颗粒温度的贡献、颗粒组分 i 与组分 k 数密度的变化和颗粒组分 i 与组分 k 相对速度引起的动量交换。如果忽略组分颗粒温度和颗粒组分 i 与组分 k 数密度变化对动量传递作用的影响，则颗粒组分 i 与组分 k 之间的动量交换系数简化为

$$\beta_{ik}=\frac{4}{3}g_{ik}(1+e_{ik})d_{ik}^2 n_i n_k\left[\frac{2\pi m_i m_k\theta_i}{(m_i+m_k)}\right]^{\frac{1}{2}} \tag{3-124}$$

方程(3-124)适用于颗粒组分 i 与组分 k 具有相同颗粒拟温度的流动条件。由此可见，颗粒组分 i 与组分 k 之间的动量交换系数取决于组分颗粒拟温度，即组分颗粒脉动速度。颗粒脉动速度是颗粒瞬时速度与平均速度的差值。由此可知，颗粒组分 i 与组分 k 之间的动量交换系数与相对速度有关。以组分颗粒相对速度替代组分颗粒拟温度，由方程(3-123)可得，颗粒组分 i 与组分 k 之间的动量交换系数为

$$\beta_{ik}=\frac{3(1+e_{ik})\varepsilon_{si}\rho_{si}\varepsilon_{sk}\rho_{sk}g_{ik}(d_i+d_k)^2}{4(\rho_{si}d_i^3+\rho_{sk}d_k^3)}|\boldsymbol{u}_{si}-\boldsymbol{u}_{sk}| \tag{3-125}$$

该方程被用于 FLUENT 等商业软件中当忽略颗粒摩擦作用时颗粒组分 i 与 k 之间动量交换系数的计算。

图 3-20 表示颗粒组分 i 与组分 k 之间的动量交换系数与组分颗粒浓度的变化。在低组分颗粒浓度下，颗粒组分 i 与组分 k 之间的动量交换系数随组分颗粒浓度增大而增加。相反，在高的组分颗粒浓度下，颗粒组分 i 与组分 k 之间的动量交换系数可能会随组分颗粒浓度增大而降低。由此可见，在不同的组分颗粒浓度下，组分之间的动量交换系数呈现不同的变化规律。也表明，在鼓泡流化床和提升管反应器内，不同的颗粒组分出现不同的流化特性。

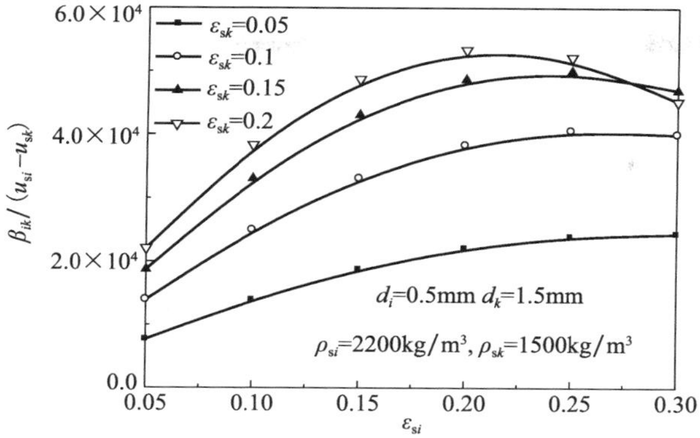

图 3-20　颗粒组分之间的动量交换系数与组分颗粒浓度的变化

3.11　本 章 小 结

在许多实际多相流体流动过程中，固相是由多种颗粒组分(如不同粒径、不同密度或两者都是)所组成的，构成混合颗粒。气固两相作用力除了应考虑气体与颗粒之间的相互作用，还必须考虑以下内容：①不同颗粒组分之间的相互作用；②同一颗粒组分内颗粒与颗粒的相互作用。现有颗粒动理学(见第 2 章)适用于具有均一颗粒或者窄筛分颗粒分布的稠密两相流动过程，固相守恒方程中没有考虑颗粒组分与组分之间的相互作用。因此，现有颗粒动理学应用于实际工程具有一定的局限性。

对于混合颗粒流，均等组分颗粒拟温度的混合颗粒动理学模型是 Farrell 等(1986)、Jenkins 等(1989)和 Gidaspow(1994)的研究成果。尽管均等组分颗粒拟温度的混合颗粒动理学模型相对简单，但是局限性很大，模型难以应用于基础理论研究和实际工程。需要注意的是，在现有商业 CFD 软件，如 FLUENT 等，尽管在多相流动模型中给出了混合颗粒动量交换系数等的计算方法，但是所用的计算模型是高度简化的，在实际应用中需要慎重。同时注意到，除了本章给出的非等组分颗粒拟温度的混合颗粒流颗粒动理学，后来由 Arastoopour(Iddir et al.，2005)、Garzo 等(2007)和 Kuperis(Annaland et al.，2009)提出三种不同的非等组分颗粒拟温度的混合颗粒流颗粒动理学模型，在一定的条件下是等同的。

本章给出的非等颗粒拟温度的混合颗粒流动理学应用于高浓度宽筛分颗粒的稠密两相流动过程，经历了理论建模、试验验证、模拟和实际工业过程应用等阶段，表明混合颗粒流的颗粒动理学能够正确揭示不同颗粒组分之间动量和能量传递与耗散的变化规律。然后，混合颗粒流的颗粒动理学中还存在非常多前沿课题亟待解决，包括多组分高颗粒浓度流动试验研究。对于高浓度双组分混合颗粒流动，可以采用两种独立的颗粒浓度测量方法获得组分颗粒浓度分布。对于三组分或者三组分以上的多组分混合颗粒流动过程，需要寻找相应测量技术和方法。

参考文献

Annaland M，van Sint Bokkers G A，Goldschmidt M J V，et al. 2009. Development of a multi-fluid model for poly-disperse dense gas-solid fluidised beds，part I：Model derivation and numerical implementation. Chemical Engineering Science，64：4222-4236.

Chapman S，Cowling T G. 1970. The Mathematical Theory of Nonuniform Gases. London：Cambridge University Press.

Crowe C，Sommerfield M，Tsuji Y. 1998. Multiphase Flows with Droplets and Particles. Taylor & Francis Group：CRC Press.

Ergun S. 1952. Fluid flow through packed columns. Chemical Engineering and Processing，48：89-96.

Farrell M，Lun C K K，Savage S B. 1986. A simple kinetic theory for granular flow of binary mixture of smooth，inelastic spherical particles. Acta Mechanica，63：45-60.

Field M A. 1969. Rate of combustion of size-graded fractions of char from a low rank coal between 1200K-2000 K. Combustion and Flame，13：237-252.

Garzo V，Dufty J W，Hrenya C M. 2007. Enskog theory for polydisperse granular mixtures. I. Navier-Stokes order transport. Physical Review E，76：031303.

Geldart D. 1973. Type of gas fluidization. Powder Technology，7：285-292

Gidaspow D. 1994. Multiphase Flow and Fluidization：Continuum and Kinetic Theory Description. San Diego：Academic Press.

Gidaspow D，Lu H L，Manger E. 1996. Kinetic theory of multiphase flow and fluidization：Validation and extension to binaries//XIXth International Congress of Theoretical and Applied Mechanics，Kyoto.

Gidaspow D，Lu H L. 1997. Liquid-solid fluidization using kinetic theory. AIChE Symposium Series，317：12-17.

Grace J R. 1986. Contacting modes and behavior classification of gas-solid and other two-phase suspensions. AIChE Journal，64：353-363.

Iddir H，Arastoopour H. 2005. Modeling of multi-type particle flow using the kinetic theory approach. AIChE Journal，51：1620-1632.

Jenkins J T，Mancini F. 1989. Kinetic theory for binary mixtures of smooth，nearly elastic spheres. Physics of Fluids，31：2050-2057.

Lu H L，Gidaspow D，Manger E. 2001. Kinetic theory of fluidized binary granular mixtures. Physical Review E，64：61301-61319.

Lu H L，Liu W T，Bie R S，et al. 2000. Kinetic theory of fluidized binary granular mixtures with unequal granular temperature. Physica A, 284: 265-276.

Lu H L, Gidaspow D. 2003a. Hydrodynamics of binary fluidization in a riser: CFD simulation using two granular temperatures. Chemical Engineering Science, 58: 3777-3792.

Lu H L, He Y R, Gidaspow D. 2003b. Hydrodynamic modelling of binary mixture in a gas bubbling fluidized bed using the kinetic theory of granular flow. Chemical Engineering Science, 58: 1197-1205.

Lu H L, He Y R, Gidaspow D, et al. 2003c. Size segregation of binary mixture of solids in bubbling fluidized beds. Powder Technology, 134: 86-97.

Lu H L, Zhao Y H, Ding J M, et al. 2007. Investigation of mixing/segregation of mixture particles in gas-solid fluidized beds. Chemical Engineering Science, 62: 301-317.

Lu H L, Liu G D, Wang S. 2014. Cluster structure-dependent drag model for simulations of gas-solids risers//2014 AIChE Annual Meeting, Atlanta.

Mansoori G A, Carnahan N F, Starling K E, et al. 1971. Equilibrium thermodynamic properties of the mixture of hard spheres. Journal of Chemical Physics, 54: 1523-1525.

Sun Q Q, Lu H L, Liu W T, et al. 2005. Simulation and experiment of segregating/mixing of rice husk-sand mixture in a bubbling fluidized bed. Fuel, 84: 1739-1748.

Wang S, Chen J H, Liu G D, et al. 2014. Predictions of coal combustion and desulfurization in a CFB riser reactor by kinetic theory of granular mixture with unequal granular temperature. Fuel Processing Technology, 126: 163-172.

Wang S Y, Liu G D, Lu H L, et al. 2009. Prediction of radial distribution function of particles in a gas-solid fluidized bed using discrete hard-sphere model. Industrial & Engineering Chemistry Research, 48: 1343-1352.

第 4 章　粗糙颗粒动理学

对于光滑球形颗粒的非弹性碰撞，仅考虑颗粒的平动运动，颗粒平动运动引起相互瞬时碰撞作用，实现颗粒间动量和能量的传递和耗散，而不考虑颗粒表面摩擦引发颗粒转动对颗粒碰撞中动量和能量交换及耗散的影响。实际颗粒表面粗糙，颗粒表面所受气动力作用的影响和颗粒相互碰撞等作用，粗糙颗粒运动过程不仅发生平动运动，同时发生转动。固相颗粒转动现象普遍存在于气固多相流动中，如固相颗粒在管道内气力输送、各种气固分离装置以及流化床燃烧反应器内颗粒的流动等。颗粒转动不仅对自身的运动特性产生影响，对固相流场以及周围的气相流场也产生影响，如颗粒旋转产生的升力。在气固两相流场中，固相颗粒一边平动一边转动时，会受到一个与运动方向垂直的升力。升力大小与颗粒转动速度、颗粒相对于流体的运动速度以及颗粒雷诺数有关。由于升力的方向始终与颗粒的运动方向垂直，因此，颗粒的运动路径与不转动时颗粒运动轨迹相比有很大不同，在有些情况下甚至起着主导作用。例如，研究表明风沙运动中沙颗粒的跳跃式前进与颗粒高速转动密切相关。风沙颗粒运动过程中的高速旋转作用导致沙颗粒的跳跃，增加风沙颗粒的迁移。在煤粉水平输送过程中，煤粉颗粒之所以能在管内不沉降地输送，旋转升力是其中的重要因素之一。

造成颗粒转动的可能原因有：①流场中气相速度梯度产生不平衡力矩；②颗粒之间、颗粒与壁面之间的碰撞与摩擦；③若有化学反应参与，反应过程中的不均匀受力，例如，煤粉在燃烧过程中受到不均匀燃烧作用力，以及煤粉气化时煤粉颗粒和气化气体相互作用致使煤粉颗粒发生旋转；④由形状不规则的颗粒产生的不均匀力矩。

流体横向速度梯度使颗粒两边的相对速度不同，引起颗粒旋转。在低雷诺数时，旋转将带动流体运动，使颗粒相对速度较高一边的流体速度增加，压强减小，而另一边的流体速度减小，压强增加，结果使颗粒向流体速度较高的一边运动，从而使颗粒趋于移向管道中心，这种现象称马格努斯效应，作用在颗粒上的横向力称为马格努斯力(Magnus force)。

$$\boldsymbol{F}_{\mathrm{M}}=\frac{\pi d_{\mathrm{p}}^{3}}{8}\rho_{\mathrm{g}}\boldsymbol{w}\times(\boldsymbol{u}_{\mathrm{g}}-\boldsymbol{u}_{\mathrm{s}}) \tag{4-1}$$

式中，$\boldsymbol{w}$ 为球形颗粒转运速度。以气固相对速度表示的马格努斯力是

$$\boldsymbol{F}_{\mathrm{M}}=\pi d_{\mathrm{p}}^{2}\rho_{\mathrm{g}}C_{\mathrm{M}}(\boldsymbol{u}_{\mathrm{g}}-\boldsymbol{u}_{\mathrm{s}})^{2}/8 \tag{4-2}$$

方程(4-2)表明升力大小与相对速度和升力系数 C_{M} 有关。

第 2 章给出的颗粒动理学方法广泛应用于高颗粒浓度气固两相流动的研究。但是，该颗粒动理学方法是在分子运动论、假设颗粒光滑无摩擦的基础上建立的颗粒动理学，引入颗粒拟温度 $\theta=\langle \boldsymbol{C}^2\rangle/3$（其中 $\boldsymbol{C}$ 为颗粒平动脉动速度）衡量颗粒平动速度脉动强弱。认为单颗粒速度分布函数仅由时间、位置和平动速度决定，建立颗粒拟温度守恒方程，构建光滑颗粒动理学。并以颗粒拟温度为函数建立颗粒相压力和黏性系数等参数计算模型，确定颗粒碰撞对动量和能量传递的影响。但是，对于表面粗糙的颗粒，颗粒相互作用过程中不仅产生瞬时直接碰撞作用，同时产生摩擦作用。颗粒间瞬时碰撞作用形成颗粒碰撞剪切应力和离散颗粒正压力。颗粒相互摩擦作用传递剪切应力、相互挤压传递正压力，使得颗粒发生旋转运动，导致颗粒转动脉动能量耗散。由于现有颗粒动理学仅考虑颗粒平动产生的瞬时直接碰撞作用，没有计及颗粒摩擦作用。因此，采用以光滑无摩擦颗粒碰撞动力学为基础的光滑颗粒动理学方法难以真实反映颗粒间摩擦作用对颗粒平动和转动脉动能量分布的影响。因此，需要摒弃以光滑颗粒碰撞动力学为基础所建立的光滑颗粒动理学方法，建立同时考虑颗粒平动和旋转运动的粗糙颗粒动理学方法，研究颗粒摩擦作用对动量和能量耗散的影响以及颗粒平动能量与转动脉动能量相互传递交换的规律。

由此可见，传统颗粒动理学理论中颗粒拟温度实际上仅反映颗粒平动速度脉动的强弱，用它来反映颗粒旋转速度脉动是不准确的。颗粒既有平动速度又有转动速度这一事实造成了颗粒脉动既有平动速度脉动又有转动速度脉动。从颗粒运动角度看，光滑颗粒动理学没有考虑颗粒的旋转运动，从能量传递和耗散角度来看，光滑颗粒动理学实际上低估了颗粒碰撞时的颗粒旋转产生的能量耗散。

4.1　粗糙颗粒碰撞动力学

描述颗粒转动作用的粗糙颗粒碰撞过程做如下假设：①颗粒为球形准刚性颗粒，碰撞前后颗粒形状不发生变化；②所有的颗粒几何尺寸和物性相同；③颗粒碰撞只发生在两个颗粒之间，对于三个及三个以上颗粒之间的碰撞不予考虑；④颗粒碰撞为点接触，且碰撞产生瞬时冲力，忽略碰撞中其他外力作用。

对于两个质量同为 m，直径均为 d 的粗糙非弹性颗粒 1 和 2，如图 4-1 所示，$\boldsymbol{c}_1$、$\boldsymbol{c}_2$、$\boldsymbol{w}_1$、$\boldsymbol{w}_2$ 和 $\boldsymbol{c}_1'$、$\boldsymbol{c}_2'$、$\boldsymbol{w}_1'$、$\boldsymbol{w}_2'$分别表示碰撞前后两颗粒的平动和转动速度。$\boldsymbol{r}_1$、$\boldsymbol{r}_2$ 为两个颗粒的空间位置，$\boldsymbol{k}$ 为单位向量，方向为从颗粒 1 圆心指向颗粒 2 圆心。在颗粒 1 和颗粒 2 发生碰撞以前，两颗粒碰撞点的相对速度为（Goldshtein et al.，1995；Jenkin et al.，1985）

$$\boldsymbol{g}_{12}=\left(\boldsymbol{c}_1-\frac{d_1}{2}\boldsymbol{k}\times\boldsymbol{w}_1\right)-\left(\boldsymbol{c}_2+\frac{d_2}{2}\boldsymbol{k}\times\boldsymbol{w}_2\right)=\boldsymbol{g}_{12\mathrm{k}}\boldsymbol{k}+\boldsymbol{g}_{12\mathrm{t}} \tag{4-3}$$

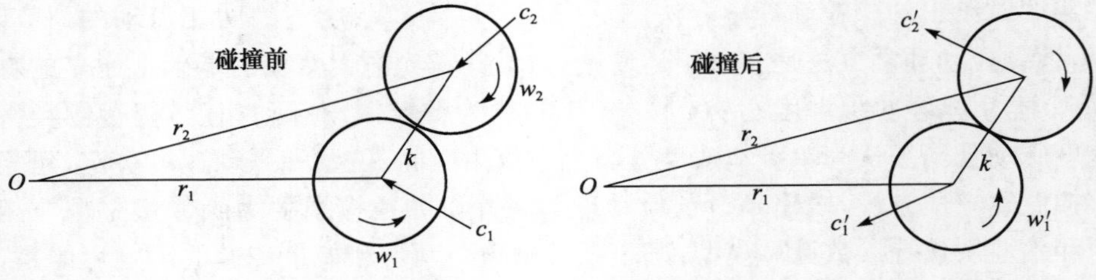

图 4-1 双颗粒碰撞过程

$$\boldsymbol{r}_2=\boldsymbol{r}_1+d\boldsymbol{k},\quad \boldsymbol{k}=\frac{\boldsymbol{r}_2-\boldsymbol{r}_1}{|\boldsymbol{r}_2-\boldsymbol{r}_1|} \tag{4-4}$$

式中，$\boldsymbol{g}_{12\mathrm{k}}$为颗粒碰撞接触点在碰撞发生前的相对平动速度分量；$\boldsymbol{g}_{12\mathrm{t}}$为颗粒碰撞接触点在碰撞发生前的相对转动速度分量，令 $\boldsymbol{c}_{12}=\boldsymbol{c}_1-\boldsymbol{c}_2$，有

$$\boldsymbol{g}_{12\mathrm{k}}=\boldsymbol{c}_{12}\cdot\boldsymbol{k} \tag{4-5}$$

$$\boldsymbol{g}_{12\mathrm{t}}=\boldsymbol{c}_{12}-(\boldsymbol{c}_{12}\cdot\boldsymbol{k})\boldsymbol{k}-\frac{1}{2}d_{12}\boldsymbol{k}\times(\boldsymbol{w}_1+\boldsymbol{w}_2) \tag{4-6}$$

同理，$\boldsymbol{g}'_{12\mathrm{k}}$和 $\boldsymbol{g}'_{12\mathrm{t}}$分别为颗粒碰撞接触点在碰撞发生后的相对平动和转动速度。$d_{12}=0.5(d_1+d_2)$。在粗糙颗粒碰撞发生后碰撞点的相对速度为

$$\boldsymbol{g}'_{12}=\left(\boldsymbol{c}'_1-\frac{d_1}{2}\boldsymbol{k}\times\boldsymbol{w}'_1\right)-\left(\boldsymbol{c}'_2+\frac{d_2}{2}\boldsymbol{k}\times\boldsymbol{w}'_2\right)=g'_{12\mathrm{k}}\boldsymbol{k}+\boldsymbol{g}'_{12\mathrm{t}} \tag{4-7}$$

碰撞前后 $\boldsymbol{g}'_{12\mathrm{k}}$和 $\boldsymbol{g}'_{12\mathrm{t}}$可分别通过引入颗粒非弹性恢复系数和切向恢复系数表示：

$$\boldsymbol{g}'_{12\mathrm{k}}=-e\boldsymbol{g}_{12\mathrm{k}},\quad \boldsymbol{g}'_{12\mathrm{t}}=-\beta\boldsymbol{g}_{12\mathrm{t}} \tag{4-8}$$

式中，e 为颗粒非弹性恢复系数，两颗粒非对心碰撞可以分为两个阶段：第一阶段是从两颗粒开始接触至变形达到最大时，称为压缩阶段；第二阶段两颗粒从最大形变直到完全分离，称为恢复阶段。从能量分析的角度来看，两阶段都伴随着颗粒的形变能和动能相互转化及能量损失。颗粒非弹性碰撞恢复系数 e 等于恢复阶段系统的动能增加值与压缩阶段中系统动能减小值之比的平方根，据此可以确定颗粒非弹性恢复系数 e 取值范围为 $0<e<1$。由图 4-2 可见，当 $e=0$ 时，两颗粒碰撞后速度相同，碰撞过程能量损失最大；当 $e=1$ 时，两颗粒碰撞后速度与碰撞前保持相同，颗粒碰撞过程无能量损失。非弹性恢复系数 e 大小取决于碰撞点在对心方向上的弹性和相对平动速度。

方程(4-8)中 β 为粗糙颗粒切向恢复系数。切向恢复系数可用来表征碰撞前后切向方向速度的相对比值。颗粒切向恢复系数的取值范围为 $-1\leqslant\beta\leqslant1$。如图 4-2 所示，$\beta=-1$ 代表颗粒表面完全光滑，由颗粒旋转造成的摩擦力和固相能量耗散为零，颗粒旋转对固相动量和能量传递没有影响。当切向非弹性恢复系数从 -1 向 $+1$ 变化时，颗粒表面的光滑度下降，粗糙度增加，颗粒表面摩擦力增强，但与此同时颗粒的切向弹性性能也在增强。当 $\beta=+1$ 表示颗粒表面绝对粗糙但切

向方向上为完全弹性，此时由颗粒旋转造成的摩擦力无限大，对于相互接触的两颗粒，若接触时间足够长，则在碰撞结束后两颗粒具有相同的旋转速率，但旋转方向相反。此外，由于颗粒在切向为完全弹性，因此虽然颗粒摩擦力无限大，但是由颗粒旋转造成的固相能量损失仍为零，区别于 $\beta=-1$ 的情况，其对固相的动量和能量传递会有一定的影响。$-1<\beta\leqslant 0$ 表示颗粒碰撞结束后颗粒旋转速度不发生变化，$0<\beta\leqslant 1$ 代表碰撞后旋转方向发生变化。

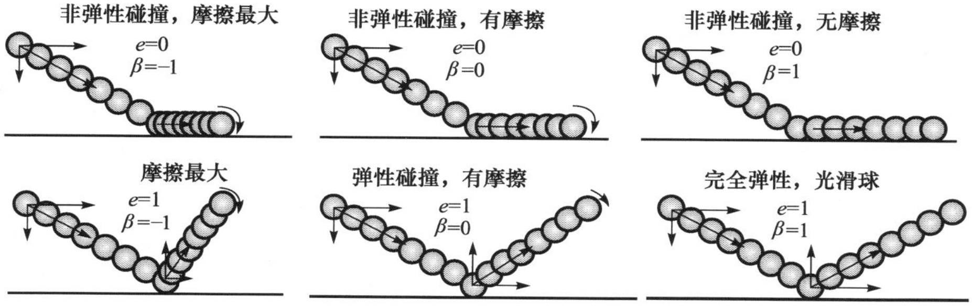

图 4-2　系数 e 和 β 对粗糙颗粒碰撞过程的影响(Lu et al. ,2014)

对于质量相同的两颗粒组成的系统，平动和转动动量守恒方程为

$$\boldsymbol{c}_1-\boldsymbol{c}_1'=\frac{\boldsymbol{J}}{m},\quad \boldsymbol{c}_2-\boldsymbol{c}_2'=-\frac{\boldsymbol{J}}{m} \tag{4-9}$$

$$\boldsymbol{w}_1'-\boldsymbol{w}_1=\boldsymbol{w}_2'-\boldsymbol{w}_2=\frac{d_{12}}{2I_{\mathrm{p}}}(\boldsymbol{k}\times\boldsymbol{J}) \tag{4-10}$$

式中，$\boldsymbol{J}$ 为颗粒的冲量；I_{p} 为颗粒转动惯量。碰撞发生后两颗粒的平动速度和转动速度分别为

$$\boldsymbol{c}_1'=\boldsymbol{c}_1+\eta_1 g_{21\mathrm{k}}\boldsymbol{k}+\eta_2\boldsymbol{g}_{21\mathrm{t}},\quad \boldsymbol{c}_2'=\boldsymbol{c}_2-\eta_1 g_{21\mathrm{k}}\boldsymbol{k}-\eta_2\boldsymbol{g}_{21\mathrm{t}} \tag{4-11}$$

$$\boldsymbol{w}_1'=\boldsymbol{w}_1-\frac{md_{12}}{2I_{\mathrm{p}}}\eta_2(\boldsymbol{k}\times\boldsymbol{g}_{21\mathrm{t}}),\quad \boldsymbol{w}_2'=\boldsymbol{w}_2-\frac{md_{12}}{2I_{\mathrm{p}}}\eta_2(\boldsymbol{k}\times\boldsymbol{g}_{21\mathrm{t}}) \tag{4-12}$$

式中，η_1 和 η_2 为与颗粒非弹性恢复系数 e 和颗粒切向恢复系数 β 相关的系数：

$$\eta_1=\frac{1+e}{2},\quad \eta_2=\frac{K}{2}\left(\frac{1+\beta}{1+K}\right),\quad K=\int\frac{1}{4}d_{12}^2\mathrm{d}m \tag{4-13}$$

对于球形颗粒，当球体质量集中于球心时系数 K 为 0，当球体质量均匀分布在球体表面时系数 K 为 2/3，当球体质量均匀分布于整个球体时系数 K 为 2/5。

据此可求出两个粗糙颗粒碰撞过程中的总能量损失：

$$\Delta E=-m\left(\frac{1-e^2}{4}g_{21\mathrm{k}}^2+\frac{1-\beta^2}{1+K}\frac{K}{4}g_{21\mathrm{t}}^2\right) \tag{4-14}$$

当不考虑颗粒旋转时，由光滑颗粒动理学可以得到颗粒碰撞导致的能量损失为

$$\Delta E_{\mathrm{k}}=-m\,\frac{1-e^{2}}{4}g_{21\mathrm{k}}^{2} \tag{4-15}$$

由颗粒动理学可知，由颗粒平均平动脉动能定义的平动温度或者颗粒平动拟温度是

$$\frac{3}{2}m\theta_{t}=\frac{1}{2}m\langle\boldsymbol{CC}\rangle \tag{4-16}$$

式中，$\boldsymbol{C}$ 为颗粒平动脉动速度。在光滑颗粒动力学(即颗粒动理学)中，平动颗粒拟温度又称为颗粒拟温度。

由颗粒平均转动脉动能定义颗粒转动拟温度或者颗粒转动温度 θ_{r} 为

$$\frac{3}{2}m\theta_{\mathrm{r}}=\frac{1}{2}I_{\mathrm{p}}\langle\boldsymbol{\omega}^{2}\rangle \tag{4-17}$$

式中，$\boldsymbol{\omega}$ 为颗粒转动脉动速度。

颗粒脉动能量包括颗粒平动脉动能和转动脉动能，即

$$E=\left\langle\frac{1}{2}m(\boldsymbol{c}-\boldsymbol{u})^{2}+\frac{1}{2}I_{\mathrm{p}}\boldsymbol{\omega}^{2}\right\rangle \tag{4-18}$$

则单位质量的颗粒速度脉动能量是颗粒相比能 E/m，称为颗粒拟总温度 e_0：

$$e_{0}=\frac{E}{m}=\left\langle\frac{1}{2}\boldsymbol{C}^{2}+\frac{I_{\mathrm{p}}\boldsymbol{\omega}^{2}}{2m}\right\rangle=\frac{3}{2}(\theta_{\mathrm{t}}+\theta_{\mathrm{r}}) \tag{4-19}$$

由定义可知，颗粒拟总温度 e_0 表征颗粒平动和转动速度脉动的量度，其物理意义比传统光滑颗粒动理学中颗粒拟温度更为全面。

基于分子运动论，定义颗粒的速度分布函数 $f(\boldsymbol{r},\boldsymbol{c},\boldsymbol{w},t)$ 表示 t 时刻在空间 $\boldsymbol{r}$ 附近 $\mathrm{d}\boldsymbol{r}$ 邻域内出现速度范围为 $(\boldsymbol{c},\boldsymbol{c}+\mathrm{d}\boldsymbol{c})$ 和 $(\boldsymbol{w},\boldsymbol{w}+\mathrm{d}\boldsymbol{w})$ 的概率。在时刻 t 时，体积元从 $\boldsymbol{r}$ 到 $\boldsymbol{r}+\mathrm{d}\boldsymbol{r}$ 且速度范围从 $\boldsymbol{c}$ 到 $\boldsymbol{c}+\mathrm{d}\boldsymbol{c}$、$\boldsymbol{w}$ 到 $\boldsymbol{w}+\mathrm{d}\boldsymbol{w}$ 颗粒的总数为

$$n=\int f(\boldsymbol{r},\boldsymbol{c},\boldsymbol{w},t)\,\mathrm{d}\boldsymbol{r}\mathrm{d}\boldsymbol{c}\mathrm{d}\boldsymbol{w} \tag{4-20}$$

则在时间 t、速度为 $\boldsymbol{c}_1$、$\boldsymbol{w}_1$ 和 $\boldsymbol{c}_2$、$\boldsymbol{w}_2$ 以及在体积元 $\mathrm{d}\boldsymbol{r}_1$、$\mathrm{d}\boldsymbol{r}_2$ 范围内颗粒 1 和 2 的碰撞次数为

$$f^{(2)}(\boldsymbol{r}_1,\boldsymbol{c}_1,\boldsymbol{w}_1,\boldsymbol{r}_2,\boldsymbol{c}_2,\boldsymbol{w}_2,t)\,\mathrm{d}\boldsymbol{r}_1\mathrm{d}\boldsymbol{r}_2\mathrm{d}\boldsymbol{c}_1\mathrm{d}\boldsymbol{c}_2\mathrm{d}\boldsymbol{w}_1\mathrm{d}\boldsymbol{w}_2 \tag{4-21}$$

式中，$f^{(2)}$ 为双颗粒速度分布函数，表示在 t 时刻颗粒 1 和颗粒 2 在位置分别为 $\boldsymbol{r}_1$ 和 $\boldsymbol{r}_2$、体积 $\mathrm{d}\boldsymbol{r}_1$ 和 $\mathrm{d}\boldsymbol{r}_2$ 内，平动速度分别处于 $\boldsymbol{c}_1$ 到 $\boldsymbol{c}_1+\mathrm{d}\boldsymbol{c}_1$ 以及 $\boldsymbol{c}_2$ 到 $\boldsymbol{c}_2+\mathrm{d}\boldsymbol{c}_2$ 之内，转动速度分别处于 $\boldsymbol{w}_1$ 到 $\boldsymbol{w}_1+\mathrm{d}\boldsymbol{w}_1$ 以及 $\boldsymbol{w}_2$ 到 $\boldsymbol{w}_2+\mathrm{d}\boldsymbol{w}_2$ 之内的概率。双颗粒速度分布函数 $f^{(2)}$ 是颗粒 1 速度分布函数 f_1 和颗粒 2 速度分布函数 f_2 的函数。假设当颗粒处在均匀稳定状态时，颗粒速度分布函数满足 Maxwell 型分布：

$$f_{1}^{(0)}=\frac{nI_{\mathrm{p}}^{3/2}}{\pi^{3}(\alpha_{\mathrm{t}}\alpha_{\mathrm{r}})^{3/2}e_{0}^{3}}\exp\left[-\frac{(\boldsymbol{c}-\boldsymbol{u})^{2}}{\alpha_{\mathrm{t}}e_{0}}-\frac{\boldsymbol{\omega}^{2}I_{\mathrm{p}}}{m\alpha_{\mathrm{r}}e_{0}}\right] \tag{4-22}$$

式中，a_t 和 a_r 分别是无因次平动系数和转动系数。

$$f^{(2)}(\boldsymbol{r}_1,\boldsymbol{c}_1,\boldsymbol{w}_1,\boldsymbol{r}_2,\boldsymbol{c}_2,\boldsymbol{w}_2,t)=g_0 f_1^0(\boldsymbol{r}_1,\boldsymbol{c}_1,\boldsymbol{w}_1,t)f_2^0(\boldsymbol{r}_2,\boldsymbol{c}_2,\boldsymbol{w}_2,t) \tag{4-23}$$

式中，g_0 为径向分布函数在碰撞接触点的值。对基于混沌假设的颗粒系统，g_0 与颗粒速度无关，仅是当地颗粒浓度的函数。$g_0 \geqslant 1$ 表征颗粒浓度对碰撞概率的增加。

单位时间和单位体积内两颗粒碰撞次数为

$$N_{12}=\iiint d_{12}^2 g_0 f_1^0(\boldsymbol{r}_1,\boldsymbol{c}_1,\boldsymbol{w}_1,t)f_2^0(\boldsymbol{r}_2,\boldsymbol{c}_2,\boldsymbol{w}_2,t)(\boldsymbol{c}_{21}\cdot\boldsymbol{k})\mathrm{d}\boldsymbol{k}\mathrm{d}\boldsymbol{r}_1\mathrm{d}\boldsymbol{r}_2\mathrm{d}\boldsymbol{c}_1\mathrm{d}\boldsymbol{c}_2\mathrm{d}\boldsymbol{w}_1\mathrm{d}\boldsymbol{w}_2 \tag{4-24}$$

由方程(4-22)，积分得颗粒碰撞次数是

$$N_{12}=4d_{12}^2 n^2 g_0\sqrt{\pi\alpha_t e_0} \tag{4-25}$$

由此可见，两粗糙颗粒碰撞次数与颗粒数密度、无因次平动系数和颗粒拟总温度有关。粗糙颗粒碰撞频率随颗粒拟总温度提高而增加。

4.2　粗糙颗粒的 Maxwell-Boltzmann 方程

4.2.1　粗糙颗粒输运方程

假设固体颗粒为球形且几何尺寸和物性相同，颗粒为准刚性颗粒，在碰撞前后形状不发生变化；此外，粗糙颗粒碰撞只发生在两个粗糙颗粒之间，对于三个及三个以上颗粒之间的碰撞不予考虑，碰撞为点接触，且碰撞产生瞬时冲力，忽略碰撞瞬时其他外力作用。对于球对称且质量均匀分布的颗粒，颗粒旋转后单颗粒速度分布函数 f 将不仅取决于颗粒平动速度，还取决于颗粒的转动速度，由这些参数来共同确定颗粒的空间位置、速度和各个属性(Chapman et al.，1970；Gidaspow，1994)。

$$\frac{\partial f}{\partial t}+\boldsymbol{c}\cdot\frac{\partial f}{\partial \boldsymbol{r}}+\boldsymbol{F}\frac{\partial f}{\partial \boldsymbol{c}}=\left(\frac{\partial f}{\partial t}\right)_{\mathrm{col}} \tag{4-26}$$

式中，颗粒速度分布函数 $f(\boldsymbol{r},\boldsymbol{c},\boldsymbol{w},t)\mathrm{d}\boldsymbol{r}\mathrm{d}\boldsymbol{c}\mathrm{d}\boldsymbol{w}$ 表示 t 时刻在位置为 $\boldsymbol{r}$ 的体积 $\mathrm{d}\boldsymbol{r}$ 内，颗粒平动速度在 $\boldsymbol{c}$ 和 $\boldsymbol{c}+\mathrm{d}\boldsymbol{c}$ 之间和转动速度在 $\boldsymbol{w}$ 和 $\boldsymbol{w}+\mathrm{d}\boldsymbol{w}$ 之间颗粒可能的概率数。$\boldsymbol{F}$ 是单位质量颗粒受到的外力。假定仅与时间 t 和位置 $\boldsymbol{r}$ 有关，与平动速度 $\boldsymbol{c}$ 和转动速度 $\boldsymbol{w}$ 相互独立。从方程中可以看出 Boltzmann 方程左侧由微分形式表示，三项分别表示非稳态项、对流项和外力作用引起的速度分布函数变化。右侧由积分形式表示，表示由颗粒之间碰撞产生的变化率。

对 Boltzmann 方程左右两端同乘以颗粒特性的物理量 ϕ 后，再求系综平均得出 Maxwell 方程。

$$\frac{\partial\langle n\phi\rangle}{\partial t}+\frac{\partial}{\partial \boldsymbol{r}}\cdot n\langle c\phi\rangle-n\left[\left\langle\frac{\partial\phi}{\partial t}\right\rangle+\left\langle \boldsymbol{c}\cdot\frac{\partial\phi}{\partial \boldsymbol{r}}\right\rangle+\boldsymbol{F}\cdot\left\langle\frac{\partial\phi}{\partial c}\right\rangle\right]=\mathrm{Coll}(\phi) \quad (4\text{-}27)$$

式中，n 为颗粒数密度；$\langle\rangle$表示取平均。

$$\langle n\phi\rangle=\int\phi f(\boldsymbol{r},\boldsymbol{c},\boldsymbol{w},t)\mathrm{d}\boldsymbol{c}\mathrm{d}\boldsymbol{w} \quad (4\text{-}28)$$

方程(4-27)左侧表示颗粒特性物理量 ϕ(质量、动量和能量)的变化率，由颗粒速度分布函数 $f(\boldsymbol{r},\boldsymbol{c},\boldsymbol{w},t)$描述。方程右侧 Coll($\phi$)表示颗粒碰撞属性的传递。

$$\mathrm{Coll}(\phi)=\chi(\phi)-\nabla\cdot\psi(\phi) \quad (4\text{-}29)$$

$$\chi(\phi)=\frac{1}{2}\iiint[(\phi_1'-\phi_1)+(\phi_2'-\phi_2)](\boldsymbol{k}\cdot\boldsymbol{c}_{21})d_{12}^2 \times f^{(2)}(\boldsymbol{r}+\mathrm{d}\boldsymbol{k},\boldsymbol{c}_1,\boldsymbol{w}_1,\boldsymbol{r},\boldsymbol{c}_2,\boldsymbol{w}_2,t)\mathrm{d}\boldsymbol{k}\mathrm{d}\boldsymbol{c}_1\mathrm{d}\boldsymbol{c}_2\mathrm{d}\boldsymbol{w}_1\mathrm{d}\boldsymbol{w}_2 \quad (4\text{-}30)$$

$$\psi(\phi)=-\frac{\mathrm{d}_{12}}{4}\iiint[(\phi_1'-\phi_1)-(\phi_2'-\phi_2)](d_{12}^2\boldsymbol{k})(\boldsymbol{k}\cdot\boldsymbol{c}_{21}) \times f^{(2)}(\boldsymbol{r}+\mathrm{d}\boldsymbol{k},\boldsymbol{c}_1,\boldsymbol{w}_1,\boldsymbol{r},\boldsymbol{c}_2,\boldsymbol{w}_2,t)\mathrm{d}\boldsymbol{k}\mathrm{d}\boldsymbol{c}_1\mathrm{d}\boldsymbol{c}_2\mathrm{d}\boldsymbol{w}_1\mathrm{d}\boldsymbol{w}_2 \quad (4\text{-}31)$$

在不考虑颗粒转动运动时，颗粒的位置和速度可以同时用六维空间(位置和平动速度)中的一个点来表示，而考虑颗粒转动时则需要九维空间(位置、平动速度和转动速度)来表示，即单颗粒速度分布函数由六个自变量增加到九个，使得求解过程的复杂性大为增加。

通过系综平均与链导法可得到输运方程(Gidaspow，1994；Wang et al.，2012a，Lu et al.，2014)：

$$\frac{\mathrm{D}}{\mathrm{D}t}(n\langle\phi\rangle)+\frac{\partial}{\partial \boldsymbol{r}}\cdot(n\langle \boldsymbol{C}\phi\rangle)+\langle n\phi\rangle\frac{\partial}{\partial \boldsymbol{r}}\cdot\boldsymbol{u}+n\frac{\mathrm{D}\boldsymbol{u}}{\mathrm{D}t}\cdot\left\langle\frac{\partial\phi}{\partial \boldsymbol{C}}\right\rangle -n\left\langle\boldsymbol{F}\cdot\frac{\partial\phi}{\partial \boldsymbol{C}}\right\rangle+n\left\langle\boldsymbol{C}\frac{\partial\phi}{\partial \boldsymbol{C}}\right\rangle:\frac{\partial \boldsymbol{u}}{\partial \boldsymbol{r}}=\mathrm{Coll}(\phi) \quad (4\text{-}32)$$

当 ϕ 表示颗粒动量和能量为变量时，有

$$[(\phi_1'-\phi_1)-(\phi_2'-\phi_2)]|_{\phi=mc}=2m\{\eta_2[\boldsymbol{c}_{21}-\frac{\mathrm{d}_{12}}{2}\boldsymbol{k}\times(\boldsymbol{w}_1+\boldsymbol{w}_2)]+(\eta_1-\eta_2)\boldsymbol{k}(\boldsymbol{c}_{21}\cdot\boldsymbol{k})\} \quad (4\text{-}33)$$

$$[(\phi_1'-\phi_1)-(\phi_2'-\phi_2)]|_{\phi=\frac{m}{2}c^2+\frac{I_p\omega^2}{2}}=\frac{2}{3}\{(\eta_1-\eta_2)[(\boldsymbol{k}\cdot\boldsymbol{C}_2)^2-(\boldsymbol{k}\cdot\boldsymbol{C}_1)^2] +\eta_2[\boldsymbol{C}_2^2-\boldsymbol{C}_1^2-\boldsymbol{k}\cdot(\boldsymbol{\omega}_2\times\boldsymbol{C}_2+\boldsymbol{\omega}_1\times\boldsymbol{C}_1)]\} +\frac{2}{3}\eta_2\frac{1}{4}\mathrm{d}_{12}^2[\boldsymbol{\omega}_2^2-\boldsymbol{\omega}_1^2-(\boldsymbol{k}\cdot\boldsymbol{\omega}_2)^2 +(\boldsymbol{k}\cdot\boldsymbol{\omega}_1)^2] \quad (4\text{-}34)$$

4.2.2 粗糙颗粒守恒方程

取 ϕ 为 m，代入方程(4-32)中，根据输运理论可以列出颗粒相质量守恒方程：

$$\frac{\partial}{\partial t}(\varepsilon_s\rho_s)+\nabla\cdot(\varepsilon_s\rho_s\boldsymbol{u}_s)=0 \tag{4-35}$$

颗粒流动受外力场 $\boldsymbol{F}$ 的作用,包括重力、气固曳力和颗粒加速度力等。如果所研究的颗粒局限于一个小的区域内,则 $\boldsymbol{F}$ 可以认为是一个常数。通常,外力场的作用主要是重力和气固曳力。取 $\phi=m\boldsymbol{C}$,代入方程(4-32),可得颗粒平动动量守恒方程:

$$\frac{\partial}{\partial t}(\varepsilon_s\rho_s\boldsymbol{u}_s)+\nabla\cdot(\varepsilon_s\rho_s\boldsymbol{u}_s\boldsymbol{u}_s)=-\varepsilon_s\nabla\boldsymbol{p}+\nabla\cdot\boldsymbol{T}_s+\varepsilon_s\rho_s\boldsymbol{g}+\beta_{gs}(\boldsymbol{u}_g-\boldsymbol{u}_s) \tag{4-36}$$

式中,$\boldsymbol{u}_s=\langle\boldsymbol{c}\rangle$为颗粒相平动速度矢量;$p$ 为气相压力;$\boldsymbol{g}$ 为重力加速度;β_{gs}为气体与颗粒相间的曳力系数;$\boldsymbol{T}_s$ 为颗粒相总应力。由方程(4-35)和方程(4-36)可见,粗糙颗粒的质量和动量守恒方程在形式上与光滑颗粒保持一致,但是由于粗糙颗粒需要考虑颗粒转动,颗粒相总应力 $\boldsymbol{T}_s$ 会发生变化,包括颗粒运动对颗粒速度分布函数产生贡献 $\boldsymbol{P}_k$ 和颗粒碰撞对颗粒速度分布函数产生贡献 $\boldsymbol{P}_c$。平动和转动作用下的颗粒相动力分量 $\boldsymbol{P}_k$ 和碰撞分量 $\boldsymbol{P}_c$ 分别为

$$\boldsymbol{P}_k=\iint m\boldsymbol{CC}f(\boldsymbol{r},\boldsymbol{c},\boldsymbol{w},t)\mathrm{d}\boldsymbol{c}\mathrm{d}\boldsymbol{w} \tag{4-37}$$

$$\begin{aligned}\boldsymbol{P}_c=&\frac{1}{4}\mathrm{d}_{12}\iiint 2m\left\{\eta_2\left[\boldsymbol{c}_{21}-\frac{1}{2}\mathrm{d}\boldsymbol{k}\times(\boldsymbol{w}_1+\boldsymbol{w}_2)\right]+(\eta_1-\eta_2)\boldsymbol{k}(\boldsymbol{c}_{21}\cdot\boldsymbol{k})\right\}\\&\times g_0f_1(\boldsymbol{r},\boldsymbol{c}_1,\boldsymbol{w}_1,t)f_2(\boldsymbol{r}+d_{12}\boldsymbol{k},\boldsymbol{c}_2,\boldsymbol{w}_2,t)d_{12}^2(\boldsymbol{c}_{21}\cdot\boldsymbol{k})\mathrm{d}\boldsymbol{k}\mathrm{d}\boldsymbol{c}_1\mathrm{d}\boldsymbol{c}_2\mathrm{d}\boldsymbol{w}_1\mathrm{d}\boldsymbol{w}_2\end{aligned} \tag{4-38}$$

取 ϕ 为颗粒相的比能 E/m,由方程(4-32),可得颗粒拟总温度守恒方程如下:

$$\frac{3}{2}\left[\frac{\partial}{\partial t}(\varepsilon_s\rho_s e_0)+\nabla\cdot(\varepsilon_s\rho_s e_0\boldsymbol{u}_s)\right]=\nabla\cdot\boldsymbol{q}+\boldsymbol{T}_s:\nabla\boldsymbol{u}_s-\chi_s-D_{gs}-3\beta_{gs}e_0 \tag{4-39}$$

式中,χ_s 为颗粒相单位体积能量耗散率;$\boldsymbol{q}$ 为颗粒相热流通量,由颗粒平动和转动作用下的动力分量 $\boldsymbol{q}_k$ 及颗粒碰撞分量 $\boldsymbol{q}_c$ 组成。颗粒平动和转动作用下的热流通量分量为

$$\boldsymbol{q}_k=\iint m\boldsymbol{C}^2\boldsymbol{C}f_1(t,\boldsymbol{r},\boldsymbol{c}_1,\boldsymbol{w}_1)\mathrm{d}\boldsymbol{c}_1\mathrm{d}\boldsymbol{w}_1 \tag{4-40}$$

$$\begin{aligned}\boldsymbol{q}_c=&\frac{1}{4}d_{12}\iiint\left\{\frac{2}{3}\{(\eta_1-\eta_2)[(\boldsymbol{k}\cdot\boldsymbol{C}_2)^2-(\boldsymbol{k}\cdot\boldsymbol{C}_1)^2]+\eta_2[\boldsymbol{C}_2^2-\boldsymbol{C}_1^2\right.\\&\left.-k\cdot(\boldsymbol{w}_2\times\boldsymbol{C}_2+\boldsymbol{w}_1\times\boldsymbol{C}_1)]\}+\frac{2}{3}\eta_2\frac{1}{4}d_{12}^2[\boldsymbol{w}_2^2-\boldsymbol{w}_1^2-(\boldsymbol{k}\cdot\boldsymbol{w}_2)^2+(\boldsymbol{k}\cdot\boldsymbol{w}_1)^2]\right\}\\&\times g_0f_1(\boldsymbol{r},\boldsymbol{c}_1,\boldsymbol{w}_1,t)f_2(\boldsymbol{r}+d_{12}\boldsymbol{k},\boldsymbol{c}_2,\boldsymbol{w}_2,t)d_{12}^2(\boldsymbol{c}_{21}\cdot\boldsymbol{k})\mathrm{d}\boldsymbol{k}\mathrm{d}\boldsymbol{c}_1\mathrm{d}\boldsymbol{c}_2\mathrm{d}\boldsymbol{w}_1\mathrm{d}\boldsymbol{w}_2\end{aligned} \tag{4-41}$$

从粗糙颗粒动理学的颗粒质量、动量和拟总温度守恒方程中可以发现,其具有与光滑颗粒动理学相同的计算模型形式。当不考虑颗粒转动作用时,颗粒拟总温度方程将退化为光滑颗粒动理学中颗粒拟温度守恒方程。

4.3　粗糙颗粒平动能和转动能

当忽略外场作用力对粗糙颗粒速度分布函数的影响时，粗糙颗粒拟总温度方程为

$$\frac{\partial e_0}{\partial t}=-\boldsymbol{u}_{\mathrm{s}}\cdot\frac{\partial e_0}{\partial \boldsymbol{x}}-\frac{\boldsymbol{P}_{ij}}{n}\frac{\partial u_{\mathrm{s}i}}{\partial \boldsymbol{x}_j}-\frac{1}{n}\frac{\partial}{\partial \boldsymbol{x}}\cdot\boldsymbol{q}+\frac{1}{n}\boldsymbol{I}(f_1,f_2,\boldsymbol{x}) \tag{4-42}$$

$$\boldsymbol{I}(f_1,f_2,\boldsymbol{x})=\frac{d_{12}^2}{2}\int(\boldsymbol{k}\cdot\boldsymbol{c}_{21})g_0f_1(\boldsymbol{x}+d_{12}\boldsymbol{k})f_2(\boldsymbol{x})\Delta E\mathrm{d}\boldsymbol{k}\mathrm{d}\boldsymbol{c}_1\mathrm{d}\boldsymbol{w}_1\mathrm{d}\boldsymbol{k}\mathrm{d}\boldsymbol{c}_2\mathrm{d}\boldsymbol{w}_2 \tag{4-43}$$

由此可见，方程的求解与颗粒速度分布函数 f_1 和 f_2 有关。定义无因次平动脉动速度和转动速度为

$$\boldsymbol{V}=\sqrt{\frac{m}{e_0}}\boldsymbol{C},\quad \boldsymbol{\Omega}=\sqrt{\frac{I_{\mathrm{p}}}{e_0}}\boldsymbol{\omega} \tag{4-44}$$

当颗粒速度分布为各向同性时，颗粒速度分布函数表示为如下形式：

$$f^{(0)}=\frac{n(mI_{\mathrm{p}})^{\frac{3}{2}}}{e_0^3}F(\boldsymbol{V},\boldsymbol{\Omega},\boldsymbol{\vartheta}) \tag{4-45}$$

无因次函数 F 是无因次平动速度和转动速度以及系数 $\boldsymbol{\vartheta}$ 的函数，其中，$\boldsymbol{\vartheta}=\boldsymbol{c}(m/e_0)^{1/2}$。无因次函数 $F(\boldsymbol{V},\boldsymbol{\Omega},\boldsymbol{\vartheta})$ 隐含颗粒拟总温度。忽略方程(4-42)中第二项和第三项，方程(4-42)整理得到

$$\frac{\mathrm{d}e_0}{\mathrm{d}t}=K(F)\left(\frac{\sqrt{m}}{d_{12}^2ng_0}\right)^{-1}e_0^{3/2}=\frac{\boldsymbol{I}^{(0)}(f^{(0)})}{n} \tag{4-46}$$

$$K(F)=\frac{1}{2e_0}\int(\boldsymbol{k}\cdot\boldsymbol{V}_{21})F_1F_2\Delta E\mathrm{d}\boldsymbol{k}\mathrm{d}\boldsymbol{c}_1\mathrm{d}\boldsymbol{w}_1\mathrm{d}\boldsymbol{k}\mathrm{d}\boldsymbol{c}_2\mathrm{d}\boldsymbol{w}_2 \tag{4-47}$$

式中，$\boldsymbol{V}_{21}$ 为无因次相对速度，$\boldsymbol{V}_{21}=\boldsymbol{V}_2-\boldsymbol{V}_1$。

$$-K(F)\left(3F_1+\boldsymbol{V}_1^2\frac{\partial F_1}{\partial V_1^2}+\boldsymbol{\Omega}_1^2\frac{\partial F_1}{\partial \boldsymbol{\Omega}_1^2}\right)=\frac{J^{(0)}(F)}{d_{12}^2(m/e_0)^{1/2}(mI_{\mathrm{p}})^{3/2}g_0e_0^{-6}} \tag{4-48}$$

并且函数 F 满足归一化条件：

$$\int F_1\mathrm{d}\boldsymbol{k}\mathrm{d}\boldsymbol{c}_1\mathrm{d}\boldsymbol{w}_1\mathrm{d}\boldsymbol{k}\mathrm{d}\boldsymbol{c}_2\mathrm{d}\boldsymbol{w}_2=\frac{1}{2}\int(\boldsymbol{V}_1^2+\boldsymbol{\Omega}_1^2)\mathrm{d}\boldsymbol{k}\mathrm{d}\boldsymbol{c}_1\mathrm{d}\boldsymbol{w}_1\mathrm{d}\boldsymbol{k}\mathrm{d}\boldsymbol{c}_2\mathrm{d}\boldsymbol{w}_2=1 \tag{4-49}$$

由方程(4-48)和方程(4-49)可见，函数 F 取决于颗粒平动相对速度 $\boldsymbol{V}$ 和转动相对速度 $\boldsymbol{\Omega}$，其解是颗粒拟总温度的函数，并且满足归一化条件。由方程(4-14)，方程(4-47)可以表示如下：

$$K(F)=\frac{\pi}{4}\left[\eta_2(\eta_2-1)+\frac{\eta_2^2}{K}-\frac{1-e^2}{4}\right]\int F_1F_2\boldsymbol{V}_{21}^3\mathrm{d}\boldsymbol{k}\mathrm{d}\boldsymbol{c}_1\mathrm{d}\boldsymbol{w}_1\mathrm{d}\boldsymbol{k}\mathrm{d}\boldsymbol{c}_2\mathrm{d}\boldsymbol{w}_2$$

$$+\frac{\pi}{3}\frac{\eta_2}{K}\left[\eta_2\left(\frac{K+1}{K}\right)-1\right]\int F_1F_2\boldsymbol{V}_{21}^3(\boldsymbol{\Omega}_1^2+\boldsymbol{\Omega}_2^2)\mathrm{d}\boldsymbol{k}\mathrm{d}\boldsymbol{c}_1\mathrm{d}\boldsymbol{w}_1\mathrm{d}\boldsymbol{k}\mathrm{d}\boldsymbol{c}_2\mathrm{d}\boldsymbol{w}_2 \tag{4-50}$$

函数 F 的一级近似解 $F^{(0)}$ 服从 Maxwell 速度分布，由 Sonine 多项式的定义，函数 F 可以展开为

$$F(V_1^2,\Omega_1^2,e,\beta)=\frac{1}{\pi^3(\alpha_t\alpha_r)^{3/2}}\exp\left(-\frac{V_1^2}{\alpha_t}-\frac{\Omega_1^2}{\alpha_r}\right)\sum_{i,j}^{\infty}a_{ij}S_{1/2}^{(i)}\left(\frac{V_1^2}{\alpha_t}\right)S_{1/2}^{(j)}\left(\frac{\Omega_1^2}{\alpha_r}\right) \tag{4-51}$$

式中，$S(x)$是 Sonine 多项式：

$$S_m^{(n)}(x)=\sum_{p=0}^{n}\frac{\Gamma(n+m+1)}{(n-p)!p!\Gamma(n+p)}(-x)^p \tag{4-52}$$

式中，$\Gamma(x)$为 Gamma 函数。a_{ij} 是待定系数。由方程(4-51)可见，当特定系数 a_{ij} 已知时，函数 F 可以用逐次逼近方法求得。当方程(4-51)应用到光滑颗粒($\beta=-1$)时，待定系数为

$$a_{00}=1,\quad a_{10}=a_{01}=0 \tag{4-53}$$

函数 F 由几个独立部分组成，即由颗粒平动能和颗粒转动能所组成。由能量均分原理，在函数 F 中出现的平动能和转动能项，对颗粒拟总温度 e_0 的贡献是相同的，即在条件 $e=|\beta|=1$ 时，有

$$\alpha_t+\alpha_r=\frac{4}{3} \tag{4-54}$$

若方程(4-51)满足方程(4-54)所给定的系数 α_t 和 α_r，则颗粒平动拟温度和颗粒转动拟温度与颗粒拟总温度满足如下关系：

$$\theta_t=\frac{1}{2}\alpha_t e_0\ 和\ \theta_r=\frac{1}{2}\alpha_r e_0 \tag{4-55}$$

系数 $\alpha_t/2$ 和 $\alpha_r/2$ 表示颗粒平动和转动时的比定压热容。方程(4-51)表明，若在方程两侧同时乘上不变量(即 1、$\boldsymbol{V}$ 和$(V^2+\Omega^2)/2$)，且在速度空间内进行积分，方程是恒等的。对函数 F 展开，保留到二级近似时必须包含一级近似的变量参数，待定系数 α_t 和 α_r 满足

$$\left[(1-\beta^2)\frac{1-K}{1+K}-1+e^2\right]\alpha_t\alpha_r=\frac{4}{3}\left[K\left(\frac{1+\beta}{1+K}\right)^2\right](\alpha_t-\alpha_r) \tag{4-56}$$

合并方程(4-54)和方程(4-56)，得到系数如下：

$$\alpha_t=\frac{2}{3a}\left[(a-b)+(a^2+b^2)^{1/2}\right],\quad \alpha_r=\frac{2}{3a}\left[(a+b)-(a^2+b^2)^{1/2}\right] \tag{4-57}$$

式中，

$$a=(1-\beta^2)\frac{1-K}{1+K}-1+e^2,\quad b=2K\left(\frac{1+\beta}{1+K}\right)^2 \tag{4-58}$$

图 4-3 表示系数 α_t 和 α_r 随颗粒法向非弹性恢复系数 e 和颗粒切向恢复系数 β

的变化规律。在颗粒法向非弹性恢复系数一定时，随着颗粒切向恢复系数的增加，系数 α_t 增加，达到最大值后再逐渐减小。相反，系数 α_r 随颗粒切向恢复系数增加而降低，达到最小值后，再继续增大。表明系数 α_t 和 α_r 随切向颗粒恢复系数的变化存在极大值和极小值。因此，随着颗粒切向恢复系数的变化，系数 α_t 和 α_r 可以分为两个区：A 区和 B 区。在 A 区，颗粒切向恢复系数趋向 -1，系数 α_t 降低而 α_r 增大。在 B 区，颗粒切向恢复系数趋向 1，系数 α_t 降低而 α_r 增大。由方程(4-55)可见，在颗粒拟总温度一定时，随着系数 α_t 和 α_r 增加，颗粒平动拟温度和颗粒转动拟温度增加。通常，颗粒平动拟温度大于颗粒转动拟温度，即 $\theta_t > \theta_r$，必有 $\alpha_t > \alpha_r$。因此，在颗粒流动过程中，A 区是不存在的。只有满足 B 区的颗粒法向非弹性恢复系数 e 和颗粒切向恢复系数 β 是有效的。

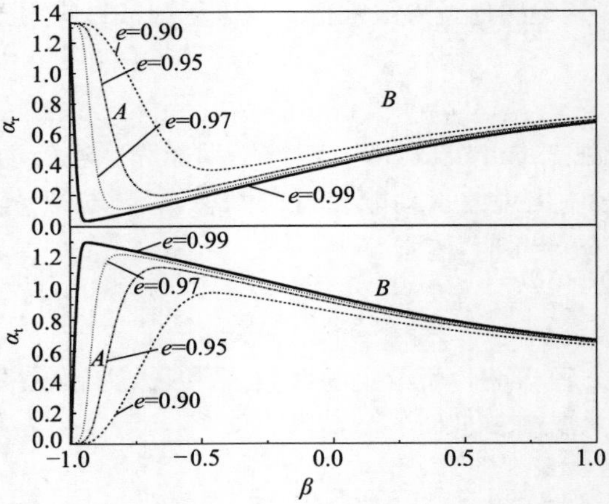

图 4-3　系数 α_t 和 α_r 与 e 和 β 的变化关系(Wang et al.,2012b)

4.4　粗糙颗粒碰撞的动量输运

采用 Chapman-Enskog 方法在位矢、平动速度和转动速度的九维空间上求解 Boltzmann 方程，需要知道颗粒速度分布函数。根据 Chapman-Enskog 单颗粒速度分布函数可以表示如下(Chapman et al.,1970)：

$$f_1 = f_1^{(0)} + f_1^{(1)} + \cdots \tag{4-59}$$

式中，$f_1^{(0)}$ 和 $f_1^{(1)}$ 分别为单颗粒速度分布函数的零级和一级表达式，当颗粒速度分布满足方程(4-22)时，在平动速度和转动速度的六维速度空间($\mathrm{d}\boldsymbol{c}$ 和 $\mathrm{d}\boldsymbol{w}$)上积分满足如下关系：

$$\int f_1^{(0)} \mathrm{d}\boldsymbol{c}_1 \mathrm{d}\boldsymbol{w}_1 = n, \int f_1^{(0)} \boldsymbol{c}_1 \mathrm{d}\boldsymbol{c}_1 \mathrm{d}\boldsymbol{w}_1 = n\boldsymbol{u}, \int f_1^{(0)} \boldsymbol{w}_1 \mathrm{d}\boldsymbol{c}_1 \mathrm{d}\boldsymbol{w}_1 = 0 \tag{4-60}$$

$$\int f_1^{(0)} \left[\frac{1}{2} m \mid \boldsymbol{c}_1 - \boldsymbol{u} \mid^2 + \frac{1}{2} I_{\mathrm{p}} \boldsymbol{\omega}^2\right] \mathrm{d}\boldsymbol{c}_1 \mathrm{d}\boldsymbol{\omega}_1 = nme_0 \tag{4-61}$$

$$\int f_1^{(1)} \mathrm{d}\boldsymbol{c}_1 \mathrm{d}\boldsymbol{w}_1 = \int f_1^{(1)} \boldsymbol{c}_1 \mathrm{d}\boldsymbol{c}_1 \mathrm{d}\boldsymbol{w}_1 = \int f_1^{(1)} \left[\frac{1}{2} \mid \boldsymbol{c}_1 - \boldsymbol{u} \mid^2 + \frac{1}{2m} I_{\mathrm{p}} \boldsymbol{\omega}^2\right] \mathrm{d}\boldsymbol{c}_1 \mathrm{d}\boldsymbol{\omega}_1 = 0 \tag{4-62}$$

颗粒速度分布函数 $f^{(1)}$ 依赖于颗粒速度分布函数 $f^{(0)}$，是颗粒质量、动量和能量组合的函数(Chapman et al. ,1970)：

$$f_1^{(1)} = -\frac{f_1^{(0)}}{n}\left[\boldsymbol{A}_1^{(1)} \cdot \frac{\partial \ln(n)}{\partial \boldsymbol{x}} + \boldsymbol{B}_1^{(1)} \cdot \frac{\partial \ln(\boldsymbol{P}_{\mathrm{c}})}{\partial \boldsymbol{x}} + \boldsymbol{C}_1^{(1)} \cdot \frac{\partial \ln(e_0)}{\partial \boldsymbol{x}} + \left(\frac{m}{e_0}\right) D_1^{(1)} \nabla \cdot \boldsymbol{u} + \boldsymbol{E}_1^{(1)} : \nabla^{\mathrm{T}} \boldsymbol{u}\right] \tag{4-63}$$

式中，$\boldsymbol{A}^{(1)}$、$\boldsymbol{B}^{(1)}$、$\boldsymbol{C}^{(1)}$、$D^{(1)}$ 和 $\boldsymbol{E}^{(1)}$ 分别为无因次平动速度 $\boldsymbol{V}$ 和转动速度为 $\boldsymbol{\Omega}$ 的函数。矢量系数 $\boldsymbol{A}^{(1)}$、$\boldsymbol{B}^{(1)}$ 和 $\boldsymbol{C}^{(1)}$ 为颗粒碰撞对动能传递的作用，包括与 $\partial \ln(e_0)/\partial \boldsymbol{x}$ 成正比的热流通量的贡献，以及与 $\partial \ln(n)/\partial \boldsymbol{x}$ 及 $\partial \ln(\boldsymbol{P}_{\mathrm{c}})/\partial \boldsymbol{x}$ 成正比的颗粒数密度和颗粒碰撞作用力的作用。张量系数 $\boldsymbol{E}^{(1)}$ 表征颗粒黏性系数，系数 $D^{(1)}$ 反映颗粒体积黏性系数。

根据方程(4-59)，可将颗粒总应力写成线性表达的形式：

$$\boldsymbol{T}_{\mathrm{s}} = \boldsymbol{P}^{(0)}(f^{(0)}) + \boldsymbol{P}^{(1)}(f^{(0)}) + \boldsymbol{P}^{(1)}(f^{(1)}) + \cdots \tag{4-64}$$

方程(4-64)右侧第一项 $\boldsymbol{P}^{(0)}(f^{(0)})$ 遵循各向同性原理，表示 $f^{(0)}$ 对零阶颗粒应力 $\boldsymbol{P}^{(0)}$ 的贡献：由方程(4-22)和方程(4-27)，在六维速度空间积分时颗粒转动脉动速度对颗粒压力无影响，仅与颗粒平动脉动速度有关。积分得

$$\boldsymbol{P}^{(0)} = \boldsymbol{P}_{\mathrm{k}} = \iint m\boldsymbol{C}\boldsymbol{C} f_1^{(0)}(\boldsymbol{r}, \boldsymbol{c}_1, \boldsymbol{w}_1, t) \mathrm{d}\boldsymbol{c}_1 \mathrm{d}\boldsymbol{w}_1 = \frac{3}{4} \alpha_{\mathrm{t}} \varepsilon_{\mathrm{s}} \rho_{\mathrm{s}} e_0 \tag{4-65}$$

方程(4-64)右侧第二项 $\boldsymbol{P}^{(1)}(f^{(0)})$ 由非局部效应引起，表示 $f^{(0)}$ 对一级颗粒应力 $\boldsymbol{P}^{(1)}$ 的贡献。

$$\boldsymbol{P}^{(1)}(f^{(0)}) = 3\alpha_{\mathrm{t}} \varepsilon_{\mathrm{s}}^2 \rho_{\mathrm{s}} g_0 \eta_1 e_0 \boldsymbol{\delta} - 1.6 \mu_{\mathrm{k}} \varepsilon_{\mathrm{s}} g_0 (2\eta_1 + 3\eta_2) S - 2\mu_{\mathrm{k}} \boldsymbol{S} + \frac{192}{5\pi} \eta_2 \mu_{\mathrm{dil}} \varepsilon_{\mathrm{s}}^2 g_0 \boldsymbol{\delta} \times \nabla \times \boldsymbol{u}_{\mathrm{s}} \tag{4-66}$$

式中，$\boldsymbol{\delta}$ 为单位张量；应变张量 $\boldsymbol{S} = \frac{1}{2}[\nabla \boldsymbol{u}_{\mathrm{s}} + (\nabla \boldsymbol{u}_{\mathrm{s}})^{\mathrm{T}}] - \frac{1}{3}(\nabla \cdot \boldsymbol{u}_{\mathrm{s}})$，颗粒动力黏性系数 μ_{k} 为

$$\mu_{\mathrm{k}} = \mu_{\mathrm{dil}} \left\{ \frac{1 + 1.6\left[\eta_1(3\eta_1 - 2) + 0.5\eta_2\left(6\eta_1 - 1 - 2\eta_2 - \frac{\eta_2^2 \alpha_{\mathrm{r}}}{K\alpha_{\mathrm{t}}}\right)\right] \varepsilon_{\mathrm{s}} g_0}{g_0 \left[(2 - \eta_1 - \eta_2)(\eta_1 + \eta_2) + \frac{\eta_2^2 \alpha_{\mathrm{r}}}{6K\alpha_{\mathrm{t}}}\right]} \right\} \tag{4-67}$$

$$\mu_{\mathrm{dil}}=\frac{5d_{12}\rho_{\mathrm{s}}}{15}\sqrt{\frac{3\pi\alpha_{\mathrm{t}}e_0}{4}}\frac{(1+K)^2}{6+13K} \tag{4-68}$$

方程(4-64)最后一项 $\boldsymbol{P}^{(1)}(f^{(1)})$ 反映一级速度分布 $f^{(1)}$ 对颗粒应力的贡献，表征由颗粒碰撞产生的局部效应引起一级速度分布 $f^{(1)}$ 对颗粒相应力的影响。方程(4-63)所给出的颗粒速度分布函数一级近似 $f^{(1)}$ 中的矢量系数 $\boldsymbol{B}^{(1)}$ 和 $\boldsymbol{C}^{(1)}$、张量系数 $\boldsymbol{E}^{(1)}$ 和 $D^{(1)}$ 是

$$\boldsymbol{B}_1^{(1)}(F)=\frac{3}{2\pi(1+e)}\int(\boldsymbol{k}\cdot\boldsymbol{V}_{21})\boldsymbol{k}\left(F_2+\frac{F'_1F'_2}{e^2\beta^2F_1}\right)\mathrm{d}\boldsymbol{k}\mathrm{d}\boldsymbol{c}\mathrm{d}\boldsymbol{w} \tag{4-69}$$

$$\boldsymbol{C}_1^{(1)}(F)=\frac{3}{\pi(1+e)}\int(\boldsymbol{k}\cdot\boldsymbol{V}_{21})\boldsymbol{k}\left[(\widetilde{V}_2^2+\widetilde{\Omega}_2^3)F_2+\frac{F'_1F'_2}{e^2\beta^2F_1}(\widetilde{V}'_2+\widetilde{\Omega}'_2)\right]\mathrm{d}\boldsymbol{k}\mathrm{d}\boldsymbol{c}\mathrm{d}\boldsymbol{w} \tag{4-70}$$

$$D_1^{(1)}=\frac{3}{\pi(1+e)}\int(\boldsymbol{k}\cdot\boldsymbol{V}_{21})\left[\frac{F''_1F''_2}{e^2\beta^2\alpha_{\mathrm{t}}F_1}\frac{2V''_2}{(2/3)\boldsymbol{k}\cdot\boldsymbol{V}''_2}+\frac{F_2}{\alpha_{\mathrm{t}}}\frac{2V_2}{(2/3)\boldsymbol{k}\cdot\boldsymbol{V}_2}\right]\mathrm{d}\boldsymbol{k}\mathrm{d}\boldsymbol{c}\mathrm{d}\boldsymbol{w} \tag{4-71}$$

$$\boldsymbol{E}_1^{(1)}=\frac{3}{\pi(1+e)}\int(\boldsymbol{k}\cdot\boldsymbol{V}_{21})\left[\frac{F''_1F''_2}{e^2\beta^2\alpha_{\mathrm{t}}F_1}\frac{2\boldsymbol{k}\boldsymbol{V}''_2}{(2/3)\boldsymbol{k}\cdot\boldsymbol{V}''_2}+\frac{F_2}{\alpha_{\mathrm{t}}}\frac{2\boldsymbol{k}\boldsymbol{V}_2}{(2/3)\boldsymbol{k}\cdot\boldsymbol{V}_2}\right]\mathrm{d}\boldsymbol{k}\mathrm{d}\boldsymbol{c}\mathrm{d}\boldsymbol{w} \tag{4-72}$$

$$\widetilde{\boldsymbol{V}}=(\boldsymbol{c}-\boldsymbol{u})[m/(\alpha_{\mathrm{t}}e_0)]^{1/2},\quad \widetilde{\boldsymbol{\Omega}}=\boldsymbol{w}[I_{\mathrm{p}}/(\alpha_{\mathrm{r}}e_0)]^{1/2} \tag{4-73}$$

式中，$\boldsymbol{kV}$ 为矢量 $\boldsymbol{V}$ 的并矢式。由方程(4-69)～方程(4-72)确定一级速度分布 $f^{(1)}$ 对颗粒应力的贡献，$\boldsymbol{P}^{(1)}(f^{(1)})$ 表达式如下：

$$\boldsymbol{P}^{(1)}(f^{(1)})=-\frac{8\varepsilon_{\mathrm{s}}g_0d_{12}\rho_{\mathrm{s}}}{3}\sqrt{\frac{e_0}{\pi}}\left[\varepsilon_{\mathrm{s}}\sqrt{\frac{3\alpha_{\mathrm{t}}}{4}}-\frac{1}{8g_0}\sqrt{\frac{3\pi}{2}}\alpha_{\mathrm{t}}\pi(a_{\mathrm{kt}}+2\varepsilon_{\mathrm{s}}g_0(1+e)a_{\mathrm{ct}})\right]\times\left[\eta_1\nabla\cdot\boldsymbol{u}_{\mathrm{s}}+\frac{3(4\eta_1+3\eta_2)}{10}\boldsymbol{S}\right] \tag{4-74}$$

$$a_{\mathrm{kt}}=\frac{\chi_{\mathrm{k}}}{\chi},\quad a_{\mathrm{ct}}=\frac{\chi_{\mathrm{c}}}{\chi},\quad \chi_{\mathrm{k}}=-\frac{3}{4}\alpha_{\mathrm{t}}\alpha_{\mathrm{r}} \tag{4-75}$$

$$\chi_{\mathrm{c}}=\chi_{\mathrm{k}}\left\{1-\frac{3}{2}(1-e)-\left(\frac{1-\beta^2}{1+K}\right)\left[\frac{K\alpha_{\mathrm{t}}+\alpha_{\mathrm{r}}}{\alpha_{\mathrm{t}}(1+e)}\right]\right\}+\frac{4\eta_2\alpha_{\mathrm{t}}}{(1+e)K}\left[\eta_2+\left(\frac{\eta_2}{K}-1\right)\frac{\alpha_{\mathrm{r}}}{\alpha_{\mathrm{t}}}\right] \tag{4-76}$$

$$\chi=\sqrt{\frac{\pi\alpha_{\mathrm{t}}}{2}}\left\{\frac{3}{4}(1-e^2)\alpha_{\mathrm{t}}(3\alpha_{\mathrm{t}}-\alpha_{\mathrm{r}})+\frac{3}{4}\left(\frac{1-\beta^2}{1+K}\right)[(3K-3)\alpha_{\mathrm{t}}\alpha_{\mathrm{r}}+\alpha_{\mathrm{r}}^2-K\alpha_{\mathrm{t}}^2]+\frac{4\eta_2}{K}\left[3\eta_2\alpha_{\mathrm{t}}+\left(1-\frac{\eta_2}{K}\right)(2\alpha_{\mathrm{t}}-\alpha_{\mathrm{r}})\right]\right\} \tag{4-77}$$

由方程(4-74)可见，颗粒速度分布一级近似 $f^{(1)}$ 对颗粒相应力 $\boldsymbol{P}^{(1)}$ 的贡献由两部分组成：稠密颗粒相效应和颗粒平动能与转动能之间转换的效应。前者是在高浓度下颗粒自身体积导致颗粒间自由运动空间降低，引起颗粒碰撞增加而对颗粒

间动量的贡献。后者是在颗粒相动力压力分量和碰撞压力分量的作用下引起颗粒相流动过程的压缩/膨胀作用而对颗粒相应力的影响。根据方程(4-66)、方程(4-67)和方程(4-74)可将颗粒相应力方程(4-66)分解为法向应力和偏应力两部分，表示为如下形式：

$$\boldsymbol{T}_s = p_s\boldsymbol{\delta} + \mu_s[\nabla\boldsymbol{u}_s + (\nabla\boldsymbol{u}_s)^T] + \xi_b(\nabla\cdot\boldsymbol{u}_s)\boldsymbol{\delta} + \xi_s\boldsymbol{\delta}\times\nabla\times\boldsymbol{u}_s \tag{4-78}$$

由于考虑了粗糙颗粒的转动惯性，颗粒相应力张量为非对称张量。方程(4-78)中颗粒相压力 p_s 表示颗粒碰撞相互作用法向力的大小，颗粒相压力为

$$p_s = \frac{3}{4}\alpha_t\varepsilon_s\rho_s e_0 + \frac{3}{2}\alpha_t\varepsilon_s^2\rho_s g_0(1+e)e_0 \tag{4-79}$$

式中，右侧第一部分是颗粒扩散运动速度脉动产生的颗粒相动力分量；第二部分是由颗粒碰撞产生的颗粒碰撞应力分量。颗粒相剪切黏性系数 μ_s 反映切向动量传递，表达式为

$$\mu_s = \mu_{s,\mathrm{kin}} + \mu_{s,\mathrm{col}} \tag{4-80}$$

$$\mu_{s,\mathrm{kin}} = \mu_{\mathrm{dil}}\left\{\frac{1+1.6\left[\eta_1(3\eta_1-2)+0.5\eta_2\left(6\eta_1-1-2\eta_2-\dfrac{\eta_2^2\alpha_r}{K\alpha_t}\right)\right]\varepsilon_s g_0}{g_0\left[(2-\eta_1-\eta_2)(\eta_1+\eta_2)+\dfrac{\eta_2^2\alpha_r}{6K\alpha_t}\right]}\right\}\times\left[1+\frac{4}{5}(2\eta_1+3\eta_2)\varepsilon_s g_0\right] \tag{4-81}$$

$$\mu_{s,\mathrm{col}} = \frac{2}{5}\varepsilon_s g_0 d_{12}\rho_s\sqrt{\frac{e_0}{\pi}}(4\eta_1+3\eta_2)\left\{\varepsilon_s\sqrt{\frac{3\alpha_t}{4}} - \frac{1}{8g_0}\sqrt{\frac{3}{2}\pi\alpha_t}\pi[a_{kt}+2\varepsilon_s g_0(1+e)a_{ct}]\right\} \tag{4-82}$$

颗粒浓度的迅速增大或减小引起颗粒相体积的膨胀或压缩，体积黏性系数 ξ_b 表示颗粒相抵抗压缩或膨胀的能力：

$$\xi_b = \frac{4}{3}\varepsilon_s g_0 d_{12}\rho_s(1+e)\sqrt{\frac{e_0}{\pi}}\left\{\varepsilon_s\sqrt{\frac{3\alpha_t}{4}} - \frac{\alpha_t\pi}{8g_0}\sqrt{\frac{3}{2}\pi}[a_{kt}+2\varepsilon_s g_0(+e)a_{ct}]\right\} \tag{4-83}$$

与无转动的光滑颗粒动理学模型相比，粗糙颗粒动理学模型中产生了颗粒转动引起的动量输运，即方程(4-78)右侧的最后一项，与颗粒速度旋度成正比，比例系数为颗粒相转动黏性系数 ξ_s：

$$\xi_s = \frac{192}{10\pi}\mu_{\mathrm{dil}}\varepsilon_s^2 g_0\frac{K(1+\beta)}{1+K} = \frac{192}{30\pi}\frac{d_{12}\rho_s\varepsilon_s^2 g_0 K(1+K)(1+\beta)}{6+13K}\sqrt{\frac{3\pi\alpha_t e_0}{4}} \tag{4-84}$$

图 4-4 表示颗粒黏性系数比 ξ_s/μ_{dil} 与颗粒浓度之间的变化规律。$\beta=-0.5$ 时的光滑完全弹性颗粒，相应于碰撞前后接触点相对速度的切向分量不变。此时两粗糙颗粒的表面是光滑的，它们之间的相对滑动即无转动能量损失，也无转动能与平动能之间的交换。$\beta=0$ 意味着颗粒表面的摩擦和非完全弹性可以使碰撞后的切向相对速度为零。$\beta=0.5$ 是完全粗糙和完全弹性($e=1$)。这意味着碰撞前后相对

速度的切向分量大小相等、方向相反。碰撞过程中，两个颗粒表面非常粗糙，以至于它们紧紧贴在一起，直到由于弹性作用反弹开。此时，所有动能转变为弹性变形能。当颗粒分开变形恢复时，所有变形能又转变成平动能和转动能。这样的碰撞后，颗粒法向和切向相对速度与碰撞前在数值上相等，但方向相反，无能量损失。$0<\beta<0.5$为一般颗粒表面状态。在此条件下，碰撞后的切向速度不仅数值发生变化，而且方向相反。由图 4-4 可见，随着颗粒浓度的增加，比值迅速增大，同时随着β值增大，颗粒表面的光滑度下降，粗糙度增加，转动黏性系数增大。

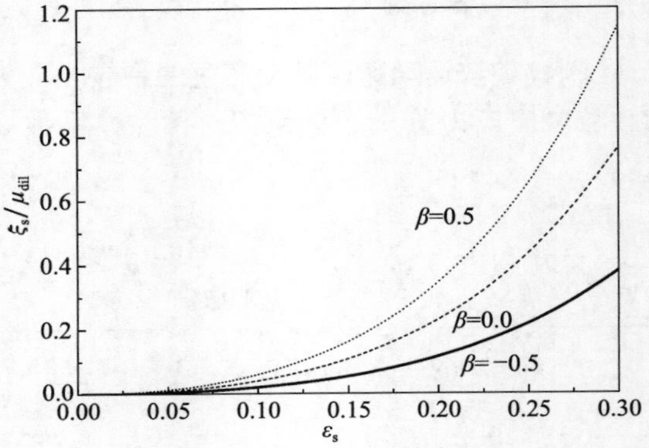

图 4-4　颗粒黏性系数比 ξ_s/μ_{dil} 与颗粒浓度的变化(Lu et al. ,2014)

4.5　粗糙颗粒碰撞能量的传输和耗散

4.5.1　粗糙颗粒热流通量

由方程(4-59)，颗粒热流通量可以表示如下：

$$\boldsymbol{q}=\boldsymbol{q}^{(0)}(f^{(0)})+\boldsymbol{q}^{(1)}(f^{(0)})+\boldsymbol{q}^{(1)}(f^{(1)})+\cdots \tag{4-85}$$

方程右侧第一项表示颗粒速度分布零级 $f^{(0)}$ 对颗粒热流通量 $\boldsymbol{q}^{(0)}$ 的贡献。采用气体分子动理学的积分定理，由方程(4-22)的零阶颗粒速度分布函数，对方程(4-40)在六维速度空间积分可得到

$$\boldsymbol{q}^{(0)}=\boldsymbol{q}_{\mathrm{k}}=\iint m\boldsymbol{C}^2\boldsymbol{C}f_1^{(0)}(\boldsymbol{r},\boldsymbol{c}_1,\boldsymbol{w}_1,t)\,\mathrm{d}\boldsymbol{k}\mathrm{d}\boldsymbol{c}_1\mathrm{d}\boldsymbol{w}_1=0 \tag{4-86}$$

表明 $\boldsymbol{q}^{(0)}$ 与颗粒间碰撞作用无关，同时颗粒平动和旋转对 $\boldsymbol{q}^{(0)}$ 无贡献。方程(4-85)右侧第两项为

$$\boldsymbol{q}^{(1)}(f^{(0)})=\frac{1}{4}md_{12}^2\int\limits_{\boldsymbol{c}_{12}\cdot\boldsymbol{k}>0}(\boldsymbol{C}_1'^2+\boldsymbol{C}_2'^2-\boldsymbol{C}_1^2-\boldsymbol{C}_2^2)(\boldsymbol{c}_{12}\cdot\boldsymbol{k})f^{(0)}$$
$$\times(\boldsymbol{c}_1,\boldsymbol{w}_1,\boldsymbol{r}_1,\boldsymbol{c}_2,\boldsymbol{w}_2,\boldsymbol{r}_2,t)\,\mathrm{d}\boldsymbol{k}\mathrm{d}\boldsymbol{c}_1\mathrm{d}\boldsymbol{w}_1\mathrm{d}\boldsymbol{k}\mathrm{d}\boldsymbol{c}_2\mathrm{d}\boldsymbol{w}_2 \tag{4-87}$$

采用方程(4-22)的近似零级颗粒速度分布,积分可以得到

$$\boldsymbol{q}^{(1)}(f^{(0)})=\left\{\frac{3k_{\text{dil}}}{4g_0\Pi_1}[\alpha_{\text{t}}(\Pi_2+\Pi_4)+\alpha_{\text{r}}(\Pi_3+\Pi_5)]+\frac{9}{5}\varepsilon_{\text{s}}g_0\frac{k_{\text{dil}}}{g_0\Pi_1}\left(\eta_1+\frac{2}{3}\eta_2\right)[\alpha_{\text{t}}\Pi_2+\alpha_{\text{r}}\Pi_3]+\frac{3\eta_2}{K}\varepsilon_{\text{s}}^2\rho_{\text{s}}g_0d_{12}\alpha_{\text{r}}\right\}\nabla e_0 \tag{4-88}$$

同理,方程(4-85)右侧第三项为

$$\boldsymbol{q}^{(1)}(f^{(1)})=\frac{1}{4}md_{12}^2\int_{\boldsymbol{c}_{12}\cdot\boldsymbol{k}>0}(\boldsymbol{C}_1'^2+\boldsymbol{C}_2'^2-\boldsymbol{C}_1^2-\boldsymbol{C}_2^2)(\boldsymbol{c}_{12}\cdot\boldsymbol{k})f^{(1)}\times(\boldsymbol{c}_1,\boldsymbol{w}_1,\boldsymbol{r}_1,\boldsymbol{c}_2,\boldsymbol{w}_2,\boldsymbol{r}_2,t)\,\mathrm{d}\boldsymbol{k}\mathrm{d}\boldsymbol{c}_1\mathrm{d}\boldsymbol{w}_1\mathrm{d}\boldsymbol{k}\mathrm{d}\boldsymbol{c}_2\mathrm{d}\boldsymbol{w}_2 \tag{4-89}$$

采用方程(4-63)的一级颗粒速度分布,结合双颗粒速度分布函数 $g_0f_1f_2$,其中 g_0 是颗粒径向分布函数。同时忽略矢量系数 $\boldsymbol{A}^{(1)}$、$\boldsymbol{B}^{(1)}$ 和张量系数 $\boldsymbol{E}^{(1)}$ 以及系数 $D^{(1)}$,积分可以得到

$$\boldsymbol{q}^{(1)}(f^{(1)})=3\sqrt{\frac{3\alpha_{\text{t}}e_0}{4\pi}}\alpha_{\text{t}}(\eta_1+\eta_2)\varepsilon_{\text{s}}^2\rho_{\text{s}}g_0d_{12}+\frac{2\eta_2}{K}\frac{k_{\text{dil}}}{g_0\Pi_1}\varepsilon_{\text{s}}g_0[\alpha_{\text{t}}\Pi_4+\alpha_{\text{r}}\Pi_5]\nabla e_0 \tag{4-90}$$

$$k_{\text{dil}}=\frac{9d_{12}\rho_{\text{s}}}{96}\sqrt{\frac{3\pi\alpha_{\text{t}}e_0}{4}}\frac{(1+K)^2(37+151K+50K^2)}{12+75K+101K^2+102K^3} \tag{4-91}$$

方程(4-88)和方程(4-90)中无量纲系数 Π_1—Π_5 的具体表达式见表 4-1。

将方程(4-88)～方程(4-90)代入方程(4-85),颗粒碰撞引起脉动能量传递的热流矢 $\boldsymbol{q}$ 为

$$\boldsymbol{q}=\kappa_{\text{s}}\nabla e_0 \tag{4-92}$$

式中,κ_{s} 为颗粒碰撞能传递系数,其表达式如下:

$$\kappa_{\text{s}}=\left\{\frac{3k_{\text{dil}}}{4g_0\Pi_1}[\alpha_t(\Pi_2+\Pi_4)+\alpha_{\text{r}}(\Pi_3+\Pi_5)]+\frac{9}{5}\varepsilon_{\text{s}}g_0\frac{k_{\text{dil}}}{g_0\Pi_1}\left(\eta_1+\frac{2}{3}\eta_2\right)[\alpha_{\text{t}}\Pi_2+\alpha_{\text{r}}\Pi_3]+\frac{3\sqrt{3\alpha_{\text{t}}e_o}}{\sqrt{4\pi}}\alpha_{\text{t}}(\eta_1+\eta_2)\varepsilon_{\text{s}}^2\rho_{\text{s}}g_0d_{12}+\frac{2\eta_2}{K}\frac{k_{\text{dil}}}{g_0\Pi_1}\varepsilon_{\text{s}}g_0[\alpha_{\text{t}}\Pi_4+\alpha_{\text{r}}\Pi_5]+\frac{3\eta_2}{K}\varepsilon_{\text{s}}^2\rho_{\text{s}}g_0d_{12}\alpha_r\right\} \tag{4-93}$$

4.5.2 粗糙颗粒碰撞能量耗散

由方程(4-59),颗粒碰撞能量耗散表示为

$$\chi_{\text{s}}=\chi^{(0)}(f^{(0)})+\chi^{(1)}(f^{(0)})+\chi^{(1)}(f^{(1)})+\cdots \tag{4-94}$$

在已知双颗粒速度分布函数后,根据粗糙颗粒碰撞动力学,方程右侧第一项的颗粒间碰撞能量耗散为

$$\chi^{(0)}(f^{(0)})=\frac{(d_{12}n)^2}{2}\sqrt{\frac{e_0}{m}}\int(\boldsymbol{k}\cdot\boldsymbol{V}_{21})g_0F_1F_2\Delta E\,\mathrm{d}\boldsymbol{k}\mathrm{d}\boldsymbol{c}_1\mathrm{d}\boldsymbol{w}_1\mathrm{d}\boldsymbol{k}\mathrm{d}\boldsymbol{c}_2\mathrm{d}\boldsymbol{w}_2$$

$$=\frac{(d_{12}n)^2}{\sqrt{m}}e_0^{3/2}g_0\left\{\frac{\pi}{4}\left[\eta_2(\eta_2-1)+\frac{\eta_2^2}{K}-\frac{1-e^2}{4}\right]\int V_{21}^3F_1F_2\mathrm{d}\boldsymbol{k}\mathrm{d}\boldsymbol{c}_1\mathrm{d}\boldsymbol{w}_1\mathrm{d}\boldsymbol{k}\mathrm{d}\boldsymbol{c}_2\mathrm{d}\boldsymbol{w}_2\right.$$

$$\left.+\frac{\pi}{3}\frac{\eta_2}{K}\left[\eta_2\frac{K+1}{K}-1\right]\int V_{21}^2(\boldsymbol{\Omega}_1+\boldsymbol{\Omega}_2)F_1F_2\mathrm{d}\boldsymbol{k}\mathrm{d}\boldsymbol{c}_1\mathrm{d}\boldsymbol{w}_1\mathrm{d}\boldsymbol{k}\mathrm{d}\boldsymbol{c}_2\mathrm{d}\boldsymbol{w}_2\right\} \tag{4-95}$$

积分整理得到颗粒平动和转动产生的能量耗散为

$$\chi^{(0)}(f^{(0)})=-3\varepsilon_s^2\rho_s g_0\alpha_t e_0\frac{3\sqrt{3}}{2d_{12}}\sqrt{\frac{\alpha_t e_0}{\pi}}\left[1-e^2+\left(\frac{1-\beta^2}{1+K}\right)\left(K+\frac{\alpha_r}{\alpha_t}\right)\right] \tag{4-96}$$

应用方程(4-22)的零级颗粒速度分布，方程(4-94)右侧第二项为

$$\chi^{(1)}(f^{(0)})=\frac{1}{2}\int(\boldsymbol{k}\cdot\boldsymbol{c}_{21})g_0f_1^{(0)}f_2^{(0)}\Delta E\mathrm{d}\boldsymbol{k}\mathrm{d}\boldsymbol{c}_1\mathrm{d}\boldsymbol{w}_1\mathrm{d}\boldsymbol{k}\mathrm{d}\boldsymbol{c}_2\mathrm{d}\boldsymbol{w}_2$$

$$=\frac{3\varepsilon_s^2\rho_s e_0\alpha_t g_0(1+e)}{4}\left\{3(1-e)+2\left(\frac{1-\beta^2}{1+K}\right)\left[\frac{K\alpha_t+\alpha_r}{\alpha_t(1+e)}\right]\right\}\nabla\cdot\boldsymbol{u}_s \tag{4-97}$$

方程(4-97)可以表示为如下形式：

$$\chi^{(1)}(f^{(0)})=\left[\frac{3}{2}(1-e)+\left(\frac{1-\beta^2}{1+K}\right)\left(\frac{K+\alpha_r/\alpha_t}{1+e}\right)\right]P_c\nabla\cdot\boldsymbol{u}_s \tag{4-98}$$

$$P_c=\frac{1}{3}\pi(1+e)d_{12}^3n^2g_0\alpha_t e_0$$

由此可见，方程(4-98)反映颗粒压缩引起的颗粒脉动能量损失。

应用方程(4-63)的一级颗粒速度分布，同时忽略矢量系数 $\boldsymbol{A}^{(1)}$、$\boldsymbol{B}^{(1)}$ 和 $\boldsymbol{C}^{(1)}$ 以及张量系数 $\boldsymbol{E}^{(1)}$，方程(4-94)右侧第三项积分表示为

$$\chi^{(1)}(f^{(1)})=-\frac{1}{2}\int\sqrt{\frac{e_0}{m}}d_{12}^2(\boldsymbol{k}\cdot\boldsymbol{c}_{21})g_0[D_1^{(1)}f_2^{(0)}+D_2^{(1)}f_1^{(0)}]$$

$$\times\nabla\cdot\boldsymbol{u}_s(\Delta E)\mathrm{d}\boldsymbol{k}\mathrm{d}\boldsymbol{c}_1\mathrm{d}\boldsymbol{w}_1\mathrm{d}\boldsymbol{k}\mathrm{d}\boldsymbol{c}_2\mathrm{d}\boldsymbol{w}_2 \tag{4-99}$$

结合方程(4-22)的近似零级颗粒速度分布和方程(4-71)，方程(4-99)积分结果为

$$\chi^{(1)}(f^{(1)})=\frac{3\varepsilon_s\rho_s e_0}{4}[\lambda a_{kt}\alpha_t+2a_{ct}\lambda\alpha_t\varepsilon_s g_0(1+e)]\nabla\cdot\boldsymbol{u}_s \tag{4-100}$$

$$\lambda=-\sqrt{\frac{\pi\alpha_t}{2}}\left[3(1-e^2)+\left(\frac{1-\beta^2}{1+K}\right)\left(3K-2+\frac{\alpha_r}{\alpha_t}\right)\right] \tag{4-101}$$

将方程(4-96)、方程(4-97)和方程(4-100)代入颗粒能量耗散方程(4-94)，得到如下表达形式：

$$\chi_s=-3\varepsilon_s^2\rho_s g_0\theta\alpha_t\frac{3\sqrt{3}}{2d_{12}}\sqrt{\frac{\alpha_t e_0}{\pi}}\left[1-e^2+\left(\frac{1-\beta^2}{1+K}\right)\left(K+\frac{\alpha_r}{\alpha_t}\right)\right]$$

$$+\frac{3\varepsilon_s\rho_s e_0}{4}[C_1\alpha_t+2C_2\alpha_t\varepsilon_s g_0(1+e)]\nabla\cdot\boldsymbol{u}_s \tag{4-102}$$

$$C_1=a_{kt}\lambda,\quad C_2=a_{ct}\lambda+\frac{3}{2}(1-e)+\left(\frac{1-\beta^2}{1+K}\right)\left[\frac{K\alpha_t+\alpha_r}{\alpha_t(1+e)}\right] \tag{4-103}$$

4.6　粗糙颗粒动理学模拟气固鼓泡流化床的流化

考虑气相和颗粒相动量传递和相互作用，气相和粗糙颗粒相两相流动守恒方程见表 4-1。鼓泡流化床高度和宽度分别为 1.0m 和 0.28m，颗粒直径和密度分别为 275μm 和 2500kg/m^3，颗粒临界流化速度和颗粒终端速度分别为 0.065m/s 和 2.176m/s，初始床高为 0.4m，颗粒弹性恢复系数和切向弹性恢复系数分别为 0.97 和 0.1。

表 4-1　气相和粗糙颗粒两相流动数学模型(Wang et al.，2012b)

气相质量守恒	$\frac{\partial}{\partial t}(\varepsilon_g\rho_g)+\nabla\cdot(\varepsilon_g\rho_g\boldsymbol{u}_g)=0$
固相质量守恒	$\frac{\partial}{\partial t}(\varepsilon_s\rho_s)+\nabla\cdot(\varepsilon_s\rho_s\boldsymbol{u}_s)=0$
气相动量守恒	$\frac{\partial}{\partial t}(\varepsilon_g\rho_g\boldsymbol{u}_g)+\nabla\cdot(\varepsilon_g\rho_g\boldsymbol{u}_g\boldsymbol{u}_g)=-\varepsilon_g\nabla p+\nabla\cdot\boldsymbol{\tau}_g-\beta_{gs}(\boldsymbol{u}_g-\boldsymbol{u}_s)+\varepsilon_g\rho_g\boldsymbol{g}$
固相动量守恒	$\frac{\partial}{\partial t}(\varepsilon_s\rho_s\boldsymbol{u}_s)+\nabla\cdot(\varepsilon_s\rho_s\boldsymbol{u}_s\boldsymbol{u}_s)=-\varepsilon_s\nabla p-\nabla p_s+\nabla\cdot\boldsymbol{\tau}_s+\beta_{gs}(\boldsymbol{u}_g-\boldsymbol{u}_s)+\varepsilon_s\rho_s\boldsymbol{g}$
固相颗粒拟总温守恒	$\frac{3}{2}\left[\frac{\partial}{\partial t}(\varepsilon_s\rho_s e_0)+\nabla\cdot(\varepsilon_s\rho_s e_0\boldsymbol{u}_s)\right]=\nabla\cdot(\kappa_s\nabla e_0)+(\nabla p_s\boldsymbol{I}+\boldsymbol{\tau}_s):\nabla\boldsymbol{u}_s-\chi_s-D_{gs}-3\beta_{gs}e_0$
气相应力	$\boldsymbol{\tau}_g=\mu_g[\nabla\boldsymbol{u}_g+(\nabla\boldsymbol{u}_g)^{T}]-\frac{2}{3}\mu_g(\nabla\cdot\boldsymbol{u}_g)\boldsymbol{I}$
固相应力	$\boldsymbol{\tau}_s=\mu_s[\nabla\boldsymbol{u}_s+(\nabla\boldsymbol{u}_s)^{T}]+\xi_b(\nabla\cdot\boldsymbol{u}_s)\boldsymbol{I}+\xi_s\delta_{ij}\times\nabla\times\boldsymbol{u}_s$
颗粒相压力	$p_s=\frac{3}{4}\alpha_t\varepsilon_s\rho_s e_0+\frac{3}{2}\alpha_t\varepsilon_s^2\rho_s g_0(1+e)e_0$ $\alpha_t=\frac{2}{3a}[(a-b)+(a^2+b^2)^{1/2}]$，　$a=(1-\beta^2)\frac{1-K}{1+K}-1+e^2$ 和 $b=2K\left(\frac{1+\beta}{1+e}\right)^2$
颗粒动力黏性系数	$\mu_s=\frac{2}{5}\varepsilon_s g_0 d_p\rho_s\sqrt{\frac{e_0}{\pi}}(4\eta_1+3\eta_2)\left\{\varepsilon_s\sqrt{\frac{3\alpha_t}{4}}-\sqrt{\frac{3}{128}\pi}\frac{\alpha_t\pi}{g_0}[a_{kt}+2\varepsilon_s g_0(1+e)a_{ct}]\right\}$ $+\mu_{dil}\left\{\frac{1+\frac{8}{5}\left[\eta_1(3\eta_1-2)+0.5\eta_2\left(6\eta_1-1-2\eta_2-\frac{2\eta_2\alpha_r}{K\alpha_t}\right)\right]\varepsilon_s g_0}{g_0\left[(2-\eta_1-\eta_2)(\eta_1+\eta_2)+\frac{\eta_2^2\alpha_r}{6K\alpha_t}\right]}\right\}\left[1+\frac{4}{5}(2\eta_1+3\eta_2)\varepsilon_s g_0\right]$ $\mu_{dil}=\frac{5d_p\rho_s}{15}\sqrt{\frac{3\pi\alpha_t e_0}{4}}\frac{(1+K)^2}{6+13K}$ $\alpha_r=\frac{2}{3a}[(a+b)-(a^2+b^2)^{1/2}]$，　$a=(1-\beta^2)\frac{1-K}{1+K}-1+e^2$，　$b=2K\left(\frac{1+\beta}{1+e}\right)^2$， $\eta_1=\frac{(1+e)}{2}$，$\eta_2=\frac{(1+\beta)K}{2(1+K)}$，$K=\frac{4I_p}{md_p^2}$，$a_{kt}=-\frac{3}{4}\alpha_t\alpha_r\chi^{-1}$ $a_{ct}=a_{kt}\left\{1-\frac{3}{2}(1-e)-\left(\frac{1-\beta^2}{1+K}\right)\left[\frac{K\alpha_t+\alpha_r}{\alpha_t(1+e)}\right]\right\}+\frac{4\eta_2\alpha_t}{(1+e)K}\left[\eta_2+\left(\frac{\eta_2}{K}-1\right)\frac{\alpha_r}{\alpha_t}\right]$ $\chi=\sqrt{\frac{\pi\alpha_t}{2}}\left\{\frac{3}{4}(1-e^2)\alpha_t(3\alpha_t-\alpha_r)+\frac{3}{4}\left(\frac{1-\beta^2}{1+K}\right)[(3K-3)\alpha_t\alpha_r+\alpha_r^2-K\alpha_t^2]\right.$ $\left.+\frac{4\eta_2}{K}\left[3\eta_2\alpha_t+\left(1-\frac{\eta_2}{K}\right)(2\alpha_t-\alpha_r)\right]\right\}$

续表

颗粒容积黏性系数	$\xi_b=\frac{8}{3}\varepsilon_s g_0 d_p\rho_s\eta_1\sqrt{\frac{e_0}{\pi}}\left\{\varepsilon_s\sqrt{\frac{3\alpha_t}{4}}-\sqrt{\frac{3}{128}\pi}\frac{\alpha_t\pi}{g_0}[a_{kt}+2\varepsilon_s g_0(1+e)a_{ct}]\right\}$
颗粒转动黏性系数	$\xi_s=\frac{192(1+\beta)K}{10\pi(1+K)}\mu_{dil}\varepsilon_s^2 g_0$
径向分布函数	$g_0=\left[1-\left(\frac{\varepsilon_s}{\varepsilon_{s,max}}\right)^{\frac{1}{3}}\right]^{-1}$
颗粒相碰撞能传递系数	$k_s=\frac{3k_{dil}}{4g_0\Pi_1}[\alpha_t(\Pi_2+\Pi_4)+\alpha_r(\Pi_3+\Pi_5)]+\frac{9}{5}\varepsilon_s g_0\frac{k_{dil}}{g_0\Pi_1}\left(\eta_1+\frac{2}{3}\eta_2\right)[\alpha_t\Pi_2+\alpha_r\Pi_3]$ $+\frac{3\sqrt{3\alpha_t e_0}}{\sqrt{4\pi}}\alpha_t(\eta_1+\eta_2)\varepsilon_s^2\rho_s g_0 d_p+\frac{2\eta_2}{K}\frac{k_{dil}}{g_0\Pi_1}\varepsilon_s g_0[\alpha_t\Pi_4+\alpha_r\Pi_5]+\frac{3\eta_2}{K}\varepsilon_s^2\rho_s g_0 d_p\alpha_r$ $k_{dil}=\frac{9d_p\rho_s}{96}\sqrt{\frac{3\pi\alpha_t e_0}{4}}\frac{(1+K)^2(37+151K+50K^2)}{12+75K+101K^2+102K^3}$ $\Pi_1=\frac{1}{24}(3a_3a_8-25a_1a_6)$，$\Pi_2=\frac{1}{15}(6a_5a_8+10a_1a_7\varepsilon_s g_0)$， $\Pi_3=\frac{2}{15}(5a_1a_4+3a_2a_8\varepsilon_s g_0)$，$\Pi_4=\frac{1}{25}(5a_5a_6+a_3a_7\varepsilon_s g_0)$， $\Pi_5=\frac{1}{25}(a_3a_4+5a_2a_6\varepsilon_s g_0),a_1=\frac{\eta_2^2}{K},a_2=4a_1(2\eta_1-1)$， $a_3=41(\eta_1+\eta_2)-33(\eta_1+\eta_2)^2+50\eta_1\eta_2-\frac{7a_1\alpha_r}{\alpha_t},a_4=\frac{3}{2}+\frac{a_2\varepsilon_s g_0}{K}$， $a_5=\frac{5}{2}+[4(6\eta_1^3-\eta_2^3)-2\eta_1(9\eta_1+4\eta_2)+8a_1\eta_1(2K+\frac{\alpha_r}{\alpha_t})]\varepsilon_s g_0$ $a_6=a_1\left(3+\frac{\alpha_r}{K\alpha_t}\right)-\frac{a_1\alpha_r}{\eta_2\alpha_t},a_7=-16\eta_1 a_1+a_2+8a_6\eta_1$， $a_8=(\eta_1+\eta_2)+\frac{1}{3\eta_2}a_1(7-4\eta_1)-a_1\left(2+\frac{1}{K}\right)$
颗粒非弹性碰撞能量耗散率	$\chi_s=-3\varepsilon_s^2\rho_s g_0\alpha_t e_0\frac{3\sqrt{3}}{2d_p}\sqrt{\frac{\alpha_t e_0}{\pi}}\left[1-e^2+\left(\frac{1-\beta^2}{1+K}\right)\left(K+\frac{\alpha_r}{\alpha_t}\right)\right]$ $+\frac{3\varepsilon_s\rho_s e_0}{4}[C_1\alpha_t+2C_2\alpha_t\varepsilon_s g_0(1+e)]\nabla\cdot\boldsymbol{u}_s$ $C_1=a_{kt}\lambda,C_2=a_{ct}\lambda+\frac{3}{2}(1-e)+\left(\frac{1-\beta^2}{1+K}\right)\left[\frac{K\alpha_t+\alpha_r}{\alpha_t(1+e)}\right]$ $\lambda=-\sqrt{\frac{\pi\alpha_t}{2}}\left[3(1-e^2)+\left(\frac{1-\beta^2}{1+K}\right)\left(3K-2+\frac{\alpha_r}{\alpha_t}\right)\right]$
气固脉动能量交换	$D_{gs}=\frac{2}{(3\alpha_t)^{1.5}}\frac{d_p\rho_s}{\sqrt{\pi e_0}\,g_0}\left(\frac{18\mu_g}{d_p^2\rho_s}\right)^2\lvert\boldsymbol{u}_g-\boldsymbol{u}_s\rvert^2$
气固曳力	$\beta_{gs}=\varphi_{gs}\beta_E+(1-\varphi_{gs})\beta_W$ $\beta_E=150\frac{\varepsilon_s^2\mu_g}{\varepsilon_g^2 d_p^2}+1.75\frac{\rho_g\varepsilon_s}{\varepsilon_g d_p}\lvert u_g-u_s\rvert\ \varepsilon_g\leqslant 0.8$ $\beta_W=\frac{3C_d\varepsilon_g\varepsilon_s\rho_g\lvert u_g-u_s\rvert}{4d_p}\varepsilon_g^{-2.65}\ \varepsilon_g>0.8$ $\varphi_{gs}=\frac{\arctan[150\times1.75(0.2-\varepsilon_s)]}{\pi}+0.5$

图 4-5 和图 4-6 分别表示表观速度为 0.46m/s 时采用粗糙颗粒动理学模型和光滑颗粒动理学模型时鼓泡床内不同时刻时瞬时颗粒浓度分布。由图可以看出，

两种模型下鼓泡床内都表现出乳化相和气泡并存的流动结构。可以发现，在相同的模拟条件下，采用粗糙颗粒动理学模型和光滑颗粒动理学模型时，模拟得到的乳化相和气泡内颗粒浓度大小存在明显不同。采用粗糙颗粒动理学模型时，乳化相内的颗粒浓度高于光滑颗粒动理学模型计算结果，其原因为粗糙颗粒动理学模型引入了颗粒转动，颗粒旋转加剧了颗粒间非弹性碰撞造成的动量和能量的传递及耗散，从而使得乳化相内颗粒浓度增大。而在气泡内部，采用粗糙颗粒动理学模型时，颗粒浓度又低于光滑颗粒动理学模型的模拟结果，其原因为气泡内颗粒浓度低，高速旋转的颗粒受到各种附加力(如马格努斯力等)的影响，这些附加力增大了颗粒间相互排斥的作用，使颗粒间的距离增加，导致气泡内颗粒浓度降低。综上所述，相对于光滑颗粒动理学模型，粗糙颗粒动理学模型更能准确地刻画床层内的气固两相不均匀性。

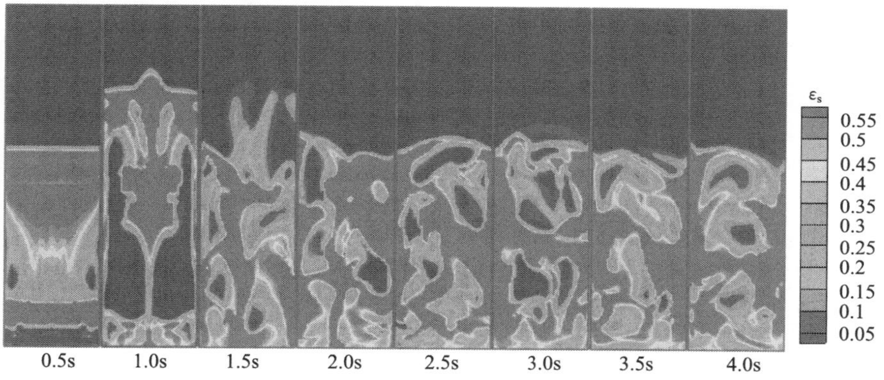

图 4-5　粗糙颗粒动理学模型模拟的鼓泡床内瞬时颗粒浓度分布(郝振华，2010)

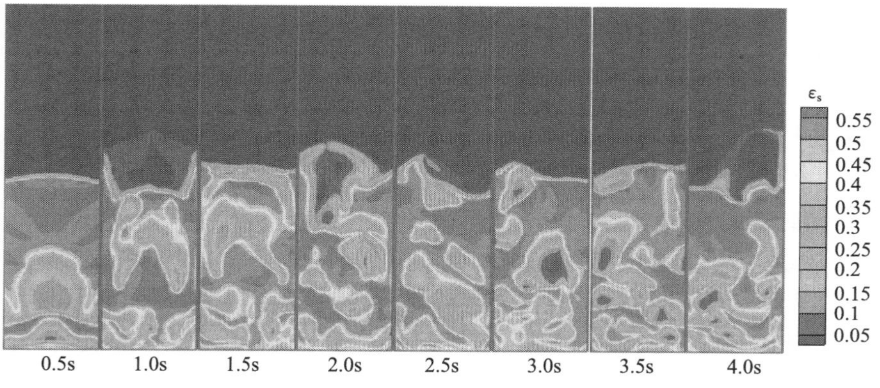

图 4-6　光滑颗粒动理学模型模拟的鼓泡床内瞬时颗粒浓度分布(郝振华，2010)

图 4-7 表示鼓泡床内颗粒平动拟温度和转动拟温度随颗粒浓度的变化。从图

中可以看出，颗粒平动和转动拟温度随颗粒浓度的增加而升高，到达最大值后又随颗粒浓度的升高而降低。可见，在气固两相流动过程中颗粒旋转对于颗粒拟总温度的贡献不可忽略。

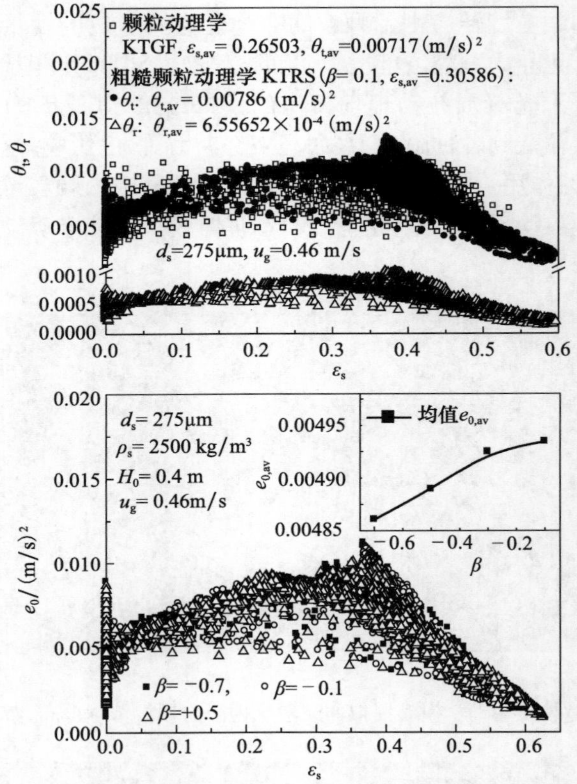

图 4-7　颗粒平动和转动拟温度以及颗粒总温与颗粒浓度的变化(Lu et al. ,2014)

在粗糙颗粒动理学模型中，切向弹性恢复系数 β 的引入实际上增加了颗粒碰撞中能量耗散的自由度，光滑颗粒动理学模型中能量耗散仅由颗粒平动运动引起，而在粗糙颗粒动理学模型中颗粒能量耗散由颗粒的平动和转动运动的共同作用引起。由图 4-3 可见，当颗粒弹性恢复系数 e 一定，β 从 -1 到 $+1$ 变化时，颗粒平动系数 α_t 的变化规律为先随切向弹性恢复系数的增大而增加，到达最大值后再随颗粒弹性恢复系数的增大而减小。相反，颗粒转动系数 α_r 先减小，达到最小值后再增大。对于一定的颗粒非弹性恢复系数 e，颗粒平动系数 α_t 达到最大(α_r 达到最小值)时的切向弹性恢复系数 β_m 值不同。颗粒平动运动消耗的能量 ΔE_t 和颗粒转动运动消耗的能量 ΔE_r 分别为

$$\Delta E_t = \frac{1-e^2}{4}(\boldsymbol{c}_{21}\cdot\boldsymbol{k})^2,\quad \Delta E_r = \frac{K}{4}\frac{1-\beta^2}{1+K}\left[\boldsymbol{c}_{21}-\boldsymbol{k}(\boldsymbol{c}_{21}\cdot\boldsymbol{k})-\frac{d_p}{2}\boldsymbol{k}\times(\boldsymbol{w}_1+\boldsymbol{w}_2)\right]^2 \tag{4-104}$$

定义颗粒平动运动消耗的能量与颗粒转动运动消耗的能量相同时切向弹性恢复系数为 β_m。由于 $(1-e^2)\ll 1.0$，由方程(4-104)解得

$$\beta_m = \frac{1-K}{2K} - e^2\frac{1+K}{2K} \tag{4-105}$$

方程(4-105)表明，图 4-3 中 α_t 达到最大时（或者 α_r 为最小值）的切向弹性恢复系数 β_m 取决于颗粒非弹性恢复系数。在一定的颗粒非弹性恢复系数 e 下，切向弹性恢复系数 β 大于 β_m 是不合理的。

颗粒随机脉动有助于颗粒的平动和转动运动之间的动量及能量交换。根据不同切向弹性恢复系数下颗粒拟总温度随颗粒浓度的分布规律可得：随着颗粒切向弹性恢复系数的增加，平均颗粒拟总温度也增加。忽略粗糙颗粒碰撞作用后的颗粒质量、动量和颗粒拟总温度，守恒方程简化为(Lu et al.，2014)

$$\frac{D\varepsilon_s}{Dt} = -\varepsilon_s\frac{\partial u_s}{\partial x_i} \tag{4-106}$$

$$\frac{Du_s}{Dt} = -\frac{1}{\varepsilon_s\rho_s}\frac{\partial p_s}{\partial x_i} \tag{4-107}$$

$$\frac{3}{2}\varepsilon_s\rho_s\frac{De_0}{Dt} = -\frac{3}{4}\alpha_t\varepsilon_s\rho_s e_0\frac{\partial u_s}{\partial x_i} \tag{4-108}$$

方程(4-106)与方程(4-108)合并，整理得

$$\frac{De_0}{Dt} = -\frac{\alpha_t}{2\varepsilon_s}\frac{D\varepsilon_s}{Dt} \tag{4-109}$$

即

$$e_0 \propto \varepsilon_s^{\alpha_t/2} \tag{4-110}$$

式(4-110)意味着随着颗粒浓度的增加，颗粒拟总温度随 ε_s 呈 $\alpha_t/2$ 次方增加。由于随着切向弹性恢复系数的增加，颗粒平动恢复系数 α_t 减小，因此颗粒拟总温度随切向弹性恢复系数的增大而增加。

图 4-8 表示不同切向弹性恢复系数下颗粒相压力和黏性系数随颗粒浓度的变化。由图可见，在不同的切向弹性恢复系数下颗粒相压力随颗粒浓度的分布具有相似的分布规律，颗粒相压力随固相浓度的增加而增加。颗粒相压力由动力分量和碰撞分量之和组成。并且颗粒压力动力分量和碰撞压力分量分别与颗粒浓度呈线性和二次方的比例关系，使得颗粒压力随颗粒浓度增大而增大。

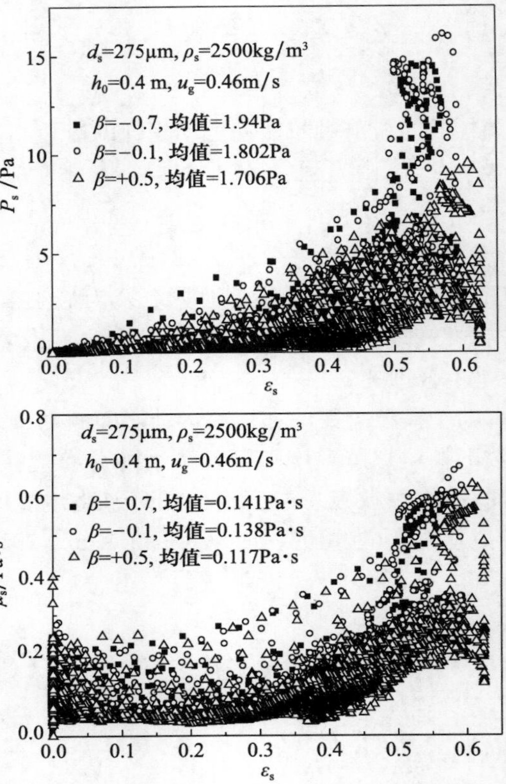

图 4-8 不同切向弹性恢复系数时颗粒压力和黏性系数随颗粒浓度的分布(郝振华,2010)

统计不同切向弹性恢复系数下颗粒相剪切黏性系数随颗粒浓度的关系发现,随着颗粒浓度的增加,颗粒相剪切黏性系数逐渐降低,达到最小值后,再逐渐增加。在低颗粒浓度时,颗粒剪切黏性系数与颗粒平动系数成正比:

$$\mu_{s,k} \propto \frac{10 d_p \rho_s \sqrt{\frac{3}{4}\pi \alpha_t e_0}}{96(1+e)\left\{\left[2-\frac{(1+e)}{2}-\frac{K(1+\beta)}{2(1+K)}\right]\left[\frac{(1+e)}{2}+\frac{K(1+\beta)}{2(1+K)}\right]+\frac{K^2(1+\beta)^3}{24(1+K)^2[2(1+K)-(1+\beta)]}\right\}} \tag{4-111}$$

图 4-9 表示不同切向弹性恢复系数下颗粒相耗散率和颗粒体积黏性系数随颗粒浓度的分布。由图可见,颗粒相耗散率随着颗粒浓度的增加而增加,颗粒浓度越高耗散率也越大。当切向弹性恢复系数趋向于−1.0 或者+1.0 时,颗粒相由于没有摩擦或者完全弹性而没有能量的耗散,然而在切向弹性恢复系数等于 0.0 附近时,颗粒碰撞耗散率达到最大值。不同切向弹性恢复系数下颗粒体积黏性系数随颗粒浓度的分布表明,随着颗粒浓度的增加,颗粒相体积黏性系数也增大。

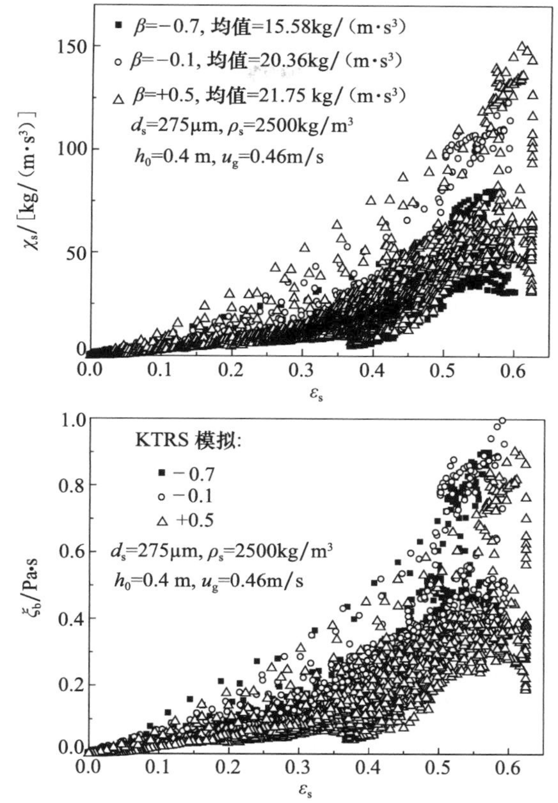

图 4-9　不同切向弹性恢复系数时颗粒相耗散率和颗粒体积黏性系数的分布(郝振华,2010)

由方程(4-102)可知,定义系数 C_χ 和 C_N 如下:

$$C_\chi = -\alpha_t^{3/2}\left[1-e^2+\left(\frac{1-\beta^2}{1+K}\right)\left(K+\frac{\alpha_r}{\alpha_t}\right)\right] \tag{4-112}$$

$$C_N = \frac{3}{2}(1-e)+\left(\frac{1-\beta^2}{1+K}\right)\left[\frac{K\alpha_t+\alpha_r}{\alpha_t(1+e)}\right] \tag{4-113}$$

图 4-10 表示系数 C_χ 和 C_N 与切向弹性恢复系数的变化规律。当颗粒弹性碰撞恢复系数一定时,随切向弹性恢复系数的增加系数 C_χ 呈现凹曲分布,且存在极小值。相反,系数 C_N 随着切向弹性恢复系数的增加先增加,达到最大值后,再减小。系数 C_χ 反映颗粒速度分布一级近似时颗粒碰撞产生的能量耗散。当切向弹性恢复系数趋向于−1.0 时或者+1.0 时,颗粒之间没有摩擦或者完全弹性,使得颗粒碰撞过程能量耗散减小,系数 C_χ 趋于零。而切向弹性恢复系数介于−1.0 和+1.0 之间,颗粒碰撞过程中伴随的摩擦作用,引起能量的耗散增加。在 $\beta=0$ 时系数 C_χ 达到最小。系数 C_N 反映颗粒碰撞压力分量变化引起的能量损失/增益。计算结果表

明，随着颗粒碰撞弹性恢复系数的增加，系数 C_N 降低，减小颗粒碰撞过程中能量的损失。图中同时给出了方程(4-101)的系数 λ 随切向弹性恢复系数的变化趋势，系数 λ 反映碰撞过程颗粒摩擦作用产生的能量耗散。颗粒内摩擦作用诱发能量松弛，增大碰撞能量损失。由此可见，颗粒旋转作用增大了颗粒碰撞过程中的能量耗散。

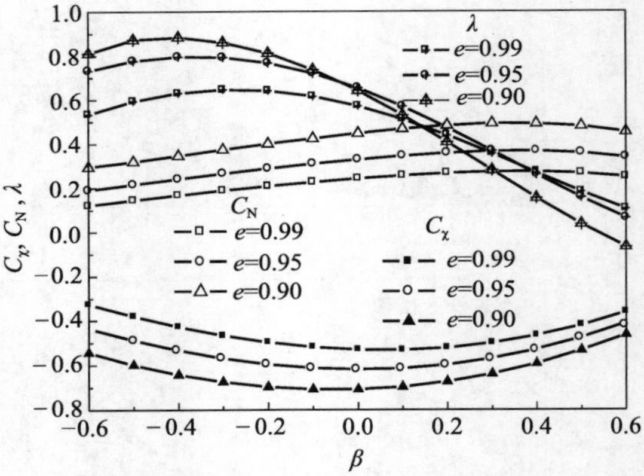

图 4-10　不同弹性恢复系数对模型系数的影响(郝振华，2010)

4.7　粗糙颗粒动理学模拟循环流化床提升管气固两相流动

Knowlton 等(1995)进行循环流化床提升管气固两相流动的试验，采用颗粒等速取样器进行颗粒流率的测量。提升管高度和直径分别为 14.2m 和 0.2m，提升管表观气体速度和温度分别是 5.2m/s 和 298K。循环物料粒径和密度分别为 76μm 和 1712kg/m^3，颗粒循环流率为 $489\text{kg/(m}^2\cdot\text{s)}$，颗粒碰撞的弹性恢复系数取 0.95。

图 4-11 表示模拟颗粒浓度分布与 Knowlton 等(1995)实测结果的对比，图中同时给出了 Benyahia 等(2000)采用光滑颗粒动理学模型的计算结果。由图可见，无论是否考虑颗粒旋转，数值模拟结果和试验结果均表现出床层中心区域颗粒浓度低边壁区域颗粒浓度高的分布趋势。当采用粗糙颗粒动理学模型且切向弹性恢复系数为 0.2 时，数值模拟结果与试验结果吻合较好。从图中还可看出，在床体中心区域光滑颗粒动理学和粗糙颗粒动理学的模拟结果差异不大，但在床体边壁区域由粗糙颗粒产生旋转运动造成了较大的能量损失，更易形成颗粒团聚物，导致颗粒浓度增大，使得边壁区域粗糙颗粒动理学模拟结果比光滑颗粒动理学模型预测的颗粒浓度要高，更接近试验结果。实测颗粒流率和模拟颗粒流率均随径向变化而变化，试验结果和数值模拟均表明在壁面区域颗粒流率为负值、提升管中心区域颗粒流率为正值，表明在壁面区域颗粒速度为下降流动，而在中部区域颗粒为向上

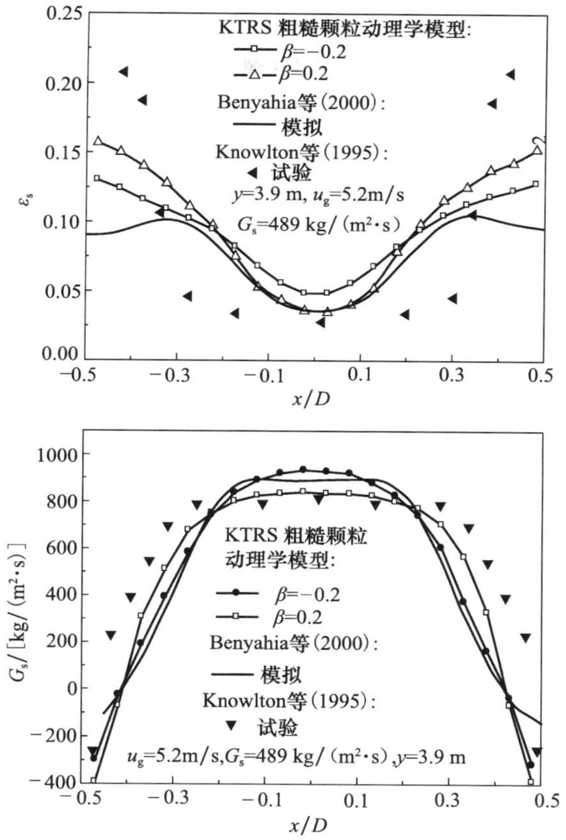

图 4-11　时均颗粒浓度和颗粒质量流率沿径向的变化(郝振华,2010)

流动。与光滑颗粒动理学相比,由于粗糙颗粒动理学模型考虑颗粒旋转运动造成的能量损失,得到管壁处浓度更高,而在中心区域浓度降低的结果。结果表明,采用粗糙颗粒动理学模型获得的计算结果与试验测量值吻合较好。

图 4-12 表示颗粒拟总温度和能量耗散率随颗粒浓度的变化。随着颗粒浓度的增加颗粒拟总温度下降。这可能是由于随着颗粒浓度的增加,一方面颗粒碰撞频率增加,使得颗粒拟总温度增加;但另一方面,在颗粒浓度升高时颗粒运动被抑制,又造成颗粒拟总温度下降。两者的共同作用造成了所预测的颗粒拟总温度变化趋势。

统计颗粒相能量耗散率随颗粒浓度的变化发现,对于一定的颗粒切向弹性恢复系数,随着颗粒浓度的增加颗粒相能量耗散率逐渐增加,达到最大后,再降低。在颗粒浓度非常低时颗粒碰撞频率低,颗粒相能量耗散小。随着颗粒浓度的增加,颗粒碰撞频率和颗粒碰撞能量耗散迅速变大。但当颗粒浓度继续增加时颗粒的随机运动受到一定的抑制,颗粒碰撞能量损失减小。

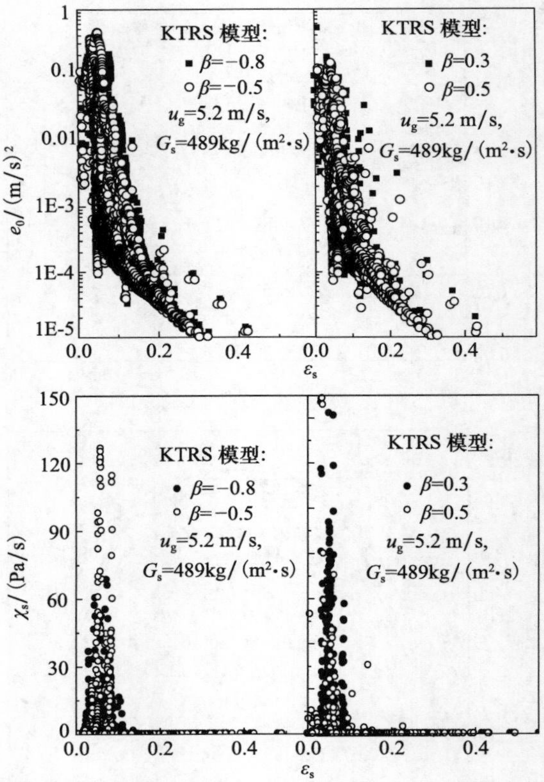

图 4-12　颗粒拟总温度和颗粒能量耗散率随颗粒浓度的变化(Hao et al.,2010)

图 4-13 表示时均颗粒拟总温度和方差 σ_{st}、能量耗散率和方差 σ_{st} 随切向弹性恢复系数的变化。随着切向弹性恢复系数的增加,时均颗粒拟总温度先减小后增大,当 $\beta=0.2$ 左右时时均颗粒拟总温度最小。不同切向弹性恢复系数下方差变化与时均颗粒拟总温度分布具有相同的变化趋势。统计时均颗粒相能量耗散率和方差随颗粒切向弹性恢复系数的变化发现,随着颗粒切向弹性恢复系数的逐渐增加,颗粒转动摩擦耗散能量增加。在颗粒切向弹性恢复系数 $\beta=0.3$ 时,颗粒相能量耗散率达到最大,之后颗粒相能量耗散下降。这是由于当颗粒切向弹性恢复系数 β 比较小时,颗粒转动摩擦消耗的能量与颗粒非弹性碰撞消耗的能量相比是很小的,颗粒转动摩擦消耗的能量可以忽略,颗粒相能量耗散主要是由颗粒非弹性碰撞引起的。相反,随着颗粒切向弹性恢复系数 β 增加,颗粒转动引起摩擦导致能量耗散增加,而颗粒非弹性碰撞引起的能量损失减小,使得颗粒相能量耗散降低。图中同时给出了光滑颗粒动理学模型的模拟结果,可见光滑颗粒动理学由于没有考虑颗粒转动作用造成的能量耗散,使得模拟结果中的能量耗散较小。

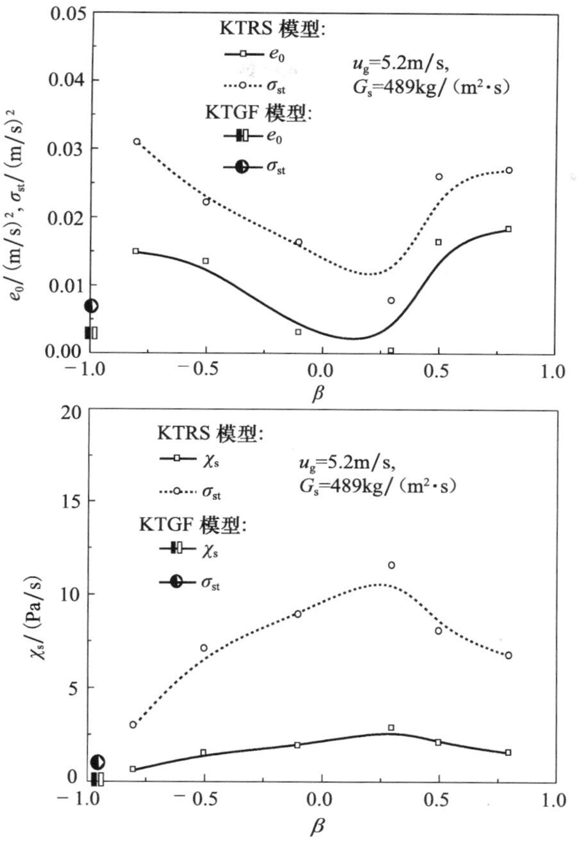

图 4-13　颗粒拟总温度和方差以及能量耗散率和方差随切向弹性恢复系数的变化
(Hao et al.,2010)

图 4-14 表示颗粒相黏性系数随颗粒浓度和切向弹性恢复系数的变化。颗粒相黏性系数的变化取决于颗粒拟总温度和颗粒切向弹性恢复系数 β 等。对于不同的颗粒切向弹性恢复系数 β,模拟计算得到相似的变化趋势。随着颗粒浓度的增加颗粒相黏性系数降低。颗粒黏性系数是由颗粒间碰撞和湍流行为产生的,反映了颗粒相能量的耗散。随着颗粒切向弹性恢复系数 β 的增加,颗粒旋转作用逐渐增强,颗粒相耗散能量增大,颗粒相黏性系数和方差下降。继续增加 β,颗粒的弹性和粗糙度同时增强,两者共同作用下颗粒耗散开始减小,颗粒相黏性系数和方差增加。由此可见粗糙颗粒转动运动将改变颗粒碰撞能量的变化,进而影响提升管内气固两相流动宏观流动参数的分布。

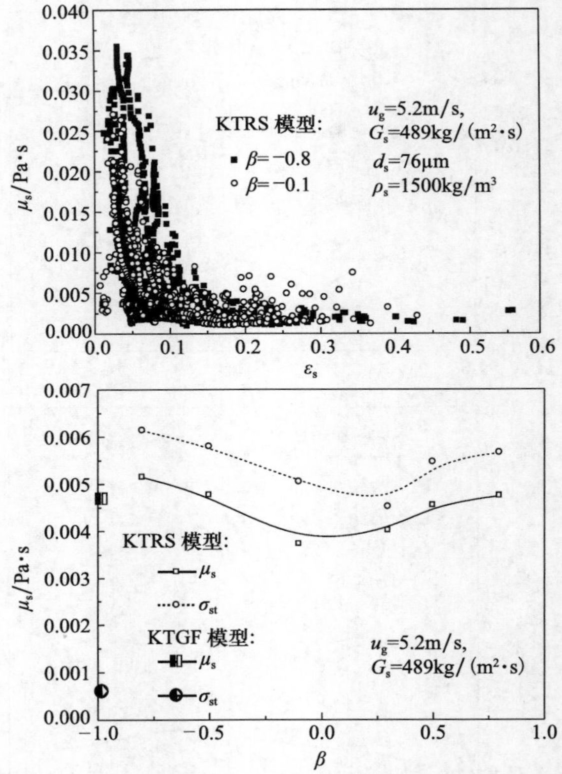

图 4-14　颗粒黏性系数随颗粒浓度和切向弹性恢复系数的变化(Hao et al.,2010)

4.8　近似粗糙颗粒动理学

4.8.1　三参数粗糙颗粒动力学和输运方程

颗粒旋转导致颗粒碰撞前后动能的变化除了影响颗粒平动能转换和耗散,还影响颗粒转动能量的交换。颗粒间的弹性碰撞产生法向应力,颗粒相对滑动产生摩擦力,所有这些力按照作用的方向都可以分解为法向力和切向力。考虑具有直径为 d_s、质量为 m 和惯性矩为 I_p 的两颗粒碰撞,碰撞瞬时颗粒 1 和颗粒 2 的位置分别为 $\boldsymbol{x}_1$ 和 $\boldsymbol{x}_2$,碰撞前颗粒平动速度为 $\boldsymbol{c}_1$ 和 $\boldsymbol{c}_2$,旋转速度为 $\boldsymbol{\omega}_1$ 和 $\boldsymbol{\omega}_2$;碰撞后颗粒速度分别是 $\boldsymbol{c}_1'$、$\boldsymbol{c}_2'$ 和 $\boldsymbol{\omega}_1'$、$\boldsymbol{\omega}_2'$。颗粒碰撞前和碰撞后的速度满足颗粒碰撞动力学(Jenkins et al.,1985):

$$\boldsymbol{c}_1'=\boldsymbol{c}_1+\boldsymbol{J},\quad \boldsymbol{c}_2'=\boldsymbol{c}_2-\boldsymbol{J} \tag{4-114}$$

式中,$\boldsymbol{J}$ 为颗粒 2 作用在颗粒 1 上的冲力。同理,颗粒碰撞前后的旋转速度应满足角动量守恒：

$$\boldsymbol{\omega}_1'=\boldsymbol{\omega}_1+\frac{md_{\mathrm{p}}}{2I_p}\boldsymbol{k}\times\boldsymbol{J},\quad \boldsymbol{\omega}_2'=\boldsymbol{\omega}_2+\frac{md_{\mathrm{p}}}{2I_{\mathrm{p}}}\boldsymbol{k}\times\boldsymbol{J} \tag{4-115}$$

式中，$\boldsymbol{k}=(\boldsymbol{x}_2-\boldsymbol{x}_1)/|\boldsymbol{x}_2-\boldsymbol{x}_1|$为碰撞点的法向单位矢量；$d_{\mathrm{p}}$为颗粒平均直径。两颗粒间碰撞前后的相对速度和两颗粒平均旋转速度分别为

$$\boldsymbol{g}=\boldsymbol{c}_1-\boldsymbol{c}_2,\quad \boldsymbol{s}=0.5(\boldsymbol{\omega}_1+\boldsymbol{\omega}_2) \tag{4-116}$$

则两颗粒碰撞点的相对速度为

$$\boldsymbol{G}=\boldsymbol{g}+d_{\mathrm{p}}(\boldsymbol{s}\times\boldsymbol{k}) \tag{4-117}$$

对于具有摩擦的颗粒碰撞，两颗粒接触点切线方向受到摩擦力作用，影响了碰撞结果。两颗粒切线方向的运动状态(即碰撞状态)又与摩擦系数等有关。通常情况下，当两颗粒面接触在一起且产生相对滑动时，接触面之间不仅传递正应力，并且存在沿接触面的摩擦力。因此作用力 $\boldsymbol{J}$ 可分解为法向分量和切向分量：

$$\boldsymbol{J}=A\boldsymbol{k}+B\boldsymbol{j} \tag{4-118}$$

式中，$\boldsymbol{j}$ 为单位切向矢量：

$$\boldsymbol{j}=\frac{(\boldsymbol{G}\times\boldsymbol{k})\times\boldsymbol{k}}{|\boldsymbol{G}\times\boldsymbol{k}|} \tag{4-119}$$

两颗粒的碰撞形式有滑动碰撞(物理意义为接触点的切向相对速度始终不为零)和黏滞碰撞(物理意义为摩擦力相对很大，以至于发生碰撞的接触点的切向相对速度就变为零)。对于滑动碰撞和黏滞碰撞，系数 A 为

$$A=-\frac{1}{2}(1+e)(\boldsymbol{g}\cdot\boldsymbol{k}) \tag{4-120}$$

式中，e 为颗粒弹性碰撞恢复系数。对于滑动碰撞，系数 B 为

$$B=-\frac{1}{2}\mu(1+e)(\boldsymbol{g}\cdot\boldsymbol{k}) \tag{4-121}$$

对于黏滞碰撞，系数 B 为

$$B=-\frac{1+\beta_0}{2(1+md_{\mathrm{p}}^2/4I_p)}(\boldsymbol{G}\cdot\boldsymbol{j}) \tag{4-122}$$

式中，μ 和 β_0 分别为颗粒摩擦系数和切向弹性恢复系数。由此可见，颗粒碰撞动力学采用三参数进行描述：颗粒弹性碰撞恢复系数 e、颗粒摩擦系数 μ 和切向弹性恢复系数 β_0。

颗粒平动脉动速度为 $\boldsymbol{C}=\boldsymbol{c}-\boldsymbol{u}$，其中 $\boldsymbol{u}$ 为平均平动速度。对于滑动碰撞，两颗粒碰撞前后的动量变化为

$$\Delta\left(\frac{1}{2}m\boldsymbol{C}^2\right)=-\frac{1}{2}m(1-e)(\boldsymbol{k}\cdot\boldsymbol{g})^2+m\mu(\boldsymbol{k}\cdot\boldsymbol{g})(\boldsymbol{j}\cdot\boldsymbol{g})+m\mu^2(\boldsymbol{k}\cdot\boldsymbol{g})^2 \tag{4-123}$$

对于黏滞碰撞，动量变化为

$$\Delta\left(\frac{1}{2}m\boldsymbol{C}^2\right)=-\frac{1}{2}m(1-e)(\boldsymbol{k}\cdot\boldsymbol{g})^2-m\frac{1+\beta_0}{7}(\boldsymbol{j}\cdot\boldsymbol{G})(\boldsymbol{j}\cdot\boldsymbol{g})+m\left(\frac{1+\beta_0}{7}\right)^2(\boldsymbol{j}\cdot\boldsymbol{G})^2 \tag{4-124}$$

定义颗粒脉动旋转速度为 $\boldsymbol{\Omega}=\boldsymbol{\omega}-\bar{\boldsymbol{\omega}}$，其中，$\bar{\boldsymbol{\omega}}$ 为平均旋转速度。对于滑动碰撞，两颗粒碰撞前后角动量的变化为

$$\Delta\left(\frac{1}{2}I_{\mathrm{p}}\boldsymbol{\Omega}^2\right)=m\mu d_{\mathrm{s}}(\boldsymbol{k}\cdot\boldsymbol{g})(\boldsymbol{k}\times\boldsymbol{j})\cdot\boldsymbol{s}+\frac{1}{2}m\mu^2(\boldsymbol{k}\cdot\boldsymbol{g})^2 \tag{4-125}$$

对于黏滞碰撞，角动量变化为

$$\Delta\left(\frac{1}{2}I_{\mathrm{p}}\boldsymbol{\Omega}^2\right)=m\frac{1+\beta_0}{7}d_{\mathrm{s}}\mid\boldsymbol{k}\times\boldsymbol{G}\mid(\boldsymbol{k}\times\boldsymbol{j})\cdot\boldsymbol{s}+\frac{5}{2}m\left(\frac{1+\beta_0}{7}\right)^2(\boldsymbol{k}\times\boldsymbol{G})^2 \tag{4-126}$$

设颗粒特性的物理量 ϕ，颗粒相 ϕ 的 Maxwell-Boltzmann 输运方程为

$$\frac{\partial\langle n\phi\rangle}{\partial t}+\frac{\partial}{\partial\boldsymbol{r}}n\cdot\langle\boldsymbol{c}\phi\rangle-n\left[\left\langle\frac{\partial\phi}{\partial t}\right\rangle+\left\langle\boldsymbol{c}\cdot\frac{\partial\phi}{\partial\boldsymbol{r}}\right\rangle+\boldsymbol{F}\cdot\left\langle\frac{\partial\phi}{\partial\boldsymbol{c}}\right\rangle\right]=\mathrm{Coll}(\phi) \tag{4-127}$$

$$\mathrm{Coll}(\phi)=\chi(\phi)-\nabla\cdot\psi(\phi) \tag{4-128}$$

$$\begin{aligned}\chi(\phi)=&\frac{1}{2}\iiint[(\phi_1'-\phi_1)+(\phi_2'-\phi_2)](\boldsymbol{k}\cdot\boldsymbol{c}_{21})d_{\mathrm{p}}^2f^{(2)}\\&\times(\boldsymbol{r}+d_{\mathrm{p}}\boldsymbol{k},\boldsymbol{c}_1,\boldsymbol{\omega}_1,\boldsymbol{r},\boldsymbol{c}_2,\boldsymbol{\omega}_2,t)\mathrm{d}\boldsymbol{k}\mathrm{d}\boldsymbol{c}_1\mathrm{d}\boldsymbol{c}_2\mathrm{d}\boldsymbol{\omega}_1\mathrm{d}\boldsymbol{\omega}_2\end{aligned} \tag{4-129}$$

$$\begin{aligned}\psi(\phi)=&-\frac{d_{\mathrm{p}}}{4}\iiint[(\phi_1'-\phi_1)-(\phi_2'-\phi_2)]d_{\mathrm{p}}^2\boldsymbol{k}(\boldsymbol{k}\cdot\boldsymbol{c}_{21})f^{(2)}\\&\times(\boldsymbol{r}+\boldsymbol{d}_{\mathrm{p}}\boldsymbol{k},\boldsymbol{c}_1,\boldsymbol{\omega}_1,\boldsymbol{r},\boldsymbol{c}_2,\boldsymbol{\omega}_2,t)\mathrm{d}\boldsymbol{k}\mathrm{d}\boldsymbol{c}_1\mathrm{d}\boldsymbol{c}_2\mathrm{d}\boldsymbol{\omega}_1\mathrm{d}\boldsymbol{\omega}_2\end{aligned} \tag{4-130}$$

式中，颗粒速度分布函数 f 为

$$f(\boldsymbol{c},\boldsymbol{\omega},\boldsymbol{x},t)=n\left(\frac{1}{2\pi\theta_{\mathrm{t}}}\right)^{3/2}\left(\frac{I_{\mathrm{p}}}{2\pi m\theta_{\mathrm{r}}}\right)^{\frac{3}{2}}\exp\left[-\frac{1}{2}\left(\frac{\boldsymbol{C}^2}{\theta_{\mathrm{t}}}+\frac{I_{\mathrm{p}}\boldsymbol{\Omega}^2}{m\theta_{\mathrm{r}}}\right)\right] \tag{4-131}$$

双颗粒速度分布函数可以表示为径向分布函数和单颗粒速度分布函数的乘积，即

$$f^{(2)}(\boldsymbol{r}_1,\boldsymbol{c}_1,\boldsymbol{\omega}_1,\boldsymbol{r}_2,\boldsymbol{c}_2,\boldsymbol{\omega}_2,t)=g_0f_1(\boldsymbol{r}_1,\boldsymbol{c}_1,\boldsymbol{\omega}_1,t)f_2(\boldsymbol{r}_2,\boldsymbol{c}_2,\boldsymbol{\omega}_2,t) \tag{4-132}$$

式中，g_0 为颗粒相接触时径向分布函数。

方程(4-127)中物理量 ϕ 取为 m、$m\boldsymbol{c}$ 和 $I_{\mathrm{p}}\boldsymbol{\omega}$，可分别得到颗粒相的质量守恒方程、平动动量守恒方程和角动量守恒方程。忽略气固曳力作用，守恒方程分别表示如下：

$$\frac{\partial}{\partial t}(\varepsilon_{\mathrm{s}}\rho_{\mathrm{s}})+\nabla\cdot(\varepsilon_{\mathrm{s}}\rho_{\mathrm{s}}\boldsymbol{u}_{\mathrm{s}})=0 \tag{4-133}$$

$$\frac{\partial}{\partial t}(\varepsilon_{\mathrm{s}}\rho_{\mathrm{s}}\boldsymbol{u}_{\mathrm{s}})+\nabla\cdot(\varepsilon_{\mathrm{s}}\rho_{\mathrm{s}}\boldsymbol{u}_{\mathrm{s}}\boldsymbol{u}_{\mathrm{s}})=-\nabla\cdot\boldsymbol{P}_{\mathrm{s}}+\varepsilon_{\mathrm{s}}\rho_{\mathrm{s}}\boldsymbol{g} \tag{4-134}$$

$$\frac{\partial}{\partial t}(\varepsilon_{\mathrm{s}}\rho_{\mathrm{s}}I_{\mathrm{p}}\boldsymbol{\omega})+\nabla\cdot(\varepsilon_{\mathrm{s}}\rho_{\mathrm{s}}I_{\mathrm{p}}\boldsymbol{\omega}\boldsymbol{\omega})=-\nabla\cdot\boldsymbol{\Gamma}_{\mathrm{s}}+\chi(I_{\mathrm{p}}\boldsymbol{\omega}) \tag{4-135}$$

式中，$\boldsymbol{P}_{\mathrm{s}}$ 和 $\boldsymbol{\Gamma}_{\mathrm{s}}$ 分别是平动和转动动量方程中的应力项，它们分别由颗粒扩散运动

的动力分量和颗粒碰撞作用引起的颗粒碰撞分量构成，即 $\boldsymbol{P}_s=\boldsymbol{P}_k+\boldsymbol{P}_c$ 和 $\boldsymbol{\Gamma}_s=\boldsymbol{\Gamma}_k+\boldsymbol{\Gamma}_c$。$\chi(I_p\boldsymbol{\omega})$为颗粒转动引起的角动量传递项。

同理，将 $\phi=\dfrac{1}{2}m\boldsymbol{c}^2$ 和 $\phi=\dfrac{1}{2}I_p\boldsymbol{\omega}^2$ 分别代入方程(4-127)，得到颗粒相平动和转动拟温度方程：

$$\frac{3}{2}\left[\frac{\partial}{\partial t}(\varepsilon_s\rho_s\theta_t)+\nabla\cdot(\varepsilon_s\rho_s\theta_t\boldsymbol{u}_s)\right]=-\boldsymbol{P}_s:\nabla\boldsymbol{u}_s-\nabla\cdot\boldsymbol{q}_t-\chi_t \tag{4-136}$$

$$\frac{3}{2}\left[\frac{\partial}{\partial t}(\varepsilon_s\rho_s\theta_r)+\nabla\cdot(\varepsilon_s\rho_s\theta_r\boldsymbol{u}_s)\right]=-\boldsymbol{\Gamma}_s^{T}:\nabla\boldsymbol{\omega}-\nabla\cdot\boldsymbol{q}_r-\chi_r-\boldsymbol{\omega}\cdot\chi(I_p\boldsymbol{\omega}) \tag{4-137}$$

式中，$\boldsymbol{q}_t$ 和 $\boldsymbol{q}_r$ 分别是颗粒平动热流通量和转动热流通量；χ_t 和χ_r 分别是颗粒间由平动和转动碰撞产生的非弹性能量耗散率。单位体积颗粒平动脉动能量耗散率和颗粒转动脉动能量耗散率分别为

$$\chi_t=-\chi\left(\frac{1}{2}m\boldsymbol{C}^2\right)=\frac{1}{2}d_p^2\int_{\boldsymbol{k}\cdot\boldsymbol{g}\geqslant 0}(\boldsymbol{k}\cdot\boldsymbol{g})\Delta\left(\frac{1}{2}m\boldsymbol{C}^2\right)f^{(2)}$$
$$\times(\boldsymbol{c}_1,\boldsymbol{\omega}_1,\boldsymbol{x}_1,\boldsymbol{c}_2,\boldsymbol{\omega}_2,\boldsymbol{x}_2,t)\,\mathrm{d}\boldsymbol{k}\mathrm{d}\boldsymbol{c}_1\mathrm{d}\boldsymbol{\omega}_1\mathrm{d}\boldsymbol{k}\mathrm{d}\boldsymbol{c}_2\mathrm{d}\boldsymbol{\omega}_2 \tag{4-138}$$

$$\chi_r=-\chi\left(\frac{1}{2}I_p\boldsymbol{\Omega}^2\right)=\frac{1}{2}d_p^2\int_{\boldsymbol{k}\cdot\boldsymbol{g}\geqslant 0}(\boldsymbol{k}\cdot\boldsymbol{g})\Delta\left(\frac{1}{2}I_p\boldsymbol{\Omega}^2\right)f^{(2)}$$
$$\times(\boldsymbol{c}_1,\boldsymbol{\omega}_1,\boldsymbol{x}_1,\boldsymbol{c}_2,\boldsymbol{\omega}_2,\boldsymbol{x}_2,t)\,\mathrm{d}\boldsymbol{k}\mathrm{d}\boldsymbol{c}_1\mathrm{d}\boldsymbol{\omega}_1\mathrm{d}\boldsymbol{k}\mathrm{d}\boldsymbol{c}_2\mathrm{d}\boldsymbol{\omega}_2 \tag{4-139}$$

将双颗粒速度分布函数方程(4-132)按 Taylor 级数展开：

$$f^{(2)}(\boldsymbol{x}_1,\boldsymbol{c}_1,\boldsymbol{\omega}_1,\boldsymbol{x}_1+d_p\boldsymbol{k},\boldsymbol{c}_2,\boldsymbol{\omega}_2,t)$$
$$=f^{(2)}(\boldsymbol{x}_1,\boldsymbol{c}_1,\boldsymbol{\omega}_1,\boldsymbol{x}_1-d_p\boldsymbol{k},\boldsymbol{c}_2,\boldsymbol{\omega}_2,t)$$
$$+\left[d_p\boldsymbol{k}\cdot\nabla-\frac{1}{2!}(d_p\boldsymbol{k}\cdot\nabla)^2+\frac{1}{3!}(d_p\boldsymbol{k}\cdot\nabla)^3-\cdots\right]$$
$$f^{(2)}(\boldsymbol{x}_1,\boldsymbol{c}_1,\boldsymbol{\omega}_1,\boldsymbol{x}_1+d_p\boldsymbol{k},\boldsymbol{c}_2,\boldsymbol{\omega}_2,t) \tag{4-140}$$

忽略方程(4-140)中的高阶项，将方程(4-123)和方程(4-124)代入方程(4-138)，积分得到单位体积颗粒平动脉动能量耗散率是

$$\chi_t=\frac{12}{\pi^{1/2}d_p}\varepsilon_s^2\rho_s g_0\theta_t^{3/2}\left[2(1-e)+a_1-a_2\frac{\theta_r}{\theta_t}\right] \tag{4-141}$$

式中，系数 a_1 和 a_2 分别为

$$a_1=\frac{\mu}{\mu_0}\left[\pi\mu_0\left(1-\frac{2}{\pi}\arctan\mu_0\right)+\frac{2\mu_0^2}{1+\mu_0^2}\left(1-2\frac{\mu}{\mu_0}\right)\right],$$
$$a_2=\frac{5\mu}{2\mu_0}\left[\frac{\pi\mu_0}{2}\left(1-\frac{2}{\pi}\arctan\mu_0\right)+\frac{\mu_0^2-\mu_0^4}{(1+\mu_0^2)^2}\right] \tag{4-142}$$

$$\mu_0=\frac{7}{2}\mu\frac{1+e}{1+\beta_0} \tag{4-143}$$

式中,系数 μ_0 是颗粒非弹性碰撞恢复系数 e、切向摩擦系数 β_0 和法向摩擦系数 μ 的函数。同理,将方程(4-125)和方程(4-126)代入方程(4-139),得到单位体积颗粒转动速度脉动能量耗散率为

$$\chi_r = -\frac{120}{\pi^{1/2} d_p} \varepsilon_s^2 \rho_s g_0 \theta_t^{3/2} \left(b_1 - b_2 \frac{\theta_r}{\theta_t}\right) \tag{4-144}$$

式中,系数 b_1 和 b_2 分别为

$$b_1 = \left(\frac{\mu}{\mu_0}\right)^2 \frac{\mu_0^2}{1+\mu_0^2}, \quad b_2 = \frac{1}{2} \frac{\mu}{\mu_0} \left[\frac{\pi \mu_0}{2}\left(1 - \frac{2}{\pi} \arctan \mu_0\right) + \frac{\mu_0^2}{1+\mu_0^2}\right]$$

由方程(4-141)和方程(4-144)可见,颗粒平动脉动能量耗散率和转动脉动能量耗散率不仅取决于颗粒平动拟温度 θ_t,同时与颗粒转动拟温度 θ_r 密切相关。

4.8.2 粗糙颗粒剪切流动和三参数简化粗糙颗粒动理学方程

对于考虑颗粒旋转后颗粒相守恒方程除了包含颗粒质量、颗粒动量和颗粒平动拟温度守恒方程,还增加了颗粒转动拟温度守恒方程和颗粒角动量守恒方程,才使计算模型封闭。与不考虑颗粒转动时气固守恒方程数相比,考虑颗粒转动运动后守恒方程的数量增多,增加了计算量。为了简化计算,假设颗粒为高颗粒浓度的稳态剪切流动,颗粒平动速度和转动速度、颗粒平动拟温度和转动拟温度为常数。局部颗粒相的密度梯度和脉动能量(即颗粒平动拟温度和转动拟温度)梯度为零(对流项和扩散项忽略不计)。当忽略颗粒的弥散作用时,由方程(4-137)得到

$$\chi_r = 0 \tag{4-145}$$

由方程(4-144)可以得到颗粒转动拟温度与颗粒平动拟温度之比为

$$\frac{\theta_r}{\theta_t} = \frac{b_1}{b_2} \tag{4-146}$$

将方程(4-146)代入方程(4-141)得到

$$\chi_t = \frac{12}{\sqrt{\pi}} \frac{\rho_s \varepsilon_s^2}{d_p} g_0 \theta_t^{3/2} (1 - e_{\text{eff}}^2) \tag{4-147}$$

式中,有效颗粒碰撞恢复系数为

$$e_{\text{eff}} = \left[2e - a_1 + \frac{a_2 b_1}{b_2} - 1\right]^{1/2} \tag{4-148}$$

方程(4-148)表明,颗粒平动运动引发的碰撞和转动摩擦所消耗的能量取决于颗粒平动拟温度,与颗粒转动拟温度无关(Wang et al.,2008a)。颗粒相互摩擦引起的能量损失相当于通过颗粒非弹性碰撞恢复系数改变颗粒碰撞过程中的能量损失。也就是说当颗粒有效碰撞恢复系数已知时,由颗粒平动拟温度守恒方程确定颗粒相压力、黏性系数和碰撞能量损失。从而由原来的质量、平动动量、角动量、颗粒平动拟温度和转动拟温度守恒方程的求解转换为质量、平动动量和颗粒平动拟

温度守恒方程的求解，见表 4-2，求解的守恒方程数与光滑颗粒动理学方法相同。

表 4-2　简化的粗糙颗粒动理学模型（Wang et al. 2008b）

颗粒相质量守恒	$\frac{\partial}{\partial t}(\varepsilon_s\rho_s)+\nabla\cdot(\varepsilon_s\rho_s\boldsymbol{u}_s)=0$
颗粒相动量守恒	$\frac{\partial}{\partial t}(\varepsilon_s\rho_s\boldsymbol{u}_s)+\nabla\cdot(\varepsilon_s\rho_s\boldsymbol{u}_s\boldsymbol{u}_s)=-\varepsilon_s\nabla p_g-\nabla p_s+\nabla\cdot\boldsymbol{\tau}_s+\varepsilon_s\rho_s\boldsymbol{g}+\beta_{gs}(\boldsymbol{u}_g-\boldsymbol{u}_s)$
颗粒平动速度脉动能量守恒方程	$\frac{3}{2}\left[\frac{\partial}{\partial t}(\varepsilon_s\rho_s\theta_t)+\nabla\cdot(\varepsilon_s\rho_s\theta_t)\boldsymbol{u}_s\right]=(-\nabla p_s\boldsymbol{I}+\boldsymbol{\tau}_s):\nabla\boldsymbol{u}_s+\nabla\cdot(k_s\nabla\theta_t)-\chi_t+D_{gs}-3\beta\theta_t$
固相应力	$\boldsymbol{\tau}_s=\xi_s(\nabla\cdot\boldsymbol{u}_s)\boldsymbol{I}+\mu_s\{[\nabla\boldsymbol{u}_s+(\nabla\boldsymbol{u}_s)^T]-\frac{1}{3}(\nabla\cdot\boldsymbol{u}_s)\boldsymbol{I}\}$
颗粒相压力	$p_s=\varepsilon_s\rho_s\theta_t[1+2g_0\varepsilon_s(1+e_{eff})]$
颗粒相动力黏性系数	$\mu_s=\frac{4}{5}\varepsilon_s^2\rho_s d_p g_0(1+e_{eff})\sqrt{\frac{\theta_t}{\pi}}+\frac{10\rho_s d_p\sqrt{\pi\theta_t}}{96(1+e_{eff})\varepsilon_s g_0}[1+\frac{4}{5}g_0\varepsilon_s(1+e_{eff})]^2$
颗粒相容积表观黏性系数	$\xi_s=\frac{4}{3}\varepsilon_s^2\rho_s d_p g_0(1+e_{eff})\sqrt{\frac{\theta_t}{\pi}}$
颗粒相碰撞能传递系数	$k_s=\frac{75\rho_s d_p\sqrt{\pi\theta_t}}{192(1+e_{eff})g_0}[1+\frac{6}{5}(1+e_{eff})g_0\varepsilon_s]^2+2\varepsilon_s^2\rho_s d_p g_0(1+e_{eff})\sqrt{\frac{\theta_t}{\pi}}$

4.9　本 章 小 结

本章将在光滑颗粒动理学基础上引入颗粒转动拟温度反映颗粒转动运动的效应，以切向恢复系数 β 来表示碰撞前后转动速度的变化，建立考虑颗粒转动时的颗粒碰撞动力学模型。提出的颗粒拟总温度 e_0 是颗粒平动能量和转动能量的量度。给出了颗粒压力和黏性系数等计算模型，获得了颗粒相输运参数与颗粒拟总温度的函数关系，建立了粗糙颗粒动理学模型。模型能够正确反映实际颗粒的碰撞动力学特性、颗粒平动脉动能和转动脉动能的传递和耗散规律。以颗粒拟总温度 e_0 守恒方程取代光滑颗粒动理学中颗粒温度守恒方程，使得粗糙颗粒动理学模型的方程数量与光滑颗粒动理学相同，计算方法易于实现。

提升管内实测颗粒浓度和颗粒速度分布是 Knowlton 等(1995)的研究成果。近似粗糙颗粒动理学是 Jenkins 等(1985)的研究成果。该理论要求粗糙颗粒流动满足剪切流动过程，使得粗糙颗粒剪切功与平动能转换率相平衡和颗粒转动动能转换率为零，获得了粗糙颗粒转动脉动能量与平动脉动能量之间的内在关系，导致模型具有明显的局限性。

值得注意的是，与本章提出的粗糙颗粒动理学的同时期，Gidaspow 等(2010)提出了粗糙颗粒动理学模型，给出颗粒碰撞能量耗散率与颗粒摩擦系数和弹性恢复系数与颗粒平动拟温度及颗粒转动拟温度之间的关系。粗糙颗粒动理学还存在非常多的前沿课题亟待解决，包括切向弹性恢复系数对气固两相流场宏观和微观参数的影响、多组分粗糙颗粒动理学和试验研究。

参考文献

郝振华. 2010. 粗糙颗粒动理学及流化床气化炉的数值模拟研究. 哈尔滨：哈尔滨工业大学博士学位论文.

Benyahia S, Arastoopour H, Knowlton T M, et al. 2000. Simulation of particles and gas flow behavior in the riser section of a circulating fluidized bed using kinetic theory approach for the particulate phase. Powder Technology, 112: 24-33.

Chapman S, Cowling T G. 1970. The Mathematical Theory of Non-uniform Gases. Cambridge: Cambridge University Press.

Gidaspow D. 1994. Multiphase Flow and Fluidization: Continuum and Kinetic Theory Description. San Diego: Academic Press.

Goldshtein A, Shapiro M. 1995. Mechanics of collisional motion of granular materials. Part 1. General hydrodynamic equations. Journal of Fluid Mechanics, 282: 75-114.

Hao Z H, Wang S, Lu H L, et al. 2010. Numerical simulation of fluid dynamics of a riser: Influence of particle rotation. Industrial and Engineering Chemistry Research, 49: 3585-3596.

Jenkins J T, Richmanm W. 1985. Kinetic theory for plane flows of a dense gas of identical, rough, inelastic, circular disks. Physics of Fluids, 28: 3485-3494.

Jenkins J T, Zhang C. 2002. Kinetic theory for identical, frictional, nearly elastic spheres. Physics of Fluids, 14: 1228-1235.

Knowlton T, Geldart D, Matsen J, et al. 1995. Comparison of CFB hydrodynamic models//Eighth International Fluidization Conference, Tour.

Lu H L, Liu G D, Zhao F X, et al. 2014. Kinetic theory of rough spheres apply to gas-solids risers//2014 AIChE Annual Meeting, Atlanta.

Songprawat S, Gidaspow D. 2010. Multiphase flow with unequal granular temperatures. Chemical Engineering Science, 65: 1134-1143.

Wang S, Hao Z H, Lu H L, et al. 2012a. A bubbling fluidization model using kinetic theory of rough spheres. AIChE Journal, 58: 440-455.

Wang S, Hao Z H, Lu H L, et al. 2012b. Hydrodynamic modeling of particle rotation in bubbling gas-fluidized beds. International Journal of Multiphase Flow, 39: 159-178.

Wang S Y, Lu H L, Li X, et al. 2008a. CFD simulations of bubbling beds of rough spheres. Chemical Engineering Science, 63: 5653-5662.

Wang S Y, Shen Z H, Lu H L, et al. 2008b. Numerical predictions of flow behavior and cluster size of particles in riser with particle rotation model and cluster-based approach. Chemical Engineering Science, 63: 4116-4125.

第 5 章　各向异性颗粒动理学-颗粒流矩模型

在颗粒动理学中，由于颗粒之间碰撞和气体湍流等作用，用颗粒拟温度（颗粒温度）来表征颗粒湍流动能的强弱，并假设 $\theta_x=\theta_y=\theta_z$，其中 $\theta_i=\langle \boldsymbol{C}_i\boldsymbol{C}_i\rangle$，$\boldsymbol{C}_i$ 为颗粒在某一方向的脉动速度。在假设颗粒脉动为各向同性的前提下，采用 Boussinesq 建议的形式，引入标量的各向同性颗粒相黏性系数，建立了颗粒相压力和黏性系数与颗粒拟温度之间的关系，构建各向同性颗粒动理学。通过颗粒碰撞动力学和稠密分子动理学，推导出颗粒动量和脉动能量守恒方程，建立颗粒流动属性输运参数与颗粒拟温度之间的函数关系。然而，气固相间作用和颗粒碰撞过程中发生能量耗散，引起颗粒脉动能量的各向异性，即颗粒拟温度的各向异性。颗粒拟温度的各向异性亦被认为是颗粒运动中动量输运的直接原因。Gidaspow 等（1998）应用 PIV 技术测量了气固提升管内的颗粒速度及湍流应力分布。结果表明，随着颗粒浓度的增加，颗粒拟温度分量 θ_x 和 θ_y 增大。沿流动方向的颗粒拟温度分量 θ_y 明显大于沿径向方向的 θ_x，θ_y/θ_x 随颗粒浓度发生变化，颗粒脉动速度二阶矩具有明显的各向异性。沿流动方向的颗粒拟温度 θ_y 比径向方向的颗粒拟温度 θ_x 大两个数量级。由此可见，建立各向异性颗粒动理学研究高浓度气固两相流中颗粒脉动各向异性变化规律是必要的。

5.1　各向异性的颗粒碰撞动力学

定义：颗粒的速度分布函数 $f(\boldsymbol{c},\boldsymbol{x},t)$ 表示 t 时刻在点 $\boldsymbol{x}$ 附近 $\mathrm{d}\boldsymbol{x}$ 邻域内出现速度范围为 $(\boldsymbol{c},\boldsymbol{c}+\mathrm{d}\boldsymbol{c})$ 的概率。显然，对于所有可能出现的速度积分可得到颗粒数密度（Chapman et al.，1970；Gidaspow，1994）：

$$n(\boldsymbol{x},t)=\int f(\boldsymbol{c},\boldsymbol{x},t)\mathrm{d}\boldsymbol{c} \tag{5-1}$$

应用速度分布函数加权平均，可得到颗粒属性 $\phi(\boldsymbol{c})$ 的平均值：

$$\bar{\phi}(\boldsymbol{x},t)=\frac{1}{n(\boldsymbol{x},t)}\int \phi(\boldsymbol{c})f(\boldsymbol{c},\boldsymbol{x},t)\mathrm{d}\boldsymbol{c} \tag{5-2}$$

特别地，当 $\phi(\boldsymbol{c})=\boldsymbol{c}$ 时，颗粒平均速度为

$$u(\boldsymbol{x},t)=\bar{\boldsymbol{c}}=\frac{1}{n(\boldsymbol{x},t)}\int \boldsymbol{c}f(\boldsymbol{c},\boldsymbol{x},t)\mathrm{d}\boldsymbol{c} \tag{5-3}$$

定义颗粒脉动速度 $\boldsymbol{C}=\boldsymbol{c}-\boldsymbol{u}$，则颗粒脉动速度的 N 阶矩为

$$M_N(\boldsymbol{x},t)=\overline{\underbrace{\boldsymbol{CC}\cdots\boldsymbol{C}}_{N}}=\frac{1}{n(\boldsymbol{x},t)}\int\underbrace{\boldsymbol{CC}\cdots\boldsymbol{C}}_{N}f(\boldsymbol{c},\boldsymbol{x},t)\mathrm{d}\boldsymbol{c} \tag{5-4}$$

方程(5-4)表明，零阶矩为颗粒相的数密度，一阶矩为颗粒相的动量，二阶矩为颗粒相的脉动能量(Grad，1949；Jenkins et al.，1985)。

考虑碰撞颗粒分别为颗粒 1 和颗粒 2，碰撞前(即两球接触的瞬间之前)颗粒速度分别是 $\boldsymbol{c}_1$ 和 $\boldsymbol{c}_2$，碰撞时颗粒位置分别是 $\boldsymbol{x}_1$ 和 $\boldsymbol{x}_2$，碰撞后颗粒速度分别是 $\boldsymbol{c}_1'$ 和 $\boldsymbol{c}_2'$。假设颗粒是光滑的球对称，并且可以看成力心点(力心点模型指两个颗粒间距离大于一定数值时，两个颗粒间无作用，各自都做匀速直线运动)，两颗粒互相之间作用力通过它们的中心。另外，假设外力场的作用力与互相碰撞时的作用力相比很小，因而碰撞过程中可以忽略外力作用。

假设两颗粒碰撞时的冲量为 $\boldsymbol{J}$，根据动量定理有

$$m\boldsymbol{c}_1'=m\boldsymbol{c}_1+\boldsymbol{J} \tag{5-5}$$

$$m\boldsymbol{c}_2'=m\boldsymbol{c}_2-\boldsymbol{J} \tag{5-6}$$

取 $\boldsymbol{k}=(\boldsymbol{x}_2-\boldsymbol{x}_1)/|\boldsymbol{x}_2-\boldsymbol{x}_1|$，$\boldsymbol{g}=\boldsymbol{c}_1-\boldsymbol{c}_2$ 以及 $\boldsymbol{g}'=\boldsymbol{c}_1'-\boldsymbol{c}_2'$。颗粒碰撞弹性恢复系数 $e=-(\boldsymbol{g}'\cdot\boldsymbol{k})/(\boldsymbol{g}\cdot\boldsymbol{k})$，$e$ 的值在 0 和 1 之间。联合求解方程(5-5)和方程(5-6)，得到碰撞冲量为

$$\boldsymbol{J}=-\frac{1}{2}m(1+e)(\boldsymbol{g}\cdot\boldsymbol{k})\boldsymbol{k} \tag{5-7}$$

颗粒非弹性碰撞作用导致碰撞前后两个颗粒的总动量与总动能不守恒。以 ϕ 表示颗粒的任意物理量(即一阶矩、二阶矩和三阶矩)，则碰撞前后两个颗粒的物理量变化为

$$\Delta\chi(\phi)=(\phi_1'-\phi_1)+(\phi_2'-\phi_2) \tag{5-8}$$

$$\Delta\psi(\phi)=(\phi_1'-\phi_1)-(\phi_2'-\phi_2) \tag{5-9}$$

以颗粒脉动速度 $\boldsymbol{C}$ 为函数，合并方程(5-5)～方程(5-7)，两颗粒碰撞中动量、能量和三阶变量的损失和传递为

$$\Delta\chi(m\boldsymbol{C}_i)=0 \tag{5-10}$$

$$\Delta\chi(m\boldsymbol{C}_i\boldsymbol{C}_j)=-\frac{m}{2}(1+e)(\boldsymbol{g}\cdot\boldsymbol{k})(g_jk_i+g_ik_j)+\frac{m}{2}(1+e)^2(\boldsymbol{g}\cdot\boldsymbol{k})^2k_ik_j \tag{5-11}$$

$$\begin{aligned}\Delta\chi(m\boldsymbol{C}_i\boldsymbol{C}_j\boldsymbol{C}_k)=&\frac{1}{2}(\boldsymbol{C}_{1i}+\boldsymbol{C}_{2i})\Delta\chi(m\boldsymbol{C}_j\boldsymbol{C}_k)+\frac{1}{2}(\boldsymbol{C}_{1j}+\boldsymbol{C}_{2j})\Delta\chi(m\boldsymbol{C}_i\boldsymbol{C}_k)\\&+\frac{1}{2}(\boldsymbol{C}_{1k}+\boldsymbol{C}_{2k})\Delta\chi(m\boldsymbol{C}_i\boldsymbol{C}_k)\end{aligned} \tag{5-12}$$

$$\Delta\psi(m\boldsymbol{C}_i)=-m(1+e)(\boldsymbol{g}\cdot\boldsymbol{k})k_i \tag{5-13}$$

$$\Delta\psi(m\boldsymbol{C}_i\boldsymbol{C}_j)=-\frac{m}{2}(1+e)(\boldsymbol{g}\cdot\boldsymbol{k})[(\boldsymbol{C}_{1j}+\boldsymbol{C}_{2j})\boldsymbol{k}_i+(\boldsymbol{C}_{1i}+\boldsymbol{C}_{2i})\boldsymbol{k}_j] \tag{5-14}$$

$$\begin{aligned}\Delta\psi(m\boldsymbol{C}_i\boldsymbol{C}_j\boldsymbol{C}_k)=&-\frac{1}{2}m(1+e)(\boldsymbol{g}\cdot\boldsymbol{k})[(\boldsymbol{C}_{1j}\boldsymbol{C}_{1k}+\boldsymbol{C}_{2j}\boldsymbol{C}_{2k})k_i\\&+(\boldsymbol{C}_{1i}\boldsymbol{C}_{1k}+\boldsymbol{C}_{2i}\boldsymbol{C}_{2k})k_j+(\boldsymbol{C}_{1i}\boldsymbol{C}_{1j}+\boldsymbol{C}_{2i}\boldsymbol{C}_{2j})k_k]\\&+\frac{1}{4}m(1+e)^2(\boldsymbol{g}\cdot\boldsymbol{k})^2(k_jk_kg_i+k_ik_kg_j+k_ik_jg_k)\\&-\frac{1}{4}m(1+e)^3(\boldsymbol{g}\cdot\boldsymbol{k})^3k_ik_jk_k\end{aligned} \tag{5-15}$$

5.2　各向异性颗粒输运方程

对于系统微元内的颗粒，假设颗粒速度分布函数满足 Boltzmann 方程：

$$\frac{\partial f}{\partial t}+\boldsymbol{c}\cdot\frac{\partial f}{\partial \boldsymbol{x}}+\frac{\partial}{\partial \boldsymbol{c}}\cdot(\boldsymbol{F}f)=\left(\frac{\partial f}{\partial t}\right)_{\mathrm{Coll}} \tag{5-16}$$

式中，$\boldsymbol{F}$ 是作用在单位质量颗粒上的外力。方程左侧三项分别表示非稳态效应、对流效应和外力作用引起的速度分布函数变化，而方程右侧表示由颗粒之间碰撞产生的变化。

以颗粒属性 $\phi(\boldsymbol{C})$乘以式(5-16)，并对脉动速度积分，得到颗粒属性 ϕ 的输运方程如下：

$$\frac{\mathrm{D}}{\mathrm{D}t}(n\bar{\phi})+\frac{\partial}{\partial \boldsymbol{x}}\cdot(n\overline{\boldsymbol{C}\phi})+n\bar{\phi}\frac{\partial}{\partial \boldsymbol{x}}\cdot\boldsymbol{u}+n\frac{\mathrm{D}\boldsymbol{u}}{\mathrm{D}t}\cdot\overline{\frac{\partial\phi}{\partial \boldsymbol{C}}}-n\overline{\boldsymbol{F}\cdot\frac{\partial\phi}{\partial \boldsymbol{C}}}+n\overline{\frac{\partial\phi}{\partial \boldsymbol{C}}\boldsymbol{C}}:\frac{\partial \boldsymbol{u}}{\partial \boldsymbol{x}}=\mathrm{Coll}(\phi) \tag{5-17}$$

式中，$\mathrm{Coll}(\phi)$是颗粒碰撞引起的颗粒属性变化率。

定义：颗粒之间的双颗粒速度分布函数为 $f^{(2)}(\boldsymbol{x}_1,\boldsymbol{c}_1,\boldsymbol{x}_2,\boldsymbol{c}_2,t)$，它表示 t 时刻在 $\boldsymbol{x}_1$、$\boldsymbol{x}_2$ 位置分别出现速度为 $\boldsymbol{c}_1$、$\boldsymbol{c}_2$ 颗粒的概率。考察 $\boldsymbol{x}$ 处属性的变化率时，分别取颗粒 1 和颗粒 2 处于 $\boldsymbol{x}$ 位置，得到

$$\mathrm{Coll}(\phi_1)=\iiint_{\boldsymbol{g}\cdot\boldsymbol{k}>0}(\phi_1'-\phi_1)f^{(2)}(\boldsymbol{x},\boldsymbol{c}_1,\boldsymbol{x}+d_{12}\boldsymbol{k},\boldsymbol{c}_2,t)d_{12}^2(\boldsymbol{g}\cdot\boldsymbol{k})\mathrm{d}\boldsymbol{k}\mathrm{d}\boldsymbol{c}_1\mathrm{d}\boldsymbol{c}_2 \tag{5-18}$$

$$\mathrm{Coll}(\phi_2)=\iiint_{\boldsymbol{g}\cdot\boldsymbol{k}>0}(\phi_2'-\phi_2)f^{(2)}(\boldsymbol{x}-d_{12}\boldsymbol{k},\boldsymbol{c}_1,\boldsymbol{x},\boldsymbol{c}_2,t)d_{12}^2(\boldsymbol{g}\cdot\boldsymbol{k})\mathrm{d}\boldsymbol{k}\mathrm{d}\boldsymbol{c}_1\mathrm{d}\boldsymbol{c}_2 \tag{5-19}$$

式中，对于刚性球颗粒，$d_{12}=(d_1+d_2)/2$ 为碰撞颗粒之间的距离。考虑碰撞的对称性，有

$$\mathrm{Coll}(\phi)=\frac{\mathrm{Coll}(\phi_1)+\mathrm{Coll}(\phi_2)}{2} \tag{5-20}$$

将双颗粒速度分布函数进行 Taylor 级数展开，即

$$f^{(2)}(\boldsymbol{x},\boldsymbol{c}_1,\boldsymbol{x}+d_{12}\boldsymbol{k},\boldsymbol{c}_2,t)=f_2^{(2)}\left(\boldsymbol{x}-\frac{d_{12}}{2}\boldsymbol{k},\boldsymbol{c}_1,\boldsymbol{x}+\frac{d_{12}}{2}\boldsymbol{k},\boldsymbol{c}_2,t\right)+\frac{d_{12}}{2}\boldsymbol{k}\cdot\frac{\partial}{\partial\boldsymbol{x}}f^{(2)}\left(\boldsymbol{x}-\frac{d_{12}}{2}\boldsymbol{k},\boldsymbol{c}_1,\boldsymbol{x}+\frac{d_{12}}{2}\boldsymbol{k},\boldsymbol{c}_2,t\right)-\cdots \tag{5-21}$$

$$f^{(2)}(\boldsymbol{x}-d_{12}\boldsymbol{k},\boldsymbol{c}_1,\boldsymbol{x},\boldsymbol{c}_2,t_2)=f^{(2)}\left(\boldsymbol{x}-\frac{d_{12}}{2}\boldsymbol{k},\boldsymbol{c}_1,x+\frac{d_{12}}{2}\boldsymbol{k},\boldsymbol{c}_2,t\right)-\frac{d_{12}}{2}\boldsymbol{k}\cdot\frac{\partial}{\partial\boldsymbol{x}}f^{(2)}\left(\boldsymbol{x}-\frac{d_{12}}{2}\boldsymbol{k},\boldsymbol{c}_1,\boldsymbol{x}+\frac{d_{12}}{2}\boldsymbol{k},\boldsymbol{c}_2,t\right)+\cdots \tag{5-22}$$

合并方程(5-18)～方程(5-22)，得到颗粒碰撞变化率的积分表达式为

$$\mathrm{Coll}(\phi)=\chi(\phi)-\frac{\partial}{\partial x_i}\psi_i(\phi)-\frac{\partial u_j}{\partial x_i}\psi_i\left(\frac{\partial\phi}{\partial\boldsymbol{C}_j}\right) \tag{5-23}$$

$$\chi(\phi)=\frac{1}{2}\iiint_{\boldsymbol{g}\cdot\boldsymbol{k}>0}\Delta\chi(\phi)f^{(2)}\left(\boldsymbol{x}-\frac{d_{12}}{2}\boldsymbol{k},\boldsymbol{c}_1,\boldsymbol{x}+\frac{d_{12}}{2}\boldsymbol{k},\boldsymbol{c}_2,t\right)d_{12}^2(\boldsymbol{g}\cdot\boldsymbol{k})\mathrm{d}\boldsymbol{k}\mathrm{d}\mathrm{c}_1\mathrm{d}\mathrm{c}_2 \tag{5-24}$$

$$\psi_i(\phi)=-\frac{d_{12}}{4}\iiint_{\boldsymbol{g}\cdot\boldsymbol{k}>0}\Delta\psi(\phi)f^{(2)}\left(\boldsymbol{x}-\frac{d_{12}}{2}\boldsymbol{k},\boldsymbol{c}_1,\boldsymbol{x}+\frac{d_{12}}{2}\boldsymbol{k},\boldsymbol{c}_2,t\right)d_{12}^2k_i(\boldsymbol{g}\cdot\boldsymbol{k})\mathrm{d}\boldsymbol{k}\mathrm{d}\boldsymbol{c}_1\mathrm{d}\boldsymbol{c}_2 \tag{5-25}$$

式中，$\Delta\chi(\phi)$和 $\Delta\psi(\phi)$分别为碰撞前后颗粒属性 ϕ 的损失和传递。从上面的积分函数可以看出，$\chi(\phi)$表示碰撞引起的颗粒属性的耗散损失，$\psi_i(\phi)$表示碰撞引起的颗粒属性在 i 方向上的流动。

当 $\phi(\boldsymbol{C})$分别取值为 m、mC_i、mC_iC_j、$mC_iC_jC_k$ 时，通过方程(5-17)和方程(5-23)得到如下控制方程：

$$\frac{\partial}{\partial t}(\varepsilon_s\rho_s)+\frac{\partial}{\partial x_i}(\varepsilon_s\rho_s\boldsymbol{u}_{si})=0 \tag{5-26}$$

$$\frac{\partial}{\partial t}(\varepsilon_s\rho_s\boldsymbol{u}_{si})+\frac{\partial}{\partial x_j}(\varepsilon_s\rho_s\boldsymbol{u}_{si}\boldsymbol{u}_{sj})=-\frac{\partial}{\partial x_j}[\varepsilon_s\rho_sM_{ij}+\psi_j(m\boldsymbol{C}_i)]+\varepsilon_s\rho_s\boldsymbol{F}_i \tag{5-27}$$

$$\begin{aligned}\frac{\partial}{\partial t}(\varepsilon_s\rho_sM_{ij})+\frac{\partial}{\partial x_k}(\varepsilon_s\rho_s\boldsymbol{u}_{sk}M_{ij})=&-\frac{\partial}{\partial x_k}[\varepsilon_s\rho_sM_{kij}+\psi_k(m\boldsymbol{C}_i\boldsymbol{C}_j)]\\&-[\varepsilon_s\rho_sM_{ik}+\psi_k(m\boldsymbol{C}_i)]\frac{\partial\boldsymbol{u}_{sj}}{\partial x_k}\\&-[\varepsilon_s\rho_sM_{jk}+\psi_k(m\boldsymbol{C}_j)]\frac{\partial\boldsymbol{u}_{si}}{\partial x_k}\\&+\varepsilon_s\rho_s(\overline{\boldsymbol{F}_j\boldsymbol{C}_i}+\overline{\boldsymbol{F}_i\boldsymbol{C}_j})+\chi(m\boldsymbol{C}_i\boldsymbol{C}_j)\end{aligned} \tag{5-28}$$

$$\frac{\partial}{\partial t}(\varepsilon_s\rho_s M_{ijk})+\frac{\partial}{\partial x_l}(\varepsilon_s\rho_s \boldsymbol{u}_{sl}M_{ijk})$$

$$=-\frac{\partial}{\partial x_l}[\varepsilon_s\rho_s M_{lijk}+\psi_l(m\boldsymbol{C}_i\boldsymbol{C}_j\boldsymbol{C}_k)]+M_{jk}\frac{\partial}{\partial x_l}[\varepsilon_s\rho_s M_{li}+\psi_l(m\boldsymbol{C}_i)]$$

$$-[\varepsilon_s\rho_s M_{ljk}+\psi_l(m\boldsymbol{C}_j\boldsymbol{C}_k)]\frac{\partial \boldsymbol{u}_{si}}{\partial x_l}+M_{ik}\frac{\partial}{\partial x_l}[\varepsilon_s\rho_s M_{lj}+\psi_l(m\boldsymbol{C}_j)]$$

$$-[\varepsilon_s\rho_s M_{lik}+\psi_l(m\boldsymbol{C}_i\boldsymbol{C}_k)]\frac{\partial \boldsymbol{u}_{sj}}{\partial x_l}+M_{ij}\frac{\partial}{\partial x_l}[\varepsilon_s\rho_s M_{lk}+\psi_l(m\boldsymbol{C}_k)]$$

$$-[\varepsilon_s\rho_s M_{lij}+\psi_l(m\boldsymbol{C}_i\boldsymbol{C}_j)]\frac{\partial \boldsymbol{u}_{sk}}{\partial x_l}+\varepsilon_s\rho_s(\overline{\boldsymbol{F}_i\boldsymbol{C}_j\boldsymbol{C}_k}-\overline{\boldsymbol{F}_i}M_{jk})$$

$$+\varepsilon_s\rho_s(\overline{\boldsymbol{F}_j\boldsymbol{C}_i\boldsymbol{C}_k}-\boldsymbol{F}_jM_{ik})+\varepsilon_s\rho_s(\overline{\boldsymbol{F}_k\boldsymbol{C}_i\boldsymbol{C}_j}-\boldsymbol{F}_kM_{ij})+\chi(m\boldsymbol{C}_i\boldsymbol{C}_j\boldsymbol{C}_k) \tag{5-29}$$

方程(5-26)～方程(5-29)分别为颗粒脉动速度的零阶、一阶、二阶和三阶矩输运方程，其中零阶矩方程对应为颗粒相的质量守恒方程，一阶矩方程对应为颗粒相的动量守恒方程，构成了高颗粒浓度的颗粒流矩模型。

5.3　颗粒相 Hermite 多项式

颗粒间碰撞的双颗粒分布函数 $f^{(2)}$ 解耦为

$$f^{(2)}\left(\boldsymbol{x}-\frac{d_{12}}{2}\boldsymbol{k},\boldsymbol{c}_1,\boldsymbol{x}+\frac{d_{12}}{2}\boldsymbol{k},\boldsymbol{c}_2,t\right)=g_0(\boldsymbol{x})f\left(\boldsymbol{x}-\frac{d_{12}}{2}\boldsymbol{k},\boldsymbol{c}_1,t\right)f\left(\boldsymbol{x}+\frac{d_{12}}{2}\boldsymbol{k},\boldsymbol{c}_2,t\right) \tag{5-30}$$

式中，$g_0(\boldsymbol{x})$为颗粒径向分布函数在碰撞接触点的值。对基于混沌假设的颗粒系统，$g_0(\boldsymbol{x})$与颗粒速度无关，通常表示成当地颗粒浓度的函数，$g_0[\boldsymbol{x}(\varepsilon_s)]\geqslant 1$ 表征颗粒浓度对碰撞概率的增加。

对单颗粒的速度分布函数 f 采用一阶 Taylor 级数展开，方程(5-30)为

$$f^{(2)}(\boldsymbol{x}-\frac{d_{12}}{2}\boldsymbol{k},\boldsymbol{c}_1,\boldsymbol{x}+\frac{d_{12}}{2}\boldsymbol{k},\boldsymbol{c}_2,t)=g_0(\boldsymbol{x})f_1f_2\left[1+\frac{d_{12}}{2}\boldsymbol{k}\cdot\frac{\partial\ln(f_2/f_1)}{\partial\boldsymbol{x}}\right] \tag{5-31}$$

式中，f_1 和 f_2 分别为 $f(\boldsymbol{x},\boldsymbol{c}_1,t)$和 $f(\boldsymbol{x},\boldsymbol{c}_2,t)$的简化表述。

当颗粒系处在均匀稳定状态时，速度分布函数满足 Maxwell 型分布(Gidaspow，1994)：

$$f_0(\boldsymbol{c},\boldsymbol{x},t)=n\left(\frac{1}{2\pi\theta}\right)^{\frac{3}{2}}\exp\left(-\frac{\boldsymbol{C}^2}{2\theta}\right) \tag{5-32}$$

式中定义颗粒拟温度为 $\theta=\langle\boldsymbol{CC}\rangle/3$。

在实际的颗粒系中，颗粒速度分布函数并不完全符合 Maxwell 分布。颗粒速度分布函数可表示成 Hermite 级数形式(Chapman et al.，1970，Jenkins et al.，1985)：

$$f(\boldsymbol{c},\boldsymbol{x},t)=f_0(\boldsymbol{c},\boldsymbol{x},t)\sum_{N=0}^{\infty}\frac{1}{n!}a_{i_N}^{(N)}(\boldsymbol{x},t)\boldsymbol{H}_{i_N}^{(N)}(\boldsymbol{c}) \tag{5-33}$$

式中，f_0 为 Maxwell 型速度分布函数；$\boldsymbol{H}^{(N)}$ 为 Hermite 正交多项式；$a^{(N)}$ 为级数展开系数。

Hermite 正交多项式的定义如下：

$$\boldsymbol{H}_{i_N}^{N}(\boldsymbol{c})=\frac{(-1)^N}{f_0(\boldsymbol{c})}\frac{\partial^N f_0(\boldsymbol{c})}{\partial \boldsymbol{c}_{i_1}\partial \boldsymbol{c}_{i_2}\cdots\partial \boldsymbol{c}_{i_N}} \tag{5-34}$$

Hermite 张量是一个对称的张量，即任意两个 i_a 和 i_b 对换，其结果不变。显然，由方程(5-34)可得到最初的几个张量多项式为

$$\boldsymbol{H}^{(0)}=1 \tag{5-35}$$

$$\boldsymbol{H}_i^{(1)}=\frac{\boldsymbol{C}_i}{\theta} \tag{5-36}$$

$$\boldsymbol{H}_{ij}^{(2)}=\frac{\boldsymbol{C}_i\boldsymbol{C}_j}{\theta^2}-\frac{\delta_{ij}}{\theta} \tag{5-37}$$

$$\boldsymbol{H}_{ijk}^{(3)}=\frac{\boldsymbol{C}_i\boldsymbol{C}_j\boldsymbol{C}_k}{\theta^3}-\frac{\boldsymbol{C}_i\delta_{jk}+\boldsymbol{C}_j\delta_{ik}+\boldsymbol{C}_k\delta_{ij}}{\theta^2} \tag{5-38}$$

$$\boldsymbol{H}_{ijkl}^{(4)}=\frac{\boldsymbol{C}_i\boldsymbol{C}_j\boldsymbol{C}_k\boldsymbol{C}_l}{\theta^4}-\frac{\boldsymbol{C}_i\boldsymbol{C}_j\delta_{kl}+\boldsymbol{C}_i\boldsymbol{C}_k\delta_{jl}+\boldsymbol{C}_j\boldsymbol{C}_k\delta_{il}+\boldsymbol{C}_i\boldsymbol{C}_l\delta_{jk}+\boldsymbol{C}_j\boldsymbol{C}_l\delta_{ik}+\boldsymbol{C}_k\boldsymbol{C}_l\delta_{ij}}{\theta^3}$$
$$+\frac{\delta_{il}\delta_{jk}+\delta_{jl}\delta_{ik}+\delta_{kl}\delta_{ij}}{\theta^2} \tag{5-39}$$

应用 Hermite 多项式的正交性质，可以得到速度分布函数的展开系数：

$$a^{(0)}=1 \tag{5-40}$$

$$a_i^{(1)}=0 \tag{5-41}$$

$$a_{ij}^{(2)}=M_{ij}-\theta\delta_{ij} \tag{5-42}$$

$$a_{ijk}^{(3)}=M_{ijk} \tag{5-43}$$

$$a_{ijkl}^{(4)}=M_{ijkl}-(M_{ij}\delta_{kl}+M_{ik}\delta_{jl}+M_{jk}\delta_{il}+M_{il}\delta_{jk}+M_{jl}\delta_{ik}+M_{kl}\delta_{ij})\theta$$
$$+(\delta_{il}\delta_{jk}+\delta_{jl}\delta_{ik}+\delta_{kl}\delta_{ij})\theta^2 \tag{5-44}$$

将方程(5-35)～方程(5-39)代入方程(5-33)得到颗粒流速度分布为

$$f=f_0\left\{1+\frac{a_{ij}^{(2)}}{2\theta^2}\boldsymbol{C}_i\boldsymbol{C}_j+\frac{a_{ijk}^{(3)}}{6\theta^3}\left[\boldsymbol{C}_i\boldsymbol{C}_j\boldsymbol{C}_k-\theta(\boldsymbol{C}_i\delta_{jk}+\boldsymbol{C}_j\delta_{ik}+\boldsymbol{C}_k\delta_{ij})\right]\right\} \tag{5-45}$$

$$a_{ij}^{(2)}=M_{ij}-\theta\delta_{ij}\ 和\ a_{ijk}^{(3)}=M_{ijk} \tag{5-46}$$

由于 N 阶张量的独立分量数为$(N+1)(N+2)/2$。$N=0$ 有一个独立分量。$N=1$ 为一阶张量，有三个独立分量；$N=2$ 为二阶张量，有 9 个分量，但是独立的分量只有 6 个；$N=3$ 为三阶张量，有 27 个分量，但是独立的分量只有 10 个。因此，取到 $N=3$，从 $N=0$ 直至 $N=3$，总共有 20 个独立的矩，因而也称颗粒流二十矩。然而，

通常颗粒流速度分布 f 的表达式中不是所有的矩都需要，只用到其中的一部分矩。若假设颗粒的速度三阶矩为各向同性张量，则有

$$a_{ijk}^{(3)}=\frac{1}{5}(a_{ill}^{(3)}\delta_{jk}+a_{jll}^{(3)}\delta_{ik}+a_{kll}^{(3)}\delta_{ij}) \tag{5-47}$$

将方程(5-47)代入方程(5-45)，颗粒流速度分布 f 中仅有 13 个独立的矩，称为颗粒流十三矩近似。

5.4　碰撞颗粒属性的耗散和传递

5.4.1　碰撞颗粒能量耗散的求解

线性理论认为颗粒系的真实速度分布函数为 Maxwell 型速度分布函数的微小扰动，即 $f_1=f_0(1+\delta)$，δ 是一个小量。因此，假设 $a_{ij}^{(2)}/\theta$ 与 $a_{ijk}^{(3)}/\theta^{3/2}$ 都是微小量，且同为 $0(\delta)$ 量级，则积分式(5-24)和式(5-25)在 $0(\delta^2)$ 级近似展开如下：

$$\begin{aligned}\chi(\phi)=&\frac{1}{2}\iiint\limits_{\boldsymbol{g}\cdot\boldsymbol{k}>0}\Delta\chi(\phi)g_0f_{01}f_{02}d_{12}^2(\boldsymbol{g}\cdot\boldsymbol{k})\mathrm{d}\boldsymbol{k}\mathrm{d}\boldsymbol{c}_1\mathrm{d}\boldsymbol{c}_2\\&+\frac{d_{12}}{4}\iiint\limits_{\boldsymbol{g}\cdot\boldsymbol{k}>0}\Delta\chi(\phi)g_0f_{01}f_{02}\boldsymbol{k}\cdot\frac{\partial\ln(f_{02}/f_{01})}{\partial\boldsymbol{x}}d_{12}^2(\boldsymbol{g}\cdot\boldsymbol{k})\mathrm{d}\boldsymbol{k}\mathrm{d}\boldsymbol{c}_1\mathrm{d}\boldsymbol{c}_2\\&+\frac{a_{\alpha\beta}^{(2)}}{4}\iiint\limits_{\boldsymbol{g}\cdot\boldsymbol{k}>0}\Delta\chi(\phi)g_0f_{01}f_{02}(\boldsymbol{H}_{1,\alpha\beta}^{(2)}+\boldsymbol{H}_{2,\alpha\beta}^{(2)})d_{12}^2(\boldsymbol{g}\cdot\boldsymbol{k})\mathrm{d}\boldsymbol{k}\mathrm{d}\boldsymbol{c}_1\mathrm{d}\boldsymbol{c}_2\\&+\frac{a_{\alpha\beta\gamma}^{(3)}}{12}\iiint\limits_{\boldsymbol{g}\cdot\boldsymbol{k}>0}\Delta\chi(\phi)g_0f_{01}f_{02}(\boldsymbol{H}_{1,\alpha\beta\gamma}^{(3)}+\boldsymbol{H}_{2,\alpha\beta\gamma}^{(3)})d_{12}^2(\boldsymbol{g}\cdot\boldsymbol{k})\mathrm{d}\boldsymbol{k}\mathrm{d}\boldsymbol{c}_1\mathrm{d}\boldsymbol{c}_2\end{aligned} \tag{5-48}$$

$$\begin{aligned}\psi_i(\phi)=&-\frac{d_{12}}{4}\iiint\limits_{\boldsymbol{g}\cdot\boldsymbol{k}>0}\Delta\psi(\phi)g_0f_{01}f_{02}d_{12}^2k_i(\boldsymbol{g}\cdot\boldsymbol{k})\mathrm{d}\boldsymbol{k}\mathrm{d}\boldsymbol{c}_1\mathrm{d}\boldsymbol{c}_2\\&-\frac{d_{12}^2}{8}\iiint\limits_{\boldsymbol{g}\cdot\boldsymbol{k}>0}\Delta\psi(\phi)g_0f_{01}f_{02}\boldsymbol{k}\cdot\frac{\partial\ln(f_{02}/f_{01})}{\partial\boldsymbol{x}}d_{12}^2k_i(\boldsymbol{g}\cdot\boldsymbol{k})\mathrm{d}\boldsymbol{k}\mathrm{d}\boldsymbol{c}_1\mathrm{d}\boldsymbol{c}_2\\&-\frac{d_{12}a_{\alpha\beta}^{(2)}}{8}\iiint\limits_{\boldsymbol{g}\cdot\boldsymbol{k}>0}\Delta\psi(\phi)g_0f_{01}f_{02}(\boldsymbol{H}_{1,\alpha\beta}^{(2)}+\boldsymbol{H}_{2,\alpha\beta}^{(2)})d_{12}^2k_i(\boldsymbol{g}\cdot\boldsymbol{k})\mathrm{d}\boldsymbol{k}\mathrm{d}\boldsymbol{c}_1\mathrm{d}\boldsymbol{c}_2\\&-\frac{d_{12}a_{\alpha\beta\gamma}^{(3)}}{24}\iiint\limits_{\boldsymbol{g}\cdot\boldsymbol{k}>0}\Delta\psi(\phi)g_0f_{01}f_{02}(\boldsymbol{H}_{1,\alpha\beta\gamma}^{(3)}+\boldsymbol{H}_{2,\alpha\beta\gamma}^{(3)})d_{12}^2k_i(\boldsymbol{g}\cdot\boldsymbol{k})\mathrm{d}\boldsymbol{k}\mathrm{d}\boldsymbol{c}_1\mathrm{d}\boldsymbol{c}_2\end{aligned} \tag{5-49}$$

当 $\phi(\boldsymbol{C})$ 取值为 $m\boldsymbol{C}_i\boldsymbol{C}_j$ 时，方程(5-11)代入方程(5-48)，二阶矩的碰撞耗散项可以表示如下：

$$\chi(m\boldsymbol{C}_i\boldsymbol{C}_j)=-\frac{m}{4}(1+e)d_{12}^2g_0\iiint\limits_{\boldsymbol{g}\cdot\boldsymbol{k}>0}(\boldsymbol{g}\cdot\boldsymbol{k})^2(g_jk_i+g_ik_j)f_{01}f_{02}\mathrm{d}\boldsymbol{k}\mathrm{d}\boldsymbol{c}_1\mathrm{d}\boldsymbol{c}_2$$

$$-\frac{m}{8}(1+e)d_{12}^3 g_0 \iiint_{\boldsymbol{g}\cdot\boldsymbol{k}>0} (\boldsymbol{g}\cdot\boldsymbol{k})^2 (g_j k_i + g_i k_j)\boldsymbol{k}\cdot\frac{\partial \ln(f_{02}/f_{01})}{\partial \boldsymbol{x}} f_{01} f_{02} \mathrm{d}\boldsymbol{k}\mathrm{d}\boldsymbol{c}_1\mathrm{d}\boldsymbol{c}_2$$

$$-\frac{m}{8}(1+e)d_{12}^2 g_0 a_{\alpha\beta}^{(2)} \iiint_{\boldsymbol{g}\cdot\boldsymbol{k}>0} (\boldsymbol{g}\cdot\boldsymbol{k})^2 (g_j k_i + g_i k_j)(\boldsymbol{H}_{1,\alpha\beta}^{(2)} + \boldsymbol{H}_{2,\alpha\beta}^{(2)}) f_{01} f_{02} \mathrm{d}\boldsymbol{k}\mathrm{d}\boldsymbol{c}_1\mathrm{d}\boldsymbol{c}_2$$

$$-\frac{m}{24}(1+e)d_{12}^2 g_0 a_{\alpha\beta\gamma}^{(3)} \iiint_{\boldsymbol{g}\cdot\boldsymbol{k}>0} (\boldsymbol{g}\cdot\boldsymbol{k})^2 (g_j k_i + g_i k_j)(\boldsymbol{H}_{1,\alpha\beta\gamma}^{(3)} + \boldsymbol{H}_{2,\alpha\beta\gamma}^{(3)}) f_{01} f_{02} \mathrm{d}\boldsymbol{k}\mathrm{d}\boldsymbol{c}_1\mathrm{d}\boldsymbol{c}_2$$

$$+\frac{m}{4}(1+e)^2 d_{12}^2 g_0 \iiint_{\boldsymbol{g}\cdot\boldsymbol{k}>0} (\boldsymbol{g}\cdot\boldsymbol{k})^3 k_i k_j f_{01} f_{02} \mathrm{d}\boldsymbol{k}\mathrm{d}\boldsymbol{c}_1\mathrm{d}\boldsymbol{c}_2$$

$$+\frac{m}{8}(1+e)^2 d_{12}^3 g_0 \iiint_{\boldsymbol{g}\cdot\boldsymbol{k}>0} (\boldsymbol{g}\cdot\boldsymbol{k})^3 k_i k_j f_{01} f_{02} \boldsymbol{k}\cdot\frac{\partial \ln(f_{02}/f_{01})}{\partial \boldsymbol{x}} \mathrm{d}\boldsymbol{k}\mathrm{d}\boldsymbol{c}_1\mathrm{d}\boldsymbol{c}_2$$

$$+\frac{m}{8}(1+e)^2 d_{12}^2 g_0 a_{\alpha\beta}^{(2)} \iiint_{\boldsymbol{g}\cdot\boldsymbol{k}>0} (\boldsymbol{g}\cdot\boldsymbol{k})^3 k_i k_j f_{01} f_{02} (\boldsymbol{H}_{1,\alpha\beta}^{(2)} + \boldsymbol{H}_{2,\alpha\beta}^{(2)}) \mathrm{d}\boldsymbol{k}\mathrm{d}\boldsymbol{c}_1\mathrm{d}\boldsymbol{c}_2$$

$$+\frac{m}{24}(1+e)^2 d_{12}^2 g_0 a_{\alpha\beta\gamma}^{(3)} \iiint_{\boldsymbol{g}\cdot\boldsymbol{k}>0} (\boldsymbol{g}\cdot\boldsymbol{k})^3 k_i k_j f_{01} f_{02} (\boldsymbol{H}_{1,\alpha\beta\gamma}^{(3)} + \boldsymbol{H}_{2,\alpha\beta\gamma}^{(3)}) \mathrm{d}\boldsymbol{k}\mathrm{d}\boldsymbol{c}_1\mathrm{d}\boldsymbol{c}_2 \quad (5\text{-}50)$$

方程(5-50)由 8 个分项组成，各分项可以分别进行积分。在第 1 分项的积分中应用以下非零基元积分：

$$\iiint_{\boldsymbol{g}\cdot\boldsymbol{k}>0} (\boldsymbol{g}\cdot\boldsymbol{k})^2 g_j k_i f_{01} f_{02} \mathrm{d}\boldsymbol{k}\mathrm{d}\boldsymbol{c}_1\mathrm{d}\boldsymbol{c}_2 = \frac{16}{3} n^2 \sqrt{\pi}\theta^{\frac{3}{2}}\delta_{ij}$$

积分得到

$$-\frac{m}{4}(1+e)d_{12}^2 g_0 \iiint_{\boldsymbol{g}\cdot\boldsymbol{k}>0} (\boldsymbol{g}\cdot\boldsymbol{k})^2 (g_j k_i + g_i k_j) f_{01} f_{02} \mathrm{d}\boldsymbol{k}\mathrm{d}\boldsymbol{c}_1\mathrm{d}\boldsymbol{c}_2$$

$$= -\frac{m}{4}(1+e)d_{12}^2 g_0 \left[\frac{32}{3} n^2 \sqrt{\pi}\theta^{\frac{3}{2}}\delta_{ij}\right] \quad (5\text{-}51\text{a})$$

在第 2 分项的积分中应用如下非零基元积分：

$$\iiint_{\boldsymbol{g}\cdot\boldsymbol{k}>0} (\boldsymbol{g}\cdot\boldsymbol{k})^2 g_j k_i \boldsymbol{k}\cdot\frac{\partial}{\partial \boldsymbol{x}}\left(\ln\frac{f_{02}}{f_{01}}\right) f_{01} f_{02} \mathrm{d}\boldsymbol{k}\mathrm{d}\boldsymbol{c}_1\mathrm{d}\boldsymbol{c}_2 = -\frac{8}{15} n^2 \pi\theta\left(2\frac{\partial \boldsymbol{u}_{sl}}{\partial x_l}\delta_{ij} + 2\frac{\partial \boldsymbol{u}_{si}}{\partial x_j} + 7\frac{\partial \boldsymbol{u}_{sj}}{\partial x_i}\right)$$

积分整理第 2 分项如下：

$$-\frac{m}{8}(1+e)d_{12}^3 g_0 \iiint_{\boldsymbol{g}\cdot\boldsymbol{k}>0} (\boldsymbol{g}\cdot\boldsymbol{k})^2 (g_j k_i + g_i k_j)\boldsymbol{k}\cdot\frac{\partial \ln(f_{02}/f_{01})}{\partial \boldsymbol{x}} f_{01} f_{02} \mathrm{d}\boldsymbol{k}\mathrm{d}\boldsymbol{c}_1\mathrm{d}\boldsymbol{c}_2$$

$$= -\frac{m}{8}(1+e)d_{12}^3 g_0 \left[-\frac{8}{15} n^2 \pi\theta\left(4\frac{\partial \boldsymbol{u}_{sl}}{\partial x_l}\delta_{ij} + 9\frac{\partial \boldsymbol{u}_{si}}{\partial x_j} + 9\frac{\partial \boldsymbol{u}_{sj}}{\partial x_i}\right)\right] \quad (5\text{-}51\text{b})$$

在第 3 分项积分中的 Hermite 正交多项式由方程(5-37)确定，积分过程中应用如下非零基元积分：

$$\iiint_{\boldsymbol{g}\cdot\boldsymbol{k}>0}(\boldsymbol{g}\cdot\boldsymbol{k})^2 g_j k_i H_{\alpha\beta}^2 f_{01} f_{02}\mathrm{d}\boldsymbol{k}\mathrm{d}\boldsymbol{c}_1\mathrm{d}\boldsymbol{c}_2 = 32n^2\sqrt{\pi}\theta^{\frac{5}{2}}\left[\frac{1}{6}\delta_{ij}\delta_{\alpha\beta}+\frac{1}{5}(\delta_{ij}\delta_{\alpha\beta}+\delta_{i\alpha}\delta_{j\beta}+\delta_{i\beta}\delta_{j\alpha})\right]$$

积分第 3 分项整理得到

$$-\frac{m}{8}(1+e)d_{12}^2 g_0 a_{\alpha\beta}^{(2)}\iiint_{\boldsymbol{g}\cdot\boldsymbol{k}>0}(\boldsymbol{g}\cdot\boldsymbol{k})^2(g_j k_i+g_i k_j)(\boldsymbol{H}_{1,\alpha\beta}^{(2)}+\boldsymbol{H}_{2,\alpha\beta}^{(2)})f_{01}f_{02}\mathrm{d}\boldsymbol{k}\mathrm{d}\boldsymbol{c}_1\mathrm{d}\boldsymbol{c}_2$$

$$=-\frac{m}{8}(1+e)d_{12}^2 g_0\frac{a_{\alpha\beta}^{(2)}}{\theta^2}\left\{32n^2\sqrt{\pi}\theta^{\frac{5}{2}}\left[\frac{1}{6}\delta_{ij}\delta_{\alpha\beta}+\frac{1}{5}(\delta_{ij}\delta_{\alpha\beta}+\delta_{i\alpha}\delta_{j\beta}+\delta_{i\beta}\delta_{j\alpha})\right]\right\} \tag{5-51c}$$

由 Hermite 正交多项式(5-38)可见，第 4 分项的积分为零。第 5 分项的积分如下：

$$\frac{m}{4}(1+e)^2 d_{12}^2 g_0\iiint_{\boldsymbol{g}\cdot\boldsymbol{k}>0}(\boldsymbol{g}\cdot\boldsymbol{k})^3 k_i k_j f_{01}f_{02}\mathrm{d}\boldsymbol{k}\mathrm{d}\boldsymbol{c}_1\mathrm{d}\boldsymbol{c}_2=\frac{m}{4}(1+e)^2 d_{12}^2 g_0\left[\frac{16}{3}n^2\sqrt{\pi}\theta^{\frac{3}{2}}\delta_{ij}\right] \tag{5-51d}$$

第 6 分项的积分为

$$\frac{m}{8}(1+e)^2 d_{12}^3 g_0\iiint_{\boldsymbol{g}\cdot\boldsymbol{k}>0}(\boldsymbol{g}\cdot\boldsymbol{k})^3 k_i k_j f_{01}f_{02}\boldsymbol{k}\cdot\frac{\partial\ln(f_{02}/f_{01})}{\partial\boldsymbol{x}}\mathrm{d}\boldsymbol{k}\mathrm{d}\boldsymbol{c}_1\mathrm{d}\boldsymbol{c}_2$$

$$=\frac{m}{8}(1+e)^2 d_{12}^3 g_0\left[-\frac{8}{5}n^2\pi\theta\left(\frac{\partial\boldsymbol{u}_{sl}}{\partial x_l}\delta_{ij}+\frac{\partial\boldsymbol{u}_{si}}{\partial x_j}+\frac{\partial\boldsymbol{u}_{sj}}{\partial x_i}\right)\right] \tag{5-51e}$$

在第 7 分项的积分中应用如下非零基元积分：

$$\iiint_{\boldsymbol{g}\cdot\boldsymbol{k}>0}(\boldsymbol{g}\cdot\boldsymbol{k})^3 k_i k_j \boldsymbol{H}_{\alpha\beta}^2 f_{01}f_{02}\mathrm{d}\boldsymbol{k}\mathrm{d}\boldsymbol{c}_1\mathrm{d}\boldsymbol{c}_2 = 32n^2\sqrt{\pi}\theta^{\frac{5}{2}}\left[\frac{1}{3}\delta_{ij}\delta_{\alpha\beta}+\frac{1}{10}(\delta_{ij}\delta_{\alpha\beta}+\delta_{i\alpha}\delta_{j\beta}+\delta_{i\beta}\delta_{j\alpha})\right]$$

积分第 7 分项整理得到

$$\frac{m}{8}(1+e)^2 d_{12}^2 g_0 a_{\alpha\beta}^{(2)}\iiint_{\boldsymbol{g}\cdot\boldsymbol{k}>0}(\boldsymbol{g}\cdot\boldsymbol{k})^3 k_i k_j f_{01}f_{02}(\boldsymbol{H}_{1,\alpha\beta}^{(2)}+\boldsymbol{H}_{2,\alpha\beta}^{(2)})\mathrm{d}\boldsymbol{k}\mathrm{d}\boldsymbol{c}_1\mathrm{d}\boldsymbol{c}_2$$

$$=\frac{m}{8}(1+e)^2 d_{12}^2 g_0\frac{a_{\alpha\beta}^{(2)}}{\theta^2}\left\{32n^2\sqrt{\pi}\theta^{\frac{5}{2}}\left[\frac{1}{3}\delta_{ij}\delta_{\alpha\beta}+\frac{1}{10}(\delta_{ij}\delta_{\alpha\beta}+\delta_{i\alpha}\delta_{j\beta}+\delta_{i\beta}\delta_{j\alpha})\right]\right\} \tag{5-51f}$$

第 8 分项的积分为零。将方程(5-51)代入式(5-50)，整理得到二阶矩的碰撞耗散项：

$$\begin{aligned}\chi(m\boldsymbol{C}_i\boldsymbol{C}_j)=&-\frac{8}{d_{12}}\rho_s\varepsilon_s^2(1+e)(1-e)g_0\sqrt{\frac{\theta}{\pi}}\theta\delta_{ij}\\&-\frac{6}{5}\rho_s\varepsilon_s^2(1+e)g_0\theta\left[(e-2)\left(\frac{\partial\boldsymbol{u}_{si}}{\partial x_j}+\frac{\partial\boldsymbol{u}_{sj}}{\partial x_i}\right)+\left(e-\frac{1}{3}\right)\frac{\partial\boldsymbol{u}_{sk}}{\partial x_k}\delta_{ij}\right]\\&-\frac{24}{5d_{12}}\rho_s\varepsilon_s^2(1+e)(3-e)g_0\sqrt{\frac{\theta}{\pi}}a_{ij}^{(2)}\end{aligned} \tag{5-52}$$

同理，当 $\phi(\boldsymbol{C})$ 取值为 $m\boldsymbol{C}_i\boldsymbol{C}_j\boldsymbol{C}_k$ 时，通过积分求解，可得到三阶矩的碰撞耗散项：

$$\chi(m\boldsymbol{C}_i\boldsymbol{C}_j\boldsymbol{C}_k)=\frac{1}{5}\rho_s\varepsilon_s^2(1+e)(13-9e)g_0\theta\left(\frac{\partial\theta}{\partial x_i}\delta_{jk}+\frac{\partial\theta}{\partial x_j}\delta_{ik}+\frac{\partial\theta}{\partial x_k}\delta_{ij}\right)$$
$$+\frac{2}{5d_{12}}\rho_s\varepsilon_s^2(1+e)g_0\sqrt{\frac{\theta}{\pi}}\left[(3e+1)(a_{ill}^{(3)}\delta_{jk}+a_{jll}^{(3)}\delta_{ik}+a_{kll}^{(3)}\delta_{ij})+18(e-3)a_{ijk}^{(3)}\right] \tag{5-53}$$

5.4.2　碰撞颗粒能量传递的求解

采用同样的积分方法，当 $\phi(\boldsymbol{C})$ 分别取值为 $m\boldsymbol{C}_i$、$m\boldsymbol{C}_i\boldsymbol{C}_j$ 和 $m\boldsymbol{C}_i\boldsymbol{C}_j\boldsymbol{C}_k$ 时，可以得到颗粒碰撞传递项分别如下：

$$\psi_i(m\boldsymbol{C}_i)=2\rho_s\varepsilon_s^2(1+e)g_0\theta\delta_{ij}-\frac{4}{5}\rho_s\varepsilon_s^2d_{12}(1+e)g_0\sqrt{\frac{\theta}{\pi}}\left[\left(\frac{\partial\boldsymbol{u}_{si}}{\partial x_j}+\frac{\partial\boldsymbol{u}_{sj}}{\partial x_i}\right)+\frac{\partial\boldsymbol{u}_{sk}}{\partial x_k}\delta_{ij}\right]$$
$$+\frac{4}{5}\rho_s\varepsilon_s^2(1+e)g_0a_{ij}^{(2)} \tag{5-54}$$

$$\psi_k(m\boldsymbol{C}_i\boldsymbol{C}_j)=-\frac{4}{5}\rho_s\varepsilon_s^2d_{12}(1+e)g_0\sqrt{\frac{\theta}{\pi}}\left[\frac{\partial\theta}{\partial x_i}\delta_{jk}+\frac{\partial\theta}{\partial x_j}\delta_{ik}+\frac{\partial\theta}{\partial x_k}\delta_{ij}\right]$$
$$+\frac{1}{5}\rho_s\varepsilon_s^2(1+e)g_0(4a_{ijk}^{(3)}+a_{ill}^{(3)}\delta_{jk}+a_{jll}^{(3)}\delta_{ik}) \tag{5-55}$$

$$\psi_l(m\boldsymbol{C}_i\boldsymbol{C}_j\boldsymbol{C}_j)\approx\frac{1}{5}\rho_s\varepsilon_s^2g_0\theta^2(1+e)(3e^2-3e+10)(\delta_{li}\delta_{jk}+\delta_{lj}\delta_{ik}+\delta_{lk}\delta_{ij}) \tag{5-56}$$

5.5　三阶矩的封闭

方程(5-26)～方程(5-29)分别代表颗粒脉动速度的零阶、一阶、二阶和三阶矩输运方程。上述四个方程中含有未知变量 ε_s、u_s、M_{ij}、M_{ijk} 和 M_{lijk} 共五个，方程组不封闭，需要对四阶矩变量进行模化封闭。当然，可以对四阶矩关联项再推导其输运方程。然而四阶矩守恒方程中又将出现更高阶的关联项，而且未知量数目的增加要比方程数增加得快，使问题仍不能解决。事实上，任何矩的演化方程都将包含更高阶的项。因此要使方程组封闭，仍必须用湍流模拟近似的方法，即用低阶关联来模拟高阶关联，或者其他近似封闭关系。颗粒流矩模型就是直接求解零阶、一阶和二阶矩方程，而对方程中出现的三阶矩加以理论模化，从而使方程组封闭。

5.5.1　基于输运现象初等理论的三阶矩封闭模型

输运过程中颗粒的运动将每个自由程起始点上的颗粒属性输送到终止点上，这种微观运动的结果是颗粒系宏观状态发生变化。根据输运现象的初等原理，颗粒属性 ϕ 在某个方向上的扩散流率等于该方向上的颗粒流率乘以颗粒所输运属性

ϕ 的平均值，即有(Chapman et al. ,1970)

$$\int_{C_k>0} \boldsymbol{C}_k \phi f \mathrm{d}\boldsymbol{C} = \int_{C_k>0} \boldsymbol{C}_k f \mathrm{d}\boldsymbol{C} \times \bar{\phi}^{k^+} \tag{5-57}$$

式中，$\bar{\phi}^{k^+}$ 为 $\boldsymbol{C}_k>0$ 颗粒的平均属性。

当 $\phi=\boldsymbol{C}_i\boldsymbol{C}_j$ 时，应用方程(5-57)可以得到三阶矩变量：

$$\begin{aligned} M_{kij} &= \frac{1}{n}\int_{C_k>0} \boldsymbol{C}_k f \mathrm{d}\boldsymbol{C} \times \overline{\boldsymbol{C}_i\boldsymbol{C}_j}^{k^+} + \frac{1}{n}\int_{C_k<0} C_k f \mathrm{d}\boldsymbol{C} \times \overline{\boldsymbol{C}_i\boldsymbol{C}_j}^{k^-} = (M_{ij}^{k^+} - M_{ij}^{k^-})\frac{1}{n}\int_{C_k>0} \boldsymbol{C}_k f \mathrm{d}\boldsymbol{C} \\ &= -\frac{\partial M_{ij}}{\partial x_k}(l_k^{k^+} + l_k^{k^-})\frac{1}{n}\int_{C_k>0} \boldsymbol{C}_k f \mathrm{d}\boldsymbol{C} = -(l_k^{k^+} + l_k^{k^-})\sqrt{\frac{\theta}{8\pi}}\left(1+\frac{M_{kk}}{\theta}\right)\frac{\partial M_{ij}}{\partial x_k} \end{aligned} \tag{5-58}$$

式中，$l_k^{k^+}$、$l_k^{k^-}$ 分别为 $\boldsymbol{C}_k>0$ 和 $\boldsymbol{C}_k<0$ 颗粒在 k 方向上距离上次碰撞的平均自由程。如果忽略外力作用对颗粒速度的影响，则有

$$l_k^{k+} = l_k^{k-} = K\,\frac{1}{Z}\,\frac{1}{n}\int C f \mathrm{d}\boldsymbol{C} = \frac{K}{Z}\sqrt{\frac{8\theta}{\pi}} \tag{5-59}$$

式中，K 为数量级为 1 的数值因子。对于刚性球，$K=2.5$。$1/Z$ 表示颗粒碰撞的特征时间，其值是颗粒二元碰撞的总次数 N_{coll} 除以颗粒数密度，即为颗粒碰撞频率：

$$Z = \frac{N_{\mathrm{coll}}}{n} = 24\,\frac{\varepsilon_s g_0}{d_{12}}\sqrt{\frac{\theta}{\pi}} - 4\varepsilon_s g_0 \frac{\partial u_{sk}}{\partial x_k} \tag{5-60}$$

最终整理得到三阶矩封闭模型为

$$M_{kij}^{\mathrm{A}} = -\frac{\left[1+\frac{6}{5}(1+e)\varepsilon_s g_0\right]}{\frac{2}{5d_{12}}(1+e)\varepsilon_s g_0\sqrt{\pi\theta}\left(6-d_{12}\frac{\partial \boldsymbol{u}_{sk}}{\partial x_k}\sqrt{\frac{\pi}{\theta}}\right)}(\theta+M_{kk})\frac{\partial M_{ij}}{\partial x_k} \tag{5-61}$$

5.5.2　基于线性理论的三阶矩封闭模型

三阶矩变量在理论上可以通过求解三阶矩微分方程(5-29)得到。因此从该方程出发可以给出三阶矩封闭模型。根据局域平衡假设，忽略方程(5-29)中的非稳态项和对流项，根据线性理论，保留扩散项、生成项和耗散项中的主要量，从而得到代数型三阶矩封闭模型(Grad，1949；Jenkins et al. ，1985)。

线性理论认为，颗粒系的真实速度分布函数为 Maxwell 型速度分布函数的微小扰动，即 $f_1=f_0(1+\delta)$，因此假设 $a_{ij}^{(2)}/\theta$ 与 $a_{ijk}^{(3)}/\theta^{3/2}$ 都是微小量，且同为 $0(\delta)$ 量级，即

$$\frac{a^{(2)}}{\theta} \sim \frac{a^{(3)}}{\theta\sqrt{\theta}} \sim 0(\delta) \tag{5-62}$$

再选取颗粒系的特征长度 L_0、特征浓度 ε_0、特征速度 U_0 和特征颗粒拟温度 θ_0，并假定系统的特征参数满足如下关系：

$$\frac{d_{12}}{L_0} \sim \frac{\partial \varepsilon_s}{\partial \boldsymbol{x}} \sim 0(\delta),\quad \frac{U_0}{\sqrt{\theta_0}} \sim \frac{L_0 \partial \boldsymbol{u}_s}{U_0 \partial \boldsymbol{x}} \sim \frac{L_0 \partial \theta}{\theta_0 \partial \boldsymbol{x}} \sim 0(1) \tag{5-63}$$

应用方程(5-62)和方程(5-63)的量级关系，对方程(5-29)等号右侧的各项逐个分析，去掉其中的高阶小量，可得到

$$\psi_l(m\boldsymbol{C}_i\boldsymbol{C}_j\boldsymbol{C}_j) \sim \frac{1}{5}\rho_s\varepsilon_s^2 g_0(1+e)(3e^2-3e+10)\theta^2(\delta_{li}\delta_{jk}+\delta_{lj}\delta_{ik}+\delta_{lk}\delta_{ij}) \tag{5-64}$$

$$M_{jk}\frac{\partial}{\partial x_l}[\varepsilon_s\rho_s M_{li}+\psi_l(m\boldsymbol{C}_i)]-[\varepsilon_s\rho_s M_{ljk}+\psi_l(m\boldsymbol{C}_j\boldsymbol{C}_k)]\frac{\partial \boldsymbol{u}_{si}}{\partial x_l}$$
$$\sim\theta\delta_{jk}\frac{\partial}{\partial x_i}[\varepsilon_s\rho_s\theta+2\rho_s\varepsilon_s^2(1+e)g_0\theta] \tag{5-65}$$

对于脉动速度的四阶矩变量，根据 $a^{(4)}=0$ 可得到

$$M_{ijkl} \sim (\delta_{il}\delta_{jk}+\delta_{jl}\delta_{ik}+\delta_{kl}\delta_{ij})\theta^2 \tag{5-66}$$

忽略气固关联脉动速度项，则有

$$\varepsilon_s\rho_s(\overline{\boldsymbol{F}_i\boldsymbol{C}_j\boldsymbol{C}_k}-\overline{\boldsymbol{F}}_i M_{jk})=\beta(\overline{\boldsymbol{C}_{gi}\boldsymbol{C}_{sj}\boldsymbol{C}_{sk}}-M_{ijk})\sim-\beta M_{ijk} \tag{5-67}$$

根据方程(5-48)和方程(5-53)，三阶矩变量的碰撞耗散项可表示为

$$\chi(m\boldsymbol{C}_i\boldsymbol{C}_j\boldsymbol{C}_k) \sim \frac{1}{5}\rho_s\varepsilon_s^2(1+e)(13-9e)g_0\theta\left(\frac{\partial\theta}{\partial x_i}\delta_{jk}+\frac{\partial\theta}{\partial x_j}\delta_{ik}+\frac{\partial\theta}{\partial x_k}\delta_{ij}\right)$$
$$+\frac{2}{5d_{12}}\rho_s\varepsilon_s^2(1+e)(33e-49)g_0\sqrt{\frac{\theta}{\pi}}M_{ijk} \tag{5-68}$$

最后，整理上述关系式得到三阶矩的封闭模型为

$$M_{kij}^{B}=-\frac{\left[1+\frac{3}{5}(1+e)^2(2e-1)\varepsilon_s g_0\right]\theta}{\frac{3\beta}{\rho_s\varepsilon_s}+\frac{2}{5d_{12}}(1+e)(49-33e)\varepsilon_s g_0\sqrt{\frac{\theta}{\pi}}}\left(\frac{\partial\theta}{\partial x_i}\delta_{jk}+\frac{\partial\theta}{\partial x_j}\delta_{ik}+\frac{\partial\theta}{\partial x_k}\delta_{ij}\right) \tag{5-69}$$

Peirano 等(1998)从三阶矩输运方程(5-29)出发给出如下封闭模型：

$$M_{kij}^{C}=-\frac{\left[1+\frac{3}{5}(1+e)^2(2e-1)\varepsilon_s g_0\right]}{\frac{3}{5}\left[\frac{3\beta}{\varepsilon_s\rho_s}+\frac{2}{5d_{12}}(1+e)(49-33e)\varepsilon_s g_0\sqrt{\frac{\theta}{\pi}}\right]}M_{kl}\frac{\partial M_{ij}}{\partial x_l} \tag{5-70}$$

采用 Gidaspow(1994)的模型，相应的表达式为

$$M_{kii}^{G}=-\frac{25d_{12}\sqrt{\pi\theta}}{32(1+e)\varepsilon_s g_0}\left[1+\frac{6}{5}(1+e)\varepsilon_s g_0\right]\frac{\partial\theta}{\partial x_k} \tag{5-71}$$

5.6　颗粒与壁面的颗粒流矩边界条件

选取单位矢量 $\boldsymbol{k}$ 平行于壁面法向，且由流体侧指向壁面内，如图 5-1 所示。定义壁面速度 $\boldsymbol{V}$，其相对于单颗粒的运动速度 $\boldsymbol{g}=\boldsymbol{V}-\boldsymbol{c}$；颗粒系在壁面上的滑移速度 $\boldsymbol{v}=\boldsymbol{u}-\boldsymbol{V}$。当颗粒与壁面发生碰撞时，颗粒的运动状态会受到壁面作用而产生变化。因此，在单位时间内单位面积壁面必须提供给颗粒属性 ϕ 的量可表示为(Strumendo et al. ,2002)

$$S_s(\phi)=\int_{\boldsymbol{g}\cdot\boldsymbol{k}<0}(\phi'-\phi)(-\boldsymbol{g}\cdot\boldsymbol{k})f\mathrm{d}\boldsymbol{c} \tag{5-72}$$

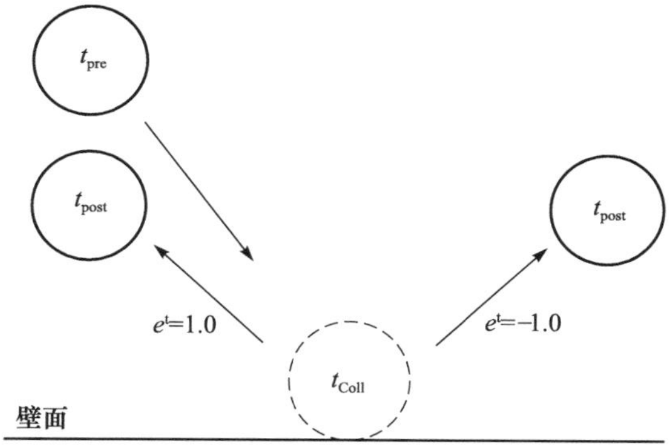

图 5-1　颗粒-壁面碰撞的切向弹性恢复系数

对于贴近壁面的薄层，壁面提供给颗粒属性 ϕ 的量应该等于属性 ϕ 在这一薄层上的流通率，即

$$S_d(\phi)=\int\phi(\boldsymbol{g}\cdot\boldsymbol{k})f\mathrm{d}\boldsymbol{c} \tag{5-73}$$

如果固体壁面对颗粒无吸附无渗透，则 $\boldsymbol{v}\cdot\boldsymbol{k}=0$。将方程(5-72)和方程(5-73)合并可得到颗粒属性 ϕ 在壁面上的平衡条件：

$$\int\phi\boldsymbol{C}_k f\mathrm{d}\boldsymbol{c}=\int_{\boldsymbol{C}_k>0}(\phi-\phi')\boldsymbol{C}_k f\mathrm{d}\boldsymbol{c} \tag{5-74}$$

当颗粒与壁面发生非弹性碰撞时，定义颗粒与壁面碰撞的法向和切向弹性恢复系数如下：

$$e_w^n=-\frac{\boldsymbol{g}'\cdot\boldsymbol{k}}{\boldsymbol{g}\cdot\boldsymbol{k}}\in[0,1],\quad e_w^t=-\frac{\boldsymbol{g}'\times\boldsymbol{k}}{\boldsymbol{g}\times\boldsymbol{k}}\in[-1,1] \tag{5-75}$$

显然，颗粒碰撞的法向和切向速度改变量为

$$\boldsymbol{C}_{\mathrm{n}}-\boldsymbol{C}'_{\mathrm{n}}=(1+e_{\mathrm{w}}^{\mathrm{n}})\boldsymbol{C}_{\mathrm{n}} \tag{5-76}$$

$$\boldsymbol{C}_{\mathrm{t}}-\boldsymbol{C}'_{\mathrm{t}}=(1+e_{\mathrm{w}}^{\mathrm{t}})(\boldsymbol{C}_{\mathrm{t}}+\boldsymbol{v}_{\mathrm{t}}) \tag{5-77}$$

方程(5-74)给出积分形式的边界条件，积分求解取决于颗粒速度分布函数。速度分布函数可以采用二级近似。

$$f=g_0 f_0(1+a_{ij}^{(2)}\boldsymbol{H}_{ij}^{(2)}) \tag{5-78}$$

在正交坐标系中取 $\boldsymbol{i}$ 和 $\boldsymbol{j}$ 分别为垂直于 $\boldsymbol{k}$ 的单位矢量，由方程(5-74)和方程(5-78)，可以得到壁面边界条件如下：

当 $\phi=m\boldsymbol{C}_i$ 时，速度边界条件为

$$\varepsilon_{\mathrm{s}}\rho_{\mathrm{s}}M_{ik}+\psi_k(m\boldsymbol{C}_i)=(1+e_{\mathrm{w}}^{\mathrm{t}})\frac{\varepsilon_{\mathrm{s}}\rho_{\mathrm{s}}}{2}g_0M_{ik}+(1+e_{\mathrm{w}}^{\mathrm{t}})\frac{\varepsilon_{\mathrm{s}}\rho_{\mathrm{s}}}{2}g_0\sqrt{\frac{\theta}{2\pi}}\left(1+\frac{M_{kk}}{\theta}\right)\boldsymbol{v}_i \tag{5-79}$$

当 $\phi=m\boldsymbol{C}_k\boldsymbol{C}_k$ 时，二阶矩分量 M_{kk} 边界条件为

$$\varepsilon_{\mathrm{s}}\rho_{\mathrm{s}}M_{kkk}+\psi_k(m\boldsymbol{C}_k\boldsymbol{C}_k)=(1-e_{\mathrm{w}}^{\mathrm{n}})(1+e_{\mathrm{w}}^{\mathrm{n}})\varepsilon_{\mathrm{s}}\rho_{\mathrm{s}}g_0\theta\sqrt{\frac{\theta}{2\pi}}\left(3\frac{M_{kk}}{\theta}-1\right) \tag{5-80}$$

当 $\phi=m\boldsymbol{C}_k\boldsymbol{C}_i$ 时，二阶矩分量 M_{ik} 边界条件为

$$\begin{aligned}\varepsilon_{\mathrm{s}}\rho_{\mathrm{s}}M_{ikk}+\psi_k(m\boldsymbol{C}_i\boldsymbol{C}_k)=&(1-e_{\mathrm{w}}^{\mathrm{n}}e_{\mathrm{w}}^{\mathrm{t}})\varepsilon_{\mathrm{s}}\rho_{\mathrm{s}}g_0\theta\sqrt{\frac{\theta}{2\pi}}\left(2\frac{M_{ik}}{\theta}\right)\\&-e_{\mathrm{w}}^{\mathrm{n}}(1+e_{\mathrm{w}}^{\mathrm{t}})\frac{\varepsilon_{\mathrm{s}}\rho_{\mathrm{s}}}{2}g_0M_{kk}\boldsymbol{v}_i\end{aligned} \tag{5-81}$$

当 $\phi=m\boldsymbol{C}_i\boldsymbol{C}_j$ 时，二阶矩分量 M_{ij} 边界条件为

$$\begin{aligned}\varepsilon_{\mathrm{s}}\rho_{\mathrm{s}}M_{ijk}+\psi_k(m\boldsymbol{C}_i\boldsymbol{C}_j)=&(1-e_{\mathrm{w}}^{\mathrm{t}})(1+e_{\mathrm{w}}^{\mathrm{t}})\varepsilon_{\mathrm{s}}\rho_{\mathrm{s}}g_0\theta\sqrt{\frac{\theta}{2\pi}}\left(\frac{M_{kk}}{2\theta}\delta_{ij}-\frac{1}{2}\delta_{ij}+\frac{M_{ij}}{\theta}\right)\\&-e_{\mathrm{w}}^{\mathrm{t}}(1+e_{\mathrm{w}}^{\mathrm{t}})\frac{\varepsilon_{\mathrm{s}}\rho_{\mathrm{s}}}{2}g_0(M_{ik}\boldsymbol{v}_j+M_{jk}\boldsymbol{v}_i)\\&-(1+e_{\mathrm{w}}^{\mathrm{t}})\frac{\varepsilon_{\mathrm{s}}\rho_{\mathrm{s}}}{2}g_0\sqrt{\frac{\theta}{2\pi}}\left(1+\frac{M_{kk}}{\theta}\right)\boldsymbol{v}_i\boldsymbol{v}_j\end{aligned} \tag{5-82}$$

在壁面边界条件方程(5-79)～方程(5-82)中，等号右侧的第一项表示动量或能量在壁面上的耗散，等号右侧的其他项表示动量或能量的生成。显然，当壁面绝对光滑时，$e_{\mathrm{w}}^{\mathrm{t}}=-1.0$，壁面上所有的生成项均为零。

5.7　气固循环流化床提升管的颗粒流二阶矩分布

Gidaspow 等(1998)对循环流化床中 FCC 颗粒的流动特性进行了试验研究，使用 CCD 摄像技术对提升管内颗粒拟温度进行测量。FCC 颗粒直径和密度分别

为 75μm 和 1654kg/m^3，颗粒流化特性属于 Geldart A 类颗粒。提升管直径为 75mm，高度为 6.58m。对颗粒质量流率为 24.33kg/(m^3·s)和表观气速 2.89m/s 的试验工况进行模拟。采用颗粒流矩模型，见表 5-1，表中同时给出气相守恒方程及气固脉动速度关联矩计算模型。其中，M_h 和 M_v 分别表示平行和垂直于($\boldsymbol{u}_g-\boldsymbol{u}_s$)方向上的颗粒脉动速度二阶矩，且满足 $\theta=M_v+2M_h$。结果发现，距离壁面 5mm 处轴向二阶矩和切向二阶矩分布各向异性非常明显，并且分析了气体湍流和颗粒碰撞以及颗粒与气体作用等对颗粒流动各向异性的影响。

表 5-1　颗粒流矩模型和气相守恒方程

颗粒流零阶矩守恒方程	$\frac{\partial}{\partial t}(\varepsilon_s\rho_s)+\frac{\partial}{\partial x_i}(\varepsilon_s\rho_s\boldsymbol{u}_{si})=0$
颗粒流一阶矩方程	$\frac{\partial}{\partial t}(\varepsilon_s\rho_s\boldsymbol{u}_{si})+\frac{\partial}{\partial x_j}(\varepsilon_s\rho_s\boldsymbol{u}_{si}\boldsymbol{u}_{sj})=-\varepsilon_s\frac{\partial p_g}{\partial x_i}-\frac{\partial}{\partial x_j}[\varepsilon_s\rho_s M_{ij}+\psi(m\boldsymbol{C}_i)]+\beta(\boldsymbol{u}_{gi}-\boldsymbol{u}_{si})+\varepsilon_s\rho_s g_i$
颗粒流二阶矩方程	$\frac{\partial}{\partial t}(\varepsilon_s\rho_s M_{ij})+\frac{\partial}{\partial x_k}(\varepsilon_s\rho_s\boldsymbol{u}_{sk}M_{ij})=-\frac{\partial}{\partial x_k}[\varepsilon_s\rho_s M_{kij}+\psi(m\boldsymbol{C}_i\boldsymbol{C}_j)]$ $-[\varepsilon_s\rho_s M_{ik}+\psi(m\boldsymbol{C}_i)]\frac{\partial\boldsymbol{u}_{sj}}{\partial x_k}-[\varepsilon_s\rho_s M_{jk}+\psi(m\boldsymbol{C}_j)]\frac{\partial\boldsymbol{u}_{si}}{\partial x_k}$ $+\beta(\boldsymbol{C}_{gi}\boldsymbol{C}_{sj}-M_{ij})+\chi(m\boldsymbol{C}_i\boldsymbol{C}_j)$
颗粒流三阶矩模型	模型 A：$M_{kij}^{A}=-\frac{\left[1+\frac{6}{5}(1+e)\varepsilon_s g_0\right](\theta+M_{kk})}{\frac{2}{5d_p}(1+e)\varepsilon_s g_0\sqrt{\pi\theta}\left(6-d_p\frac{\partial\boldsymbol{u}_{sk}}{\partial x_k}\sqrt{\frac{\pi}{\theta}}\right)}\frac{\partial M_{ij}}{\partial x_k}$ 模型 B：$M_{kij}^{B}=-\frac{\left[1+\frac{3}{5}(1+e)^2(2e-1)\varepsilon_s g_0\right]\theta}{\frac{3\beta}{\rho_s\varepsilon_s}+\frac{2}{5d_p}(1+e)(49-33e)\varepsilon_s g_0\sqrt{\frac{\theta}{\pi}}}\left(\frac{\partial\theta}{\partial x_i}\delta_{jk}+\frac{\partial\theta}{\partial x_j}\delta_{ik}+\frac{\partial\theta}{\partial x_k}\delta_{ij}\right)$ 模型 C：$M_{kij}^{C}=-\frac{\left[1+\frac{3}{5}(1+e)^2(2e-1)\varepsilon_s g_0\right]}{\frac{3}{5}\left[\frac{3\beta}{\varepsilon_s\rho_s}+\frac{2}{5d_p}(1+e)(49-33e)\varepsilon_s g_0\sqrt{\frac{\theta}{\pi}}\right]}M_{kl}\frac{\partial M_{ij}}{\partial x_l}$
颗粒流动量传递通量	$\psi(m\boldsymbol{C}_j)=2\rho_s\varepsilon_s^2(1+e)g_0\theta\delta_{ij}+\frac{4}{5}\rho_s\varepsilon_s^2(1+e)g_o(M_{ij}-\theta\delta_{ij})$ $-\frac{4}{5}\rho_s\varepsilon_s^2 d_p(1+e)g_0\sqrt{\frac{\theta}{\pi}}\left[\left(\frac{\partial\boldsymbol{u}_{si}}{\partial x_j}+\frac{\partial\boldsymbol{u}_{sj}}{\partial x_i}\right)+\frac{\partial\boldsymbol{u}_{sk}}{\partial x_k}\delta_{ij}\right]$
颗粒流脉动能传递通量	$\psi(m\boldsymbol{C}_i\boldsymbol{C}_j)=-\frac{4}{5}\rho_s\varepsilon_s^2 d_p(1+e)g_0\sqrt{\frac{\theta}{\pi}}\left(\frac{\partial\theta}{\partial x_i}\delta_{jk}+\frac{\partial\theta}{\partial x_j}\delta_{ik}+\frac{\partial\theta}{\partial x_k}\delta_{ij}\right)$ $+\frac{1}{5}\rho_s\varepsilon_s^2(1+e)g_0(4M_{ijk}+M_{ill}\delta_{jk}+M_{jll}\delta_{ik})$
颗粒流脉动能耗散率	$\chi(m\boldsymbol{C}_i\boldsymbol{C}_j)=-[\rho_s\varepsilon_s^2(1+e)g_0]\left\{\frac{8}{d_p}(1-e)\sqrt{\frac{\theta}{\pi}}\theta\delta_{ij}-\frac{24}{5d_p}(3-e)\sqrt{\frac{\theta}{\pi}}(M_{ij}-\theta\delta_{ij})\right.$ $\left.-\frac{6}{5}\theta\left[(e-2)\left(\frac{\partial\boldsymbol{u}_{si}}{\partial x_j}+\frac{\partial\boldsymbol{u}_{sj}}{\partial x_i}\right)+\left(e-\frac{1}{3}\right)\frac{\partial\boldsymbol{u}_{sk}}{\partial x_k}\delta_{ij}\right]\right\}$

续表

颗粒流边界条件	颗粒相切向速度：$\varepsilon_s\rho_s M_{ik}+\psi(mC_i)=(1+e_{wt})\frac{\varepsilon_s\rho_s}{2}g_0\left[M_{ik}+\sqrt{\frac{\theta}{2\pi}}\left(1+\frac{M_{kk}}{\theta}\right)\boldsymbol{u}_{si}\right]$ 颗粒二阶矩 $m\boldsymbol{C}_k\boldsymbol{C}_k$：$\varepsilon_s\rho_s M_{kkk}+\psi(m\boldsymbol{C}_k\boldsymbol{C}_k)=(1-e_{wn})(1+e_{wn})\varepsilon_s\rho_s g_0\theta\sqrt{\frac{\theta}{2\pi}}\left(3\frac{M_{kk}}{\theta}-1\right)$ 颗粒二阶矩 $m\boldsymbol{C}_k\boldsymbol{C}_i$：$\varepsilon_s\rho_s M_{ikk}+\psi(m\boldsymbol{C}_i\boldsymbol{C}_k)=(1-e_{wn}e_{wt})\varepsilon_s\rho_s g_0\theta\sqrt{\frac{\theta}{2\pi}}\left(2\frac{M_{ik}}{\theta}\right)$ $-e_{wn}(1+e_{wt})\frac{\varepsilon_s\rho_s}{2}g_0 M_{kk}\boldsymbol{u}_{si}$ 颗粒二阶矩 $m\boldsymbol{C}_i\boldsymbol{C}_j$：$\varepsilon_s\rho_s M_{ijk}+\psi(m\boldsymbol{C}_i\boldsymbol{C}_j)=(1-e_{wt})(1+e_{wt})\varepsilon_s\rho_s g_0\theta\sqrt{\frac{\theta}{2\pi}}$ $\times\left(\frac{M_{kk}}{2\theta}\delta_{ij}-\frac{1}{2}\delta_{ij}+\frac{M_{ij}}{\theta}\right)-e_{wt}(1+e_{wt})\frac{\varepsilon_s\rho_s}{2}g_0(M_{ik}\boldsymbol{u}_{sj}+M_{jk}\boldsymbol{u}_{si})-(1+e_{wt})^2\frac{\varepsilon_s\rho_s}{2}g_0\sqrt{\frac{\theta}{2\pi}}$ $\times\left(1+\frac{M_{kk}}{\theta}\right)\boldsymbol{u}_{si}\boldsymbol{u}_{sj}$
气相质量守恒方程	$\frac{\partial}{\partial t}(\varepsilon_g\rho_g)+\frac{\partial}{\partial x_i}(\varepsilon_g\rho_g\boldsymbol{u}_{gi})=0$
气相动量守恒方程	$\frac{\partial}{\partial t}(\varepsilon_g\rho_g\boldsymbol{u}_{gi})+\frac{\partial}{\partial x_j}(\varepsilon_g\rho_g\boldsymbol{u}_{gi}\boldsymbol{u}_{gj})=-\varepsilon_g\frac{\partial p_g}{\partial x_i}+\frac{\partial\boldsymbol{\tau}_{gij}}{\partial x_j}-\beta(\boldsymbol{u}_{gi}-\boldsymbol{u}_{si})+\varepsilon_g\rho_g\boldsymbol{g}$
气固相间作用的曳力系数	$\beta=(1-\varphi)\left[150\frac{\varepsilon_s^2\mu_g}{(\varepsilon_g d_p)^2}+1.75\frac{\rho_g\varepsilon_s\lvert u_g-u_s\rvert}{\varepsilon_g d_p}\right]+\varphi\frac{3}{4}C_d\frac{\rho_g\varepsilon_s\lvert u_g-u_s\rvert}{d_p}\varepsilon_g^{-2.65}$ $\varphi=\frac{\arctan[150\times1.75(\varepsilon_g-0.8)]}{\pi}+0.5$ $C_d=\begin{cases}\frac{24}{Re}(1+0.15Re^{0.687}), & Re<1000\\ 0.44, & Re\geqslant1000\end{cases}$ 和 $Re=\frac{\rho_g\varepsilon_g d_p(u_g-u_s)}{\mu_g}$
气固脉动速度关联矩	$\beta\boldsymbol{C}_{gi}\boldsymbol{C}_{sj}=\frac{162\varepsilon_s\mu_g^2}{\rho_s d_p^3\sqrt{\theta}}[S_v\lvert\boldsymbol{u}_g-\boldsymbol{u}_s\rvert^2\delta_{ij}+(S_h-S_v)(\boldsymbol{u}_{gi}-\boldsymbol{u}_{si})(\boldsymbol{u}_{gj}-\boldsymbol{u}_{sj})]$ $S_v=\frac{3R_0^2}{16\sqrt{\pi}g_0(1+3.5\sqrt{\varepsilon_s}+5.9\varepsilon_s)}\sqrt{\frac{\theta}{M_v}}\left[\frac{1}{2}(a_\theta^3-a_\theta^5)\ln\left(\frac{a_\theta+1}{a_\theta-1}\right)-\frac{2}{3}a_\theta^2+a_\theta^4\right]$ $S_h=\frac{3R_0^2}{16\sqrt{\pi}(1+3.5\sqrt{\varepsilon_s}+5.9\varepsilon_s)}\sqrt{\frac{\theta}{M_h}}\left[(a_\theta^5+a_\theta)\ln\left(\frac{a_\theta+1}{a_\theta-1}\right)-\frac{2}{3}a_\theta^2-2a_\theta^4\right]$ $R_0=\frac{1+3(\varepsilon_s/2)^{0.5}+(135/64)\varepsilon_s\ln\varepsilon_s+17.14\varepsilon_s}{1+0.681\varepsilon_s-8.48\varepsilon_s^2+8.16\varepsilon_s^3}$ 和 $a_\theta^2=\frac{M_h}{(M_h-M_v)}$

气固相间作用力可以表示如下：

$$\boldsymbol{F}_d=\frac{3\rho_g}{4\rho_s d_p}\varepsilon_g C_d\mid\boldsymbol{c}_g-\boldsymbol{c}_s\mid(\boldsymbol{c}_g-\boldsymbol{c}_s)=\frac{\beta}{\varepsilon_s\rho_s}(\boldsymbol{c}_g-\boldsymbol{c}_s)\tag{5-83}$$

式中，C_d 为颗粒曳力系数；β 为气固相间动量交换系数。如果忽略颗粒相与气体的相对速度及颗粒速度脉动对气固相间动量交换系数的影响，方程(5-83)积分可得到如下简单表达式：

$$\overline{\boldsymbol{F}_{d,i}}=\frac{\beta}{\varepsilon_s\rho_s}(\boldsymbol{u}_{gi}-\boldsymbol{u}_{si})\tag{5-84}$$

$$\overline{\boldsymbol{F}_{\mathrm{d},i}\boldsymbol{C}_j} = \frac{\beta}{\varepsilon_{\mathrm{s}}\rho_{\mathrm{s}}}\overline{(\boldsymbol{c}_{\mathrm{g}i}-\boldsymbol{c}_{\mathrm{s}i})\boldsymbol{C}_{\mathrm{s}j}} = \frac{\beta}{\varepsilon_{\mathrm{s}}\rho_{\mathrm{s}}}(\overline{\boldsymbol{C}_{\mathrm{g}i}\boldsymbol{C}_{\mathrm{s}j}} - M_{ij}) \tag{5-85}$$

$$\overline{\boldsymbol{F}_{\mathrm{d},i}\boldsymbol{C}_j\boldsymbol{C}_k} = \frac{\beta}{\varepsilon_{\mathrm{s}}\rho_{\mathrm{s}}}\overline{(\boldsymbol{c}_{\mathrm{g}i}-\boldsymbol{c}_{\mathrm{s}i})\boldsymbol{C}_{\mathrm{s}j}\boldsymbol{C}_{\mathrm{s}k}} = \frac{\beta}{\varepsilon_{\mathrm{s}}\rho_{\mathrm{s}}}(\overline{\boldsymbol{C}_{\mathrm{g}i}\boldsymbol{C}_{\mathrm{s}j}\boldsymbol{C}_{\mathrm{s}k}} - M_{ijk}) + \overline{\boldsymbol{F}_{\mathrm{d},i}}M_{jk} \tag{5-86}$$

式中，$\boldsymbol{C}_{\mathrm{g}} = \boldsymbol{c}_{\mathrm{g}} - \boldsymbol{u}_{\mathrm{g}}$ 为气相脉动速度。

如果考虑颗粒的速度脉动对气固相间动量交换系数的影响，方程(5-83)作为积分函数通常无法直接求解，需要进行近似处理，将气固相间动量交换系数表示为 Re 的偶次幂形式：

$$\beta = \frac{18\varepsilon_{\mathrm{s}}\varepsilon_{\mathrm{g}}^2\mu_{\mathrm{g}}}{d_{\mathrm{p}}^2}(R_0 + R_1 Re^2) \tag{5-87}$$

式中，颗粒雷诺数 $Re = \varepsilon_{\mathrm{g}}\rho_{\mathrm{g}}d_{\mathrm{p}}|u_{\mathrm{g}} - u_{\mathrm{s}}|/\mu_{\mathrm{g}}$；$R_0$ 和 R_1 与雷诺数无关，是颗粒浓度的函数。此时在颗粒速度分布函数取二级近似，积分得到

$$\varepsilon_{\mathrm{s}}\rho_{\mathrm{s}}\overline{\boldsymbol{F}_{\mathrm{d},i}} = \beta(\boldsymbol{u}_{\mathrm{g}i} - \boldsymbol{u}_{\mathrm{s}i}) + \frac{18\varepsilon_{\mathrm{s}}\varepsilon_{\mathrm{g}}^4\rho_{\mathrm{g}}^2R_1}{\mu_{\mathrm{g}}}[3\theta(\boldsymbol{u}_{\mathrm{g}i} - \boldsymbol{u}_{\mathrm{s}i}) + 2M_{ij}(\boldsymbol{u}_{\mathrm{g}j} - \boldsymbol{u}_{\mathrm{s}j})] \tag{5-88}$$

$$\varepsilon_{\mathrm{s}}\rho_{\mathrm{s}}\overline{\boldsymbol{F}_{\mathrm{d},i}\boldsymbol{C}_j} = -\beta M_{ij} - \frac{18\varepsilon_{\mathrm{s}}\varepsilon_{\mathrm{g}}^4\rho_{\mathrm{g}}^2R_1}{\mu_{\mathrm{g}}}[7\theta M_{ij} + 2(\boldsymbol{u}_{\mathrm{g}i} - \boldsymbol{u}_{\mathrm{s}i})(\boldsymbol{u}_{\mathrm{g}k} - \boldsymbol{u}_{\mathrm{s}k})M_{kj} - 2\theta^2\delta_{ij}] \tag{5-89}$$

显然，在方程(5-88)和方程(5-89)中出现了二阶矩变量和颗粒温度项，表明气固相间动量交换不仅与平均滑移速度有关，还与颗粒脉动特性相关，表明相间动量交换系数由两部分组成，一部分是气固相间滑移速度的贡献，另一部分是颗粒脉动速度的贡献。当雷诺数 $Re < 20$ 时，R_0 和 R_1 表示如下：

$$R_0 = \begin{cases} \dfrac{1 + 3\sqrt{\varepsilon_{\mathrm{s}}/2} + (135/64)\varepsilon_{\mathrm{s}}\ln\varepsilon_{\mathrm{s}} + 17.14\varepsilon_{\mathrm{s}}}{1 + 0.681\varepsilon_{\mathrm{s}} - 8.48\varepsilon_{\mathrm{s}}^2 + 8.16\varepsilon_{\mathrm{s}}^3}, & \varepsilon_{\mathrm{s}} < 0.4 \\ \dfrac{10\varepsilon_{\mathrm{s}}}{(1 - \varepsilon_{\mathrm{s}})^3}, & \varepsilon_s \geqslant 0.4 \end{cases} \tag{5-90}$$

$$R_1 = \frac{1}{4}[0.11 + 0.00051\exp(11.6\varepsilon_{\mathrm{s}})] \tag{5-91}$$

图 5-2 表示颗粒相脉动速度二阶矩的分布。径向分量 M_{rr} 和轴向分量 M_{zz} 在提升管中心处很低，而在提升管壁面处最高，在提升管中心处颗粒碰撞和气体-颗粒相间作用对颗粒湍流能量耗散极高。而在壁面处，颗粒与壁面之间相互作用以能量的生成为主。Gidaspow 等在试验中测得距离壁面 5mm 处颗粒脉动二阶矩径向分量为 0.013$(\mathrm{m/s})^2$，二阶矩轴向分量数值上为 0.57$(\mathrm{m/s})^2$ 左右(Gidaspow et al.，1998)。模拟中高估了径向二阶矩，低估了轴向二阶矩的数值。这可能是选取壁面条件较为光滑($e_{\mathrm{w}}^{\mathrm{t}} = -0.5$)，低估了颗粒与壁面相互作用引起的颗粒脉动生成。颗粒脉动二阶矩径向分量和轴向分量分布表明，在壁面处颗粒具有大的脉动速度，在中心区域颗粒脉动速度相对较小。

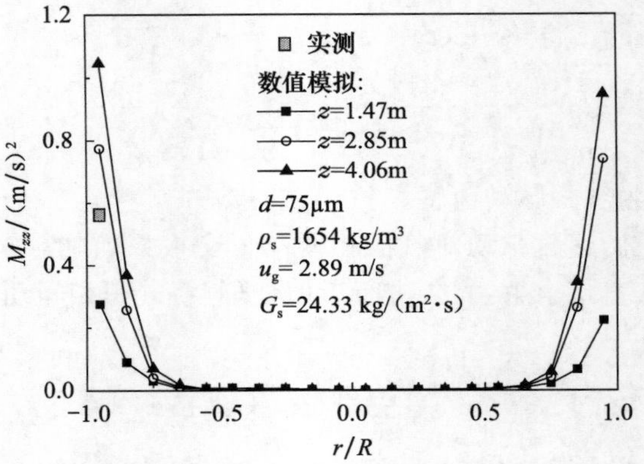

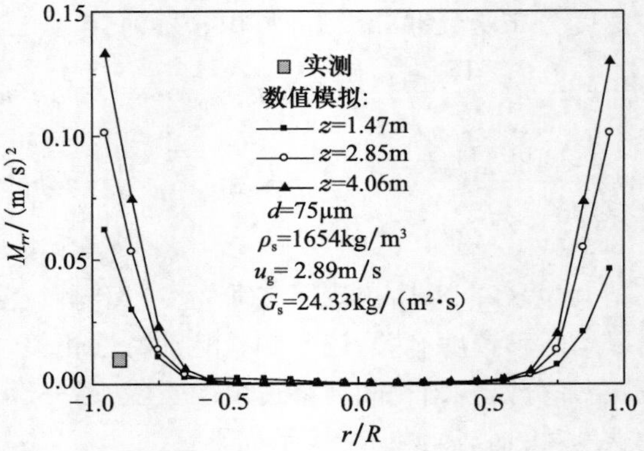

图 5-2　颗粒相脉动速度二阶矩分布(Sun et al.,2009)

在提升管中形成的颗粒团聚物对颗粒流矩的分布产生影响。为了分析颗粒团聚物对颗粒流矩的作用,引入固相雷诺应力型二阶矩进行分析。Gidaspow 等(2014)以单颗粒脉动为层流输运,以颗粒聚团或者气泡引起的脉动为湍流输运,研究流化床内颗粒相流动脉动特性。前者通过颗粒动理学模型求解,后者通过模拟结果的时间平均得到(即雷诺应力型二阶矩),相当于把颗粒动理学模型求解等同于气相湍流的直接数值模拟。在任意计算空间 $\boldsymbol{r}$ 的固相雷诺应力型二阶矩通过时间平均得出:

$$M_{sp,ij}=\langle v_i'v_j'\rangle=\frac{1}{m}\sum_{k=1}^{m}[v_{k,ij}(\boldsymbol{r},t)-v_{ij}(\boldsymbol{r})][v_{k,ij}(\boldsymbol{r},t)-v_{ij}(\boldsymbol{r})] \quad (5\text{-}92)$$

式中,$v_{k,ij}$ 为瞬时颗粒速度;v_{ij} 为时均颗粒速度。瞬时颗粒速度受颗粒聚团流动的影响,进而影响固相雷诺应力型二阶矩。所以固相雷诺应力型二阶矩与流场的宏观流动特性相关联,反映了气体与颗粒聚团和气体与颗粒的共同作用。雷诺型颗粒拟温度定义为(Lu et al.,2013)

$$\theta_{sp} = \sum_k M_{sp,kk} / 3 \tag{5-93}$$

图 5-3 表示固相雷诺应力型二阶矩沿径向的分布。在中心区域和壁面区域轴向固相雷诺应力型二阶矩分量 $M_{sp,zz}$ 相对较小，在中心与壁面之间某一距离处轴向固相雷诺应力型二阶矩分量 $M_{sp,zz}$ 达到最大。由于沿径向颗粒浓度呈现壁面处高、中心处低的环-核流动结构，因此推测在环-核交界面区域，颗粒聚团的形成和破碎过程最为强烈，速度脉动最大，导致轴向固相雷诺应力型二阶矩分量 $M_{sp,zz}$ 达到最大。径向固相雷诺应力型二阶矩分量 $M_{sp,xx}$ 在中心处最大，壁面处最小。由流动轴对称性可知：中心颗粒径向速度为零，导致在中心区域沿径向颗粒径向速度形成较大的变化，使得轴向固相雷诺应力型二阶矩分量增大。在壁面处，颗粒流动受到壁面的限制，导致颗粒脉动速度降低，轴向和径向固相雷诺应力型二阶矩分量减小。比较径向固相雷诺应力型二阶矩分量，轴向固相雷诺应力型二阶矩分量具有大的数值，表明颗粒流动主要呈现轴向流动。

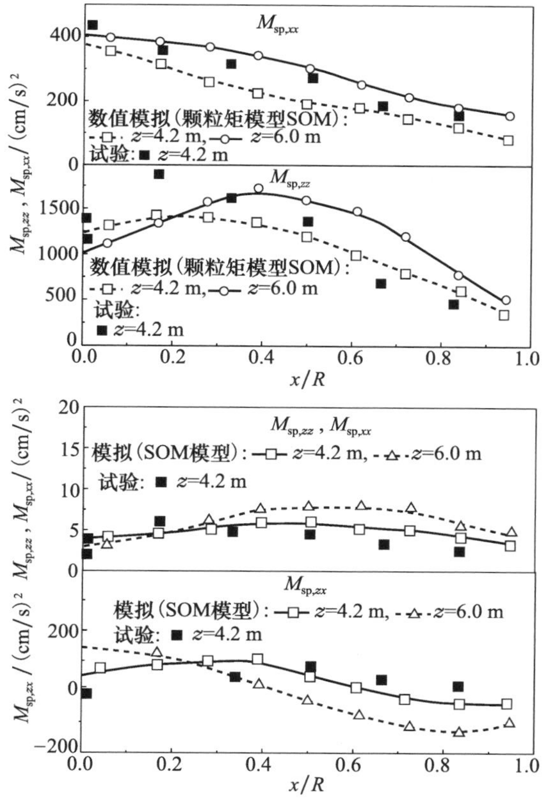

图 5-3　固相雷诺应力型二阶矩分布(Sun et al.，2009)

切向固相雷诺应力型二阶矩和轴向与径向固相雷诺应力型二阶矩比值沿径向的变化趋势为:在中心区域的切向固相雷诺应力型二阶矩大于壁面处的切向固相雷诺应力型二阶矩数值。不同高度呈现不同的变化趋势。在高度 4.2m 处,沿径向方向,切向固相雷诺应力型二阶矩先增加,达到最大值后,再降低。在高度 6.0m 处,沿径向方向切向固相雷诺应力型二阶矩逐渐减小,达到最小值后,再增加。切向固相雷诺应力型二阶矩的径向变化反映了不同高度处气体与颗粒聚团和气体与颗粒相互作用的差异。轴向和径向固相雷诺应力型二阶矩比值范围为 3～8。

图 5-4 表示颗粒拟温度和固相雷诺型拟温度随颗粒浓度的变化。随着颗粒浓度的增加,颗粒拟温度先增加,达到最大值后,再降低。在较低颗粒浓度时,颗粒主要以分散流动为主,气体与颗粒相互作用和气体湍流作用使得颗粒脉动增大。随着颗粒浓度的增加和颗粒聚团的形成,气固流动由颗粒聚团和分散颗粒流动共同控制。当继续增加颗粒浓度时,流动逐渐以颗粒聚团流动为主。颗粒聚团具有大的质量,降低了颗粒脉动强度,进而降低颗粒拟温度。同时,由图可见,随着颗粒浓度增加,雷诺型颗粒拟温度逐渐增大。颗粒聚团的形成和破碎将增加固相宏观流动的波动,增大固相速度的脉动,进而提高雷诺型颗粒拟温度。由此可见,颗粒拟温度反映颗粒速度脉动的强弱,雷诺型颗粒拟温度反映固相速度脉动的程度。

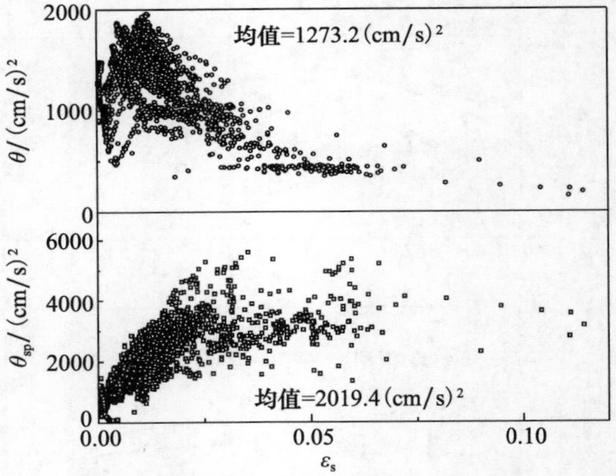

图 5-4　颗粒拟温度和固相雷诺型颗粒拟温度分布(Sun et al. 2010)

图 5-5 表示不同三阶矩封闭模型得到的无因次二阶矩分布和颗粒拟温度分布。图中同时给出了按颗粒动理学模拟获得的二阶矩和颗粒拟温度的变化。颗粒动理学模型中颗粒沿径向的速度脉动与平均脉动水平相当。而三阶矩封闭模型 A、B 和 C 的数值都小于 1,说明采用颗粒相二阶矩模型得到的颗粒径向速度脉动要比平均脉动水平弱,也表明固相正应力的径向分量较小。相反,由颗粒轴向脉动速度的无因次二阶矩分布可知,颗粒动理学模型的数值仍然约为 1,但三阶矩封闭模型 A、B 和 C 给出的数值都要大于 1,表明颗粒沿着轴向的速度脉动比平均脉动

水平强，而且越靠近提升管中心颗粒速度脉动在轴向的比例越大，固相正应力的轴向分量也越大，各向异性越明显。从以上的二阶矩分布可以发现，在管中间处相间速度滑移大，曳力作用明显，各向异性较强；而在管壁附近，颗粒浓度高，碰撞作用明显，各向异性较弱。综合比较，还可以发现模型 A 和 B 得到的无因次二阶矩分布基本相同，模型 C 与模型 A 和 B 的结果整体趋势仍然一致。颗粒径向和轴向脉动速度关联矩的无因次分布反映了固相剪切应力的相对大小。由图可知，颗粒相二阶矩模型得到的无因次关联二阶矩在数值上要比颗粒动理学模型的大，表明在同样的颗粒速度脉动水平下固相的剪切作用更强，从数学上讲就是颗粒的速度脉动在径向和轴向上不能相互独立、随机选择，而是具有更强的关联性。

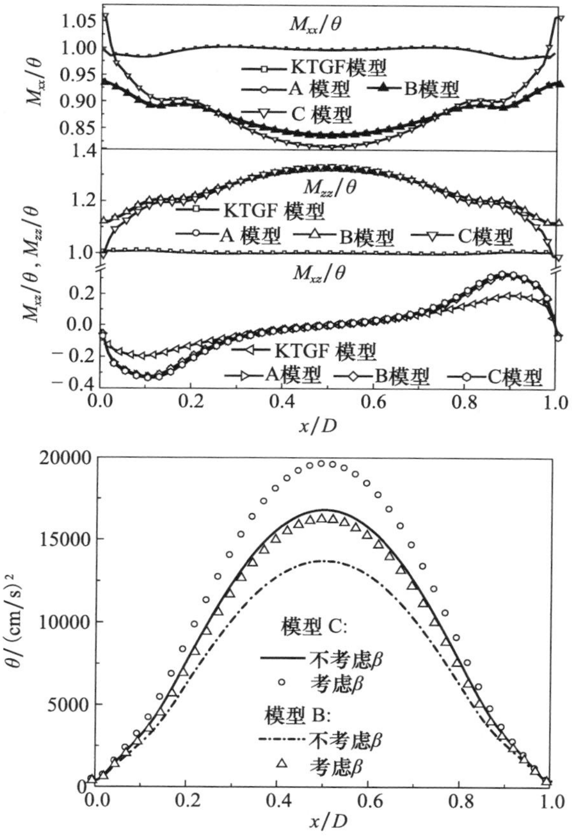

图 5-5　不同三阶矩封闭模型得到的无因次二阶矩分布和颗粒拟温度分布(赵云华，2009)

在三阶矩封闭模型 B 和 C 中包含相间曳力作用的影响，其物理意义是相间曳力作用改变了颗粒的运动轨迹，从而改变颗粒运动平均自由程和颗粒间碰撞频率。考虑相间曳力后，在整体上会提高颗粒之间的碰撞频率。由相间曳力系数 β 对三阶矩封闭模型 B 和 C 预测颗粒拟温度的影响可以看出，在考虑曳力系数 β 时三阶矩封闭模型 B 和 C 预测的颗粒拟温度都要升高，这是因为三阶矩项在二阶矩方程中表示的是扩散部分，三阶矩封闭模型中考虑相间曳力系数之后会使得扩散系数减小，从而减弱了循环流化床提升管内颗粒拟温度在径向上的扩散，最终引起颗粒拟温度升高。颗粒拟温度升高意味着固相颗粒的黏性增强，从而使得固相速度减慢、气固相间滑移速度增大。

通过应用颗粒流矩模型模拟提升管内的气固两相流动特性，结果表明，时均颗粒浓度和质量流率的径向非均匀分布与试验结果吻合较好，轴向气体压降也与试验结果相一致。对三阶矩封闭模型 A 的研究表明，模型中的速度散度项可以忽略。对三阶矩封闭模型 B 和 C 的研究表明，封闭模型中的曳力系数项会影响气固流动结构，但几乎不影响颗粒速度脉动的各向异性。对相间作用的研究表明，气固相间的耗散项对循环流化床提升管内环-核流动以及颗粒脉动各向异性影响较大。气固相间生成项的影响则很小。对壁面边界条件的研究表明，壁面碰撞的法向弹性恢复系数对宏观流动以及颗粒速度脉动的各向异性影响很小，但壁面碰撞的切向弹性恢复系数对气固流动特性影响较大。

5.8 气固鼓泡流化床的颗粒流二阶矩分布

Yuu 等(2000)采用高速摄像方法研究了鼓泡流化床内的颗粒速度分布特性，颗粒直径和密度分别为 310μm 和 2500kg/m^3，床高度和宽度分别为 8.0m 和 0.8m，颗粒堆积高度为 0.105m，气体表观速度为 0.4m/s。试验获得了床内颗粒速度和脉动速度的变化规律。图 5-6 表示表观气体速度 0.4m/s 时的时均颗粒相轴向速度 u_s 和横向速度 v_s 分布。模拟结果表明，床中心区域气泡的上升流动，造成局部空隙率增大，曳力减小，使得颗粒为上升流动。壁面区域颗粒重力作用导致颗粒回落，在床内形成颗粒相宏观循环运动。由图可见，在接近入口 $z/D=0.375$ 处，床中心区域颗粒纵向速度与 Yuu 等(2000)的试验结果相吻合，而在壁面区域模拟结果大于试验值。在 $z/D=1.25$ 处，模拟结果与试验结果相吻合。模拟时均横向颗粒速度小于 Yuu 等的试验结果，这是由于模拟计算采用二维流化床(Sun et al.，2012)。

颗粒二阶矩反映颗粒脉动速度的强度。图 5-7 表示不同床高的颗粒轴向脉动速度的分布和颗粒横向脉动速度的分布。尽管模拟计算颗粒纵向和横向脉动速度分布趋势与 Yuu 等(2000)试验结果基本相同，但模拟计算值小于试验值。由 Yuu 等试验结果分析可知，实测的颗粒纵向和横向脉动速度主要是气泡运动形成的颗粒速度的脉动。因此，实测颗粒脉动速度二阶矩应该反映固相雷诺应力型二阶矩的变化规律。图中同时给出固相雷诺应力型二阶矩的分布。结果表明，固相雷诺应力型二阶矩与 Yuu 等试验结果相吻合，表明颗粒二阶矩模型能够预测流化床内气体和颗粒流动特性。

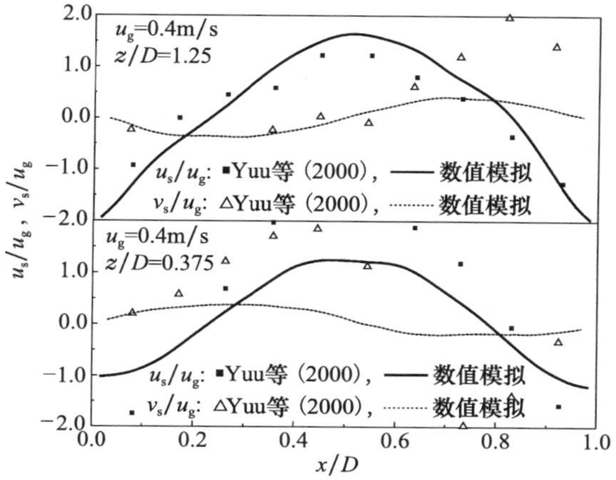

图 5-6　时均颗粒纵向和横向速度与实验值的对比(孙丹,2011)

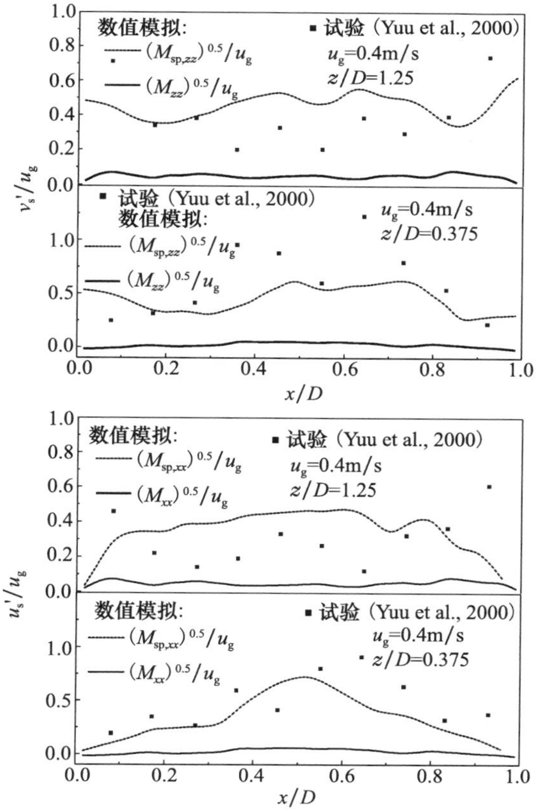

图 5-7　无因次颗粒轴向脉动速度和横向脉动速度的分布(Sun et al.,2010)

图 5-8 表示在模拟计算时间为 1.0s 和 2.0s 时的气泡结构。鼓泡床底部的中心射流孔宽度为 0.015m，底部其他区域均匀进气，速度为最小流化速度。射流气体速度为 10.0m/s。由图可知，在 1.0s 时按颗粒动理学模型(KTGF)和颗粒流矩模型(SOM)计算出的气泡结构整体上相似，但气泡的局部形态开始出现差异，特别是中间的射流气泡相差较大。到 2.0s 时，不同模型计算出的气泡结构已经不相同，表明考虑颗粒脉动的各向异性对射流鼓泡床内气泡运动的预测有影响。

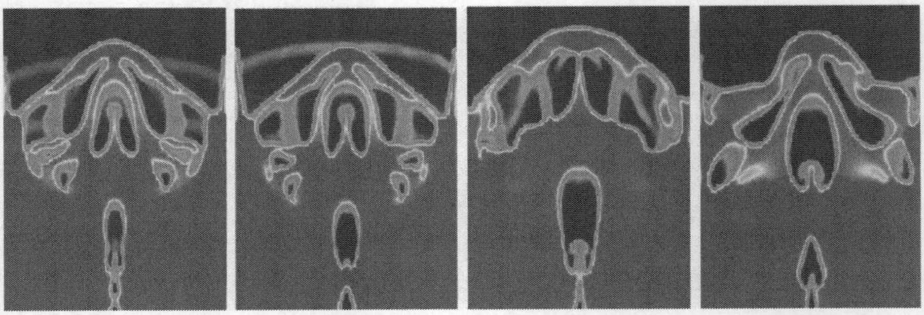

KTGF　SOM　KTGF　SOM

(a) t=1.0s　(b) t=2.0s

图 5-8　数值模拟的瞬时气泡结构(赵云华，2009)

图 5-9 表示鼓泡床内的气泡分布，统计时间为 3.0s。按颗粒动理学模型(KTGF)

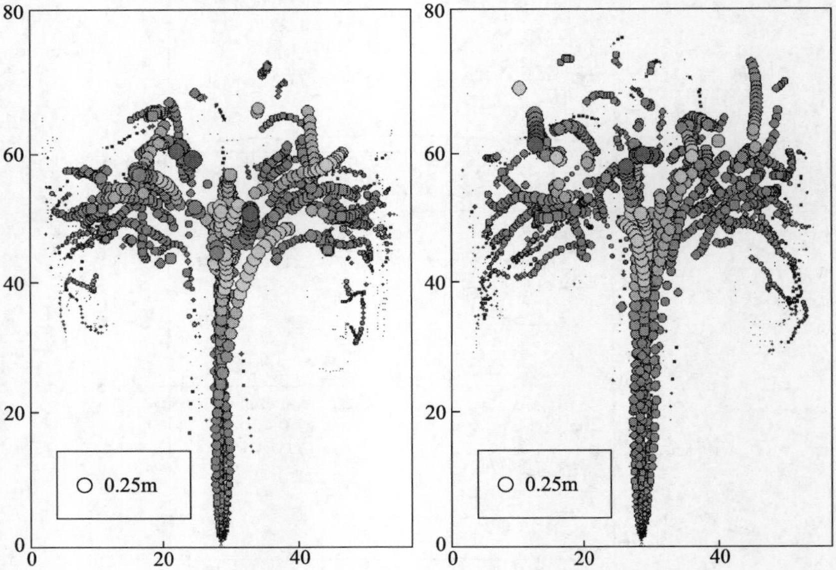

(a) KTGF　(b) SOM

图 5-9　中心射流鼓泡床内气泡分布(赵云华，2009)

模拟结果统计得到气泡总数 2089 个；按颗粒流矩模型（SOM）模拟结果统计得到的气泡总数 2242 个。由图可见，中心射流形成的气泡逐渐长大，并且比较稳定地穿过床层。当气泡上升到一定高度后就开始破碎，继而引发出许多小气泡，这些气泡一般具有较大的水平速度，从中间两侧壁面运动。

应用颗粒流矩模型模拟鼓泡床内的气固两相流动特性。结果表明，颗粒流矩模型能够给出床内气泡的聚并和分裂过程，获得气泡的尾涡型和临近型聚并，以及气泡的尾涡截断型和流场拉伸型分裂（Chen et al.，2012）。模拟得到的颗粒相速度、颗粒拟温度和二阶关联矩与试验结果基本吻合。对中心射流鼓泡床的模拟比较发现，颗粒动理学模型和颗粒流矩模型得到的宏观流动行为基本相似；但床内射流气泡的大小、颗粒速度脉动的强弱以及速度脉动的各向异性特征具有明显差异，表明颗粒流矩模型能够更好地反映中心射流鼓泡床内的颗粒脉动各向异性行为。

5.9　本章小结

在稠密两相流动过程中，颗粒速度脉动具有明显的各向异性。采用各向同性的颗粒动理学难以准确预测颗粒流动过程。从颗粒动理学基本原理出发，推导了颗粒脉动速度二阶矩输运方程。对颗粒脉动速度三阶矩项分别采用输运理论和线性理论进行近似模化。推导了颗粒相速度和颗粒脉动速度二阶矩的壁面边界条件，建立了稠密两相流动的颗粒流矩模型。如果忽略颗粒碰撞产生的流动项和源项，则得到相应的简化固相动量方程和速度二阶矩输运方程，所得到的控制方程在形式上与稀疏两相流动的颗粒相雷诺应力方程是一致的。

如果不考虑稠密颗粒之间的碰撞作用，由颗粒流矩模型可以给出以黏性系数表述的颗粒动量方程，这样，就默认了颗粒脉动速度相关的黏性扩散为各向同性的，仅需附加一个颗粒拟温度方程就能使动量方程完全封闭。然而，在颗粒流矩模型中，考虑这种黏性扩散和颗粒碰撞作用的各向异性特征，因此需要直接求解所有独立二阶矩变量的控制方程（二维中四个，三维中六个控制方程）。

在低颗粒浓度的稀疏气固两相流动中，通过颗粒相动量守恒方程，对高阶的直接封闭，求解颗粒相雷诺（Reynolds）应力的输运方程，构成颗粒相雷诺应力方程模型，或颗粒相二阶矩模型。若简单地将固相弹性模量（取用经验方程）或者颗粒动理学中颗粒相压力方程（由颗粒动理学给出）添加到稀疏气固两相流动的颗粒相雷诺应力模型或者代数雷诺应力模型中，形成的两相流二阶矩模型，应用到高颗粒浓度气固两相流动时，存在理论缺陷。基于稠密气体分子动理学，Fox 等（2010）提出了低颗粒浓度至中等颗粒浓度的颗粒流矩模型，利用四阶矩守恒方程的模拟近似实现三阶矩模型的封闭。该模型与稀疏两相流的颗粒相二阶矩模型相比，理论上更为严谨。然而，模型中尚未考虑颗粒之间碰撞作用对颗粒速度各向异性的影响，使得模型难以推广到高颗粒浓度的稠密两相流动过程。实测鼓泡流化床颗粒速度分布等是 Yuu 等(2000)的研究成果。值得注意的是,基于气体分子运动学,Gidaspow 等(2014)提出颗粒流矩模型,用于循环流化床的数值模拟,给出了提升管内颗粒二阶矩分量的分布特性。

颗粒流矩模型应用于高颗粒浓度稠密两相流动过程,经历了从理论模型建立和计算编程及试验对比检验等阶段,表明模型能够正确揭示颗粒脉动的各向异性行为和变化规律。然后,颗粒流矩模型还存在非常多的前沿课题亟待解决,包括颗粒流矩的代数型模型、多组分高颗粒浓度二阶矩模型和高浓度颗粒各向异性流动试验研究。

参考文献

孙丹. 2011. 气体-多组分颗粒各向异性二阶矩模型及数值模拟. 哈尔滨:哈尔滨工业大学博士学位论文.

赵云华. 2009. 稠密气固两相流动的颗粒相二阶矩模型及数值模拟研究. 哈尔滨:哈尔滨工业大学博士学位论文.

Chapman S, Cowling T G. 1970. The Mathematical Theory of Non-uniform Gases. Cambridge: Cambridge University Press.

Chen J H, Wang S Y, Sun D, et al. 2012. A second-order moment method applied to gas-solid risers. AIChE Journal, 58: 3653-3675.

Gidaspow D. 1994. Multiphase Flow and Fluidization: Continuum and Kinetictheorydescription. San Diego: Academic Press.

Gidaspow D, Arastoopour H. 2014. CFD modeling of CFB: From kinetic theory to turbulence, heat transfer and poly-dispersed systems//11th International Conference on Fluidized Bed Technology, Beijing.

Gidaspow D, Lu H L. 1998. Equation of state and radial distributionfunctions of FCC particles in a CFB. AIChE Journal, 44: 279-293.

Grad H. 1949. On the kinetic theory of rarified gases. Communications on Pure and Applied Mathematics, 2: 331-407.

Jenkins J T, Richman M W. 1985. Grad's 13-moment system for a dense gas of inelastic spheres. Archive for Rational Mechanics and Analysis, 87: 355-377.

Johnson P C, Jackson R. 1987. Frictional-collisional constitutive relations for granular materials, with application to plane shearing. Journal of Fluid Mechanics, 176: 67-93.

Koch D L, Sangani A S. 1999. Particle pressure and marginal stability limits for a homogeneous monodisperse gas-fluidized bed: Kinetic theory and numerical simulation. Journal of Fluid Mechanics, 400: 229-263.

Lu H, Chen J H, Liu G D, et al. 2013. Simulated second-order moments of clusters and dispersed particles in riser. Chemical Engineering Science, 101: 800-812.

Passalacqua A, Fox R O, Garg R, et al. 2010. A fully coupled quadrature-based moment method for dilute to moderately dilute fluid-particle flows. Chemical Engineering Science, 65: 2267-2283.

Peirano E, Leckner B. 1998. Fundamentals of turbulent gas-solid flows applied to circulating fluidized bed combustion. Progress in Energy and Combustion Science, 24: 259-296.

Strumendo M, Canu P. 2002. Method of moments for the dilute granular flow of inelastic spheres. Physical Review E, 66: 041-304.

Sun D, Wang S Y, Lu H L, et al. 2009. A second-order moment method of dense gas-solid flow for bubbling fluidization. Chemical Engineering Science, 64: 5013-5027

Sun D, Wang J Z, Lu H L, et al. 2010. Numerical simulation of gas-particle flow with a second-order moment method in bubbling fluidized beds. Powder Technology, 199: 213-225.

Sun L Y, Xu W G, Liu G D, et al. 2012. Prediction of flow behavior of particles in a tapered bubbling fluidized bed using a second-order moment-frictional stresses model. Chemical Engineering Science, 84: 170-181.

Yuu S, Umekage T, Johno Y. 2000. Numerical simulation of air and particle motions in bubbling fluidized bed of small particles. Powder Technology, 110: 158-168.

第6章　黏附性颗粒动理学

黏附性颗粒或超细颗粒属于 Geldart C 类颗粒(Geldart,1973),一般平均粒度在 20μm 以下。此类颗粒由于粒径小,颗粒间的作用力相对变大,极易导致颗粒团聚。因其具有较强的黏聚性,易产生沟流。对超细粉的鼓泡流态化研究表明,超细粉颗粒能自发地形成几至几十微米的自然聚团。自然聚团在流化过程中会进一步团聚,形成二次聚团。不同黏附性颗粒在流化床内流化过程是不一样的,除了出现聚式流态化,还有一类颗粒,在流化过程中体现出散式流态化的特性。这种流化状态表现为聚团稳定,沿床层轴向、径向都没有床层密度及聚团尺寸的明显分布,床层料面平稳,压降平稳,无气泡产生,形成超细颗粒的聚团散式流化。散式操作区域宽,床层膨胀比高,床层轴向没有明显的结构差异。

对于无黏附性颗粒,碰撞接触过程中不出现颗粒黏结团聚等,因而无黏性颗粒的颗粒动理学认为颗粒发生碰撞过程中颗粒数密度为常数。然而,黏附性颗粒发生碰撞过程中,会发生相互黏结和团聚,使得体系内颗粒数因颗粒团聚而减少,颗粒聚团尺寸增大,颗粒数密度降低,这不仅影响颗粒与聚团之间的相互作用规律、动量和能量的传递及耗散机理、气相与固相的相间作用,而且使基于颗粒数密度守恒为基础的颗粒动理学将不再适用于黏附性颗粒流动的研究。

6.1　黏附性颗粒碰撞动力学

黏附性颗粒在流化床中流化,会出现颗粒团聚现象。其聚团可分为热聚团和非热聚团。热聚团主要是因为颗粒在高温下表层熔化后变得有黏性,颗粒间发生碰撞后就会黏聚在一起。而非热聚团则主要是由颗粒的固有黏性引起的。

由于颗粒表面质点各方向作用力处于不平衡状态,表面质点比体内质点具有额外的势能,这种能量只是表面层质点才能具有的,因此称为表面能。定义两颗粒接触能 E_c 为界面能(contacting bond energy)。E_c 只与颗粒表面性质有关,见表 6-1。采用类似化学键能定义方法,定义 E_c 与颗粒的接触表面强度有关。E_c 的值越大,颗粒黏附性越强。当 $E_c=0$ 时,颗粒为无黏性颗粒。

表 6-1　部分材料的表面能

材料名称	表面能/$\times 10^7$(J/cm^2)	材料名称	表面能/$\times 10^7$(J/cm^2)
石膏	40	二氧化钛	650
方解石	80	碳酸钙	65～70
高岭土	500～600	石英	780
石灰石	120	氧化铝	1900
氧化镁	1000	石墨	110

假设两颗粒的质量分别为 m_1 和 m_2，两颗粒发生碰撞前的速度为 $\boldsymbol{c}_1$ 和 $\boldsymbol{c}_2$，两颗粒发生瞬时碰撞后的速度为 $\boldsymbol{c}_1'$ 和 $\boldsymbol{c}_2'$，则颗粒碰撞前后的速度变化为

$$\boldsymbol{G}_1=\boldsymbol{c}_1'-\boldsymbol{c}_1 \tag{6-1}$$

$$\boldsymbol{G}_2=\boldsymbol{c}_2'-\boldsymbol{c}_2 \tag{6-2}$$

两颗粒碰撞前和瞬时碰撞后的速度差为

$$\boldsymbol{c}_{12}=\boldsymbol{c}_1-\boldsymbol{c}_2 \tag{6-3}$$

$$\boldsymbol{c}_{12}'=\boldsymbol{c}_1'-\boldsymbol{c}_2' \tag{6-4}$$

图 6-1 表示两黏附性颗粒发生碰撞的过程，$\boldsymbol{k}$ 表示颗粒 1 中心指向颗粒 2 中心的单位矢量。$\boldsymbol{t}$ 表示垂直于 $\boldsymbol{k}$ 和 $\boldsymbol{k}$ 与 $\boldsymbol{c}_{12}$ 构成平面的单位切向矢量。要使两颗粒彼此间发生碰撞，必须满足如下约束条件：

$$\boldsymbol{c}_{12}\cdot\boldsymbol{k}>0 \tag{6-5}$$

假设两黏附性颗粒发生碰撞后相互分离，称为碰撞分离。两黏附性颗粒碰撞过程中的动量和能量守恒方程分别表示为

$$m_1\boldsymbol{G}_1=-m_2\boldsymbol{G}_2 \tag{6-6}$$

$$\Delta E_{\mathrm{k}}=\frac{1}{2}m_1\boldsymbol{c}_1^2+\frac{1}{2}m_2\boldsymbol{c}_2^2-\frac{1}{2}m_1\boldsymbol{c}_1'^2-\frac{1}{2}m_2\boldsymbol{c}_2'^2$$
$$=\frac{m_1m_2}{2(m_1+m_2)}(1-e^2)(\boldsymbol{c}_{12}\cdot\boldsymbol{k})^2+E_{\mathrm{c}} \tag{6-7}$$

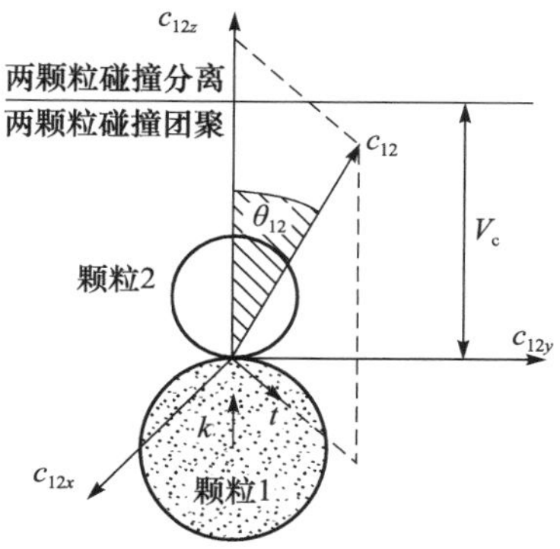

图 6-1　黏附性颗粒的碰撞过程(郑建祥，2008)

式中，e 为颗粒非弹性恢复系数；E_{c} 为界面能。假设碰撞前后相对速度在垂直于 $\boldsymbol{k}$ 方向即法向 $\boldsymbol{t}$ 上相等，因此

$$\boldsymbol{c}_{12}'\cdot\boldsymbol{t}=\boldsymbol{c}_{12}\cdot\boldsymbol{t} \tag{6-8}$$

结合式(6-6)和式(6-8)，可得

$$\boldsymbol{G}_1=G_{1\mathrm{k}}\boldsymbol{k} \tag{6-9}$$

将方程(6-9)代入方程(6-7)，整理得出

$$\boldsymbol{G}_{1\mathrm{k}}^2+2\frac{(\boldsymbol{c}_{12}\cdot\boldsymbol{k})}{\left(1+\dfrac{m_1}{m_2}\right)}\boldsymbol{G}_{1\mathrm{k}}+(1-e^2)\frac{(\boldsymbol{c}_{12}\cdot\boldsymbol{k})^2}{\left(1+\dfrac{m_1}{m_2}\right)^2}+\frac{2E_\mathrm{c}}{(m_1+m_2)}=0 \tag{6-10}$$

该方程是关于 $\boldsymbol{G}_{1\mathrm{k}}$ 的一元二次方程，方程的解取决于判别式

$$\Delta=4e^2\frac{(\boldsymbol{c}_{12}\cdot\boldsymbol{k})^2}{\left(1+\dfrac{m_1}{m_2}\right)^2}[1-\lambda_\mathrm{c}] \tag{6-11}$$

$$\lambda_\mathrm{c}=\frac{E_\mathrm{c}}{\dfrac{m_1m_2}{2(m_1+m_2)}e^2(\boldsymbol{c}_{12}\cdot\boldsymbol{k})^2} \tag{6-12}$$

式中，系数 λ_c 为两颗粒碰撞团聚所需要结合能与两颗粒碰撞分离所需动能的比值。当 $\lambda_\mathrm{c}\leqslant1,\Delta\geqslant0$ 时，方程(6-11)有解，且 $\boldsymbol{G}_{1\mathrm{k}}$ 为实数，这就意味着颗粒碰撞后分离是存在的。如果 $\lambda_\mathrm{c}>1,\Delta<0$，则方程(6-11)没有实数解，$\boldsymbol{G}_{1\mathrm{k}}$ 为虚根，这就表示颗粒碰撞后团聚在一起。由此可以得出两黏附性颗粒发生碰撞团聚的准则：

$$\lambda_\mathrm{c}=\begin{cases}>1, & \text{碰后聚合}\\ \leqslant1, & \text{碰后分离}\end{cases} \tag{6-13}$$

由方程(6-12)和方程(6-13)可见，两黏附性颗粒形成聚团后发生破碎分离所需最小速度 $\boldsymbol{V}_\mathrm{c}$ 为

$$\boldsymbol{V}_\mathrm{c}=\sqrt{\frac{2E_\mathrm{c}(m_1+m_2)}{e^2m_1m_2}} \tag{6-14}$$

由图 6-1 可见，两黏附性颗粒聚团发生碰撞分离流动的条件为

$$\boldsymbol{c}_{12}\cos\theta_{12}>\boldsymbol{V}_\mathrm{c},\quad \text{分离} \tag{6-15}$$

$$\boldsymbol{c}_{12}\cos\theta_{12}\leqslant\boldsymbol{V}_\mathrm{c},\quad \text{团聚} \tag{6-16}$$

由此可见，当两黏附性颗粒发生碰撞时，碰撞后相互分离流动的颗粒速度为

$$\boldsymbol{c}_1'=\boldsymbol{c}_1-\frac{m_2}{(m_1+m_2)}(1+e\sqrt{1-\lambda_\mathrm{c}})(\boldsymbol{c}_{12}\cdot\boldsymbol{k})\boldsymbol{k} \tag{6-17}$$

$$\boldsymbol{c}_2'=\boldsymbol{c}_2+\frac{m_1}{(m_1+m_2)}(1+e\sqrt{1-\lambda_\mathrm{c}})(\boldsymbol{c}_{12}\cdot\boldsymbol{k})\boldsymbol{k} \tag{6-18}$$

当两黏附性颗粒发生碰撞后发生团聚时，碰撞后团聚流动的颗粒速度为

$$\boldsymbol{c}_1'=\boldsymbol{c}_1-\frac{m_2}{(m_1+m_2)}(\boldsymbol{c}_{12}\cdot\boldsymbol{k})\boldsymbol{k} \tag{6-19}$$

$$\boldsymbol{c}_2'=\boldsymbol{c}_2-\frac{m_1}{(m_1+m_2)}(\boldsymbol{c}_{12}\cdot\boldsymbol{k})\boldsymbol{k} \tag{6-20}$$

两黏附性颗粒碰撞团聚的能量损失如下：

$$\Delta E_\mathrm{k}=\frac{m_1m_2}{2(m_1+m_2)}\boldsymbol{c}_{12}^2 \tag{6-21}$$

6.2　黏附性颗粒动理学

颗粒流动行为可以用颗粒速度分布函数 $f(t,\boldsymbol{r},\boldsymbol{c})$ 描述，它是空间位置矢量 $\boldsymbol{r}$、速度矢量 $\boldsymbol{c}$ 和时间 t 的函数。速度分布函数满足颗粒运动的 Boltzmann 方程：

$$\frac{\partial f}{\partial t}+\boldsymbol{c}\cdot\frac{\partial f}{\partial \boldsymbol{r}}+\frac{\partial}{\partial \boldsymbol{c}}\left(\frac{\boldsymbol{F}}{m}f\right)=\left(\frac{\partial f}{\partial t}\right)_{\mathrm{c}} \tag{6-22}$$

式中，$(\partial f/\partial t)_{\mathrm{c}}$ 指在$(\boldsymbol{r},\boldsymbol{c})$内由颗粒之间碰撞作用造成分布函数 f 的变化率。方程(6-22)表明颗粒速度分布函数随时间的变化率由两部分组成：一部分是由于运动及受外力作用而增加的部分；另一部分是由于颗粒碰撞而增加的部分。当颗粒速度分布函数满足 Maxwell 速度分布时，从 Boltzmann 方程在颗粒均匀稳衡状态下可求得(Gidaspow，1994，Kim et al.，2002)

$$f(\boldsymbol{r},\boldsymbol{c})=\frac{n}{(2\pi\theta)^{3/2}}\exp\left[-\frac{(\boldsymbol{c}-\boldsymbol{u}_{\mathrm{s}})^2}{2\theta}\right] \tag{6-23}$$

式中，n 为颗粒数密度；$\boldsymbol{u}_{\mathrm{s}}$ 为颗粒平均速度；θ 为颗粒拟温度，反映颗粒间的脉动能强弱。以颗粒脉动速度 $\boldsymbol{C}$ 表示的颗粒拟温度为

$$\theta=\frac{1}{3}\langle \boldsymbol{C}^2\rangle=\frac{1}{3}\langle(\boldsymbol{c}-\boldsymbol{u}_{\mathrm{s}})\rangle \tag{6-24}$$

以 ψ 为颗粒的任意物理量(质量和动量等)，代入 Boltzmann 方程(6-22)，整理得出其的一般输运方程表达式为(Gidaspow，1994)

$$\frac{\partial}{\partial t}[n(\psi)]-n\left(\frac{\partial\psi}{\partial t}\right)+\frac{\partial}{\partial \boldsymbol{r}}[n(\psi\boldsymbol{c})]-n\left(\boldsymbol{c}\cdot\frac{\partial\psi}{\partial \boldsymbol{r}}\right)=n\left(\frac{\boldsymbol{F}}{m}\cdot\frac{\partial\psi}{\partial \boldsymbol{c}}\right)+I(\psi) \tag{6-25}$$

$$I(\psi)=-\nabla\cdot\boldsymbol{P}_{\mathrm{c}}(\psi)+N_{\mathrm{c}}(\psi) \tag{6-26}$$

$$\begin{aligned}\boldsymbol{P}_{\mathrm{c}}(\psi)=&-\frac{d_{12}^3}{2}\iiint\limits_{\boldsymbol{c}_{12}\cdot\boldsymbol{k}>0}[\psi_1'-\psi_1]g_0f_1f_2(\boldsymbol{c}_{12}\cdot\boldsymbol{k})\boldsymbol{k}\mathrm{d}\boldsymbol{k}\mathrm{d}\boldsymbol{c}_1\mathrm{d}\boldsymbol{c}_2\\&-\frac{d_{12}^4}{4}\iiint\limits_{\boldsymbol{c}_{12}\cdot\boldsymbol{k}>0}[\psi_1'-\psi_1]g_0f_1f_2(\boldsymbol{c}_{12}\cdot\boldsymbol{k})\boldsymbol{k}\left(\boldsymbol{k}\cdot\nabla\ln\frac{f_2}{f_1}\right)\mathrm{d}\boldsymbol{k}\mathrm{d}\boldsymbol{c}_1\mathrm{d}\boldsymbol{c}_2\end{aligned} \tag{6-27}$$

$$\begin{aligned}N_{\mathrm{c}}(\psi)=&\frac{d_{12}^2}{2}\iiint\limits_{\boldsymbol{k}(\boldsymbol{c}_{12}\cdot\boldsymbol{k})>0}[\psi_1'+\psi_2'-\psi_1-\psi_2]g_0f_1f_2(\boldsymbol{c}_{12}\cdot\boldsymbol{k})\mathrm{d}\boldsymbol{k}\mathrm{d}\boldsymbol{c}_1\mathrm{d}\boldsymbol{c}_2\\&-\frac{d_{12}^3}{2}\iiint\limits_{\boldsymbol{k}(\boldsymbol{c}_{12}\cdot\boldsymbol{k})>0}[\psi_1'+\psi_2'-\psi_1-\psi_2]g_0f_1f_2(\boldsymbol{c}_{12}\cdot\boldsymbol{k})\\&\times\boldsymbol{k}(\boldsymbol{k}\cdot\nabla\ln f_1)\mathrm{d}\boldsymbol{k}\mathrm{d}\boldsymbol{c}_1\mathrm{d}\boldsymbol{c}_2\end{aligned} \tag{6-28}$$

式中，$d_{12}=(d_1+d_2)/2$，g_0 为径向分布函数。方程(6-26)表明颗粒碰撞使颗粒速度分布函数增加的部分有两部分来源：一部分来自颗粒碰撞发生的碰撞输运，另一

部分为颗粒碰撞发生的碰撞耗散。除了颗粒碰撞输运，颗粒运动也对颗粒速度分布函数产生贡献，这一项需要加入碰撞输运中，以 $P_k(\psi)$表示：

$$P_k(\psi)=\int\psi f\,\mathrm{d}\boldsymbol{c} \tag{6-29}$$

方程(6-27)和方程(6-29)表明颗粒碰撞输运有两部分贡献：一部分是颗粒碰撞的贡献，另一部分是颗粒扩散的贡献。后者是颗粒速度分布函数的线性函数，正比于颗粒浓度。而前者是颗粒速度分布函数的平方项，碰撞输运正比于颗粒浓度的平方。当颗粒浓度低时，前者可以忽略不计。然而，随着颗粒浓度的增加，前者越来越重要。

取 $\psi=m$，代入方程(6-25)，可得黏附性颗粒相质量守恒方程为

$$\frac{\partial}{\partial t}(\varepsilon_s\rho_s)+\nabla\cdot(\varepsilon_s\rho_s\boldsymbol{u}_s)=0 \tag{6-30}$$

气体黏附性颗粒流动受外力场 $\boldsymbol{F}$ 的作用，包括重力、气固曳力、横向力(速度梯度力)和颗粒加速度力等。如果所研究的气体与黏附性颗粒局限于一个小的区域内，则 $\boldsymbol{F}$ 可认为是一个常数。通常，外力场的作用主要是重力和气固曳力。取 $\psi=m\boldsymbol{c}$，代入方程(6-25)，考虑气体与颗粒之间的作用，可得黏附性颗粒相动量守恒方程为

$$\frac{\partial}{\partial t}(\varepsilon_s\rho_s\boldsymbol{u}_s)+\nabla\cdot(\varepsilon_s\rho_s\boldsymbol{u}_s\boldsymbol{u}_s)=-\nabla\cdot(\boldsymbol{T}_k+\boldsymbol{T}_c)+\varepsilon_s\rho_s\boldsymbol{g}+\beta(\boldsymbol{u}_g-\boldsymbol{u}_s) \tag{6-31}$$

$$\boldsymbol{T}_k=\varepsilon_s\rho_s\langle\boldsymbol{C}\boldsymbol{C}\rangle \tag{6-32}$$

$$\boldsymbol{T}_c=P_c(m\boldsymbol{c}) \tag{6-33}$$

取 $\psi=m\boldsymbol{C}^2/2$，代入方程(6-25)，可得黏附性颗粒相脉动能守恒方程是

$$\frac{3}{2}\left[\frac{\partial}{\partial t}(\varepsilon_s\rho_s\theta)+\nabla\cdot(\varepsilon_s\rho_s\boldsymbol{u}_s\theta)\right]=-\nabla\cdot(\boldsymbol{q}_k+\boldsymbol{q}_c)-(\boldsymbol{T}_k+\boldsymbol{T}_c):\nabla\boldsymbol{u}_s+N_c\left(\frac{1}{2}m\boldsymbol{C}^2\right) \tag{6-34}$$

$$\boldsymbol{q}_k=\varepsilon_s\rho_s\left\langle\boldsymbol{C}\left(\frac{\boldsymbol{C}^2}{2}\right)\right\rangle \tag{6-35}$$

$$\boldsymbol{q}_c=P_c\left(\frac{1}{2}m\boldsymbol{C}^2\right) \tag{6-36}$$

6.2.1 黏附性颗粒的应力

两黏附性颗粒发生碰撞时，碰撞后存在两种流动可能：一是两黏附性颗粒碰撞后分开各自独立流动的碰撞分离流动；二是两黏附性颗粒碰撞后黏结一起的碰撞团聚流动。碰撞后两黏附性颗粒的两种流动取决于颗粒的相对速度。当两颗粒的质量 m_1 和 m_2 相同，并且两颗粒碰撞后颗粒流动为碰撞分离流动时，即

$$(\boldsymbol{c}_{12}\cdot\boldsymbol{k})>V_{\mathrm{c}}=\sqrt{\frac{4E_{\mathrm{c}}}{e^{2}m}} \tag{6-37}$$

两颗粒碰撞前后的速度变化为

$$\boldsymbol{c}_1'-\boldsymbol{c}_1=-\frac{1}{2}\left[1+e\sqrt{1-\frac{V_{\mathrm{c}}^2}{(\boldsymbol{c}_{12}\cdot\boldsymbol{k})^2}}\right](\boldsymbol{c}_{12}\cdot\boldsymbol{k})\boldsymbol{k} \tag{6-38}$$

$$\boldsymbol{c}_2'-\boldsymbol{c}_2=\frac{1}{2}\left[1+e\sqrt{1-\frac{V_{\mathrm{c}}^2}{(\boldsymbol{c}_{12}\cdot\boldsymbol{k})^2}}\right](\boldsymbol{c}_{12}\cdot\boldsymbol{k})\boldsymbol{k} \tag{6-39}$$

反之,当两黏附性颗粒碰撞后形成聚团时,形成碰撞团聚流动,其碰撞前后的速度变化为

$$\boldsymbol{c}_1'-\boldsymbol{c}_1=-\frac{1}{2}(\boldsymbol{c}_{12}\cdot\boldsymbol{k})\boldsymbol{k} \tag{6-40}$$

$$\boldsymbol{c}_2'-\boldsymbol{c}_2=\frac{1}{2}(\boldsymbol{c}_{12}\cdot\boldsymbol{k})\boldsymbol{k} \tag{6-41}$$

颗粒碰撞应力可以表示为

$$\boldsymbol{T}_{\mathrm{c}ij}=\boldsymbol{P}_{\mathrm{c}i}(\psi|_{m\boldsymbol{c}_j})=\boldsymbol{P}_{\mathrm{c},1i}(\psi|_{m\boldsymbol{c}_j})+\boldsymbol{P}_{\mathrm{c},2i}(\psi|_{m\boldsymbol{c}_j}) \tag{6-42}$$

$$\boldsymbol{P}_{\mathrm{c},1i}(\psi|_{m\boldsymbol{c}_j})=-\frac{d_{12}^3}{2}\iiint_{\boldsymbol{c}_{12}\cdot\boldsymbol{k}>0}[m\boldsymbol{c}'_{1j}-m\boldsymbol{c}_{1j}]g_0f_1f_2(\boldsymbol{c}_{12}\cdot\boldsymbol{k})\boldsymbol{k}_i\mathrm{d}\boldsymbol{k}\mathrm{d}\boldsymbol{c}_1\mathrm{d}\boldsymbol{c}_2 \tag{6-43}$$

$$\boldsymbol{P}_{\mathrm{c},2i}(\psi|_{m\boldsymbol{c}_j})=-\frac{d_{12}^4}{4}\iiint_{\boldsymbol{c}_{12}\cdot\boldsymbol{k}>0}[m\boldsymbol{c}'_{1j}-m\boldsymbol{c}_{1j}]g_0f_1f_2(\boldsymbol{c}_{12}\cdot\boldsymbol{k})\boldsymbol{k}_i\left(\sum_{l}^{x,y,z}\boldsymbol{k}_l\frac{\partial}{\partial x_l}\ln\frac{f_2}{f_1}\right)\mathrm{d}\boldsymbol{k}\mathrm{d}\boldsymbol{c}_1\mathrm{d}\boldsymbol{c}_2 \tag{6-44}$$

方程(6-43)和方程(6-44)中的积分包括颗粒碰撞分离流动(sep)和碰撞团聚流动(agg),存在两个不同速度空间的积分,即 $\boldsymbol{V}_{\mathrm{c}}\geqslant\boldsymbol{k}(\boldsymbol{c}_{12}\cdot\boldsymbol{k})>0$ 的碰撞团聚流动和 $\boldsymbol{k}(\boldsymbol{c}_{12}\cdot\boldsymbol{k})>\boldsymbol{V}_{\mathrm{c}}$ 的碰撞分离流动。这两种碰撞后的流动过程需要分别对其进行积分,即

$$P_{\mathrm{c},1i}(\psi|_{m\boldsymbol{c}_j})=P_{\mathrm{c},1i}^{\mathrm{agg}}(\psi|_{m\boldsymbol{c}_j})+P_{\mathrm{c},1i}^{\mathrm{sep}}(\psi|_{m\boldsymbol{c}_j}) \tag{6-45}$$

$$P_{\mathrm{c},2i}(\psi|_{m\boldsymbol{c}_j})=P_{\mathrm{c},2i}^{\mathrm{agg}}(\psi|_{m\boldsymbol{c}_j})+P_{\mathrm{c},2i}^{\mathrm{sep}}(\psi|_{m\boldsymbol{c}_j}) \tag{6-46}$$

$$P_{\mathrm{c},1i}^{\mathrm{agg}}(\psi|_{m\boldsymbol{c}_j})=-\frac{d_{12}^3}{2}\iiint_{\boldsymbol{V}_{\mathrm{c}}\geqslant\boldsymbol{k}(\boldsymbol{c}_{12}\cdot\boldsymbol{k})>0}\left[-\frac{1}{2}m\right]g_0f_1f_2(\boldsymbol{c}_{12}\cdot\boldsymbol{k})^2\boldsymbol{k}_i\boldsymbol{k}_j\mathrm{d}\boldsymbol{k}\mathrm{d}\boldsymbol{c}_1\mathrm{d}\boldsymbol{c}_2 \tag{6-47}$$

$$P_{\mathrm{c},1i}^{\mathrm{sep}}(\psi|_{m\boldsymbol{c}_j})=-\frac{d_{12}^3}{2}\iiint_{\boldsymbol{k}(\boldsymbol{c}_{12}\cdot\boldsymbol{k})>\boldsymbol{V}_{\mathrm{c}}}\left[-\frac{1}{2}m(1+e\sqrt{1-\lambda_{\mathrm{c}}})\right]g_0f_1f_2(\boldsymbol{c}_{12}\cdot\boldsymbol{k})^2\boldsymbol{k}_i\boldsymbol{k}_j\mathrm{d}\boldsymbol{k}\mathrm{d}\boldsymbol{c}_1\mathrm{d}\boldsymbol{c}_2 \tag{6-48}$$

$$P_{\mathrm{c},2i}^{\mathrm{agg}}(\psi|_{m\boldsymbol{c}_j})=-\frac{d_{12}^4}{4}\left[\sum_{l}^{x,y,z}\iiint_{\boldsymbol{V}_{\mathrm{c}}\geqslant\boldsymbol{k}(\boldsymbol{c}_{12}\cdot\boldsymbol{k})>0}\left(-\frac{1}{2}m\right)g_0f_1f_2\frac{\partial}{\partial x_l}\ln\frac{f_2}{f_1}(\boldsymbol{c}_{12}\cdot\boldsymbol{k})^2\boldsymbol{k}_i\boldsymbol{k}_j\boldsymbol{k}_l\mathrm{d}\boldsymbol{k}\mathrm{d}\boldsymbol{c}_1\mathrm{d}\boldsymbol{c}_2)\right] \tag{6-49}$$

$$P_{c,2i}^{sep}(\psi|_{mc_j}) = -\frac{d_{12}^4}{4}\left(\sum_{l}^{x,y,z}\iiint_{k(c_{12}\cdot k)>V_c}\left[-\frac{1}{2}m(1+e\sqrt{1-\lambda_c})\right]g_0 f_1 f_2 \frac{\partial}{\partial x_l}\ln\frac{f_2}{f_1}(c_{12}\cdot k)^2 \cdot k_i k_j k_l \mathrm{d}k\mathrm{d}c_1\mathrm{d}c_2\right) \tag{6-50}$$

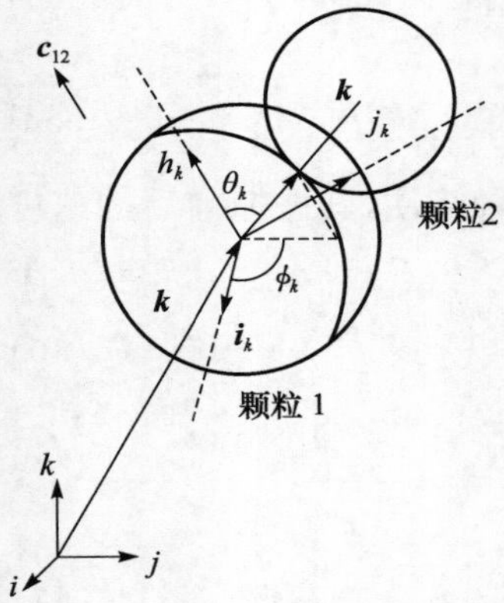

图 6-2　两黏附性颗粒碰撞作用(郑建祥,2008)

由方程(6-47)～方程(6-50)可见,所有关于颗粒碰撞应力的积分表达式均与 $\mathrm{d}k\mathrm{d}c_1\mathrm{d}c_2$ 有关,其表示为分别在所有可能的碰撞方向 k、颗粒 1 所有速度域 c_1 和颗粒 2 所有速度域 c_2 上的积分。第一步求解 k 上积分。为简单见,选择 k 的相对坐标系是(i_k, j_k, h_k),如图 6-2 所示,单位向量 h_k 与 c_{12} 方向相同。

$$k = \cos\theta_k h_k + \sin\theta_k\cos\phi_k i_k + \sin\theta_k\sin\phi_k j_k (c_{12}\cdot k) = c_{12}\cos\theta_k$$

$$c_{12} = c_{12} h_k$$

$$\mathrm{d}k = \sin\theta_k \mathrm{d}\theta_k \mathrm{d}\phi_k$$

颗粒 1 和颗粒 2 发生碰撞的条件为

$$0 < \theta_k < \frac{\pi}{2}$$

当 $0 < c_{12} < V_c$, $c_{12}\cos\theta_k < V_c$ 时,θ_k 无论为何值,颗粒碰撞后肯定聚团,形成碰撞团聚流动。

当 $V_c < c_{12}$, $\theta_0 = \arccos\left(\frac{V_c}{c_{12}}\right)$ 时,如果 $\theta_0 < \theta_k < \frac{\pi}{2}$,则 $c_{12}\cos\theta_k < V_c$,此时碰撞后发生聚团,为碰撞团聚流动。如果 $0 < \theta_k < \theta_0$,则 $V_c < c_{12}\cos\theta_k$,此时碰撞后分离,形成碰撞分离流动。方程(6-47)和方程(6-48)表示为

$$\begin{aligned} P_{c,1i}^{agg}(\psi|_{mc_j}) = &-\frac{d_{12}^3}{2}\iint_{0<c_{12}\leqslant V_c}\left[-\frac{1}{2}m\right]g_0 f_1 f_2 \mathrm{d}c_1\mathrm{d}c_2 \int_{0<\theta_k<\frac{\pi}{2}}(c_{12}\cdot k)^2 k_i k_j \mathrm{d}k \\ &-\frac{d_{12}^3}{2}\iint_{V_c<c_{12}<\infty}\left[-\frac{1}{2}m\right]g_0 f_1 f_2 \mathrm{d}c_1\mathrm{d}c_2 \int_{\theta_0<\theta_k<\frac{\pi}{2}}(c_{12}\cdot k)^2 k_i k_j \mathrm{d}k \end{aligned} \tag{6-51}$$

$$P_{c,1i}^{sep}(\psi|_{mc_j}) = -\frac{d_{12}^3}{2}\iint_{V_c<c_{12}<\infty}\left[-\frac{1}{2}m\right]g_0 f_1 f_2 \mathrm{d}c_1\mathrm{d}c_2 \int_{0<\theta_k<\theta_0}(1+e\sqrt{1-\lambda_c})(c_{12}\cdot k)^2 k_i k_j \mathrm{d}k \tag{6-52}$$

在 $V_c < c_{12}$ 上积分时,可以进一步简化为

$$P_{c,1ij} = P_{c,1ij}^{agg} + P_{c,1ij}^{sep} = P_{c,1ij}^{(\mathrm{I})} + P_{c,1ij}^{(\mathrm{II})} \tag{6-53}$$

$$\boldsymbol{P}_{c,1ij}^{(\mathrm{I})} = -\frac{d_{12}^3}{2} \iint\limits_{0<\boldsymbol{c}_{12}<\infty} \left(-\frac{1}{2}m\right) g_0 f_1 f_2 \mathrm{d}\boldsymbol{c}_1 \mathrm{d}\boldsymbol{c}_2 \int\limits_{0<\theta_k<\frac{\pi}{2}} (\boldsymbol{c}_{12} \cdot \boldsymbol{k})^2 \boldsymbol{k}_i \boldsymbol{k}_j \mathrm{d}\boldsymbol{k} \tag{6-54}$$

$$\boldsymbol{P}_{c,1ij}^{(\mathrm{II})} = -\frac{d_{12}^3}{2} \iint\limits_{\boldsymbol{V}_c<\boldsymbol{c}_{12}<\infty} \left(-\frac{1}{2}m\right) g_0 f_1 f_2 \mathrm{d}\boldsymbol{c}_1 \mathrm{d}\boldsymbol{c}_2 \int\limits_{0<\theta_k<\theta_0} e\sqrt{1-\lambda_c} (\boldsymbol{c}_{12} \cdot \boldsymbol{k})^2 \boldsymbol{k}_i \boldsymbol{k}_j \mathrm{d}\boldsymbol{k} \tag{6-55}$$

比较发现，$P_{c,1ij}^{(\mathrm{I})}$ 是当 $e=1$ 和 $V_c=0$ 时 $P_{c,1ij}^{(\mathrm{II})}$ 的特例，所以可以只计算 $P_{c,1ij}^{(\mathrm{II})}$。同理可以得到 $P_{c,2ij}$ 为

$$P_{c,2ij} = P_{c,2ij}^{\mathrm{agg}} + P_{c,2ij}^{\mathrm{sep}} = P_{c,2ij}^{(\mathrm{I})} + P_{c,2ij}^{(\mathrm{II})} \tag{6-56}$$

$$\boldsymbol{P}_{c,2ij}^{(\mathrm{I})} = -\frac{d_{12}^4}{4} \left[\sum_{l}^{x,y,z} \iint\limits_{0<\boldsymbol{c}_{12}<\infty} \left(-\frac{1}{2}m\right) g_0 f_1 f_2 \frac{\partial}{\partial x_l} \ln \frac{f_2}{f_1} \mathrm{d}\boldsymbol{c}_1 \mathrm{d}\boldsymbol{c}_2 \int\limits_{0<\theta_k<\frac{\pi}{2}} (\boldsymbol{c}_{12} \cdot \boldsymbol{k})^2 \boldsymbol{k}_i \boldsymbol{k}_j \boldsymbol{k}_l \mathrm{d}\boldsymbol{k} \right] \tag{6-57}$$

$$\begin{aligned} \boldsymbol{P}_{c,2ij}^{(\mathrm{II})} = & -\frac{d_{12}^4}{4} \left[\sum_{l}^{x,y,z} \iint\limits_{\boldsymbol{V}_c<\boldsymbol{c}_{12}} \left(-\frac{1}{2}m\right) g_0 f_1 f_2 \frac{\partial}{\partial x_l} \ln \frac{f_2}{f_1} \mathrm{d}\boldsymbol{c}_1 \mathrm{d}\boldsymbol{c}_2 \right. \\ & \left. \times \int\limits_{0<\theta_k<\theta_0} e\sqrt{1-\lambda_c} (\boldsymbol{c}_{12} \cdot \boldsymbol{k})^2 \boldsymbol{k}_i \boldsymbol{k}_j \boldsymbol{k}_l \mathrm{d}\boldsymbol{k} \right] \end{aligned} \tag{6-58}$$

合并方程(6-53)和方程(6-56)，得到黏附性颗粒相应力为

$$\boldsymbol{T}_{c,ij} = (\boldsymbol{P}_{c,1ij}^{(\mathrm{I})} + \boldsymbol{P}_{c,1ij}^{(\mathrm{II})}) + (\boldsymbol{P}_{c,2ij}^{(\mathrm{I})} + \boldsymbol{P}_{c,2ij}^{(\mathrm{II})}) \tag{6-59}$$

6.2.2 两个重要积分

在进一步求解应力积分时，必须先求解下面这两个积分：

$$I_1 = \int\limits_{0<\theta_k<\theta_0} \sqrt{1-\frac{V_c^2}{(\boldsymbol{c}_{12} \cdot \boldsymbol{k})^2}} (\boldsymbol{c}_{12} \cdot \boldsymbol{k})^2 \boldsymbol{k}_i \boldsymbol{k}_j \mathrm{d}\boldsymbol{k} \tag{6-60}$$

$$I_2 = \int\limits_{0<\theta_k<\theta_0} \sqrt{1-\frac{V_c^2}{(\boldsymbol{c}_{12} \cdot \boldsymbol{k})^2}} (\boldsymbol{c}_{12} \cdot \boldsymbol{k})^2 \boldsymbol{k}_i \boldsymbol{k}_j \boldsymbol{k}_l \mathrm{d}\boldsymbol{k} \tag{6-61}$$

将 $\mathrm{d}\boldsymbol{k}=\sin\theta_k \mathrm{d}\theta_k \mathrm{d}\phi_k$ 和 $\theta_0=\arccos(V_c/\boldsymbol{c}_{12})$ 代入方程(6-60)，可得

$$I_1 = \boldsymbol{c}_{12}^2 \int_0^{\theta_0} \sqrt{1-\frac{\cos^2\theta_0}{\cos^2\theta_k}} \sin\theta_k \cos^2\theta_k \mathrm{d}\theta_k \int_0^{2\pi} k_i k_j \mathrm{d}\phi_k \tag{6-62}$$

$$I_2 = \boldsymbol{c}_{12}^2 \int_0^{\theta_0} \sqrt{1-\frac{\cos^2\theta_0}{\cos^2\theta_k}} \sin\theta_k \cos^2\theta_k \mathrm{d}\theta_k \int_0^{2\pi} k_i k_j k_l \mathrm{d}\phi_k \tag{6-63}$$

先计算第一个积分。如图 6-2 所示，进行坐标变换：

$$\begin{pmatrix} i \\ j \\ k \end{pmatrix} = \begin{pmatrix} a_{11} & a_{12} & a_{13} \\ a_{21} & a_{22} & a_{23} \\ a_{31} & a_{32} & a_{33} \end{pmatrix} \begin{pmatrix} i_k \\ j_k \\ h_k \end{pmatrix} \tag{6-64}$$

$$k_i=(a_{11},a_{12},a_{13})\begin{pmatrix}\sin\theta_k\cos\phi_k\\ \sin\theta_k\sin\phi_k\\ \cos\theta_k\end{pmatrix} \tag{6-65}$$

$$k_j=(\sin\theta_k\cos\phi_k,\sin\theta_k\sin\phi_k,\cos\theta_k)\begin{pmatrix}a_{21}\\ a_{22}\\ a_{23}\end{pmatrix} \tag{6-66}$$

$$\boldsymbol{c}_{12i}=a_{13}\boldsymbol{c}_{12},\boldsymbol{c}_{12j}=a_{23}\boldsymbol{c}_{12},\boldsymbol{c}_{12k}=a_{33}\boldsymbol{c}_{12} \tag{6-67}$$

合并方程(6-65)和方程(6-66),可得

$$k_ik_j=(a_{11},a_{12},a_{13})\boldsymbol{K}\begin{pmatrix}a_{21}\\ a_{22}\\ a_{23}\end{pmatrix} \tag{6-68}$$

$$\boldsymbol{K}=\begin{pmatrix}(\sin\theta_k)^2(\cos\phi_k)^2 & (\sin\theta_k)^2\sin\phi_k\cos\phi_k & \sin\theta_k\cos\theta_k\cos\phi_k\\ (\sin\theta_k)^2\sin\phi_k\cos\phi_k & (\sin\theta_k)^2(\sin\phi_k)^2 & \sin\theta_k\sin\theta_k\sin\phi_k\\ \sin\theta_k\cos\theta_k\cos\phi_k & \sin\theta_k\cos\theta_k\sin\phi_k & (\cos\phi_k)^2\end{pmatrix} \tag{6-69}$$

由方程(6-68),方程(6-62)第二部分积分表示如下:

$$\int_0^{2\pi}k_ik_j\,\mathrm{d}\phi_k=(a_{11},a_{12},a_{13})\int_0^{2\pi}\boldsymbol{K}\mathrm{d}\phi_k\begin{pmatrix}a_{21}\\ a_{22}\\ a_{23}\end{pmatrix} \tag{6-70}$$

当在[0,2π]对 ϕ_k 积分时,$\sin\phi_k$ 或 $\cos\phi_k$ 的奇数幂为零,所以

$$\int_0^{2\pi}\boldsymbol{K}\mathrm{d}\phi_k=\pi\begin{pmatrix}(\sin\theta_k)^2 & 0 & 0\\ 0 & (\sin\theta_k)^2 & 0\\ 0 & 0 & 2(\cos\theta_k)^2\end{pmatrix} \tag{6-71}$$

将方程(6-71)代入方程(6-60),整理为

$$I_1=\pi[(a_{11}a_{21}+a_{12}a_{22})\boldsymbol{c}_{12}^2A+\boldsymbol{c}_{12i}\boldsymbol{c}_{12j}B] \tag{6-72}$$

$$A=\int_0^{\theta_0}\sqrt{1-\frac{\cos^2\theta_0}{\cos^2\theta_k}}\sin^3\theta_k\cos^2\theta_k\,\mathrm{d}\theta_k \tag{6-73}$$

$$B=2\int_0^{\theta_0}\sqrt{1-\frac{\cos^2\theta_0}{\cos^2\theta_k}}\sin\theta_k\cos^4\theta_k\,\mathrm{d}\theta_k \tag{6-74}$$

当 $i\neq j$ 时,坐标变换系数有

$$a_{11}a_{21}+a_{12}a_{22}+a_{13}a_{23}=0 \tag{6-75}$$

于是,方程(6-72)整理得到

$$I_1=\pi[(-a_{13}a_{23})\boldsymbol{c}_{12}^2A+\boldsymbol{c}_{12i}\boldsymbol{c}_{12j}B]=\pi[-\boldsymbol{c}_{12i}\boldsymbol{c}_{12j}A+\boldsymbol{c}_{12i}\boldsymbol{c}_{12j}B]=\pi\boldsymbol{c}_{12i}\boldsymbol{c}_{12j}(B-A) \tag{6-76}$$

当 $i=j$ 时，坐标变化系数有

$$a_{11}a_{21}+a_{12}a_{22}+a_{13}a_{23}=1 \tag{6-77}$$

方程(6-72)为

$$I_1=\pi[(1-a_{13}a_{23})\boldsymbol{c}_{12}^2A+\boldsymbol{c}_{12i}\boldsymbol{c}_{12j}B]=\pi\boldsymbol{c}_{12i}\boldsymbol{c}_{12j}(B-A)+\boldsymbol{c}_{12}^2A \tag{6-78}$$

结合方程(6-76)和方程(6-78)，可以得到第一个积分为

$$I_1=\pi\boldsymbol{c}_{12i}\boldsymbol{c}_{12j}Y_1(\theta_0)+\pi\boldsymbol{c}_{12}^2\delta_{ij}Y_2(\theta_0) \tag{6-79}$$

$$Y_1(\theta_0)=\int_0^{\theta_0}\sqrt{1-\frac{\cos^2\theta_0}{\cos^2\theta_k}}\sin\theta_k(3\cos^4\theta_k-\cos^2\theta_k)\mathrm{d}\theta_k \tag{6-80}$$

$$Y_2(\theta_0)=\int_0^{\theta_0}\sqrt{1-\frac{\cos^2\theta_0}{\cos^2\theta_k}}\sin\theta_k(\cos^2\theta_k-\cos^4\theta_k)\mathrm{d}\theta_k \tag{6-81}$$

同理，进行第二个积分，有

$$I_2=\frac{\boldsymbol{c}_{12i}\boldsymbol{c}_{12j}\boldsymbol{c}_{12l}}{\boldsymbol{c}_{12}}\pi Y_3(\theta_0)+\pi\boldsymbol{c}_{12}Y_4(\theta_0)(\boldsymbol{c}_{12i}\delta_{jl}+\boldsymbol{c}_{12j}\delta_{li}+\boldsymbol{c}_{12l}\delta_{ij}) \tag{6-82}$$

$$Y_3(\theta_0)=\int_0^{\theta_0}\sqrt{1-\frac{\cos^2\theta_0}{\cos^2\theta_k}}\sin\theta_k(5\cos^5\theta_k-3\cos^3\theta_k)\mathrm{d}\theta_k \tag{6-83}$$

$$Y_4(\theta_0)=\int_0^{\theta_0}\sqrt{1-\frac{\cos^2\theta_0}{\cos^2\theta_k}}\sin\theta_k(\cos^3\theta_k-\cos^5\theta_k)\mathrm{d}\theta_k \tag{6-84}$$

6.2.3　应力项第一部分的积分求解

由于碰撞应力分量 $\boldsymbol{P}_{\mathrm{c},1ij}^{(\mathrm{I})}$ 是 $\boldsymbol{P}_{\mathrm{c},1ij}^{(\mathrm{II})}$ 的一个特例，因此，只需要对 $\boldsymbol{P}_{\mathrm{c},1ij}^{(\mathrm{II})}$ 应力分量进行积分。颗粒速度分布函数服从 Maxwell 分布，由方程(6-23)，方程(6-55)为

$$\boldsymbol{P}_{\mathrm{c},1ij}^{(\mathrm{II})}=\frac{d_{12}^3}{4}mg_0e\left[\frac{n}{(2\pi\theta)^{3/2}}\right]^2\pi\int\limits_{\boldsymbol{V}_c<\boldsymbol{c}_{12}<+\infty}\exp\left[-\frac{(\boldsymbol{c}_1-\boldsymbol{u}_\mathrm{s})^2+(\boldsymbol{c}_2-\boldsymbol{u}_\mathrm{s})^2}{2\theta}\right]$$
$$\times[\boldsymbol{c}_{12i}\boldsymbol{c}_{12j}\pi Y_1(\theta_0)+\boldsymbol{c}_{12}^2\delta_{ij}\pi Y_2(\theta_0)]\mathrm{d}\boldsymbol{c}_1\mathrm{d}\boldsymbol{c}_2 \tag{6-85}$$

进行积分变量置换，将积分变量$(\boldsymbol{c}_1,\boldsymbol{c}_2)$变换为$(\boldsymbol{C}_1,\boldsymbol{C}_2)$，即

$$\boldsymbol{C}_{12}=\boldsymbol{C}_1-\boldsymbol{C}_2=\boldsymbol{c}_1-\boldsymbol{c}_2 \tag{6-86}$$

$$\boldsymbol{C}_{12}^+=\boldsymbol{C}_1+\boldsymbol{C}_2=\boldsymbol{c}_1+\boldsymbol{c}_2-2\boldsymbol{u}_\mathrm{s} \tag{6-87}$$

由于 $\boldsymbol{c}_1$、$\boldsymbol{c}_2$、$\boldsymbol{C}_{12}$、$\boldsymbol{C}_{12}^+$ 都是三维空间中的矢量，利用雅可比变换：

$$\left|\frac{\partial(\boldsymbol{c}_1,\boldsymbol{c}_2)}{\partial(\boldsymbol{C}_{12},\boldsymbol{C}_{12}^+)}\right|=\left|\frac{\partial(\boldsymbol{c}_{1i},\boldsymbol{c}_{1j},\boldsymbol{c}_{1k},\boldsymbol{c}_{2i},\boldsymbol{c}_{2j},\boldsymbol{c}_{2k})}{\partial(\boldsymbol{C}_{12i},\boldsymbol{C}_{12j},\boldsymbol{C}_{12k},\boldsymbol{C}_{12i}^+,\boldsymbol{C}_{12j}^+,\boldsymbol{C}_{12k}^+)}\right|=\frac{1}{8} \tag{6-88}$$

由方程(6-88)可将方程(6-85)重积分的变量替换，直接得到

$$\mathrm{d}\boldsymbol{c}_1\mathrm{d}\boldsymbol{c}_2=\left|\frac{\partial(\boldsymbol{c}_1,\boldsymbol{c}_2)}{\partial(\boldsymbol{C}_{12},\boldsymbol{C}_{12}^+)}\right|\mathrm{d}\boldsymbol{C}_{12}\mathrm{d}\boldsymbol{C}_{12}^+=\frac{1}{8}\mathrm{d}\boldsymbol{C}_{12}\mathrm{d}\boldsymbol{C}_{12}^+ \tag{6-89}$$

代入方程(6-85)，得到

$$\boldsymbol{P}_{\mathrm{c},1ij}^{(\mathrm{II})}=\frac{d_{12}^3}{4}mg_0e\left[\frac{n}{(2\pi\theta)^{3/2}}\right]^2\frac{\pi}{8}\int\limits_{-\infty<\boldsymbol{C}_{12}^+<+\infty}\exp\left[-\frac{\boldsymbol{C}_{12}^{+2}}{4\theta}\right]\mathrm{d}\boldsymbol{C}_{12}^+$$

$$\times\int\limits_{\boldsymbol{V}_\mathrm{c}<\boldsymbol{C}_{12}<+\infty}\exp\left[-\frac{\boldsymbol{C}_{12}^2}{4\theta}\right]\left[\boldsymbol{C}_{12i}\boldsymbol{C}_{12j}\pi Y_1(\theta_0)+\boldsymbol{C}_{12}^2\delta_{ij}\pi Y_2(\theta_0)\right]\mathrm{d}\boldsymbol{C}_{12}$$

$$=\frac{d_{12}^3}{32}mg_0e\left[\frac{n}{(2\pi\theta)^{3/2}}\right]^2\pi(4\pi\theta)^{\frac{3}{2}}(G_{ij}+H_{ij})\tag{6-90}$$

式中，

$$G_{ij}=\delta_{ij}\int\limits_{\boldsymbol{V}_\mathrm{c}<\boldsymbol{C}_{12}<+\infty}Y_2(\theta_0)\exp\left(-\frac{\boldsymbol{C}_{12}^2}{4\theta}\right)\boldsymbol{C}_{12}^2\mathrm{d}\boldsymbol{C}_{12}\tag{6-91}$$

$$H_{ij}=\int\limits_{\boldsymbol{V}_\mathrm{c}<\boldsymbol{C}_{12}<+\infty}Y_1(\theta_0)\exp\left(-\frac{\boldsymbol{C}_{12}^2}{4\theta}\right)\boldsymbol{C}_{12i}\boldsymbol{C}_{12j}\mathrm{d}\boldsymbol{C}_{12}\tag{6-92}$$

进行变量替换，令 $x=\frac{\boldsymbol{C}_{12}}{\sqrt{4\pi}}$，$R_\mathrm{c}=\frac{\boldsymbol{V}_\mathrm{c}}{\sqrt{4\theta}}$ 和 $\theta_0=\arccos\frac{\boldsymbol{V}_\mathrm{c}}{\boldsymbol{C}_{12}}=\arccos\frac{R_\mathrm{c}}{x}$，对方程(6-91)积分，可以得到

$$G_{ij}=\delta_{ij}\int\limits_{\boldsymbol{V}_\mathrm{c}<\boldsymbol{C}_{12}<+\infty}Y_2(\theta_0)\exp\left(-\frac{\boldsymbol{C}_{12}^2}{4\theta}\right)\boldsymbol{C}_{12}^2 4\pi\boldsymbol{C}_{12}^2\mathrm{d}\boldsymbol{C}_{12}=\delta_{ij}4\pi(4\theta)^{5/2}A_1(R_\mathrm{c})\tag{6-93}$$

$$A_1(R_\mathrm{c})=\int_{R_\mathrm{c}}^{+\infty}x^4Y_2\left(\arccos\frac{R_\mathrm{c}}{x}\right)\exp(-x^2)\mathrm{d}x\tag{6-94}$$

对方程(6-92)的积分，首先若矢量 $\boldsymbol{C}$ 的分量为 $\boldsymbol{U}$、$\boldsymbol{V}$ 和 $\boldsymbol{W}$，$\int\boldsymbol{U}^2F(\boldsymbol{C})\mathrm{d}\boldsymbol{C}$ 积分区域对称，则

$$\int\boldsymbol{U}^2F(\boldsymbol{C})\mathrm{d}\boldsymbol{C}=\int\boldsymbol{V}^2F(\boldsymbol{C})\mathrm{d}\boldsymbol{C}=\int\boldsymbol{W}^2F(\boldsymbol{C})\mathrm{d}\boldsymbol{C}$$

$$=\frac{1}{3}\int(\boldsymbol{U}^2+\boldsymbol{V}^2+\boldsymbol{W}^2)F(\boldsymbol{C})\mathrm{d}\boldsymbol{C}=\frac{1}{3}\int(\boldsymbol{C}^2)F(\boldsymbol{C})\mathrm{d}\boldsymbol{C}$$

当 $i\neq j$ 时，方程(6-92)积分为

$$H_{ij}=\int\limits_{\boldsymbol{V}_\mathrm{c}<\boldsymbol{C}_{12}<+\infty}\int\limits_{0\leqslant\theta\leqslant\pi}\int\limits_{0\leqslant\phi\leqslant 2\pi}Y_1(\theta_0)\exp\left(-\frac{\boldsymbol{C}_{12}^2}{4\theta}\right)\boldsymbol{C}_{12}^4\sin^3\theta\cos\phi\sin\phi\mathrm{d}\boldsymbol{C}_{12}\mathrm{d}\theta\mathrm{d}\phi=0\tag{6-95}$$

当 $i=j$ 时，方程(6-92)积分为

$$H_{ij}=\int\limits_{\boldsymbol{V}_\mathrm{c}<\boldsymbol{C}_{12}<+\infty}Y_1(\theta_0)\exp\left(-\frac{\boldsymbol{C}_{12}^2}{4\theta}\right)\boldsymbol{C}_{12i}\boldsymbol{C}_{12j}\mathrm{d}\boldsymbol{C}_{12}=\delta_{ij}4\pi(4\theta)^{5/2}A_2(R_\mathrm{c})\tag{6-96}$$

$$A_2(R_\mathrm{c})=\frac{1}{3}\int_{R_\mathrm{c}}^{\infty}x^4Y_1\left(\arccos\frac{R_\mathrm{c}}{x}\right)\exp(-x^2)\mathrm{d}x\tag{6-97}$$

将方程(6-93)和方程(6-96)代入方程(6-90)，得到如下方程：

$$\boldsymbol{P}_{\mathrm{c},1ij}^{\mathrm{II}}=\frac{d_{12}^{3}}{32}mg_{0}e\left[\frac{n}{(2\pi\theta)^{3/2}}\right]^{2}\pi(4\pi\theta)^{3/2}(G_{ij}+H_{ij})$$
$$=\frac{24}{\sqrt{\pi}}\rho_{\mathrm{s}}\varepsilon_{\mathrm{s}}^{2}g_{0}e\theta\delta_{ij}[A_{1}(R_{\mathrm{c}})+A_{2}(R_{\mathrm{c}})] \tag{6-98}$$

由于碰撞应力分量 $\boldsymbol{P}_{\mathrm{c},1ij}^{(\mathrm{I})}$ 是 $\boldsymbol{P}_{\mathrm{c},1ij}^{(\mathrm{II})}$ 的一个特例，因此碰撞应力分量 $\boldsymbol{P}_{\mathrm{c},1ij}^{(\mathrm{I})}$ 可以直接由 $\boldsymbol{P}_{\mathrm{c},1ij}^{(\mathrm{II})}$ 得到。合并 $\boldsymbol{P}_{\mathrm{c},1ij}^{(\mathrm{I})}$ 和 $\boldsymbol{P}_{\mathrm{c},1ij}^{(\mathrm{II})}$，可以得到应力积分的第一部分是

$$\boldsymbol{P}_{\mathrm{c}1}=(\boldsymbol{P}_{\mathrm{c},1ij}^{(\mathrm{I})}+\boldsymbol{P}_{\mathrm{c},1ij}^{(\mathrm{II})})=2\left\{1+e\frac{12}{\sqrt{\pi}}[A_{1}(R_{\mathrm{c}})+A_{2}(R_{\mathrm{c}})]\right\}\rho_{\mathrm{s}}\varepsilon_{\mathrm{s}}^{2}g_{0}\theta \tag{6-99}$$

6.2.4 应力项第二部分的积分求解

方程(6-42)包括两部分，它们均与颗粒速度分布函数和速度分布函数梯度有关，可以表示为颗粒拟温度的函数，即

$$f_{1}f_{2}=f_{0}^{2}\exp\left[-\frac{\boldsymbol{C}_{12}^{2}+(\boldsymbol{C}_{12}^{+2})}{4\theta}\right] \tag{6-100}$$

$$\ln\frac{f_{2}}{f_{1}}=\frac{\boldsymbol{C}_{12}\boldsymbol{C}_{12}^{+}}{2\theta}=\sum_{k}^{x,y,z}\left(\frac{\boldsymbol{C}_{12k}\boldsymbol{C}_{12k}^{+}}{2\theta}\right) \tag{6-101}$$

$$\frac{\partial}{\partial x_{l}}\ln\frac{f_{2}}{f_{1}}=\sum_{k}^{x,y,z}\left(\frac{\boldsymbol{C}_{12k}^{+}\partial\boldsymbol{C}_{12k}}{2\theta\partial x_{l}}\right)+\sum_{k}^{x,y,z}\left(\frac{\boldsymbol{C}_{12k}\partial\boldsymbol{C}_{12k}^{+}}{2\theta\partial x_{l}}\right)+\left(-\frac{1}{2\theta^{2}}\frac{\partial\theta}{\partial x_{l}}\right)\sum_{k}^{x,y,z}(\boldsymbol{C}_{12k}\boldsymbol{C}_{12k}^{+}) \tag{6-102}$$

采用类似的数学方法，可以求出 $\boldsymbol{P}_{\mathrm{c},2ij}^{(\mathrm{I})}$ 和 $\boldsymbol{P}_{\mathrm{c},2ij}^{(\mathrm{II})}$。转换变量$(\boldsymbol{c}_{1},\boldsymbol{c}_{2})$为$(\boldsymbol{C}_{12},\boldsymbol{C}_{12}^{+})$，方程(6-58)表示如下：

$$\boldsymbol{P}_{\mathrm{c},2ij}^{(\mathrm{II})}=\frac{d_{12}^{4}}{64}mg_{0}e\left[\frac{n}{(2\pi\theta)^{3/2}}\right]^{2}\sum_{l}^{x,y,z}\int_{-\infty<\boldsymbol{C}_{12}^{+}<+\infty}\int_{\mathbf{V}_{\mathrm{c}}<\boldsymbol{C}_{12}<+\infty}\exp\left(-\frac{\boldsymbol{C}_{12}^{2}+\boldsymbol{C}_{12}^{+2}}{4\theta}\right)\frac{\partial}{\partial x_{l}}\ln\frac{f_{2}}{f_{1}}I_{2ijl}\,\mathrm{d}\boldsymbol{C}_{12}^{+}\mathrm{d}\boldsymbol{C}_{12}$$
$$=\frac{d_{12}^{4}}{64}mg_{0}e\left[\frac{n}{(2\pi\theta)^{3/2}}\right]^{2}(Q_{ij}+R_{ij}+L_{ij}) \tag{6-103}$$

式中，

$$Q_{ij}=\sum_{l}^{x,y,z}\sum_{k}^{x,y,z}\int_{-\infty<\boldsymbol{C}_{12}^{+}<+\infty}\int_{\mathbf{V}_{\mathrm{c}}<\boldsymbol{C}_{12}<+\infty}\exp\left(-\frac{\boldsymbol{C}_{12}^{2}+\boldsymbol{C}_{12}^{+2}}{4\theta}\right)I_{2ijl}\left(\frac{\boldsymbol{C}_{12k}^{+}\partial\boldsymbol{C}_{12k}}{2\theta\partial x_{l}}\right)\mathrm{d}\boldsymbol{C}_{12}^{+}\mathrm{d}\boldsymbol{C}_{12} \tag{6-104}$$

$$R_{ij}=\sum_{l}^{x,y,z}\sum_{k}^{x,y,z}\int_{-\infty<\boldsymbol{C}_{12}^{+}<+\infty}\int_{\mathbf{V}_{\mathrm{c}}<\boldsymbol{C}_{12}<+\infty}\exp\left(-\frac{\boldsymbol{C}_{12}^{2}+\boldsymbol{C}_{12}^{+2}}{4\theta}\right)I_{2ijl}\left(\frac{\boldsymbol{C}_{12k}\partial\boldsymbol{C}_{12k}^{+}}{2\theta\partial x_{l}}\right)\mathrm{d}\boldsymbol{C}_{12}^{+}\mathrm{d}\boldsymbol{C}_{12} \tag{6-105}$$

$$L_{ij}=\sum_{l}^{x,y,z}\sum_{k}^{x,y,z}\int_{-\infty<\boldsymbol{C}_{12}^{+}<+\infty}\int_{\mathbf{V}_{\mathrm{c}}<\boldsymbol{C}_{12}<+\infty}\exp\left(-\frac{\boldsymbol{C}_{12}^{2}+\boldsymbol{C}_{12}^{+2}}{4\theta}\right)I_{2ijl}\left(-\frac{1}{2\theta^{2}}\frac{\partial\theta}{\partial x_{l}}\boldsymbol{C}_{12k}\boldsymbol{C}_{12k}^{+}\right)\mathrm{d}\boldsymbol{C}_{12}^{+}\mathrm{d}\boldsymbol{C}_{12} \tag{6-106}$$

$$I_{2ijl}=\frac{\boldsymbol{c}_{12i}\boldsymbol{c}_{12j}\boldsymbol{c}_{12l}}{\boldsymbol{c}_{12}}\pi Y_3(\theta_0)+\pi\boldsymbol{c}_{12}Y_4(\theta_0)(\boldsymbol{c}_{12i}\delta_{jl}+\boldsymbol{c}_{12j}\delta_{li}+\boldsymbol{c}_{12l}\delta_{ij}) \tag{6-107}$$

由方程(6-104)和方程(6-106)可见，在速度分量积分域对称，且是速度 $\boldsymbol{C}_{12}^{+}$ 分量的奇函数时，对它们的积分，必有

$$\boldsymbol{Q}_{ij}=0 \tag{6-108}$$

$$L_{ij}=0 \tag{6-109}$$

$$R_{ij}=-\frac{2(4\pi\theta)^{3/2}}{\theta}a[A_3(R_c)+A_4(R_c)]\left[\boldsymbol{S}_{ij}+\frac{5}{6}(\nabla\cdot\boldsymbol{u}_s)\delta_{ij}\right] \tag{6-110}$$

$$\boldsymbol{S}_{ij}=\frac{1}{2}\left(\frac{\partial\boldsymbol{u}_{si}}{\partial x_j}+\frac{\partial\boldsymbol{u}_{sj}}{\partial x_i}\right)-\frac{1}{3}\left(\frac{\partial\boldsymbol{u}_{si}}{\partial x_i}\right)\delta_{ij} \tag{6-111}$$

$$A_3(R_c)=\frac{1}{5}\int_{R_c}^{\infty}\exp(-x^2)x^5Y_3\left(\arccos\frac{R_c}{x}\right)\mathrm{d}x \tag{6-112}$$

$$A_4(R_c)=\int_{R_c}^{\infty}\exp(-x^2)x^5Y_4\left(\arccos\frac{R_c}{x}\right)\mathrm{d}x \tag{6-113}$$

将方程(6-108)～方程(6-110)代入方程(6-103)，得到应力积分第二部分为

$$\boldsymbol{P}_{c,2ij}^{(\mathrm{II})}=-16e\varepsilon_s^2\rho_s g_0 d_{12}\sqrt{\frac{\theta}{\pi}}[A_3(R_c)+A_4(R_c)]\left[\boldsymbol{S}_{ij}+\frac{5}{6}(\nabla\cdot\boldsymbol{u}_s)\delta_{ij}\right] \tag{6-114}$$

由于碰撞应力分量 $\boldsymbol{P}_{c,2ij}^{(\mathrm{I})}$ 是 $\boldsymbol{P}_{c,2ij}^{(\mathrm{II})}$ 的一个特例，因此碰撞应力分量 $\boldsymbol{P}_{c,2ij}^{(\mathrm{I})}$ 可以直接由 $\boldsymbol{P}_{c,2ij}^{(\mathrm{II})}$ 得到。合并 $\boldsymbol{P}_{c,2ij}^{(\mathrm{I})}$ 和 $\boldsymbol{P}_{c,2ij}^{(\mathrm{II})}$，可以得到应力积分的第二部分为

$$\boldsymbol{P}_{c2}=-16e\varepsilon_s^2\rho_s g_0 d_{12}\sqrt{\frac{\theta}{\pi}}[1+A_3(R_c)+A_4(R_c)]\left[\boldsymbol{S}_{ij}+\frac{5}{6}(\nabla\cdot\boldsymbol{u}_s)\delta_{ij}\right] \tag{6-115}$$

6.2.5 黏附性颗粒的碰撞压力分量和黏性系数分量

将方程(6-99)和方程(6-115)代入方程(6-59)，得到黏附性颗粒的碰撞应力是

$$\boldsymbol{T}_c=p_{sc}\boldsymbol{I}-2\varepsilon_s\mu_{sc}\left[\boldsymbol{S}+\frac{5}{6}(\nabla\cdot\boldsymbol{u}_s)\boldsymbol{I}\right] \tag{6-116}$$

式中，黏附性颗粒碰撞压力分量和黏附性颗粒碰撞黏性系数分量分别为

$$p_{sc}=2(1+e)\varepsilon_s^2\rho_s g_0\theta[1+\xi_p(R_c)] \tag{6-117}$$

$$\mu_{sc}=\frac{4}{5}\varepsilon_s\rho_s g_0 d_{12}(1+e)\sqrt{\frac{\theta}{\pi}}[1+\xi_v(R_c)] \tag{6-118}$$

式中，ξ_p 和 ξ_v 为颗粒压力和颗粒黏性系数的修正系数，R_c 表示与接触界面能和颗粒脉动能比值的无因次常数。

$$R_c=\sqrt{\frac{E_c}{e^2m\theta}} \tag{6-119}$$

$$\xi_{\mathrm{p}}(R_{\mathrm{c}})=\frac{12e}{\sqrt{\pi}(1+e)}[A_1(R_{\mathrm{c}})+A_2(R_{\mathrm{c}})-A_1(0)-A_2(0)] \tag{6-120}$$

$$\xi_{\mathrm{v}}(R_{\mathrm{c}})=\frac{10e}{(1+e)}[A_3(R_{\mathrm{c}})+A_4(R_{\mathrm{c}})-A_3(0)-A_4(0)] \tag{6-121}$$

由方程(6-94)和方程(6-97)、方程(6-112)和方程(6-113)，整理得到 ξ_{p} 和 ξ_{v} 的表达式为

$$\xi_{\mathrm{p}}(R_{\mathrm{c}})=\frac{e}{1+e}[\exp(-R_{\mathrm{c}}^2)-1] \tag{6-122}$$

$$\begin{aligned}\xi_{\mathrm{v}}(R_{\mathrm{c}})=\frac{e}{1+e}\Bigg\{&\exp(-R_{\mathrm{c}}^2)+\frac{R_{\mathrm{c}}^2}{2}\exp(-R_{\mathrm{c}}^2)-1+\frac{R_{\mathrm{c}}^4}{8}E_i(-R_{\mathrm{c}}^2)\\&-R_{\mathrm{c}}^4\sum_{n=1}^{\infty}\frac{(2n+1)!!}{(2n+4)!!}R_{\mathrm{c}}^{2n}\left[\frac{1}{2}\Gamma(-n,R_{\mathrm{c}}^2)\right]\Bigg\}\end{aligned} \tag{6-123}$$

式中，

$$E_i(z)=G+\ln(-z)+\sum_{m=1}^{\infty}\frac{z^m}{m!m} \tag{6-124}$$

$$G=0.5772156\cdots \tag{6-125}$$

$$\Gamma(-n,z)=-\frac{(-1)^n}{n!}\left[E_i(-z)+e^{-z}\sum_{m=0}^{n-1}\frac{(-1)^m m!}{z^{m+1}}\right] \tag{6-126}$$

6.3　黏附性颗粒的碰撞热流通量

取 $\psi=\frac{1}{2}m\boldsymbol{c}^2$ 可以得到黏附性颗粒碰撞热流通量积分表达式为

$$\begin{aligned}\boldsymbol{q}_{\mathrm{c}}=&\frac{1}{4}mg_0d_{12}^4\iiint_{\boldsymbol{c}_{12}\cdot\boldsymbol{k}>0}(\boldsymbol{C}_1'^2-\boldsymbol{C}_1^2)f_1f_2\boldsymbol{k}(\boldsymbol{c}_{12}\cdot\boldsymbol{k})\mathrm{d}\boldsymbol{k}\mathrm{d}\boldsymbol{c}_1\mathrm{d}\boldsymbol{c}_2+\frac{1}{8}mg_0d_{12}^4\\&\times\iiint_{\boldsymbol{c}_{12}\cdot\boldsymbol{k}>0}(\boldsymbol{C}_1'^2-\boldsymbol{C}_1^2)f_1f_2\nabla\ln\frac{f_2}{f_1}\boldsymbol{k}(\boldsymbol{c}_{12}\cdot\boldsymbol{k})\mathrm{d}\boldsymbol{k}\mathrm{d}\boldsymbol{c}_1\mathrm{d}\boldsymbol{c}_2\end{aligned} \tag{6-127}$$

采用与碰撞应力积分求解的方法，可以得到碰撞热流通量计算表达式如下：

$$\boldsymbol{q}_{\mathrm{c}}=-(k_{\mathrm{c1}}+k_{\mathrm{c2}})\nabla\theta \tag{6-128}$$

$$\begin{aligned}k_{\mathrm{c1}}=\frac{224}{3}\varepsilon_{\mathrm{s}}g_0\rho_{\mathrm{s}}\varepsilon_{\mathrm{s}}\sqrt{\frac{\theta}{\pi}}\Bigg\{1+e\Bigg[&\exp(-R_{\mathrm{c}}^2)+\frac{\exp(-R_{\mathrm{c}}^2)}{7}R_{\mathrm{c}}^2-\frac{\exp(-R_{\mathrm{c}}^2)}{28}R_{\mathrm{c}}^4\\&-\frac{1}{56}R_{\mathrm{c}}^6E_i(-R_{\mathrm{c}}^2)\\&+\frac{6}{7}R_{\mathrm{c}}^6\sum_{n=1}^{\infty}\frac{(2n+1)!!}{(2n+6)!!}R_{\mathrm{c}}^{2n}\Gamma(-n,R_{\mathrm{c}}^2)\Bigg]\Bigg\}\end{aligned} \tag{6-129}$$

$$k_{c2}=\frac{14}{15}\varepsilon_s g_0\rho_s\varepsilon_s d_{12}\sqrt{\frac{\theta}{\pi}}\boldsymbol{S}_{ij}\left(1+\frac{30}{7}e\left\{\frac{\exp(-R_c^2)}{10}\sqrt{\pi}+\frac{2}{15}\sqrt{\pi}\left[\exp(-R_c^2)\right.\right.\right.$$
$$+\frac{\exp(-R_c^2)}{4}R_c^2-\frac{\exp(-R_c^2)}{16}R_c^4$$
$$\left.\left.\left.-\frac{R_c^6}{32}E_i(-R_c^2)+\frac{3}{2}R_c^6\sum_{n=1}^{\infty}\frac{(2n+1)!!}{(2n+6)!!}R_c^{2n}\Gamma(-n,R_c^2)\right]\right\}\right) \tag{6-130}$$

6.4　黏附性颗粒团聚直径

根据颗粒间作用力与颗粒运动的关系，可以分为两类：静态力，如范德瓦耳斯力、静电引力、毛细作用力和重力等，这些力与颗粒是否运动无关；动态力，如黏性力、接触力、摩擦力等，这些力是由颗粒的运动所引起的，运动停止时力就会消失。

范德瓦耳斯力是分子间的取向力、诱导力和色散力之和。尽管分子间可能还存在其他力，但这些力都与特定材料属性有关。两球之间的范德瓦耳斯力为

$$F_{vw}=\frac{AR}{12\delta^2} \tag{6-131}$$

式中，R 是颗粒球的半径；A 是 Hamaker 常数；δ 是两颗粒球的表面间距。

毛细力的大小与自由液体的表面张力和黏性有关。毛细力同时具有静态和动态特性且耗损能量。湿颗粒间的静态毛细力包括两部分：液体和固体之间接触线上的表面张力；液体表面的平均曲率产生毛细低压所导致的液动力。由于液桥表面曲率是变化的，采用液桥中点的压差进行计算：

$$F_{bf}=2\pi R\gamma \tag{6-132}$$

式中，γ 为液体表面张力。

颗粒间的静电力主要来源于颗粒间的电位差和库仑力。当颗粒均为导电性良好的材料时，颗粒间的电位差会很快消失，电位差所导致的静电力可认为为零。静电力主要为库仑力，即

$$F_e=\frac{q^2}{4\pi\varepsilon_0(2R+\delta)^2} \tag{6-133}$$

式中，q 为颗粒的带电密度；ε_0 为真空介电常数。

法向黏性力是两颗粒间的液桥受到轴向拉伸或挤压而产生的。根据润滑理论，无滑移两颗粒间牛顿流体挤压流动的黏性力可以近似表示为

$$F_{vn}=6\pi\mu\left(\frac{R_1R_2}{R_1+R_2}\right)^2\frac{v_n}{\delta} \tag{6-134}$$

式中，μ 为液体动力黏性系数；v_n 为两颗粒的法向相对速度。

对于等径颗粒的弹性接触，法向接触力为

$$F_{con}=1.52435\sqrt[5]{\pi^3k_n^2\rho_s^3\gamma_n^6}R^2 \tag{6-135}$$

式中，$k_n = E/(1-v)$，E 为颗粒的弹性模量；γ 为泊松比。

两黏附性颗粒接触后形成团聚的平衡团聚尺寸有两种不同的模型：①作用力平衡模型；②能量平衡模型。能量平衡模型可以表述为：流体曳力施加给聚团的能量＋聚团所具有的动能＝破碎聚团所需要的能量。作用力平衡模型可以表述为破碎力＝结合力。由此可见，平衡黏附性颗粒团聚尺寸计算模型与黏附性颗粒的具体流动条件有关。

假设：作用在两黏附性颗粒的作用力有曳力 $\boldsymbol{F}_y$、碰撞力 $\boldsymbol{F}_{con}$、黏性力 $\boldsymbol{F}_{vw}$ 和（重力－浮力）$\boldsymbol{F}_g$。垂直方向上力平衡的关系式如下：

$$\boldsymbol{F}_y + \boldsymbol{F}_{con} = \boldsymbol{F}_g + \boldsymbol{F}_{vw} \tag{6-136}$$

假设黏附性颗粒团聚形成球形 d_a。则曳力 $\boldsymbol{F}_y$ 和（重力－浮力）$\boldsymbol{F}_g$ 分别为

$$\boldsymbol{F}_y = 0.055\pi\rho_g d_a^2 u_g^2 \varepsilon_g^{-2.8} \tag{6-137}$$

$$\boldsymbol{F}_g = \frac{\pi}{6}(\rho_a - \rho_g) d_a^3 g \tag{6-138}$$

式中，ρ_a 为黏附性颗粒聚团密度。由此可以得到颗粒团聚直径的计算方程。值得注意的是：黏附性颗粒在近程力的作用下，会发生自聚现象，形成自然聚团，也称一次聚团。相互之间仍然有相互作用力，这些一次聚团在流动过程中，在条件具备的情况下，还会发生聚团-聚团间相互黏附，形成大聚团，形成聚团的二次聚团现象。因此，不同作用力平衡条件可以得出不同颗粒团聚直径的计算方程。另外，在外力场作用下，如振动场等，在力平衡方程（6-136）中还需要加入外场作用力。

定义：直径为 d_a 的颗粒团聚体积与直径为 d_p 单颗粒体积的体积之比为

$$\chi = \frac{d_a^3}{d_p^3} \tag{6-139}$$

表示颗粒团聚而颗粒数量的变化。由方程（6-25），可以得到颗粒数密度守恒方程表示如下：

$$\frac{\partial}{\partial t}(\varepsilon_s \chi) + \nabla \cdot (\varepsilon_s \chi \boldsymbol{u}_s) = -4\chi \varepsilon_s^2 g_0 \left\{ \frac{6\chi^{\frac{1}{3}}}{d_p} \sqrt{\frac{\theta}{\pi}} [1 - \zeta_1(d_a)] - (\nabla \cdot \boldsymbol{u}_s)[1 - \zeta_2(d_a)] \right\} \tag{6-140}$$

$$\zeta_1(d_a) = \exp\left(-\frac{6E_c\chi}{\pi\rho_s e^2 d_p^3 \theta}\right)\left(1 + \frac{6E_c\chi}{\pi\rho_s e^2 d_p^3 \theta}\right) \tag{6-141}$$

$$\zeta_2(d_a) = \operatorname{erfc}\sqrt{\frac{6E_c\chi}{\pi\rho_s e^2 d_p^3 \theta}} + \exp\left(-\frac{6E_c\chi}{\pi\rho_s e^2 d_p^3 \theta}\right)\left[\frac{2}{\sqrt{2}}\sqrt{\frac{6E_c\chi}{\pi\rho_s e^2 d_p^3 \theta}} + \frac{4}{3\sqrt{\pi}}\left(\frac{6E_c\chi}{\pi\rho_s e^2 d_p^3 \theta}\right)^{\frac{2}{3}}\right] \tag{6-142}$$

通过求解颗粒数密度方程（6-140），再由方程（6-139）确定团聚当量直径 d_a。

6.5 流化床气体黏附性颗粒两相流动

表 6-2 给出黏附性颗粒动理学模型(取 $n=1$)。当黏附性颗粒与固体壁面作用时,颗粒与壁面的相互作用,使得颗粒速度改变。壁面的颗粒法向速度为零,颗粒切向速度的边界条件如下:

$$v_{\mathrm{t,w}}=-\frac{d_{\mathrm{a}}}{(1-\varepsilon_{\mathrm{g}})^{1/3}}\frac{\partial v_{\mathrm{s,w}}}{\partial n}+\left(\frac{A}{\rho_{\mathrm{s}}d_{\mathrm{a}}^{1/3}}\right)^{1/2}(1-\varepsilon_{\mathrm{g}}) \tag{6-143}$$

表 6-2　黏附性颗粒动理学模型

黏附性颗粒相质量方程	$\frac{\partial}{\partial t}(\rho_{\mathrm{s}}\varepsilon_{\mathrm{s}})+\nabla\cdot(\rho_{\mathrm{s}}\varepsilon_{\mathrm{s}}\boldsymbol{u}_{\mathrm{s}})=0$
黏附性颗粒数密度方程	$\frac{\partial}{\partial t}(\varepsilon_{\mathrm{s}}\chi)+\nabla\cdot(\varepsilon_{\mathrm{s}}\chi\boldsymbol{u}_{\mathrm{s}})=-4\chi\varepsilon_{\mathrm{s}}^{2}g_{0}\left\{\frac{6\chi^{1/3}}{d_{\mathrm{p}}}\sqrt{\frac{\theta}{\pi}}[1-\zeta_{1}(d_{\mathrm{a}})]-(\nabla\cdot\boldsymbol{u}_{\mathrm{s}})[1-\zeta_{2}(d_{\mathrm{a}})]\right\}$
黏附性颗粒相动量守恒方程	$\frac{\partial}{\partial t}(\varepsilon_{\mathrm{s}}\rho_{\mathrm{s}}\boldsymbol{u}_{\mathrm{s}})+\nabla\cdot(\varepsilon_{\mathrm{s}}\rho_{\mathrm{s}}\boldsymbol{u}_{\mathrm{s}}\boldsymbol{u}_{\mathrm{s}})=-\varepsilon_{\mathrm{s}}\nabla p+\nabla\cdot\boldsymbol{\tau}_{\mathrm{s}}-\nabla p_{\mathrm{s}}+\varepsilon_{\mathrm{s}}\rho_{\mathrm{s}}\boldsymbol{g}+\beta(\boldsymbol{u}_{\mathrm{g}}-\boldsymbol{u}_{\mathrm{s}})$
黏附性颗粒相颗粒拟温度守恒方程	$\frac{3}{2}\left[\frac{\partial}{\partial t}(\varepsilon_{\mathrm{s}}\rho_{\mathrm{s}}\theta)+\nabla\cdot(\varepsilon_{\mathrm{s}}\rho_{\mathrm{s}}\boldsymbol{u}_{\mathrm{s}}\theta)\right]=(-\nabla p_{\mathrm{s}}\boldsymbol{I}+\boldsymbol{\tau}_{\mathrm{s}}):\nabla\boldsymbol{u}_{\mathrm{s}}+\nabla\cdot[(k_{\mathrm{c1}}+k_{\mathrm{c2}})\nabla\theta]-\gamma_{\mathrm{s}}$
黏附性颗粒相应力	$\boldsymbol{\tau}_{\mathrm{s}}=\varepsilon_{\mathrm{s}}\left\{\xi_{\mathrm{s}}\nabla\boldsymbol{u}_{\mathrm{s}}+\mu_{\mathrm{s}}\left[(\nabla\boldsymbol{u}_{\mathrm{s}}+(\nabla\boldsymbol{u}_{\mathrm{s}})^{\mathrm{T}})-\frac{2}{3}\mu_{\mathrm{s}}\nabla\cdot\boldsymbol{u}_{\mathrm{s}}\right]\right\}$
黏附性颗粒相剪切黏性系数	$\mu_{\mathrm{s}}=\frac{5\rho_{\mathrm{s}}d_{\mathrm{a}}\sqrt{\pi\theta}}{48(1+e)g_{0}}\left[1+\frac{4}{5}g_{0}\varepsilon_{\mathrm{s}}(1+e)\right]^{2}+\frac{4}{5\sqrt{\pi}}\varepsilon_{\mathrm{s}}\rho_{\mathrm{s}}g_{0}d_{\mathrm{a}}\sqrt{\theta}\left(1+3e\left\{1+\frac{3}{4m_{0}}\frac{E_{\mathrm{c}}}{e^{2}\theta}\left(\frac{d_{\mathrm{p}}}{d_{\mathrm{a}}}\right)^{3}+\frac{3}{16m_{0}^{2}}\left[\frac{E_{\mathrm{c}}}{e^{2}\theta}\left(\frac{d_{\mathrm{p}}}{d_{\mathrm{a}}}\right)^{3}\right]^{2}\right\}\exp\left[-\frac{1}{m_{0}}\frac{E_{\mathrm{c}}}{e^{2}\theta}\left(\frac{d_{\mathrm{p}}}{d_{\mathrm{a}}}\right)^{3}\right]\right)$
黏附性颗粒相体积黏性系数	$\xi_{\mathrm{s}}=\frac{4}{3\sqrt{\pi}}\varepsilon_{\mathrm{s}}\rho_{\mathrm{s}}g_{0}d_{\mathrm{a}}(1+e)\sqrt{\theta}\left(1+3e\left\{1+\frac{3}{4m_{0}}\frac{E_{\mathrm{c}}}{e^{2}\theta}\left(\frac{d_{\mathrm{p}}}{d_{\mathrm{a}}}\right)^{3}+\frac{3}{16m_{0}^{2}}\left[\frac{E_{\mathrm{c}}}{e^{2}\theta}\left(\frac{d_{\mathrm{p}}}{d_{\mathrm{a}}}\right)^{3}\right]^{2}\right\}\exp\left[-\frac{1}{m_{0}}\frac{E_{\mathrm{c}}}{e^{2}\theta}\left(\frac{d_{\mathrm{p}}}{d_{\mathrm{a}}}\right)^{3}\right]\right)$
黏附性颗粒相压力	$p_{\mathrm{s}}=\varepsilon_{\mathrm{s}}\rho_{\mathrm{s}}\theta+2\varepsilon_{\mathrm{s}}^{2}\rho_{\mathrm{s}}g_{0}\theta\left\{1+e\left[1+\frac{2}{3m_{0}}\frac{E_{\mathrm{c}}}{e^{2}\theta}\left(\frac{d_{\mathrm{p}}}{d_{\mathrm{a}}}\right)^{3}\right]\exp\left[-\frac{1}{m_{0}}\frac{E_{\mathrm{c}}}{e^{2}\theta}\left(\frac{d_{\mathrm{p}}}{d_{\mathrm{a}}}\right)^{3}\right]\right\}$
黏附性颗粒相碰撞能传递系数	$k_{\mathrm{c1}}=-\frac{224}{3}\varepsilon_{\mathrm{s}}g_{0}\rho_{\mathrm{s}}d_{\mathrm{p}}\sqrt{\frac{\theta}{\pi}}\left\{1+e\left[\exp(-R_{\mathrm{c}}^{2})\left(1+\frac{1}{7}R_{\mathrm{c}}^{2}-\frac{1}{28}R_{\mathrm{c}}^{4}+\frac{3}{448}R_{\mathrm{c}}^{6}\right)+\left(\frac{3}{224}R_{\mathrm{c}}^{8}-\frac{1}{28}R_{\mathrm{c}}^{6}\right)\ln R_{\mathrm{c}}-\frac{\mathrm{G}}{56}R_{\mathrm{c}}^{6}+\left(\frac{1}{56}+\frac{3\mathrm{G}}{448}\right)R_{\mathrm{c}}^{8}-\frac{3}{448}R_{\mathrm{c}}^{10}\right]\right\}$ $k_{\mathrm{c2}}=\frac{14}{15}\varepsilon_{\mathrm{s}}g_{0}\rho_{\mathrm{s}}d_{\mathrm{p}}\sqrt{\frac{\theta}{\pi}}\left[\frac{\partial\boldsymbol{u}_{\mathrm{s}i}}{\partial x_{j}}+\frac{\partial\boldsymbol{u}_{\mathrm{s}j}}{\partial x_{i}}+(\nabla\cdot\boldsymbol{u}_{\mathrm{s}})\boldsymbol{I}\right]\left(1+\frac{30}{7}e\left\{\frac{\sqrt{\pi}}{10}\exp(-R_{\mathrm{c}}^{2})+\frac{2}{15}\sqrt{\pi}\left[\exp(-R_{\mathrm{c}}^{2})\left(1+\frac{1}{4}R_{\mathrm{c}}^{2}-\frac{1}{16}R_{\mathrm{c}}^{4}+\frac{3}{256}R_{\mathrm{c}}^{6}\right)+\left(\frac{1}{16}R_{\mathrm{c}}^{6}+\frac{3}{128}R_{\mathrm{c}}^{8}\right)\ln R_{\mathrm{c}}+\frac{\mathrm{G}}{32}R_{\mathrm{c}}^{6}+\left(\frac{3\mathrm{G}}{256}-\frac{1}{32}\right)R_{\mathrm{c}}^{8}-\frac{3}{256}R_{\mathrm{c}}^{10}\right]\right\}\right)$

续表

黏附性颗粒相能量耗散	$\gamma_s=-\varepsilon_s^2\rho_s g_0\theta_s\left(\frac{24}{d_a}\sqrt{\frac{\theta}{\pi}}\left\{1-e^2\left[1+\frac{1}{2m_0}\frac{E_c}{e^2\theta}\left(\frac{d_p}{d_a}\right)^3\right]\exp\left[-\frac{1}{m_0}\frac{E_c}{e^2\theta}\left(\frac{d_p}{d_a}\right)^3\right]\right\}\right.$ $-5\nabla\cdot\boldsymbol{u}_s\left\{1-e^2\left\{\frac{2}{\sqrt{\pi m_0}}\left[\frac{E_c}{e^2\theta}\left(\frac{d_p}{d_a}\right)^3\right]^{1/2}+\frac{8}{15\sqrt{\pi m_0^3}}\left[\frac{E_c}{e^2\theta}\left(\frac{d_p}{d_a}\right)^3\right]^{3/2}\right\}\right.$ $\left.\left.\times\exp\left[-\frac{1}{m_0}\frac{E_c}{e^2\theta}\left(\frac{d_p}{d_a}\right)^3\right]\right\}\right)$
气体-黏附性颗粒曳力系数	$\beta=150\frac{\varepsilon_s^2\mu_g}{\varepsilon_g d_a^2}+1.75\frac{\rho_g\varepsilon_s}{d_a}\mid u_g-u_s\mid,\quad \varepsilon_g<0.8$ $\beta=\frac{3C_d\varepsilon_g\varepsilon_s\rho_g\mid u_g-u_s\mid}{4d_a}\varepsilon_g^{-2.65},\quad \varepsilon_g\geqslant 0.2$

Jiradilok 等(2006)对纳米颗粒流化特性进行试验和数值模拟。纳米颗粒直径和密度分别为 10nm 和 2220kg/m^3,表观密度为 48kg/m^3。颗粒间弹性恢复系数和颗粒与壁面间弹性恢复系数均为 0.5。界面能为 2.0×10^{-15} kg · m^2/s^2,Hamaker常数为 8.35×10^{-20}J。图 6-3 表示床内瞬时颗粒浓度变化。由瞬时颗粒浓度变化可见,流化床中存在颗粒的夹带,沿床高存在明显的颗粒浓度变化,在床下部为较高颗粒浓度,而在床上部为低颗粒浓度,具有明显的分界面。在分界面以上,固相颗粒浓度几乎与床高呈线性下降。模拟计算结果表明,在床下部的高颗粒浓度区域没有明显气泡出现,表明纳米颗粒聚团床层均匀膨胀,流化性能接近散式流化。

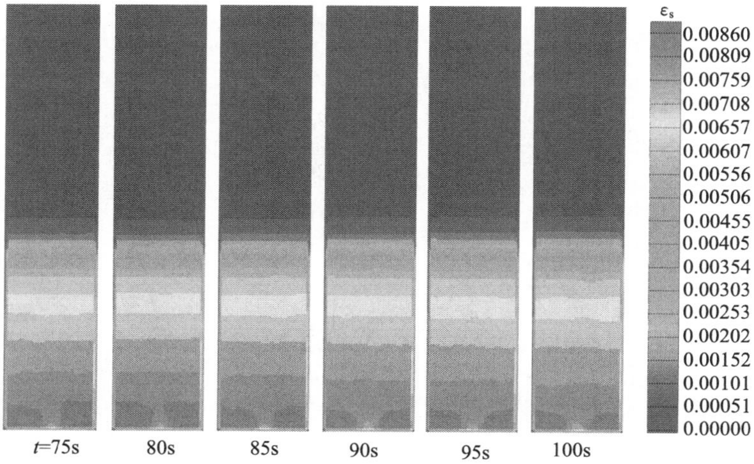

图 6-3　流化床内瞬时纳米颗粒浓度变化(Wang et al. ,2007)

Li 等(2004)对超细颗粒 TiO_2 循环流化床内的流动进行试验研究。颗粒直径和密度分别为 0.2μm 和 3800kg/m^3,颗粒聚团表观密度为 886kg/m^3。循环流化床提升管高度和直径分别为 3.25m 和 0.15m。颗粒界面能为 3.0×10^{-15} kg · m^2/s^2,

Hamaker常数为 1.198×10^{-19}J。颗粒与颗粒间弹性恢复系数和颗粒与壁面间弹性恢复系数均是 0.5。

图 6-4 表示颗粒聚团截面平均浓度和聚团直径的轴向分布。由图可见，颗粒聚团浓度为下浓上稀分布。随着入口进气速度的增加，浓度沿轴向分布整体减少，浓度分布趋于均匀。模拟结果与试验结果(Li et al.,2004)相一致。同时在床层底部，均出现大颗粒聚团。在床层中上部，聚团尺寸相差较小，分布较为均匀。随着入口气体速度增加，底部颗粒聚团尺寸变小。由此可知，改变入口气体速度将直接影响聚团尺寸分布。

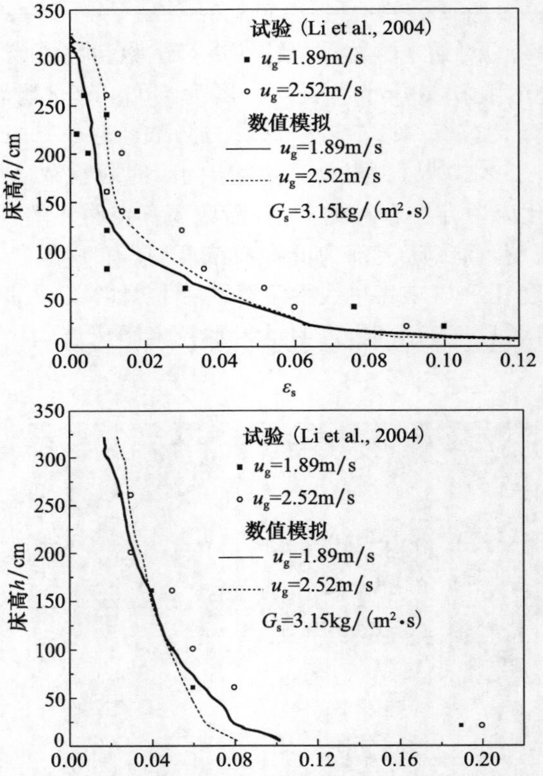

图 6-4　提升管内聚团浓度和聚团直径的轴向分布(Lu et al.,2010)

图 6-5 给出入口气体流速和质量流量分别为 1.89m/s 和 3.15kg/(m² · s)条件下的瞬时颗粒团聚浓度分布。由图可以看出，黏附性颗粒聚团流动呈现环-核流动结构，中心颗粒聚团向上流动，壁面颗粒聚团向下回落。在循环床提升管下部颗粒聚团浓度较高，主要集中在两壁区域。在提升管上部，颗粒聚团浓度分布较为均匀。在顶部出口区域，由于出口的转向因素，形成较高聚团浓度区。从图中还可以

看出,聚团浓度最大值不超过 0.004,所以在整个提升管内浓度分布比较均匀,没有沟流出现,具有良好的气固相互混合,有利于加速提升管内气固反应速率。

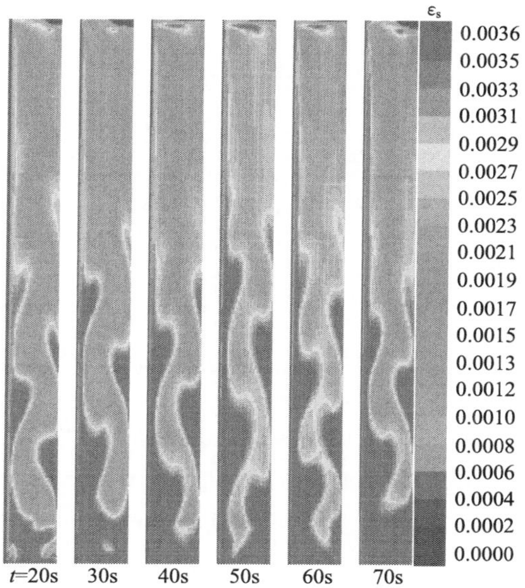

图 6-5　瞬时颗粒聚团浓度分布(Lu et al. ,2010)

图 6-6 表示不同高度下聚团的时均颗粒轴向速度分布和时均浓度分布。由图可以看出,在壁面附近,颗粒聚团速度为负值或接近零值,说明颗粒聚团向下运动或运动缓慢,容易聚集堆积,形成大颗粒聚团。在中心位置,速度为正值,说明颗粒聚团向上运动,受气体曳力和本身重力的剪切作用,聚团容易发生破碎。顶部位置,由于出口方向发生转变,颗粒聚团流动受到阻碍,聚团速度降低。

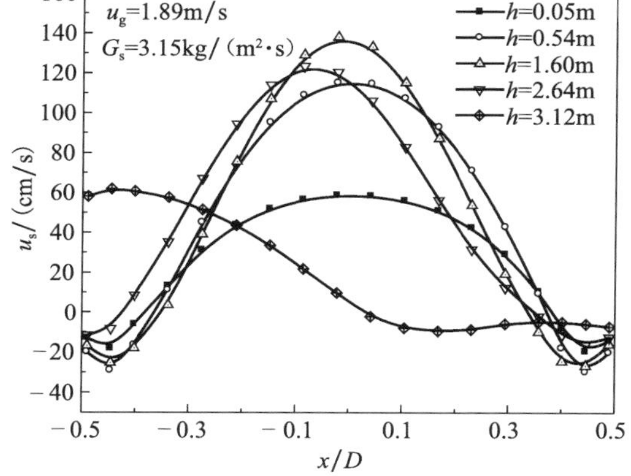

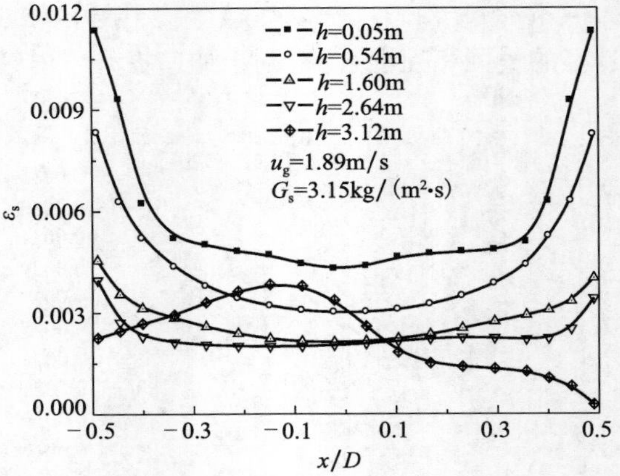

图 6-6　不同高度下颗粒聚团时均轴向速度和时均浓度分布(Lu et al.,2010)

由图 6-6 可见,在循环流化床底部区域,颗粒聚团浓度较高,径向差别较大,在壁面附近出现颗粒聚团的堆积。随着高度的增加,聚团浓度径向差异逐渐变小,浓度分布趋于均匀。在顶部出口位置,聚团浓度低。由于出口位置在左侧,因此出口处的聚团浓度分布出现非均匀性。计算结果表明,大颗粒聚团主要在提升管底部和两壁区域容易形成,这主要是因为黏附性颗粒在气流的带动下,发生碰撞后黏附在一起形成聚团,大颗粒聚团由于重力作用沉积在提升管底部。但是底部中心位置气体速度较高,大颗粒聚团在剪切力作用下发生破碎,所以聚团尺寸分布是壁面处大,中心区域小。

由图 6-7(a)可见,时均颗粒聚团拟温度随颗粒聚团浓度增大而增加。颗粒聚团拟温度表示聚团脉动速度的大小,其值越大表示其颗粒脉动速度越大,颗粒聚团

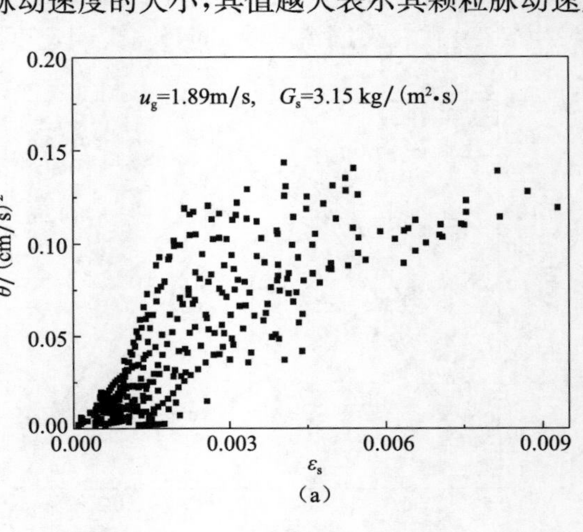

(a)

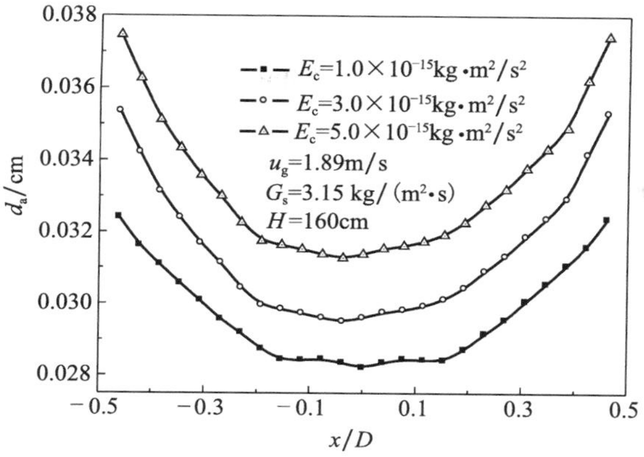

(b)

图 6-7　聚团拟温度与浓度和不同界面能下聚团直径的径向分布(郑建祥,2008)

的运动碰撞剧烈。可以看出,在提升管内随着颗粒团浓度的增加,其黏附性颗粒脉动强度增加,颗粒拟温度增大,强化了黏附性颗粒之间动量和能量的交换。

黏附性颗粒之间碰撞能量变化取决于颗粒表面受力和表面间的接触作用,这个接触能 E_c 为界面能,它与颗粒表面性质有关,其取值可以根据粉体颗粒的表面能来求解,见表 6-1。图 6-7(b)表示界面能参数对颗粒聚团平均直径的影响。由图可以看出,随着界面能的增加,颗粒聚团直径整体变大,在床层中心位置,由于气体速度较高,湍流作用对颗粒聚团形成影响较大,聚团直径变化较小。在壁面附近,聚团直径变化明显。

黏附性颗粒的压力和黏性系数与无因次速度 R_c 有关。无因次速度 R_c 是界面能 E_c 和颗粒拟温度的函数,即

$$R_c = \sqrt{\frac{6E_c\chi}{\pi\rho_s e^2 d_p^3\theta}} \tag{6-144}$$

随着界面能 E_c 的增加,R_c 增大;相反,随着颗粒拟温度增加,R_c 降低。对于颗粒均匀剪切流,颗粒流动满足

$$\varepsilon_s \neq f(x, y), u_{sx} = f(y), u_{sy} = 0 \tag{6-145}$$

颗粒质量守恒方程和颗粒数密度方程简化如下:

$$\frac{\mathrm{d}(\varepsilon_s\rho_s)}{\mathrm{d}t} = 0 \tag{6-146}$$

$$\varepsilon_s \frac{\mathrm{d}\chi}{\mathrm{d}t} = -4\chi\varepsilon_s^2 g_0 \left\{\frac{6\chi^{\frac{1}{3}}}{d_p}\sqrt{\frac{\theta}{\pi}}[1-\zeta_1(d_a)] - \frac{\mathrm{d}u_{sx}}{\mathrm{d}y}[1-\zeta_2(d_a)]\right\} \tag{6-147}$$

结合颗粒质量守恒方程,颗粒动量守恒方程可以简化如下:

$$\frac{\mathrm{d}\boldsymbol{\tau}_{s,yx}}{\mathrm{d}t} = \frac{\mathrm{d}}{\mathrm{d}t}\left[\varepsilon_s\mu_s\left|\frac{\mathrm{d}u_{sx}}{\mathrm{d}y}\right|\right] = 0 \tag{6-148}$$

同理，颗粒拟温度方程简化如下：

$$\frac{2}{3}\varepsilon_s\rho_s\frac{d\theta}{dt}=\boldsymbol{\tau}_{s,yx}:\left|\frac{du_{sx}}{dy}\right|+\gamma \tag{6-149}$$

方程(6-149)中黏附性颗粒碰撞能量耗散为

$$\gamma=-\varepsilon_s^2\rho_s g_0\theta\left\{\frac{24\chi^{\frac{1}{3}}}{d_p}\sqrt{\frac{\theta}{\pi}}\left[1-e^2\exp(-R_c^2)\left(1+\frac{1}{2}R_c^2\right)\right]-5\left|\frac{du_{sx}}{dy}\right|\right.$$
$$\left.\times\left[1-e^2\mathrm{erfc}(-R_c^2)\left(1-\frac{2}{5}R_c^2\right)+\exp(-R_c^2)\left(\frac{2}{\sqrt{\pi}}R_c+\frac{8}{15\sqrt{\pi}}R_c^3\right)\right]\right\} \tag{6-150}$$

由方程(6-147)，并且引入无因次时间 $t^*=\left|\frac{du_{sx}}{dy}\right|t$，可以得到

$$\frac{dR_c}{dt^*}=-\frac{3e\varepsilon_s g_0\sqrt{\rho_s}\,d_p^{\frac{5}{2}}\left|\frac{du_{sx}}{dy}\right|}{10\sqrt{6E_c}}\frac{R_c^2}{\chi^{\frac{5}{6}}}\left[3-e\exp(-R_c^2)\left(1+\frac{3}{4}R_c^2+\frac{3}{16}R_c^4\right)\right]$$
$$+\frac{9\varepsilon_s g_0\sqrt{6E_c}}{\pi e\sqrt{\rho_s}\,d_p^{\frac{5}{2}}\left|\frac{du_{sx}}{dy}\right|}\chi^{\frac{5}{6}}\left[1-e^2\exp(-R_c^2)\left(1+\frac{1}{2}R_c^2\right)\right]$$
$$-\frac{6\varepsilon_s g_0\sqrt{6E_c}}{\pi e\sqrt{\rho_s}\,d_p^{\frac{5}{2}}\left|\frac{du_{sx}}{dy}\right|}\chi^{\frac{5}{6}}\left[1-e^2\exp(-R_c^2)(1+R_c^2)\right] \tag{6-151}$$

在无因次时间 $t^*=0$ 时，无因次速度 $R_c=1.0$。随着无因次时间 t^* 的增加，无因次速度 R_c 先增加，达到最大值后，再降低。表明初始时黏附性颗粒很容易碰撞团聚。当团聚到一定直径大小后，颗粒碰撞团聚后形成的团聚直径增加缓慢。

颗粒发生团聚(凝并)时单位体积内的颗粒碰撞次数可以通过颗粒动理学理论计算得到：

$$N_{ij}=\pi n_i n_j d_{ij}^3 g_{ij}\left[\frac{4}{d_{ij}}\left(\frac{\theta}{\pi}\frac{m_i+m_j}{2m_i m_j}\right)^{\frac{1}{2}}-\frac{2}{3}(\nabla\cdot\boldsymbol{u}_s)\right] \tag{6-152}$$

式中，m 为颗粒的质量；d_{ij} 和 θ 分别为颗粒 i 和颗粒 j 的平均直径及平均颗粒拟温度；g_{ij} 为颗粒径向分布函数。平均颗粒拟温度根据式(6-153)进行计算：

$$\theta=\frac{\varepsilon_i\rho_{si}\theta_i+\varepsilon_j\rho_{sj}\theta_j}{\varepsilon_i\rho_{si}+\varepsilon_j\rho_{sj}} \tag{6-153}$$

在颗粒平衡方程(PBE)(即颗粒的通用动力学方程)中，颗粒碰撞导致颗粒形成聚团和发生破碎的速率可以由聚并函数 β 和破碎函数 α 表示，其表达式分别为

$$\beta_{ij}=\psi_a\pi d_{ij}^3 g_{ij}\left[\frac{4}{d_{ij}}\left(\frac{\theta}{\pi}\frac{m_i+m_j}{2m_i m_j}\right)^{\frac{1}{2}}-\frac{2}{3}(\nabla\cdot\boldsymbol{u}_s)\right] \tag{6-154}$$

$$\alpha_j = \psi_b \sum_{j=1}^{N} \frac{N_{ij}}{n_i} \tag{6-155}$$

式中，ψ_a 和 ψ_b 分别为聚并和破碎强度的系数，其数值越大，表达相应的效果越明显。

数值模拟结果表明，在循环流化床上升管内的气体与黏附性颗粒聚团的混合流动具有非线性动力学特征。小波分析方法具有多分辨分析的特点，可以揭示黏附性颗粒气固两相流动的非线性动力特性。小波变换不仅可以提炼细节参数的微尺度变量，还可以得出粗尺度的平滑度，由精及粗地展现小波信号的变化。由数值模拟获得的提升管内气体黏附性颗粒流动的瞬时颗粒浓度得到小波分析信号的构成如图 6-8 所示，$d_i(i=1,2,\cdots,8)$ 表示不同尺度的信号，a_8 为尺度 8 的细节信号，s 表示原始信号。以 Daubechies 小波作为小波基函数构造滤波器系数，原始信号(s)可以分解成不同尺度的信号和细节信号，而原始信号也可以通过最后一个尺度的信号进行重构(Daubechies，1992)。首先，原始信号分解获得尺度 1 信号(d_1)。尺度 1 细节信号捕获了高频(5.0Hz)的信息。通过小波滤波，得到不同尺度的一系列细节信号。尺度 8 的信号是小波变换的最后保留信号。因此，原始信号可以从尺度 8 信号和其他细节信号进行重构。

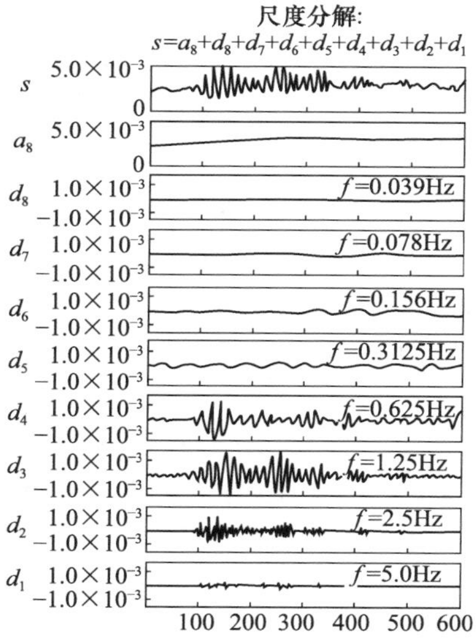

(a) x=2.98cm, H=160cm

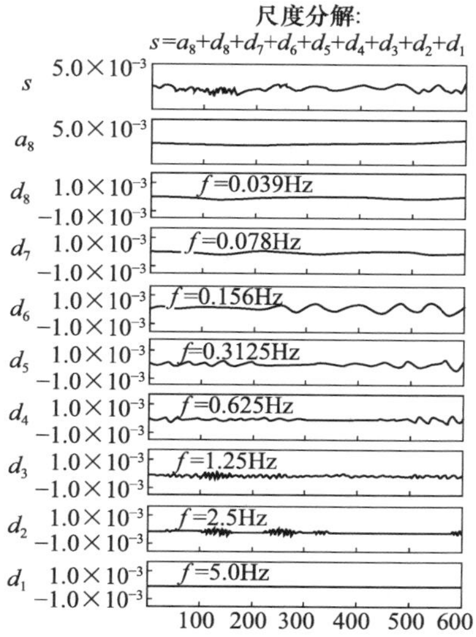

(b) x=0.0cm, H=160cm

图 6-8　颗粒聚团浓度的小波分析(郑建祥，2008)

由图 6-8 可见，在 $x=2.98$cm 的壁面附近，聚团浓度脉动主要集中于 0.3125～0.625Hz 上，而在 $x=0$cm 的中心附近，聚团浓度脉动主要集中于 0.078～0.156Hz 上。这与功率谱分析出来的在 0.03～1.26 范围一致。与功率谱分析相比，小波分析可以清楚反映颗粒浓度的脉动频谱特性。将信号进行小波 8 层多分辨分解后，$x=0$cm 的第 6 层 $f=0.156$Hz 分解将体现信号的低频部分，第 3 层 $f=1.25$Hz 分解将体现信号的高频部分；$x=2.98$cm 的信号分解的低频部分则体现在 $f=0.625$Hz，高频部分体现在 $f=2.5$Hz。由此可见，应用小波分析，不同的尺度具有不同的时间和频率分辨率，因而小波分析能将信号的不同频率进行分解。

6.6 本章小结

基于稠密气体分子动理学，考虑黏附性颗粒之间及聚团和聚团间的动量与能量的传递以及耗散，建立黏附性颗粒动理学模型。推导了黏附性颗粒固相黏性系数、压力及热流通量等输运参数计算方程，模型封闭。将颗粒动理学模型拓宽到黏附性颗粒流动过程，揭示黏附性颗粒之间碰撞作用规律、黏附性颗粒团聚作用引起的固相压力、黏性系数等参数的变化特性以及对气相和颗粒相宏观流动的影响。

基于稠密气体分子动理学，Arastoopour(2001)对流化床内气体黏附性颗粒流动进行研究，提出黏附性颗粒动理学模型(Kim et al.，2002)。鼓泡流化床超细颗粒流化和循环流化床内实测超细颗粒团聚直径分布分别是 Jiradilok 等(2006)和 Li 等(2004)的研究成果。值得注意的是，在低颗粒浓度的气体细颗粒团聚流动过程中，随时间变化的颗粒尺度分布满足颗粒群平衡方程(PBE)。颗粒群平衡方程是一个微分积分的非线性方程，可以采用正交矩方法、条件正交矩方法、分区方法、随机粒子方法和蒙特卡罗方法等，求解颗粒数密度方程。然而，在固相动量守恒中未考虑颗粒聚并团聚和破碎对固相黏性系数及压力等输运参数的影响，因而由流体和颗粒守恒方程结合颗粒平衡方程所构建的计算模型仅适用于低颗粒浓度的颗粒聚并团聚和破碎过程。即使在颗粒守恒方程求解过程中采用无黏性颗粒的颗粒动理学(见第 3 章)，构建的计算模型应用于高颗粒浓度的流体颗粒聚并团聚和破碎两相流动过程也存在明显的理论缺陷。

黏附性颗粒动理学模型应用于高颗粒浓度的气体黏附颗粒两相流动过程，经历了理论模型建立、编程和数值模拟计算等阶段，表明模型能够正确揭示黏附性颗粒流动行为和变化规律。然后，黏附性颗粒碰撞动力学的复杂性，为黏附性颗粒流动的研究带来很大的挑战，还存在非常多的前沿课题亟待解决，包括颗粒数密度方程和黏附性颗粒与壁面作用的边界条件的建立以及气体黏附性颗粒两相流动的试验，如黏附性颗粒速度和浓度以及颗粒拟温度分布的测量等。

参考文献

郑建祥. 2008. 粘附性颗粒动理学及气固两相流体动力特性的研究. 哈尔滨：哈尔滨工业大学博

士学位论文.

Arastoopour H. 2001. Numerical simulation and experimental analysis of gas/solid flow systems: 1999 Fluor-Daniel Plenary lecture. Powder Technology, 119: 59-67.

Daubechies I. 1992. Ten Lectures on Wavelets. Philadelphia: Society for Industrial and Applied Mathematics.

Geldart D. 1973. Types of gas fluidization. Powder Technology, 7: 285-292.

Gidaspow D. 1994. Multiphase Flow and Fluidization: Continuum and Kinetic Theory Description. San Diego: Academic Press.

Jiradilok V, Gidaspow D, Kalra J, et al. 2006. Explosive dissemination and flow of nanoparticles. Powder Technology, 164: 33-49.

Kim H, Arastoopour H. 2002. Extension of kinetic theory to cohesive particle flow. Powder Technology, 122: 83-94.

Li H Z, Tong H. 2004. Multi-scale fluidization of ultrafine powders in a fast-bed-riser /conical-dipleg CFB loop. Chemical Engineering Science, 59: 1897-1904.

Lu H L, Wang S Y, Zheng J X, et al. 2010. Numerical simulation of flow behavior of agglomerates in gas-cohesive particles fluidized beds using agglomerates-based approach. Chemical Engineering Science, 65: 1462-1473.

Wang S Y, He Y R, Lu H L, et al. 2007. Numerical simulations of flow behavior of agglomerates of nano-size particles in bubbling and spouted beds with an agglomerate-based approach. Transactions of the Institution of Chemical Engineers Part C, 85: 231-240.

第 7 章　稠密气固两相流的固相大涡模拟方法和亚格子尺度模型

稠密气固两相流的一个重要特征是颗粒聚团的出现，颗粒聚团的形成和破裂对颗粒浓度和速度、反应器压降、壁面传热以及混合都有很大影响。大涡模拟(LES)同时包含直接数值模拟和雷诺平均法的思想，与直接数值模拟相比，大涡模拟可以用于模拟较高的雷诺数和较复杂的几何结构流动过程。与雷诺平均法相比可获得反应器内更多的脉动信息。

7.1　稠密气固两相流固相亚格子尺度模型

对流场中任意变量 f，大涡模拟可以分解为过滤(可解)尺度 $\bar{f}$ 和剩余(不可解)尺度 f'，即(Smagorinsky，1963；Lilly，1992；Germano et al.，1996；Shur et al.，2008)

$$f=\bar{f}+f' \tag{7-1}$$

取过滤函数为 $G(x)$，空间过滤方法是在整个计算区域内对过滤函数和流体变量进行卷积，表达式为

$$\bar{f}(\boldsymbol{x},t)=\iiint_V G(\boldsymbol{x}-\boldsymbol{x}')f(\mathrm{d}\boldsymbol{x}')\mathrm{d}\boldsymbol{x}' \tag{7-2}$$

式中，$\boldsymbol{x}$ 为位置矢量；$\iiint_V G(\boldsymbol{x}-\boldsymbol{x}')\mathrm{d}\boldsymbol{x}'=1$。不可解尺度湍流脉动可以表示如下：

$$f'(\boldsymbol{x},t)=f(\boldsymbol{x},t)-\bar{f}(\boldsymbol{x},t)=f(\boldsymbol{x},t)-\iiint_V G(\boldsymbol{x}-\boldsymbol{x}')f(\mathrm{d}\boldsymbol{x}')\mathrm{d}\boldsymbol{x}' \tag{7-3}$$

由方程(7-2)，分别对气相和颗粒相速度进行过滤，将瞬时速度分解为可解尺度速度和亚格子尺度速度。应用 Favre 过滤方法，采用体积分数加权方法，则体积分数加权过滤的速度是

$$\tilde{\boldsymbol{u}}=\frac{\overline{\varepsilon\boldsymbol{u}_i}}{\bar{\varepsilon}} \tag{7-4}$$

式中，$\boldsymbol{u}_i$ 为气相或者颗粒相的速度；ε 为气相或者颗粒相的体积分数。则湍流瞬时速度可以表示如下：

$$\boldsymbol{u}_{\mathrm{g}}=\tilde{\boldsymbol{u}}_{\mathrm{g}}+\boldsymbol{u}''_{\mathrm{g}},\quad \boldsymbol{u}_{\mathrm{s}}=\tilde{\boldsymbol{u}}_{\mathrm{s}}+\boldsymbol{u}''_{\mathrm{s}} \tag{7-5}$$

式中，上标～表示可解尺度的速度；上标两撇表示不可解尺度的速度。其他物理变量表示如下：

$$\varepsilon_g = \bar{\varepsilon}_g + \varepsilon_g', \quad \varepsilon_s = \bar{\varepsilon}_s + \varepsilon_s', \quad \boldsymbol{p} = \bar{\boldsymbol{p}} + \boldsymbol{p}', \quad \theta = \bar{\theta} + \theta' \tag{7-6}$$

式中,上标一表示可解尺度的变量;上标一撇表示不可解尺度的变量。对于气体颗粒两相流动,采用大涡模拟方法时,过滤产生的亚格子尺度相关性可以通过可解尺度(过滤)方程计算。如果过滤产生的亚格子尺度相关性很小,则本构方程可以忽略。

7.1.1　可解尺度气相守恒方程

假设:①气体为可压缩流体;②气体无反应。对于等温气固两相流动中,瞬时的气相质量和动量守恒方程为

$$\frac{\partial}{\partial t}(\varepsilon_g \rho_g) + \frac{\partial}{\partial x_j}(\varepsilon_g \rho_g u_{gj}) = 0 \tag{7-7}$$

$$\frac{\partial}{\partial t}(\varepsilon_g \rho_g u_{gi}) + \frac{\partial}{\partial x_j}(\varepsilon_g \rho_g u_{gi} u_{gj}) = -\varepsilon_g \frac{\partial p}{\partial x_i} + \frac{\partial \tau_{g_{ij}}}{\partial x_j} + \varepsilon_g \rho_g g_i - M_{gsi} \tag{7-8}$$

为了简化,在过滤过程中,假定气体的密度保持不变。对瞬时气相质量守恒方程和动量守恒方程进行空间网格尺度过滤,应用过滤运算和微分运算的可交换性,得到

$$\frac{\partial}{\partial t}(\bar{\varepsilon}_g \rho_g) + \frac{\partial}{\partial x_i}(\overline{\varepsilon_g u_{gj} \rho_g}) = 0 \tag{7-9}$$

$$\frac{\partial}{\partial t}(\overline{\varepsilon_g u_{gi} \rho_g}) + \frac{\partial}{\partial \boldsymbol{x}_j}(\overline{\varepsilon_g u_{gi} u_{gj} \rho_g}) = -\overline{\varepsilon_g \frac{\partial p}{\partial x_i}} + \overline{\frac{\partial \tau_{g_{ij}}}{\partial x_j}} + \bar{\varepsilon}_g \rho_g g_i - \overline{M}_{gsi} \tag{7-10}$$

由于过滤产生亚格子尺度$(\overline{\varepsilon_g \partial p / \partial x_i} - \bar{\varepsilon}_g \partial \bar{p} / \partial x_i)$的相关性很小,模拟计算中忽略不计。整理后,气相可解尺度质量和动量守恒方程分别为

$$\frac{\partial}{\partial t}(\bar{\varepsilon}_g \rho_g) + \frac{\partial}{\partial x_j}(\bar{\varepsilon}_g \tilde{u}_{gj} \rho_g) = 0 \tag{7-11}$$

$$\begin{aligned} \frac{\partial}{\partial t}(\rho_g \bar{\varepsilon}_g \tilde{u}_{gi}) + \frac{\partial}{\partial x_j}(\rho_g \bar{\varepsilon}_g \tilde{u}_{gi} \tilde{u}_{gj}) &= -\bar{\varepsilon}_g \frac{\partial \bar{p}}{\partial x_i} + \frac{\partial \bar{\tau}_{g_{ij}}}{\partial x_j} \\ &+ \frac{\partial}{\partial x_j}[\rho_g \bar{\varepsilon}_g (\tilde{u}_{gi} \tilde{u}_{gj} - \widetilde{u_{gi} u_{gj}})] + \bar{\varepsilon}_g \rho_g g_i - \overline{M}_{gsi} \end{aligned} \tag{7-12}$$

式中,$\overline{M}_{gs}$为过滤后的气相和固相之间的动量交换;$\bar{\tau}_g$为过滤后的气相分子黏性应力;$\rho_g \bar{\varepsilon}_g (\tilde{u}_{gi} \tilde{u}_{gj} - \widetilde{u_{gi} u_{gj}})$表示气相亚格子应力项,即

$$\tilde{\tau}_{gt} = \rho_g \bar{\varepsilon}_g (\tilde{u}_{gi} \tilde{u}_{gj} - \widetilde{u_{gi} u_{gj}}) \tag{7-13}$$

将气相的脉动速度分解为可解尺度脉动和不可解尺度脉动,消去三阶小量。基于涡黏性假设,气相亚格子应力可以表示如下:

$$\tilde{\tau}_{gt} = \rho_g \bar{\varepsilon}_g (\tilde{u}_{gi} \tilde{u}_{gj} - \widetilde{u_{gi} u_{gj}}) = \mu_{gt} \left(\frac{\partial \tilde{u}_{gi}}{\partial x_j} + \frac{\partial \tilde{u}_{gj}}{\partial x_i} - \frac{2}{3} \frac{\partial \tilde{u}_{gk}}{\partial x_k} \delta_{ij} \right) \tag{7-14}$$

式中,μ_{gt}为气相亚格子尺度湍流黏性系数。采用 Smagorinsky 涡黏模型(Smagorinsky,1963),表示如下:

$$\mu_{\mathrm{gt}}=\bar{\varepsilon}_{\mathrm{g}}\rho_{\mathrm{g}}(C_{\mathrm{g}}\Delta)^2\left|\left(\frac{\partial\tilde{u}_{\mathrm{g}i}}{\partial \boldsymbol{x}_j}+\frac{\partial\tilde{u}_{\mathrm{g}j}}{\partial \boldsymbol{x}_i}\right)\right| \tag{7-15}$$

式中,C_{g} 为气相 Smagorinsky 常数;Δ 为过滤尺度,取为 $\Delta=(\Delta x\Delta y\Delta z)^{1/3}$。根据不同的流体,$C_{\mathrm{g}}$ 的取值不同。在单相流体湍流流动中,C_{g} 的取值从 0.065 到 0.25(Pope,2000)。整理后可得气相可解尺度动量守恒方程是

$$\begin{aligned}&\frac{\partial}{\partial t}(\bar{\varepsilon}_{\mathrm{g}}\tilde{u}_{\mathrm{g}i}\rho_{\mathrm{g}})+\frac{\partial}{\partial \boldsymbol{x}_j}(\bar{\varepsilon}_{\mathrm{g}}\tilde{u}_{\mathrm{g}i}\tilde{u}_{\mathrm{g}j}\rho_{\mathrm{g}})\\&=-\bar{\varepsilon}_{\mathrm{g}}\frac{\partial\bar{p}}{\partial \boldsymbol{x}_i}+\frac{\partial}{\partial x_j}\left\{\mu_{\mathrm{ge}}\left[\left(\frac{\partial\tilde{u}_{\mathrm{g}i}}{\partial \boldsymbol{x}_j}+\frac{\partial\tilde{u}_{\mathrm{g}j}}{\partial \boldsymbol{x}_i}\right)-\frac{2}{3}\frac{\partial\tilde{u}_{\mathrm{g}k}}{\partial \boldsymbol{x}_k}\delta_{ij}\right]\right\}+\bar{\varepsilon}_{\mathrm{g}}\rho_{\mathrm{g}}g_i-\overline{M}_{\mathrm{gs}i}\end{aligned} \tag{7-16}$$

式中,μ_{ge} 为有效气相黏性系数,它由气相分子黏性系数和气相亚格子尺度黏性系数组成,可以表示如下:

$$\mu_{\mathrm{ge}}=\mu_{\mathrm{gl}}+\mu_{\mathrm{gt}} \tag{7-17}$$

式中,μ_{gl} 为气相的分子黏性系数。

7.1.2 可解尺度颗粒相守恒方程

假设:①流动过程中颗粒直径和密度不变;②颗粒无化学反应。对于等温气固两相流动,瞬时颗粒相的质量和动量守恒方程如下:

$$\frac{\partial}{\partial t}(\varepsilon_{\mathrm{s}}\rho_{\mathrm{s}})+\frac{\partial}{\partial x_i}(\varepsilon_{\mathrm{s}}\rho_{\mathrm{s}}u_{\mathrm{s}i})=0 \tag{7-18}$$

$$\frac{\partial}{\partial t}(\varepsilon_{\mathrm{s}}\rho_{\mathrm{s}}u_{\mathrm{s}i})+\frac{\partial}{\partial x_j}(\varepsilon_{\mathrm{s}}\rho_{\mathrm{s}}u_{\mathrm{s}i}u_{\mathrm{s}j})=-\varepsilon_{\mathrm{s}}\frac{\partial p}{\partial x_i}+\frac{\partial p_{\mathrm{sl}}}{\partial x_i}+\frac{\partial\tau_{\mathrm{sl}j}}{\partial x_j}+\frac{\partial}{\partial x_j}\left(\xi_{\mathrm{s}}\frac{\partial u_{\mathrm{s}i}}{\partial x_j}\right)+\varepsilon_{\mathrm{s}}\rho_{\mathrm{s}}g_i+M_{\mathrm{gs}i} \tag{7-19}$$

同理,对于颗粒相,采用体积分数加权平均法,忽略过滤过程中产生的亚格子尺度相关项($\overline{\varepsilon_{\mathrm{s}}\partial p/\partial x_i}-\bar{\varepsilon}_{\mathrm{s}}\partial\bar{p}/\partial x_i$),可以得到以可解尺度为变量的颗粒相质量和动量守恒方程如下:

$$\frac{\partial}{\partial t}(\bar{\varepsilon}_{\mathrm{s}}\rho_{\mathrm{s}})+\frac{\partial}{\partial x_i}(\bar{\varepsilon}_{\mathrm{s}}\tilde{u}_{\mathrm{s}i}\rho_{\mathrm{s}})=0 \tag{7-20}$$

$$\begin{aligned}\frac{\partial}{\partial t}(\rho_{\mathrm{s}}\bar{\varepsilon}_{\mathrm{s}}\tilde{u}_{\mathrm{s}i})+\frac{\partial}{\partial x_j}(\rho_{\mathrm{s}}\bar{\varepsilon}_{\mathrm{s}}\tilde{u}_{\mathrm{s}i}\tilde{u}_{\mathrm{s}j})=&-\bar{\varepsilon}_{\mathrm{s}}\frac{\partial\bar{p}}{\partial x_i}+\frac{\partial}{\partial x_i}[(\bar{p}_{\mathrm{sl}}+p_{\mathrm{st}})]+\frac{\partial\bar{\tau}_{\mathrm{sl}ij}}{\partial x_j}\\&+\frac{\partial}{\partial x_j}[\rho_{\mathrm{s}}\bar{\varepsilon}_{\mathrm{s}}(\tilde{u}_{\mathrm{s}i}\tilde{u}_{\mathrm{s}j}-\widetilde{u_{\mathrm{s}i}u_{\mathrm{s}j}})]\\&+\frac{\partial}{\partial x_j}\left(\xi_{\mathrm{s}}\frac{\partial\tilde{u}_{\mathrm{s}i}}{\partial x_j}\right)+\bar{\varepsilon}_{\mathrm{s}}\rho_{\mathrm{s}}g_i+\overline{M}_{\mathrm{gs}i}\end{aligned} \tag{7-21}$$

式中,$\bar{\tau}_{\mathrm{sl}}$ 为颗粒相可解尺度应力;$\rho_{\mathrm{s}}\bar{\varepsilon}_{\mathrm{s}}(\tilde{u}_{\mathrm{s}i}\tilde{u}_{\mathrm{s}j}-\widetilde{u_{\mathrm{s}i}u_{\mathrm{s}j}})$ 为颗粒相亚格子应力项。

$$\tilde{\tau}_{\mathrm{st}ij}=\rho_{\mathrm{s}}\bar{\varepsilon}_{\mathrm{s}}(\tilde{u}_{\mathrm{s}i}\tilde{u}_{\mathrm{s}j}-\widetilde{u_{\mathrm{s}i}u_{\mathrm{s}j}}) \tag{7-22}$$

将颗粒相的脉动速度分解为可解尺度脉动和不可解尺度脉动，消去高阶小量。基于涡黏性假设的亚格子尺度应力张量可以表示为

$$\tilde{\tau}_{\mathrm{st}ij}=\rho_{\mathrm{s}}\bar{\varepsilon}_{\mathrm{s}}(\tilde{u}_{\mathrm{s}i}\tilde{u}_{\mathrm{s}j}-\widetilde{u_{\mathrm{s}i}u_{\mathrm{s}j}})=\mu_{\mathrm{st}}\left(\frac{\partial\tilde{u}_{\mathrm{s}i}}{\partial x_j}+\frac{\partial\tilde{u}_{\mathrm{s}j}}{\partial x_i}-\frac{2}{3}\frac{\partial\tilde{u}_{\mathrm{s}k}}{\partial x_k}\delta_{ij}\right)\tag{7-23}$$

式(7-23)右边表示由颗粒的切向应力产生的亚格子应力分量。$\tilde{\tau}_{\mathrm{st}}$表示颗粒相不可解尺度脉动和可解尺度脉动之间的动量输运，反映颗粒相脉动运动对颗粒相应力的影响。颗粒相亚格子应力模型中颗粒相亚格子黏性系数需要建立模型进行封闭。Riber 等(2009)类比气相亚格子涡黏系数方法，提出颗粒相亚格子涡黏系数计算模型如下：

$$\mu_{\mathrm{st}}=\bar{\varepsilon}_{\mathrm{s}}\rho_{\mathrm{s}}(C_{\mathrm{s}}\Delta)^2\left|\frac{\partial\tilde{u}_{\mathrm{s}i}}{\partial x_j}+\frac{\partial\tilde{u}_{\mathrm{s}j}}{\partial x_i}-\frac{2}{3}\frac{\partial\tilde{u}_{\mathrm{s}k}}{\partial x_k}\delta_{ij}\right|\tag{7-24}$$

式中，系数取为 $C_{\mathrm{s}}=0.1414$。

考虑颗粒相由不可解尺度速度脉动与可解尺度速度脉动之间的动量传递，过滤后的颗粒相压力包括由颗粒弥散和颗粒碰撞产生的压力和由亚格子尺度脉动速度雷诺应力产生的压力组成，表示如下：

$$p_{\mathrm{se}}=\bar{p}_{\mathrm{sl}}+p_{\mathrm{st}}\tag{7-25}$$

式中，p_{se}为有效颗粒相压力；$\bar{p}_{\mathrm{sl}}$为由颗粒碰撞对颗粒相压力的贡献；p_{st}为由颗粒相不可解尺度脉动和可解尺度之间的作用力传递，反映颗粒相小尺度与颗粒相宏观运动之间的动量传递。由颗粒碰撞引起颗粒相压力贡献的分量 p_{sl}可按颗粒动理学理论确定，表示如下：

$$\bar{p}_{\mathrm{sl}}=\rho_{\mathrm{s}}\bar{\varepsilon}_{\mathrm{s}}\bar{\theta}[1+2g_0\bar{\varepsilon}_{\mathrm{s}}(1+e)]\tag{7-26}$$

Igci 等(2008)提出了亚格子尺度的颗粒相压力表达式如下：

$$p_{\mathrm{st}}=1.54\varepsilon_{\mathrm{s}}\exp(-0.701|\gamma|)\rho_{\mathrm{s}}u_{\mathrm{t}}^2\tag{7-27}$$

$$|\gamma|=\frac{1}{2}\left(\left|\frac{\partial\tilde{u}_{\mathrm{s}j}}{\partial x_i}\right|+\left|\frac{\partial\tilde{u}_{\mathrm{s}i}}{\partial x_j}\right|\right)\frac{u_{\mathrm{t}}}{g}\tag{7-28}$$

式中，u_{t} 为颗粒终端速度。整理后可得可解尺度颗粒相动量守恒方程为

$$\frac{\partial}{\partial t}(\bar{\varepsilon}_{\mathrm{s}}\tilde{u}_{\mathrm{s}i}\rho_{\mathrm{s}})+\frac{\partial}{\partial x_j}(\bar{\varepsilon}_{\mathrm{s}}\tilde{u}_{\mathrm{s}i}\tilde{u}_{\mathrm{s}j}\rho_{\mathrm{s}})=-\bar{\varepsilon}_{\mathrm{s}}\frac{\partial\bar{p}}{\partial x_i}-\frac{\partial p_{\mathrm{se}}}{\partial x_i}+\frac{\partial}{\partial x_j}\left[\mu_{\mathrm{se}}\left(\frac{\partial\tilde{u}_{\mathrm{s}i}}{\partial x_j}+\frac{\partial\tilde{u}_{\mathrm{s}j}}{\partial x_i}\right)\right]+\frac{\partial}{\partial x_j}\left[\left(\xi_{\mathrm{s}}-\frac{2}{3}\mu_{\mathrm{se}}\right)\frac{\partial\tilde{u}_{\mathrm{s}i}}{\partial x_j}\delta_{ij}\right]+\bar{\varepsilon}_{\mathrm{s}}\rho_{\mathrm{s}}g_i+\bar{M}_{\mathrm{gs}i}\tag{7-29}$$

式中，μ_{se}为有效气颗粒相黏性系数，可以表示如下：

$$\mu_{\mathrm{se}}=\mu_{\mathrm{sl}}+\mu_{\mathrm{st}}\tag{7-30}$$

其中，μ_{sl}为颗粒碰撞引起能量的耗散对颗粒相应力的贡献。过滤后的颗粒相剪切黏性系数 μ_{sl}由颗粒碰撞和动力学分量两部分组成，可表示如下：

$$\mu_{\mathrm{sl}}=\frac{4}{5}\bar{\varepsilon}_{\mathrm{s}}^{2}\rho_{\mathrm{s}}d_{\mathrm{p}}g_{0}(1+e)\sqrt{\frac{\bar{\theta}}{\pi}}+\frac{10\rho_{\mathrm{s}}d_{\mathrm{p}}\sqrt{\pi\bar{\theta}}}{96(1+e)\bar{\varepsilon}_{\mathrm{s}}g_{0}}\left[1+\frac{4}{5}g_{0}\bar{\varepsilon}_{\mathrm{s}}(1+e)\right]^{2} \tag{7-31}$$

式中，g_0 为颗粒径向分布函数，按式(7-32)计算：

$$g_{0}=\left[1-\left(\frac{\bar{\varepsilon}_{\mathrm{s}}}{\varepsilon_{\mathrm{s,max}}}\right)^{1/3}\right]^{-1} \tag{7-32}$$

7.1.3　可解尺度颗粒拟温度方程

气体颗粒两相流中颗粒间相互碰撞和颗粒与气体湍流相互作用产生了颗粒的随机运动。在低颗粒浓度下气体湍流产生的颗粒脉动起主导作用，而在高颗粒浓度下颗粒间相互碰撞产生的颗粒脉动起主要作用。瞬时颗粒拟温度方程为

$$\begin{aligned}\frac{3}{2}\left[\frac{\partial}{\partial t}(\alpha_{\mathrm{s}}\theta\rho_{\mathrm{s}})+\frac{\partial}{\partial x_{j}}(\varepsilon_{\mathrm{s}}u_{\mathrm{s}j}\theta\rho_{\mathrm{s}})\right]=&\left[-p_{\mathrm{sl}}\delta_{ij}+\mu_{\mathrm{se}}\left(\frac{\partial u_{\mathrm{s}i}}{\partial x_{j}}+\frac{\partial u_{\mathrm{s}j}}{\partial x_{i}}\right)\right.\\&\left.+\left(\xi_{\mathrm{s}}-\frac{2}{3}\mu_{\mathrm{se}}\right)\delta_{ij}\frac{\partial u_{\mathrm{s}i}}{\partial x_{i}}\right]\frac{\partial u_{\mathrm{s}i}}{\partial x_{j}}+\frac{\partial}{\partial x_{j}}\left(k_{\mathrm{sl}}\frac{\partial\theta}{\partial x_{j}}\right)\\&-\gamma_{\mathrm{s}}+\phi_{\mathrm{s}}+D_{\mathrm{gs}}\end{aligned} \tag{7-33}$$

考虑标量亚格子输运具有线性梯度，对颗粒拟温度输运方程进行空间网格尺度过滤，得到

$$\begin{aligned}\frac{3}{2}\left[\frac{\partial}{\partial t}(\rho_{\mathrm{s}}\bar{\varepsilon}_{\mathrm{s}}\bar{\theta})+\frac{\partial}{\partial x_{j}}(\rho_{\mathrm{s}}\bar{\varepsilon}_{\mathrm{s}}\tilde{u}_{\mathrm{s}j}\bar{\theta})\right]=&\left[-p_{\mathrm{se}}\delta_{ij}+\mu_{\mathrm{se}}\left(\frac{\partial\tilde{u}_{\mathrm{s}i}}{\partial x_{j}}+\frac{\partial\tilde{u}_{\mathrm{s}j}}{\partial x_{i}}\right)\right.\\&\left.+\left(\xi_{\mathrm{s}}-\frac{2}{3}\mu_{\mathrm{se}}\right)\delta_{ij}\frac{\partial\tilde{u}_{\mathrm{s}i}}{\partial x_{i}}\right]\frac{\partial\tilde{u}_{\mathrm{s}i}}{\partial x_{j}}\\&+\frac{\partial}{\partial x_{j}}\left(k_{\mathrm{sl}}\frac{\partial\bar{\theta}}{\partial x_{j}}\right)+\frac{3}{2}\frac{\partial}{\partial x_{j}}\left[\bar{\varepsilon}_{\mathrm{s}}\rho_{\mathrm{s}}(\tilde{u}_{\mathrm{s}j}\bar{\theta})-\bar{\varepsilon}_{\mathrm{s}}\rho_{\mathrm{s}}(\overline{u_{\mathrm{s}j}\theta})\right]\\&-\bar{\gamma}_{\mathrm{s}}+\bar{\phi}_{\mathrm{s}}+\bar{D}_{\mathrm{gs}}\end{aligned} \tag{7-34}$$

式中，k_{sl}为颗粒相可解尺度碰撞能传递系数，它是由颗粒碰撞引起的能量交换。$\rho_{\mathrm{s}}(\bar{\varepsilon}_{\mathrm{s}}\tilde{u}_{\mathrm{s}j}\bar{\theta}-\bar{\varepsilon}_{\mathrm{s}}u_{\mathrm{s}j}\bar{\theta})$表示亚格子尺度颗粒湍动能输运。将脉动量分解为可解尺度脉动和不可解尺度脉动，消去高阶小量，类比气相亚格子涡扩散模型，根据标量亚格子输运具有线性梯度形式，得到

$$\frac{3}{2}\rho_{\mathrm{s}}(\bar{\varepsilon}_{\mathrm{s}}\tilde{u}_{\mathrm{s}j}\bar{\theta}-\bar{\varepsilon}_{\mathrm{s}}\overline{u_{\mathrm{s}j}\theta})=\frac{3}{2}\frac{\mu_{\mathrm{st}}}{\sigma_{\mathrm{s}}}\frac{\partial\bar{\theta}}{\partial x_{j}}=k_{\mathrm{st}}\frac{\partial\bar{\theta}}{\partial x_{j}} \tag{7-35}$$

式中，k_{st}为颗粒相亚格子尺度碰撞能传递系数，按式(7-36)计算：

$$k_{\mathrm{st}}=\frac{3}{2}\frac{\mu_{\mathrm{st}}}{\sigma_{\mathrm{s}}} \tag{7-36}$$

式中，系数 σ_{s} 为 0.7。整理后得到可解尺度颗粒拟温度方程为

$$\frac{3}{2}\left[\frac{\partial}{\partial t}(\rho_s\bar{\varepsilon}_s\bar{\theta})+\frac{\partial}{\partial x_i}(\rho_s\bar{\varepsilon}_s\tilde{u}_{si}\bar{\theta})\right]=\left[-p_{se}\delta_{ij}+\mu_{se}\left(\frac{\partial\tilde{u}_{si}}{\partial x_j}+\frac{\partial\tilde{u}_{sj}}{\partial x_i}\right)+\left(\xi_s-\frac{2}{3}\mu_{se}\right)\delta_{ij}\frac{\partial\tilde{u}_{si}}{\partial x_i}\right]\frac{\partial\tilde{u}_{si}}{\partial x_j}+\frac{\partial}{\partial x_j}\left(k_{se}\frac{\partial\bar{\theta}}{\partial x_j}\right)-\bar{\gamma}_s+\bar{\phi}_s+\bar{D}_{gs} \quad (7\text{-}37)$$

式中，k_{se}为颗粒相有效热传导系数，由颗粒相可解尺度碰撞能传递系数和颗粒相亚格子尺度碰撞能传递系数两部分组成，表示如下：

$$k_{se}=k_{sl}+k_{st} \quad (7\text{-}38)$$

式中，k_{sl}为可解尺度颗粒相碰撞能传递系数，由碰撞和动力学两部分组成，可按颗粒动理学理论确定：

$$k_{sl}=\frac{75}{384(1+e)g_0}\rho_s d_p\sqrt{\pi\bar{\theta}}\left[1+\frac{6}{5}(1+e)g_0\bar{\varepsilon}_s\right]^2+2\bar{\varepsilon}_s^2\rho_s d_p g_0(1+e)\sqrt{\frac{\bar{\theta}}{\pi}} \quad (7\text{-}39)$$

方程(7-37)等号左边分别表示过滤后脉动能的非稳态项和对流项，右边等号第一项表示过滤后脉动能的产生项，第二项表示脉动能的扩散项，第三项表示由颗粒与颗粒之间非弹性碰撞产生的耗散项，第四项表示由相间动量输运产生脉动能相间相互作用，最后一项表示气体脉动能和颗粒脉动能之间的交换。为简化计算，不考虑不可解尺度对颗粒相能量耗散和气体-颗粒能量交换的影响，以可解尺度为变量的颗粒相脉动能耗散 $\bar{\gamma}_s$ 可表示如下：

$$\bar{\gamma}_s=3(1-e^2)\bar{\varepsilon}_s^2\rho_s g_0\bar{\theta}\left(\frac{4}{d_p}\sqrt{\frac{\bar{\theta}}{\pi}}-\frac{\partial\tilde{u}_{si}}{\partial x_j}\right) \quad (7\text{-}40)$$

单位体积能量耗散率 $\bar{D}_{gs}$为

$$\bar{D}_{gs}=\frac{d_p\rho_s}{4\sqrt{\pi\bar{\theta}}}\left(\frac{18\mu_g}{d_p^2\rho_s}\right)^2|\tilde{u}_g-\tilde{u}_s|^2 \quad (7\text{-}41)$$

气相与颗粒相脉动能量交换 $\bar{\phi}_s$ 为

$$\bar{\phi}_s=-3\beta_e\bar{\theta} \quad (7\text{-}42)$$

7.2　提升管内气固两相流动过程

对提升管内气固两相流动过程进行数值模拟。Knowlton 等(1995)进行提升管内颗粒流率的测量。提升管高度和直径分别为 14.2m 和 0.2m。循环物料采用 FCC 颗粒，粒径和密度分别是 76μm 和 1712kg/m^3，颗粒碰撞弹性恢复系数为 0.9。

采用气相大涡模拟-固相大涡模拟计算模型，进行气固提升管内流动与反应的数值模拟。图 7-1 给出了进口气体速度为 5.2m/s、颗粒流率为 489kg/(m^2·s)时提升管内瞬时颗粒浓度分布。从图中可以看出，提升管内颗粒呈现下浓上稀、边壁浓、中间稀的不均匀分布，在边壁区域出现了明显的颗粒聚团。在颗粒浓度较低的中心区域，出现束丝状的颗粒聚团。由于瞬时壁面附近向下运动的颗粒与向上运动的颗粒发生碰撞作用，根据能量守恒原理，对撞后的颗粒将在壁面附近的区域出现大量颗粒团聚。

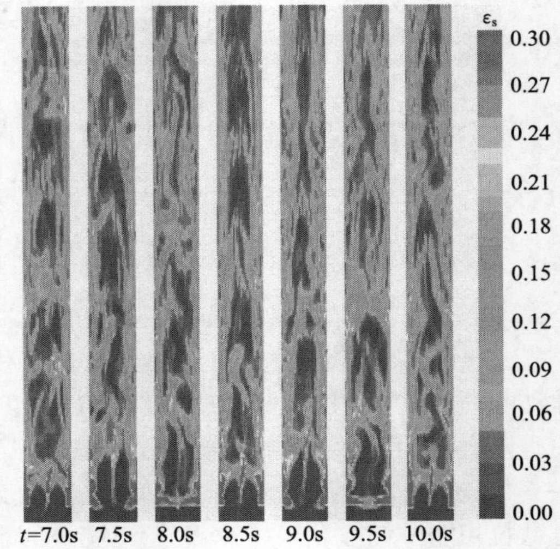

图 7-1　提升管内瞬时颗粒浓度分布(尹丽洁，2010)

图 7-2 表示模拟得到的表观颗粒密度分布与 Knowlton 等(1995)实测结果的对比。表观颗粒密度为颗粒浓度与颗粒密度的乘积。由于颗粒密度是常数，表观颗粒密度实际上反映的是颗粒浓度分布。从图中可以看出，试验和模拟结果均表

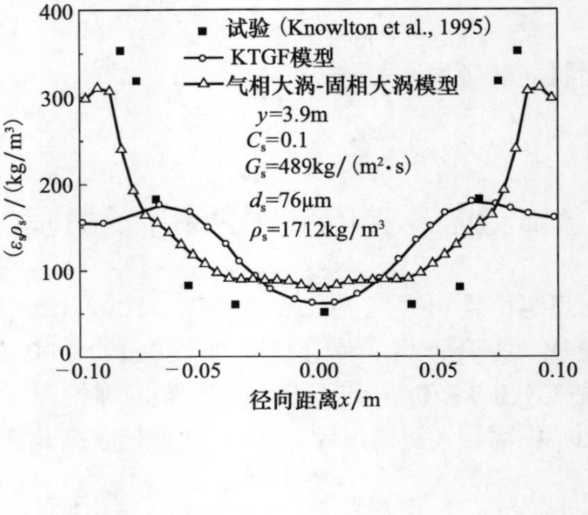

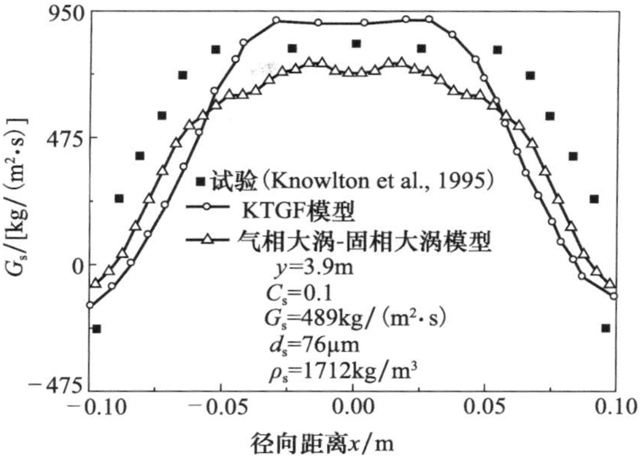

图 7-2　模拟与实测表观颗粒密度和颗粒流率比较(尹丽洁,2010)

明床层中表观颗粒密度呈现中间低边壁高的分布趋势,模拟结果与试验结果基本吻合。由图可见,在床层的中心区域,模拟结果比较平缓,表明床层中心区域沿径向颗粒分布比较均匀。在边壁区域模拟得到的颗粒表观颗粒密度高于按照颗粒动理学理论模拟的结果。总体来说,模拟结果所描述的提升管内表观颗粒密度分布更接近于试验值。

模拟颗粒流率分布与试验结果的对比表明,在提升管中心颗粒流率为正表示颗粒向上运动,在壁面区域颗粒流率为负表示颗粒向下运动。颗粒流率呈现中间高边壁低,并且壁面处颗粒向下流动的非均匀环-核流动结构。与试验结果相比,颗粒流率分布较试验值偏低,在壁面处高于试验值。结合图 7-2 可以发现,在床层中心区域颗粒向上运动的速度较试验值偏小,在壁面处颗粒向下运动的速度较试验值偏高。图中同时给出了按颗粒动理学方法的模拟结果。由图可见,在床层的中心区域,颗粒动理学方法的模拟结果高于试验值,而按过滤尺度模型的模拟结果略为低于试验值,这是因为考虑了颗粒相亚格子黏性系数后,颗粒相的黏性系数增加,中心区域颗粒浓度偏高、颗粒向上运动速度偏小。在边壁区域,过滤尺度模型的模拟结果更接近试验值。

图 7-3 表示时均颗粒黏性系数随颗粒浓度的变化。由图可见,颗粒相黏性系数 μ_{sl} 随颗粒浓度的增加而增加。可解尺度颗粒相剪切黏性系数由两部分组成:动力学分量和碰撞分量。在动力学分量中,可解尺度颗粒相黏性系数正比于颗粒浓度的 1/3 次方。在碰撞分量中,可解尺度颗粒相黏性系数随着颗粒碰撞次数的增加而增加。可解尺度颗粒相黏性系数在颗粒浓度在 0.1～0.3 比较分散,表明在同一颗粒浓度下,提升管中不同位置处的颗粒碰撞频率不同。在边壁区域不断有向下流动的颗粒聚团与向上运动的颗粒聚团发生碰撞作用,使得颗粒之间的碰撞频率增加。若颗粒聚团单独向上运动或者向下运动,没有与其他聚团发生碰撞作用,

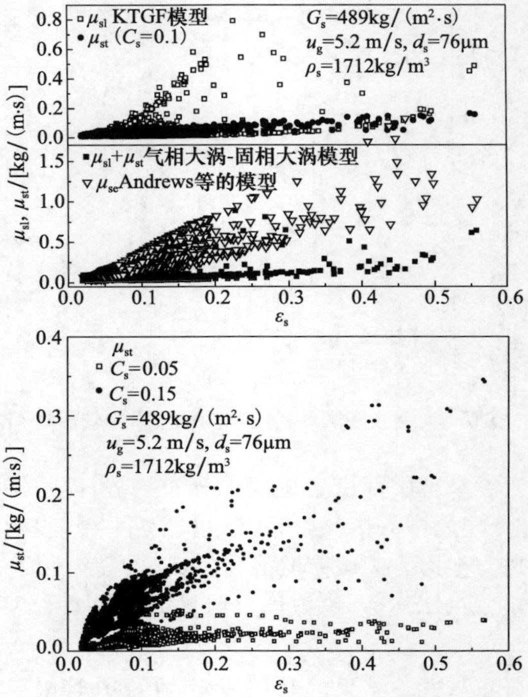

图 7-3 颗粒黏性系数与颗粒浓度和系数 C_s 的关系(尹丽洁,2010)

则颗粒之间碰撞频率会降低。正是颗粒聚团的形成和破碎改变了颗粒之间碰撞频率,造成在相同颗粒浓度下颗粒相黏性系数不同。颗粒相亚格子尺度黏性系数随着颗粒浓度的增加先增加,随后逐渐趋于平缓。这是因为随着颗粒浓度的增加,颗粒应变率张量减小。Andrews 等(2005)给出颗粒相黏性系数公式如下:

$$\mu_{se}=\begin{cases}(0.0121|\gamma|^3-0.0606|\gamma|^2+0.0314|\gamma|)\dfrac{\varepsilon_s\rho_s u_t^2}{3.98}, & |\gamma|<2.45\\ 0.00546\varepsilon_s\rho_s u_t^2, & |\gamma|\geqslant 2.45\end{cases} \tag{7-43}$$

由图可见,采用亚格子模型修正后的颗粒相黏性系数低于方程(7-43)的计算值。

模型系数 C_s 对颗粒相黏性系数有一定影响。颗粒相有效黏性系数由颗粒相可解尺度黏性系数和颗粒相亚格子尺度黏性系数组成。由方程(7-31)可知,颗粒相可解尺度黏性系数随着颗粒浓度的降低而减小。由方程(7-24)可知,颗粒相亚格子尺度黏性系数随颗粒浓度的增加而减小。随着模型系数 C_s 增加,提升管中的颗粒浓度降低,颗粒相可解尺度黏性系数减小,颗粒相亚格子尺度黏性系数增加。颗粒相有效黏性系数随着模型系数 C_s 增加而增加,特别在低颗粒浓度区增加的幅度更大些。这表明在低颗粒浓度区，颗粒相亚格子尺度黏性系数对颗粒相有效黏性系数的影响更大。

图 7-4 表示颗粒相碰撞能传递系数和固相压力随颗粒浓度的变化。颗粒相有效碰撞能传递系数由按照颗粒动理学确定的颗粒相可解尺度碰撞能传递系数和亚格子尺度颗粒相碰撞能传递系数两部分组成。可解尺度颗粒相碰撞能传递系数随颗粒浓度的增加而逐渐增加。在颗粒浓度为 0.1～0.3 时可解颗粒相碰撞能传递系数比较分散，是颗粒聚团的运动所造成的。由方程(7-36)可见，颗粒相亚格子尺度碰撞能传递系数随颗粒浓度的变化趋势与亚格子颗粒相黏性系数随颗粒浓度的变化趋势一致，随着颗粒浓度的增加先增加随后趋于平缓。

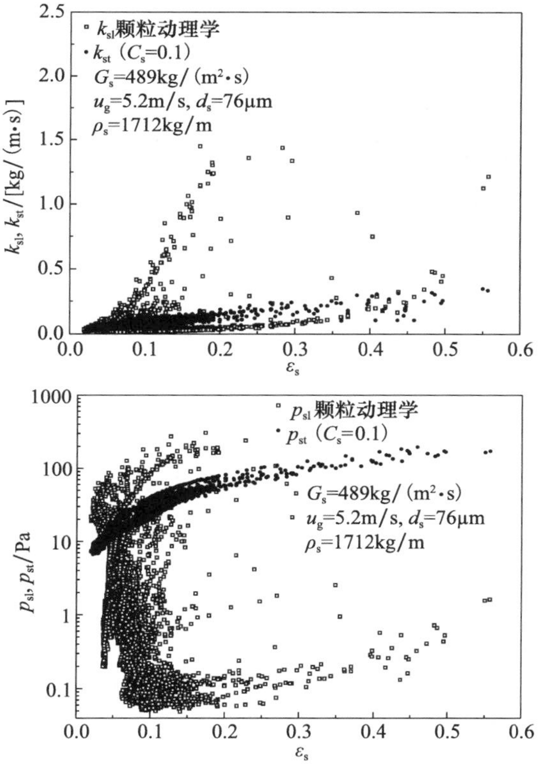

图 7-4　颗粒相碰撞能传递系数和颗粒相压力与浓度的关系(尹丽洁，2010)

颗粒相压力由可解尺度颗粒压力和亚格子尺度颗粒压力所组成。颗粒相可解尺度压力随颗粒浓度的增加先增大，达到最大值后逐渐减小。由方程(7-27)可知，颗粒相亚格子尺度压力与颗粒浓度成正比，因此颗粒相亚格子尺度压力随颗粒浓度的增加而逐渐增加。

基于方程(7-27)用于鼓泡流化床的数值模拟如图 7-5 所示。由图可见,模拟中床内无气泡生成,床内气体与颗粒呈现均匀分布,床层均匀膨胀,流化床内颗粒呈现散式流态化的特性,与实际的气固聚式流态化表现出不同的流化特性。值得注意,方程(7-27)是基于细颗粒流态化的细网格模拟获得的计算方程(Igci et al.,2008)。当采用颗粒直径和密度分别是 75μm 和 1500kg/m^3 时,由方程(7-27)计算得到的颗粒相压力与颗粒浓度之间的关系如图 7-6 所示,颗粒相压力随颗粒浓度的增加而增加,当颗粒浓度为 0～0.6 时,颗粒相压力为 1.0～70.0Pa。若采用颗粒直径 310μm 和密度为 2500kg/m^3 时,由方程(7-27)得到的颗粒相压力为 200.0～10000.0Pa,明显高于 Campbell 等(1991)试验测得颗粒相压力为 1.0～200.0Pa,由此推测按方程(7-27)预测颗粒拟温度将远远高于实测流化床内颗粒拟温度的范围。

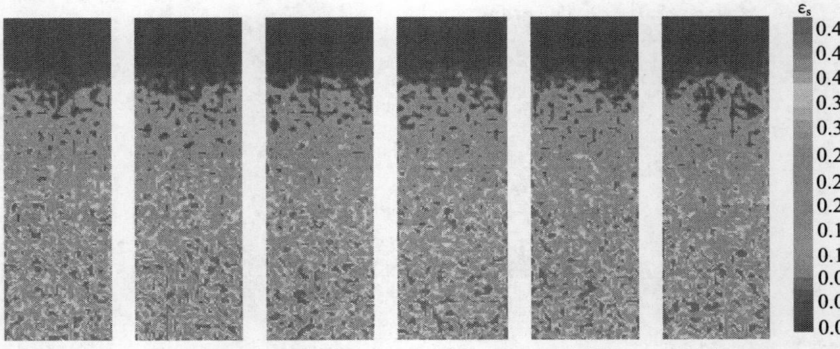

图 7-5　鼓泡床内瞬时颗粒浓度分布(Yin et al.,2010)

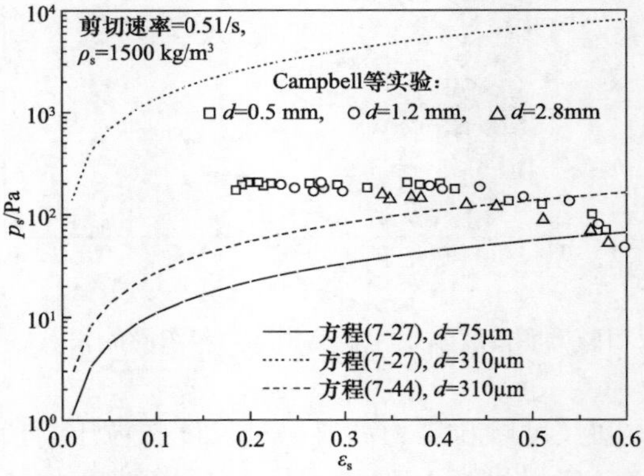

图 7-6　颗粒相压力与颗粒浓度的关系(Yin et al.,2010)

由方程(7-27)可知，颗粒相压力与颗粒终端速度 u_t 的平方成正比。随着颗粒直径增加，颗粒终端速度增大，颗粒相压力就增大。对于一定大小的颗粒，当操作气体速度达到临界流化速度后，床层进入鼓泡流化状态，此时颗粒运动与临界流化速度有关。鼓泡流化床内颗粒的运动速度接近于最小流化速度。因此，颗粒相压力应与临界流化速度 u_{mf} 相关。以临界流化速度 u_{mf} 替代颗粒终端速度 u_t，则方程(7-27)变为(Wang et al.，2011b)：

$$p_{st}=1.54\varepsilon_s\exp(-0.701|\gamma|)\rho_s u_{mf}^2 \tag{7-44}$$

$$|\gamma|=\frac{1}{2}\left(\left|\frac{\partial\widetilde{u}_{sj}}{\partial x_i}\right|+\left|\frac{\partial\widetilde{u}_{si}}{\partial x_j}\right|\right)\frac{u_{mf}}{g} \tag{7-45}$$

基于方程(7-44)预测的瞬时颗粒浓度分布如图 7-7 所示。由图可见，气泡在底部布风板处开始生成，在向上运动穿过床层的过程中，气泡之间不断地发生聚并。同时体积较大的气泡不断破裂，气固相间发生强烈的动量交换，导致气体和颗粒流动呈现出不稳定的状态。高浓度颗粒区域主要出现于壁面附近。这表示气泡沿床中心区域向上运动。径向颗粒运动与气体表观速度有关，增加进口气体速度可以加快床中心区域气泡的运动。气泡上升的路径优先选择的是颗粒浓度较低的中心区域，使得中心区域的颗粒被气泡携带逐渐上升、壁面附近的颗粒向下运动，构成床内颗粒循环。

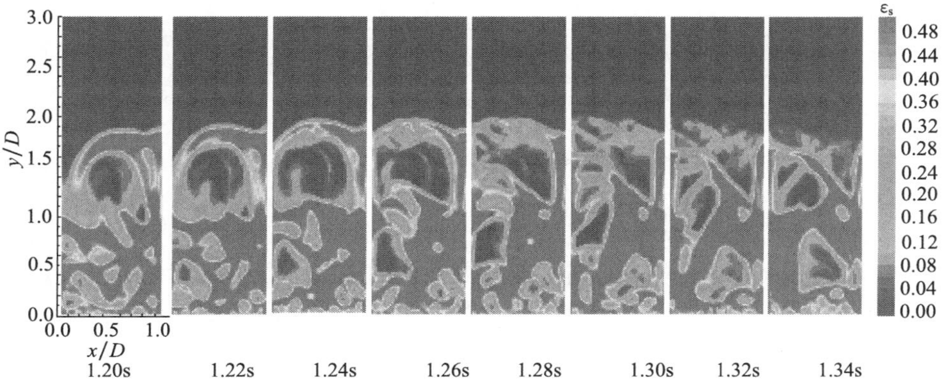

图 7-7　鼓泡床内瞬时颗粒浓度分布(Yin et al.，2010)

7.3　化学链反应器气固两相流动

化学链燃烧(chemical-looping combustion，CLC)系统主要由氧化反应器(空气反应器)和还原反应器(燃料反应器)耦合而成，其基本原理是通过载氧剂的传递作用，将燃料与空气分开，分解为空气与载氧剂的氧化反应和燃料与载氧剂的还原反应，能量释放机理是无焰化学反应。该系统是消除燃料燃烧过程中燃料型 NO_x 的生成，控制热力型 NO_x 产生和回收 CO_2 的新途径。

采用气体大涡模拟方法，结合方程(7-27)用于空气反应器和方程(7-44)用于还原反应器的模拟。图 7-8 表示化学链反应器内不同时刻的瞬时颗粒浓度分布。化学链反应器由空气反应器、分离器、燃料反应器和溢流装置四部分组成。空气反应器高和直径分别是 1.9m 和 0.19m，底部为空气均匀入口；燃料反应器高和直径分别是 0.5m 和 0.19m；底部为燃料气体均匀入口；顶部设为压力出口；溢流装置高和直径分别是 0.15m 和 0.14m；底部为气体均匀入口；连接导管直径是 0.04m。颗粒直径和密度分别是 150μm 和 2600kg/m^{3}s，颗粒的弹性恢复系数是 0.9，模型系数 C_s 取 0.1。

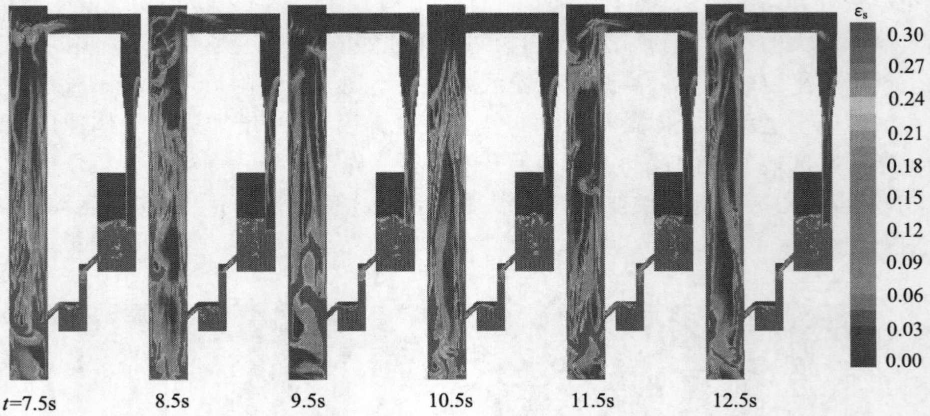

图 7-8 化学链反应器瞬时颗粒浓度分布(Wang et al.，2011a)

化学链反应器瞬时颗粒浓度分布如图 7-8 所示。载氧剂颗粒从空气反应器被流化，在气流的作用下向上流动进入分离器。经过分离器分离后返回燃料反应器，再从燃料反应器经导管进入溢流装置，最后从溢流装置经导管进入空气反应器，完成一个颗粒外循环过程。在空气反应器中，颗粒呈现下浓上稀、边壁浓中间稀的非均匀分布结构。在燃料反应器中，颗粒从分离器进入燃料反应器，流化形成气泡。受颗粒流化的影响，燃料气体进入燃料反应器后，向与进入方向的反向偏移，加剧了燃料反应器中径向非均匀性。溢流装置是为了防止空气反应器和燃料反应器中气体相互窜气而设置的。

在燃料流化床内载氧剂颗粒流化过程中，部分过量气体以气泡方式通过床层。床层空隙率保持接近于初始流化的空隙率 ε_{mf}。对于气泡上升速度大于气体速度的快速(或大的)气泡，气体由气泡底部进入、顶部离去。然而，这部分气体又被扫下并返回至气泡。气泡周围被这一循环气体所渗透的区域称为气泡晕。床中其他部分的气体并不与再循环气体混合，只是在快速气泡和其气泡晕通过时向旁侧运动。相反，对于气泡上升速度小于气体速度的慢速（或小的）气泡，气体渗过乳化相向上运动的速度比气泡快，因此气体通过燃料流化床层时利用气泡作为方便的捷径，气体由气泡的底部进入，由顶部离开。然而，在气泡表面有一气体环随着气泡循环，并伴随气泡一起向上运动。

假定：①气泡中不含固体颗粒，气泡为球形；②气泡上升时颗粒向两侧运动，乳化相视为具有密度为$(1-\varepsilon_{mf})$的不可压缩非黏性流体。稳态平面流动时颗粒质量守恒方程表示如下（Gidaspow，1994；Jackson，2000）：

$$\frac{\partial \rho_b u_s}{\partial x}+\frac{\partial \rho_b v_s}{\partial y}=0 \tag{7-46}$$

式中，$\rho_b=\varepsilon_s\rho_s$ 是固相体积密度。固相流函数可以表示为

$$\rho_b u_s=\frac{\partial \psi_s}{\partial y}\ 和\ \rho_b v_s=-\frac{\partial \psi_s}{\partial x} \tag{7-47}$$

取颗粒速度矢量的旋度为固相涡量，平面流动时有

$$\zeta_s=\frac{\partial \rho_b v_s}{\partial x}-\frac{\partial \rho_b u_s}{\partial y}=-\nabla^2\psi_s \tag{7-48}$$

由气固两相混合物动量守恒方程可知，当 $\varepsilon_g\rho_g\ll\varepsilon_s\rho_s$ 时气固混合物动量守恒方程可以简化为

$$\varepsilon_s\rho_s\frac{\partial u_s}{\partial t}=-\nabla p-\rho_m g \tag{7-49}$$

假设流体动力压力为

$$p_d=p-\rho_{m0}g \tag{7-50}$$

式中，$\rho_{m0}g$ 为气固混合物静止状态下的重力。这样，气固混合物动量守恒方程为

$$\varepsilon_{s0}\rho_s\frac{\partial u_s}{\partial x}=-\nabla p_d-\rho_s g(\varepsilon_s-\varepsilon_{s0}) \tag{7-51}$$

结合方程(7-48)可以得到流化床内固相涡量输运方程如下：

$$\frac{\partial \zeta_s}{\partial t}+u_s\frac{\partial \zeta_s}{\partial x}+v_s\frac{\partial \zeta_s}{\partial y}=\frac{g}{\varepsilon_{s0}}\frac{\partial \varepsilon_s}{\partial y} \tag{7-52}$$

该式表明，在流化床内颗粒浓度梯度使得床内颗粒流动过程中产生旋转运动。特别当床内无颗粒浓度梯度时（如临界流化状态），初始无颗粒旋转，颗粒流动将维持无旋转的流动过程，固相速度势函数为

$$0=\iint\left(\frac{\partial v_s}{\partial x}-\frac{\partial u_s}{\partial y}\right)\mathrm{d}x\mathrm{d}y=\oint(u_s\mathrm{d}x+v_s\mathrm{d}y)=\oint\mathrm{d}\phi_s=\int\left(\frac{\partial \phi_s}{\partial x}\mathrm{d}x+\frac{\partial \phi_s}{\partial y}\mathrm{d}y\right) \tag{7-53}$$

可以得到

$$u_s = \frac{\partial \phi_s}{\partial x}, \quad v_s = \frac{\partial \phi_s}{\partial y} \tag{7-54}$$

床内颗粒流动无旋的固相质量守恒方程可以转换为固相势函数方程：

$$\nabla^2 \phi_s = 0 \tag{7-55}$$

满足拉普拉斯方程，由边界条件确定势函数。气泡流动中，在距离气泡足够远处，速度势函数为气泡速度 u_b；在气泡表面，气体和颗粒相对速度 v_r 为零。上述速度边界条件表述如下：

$$v_s = \frac{\partial \phi_s}{\partial y} = u_b, \quad r = \infty \tag{7-56}$$

$$v_r = \frac{\partial \phi_s}{\partial r} = 0, \quad r = r_b \tag{7-57}$$

方程(7-55)的解为

$$\phi_s = u_b \cos\theta \left(r + \frac{r_b^3}{2r^2} \right) \tag{7-58}$$

同理，在距离气泡足够远处，压力梯度为床层物料重量；在气泡表面，气体压力为常数。速度边界条件表述如下：

$$\frac{\partial p}{\partial y} = -g\varepsilon_s \rho_s, \quad r = \infty \tag{7-59}$$

$$\frac{\partial p}{\partial r} = -\beta u_0 \cos\theta, \quad r = r_b \tag{7-60}$$

拉普拉斯方程的解为

$$\frac{p - p_b}{\beta u_0} = \cos\theta \left(r - \frac{r_b^3}{r^2} \right) \tag{7-61}$$

该式微分得到在气泡范围内的压力梯度，其值应该等于气相动量守恒方程的气体压力梯度，即

$$\beta u_0 \cos\theta \left(1 + \frac{2r_b^3}{r^3} \right) = -\frac{\partial p}{\partial r} = -\beta (u_s - u_g) \tag{7-62}$$

对颗粒速度势函数方程(7-58)微分给出颗粒速度为

$$v_s = -u_b \cos\theta \left(1 - \frac{r_b^3}{r^3} \right) \tag{7-63}$$

联立方程(7-62)和方程(7-63)，得到气体速度为

$$u_g = \cos\theta \left[\frac{r_b^3}{r^3} (u_b + 2u_0) - (u_b - u_0) \right] \tag{7-64}$$

假设气体速度为零所在的半径 r 为气泡晕半径 r_c，由方程(7-64)得到气泡晕半径为

$$r_c = r_b \left(\frac{u_b + 2u_0}{u_b - u_0} \right)^{\frac{1}{3}} \tag{7-65}$$

即气泡晕尺寸与气泡尺寸和气泡上升速度密切相关。

图 7-9 给出了空气提升管反应器和燃料提升管反应器内瞬时颗粒浓度的分布。初始阶段,空气反应器、燃料反应器以及分离器和溢流装置都充填了含有金属载氧体的物料。随着空气和燃料进入反应器,床内物料开始被流化。在空气提升管反应器底部,颗粒浓度较高;随着高度增加,浓度逐渐降低。中心区域颗粒向上流动,壁面有颗粒聚团出现。颗粒被气体带入分离器中被分离。在重力作用下通过溢流装置送入燃料提升管反应器中部区。由于燃料提升管反应器内颗粒浓度同样呈现出下浓上稀和中间浓边壁稀的非均匀分布。燃料提升管反应器中部分颗粒被气体携带到反应器顶部,经分离器分离后,通过溢流装置送回底部,另一部分颗粒将通过与空气提升管反应器相连的溢流装置送回空气提升管反应器,再次完成载氧流动和反应过程。

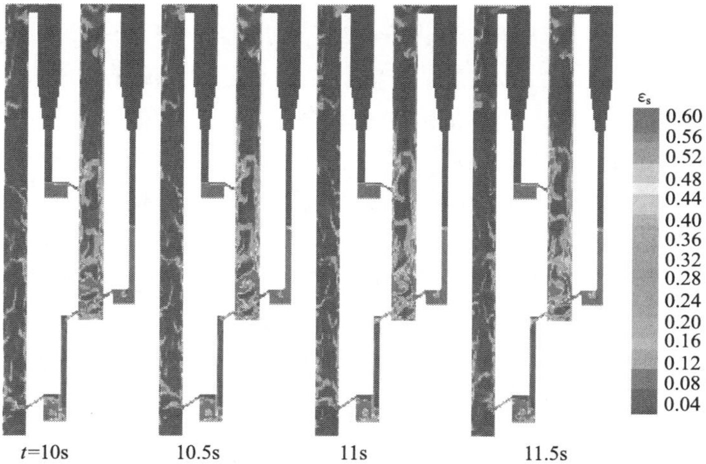

图 7-9　空气提升管和燃料提升管反应器内瞬时颗粒浓度分布(Wang et al. ,2012)

图 7-10 给出了空气提升管反应器和燃料提升管反应器内气相压力沿轴向的分布。气相压力分布是颗粒浓度分布一个很好的表征。可以看出试验与模拟所得到的压力轴向分布的趋势基本一致。对于燃料提升管反应器,随着高度的增加,压力急剧下降。在反应器顶部,变化幅度明显减小。这是由于反应器顶部区域颗粒处于稀相区,颗粒浓度沿轴向差异较小。在燃料提升管反应器中,压力变化缓慢,最低点发生在分离器出口处。空气提升管反应器中气体压力沿床高呈现出指数衰减分布,这表明颗粒浓度沿轴向是逐渐降低的。相比燃料提升管反应器,空气提升管反应器中压力偏低,这是由于燃料提升管反应器中颗粒浓度较高。空气提升管反应器与燃料提升管反应器之间的压差对颗粒循环速率会产生影响,同时压力平衡对于化学链系统的气体泄漏问题至关重要。通过调节溢流装置的流化速率可以减少反应器之间的流阻,控制系统的颗粒循环流率。

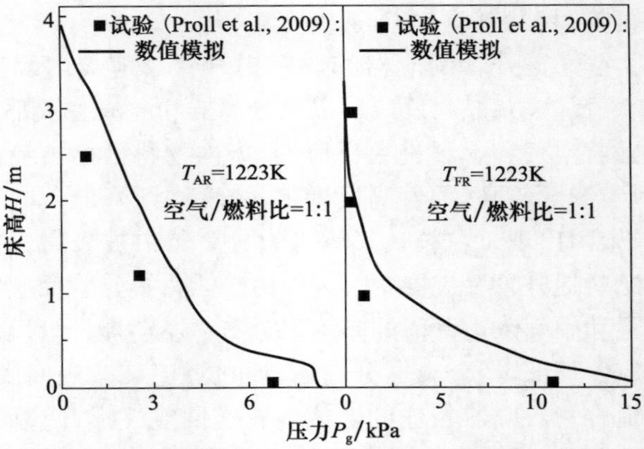

图 7-10 空气提升管和燃料提升管反应器内气相压力的轴向分布(Wang et al.,2012)

图 7-11 表示空气提升管和流化床燃料反应器系统内瞬时颗粒浓度的分布。由于燃料反应器、溢流装置和空气反应器下端都是由鼓泡流化床所构成的，随着气体进入提升管反应器，床内颗粒呈现流化状态。由于空气提升管反应器中气速较高，床中颗粒和空气形成了强烈的混合。颗粒被流化气体输送到位于上部的提升管中。可以发现，在提升管的壁面处局部的高浓度颗粒聚团不断生成。随后，颗粒通过分离器分离后进入燃料反应器。流化床燃料反应器气速较小，可以观察到床内气泡的运动过程。气泡在气体燃料进口处形成，伴随着长大和聚并通过床层，最后在床层表面发生破裂。在整个气体和颗粒流动过程中，气泡与颗粒不断混合。颗粒又通过溢流装置返回空气提升管反应器中，进而完成载氧体颗粒的循环。

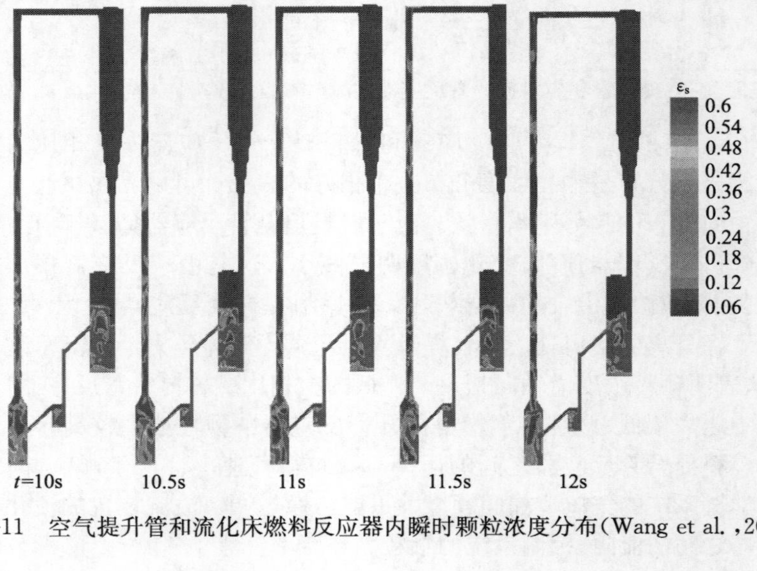

图 7-11 空气提升管和流化床燃料反应器内瞬时颗粒浓度分布(Wang et al.,2012)

7.4　稠密气固周期撞击流

气固两相射流既有工程应用背景，又有理论研究价值，是一种独特的气固两相流动过程。撞击流是利用射流技术，两股气固两相射流以恒定速度相互高速流动撞击，结果在两股射流之间形成一个高度湍动的撞击区。气流在撞击面上轴向速度趋于零并转为径向流动。颗粒可借惯性渗入反向流并在开始渗入的瞬间两相之间的相对速度达到极大值。随后在摩擦阻力作用下减速直到轴向速度衰减为零。随后又被反向射流加速向撞击区运动，并可能再次渗入原来射流中。于是，撞击区高度湍动和大的气固相对速度提供了极佳的传递条件。试验和理论证明：撞击流是强化相间传递尤其是外扩散控制的传递过程最有效的方法之一，传递系数可比一般方法提高数倍到十几倍。撞击流造成的另一结果是极大地促进气体和颗粒混合，尤其是微观混合作用。

通常，撞击流是在射流速度恒定的条件下一种特殊的流动结构，它是在过撞击点平分线垂线正、反方向上具有一定动量通量的两股包含或不包含分散相的连续流体相互流动撞击的流动结构，形成的撞击区是确定的。同时，在两股射流的撞击区形成局部高浓度颗粒相。当撞击流的射流速度为周期性变化时，形成了周期性撞击流。两股射流的撞击区是周期性变化，撞击区形成的高浓度颗粒聚团同样是时空周期性变化。时空周期性变化的撞击区将更有助于气固混合，改善传热传质和反应过程。

采用气相大涡模拟-固相亚格子尺度模型数值模拟气固周期性射流撞击流动。图 7-12 表示在一个周期(T)内气固两相周期性撞击流的瞬时颗粒浓度和气体速度的变化。颗粒直径和颗粒密度分别是 0.04mm 和 1500kg/m^3，圆柱直径和高度分别是 1740mm 和 2550mm。左右喷口气体和颗粒进口速度条件为

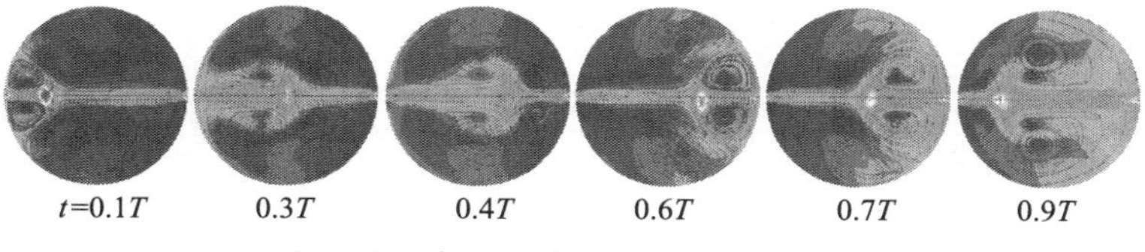

图 7-12　瞬时颗粒浓度和气体速度流线

$u_{g0}=u_{s0}=14.5\text{m/s}, u_{gm}=u_{sm}=5.0\text{m/s}, \varepsilon_s=0.0136, f=0.25\text{Hz}$

$$u_{\text{left}}=u_m\sin\left(2\pi ft-\frac{\pi}{2}\right)+u_0,\quad u_{\text{right}}=u_m\sin\left(2\pi ft+\frac{\pi}{2}\right)+u_0 \tag{7-66}$$

式中，f 为频率；t 为时间。在一定射流周期内，气体和颗粒从左侧逐渐朝右侧推进，达到一定距离后，再由右侧朝左侧运动，完成一个周期的撞击射流流动过程。因此，在气流撞击区气体和颗粒受两个对冲射流的影响，即在一段时间按右喷口速

度变化而流动，另一时间段按左喷口速度而变化。左右射流对冲形成的对冲点将随射流速度的变化而左右移动，该点的速度降至最低。

随着气固两相周期性撞击流频率的增加，两股气固两相射流的对冲区域将缩小。图 7-13 表示在一个周期内两股气固两相射流的流动结构变化。两股气固两相射流在反应器几何中心区域形成对冲区域。对冲区域位置随射流频率而变化。随着周期增加，对冲区域周而复始左右运动。图 7-14(a)表示在反应器几何中心处气体和颗粒速度以及颗粒浓度随时间的变化。当右侧气固两相射流速度逐渐增加而左侧气固两相射流速度逐渐减小时，在中心处气体和颗粒速度逐渐降低。当右侧气固两相射流速度达到最大而左侧气固两相射流速度达到最小时，在中心区域的气体和颗粒速度达到最小，并且颗粒浓度也处于最小。之后，右侧气固两相射流速度逐渐降低而左侧气固两相射流速度逐渐增大，中心区域的气体和颗粒速度增加，并且颗粒浓度达到最大。之后，右侧气固两相射流速度逐渐降低至最小而左侧气固两相射流速度逐渐增加至最大，颗粒浓度逐渐降低。由此可见，中心处气体和颗粒速度以及颗粒浓度受左右侧气固两相射流频率调控。

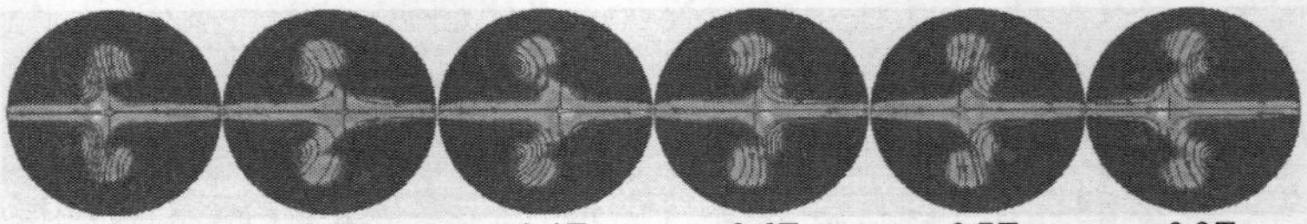

图 7-13　瞬时颗粒浓度和气体速度流线

$u_{g0}=u_{s0}=14.5\text{m/s}, u_{gm}=u_{sm}=5.0\text{m/s}, \varepsilon_s=0.0136, f=0.25\text{Hz}$

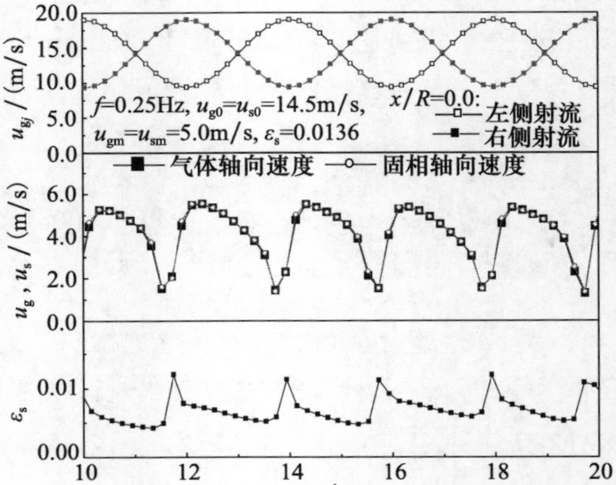

(a)

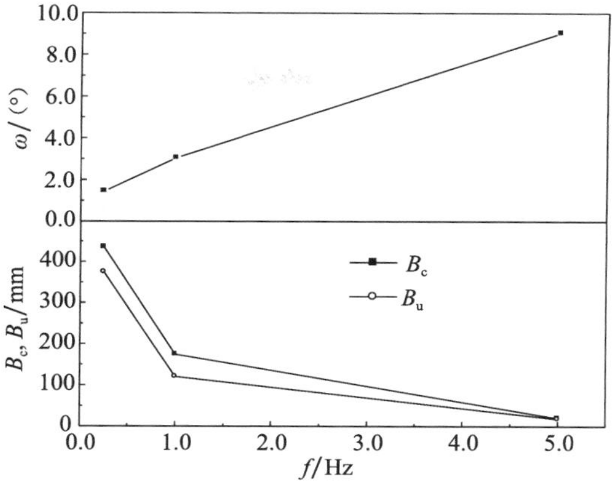

(b)

图 7-14　撞击流反应器中心处瞬时速度和浓度的变化以及聚集点和对冲点摆动范围与射流频率的关系

在左右两股气固两相射流的轴线上，定义颗粒浓度最大点为聚集点，气体和颗粒速度为零的点为对冲点。由于气体和颗粒速度变化非常接近，因此按两股气固两相射流轴线上的气体速度为零点确定为对撞点。随着两股气固两相射流频率的变化，聚集点和对撞点往复左右移动。随着两股气固两相射流频率增大，聚集点和对撞点左右移动的振荡幅度减小。并且同一两股气固两相射流频率下聚集点的振荡幅度比气流对撞点的振荡幅度大。聚集点左右移动范围的 1/2 为聚集点振幅 B_c。同样，对撞点左右移动范围为对撞点振幅 B_u，图 7-14(b)给出的聚集点振幅 B_c 和对撞点振幅 B_u 与两股气固两相射流频率的变化关系。随着气固两相射流频率的提高，聚集点和对撞点左右移动的振幅减小。当频率足够高时，周期性的左右两股气固两相射流成为两股气固两相撞击流，颗粒聚集点会一直稳定在反应器几何中心处。由此可见，当两股气固射流速度的变化频率合适时，可以使两股气固两相射流对冲，形成聚集点以一定幅度和射流速度同频率做振荡运动，从而可以增强颗粒扰动，加强气固两相的混合。

聚集点和对撞点不重合，两者之间形成一个相位差，如图 7-14(b)所示。同样，颗粒聚集点的位移与左喷口的气固两相射流速度之间有滞后相位 ω。随着气固两相射流的频率增加，聚集点与左喷口的气固两相射流速度之间振荡相位相差增大，滞后相位几乎与频率呈正比关系。显然射流速度的周期变化能够引起反应器内各参数随之变化。当两个对置气固两相射流速度的相位差为 180°时，可以实现气体和颗粒对撞点及聚集点在反应器内同频振荡运动。在聚集点经过的区域处颗粒浓度和气体压力等参数频率是射流速度频率的两倍。因此，若两股气固两相射流速度变化频率恰当，能使聚集点和对撞点的变化范围达到最大，实现反应器内颗粒浓度和压力等参数以双倍的频率变化，增强了反应器内气固混合。

7.5 本章小结

基于颗粒动理学理论，采用体积分数加权平均方法，对颗粒相输运方程进行过滤，揭示颗粒相不可解尺度和可解尺度湍流之间的动量输运，推导了可解尺度颗粒相质量、动量和颗粒拟温度守恒方程。通过构建颗粒相亚格子黏性系数模型和颗粒相亚格子压力模型、类比气相亚格子涡扩散模型的颗粒相亚格子碰撞能传递系数计算方程以及亚格子曳力计算模型，使模型封闭，构成固相大涡模拟方法。

固相亚格子尺度模型和颗粒相亚格子黏性系数计算方法分别是 Igci 等(2010)和 Riber 等(2009)的研究成果。上述所建立的固相亚格子模型是理论严谨的，同时模型依赖于颗粒动理学。实测流化床颗粒相压力分别是 Tartan 等(2004)、Cody 等(1996)和 Campbell 等(1991)的研究成果。提升管固相密度分布和化学链反应器内压力分布分别是 Knowlton 等(1995)和 Proll 等(2009)的研究成果。

然后，与稀疏气固两相流动相比，高颗粒浓度气固两相流动的复杂性，对固相大涡模拟方法的研究带来很大的挑战，还存在非常多前沿课题亟待解决，包括颗粒相亚格子黏性系数模型、亚格子压力模型和亚格子碰撞能传递系数计算模型，以及气体颗粒两相流动的试验研究等。

参 考 文 献

尹丽洁. 2010. 稠密气固两相流双流体大涡数值模拟研究. 哈尔滨：哈尔滨工业大学博士学位论文.

Andrews A T, Loezos P N, Sundaresan S. 2005. Coarse-grid simulation of gas-particle flows in vertical risers. Industrial & Engineering Chemistry Research, 44: 6022-6037.

Campbell C S, Wang D G. 1991. Particle pressures in gas fluidized beds. Journal of Fluid Mechanics, 227: 495-508.

Cody G D, Goldfarb D J, Storch G V, et al. 1996. Particle granular temperature in gas fluidized beds. Powder Technology, 87: 211-232.

Germano M, Piomelli U, Moin P, et al. 1996. Dynamic subgrid-scale eddy viscosity model//Summer Workshop, Stanford: Center for Turbulence Research.

Gidaspow D. 1994. Multiphase Flow and Fluidization: Continuum and Kinetic Theory Description. San Diego: Academic Press.

Gidaspow D, Lu H L. 1996. Collision viscosity of FCC particles in a CFB. AIChE Journal, 42: 2503-2510.

Igci Y, Andrews A T, Sundaresan S, et al. 2008. Filtered two-fluid models for fluidized gas-particle suspensions. AIChE Journal, 54: 1431-1448.

Jackson R. 2000. The Dynamics of Fluidized Particles. Cambridge: Cambridge University Press.

Knowlton T, Geldart D, Matsen J, et al. 1995. Comparison of CFB hydrodynamic models//PSRI Challenge Problem Presented at the Eighth International Fluidization Conference, Tour.

Lilly D K. 1992. A proposed modification of the Germano subgrid-scale closure model. Physics of Fluids, 4: 633-635.

Pope S B. 2000. Turbulent Flows. Cambridge: Cambridge University Press.

Proll T, Kolbitsch P, Bolhar-Nordenkampf J, et al. 2009. A novel dual circulating fluidized bed system for chemical looping processes. AIChE Journal, 55: 3255-3266.

Riber E, Moureau V, García M, et al. 2009. Evaluation of numerical strategies for large eddy simulation of particulate two-phase recirculating flows. Journal of Computational Physics, 228: 539-564.

Shur M L, Spalart P R, Strelets M K, et al. 2008. A hybrid RANS-LES approach with delayed-DES and wall-modelled LES capabilities. International Journal of Heat and Fluid Flow, 29: 1638-1649.

Smagorinsky J. 1963. General circulation experiments with the primitive equations I. The basic experiment. Monthly Weather Review, 91: 99-164.

Tartan M, Gidaspow D. 2004. Measurement of granular temperature and stresses in risers. AIChE Journal, 50: 1760-1775.

Wang S, Liu G D, Lu H L, et al. 2011a. Fluid dynamic simulation in a chemical looping combustion with two interconnected fluidized beds. Fuel Processing Technology, 92: 385-393.

Wang S, Xu P F, Lu H L, et al. 2011b. Simulation of particles and gas flow behavior in a riser using a filtered two-fluid model. Chemical Engineering Science, 66: 593-603.

Wang S, Yang Y C, Lu H L, et al. 2012. Computational fluid dynamic simulation based cluster structures-dependent drag coefficient model in dual circulating fluidized beds of chemical looping combustion. Industrial & Engineering Chemistry Research, 51: 1396-1412.

Yin L J, Wang S Y, Lu H L, et al. 2010. Flow of gas and particles in a bubbling fluidized bed with a filtered two-fluid model. Chemical Engineering Science, 65: 2664-2679.

第 8 章　颗粒流的构型温度和高浓度弹性-惯性颗粒流模型

颗粒物质流动在不同边界条件和外力作用下会呈现不同的流态，不同流态的颗粒流在其内部结构和应力上存在很大差别，并由此引发各种特殊的流动现象。颗粒物质的相互作用使得体系具有能量耗散系统的特征。而颗粒物质所表现的各种复杂的特性都强烈依赖于颗粒之间力的相互作用。如图 8-1(a)所示，纵坐标是接触应力与惯性应力的比值(Campbell，2006)；k 是颗粒刚度系数；γ 是剪切速率；k/d 表示颗粒弹性应力；$\rho_s d^3\gamma^2$ 是 Bagnold 碰撞惯性应力。颗粒流划分为弹性区和惯性区两个不同的流动区域。弹性区主要针对颗粒堆积相对紧密的密集流，其

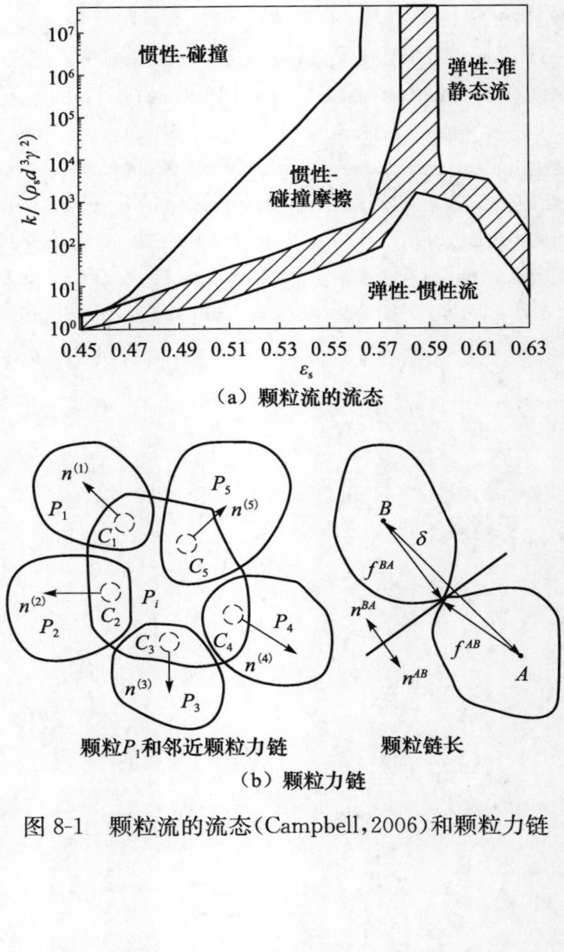

图 8-1　颗粒流的流态(Campbell，2006)和颗粒力链

重要特征是颗粒内部应力主要通过力链变形传递。弹性区又划分为弹性-准静态流和弹性-惯性流两种流态。这两种流态并没有本质上的区别，都是依靠力链变形传递内部应力。与弹性-准静态流略有区别的是：当处于弹性-惯性流系统的颗粒受到较高的剪切率时，颗粒系统应力不只与颗粒弹性有关，还受颗粒惯性力的影响。惯性区也可以划分为两个流态：惯性-碰撞摩擦流和惯性-碰撞流（即快速流），其共同特征是颗粒的应力变化和颗粒剪切率之间呈平方关系。

由颗粒流不同流态可见，在一定条件下不同颗粒流态之间可以相互转化。例如，以弹性-准静态颗粒流开始，保持颗粒体积一定，增大颗粒的剪切率，颗粒系统会进入弹性-惯性流系统，但永远不会达到惯性-碰撞流，因为即使颗粒的剪切率达到很大值，颗粒系统仍然存在接触力作用。同样，如果增大快速颗粒流系统的剪切率，并保持颗粒系统的体积不变，颗粒系统将经历惯性-碰撞摩擦流并最终到惯性-弹性流。这种现象一方面说明不同流态之间的转化是完全可能的，另一方面也说明即使是快速颗粒流系统，在颗粒的体积浓度较大的情况下，颗粒系统内部也存在颗粒接触力作用。由图中可以看到，通过控制系统的应力能达到颗粒不同流态之间相互转化的目的。

8.1　颗粒流的构型温度和摩擦-碰撞颗粒流模型

在不同颗粒浓度下颗粒流动受两种不同机制控制：①由颗粒瞬时碰撞产生的应力所控制的快速颗粒流；②由颗粒接触产生摩擦而引起应力所控制的慢速颗粒流。在高颗粒浓度流动过程中，颗粒相互作用同时存在颗粒间滑动和滚动半持续接触作用及颗粒瞬间碰撞作用。颗粒流动产生的剪切应力由颗粒瞬间碰撞产生的动力剪切应力和颗粒滑动及滚动形成的半持续接触产生的摩擦剪切应力组成。颗粒碰撞瞬时传递作用力，形成颗粒碰撞离散压力。当颗粒浓度接近松散填充颗粒浓度的慢颗粒流时，主要受颗粒半持续接触产生的摩擦剪切应力占主导地位的准静力流动机制的控制，颗粒之间有相对滑动及相互挤压作用。相对滑动传递剪切应力，相互挤压传递正压力。

8.1.1　颗粒流的构型温度

物质运动形式多样，每种运动形式都会对体系的熵做出贡献。例如，气体运动可以有分子的平动、转动和振动等热运动，就会贡献出相应的平动熵、转动熵和振动熵等。而它们的总和就是气体的统计熵。除了起源于分子热运动的熵，体系还可以从构型的无序中取得构型熵。微观状态数增加，构型熵增大。

体系的热能和熵都能在体系升降温度时吞吐。而另外一类是在一般温度范围内不能吞吐能量的传递形式。从而它们所贡献的熵也不能在一般温度范围内吞吐。对弹性物体施以外力 f,就会使物体在力的方向产生形变,那么这个力就对物体做了功。弹性形变的本质是作用力传输所形成的力链在小范围内绕某链轴的平动和旋转运动,反映为外力作用下材料粒子固定的空间排列方式和结构,即构型,发生改变。由热力学定律可知,在等温等容条件下,外力对体系所做的功等于 Helmholtz 自由能的改变。假设原长为 L 的弹性固体的单轴压缩,对于某一无穷小的位移 $\mathrm{d}L$,对弹性固体做的功 W 为

$$\mathrm{d}W = f\mathrm{d}L = \mathrm{d}u - T\mathrm{d}s_{\mathrm{c}} \tag{8-1}$$

式中,s_{c} 为构型熵;u 为内能;T 为温度。该方程又可以表示如下:

$$f = \left(\frac{\partial u}{\partial L}\right)_{T,V} - T\left(\frac{\partial s_{\mathrm{c}}}{\partial L}\right)_{T,V} \tag{8-2}$$

由式(8-2)可知,弹性体受到压缩时,其弹性回复力 f 有两种来源:一是与内能 u 的改变有关,二是与构型熵 s_{c} 的改变有关。若假设弹性体的内能与压缩无关,并且以 θ_{c} 代替 T,则称为构型温度,方程(8-2)简化如下:

$$f = -\theta_{\mathrm{c}}\left(\frac{\partial s_{\mathrm{c}}}{\partial L}\right)_{T,V} \tag{8-3}$$

即弹性体的弹性压缩力完全是由于构型熵变的贡献。就是说,在压缩力的作用下,体系力链由原来伸长状态变为卷曲,体系构型熵变大,因此是一个不稳定状态。当外力除去后就要自发地回复到原始状态(熵小的状态),即力链仍要伸长起来。两颗粒 i 与 j 相互碰撞作用力近似与颗粒变形量成正比,比例系数为颗粒法向弹性系数,即

$$\boldsymbol{f}_{ij} = -k_{ij}(|\boldsymbol{r}_{ij}| - l_{ij})\boldsymbol{n}_{ij} \tag{8-4}$$

式中,$\boldsymbol{r}_{ij} = \boldsymbol{r}_i - \boldsymbol{r}_j$,$l_{ij}$ 为颗粒 i 与颗粒 j 之间的平衡态分离距离。$\boldsymbol{n}_{ij} = \boldsymbol{r}_{ij}/|\boldsymbol{r}_{ij}|$ 是单位矢量。由此可见,颗粒构型温度与颗粒变形量密切相关。

8.1.2 离散颗粒软球模型和颗粒力链构型

构型是体系内颗粒之间特有的固定空间排列方式不同而呈现的不同的立体结构。当体系不受外力等作用时,构型是稳定的。颗粒之间的弹性碰撞产生弹性力,滚动和相对滑动等产生摩擦力。所有的这些力按照作用的方向都可以分解为法向力和切向力。颗粒间的接触构成一个接触网络,颗粒之间作用力就构成了力链网络。这样,颗粒之间作用力将沿着力链网络中的链状路径这一特殊结构传递,从而形成颗粒-力链的颗粒流结构。颗粒体系所承受的外载荷通过力链网络传递,同时力链网络又使外载荷作用于颗粒体系,使得颗粒相互碰撞和挤压。力链对外载荷的变化和颗粒体系几何特征极其敏感。在同一颗粒体系中,外荷载的轻微变化也会使力链发生极大变化。因此,力链结构及其演变规律反映了颗粒之间的相互作

用。图 8-2 表示单孔射流喷动床内力链构型的瞬时变化。颗粒直径和密度分别是 1.0mm 和 1050kg/m^3。喷动床底部为平底，气体射流由床底部板中心引入。气体射流速度是 10.0m/s。高速气体射流使得床内颗粒流动，气体携带颗粒以低颗粒浓度形式通过床中心的射流区，同时颗粒在壁面附近区域以较高浓度做下降流动。图中力链线条粗细正比于接触力大小，即力链线条越粗，颗粒之间作用力就越大。颗粒的运动方程可以表示如下（Hao et al.，2010；Li et al.，2010）：

$$m_i \frac{\mathrm{d}\boldsymbol{v}_{pi}}{\mathrm{d}t} = \sum_{j=1,i\neq j}^{N} \boldsymbol{f}_{cij} + \frac{\beta_{gs}}{1-\varepsilon_g}(\boldsymbol{u}_g - \boldsymbol{v}_{pi}) - V_p \nabla p + m_i \boldsymbol{g} \tag{8-5}$$

$$I_{pi} \frac{\mathrm{d}\boldsymbol{\omega}_i}{\mathrm{d}t} = \sum_{j=1,i\neq j}^{N} \boldsymbol{T}_{pij} \tag{8-6}$$

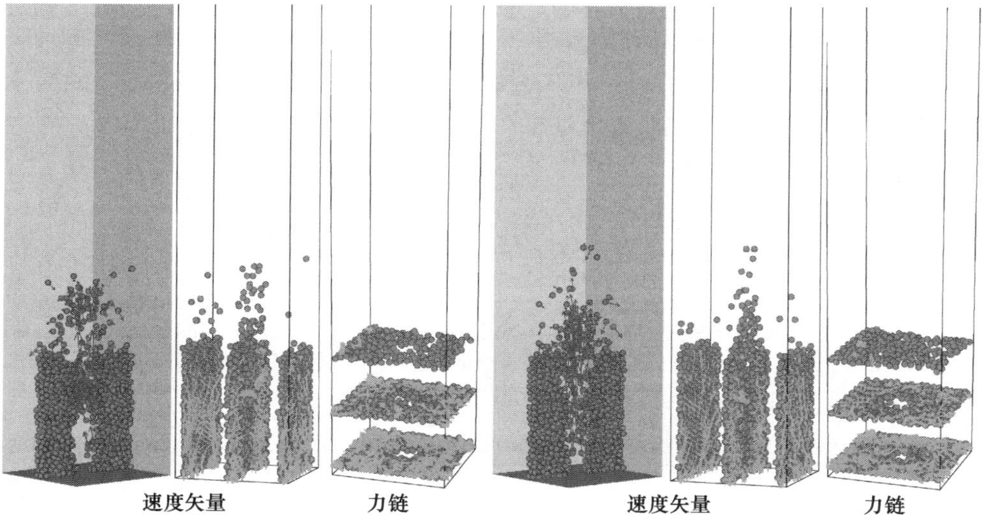

（a）t=15.2s　（b）t=15.6s

图 8-2　喷动床内颗粒之间力链和速度矢量的瞬时变化（Sun et al.，2015b）

式中，m_i、V_p、$\boldsymbol{v}_{pi}$、I_{pi}和$\boldsymbol{\omega}_i$ 分别为第 i 颗粒的质量、体积、速度、惯性矩和转速；$\boldsymbol{T}_{pij}$ 为作用在颗粒上的转矩，β_{gs}为气固相间动量传递系数；f_{cij} 为颗粒间的接触力。

$$\boldsymbol{f}_{nij} = (-k_n \boldsymbol{\delta}_{nij} - \eta_n \boldsymbol{v}_{rij} \cdot \boldsymbol{n}_{ij})\boldsymbol{n}_{ij} \tag{8-7}$$

$$\boldsymbol{f}_{tij} = \begin{cases} -k_t \boldsymbol{\delta}_{tij} - \eta_t \boldsymbol{v}_{tij}, & |\boldsymbol{f}_{tij}| < \mu_f |\boldsymbol{f}_{nij}| \\ -\mu_f |\boldsymbol{f}_{nij}| \dfrac{\boldsymbol{v}_{tij}}{|\boldsymbol{v}_{tij}|}, & |\boldsymbol{f}_{tij}| \geqslant \mu_f |\boldsymbol{f}_{nij}| \end{cases} \tag{8-8}$$

式中，k_n 和 k_t 分别为法向和切向刚性系数；δ_n 和 δ_t 分别是颗粒的法向和切向变形量；η_n 和 η_t 分别为法向和切向阻尼系数；$\boldsymbol{v}_n$ 和 $\boldsymbol{v}_t$ 分别为法向和切向相对速度。

由图可见，床内微观结构就是颗粒以不同排列方式组合而成的一种状态，称为构型。颗粒间的相互作用力呈树枝状结构。在上部床层，颗粒间作用力较小且比较均匀，而在床层中部及底部，颗粒间和颗粒与壁面间的作用力十分不均匀，局部作用力很大，出现颗粒搭接效应。在气体射流作用下，床中心形成低颗粒浓度的喷射区。在入射气体瞬间强烈冲击下，低颗粒浓度难以形成力链网络。在喷射区与壁面之间形成高颗粒浓度的环隙区。在环隙区内颗粒相互之间克服摩擦力，产生相对滑动，导致此处形成强力链。随着颗粒运动，力链断裂消失或削弱。喷射区的形成使得床底层颗粒挤压侧壁，床层底部横向产生强力链。而在上部床层颗粒逐渐松动，沿床高颗粒间力链不断减小、逐渐削弱消失。

单孔射流喷动床内颗粒之间的相互作用与流体不同，这源于它的复杂性，主要体现在三方面。其一，颗粒之间、颗粒与器壁之间的碰撞和摩擦作用不是确定的，与构型时的接触过程和以后的经历有关。同样的构型可对应不同的力学状态，施加同一作用可形成不同后果。其二，颗粒物质中的相互作用不同于分子之间的作用，在高颗粒浓度时颗粒之间作用主要是摩擦力以及碰撞，对其组成的单个颗粒本身的物理性质不敏感。其三，颗粒体系为能量耗散体系，外界作用或颗粒运动能量会通过与其他颗粒的摩擦和碰撞而耗散。床内颗粒之间相互接触，形成力链网络。因此力链结构的演变规律反映了颗粒之间的碰撞和摩擦作用力的变化规律。构型描述了床层颗粒中颗粒在空间的排列分布特征及颗粒间的相互作用。颗粒之间接触方向的空间分布具有构型特征：不仅描述了单个颗粒空间位置，而且描述了颗粒之间相互位置关系，反映了颗粒堆积形态和排列方式。床层内颗粒之间相互作用形成不同的力链分布，表明床层内有不同的构型。

床层颗粒的构型反映颗粒和孔隙的空间排列。床内颗粒可以有不同的接触方式而保持一定的浓度。对于由球形颗粒组成的床层，颗粒体积是常数，但颗粒 p 和 $p+1$ 相邻的颗粒排列以及接触点数目和位置是变化的。颗粒体系内，具有体积为 $V(p)$ 的颗粒 p 的运动服从统计力学规律的统计。颗粒配位数为（Edwards et al.，1989）

$$Z(\theta_c)=\int\theta(p)\exp\left[-\frac{V(p)}{\theta_c}\right]\mathrm{d}p \tag{8-9}$$

式中，$\theta(p)$ 为颗粒的统计权重或者颗粒平衡态数；θ_c 为颗粒构型温度。由此可见，颗粒体系中每个 Boltzmann 因子 $\exp[-V(p)/\theta_c]$ 都对应着体系内应该可能的构型。积分就是对体系内所有可能的构型求和，而求和中的每一项给出了体系出现相应各构型机会大小的相对比例，或称为权重。同时，由方程(8-9)积分结果所给出的配分函数 Z 应该是体系状态量 θ_c 的态函数。于是，处于体积为 V 的概率为

$$p_x(V)=\int\delta(V(p)-V)p_x(p)\mathrm{d}p=D(V)\frac{\mathrm{e}^{-V/\theta_c}}{Z(\theta_c)} \tag{8-10}$$

式中，

$$p_x(p)=\theta(p)\mathrm{e}^{-V(p)/\theta_c} \tag{8-11}$$

$$D(V)=\int\delta(V(p)-V)\theta(p)\mathrm{d}p \tag{8-12}$$

由方程(8-12)可见，参数 $D(V)$ 给出了构型的密度。利用方程(8-10)，体积 $V(p)$ 的均值为

$$\overline{V}=\int D(V)\frac{\mathrm{e}^{-V/\theta_c}}{Z(\theta_c)}V\mathrm{d}V=-\frac{1}{Z(\theta_c)}\frac{\mathrm{d}Z(\theta_c)}{\mathrm{d}(1/\theta_c)} \tag{8-13}$$

和方差为

$$\sigma_V^2=\int D(V)\frac{\mathrm{e}^{-V/\theta_c}}{Z(\theta_c)}(V-\overline{V})^2\mathrm{d}V=\langle V^2\rangle-\overline{V}^2 \tag{8-14}$$

由体积 $V(p)$ 的均值和方差，可以得到如下关系式：

$$\theta_c^2\frac{\mathrm{d}\overline{V}}{\mathrm{d}\theta_c}=\langle V^2\rangle-\overline{V}^2=\sigma_V^2 \tag{8-15}$$

对任意两体积 V_a 和 V_b，进行积分，得到相对颗粒构型温度(Nowak et al.，1998；Schroter et al.，2005)为

$$\frac{1}{\theta_{c,a}}-\frac{1}{\theta_{c,b}}=\int_{V_b}^{V_a}\frac{\mathrm{d}\overline{V}}{\sigma_V^2} \tag{8-16}$$

该方程表明，可以通过体系内体积方差随体积的变化关系确定颗粒构型温度。

由方程(8-10)，对任意两体积 V_a 和 V_b，有

$$\frac{p_{xb}(V)}{p_{xa}(V)}=\frac{D(V)\dfrac{\mathrm{e}^{-V/\theta_{cb}}}{Z(\theta_{cb})}}{D(V)\dfrac{\mathrm{e}^{-V/\theta_{ca}}}{Z(\theta_{ca})}}=\frac{Z(\theta_{ca})}{Z(\theta_{cb})}\mathrm{e}^{-\left(\frac{1}{\theta_{cb}}-\frac{1}{\theta_{ca}}\right)V} \tag{8-17}$$

两边取对数，整理得到(Dean et al.，2003；McNamara et al.，2009)

$$\ln\frac{p_{xb}(V)}{p_{xa}(V)}=V\left(\frac{1}{\theta_{ca}}-\frac{1}{\theta_{cb}}\right)+\ln\frac{Z(\theta_{ca})}{Z(\theta_{cb})} \tag{8-18}$$

该方程表明，可以通过体系内颗粒体积概率分布变化关系确定颗粒构型温度。

8.1.3　颗粒构型温度和颗粒广义温度

流化床内颗粒床层由不同形状的颗粒堆积而成。接触形态就是描述颗粒 P_i 与其相邻的颗粒 $P_1\sim P_5$ 相互接触，如图 8-1 所示。接触点为 $C_1\sim C_5$，接触法向为 $\boldsymbol{n}_{(1)}-\boldsymbol{n}_{(5)}$。颗粒 P_i 与相邻颗粒的关系包括接触点数和接触法向。接触点数也称为配位数。随配位数的增加，颗粒产生位移将受到更多的约束。为了更准确地描述颗粒间相互接触的构型，引入链长 δ 来表示两相邻颗粒的接触特征。颗粒尺寸分布是颗粒材料的基本特征。但在发生变形时，一部分接触点分开，同时又形成一些新的接触点。为了从微观上描述颗粒形状和大小，又能反映出颗粒间的接触力，

用接触矢量表示两相邻颗粒重心与接触点的连线，同时定义一个链矢量代表两相邻颗粒重心的连线，其长度 δ 称为链长。显然颗粒之间链长的分布是一个随机变量，可用概率分布函数来表征。而概率分布函数的特征又可由其均值和方差来表示。因此，床内固相的力学特性与接触点和空隙率的均值及方差之间存在某种必然联系。当床层体积膨胀时，颗粒总接触点数减少；当床层体积收缩时，总接触点数增加。在两颗粒接触点处，碰撞颗粒重叠量为(Sun et al.,2015a)

$$\delta_{ij}(t)=\begin{cases}\sqrt{\delta_{\mathrm{n},ij}^2(t)+\delta_{\mathrm{t},ij}^2(t)}, & s_{ij}<(r_i+r_j)\\ 0, & s_{ij}\geqslant(r_i+r_j)\end{cases} \tag{8-19}$$

$$s_{ij}=\sqrt{(x_i-x_j)^2+(y_i-y_j)^2+(z_i-z_j)^2} \tag{8-20}$$

式中，r_i 和 r_j 分别表示两颗粒 i 和 j 的半径。在体积 V 内颗粒数为 M，两两颗粒接触点数为 N，平均颗粒重叠量为

$$\delta_m=\frac{1}{MN}\sum_{m=1}^{M}\sum_{i=1,j\neq i}^{N}\delta_{ij}(t) \tag{8-21}$$

颗粒重叠量的方差为

$$\sigma_\delta=\sqrt{\frac{1}{MN}\sum_{m=1}^{M}\sum_{i=1,j\neq i}^{N}\frac{[\delta_{ij}(t)-\delta_{\mathrm{m}}]}{\Delta t_{\mathrm{p}}}\frac{[\delta_{ij}(t)-\delta_{\mathrm{m}}]}{\Delta t_{\mathrm{p}}}}=\sqrt{\frac{1}{MN}\sum_{m=1}^{M}\sum_{i=1,j\neq i}^{N}C_{\delta,ij}C_{\delta,ij}} \tag{8-22}$$

式中，Δt_{p} 为颗粒运动的时间步长；C_δ 为颗粒重叠量的变化速度，其单位为 m/s，反映两颗粒接触点位移速度的脉动速度。由图 8-2 可见，颗粒流动速度和作用力随时间和空间而变化。对不同抽样颗粒的流动进行分析，图 8-3(a)表示不同抽样颗粒碰撞重叠量和抽样颗粒所在网格的颗粒浓度随时间的变化。抽样颗粒碰撞重叠量与颗粒流动和颗粒碰撞频率(与颗粒浓度成正比)等密切相关。总体变化趋势是随着网格颗粒浓度增加，抽样颗粒的重叠量增加。当抽样颗粒碰撞重叠量为零时，表明颗粒之间没有发生碰撞。

颗粒瞬时碰撞重叠量是随机的，满足统计概率。由瞬时颗粒碰撞重叠量，就可以得出瞬时颗粒碰撞点位移速度，或者颗粒形变速度。图 8-3(b)表示抽样颗粒瞬时形变速度的概率分布密度函数，揭示抽样颗粒重叠量变化的内在统计概率，是对颗粒碰撞重叠量变化发生可能性的量度。颗粒形变速度为正值表明抽样颗粒碰撞恢复，负值表明抽样颗粒碰撞压缩。图中同时给出高斯分布曲线，表明颗粒瞬时形变速度的概率分布密度函数服从一个位置参数为形变速度均值和尺度参数为形变速度方差的高斯分布。

形变速度方差决定形变速度的概率分布密度函数的扁平程度。类似于颗粒平动拟温度 θ_{t}，颗粒构型温度 θ_{c} 为(Sun et al.,2014)

$$\theta_{\mathrm{c}}=\sigma_\delta^2 \tag{8-23}$$

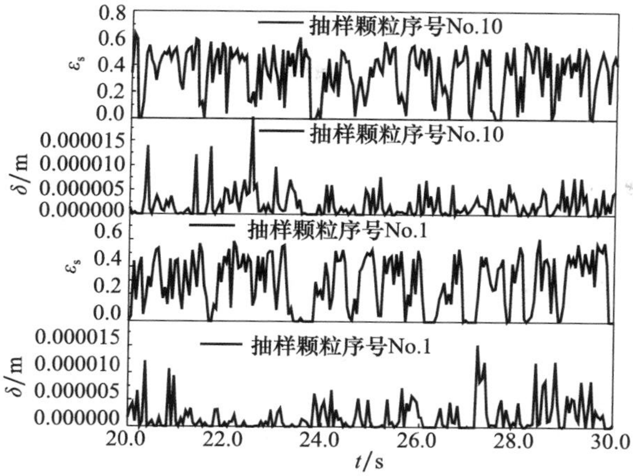

(a)

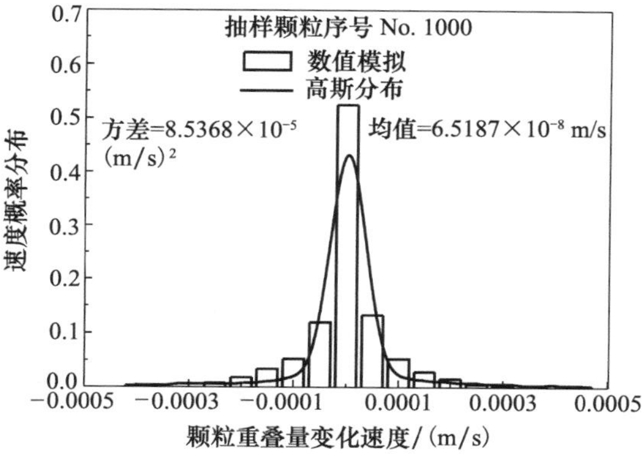

(b)

图 8-3　抽样颗粒瞬时碰撞重叠量和颗粒形变速度概率分布(Sun et al. ,2015b)

颗粒构型温度 θ_c 可以通过颗粒接触点位移速度的脉动速度求得(Sun et al. ,2015b)：

$$\theta_c = \frac{1}{3}\langle C_\delta^2 \rangle = \frac{1}{3}\sqrt{\frac{1}{MN}\sum_{m=1}^{M}\sum_{i=1,i\neq j}^{N} C_{\delta,ij}C_{\delta,ij}} \tag{8-24}$$

图 8-4(a)表示颗粒拟温度和颗粒构型温度随颗粒浓度的变化。由图可见，随着颗粒浓度的增加，颗粒拟温度逐渐增大，达到最大值后，再逐渐减小。当颗粒浓度接近于颗粒填充浓度时，颗粒拟温度迅速降低。相反，随着颗粒浓度的增加，颗粒构型温度逐渐增大。当颗粒浓度接近颗粒填充浓度时，颗粒构型温度迅速增加。由构型温度的定义可知，当两颗粒相互接触时，颗粒接触点产生形变，形变速度的脉动速度越大，颗粒构型温度就越高。因此，随着颗粒浓度越大，颗粒的配位数越大，颗粒接触变形速度的脉动速度增加，颗粒构型温度增大。相反，在低颗粒浓度

时，颗粒接触频率降低，颗粒构型温度减小。

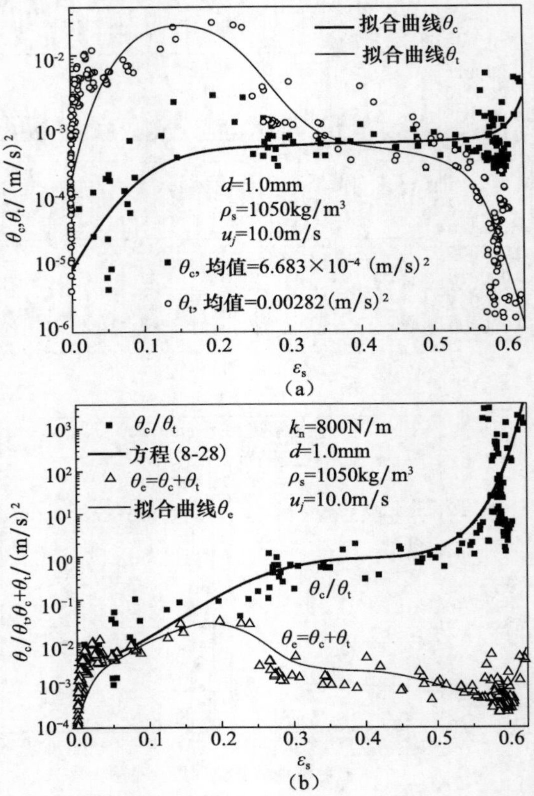

图 8-4　颗粒拟温度和颗粒构型温度以及颗粒广义温度的变化(Sun et al.,2015b)

颗粒脉动能量包括颗粒瞬时接触的脉动能和颗粒摩擦接触的脉动能，即

$$E=\frac{1}{2}m\langle \boldsymbol{C}_{\mathrm{t}}^{2}\rangle+\frac{1}{2}m\langle \boldsymbol{C}_{\delta}^{2}\rangle \tag{8-25}$$

则颗粒流动过程中的总能量由颗粒动能和颗粒碰撞接触变形形成的势能所组成。单位质量的颗粒速度脉动能量是颗粒相比能 E/m，称为颗粒广义温度(或者颗粒有效温度)θ_{e}：

$$\frac{E}{m}=\frac{3}{2}\theta_{\mathrm{e}}=\frac{1}{2}\langle \boldsymbol{C}^{2}\rangle=\frac{1}{2}\langle \boldsymbol{C}_{\mathrm{t}}^{2}\rangle+\frac{1}{2}\langle \boldsymbol{C}_{\delta}^{2}\rangle \tag{8-26}$$

由方程(8-25)可以得到颗粒广义温度 θ_{e} 与颗粒拟温度和构型温度的表达式：

$$\theta_{\mathrm{e}}=\theta_{\mathrm{t}}+\theta_{\mathrm{c}} \tag{8-27}$$

由定义可知，颗粒广义温度 θ_{e} 表述了颗粒瞬时接触和颗粒摩擦接触变形中能量的总和，能够同时表征运动和碰撞作用过程中颗粒平动能量和颗粒摩擦接触中两种速度脉动强弱。前者反映颗粒的弥散运动和瞬时碰撞接触作用的贡献，后者反映摩擦接触过程中颗粒之间相互挤压和滑动滚动的半持续性相互作用。其物理意义比传统颗粒动理学中颗粒拟温度更为全面。颗粒广义温度表征颗粒平动运动和颗粒碰撞形变时速度脉动的强弱，见图 8-4(b)中颗粒广义温度随颗粒浓度的变化。由图可见，随着颗粒浓度的增加，颗粒广义温度逐渐增大，达到最大值后，再逐渐降低。在颗粒浓度较高时，颗粒广义温度又逐渐增大。在低颗粒浓度时，颗粒广义温度来自于颗粒拟温度的贡献；相反，在高颗粒浓度时，颗粒广义温度来自于颗粒构型温度的贡献。

颗粒构型温度和颗粒拟温度之比与颗粒浓度的变化如图 8-4(b)所示。随着颗粒浓度的增加，颗粒构型温度与颗粒拟温度之比增大，表明在低颗粒浓度时颗粒构型温度较小，颗粒速度脉动能量主要来自颗粒平动速度脉动，颗粒滑动和滚动摩擦形变产生的速度脉动能的贡献较小。相反，当颗粒浓度接近于颗粒填充浓度时，颗粒构型温度与颗粒拟温度之比迅速增加，颗粒速度脉动能量主要来自颗粒滑动和滚动摩擦形变产生的速度脉动能的贡献，颗粒平动速度脉动能的贡献较小。颗粒构型温度与颗粒拟温度之比表示如下：

$$\frac{\theta_c}{\theta_t}=\frac{10(-5.2353+55.3782\varepsilon_s-357.9726\varepsilon_s^2+1176.8378\varepsilon_s^3-1854.8365\varepsilon_s^4+1126.0306\varepsilon_s^5)}{1-(\varepsilon_s/\varepsilon_{s,\max})^{1/3}} \times[1.8657\exp(-7.35\times10^{-4}k_n)][1.024+0.769\eta_n-9.603\eta_n^2] \tag{8-28}$$

式中，k_n 和 η_n 分别为颗粒法向刚性系数和法向阻尼系数。

由方程(8-28)可见，在低颗粒浓度时，颗粒广义温度取决于颗粒拟温度；相反，在高颗粒浓度时，颗粒广义温度依赖于颗粒构型温度。将颗粒广义温度替代颗粒拟温度，可以得到颗粒相守恒方程。表 8-1 给出气固两相流动模型(Lu et al.，2001)。固相压力方程中包括两部分：第一部分反映颗粒弥散引起颗粒速度脉动而形成的颗粒压力分量，第二部分是由颗粒瞬时碰撞和摩擦碰撞作用产生的颗粒压力。图 8-5 表示试验测量流化床内固相压力和按颗粒拟温度及颗粒广义温度($\theta_t+\theta_c$)预测的固相压力随颗粒浓度的变化。随着颗粒浓度的增加，固相压力增大。图中同时给出按颗粒动理学中颗粒拟温度 θ_t 预测的固相压力变化。在低颗粒浓度时，按颗粒广义温度($\theta_t+\theta_c$)和按颗粒动理学 θ_t(Gidaspow，1994)预测的固相压力基本相同。相反，在高颗粒浓度时，按($\theta_t+\theta_c$)和按 θ_t 预测的固相压力相差很大。按颗粒动理学 θ_t 预测的固相压力随颗粒浓度增加而降低。而按颗粒广义温度($\theta_t+\theta_c$)预测的固相压力随颗粒浓度而增加。在高颗粒浓度下模型预测结果与流化床内实测固相压力(Campbell et al.，1991)的结果变化趋势一致。在低颗粒浓度时，两者表现有较大的差异是由床内颗粒流化条件的不同所引起的。

表 8-1　气固两相流动模型

A. 气相和固相守恒方程	
(1) 质量守恒 (g 为气相, s 为固相)	$\frac{\partial}{\partial t}(\varepsilon_g\rho_g)+\nabla\cdot(\varepsilon_g\rho_g\boldsymbol{v}_g)=0$ $\frac{\partial}{\partial t}(\varepsilon_s\rho_s)+\nabla\cdot(\varepsilon_s\rho_s\boldsymbol{v}_s)=0$
(2) 动量守恒 (g 为气相, s 为固相)	$\frac{\partial}{\partial t}(\varepsilon_g\rho_g\boldsymbol{v}_g)+\nabla\cdot(\varepsilon_g\rho_g\boldsymbol{v}_g\boldsymbol{v}_g)=-\varepsilon_g\nabla p_g+\nabla\cdot\boldsymbol{\tau}_g+\varepsilon_g\rho_g\boldsymbol{g}+\beta(\boldsymbol{v}_s-\boldsymbol{v}_g)$ $\frac{\partial}{\partial t}(\varepsilon_s\rho_s\boldsymbol{v}_s)+\nabla\cdot(\varepsilon_s\rho_s\boldsymbol{v}_s\boldsymbol{v}_s)=-\varepsilon_s\nabla p_g-\nabla p_s+\nabla\cdot\boldsymbol{\tau}_s+\varepsilon_s\rho_s\boldsymbol{g}+\beta(\boldsymbol{v}_g-\boldsymbol{v}_s)$
(3) 颗粒平动拟温度守恒	$\left[\frac{\partial}{\partial t}(\varepsilon_s\rho_s\theta_t)+\nabla\cdot(\varepsilon_s\rho_s\theta_t)\boldsymbol{v}_s\right]=(-\nabla p_s\boldsymbol{I}+\boldsymbol{\tau}_s):\nabla\boldsymbol{v}_s+\nabla\cdot(k_s\nabla\theta_t)-\gamma_s+\varphi_s+D_{gs}$
B. 本构方程	
(1) 气相应力	$\boldsymbol{\tau}_g=\mu_g\left\{[\nabla\boldsymbol{v}_g+(\nabla\boldsymbol{v}_g)^{\mathrm{T}}]-\frac{1}{3}(\nabla\cdot\boldsymbol{v}_g)\boldsymbol{I}\right\}$
(2) 固相应力	$\boldsymbol{\tau}_s=\mu_s\left\{[\nabla\boldsymbol{v}_s+(\nabla\boldsymbol{v}_s)^{\mathrm{T}}]-\frac{1}{3}(\nabla\cdot\boldsymbol{v}_s)\boldsymbol{I}\right\}+\xi_s\nabla\cdot\boldsymbol{v}_s$
(3) 固相压力	$p_s=\varepsilon_s\rho_s\theta_t+2\varepsilon_s^2\rho_s g_0(1+e)(\theta_t+\theta_c)$ $\frac{\theta_c}{\theta_t}=\frac{10(-5.2353+55.3782\varepsilon_s-357.9726\varepsilon_s^2+1176.8378\varepsilon_s^3-1854.8365\varepsilon_s^4+1126.0306\varepsilon_s^5)}{1-(\varepsilon_s/\varepsilon_{s,\max})^{1/3}}\times[1.8657\exp(-7.35\times10^{-4}k_n)][1.024+0.769\eta_n-9.603\eta_n^2]$
(4) 固相动力黏性系数	$\mu_s=\frac{10\varepsilon_s d_p\rho_s\sqrt{\pi(\theta_t+\theta_c)}}{96(1+e)g_0}\left[1+\frac{4}{5}(1+e)\varepsilon_s g_0\right]^2+\frac{4}{5}\varepsilon_s^2\rho_s d_p g_0(1+e)\sqrt{\frac{\theta_t+\theta_c}{\pi}}$
(5) 固相体积黏性系数	$\xi_s=\frac{4}{3}\varepsilon_s^2\rho_s d_p g_0(1+e)\sqrt{\frac{\theta_c+\theta_t}{\pi}}$
(6) 固相碰撞能量耗散	$\gamma_s=3(1-e^2)\varepsilon_s^2\rho_s g_0(\theta_c+\theta_t)\left(\frac{4}{d_p}\sqrt{\frac{\theta_c+\theta_t}{\pi}}-\nabla\cdot\boldsymbol{v}_s\right)$
(7) 径向分布函数	$g_0=\left[1-\left(\frac{\varepsilon_s}{\varepsilon_{s,\max}}\right)^{1/3}\right]^{-1}$
(8) 固相脉动能交换系数	$k_s=\frac{150d_p\rho_s\sqrt{\pi(\theta_t+\theta_c)}}{384(1+e)g_0}\left[1+\frac{6}{5}(1+e)\varepsilon_s g_0\right]^2+2\varepsilon_s^2\rho_s d_p g_0(1+e)\sqrt{\frac{\theta_t+\theta_c}{\pi}}$
(9) 固相脉动动能耗散率	$D_{gs}=\frac{d_p\rho_s}{4\sqrt{\pi\theta_t}}\left(\frac{18\mu_g}{d_p^2\rho_s}\right)^2(v_g-v_s)^2$

续表

B. 本构方程	
(10) 气固脉动能交换	$\varphi_s = -3\beta\theta_t$
(11) 气固动量交换系数	$\beta = \varphi_{gs}\beta_E + (1-\varphi_{gs})\beta_W$ $\beta_E = 150\dfrac{\varepsilon_s^2\mu_g}{\varepsilon_g^2 d_p^2} + 1.75\dfrac{\rho_g\varepsilon_s}{\varepsilon_g d_p}(v_g - v_s)$ $\beta_W = \dfrac{3C_d\varepsilon_g\varepsilon_s\rho_g(v_g - v_s)}{4d_p}\varepsilon_g^{-2.65}$ $\varphi_{gs} = \dfrac{\arctan[150\times 1.75(0.2-\varepsilon_s)]}{\pi} + 0.5$

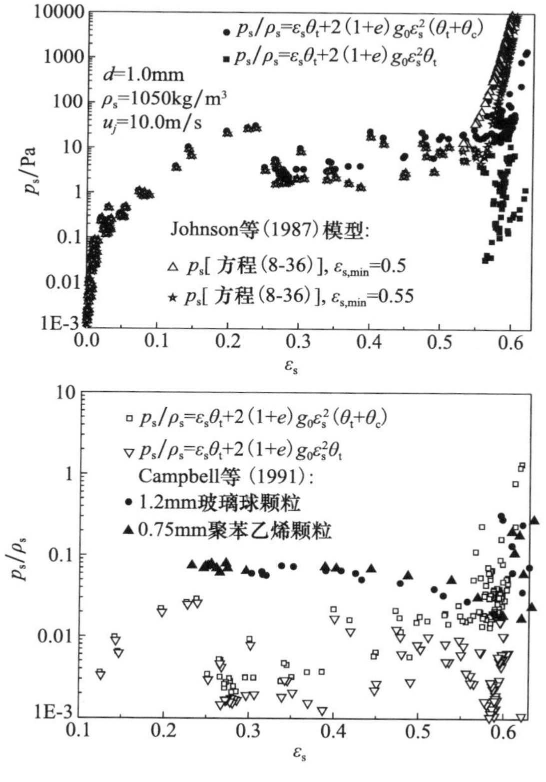

图 8-5　试验测量和计算预测流化床内固相压力(Sun et al.,2015b)

8.1.4　摩擦-碰撞颗粒流模型与模拟

单孔射流喷动床内按摩擦-碰撞颗粒流模型预测和实测颗粒速度的径向分布如图 8-6 所示。在喷动区轴线上,颗粒向上运动的速度明显增大,这也有利于加速颗粒在床内的循环运动。但在两侧环隙区,颗粒下落的速度为负值,表明颗粒在环隙区内做下降流动，且颗粒下降速度变化不大。数值模拟结果表明，随着喷动气速的增大，床内中心喷动区内颗粒的体积浓度不断减小，在中心喷动区，颗粒运动的速度明显增大。在两侧环隙区下部，颗粒下落的速度并没有随着喷动气速的增大相应大幅度增大。加大喷动气速后，中心喷动区气体向上运动的速度相应增大，效果非常明显。但在两侧密相区，气体的速度反而随着喷动气速的增加有所下降。在不同的静止床层高度条件下，初始静止床层高度越大，相同条件下的颗粒体积浓度也越大。当喷动气速相同时，对比静止床层高度较大时的情况，初始静止床高小的床体，当达到稳定状态后，在床体同一位置高度处的颗粒速度显得稍大一些。同理，静止床层高度大的床体，床料对喷动气流的反作用力也越大，导致喷动气流向环隙区扩散的量越多。此时，对比低静止床层高度的床体，高静止床层高度的床体在中心喷射区域的气体射流速度更小，中心喷射区两边的密相区域内的气体流动速度更大。

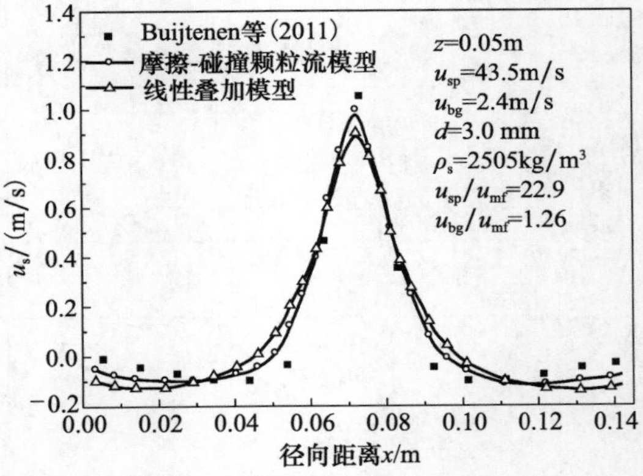

图 8-6 床内颗粒速度的径向分布(Sun et al.，2015b)

数值模拟结果表明：当喷动气体开始射入床内时，喷动气体在喷口上方产生初始射流。射流在向上延伸的过程中，不断地向两侧扩散，气流喷动的影响范围逐渐变大。同时，由于气流不断上升对床内颗粒的推举作用，将整个床层颗粒向上推动。若喷动气速大于最小喷动速度，则从喷动口喷出的高速气流将最终穿透床内颗粒层，形成较为明显的喷动过程。此时，在喷口垂直上方出现清晰的喷射气流区，一些颗粒被喷动气流带动向上运动，形成颗粒的稀相运动。而在射流周围的密相区，产生了大量的颗粒堆积，颗粒体积浓度相当高。

数值模拟结果全面完整地揭示了床内喷动气流的形成、发展，直至喷动气流穿透床层产生喷动的一系列发展过程，获得喷动床体内喷射区、环隙区和喷泉区的不同流动特征。并将模拟结果和试验进行了对照，表明数值模拟结果和试验结果基本吻合。

容量 220t/h 循环流化床锅炉瞬时颗粒浓度的变化如图 8-7 所示。220t/h 循环流化床锅炉的炉膛高度、宽度和深度分别为 31.46m、4.77m 和 8.61m，分离器直径为 4.0m，分离器中心筒直径为 2.0m。被分离器分离的颗粒经过料腿和回料阀后进入炉膛。因此，料腿和分离器集灰室内颗粒流动将直接影响回料器内颗粒流化和循环物料量的控制与调节。在循环流化床炉膛中颗粒间滑动-滚动摩擦作用可以忽略不计，而在分离器集灰室和料腿内必须考虑颗粒摩擦与碰撞作用。采用表 8-1 中气固两相流动计算模型，通过数值模拟可以预测分离器集灰室和料腿内颗粒流动以及回料器和炉膛内颗粒流化特性，再现了循环流化床锅炉中颗粒内循环和外循环特性。

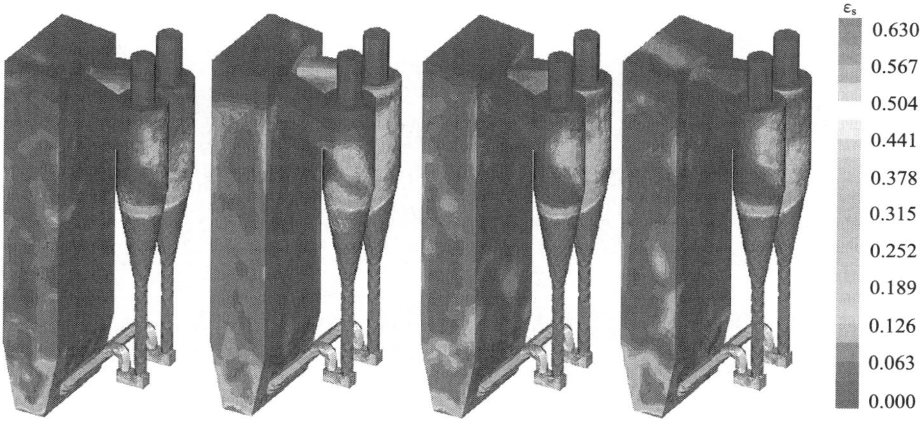

图 8-7　容量 220t/h 循环流化床锅炉瞬时颗粒浓度的变化

8.2　线性叠加摩擦-碰撞颗粒流模型

在高浓度(慢颗粒流)下颗粒间作用主要是颗粒间摩擦传递的库仑摩擦应力 $\boldsymbol{\tau}_{\mathrm{f}}$，而在低浓度(快颗粒流)时，颗粒之间的作用主要是颗粒瞬时碰撞接触传递作用力。由此可见，在一定的颗粒浓度范围(中速颗粒流)内，颗粒半持续接触传递的应力和碰撞瞬时接触传递的应力都不能忽略。颗粒相应力 $\boldsymbol{\tau}_{\mathrm{s}}$ 可以表示如下：

$$\boldsymbol{\tau}_{\mathrm{s}} = A\boldsymbol{\tau}_{\mathrm{k}} + B\boldsymbol{\tau}_{\mathrm{f}} \tag{8-29}$$

式中，A 和 B 为系数，满足 A+B=2；且 A≠0，B≠0。通过改变系数 A 和 B 的数值，可以反映颗粒静态接触传递应力 $\boldsymbol{\tau}_{\mathrm{f}}$ 和颗粒碰撞瞬时接触传递应力 $\boldsymbol{\tau}_{\mathrm{k}}$ 对颗粒相应力 $\boldsymbol{\tau}_{\mathrm{s}}$ 的不同贡献。尽管方程(8-29)不能完全由数学证明，但是它满足了颗粒流动的两个极限：颗粒碰撞作用占主要地位的快速剪切流动和颗粒半持续接触作用占主导地位的准静力流动机制。在颗粒碰撞作用占主要地位的快速颗粒流动中，颗粒间摩擦作用可以忽略不计，而在高浓度的慢速流中，颗粒间相对滑动和挤压作用形成的摩擦控制颗粒流动，忽略颗粒之间碰撞作用。特别当 $A=B=1$ 时，在高颗粒浓度下方程(8-29)简化为如下的线性叠加摩擦-碰撞颗粒流模型(Savage et al.,1981)：

$$\boldsymbol{\tau}_s=\boldsymbol{\tau}_k+\boldsymbol{\tau}_f \tag{8-30}$$

即固相应力是颗粒静态接触传递应力 $\boldsymbol{\tau}_f$ 和颗粒碰撞瞬时接触传递应力 $\boldsymbol{\tau}_k$ 的线性叠加。由方程(8-29)，在不同颗粒浓度下固相压力和黏性系数可以表示如下：

$$p_s=\begin{cases}Ap_{sk}+Bp_{sf}, & \varepsilon_s\geqslant\varepsilon_{s,\min}\\ p_{sk}, & \varepsilon_s<\varepsilon_{s,\min}\end{cases} \tag{8-31}$$

$$\mu_s=\begin{cases}A\mu_{sk}+B\mu_{sf}, & \varepsilon_s\geqslant\varepsilon_{s,\min}\\ \mu_{sk}, & \varepsilon_s<\varepsilon_{s,\min}\end{cases} \tag{8-32}$$

式中，临界颗粒浓度 $\varepsilon_{s,\min}$ 为颗粒之间摩擦作用力起作用时的颗粒浓度。临界颗粒浓度越小，表明颗粒之间摩擦作用越明显。通常，临界颗粒浓度 $\varepsilon_{s,\min}$ 取为 0.5。

采用 Johnson 等(1987)提出的颗粒摩擦压力分量计算模型：

$$p_{sf}=Fr\,\frac{(\varepsilon_s-\varepsilon_{s,\min})^n}{(\varepsilon_{s,\max}-\varepsilon_s)^p} \tag{8-33}$$

式中，Fr、n 和 p 分别是常数。对于玻璃球颗粒，系数分别是 $Fr=0.05$，$n=2$ 和 $p=5$。随着颗粒浓度的增加，颗粒之间的摩擦作用越大。因此，系数 Fr 可以表示为颗粒浓度的函数，即

$$Fr=0.1\varepsilon_s \tag{8-34}$$

对于塑性流体，施加的力大于临界应力值(或者屈服应力)时才会发生流动。类似于塑性流体，固体颗粒流动过程中，颗粒之间的接触碰撞作用引发颗粒的可压缩性，颗粒之间的接触作用力形成摩擦压力(Tardos,1997)。Syamlal 等(1993)提出颗粒摩擦压力计算模型是

$$p_{sf}=A_{sy}\varepsilon_s(\varepsilon_s-\varepsilon_{s,m})^n \tag{8-35}$$

式中，系数 $A_{sy}=10^{25}$，$n=10$。

由此可见，对于高浓度颗粒流动，颗粒间相互作用引起的正应力(即固相压力) p_s 需要同时考虑颗粒动力和摩擦的贡献。颗粒动力应力分量可由颗粒动理学理论确定，颗粒摩擦应力分量由 Johnson 等(1987)提出的计算模型确定。也就是当 $\varepsilon_s>\varepsilon_{s,\min}$ 时颗粒压力是颗粒动力应力分量和颗粒摩擦应力分量之和。在高颗粒浓度下颗粒压力由式(8-36)计算：

$$p_s=A[1+2g_0\varepsilon_s(1+e)]\varepsilon_s\rho_s\theta+BFr\,\frac{(\varepsilon_s-\varepsilon_{s,\min})^n}{(\varepsilon_{s,\max}-\varepsilon_s)^p},\quad \varepsilon_s\geqslant\varepsilon_{s,\min} \tag{8-36}$$

式中，$\varepsilon_{s,\max}$ 为颗粒最大堆积浓度。

不同固相压力计算模型预测的颗粒压力与颗粒浓度的关系如图 8-5 所示，按颗粒广义温度($\theta_t+\theta_c$)预测的固相压力以及按方程(8-36)预测的固相压力随颗粒浓度增加而增大。后者计算模型预测的固相压力与临界颗粒浓度 $\varepsilon_{s,min}$ 的取值有关。随临界颗粒浓度 $\varepsilon_{s,min}$ 的数值降低，固相颗粒压力越大。同时，计算结果表明，在低颗粒浓度时，按颗粒拟温度和颗粒广义温度($\theta_t+\theta_c$)预测的颗粒压力与计算模型(8-36)预测的固相压力基本相同，表明在低颗粒浓度时，颗粒构型温度对固相压力的影响不大，可以忽略不计。

在颗粒之间滑动和滚动接触过程中，在剪切面上传递颗粒压力与颗粒之间的摩擦应力。采用 Mhor-Coulomb 理论，Johnson 等(1987)给出颗粒相摩擦黏性系数如下：

$$\mu_{sf}=p_{sf}\sin\varphi \tag{8-37}$$

式中，φ 为颗粒摩擦角。颗粒摩擦应力与颗粒的剪切速率无关。Schaeffer(1987)给出如下颗粒相摩擦黏性系数的计算模型：

$$\mu_{sf}=\frac{p_{sf}\sin\varphi}{2\sqrt{I_{2D}}} \tag{8-38}$$

式中，I_{2D}是应变率张量第二不变偏量。由方程(8-32)可以得到，稠密气固两相系统中颗粒相剪切黏性系数模型为

$$\mu_s=A\left\{\frac{4}{5}\varepsilon_s^2\rho_s d_p g_0(1+e)\sqrt{\frac{\theta}{\pi}}+\frac{10\rho_s d_p\sqrt{\pi\theta}}{96(1+e)g_0}\left[1+\frac{4}{5}g_0\varepsilon_s(1+e)\right]^2\right\}$$
$$+BFr\frac{(\varepsilon_s-\varepsilon_{s,min})^n\sin\varphi}{(\varepsilon_{s,max}-\varepsilon_s)^p\sqrt{I_{2D}}},\quad \varepsilon_s\geqslant\varepsilon_{s,min} \tag{8-39}$$

特别当 $A=B=1.0$ 时，固相黏性系数可以表示如下：

$$\mu_s=(1-\phi)\mu_{sk}+\phi\mu_{sf} \tag{8-40}$$

$$\phi=\frac{\arctan[96(\varepsilon_s-\varepsilon_{s,min})]}{\pi}+0.5 \tag{8-41}$$

$$\mu_{sk}=\frac{4}{5}\varepsilon_s^2\rho_s d_p g_0(1+e)\sqrt{\frac{\theta}{\pi}}+\frac{10\rho_s d_p\sqrt{\pi\theta}}{96(1+e)g_0}\left[1+\frac{4}{5}g_0\varepsilon_s(1+e)\right]^2 \tag{8-42}$$

图 8-8 表示固相黏性系数随颗粒浓度的变化。由图可见，固相黏性系数随着颗粒浓度增大而增加，即颗粒动力黏性系数分量和摩擦黏性系数分量增加；随着颗粒浓度的减小，颗粒摩擦黏性系数分量迅速下降。相反，当颗粒浓度接近颗粒松散填充颗粒浓度时，颗粒摩擦黏性系数分量迅速增加，表明在高颗粒浓度时，固相黏性系数主要是颗粒摩擦黏性系数分量起主导作用；而在低颗粒浓度时，颗粒动力分量起主要作用，颗粒摩擦黏性系数分量忽略不计。由图可见，在颗粒浓度 $\varepsilon_{s,min}$ 处固相黏性系数出现跳跃。这种固相黏性系数突变不仅影响颗粒之间相互作用规律的分析，同时也影响数值模拟的收敛和稳定性。通过引入函数 ϕ，使得固相黏性系数随

颗粒浓度的变化是连续的，克服了方程(8-32)中当 $A=B=1.0$ 时存在的固相黏性系数跳跃，从而保证数值模拟的稳定性。

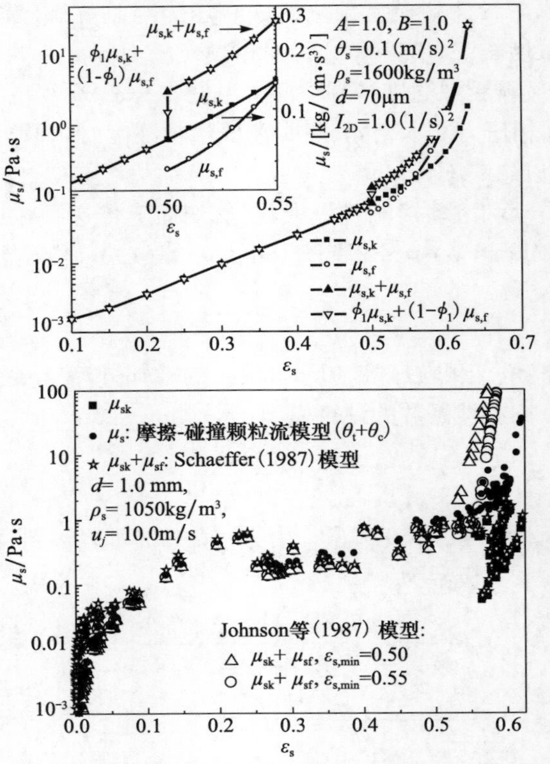

图 8-8　不同计算模型预测固相黏性系数随颗粒浓度的变化(Sun et al.,2015b)

固体颗粒间摩擦力的 Mohr-Coulomb 定律给出固体间摩擦力正比于彼此间的法向压力内在的相互关系，把颗粒流处理成可连续变形的塑性体，不考虑颗粒单体的行为。不同计算模型预测固相黏性系数随颗粒浓度的变化趋势表明，随着颗粒浓度的增加，固相黏性系数增大。在高颗粒浓度时，不同模型预测结果存在明显的差异。在高浓度时由颗粒动理学方法预测固相黏性系数与颗粒浓度的变化趋势需要慎重，高浓度时颗粒动理学模型明显低估固相黏性系数。

固相应力可以采用 Johnson 等(1987)模型、Schaeffer(1987)模型、Syamlal 等(1993)模型及其他模型预测颗粒摩擦接触和瞬时碰撞接触共同作用的固相压力和黏性系数。但是，上述计算方法中均没有给出颗粒摩擦接触和瞬时碰撞接触共同作用下的固相脉动能交换系数 k_s 和固相碰撞能量耗散 γ 的计算模型。显然，按颗粒动理学中仅由瞬时碰撞接触作用下的固相脉动能交换系数和固相碰撞能量耗散率计算模型预测高浓度颗粒流动特性具有一定的局限性，见图 8-9 不同模型的比较结果。固相脉动能交换系数和固相碰撞能量耗散不仅需要考虑颗粒瞬时碰撞作用的贡献，还需要考虑颗粒滑动和滚动摩擦接触对固相脉动能交换系数以及固相碰撞能量耗散率的影响。颗粒广义温度给出了颗粒脉动能与颗粒拟温度和颗粒构型温度之间的相互关系，反映了颗粒在弥散、碰撞和摩擦作用过程中颗粒湍动能的相互转换。利用图 8-4 中床内颗粒拟温度和颗粒构型温度与颗粒浓度的变化，可以预测固相碰撞能量耗散率和固相脉动能交换系数的变化。由图 8-9 可见，按颗粒拟温度和颗粒动理学方法预测的固相碰撞能量耗散率随颗粒浓度逐渐增大，达到最大值后再逐渐降低。显然，在高颗粒浓度时，以颗粒拟温度为函数的颗粒动理学方法低估了固相碰撞能量耗散率。按颗粒广义温度预测的固相碰撞能量耗散率随颗粒浓度增大而增加。

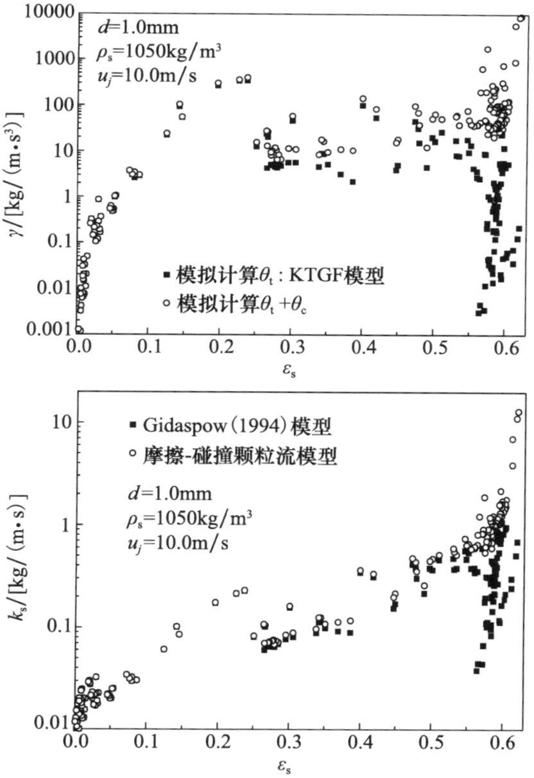

图 8-9　不同计算模型预测固相碰撞能量耗散率和固相脉动能交换系数的变化(Sun et al.，2015b)

颗粒湍动能是颗粒广义温度的函数，固相湍动能的传递与颗粒广义温度梯度成正比。不同计算模型预测固相脉动能交换系数随颗粒浓度变化的趋势表明，按颗粒拟温度和颗粒动理学方法预测的固相脉动能交换系数逐渐增大，达到最大值后再逐渐降低。显然，在高浓度时，按颗粒广义温度预测的固相脉动能交换系数随颗粒浓度增大而增加，并且以颗粒拟温度为函数的颗粒动理学方法低估了固相脉动能交换系数。

8.3　气固喷动床两相流动

喷动床作为流化床的一个分支广泛应用于不同工业领域，如颗粒物料的干燥、粉碎、造粒和涂敷、煤的燃烧和气化、铁矿石还原、废弃物处理以及化学反应器等。采用双方程 k-ε 湍流模型预测喷动床内气体湍流黏性系数，其中 k 是湍动能，ε 是湍流耗散率。假设流动是充分的湍流运动，并且分子间作用力的影响可以忽略不计。对于气相，气相 k 方程表示如下：

$$\frac{\partial \varepsilon_g \rho_g k}{\partial t} + \nabla \cdot (\varepsilon_g \rho_g \boldsymbol{v}_g k) = \nabla \cdot \left(\varepsilon_g \frac{\mu_{t,g}}{\sigma_k} \nabla k\right) + \varepsilon_g G_{k,g} - \varepsilon_g \rho_g \varepsilon - \varepsilon_g \rho_g \Pi_k \tag{8-43}$$

气相湍流耗散率 ε 方程表示如下：

$$\frac{\partial \varepsilon_g \rho_g \varepsilon}{\partial t} + \nabla \cdot (\varepsilon_g \rho_g \boldsymbol{v}_g \varepsilon) = \nabla \cdot \left(\varepsilon_g \frac{\mu_{t,g}}{\sigma_\varepsilon} \nabla_\varepsilon \varepsilon\right) + \varepsilon_g \frac{\varepsilon}{k}(C_{1\varepsilon} G_{k,g} - C_{2\varepsilon} \rho_g \varepsilon) - \varepsilon_g \rho_g \Pi_\varepsilon \tag{8-44}$$

式中，$G_{k,g}$ 为由平均速度梯度引起的湍动能增量，表达式如下：

$$G_{k,g} = \mu_{t,g} S^2 \tag{8-45}$$

气相的湍流黏性系数 $\mu_{t,g}$ 表示如下：

$$\mu_{t,g} = \rho_g C_\mu \frac{k^2}{\varepsilon} \tag{8-46}$$

式中，$C_{1\varepsilon}$、$C_{2\varepsilon}$、C_μ、σ_k 和 σ_ε 均为湍流模型常数，分别取 1.44、1.92、0.09、1.0 及 1.3。

$$\Pi_k = \frac{2\beta}{\varepsilon_s \rho_s} k, \quad \Pi_\varepsilon = C_\Pi \frac{2\beta}{\varepsilon_s \rho_s} \varepsilon \tag{8-47}$$

式中，C_Π 为模型常数，取为 1.2。

图 8-10 表示不同瞬时颗粒速度的变化。喷动床入口和出口直径分别是 19mm 和 152mm，喷动床锥角是 60°，颗粒直径和密度分别是 1.414mm 和 2503kg/m^3，入口气体速度是 8.0m/s。模拟结果给出了喷动床内气体射流的产生、发展与破碎，射流区、环隙区和喷泉区的形成过程。气体进入后形成射流，射流在向上延伸的过程中，沿倒锥体壁面不断地向两侧扩散，射流直径变大，其穿透能力下降。静止颗粒床层随气体作用整体向上运动。同时气体不断渗入颗粒层，底部颗粒由于重力作用逐渐下落。颗粒床层的整体空隙率逐渐增大。射流顶部的气体形成第一个气泡是在颗粒静止堆积的床内上升的，因而克服的阻力最大，上升速度较为缓慢，在上升过程中受到周围颗粒的作用，形状逐渐发生改变，最终上升至床表面时破裂。

气体逐渐形成射流穿过床层。由于持续注入的高速气流始终维持射流，并夹带周围颗粒向上运动至床层表面，喷泉区逐渐形成。喷动床内的气固流动出现了较为明显的流动规律：床内围绕中心区域内的颗粒沿着轴向向下运动，到达倒锥体部被气流逐渐卷吸进入喷动区，开始加速向上运动，在床中心形成一个颗粒浓度较低的射流栓。当喷射到达一定高度后，颗粒速度开始逐渐减小，最后形如喷泉离开床层，在重力的作用下回落至四周环隙区表面，并随之向下运动，开始一个新的循环。

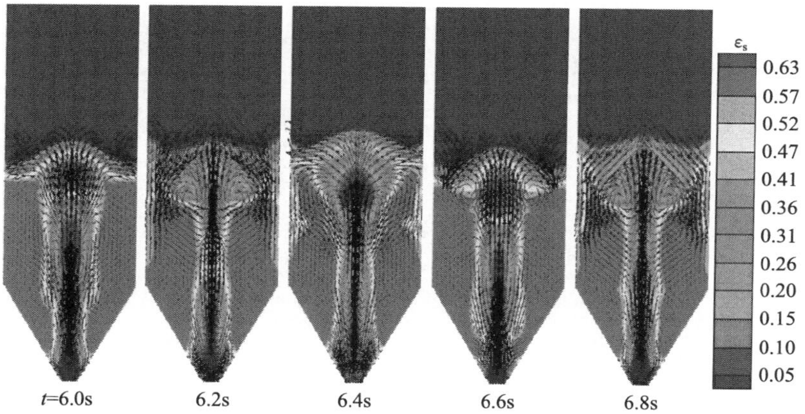

图 8-10　喷动床内瞬时颗粒速度分布

图 8-11 表示采用 Johnson 等(1987)摩擦应力模型计算的不同高度截面上平均颗粒摩擦黏性系数分布和固相黏性系数与颗粒浓度之间的变化关系。计算结果表明，颗粒摩擦黏性系数在颗粒浓度较高的环隙区内较大，并随高度的增大而减小，即在压力较大的区域数值较大。另外，在环隙区内沿径向也呈非均匀分布，存在一个最大值，且位置随床层高度增加而沿径向移动。在喷射区内颗粒摩擦黏性

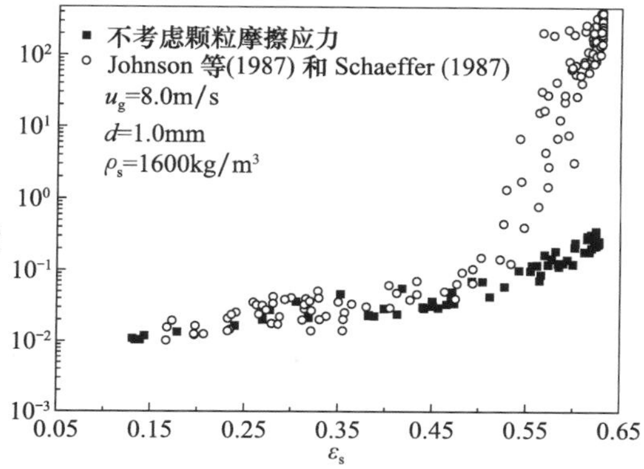

图 8-11　颗粒摩擦黏性系数和固相黏性系数与颗粒浓度之间的变化(Wang et al.，2009a)

系数接近于零。由此可见，在喷射区颗粒摩擦黏性系数可以忽略不计。随着颗粒浓度的增加，颗粒摩擦黏性系数增加。当颗粒浓度接近松散颗粒填充浓度时，颗粒摩擦黏性系数迅速增大。采用 Johnson 等(1987)摩擦应力模型计算预测固相黏性系数，统计结果表明，随着颗粒浓度的增加，颗粒摩擦黏性系数分量增大，颗粒动力黏性系数分量降低，使得固相黏性系数随颗粒浓度增大而增加。

采用 Syamlal 模型(1993)预测颗粒摩擦压力、Schaeffer 模型(1987)和 Jonson 等模型(1987)预测颗粒摩擦黏性系数，图 8-12 表示不同床高截面上颗粒轴向速度 v_s 和横向速度 u_s 的径向分布。由图可见，采用 Johnson 等摩擦黏性系数模型(1987)预测的颗粒速度分布能够清晰描述喷动床内在靠近喷射区-环隙区界面处的下降速度最大值。采用该模型计算出的环隙区内颗粒向下运动平均速度值小于未考虑摩擦的工况，即颗粒间的摩擦作用减缓了颗粒下降运动速度。而采用

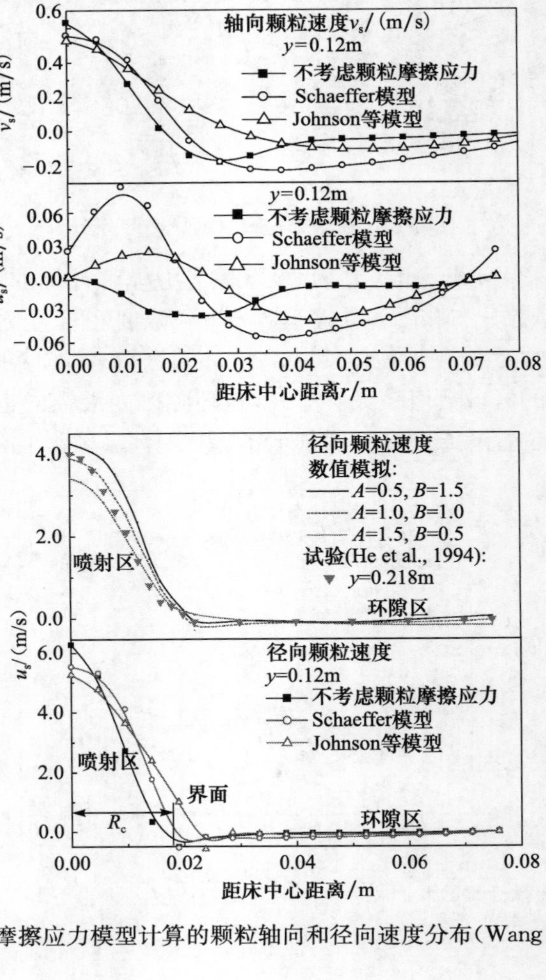

图 8-12 不同摩擦应力模型计算的颗粒轴向和径向速度分布(Wang et al.,2009b)

Schaeffer(1987)摩擦黏性系数模型预测在床层下部环隙区颗粒下降的速度高于无摩擦计算结果，在上部环隙区颗粒下降速度低于未考虑摩擦预测结果。

方程(8-29)中系数 A 和 B 反映了颗粒间瞬时碰撞作用和半持续性接触作用对颗粒间作用力的影响。模拟计算和实测颗粒轴向速度分布比较表明，在床中心区域模拟计算和实测颗粒轴向速度最大，沿壁面颗粒轴向速度逐渐下降。在距离床中心径向位置 R_0 处，颗粒轴向速度为零。当径向距离大于 R_0 后，颗粒轴向速度为负值，表明颗粒下降流动。床内颗粒轴向速度的变化表明，在壁面区域颗粒为下降流动；在床中心区域为上升流动，形成床内颗粒的循环流动。当改变系数 A 和 B 时，轴向颗粒速度分布发生变化。随着 A 值减小而 B 值增加，颗粒碰撞瞬时接触传递应力 $\boldsymbol{\tau}_k$ 对颗粒应力 $\boldsymbol{\tau}_s$ 的贡献下降，而颗粒间摩擦接触传递应力 $\boldsymbol{\tau}_f$ 对颗粒应力 $\boldsymbol{\tau}_s$ 的贡献增加，使得床中心区域的颗粒向上轴向速度和壁面区域颗粒向下轴向速度增加。结果表明，当取 $A=0.5$、$B=1.5$ 和 $A=1.0$、$B=1.0$ 时模拟计算与 He 等(1994)试验结果基本吻合，而增加 A 值、减小 B 值时，导致床中心颗粒轴向速度下降。由此可见，颗粒碰撞瞬时接触传递应力和颗粒摩擦接触传递应力对颗粒应力贡献不同，将影响床内颗粒轴向速度分布。

8.4　导向管喷动床气固两相流动

在喷动床中有相当一部分入射喷动气体进入环隙区，这使入射气体在喷动床内有更长的停留时间。显然，这对那些需要精确控制气体停留时间的操作过程是极为不利的。如果在喷动床入口某个位置插入一根导向管，构成导向管喷动床。在导向管内形成气固喷动区的流动，在导向管外侧颗粒形成环形区的流动，则喷动区和环形区之间没有气体和颗粒的交互流动。

图 8-13 表示导向管喷动床内不同瞬时床内颗粒的浓度分布。导向管喷动床进口和出口尺寸分别是 19mm 和 152mm，导向管直径是 38mm，导向管距离喷动床锥体进口距离为 60mm，喷动床锥体角度为 60°，颗粒直径和密度分别是 1.414mm 和 2503kg/m^3，喷动气体入口速度是 8.0m/s。环形区底部颗粒被喷动气体卷入，在导向管内高速上升。导向管内颗粒浓度较低，且呈节涌状上升流动。颗粒射流在上升过程中由于重力作用速度不断降低，至导向管出口进入床层表面后下降，下降流动过程中会与后继上升的颗粒流相遇。强烈的颗粒碰撞作用产生了径向运动，最终落至环形区表面。由于喷泉产生的径向速度较大，部分颗粒与床体壁面发生撞击后下降。另外，也可以看出，由气体入口进入的喷动气体大部分进入导向管内，仍有部分气体沿倒锥体进入环形区，并在导向管外壁处形成局部的低颗粒浓度区域。

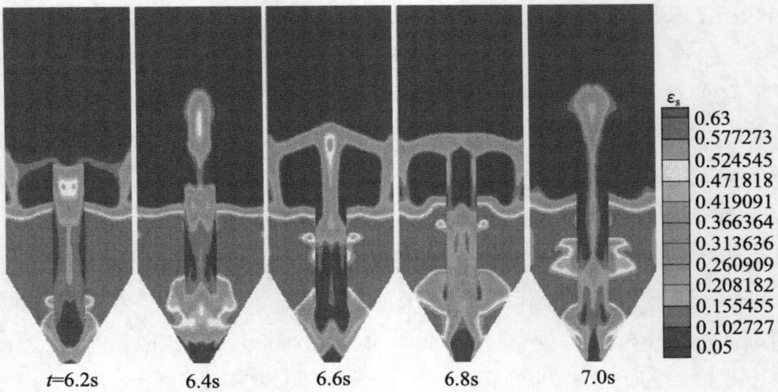

图 8-13　带导向管喷动床内颗粒浓度分布(Wang et al.,2010)

图 8-14 表示不同高度处颗粒轴向和径向速度分布。在环形区底部,颗粒由环形区进入喷动区,在喷泉区顶部颗粒由中心向四周运动。这两个区域内的径向速度分布都呈近似的抛物线分布。在喷泉区外部,颗粒从中心向壁面运动,在环形区顶部,沿壁面下落的颗粒由于重力作用有部分向床中心运动,在环形区的中下部,颗粒径向流动较小,速度平均值基本为零。在导向管和环形区内颗粒径向速度较低,表明颗粒在导向管内和环形区内横向运动较弱。在导向管下部,颗粒径向速度为正值,表明颗粒由管壁向中心运动,到导向管上部颗粒径向速度改变方向。

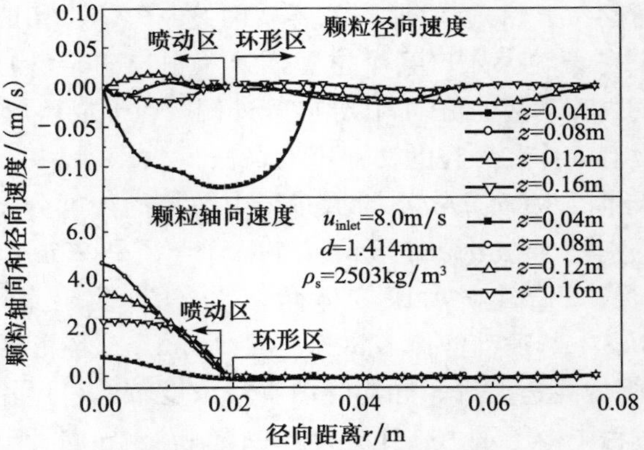

图 8-14　不同高度处颗粒轴向和径向速度变化(Wang et al.,2010)

8.5　多孔导向管喷动床气固两相流动

与导向管喷动床相比,采用多孔导向管,可以实现喷动区与环形区之间的气体交换,因而可以扩展多孔导向管喷动床的应用领域。在多孔导向管喷动床内,喷动区与环形区内气体交互流动影响喷动区和环形区内颗粒的流动，导向管内颗粒之间及颗粒与导向管壁的摩擦对颗粒运动的影响是不可忽略的。

气体通过多孔导向管的流动应满足质量和动量守恒定律。取多孔导向管的开孔率为 ϕ，通过多孔导向管的气体动量守恒方程可以描述如下：

$$\frac{\partial(\phi\rho_g \boldsymbol{v}_g)}{\partial t}+\nabla\cdot(\phi\rho_g \boldsymbol{v}_g \boldsymbol{v}_g)=-\nabla(\phi p_g)+\nabla\cdot(\phi\mu_g\nabla\boldsymbol{v}_g)-(C_f\mu_g+C_2\rho_g|\boldsymbol{v}_g|)\boldsymbol{v}_g \tag{8-48}$$

式中，渗透阻力系数 C_f 与黏性惯性阻力系数 C_2 和多孔导向管小孔直径 d 及开孔率 ϕ 等参量有关。渗透阻力系数与惯性阻力系数分别如下：

$$C_f=\frac{d_p^2}{150}\frac{\phi^3}{(1-\phi)^2} \tag{8-49}$$

$$C_2=\frac{3.5}{d_p}\frac{(1-\phi)}{\phi^3} \tag{8-50}$$

图 8-15 表示多孔导向管喷动床内不同瞬时床内颗粒浓度和速度分布。多孔导向管喷动床进口和出口尺寸分别是 12mm 和 100mm，多孔导向管直径是 14mm，开孔率是 40%，多孔导向管距离喷动床锥体入口距离是 30mm，喷动床锥体角度是 60°，颗粒直径和密度分别是 1.351mm 和 2480kg/m^3，喷动气体入口速度是 8.0m/s。由图可以看出，喷动气进入多孔导向管喷动床后会形成射流，气体射流会迅速发展，在到达多孔导向管时会有一部分气体射流溢出多孔导向管，使得进

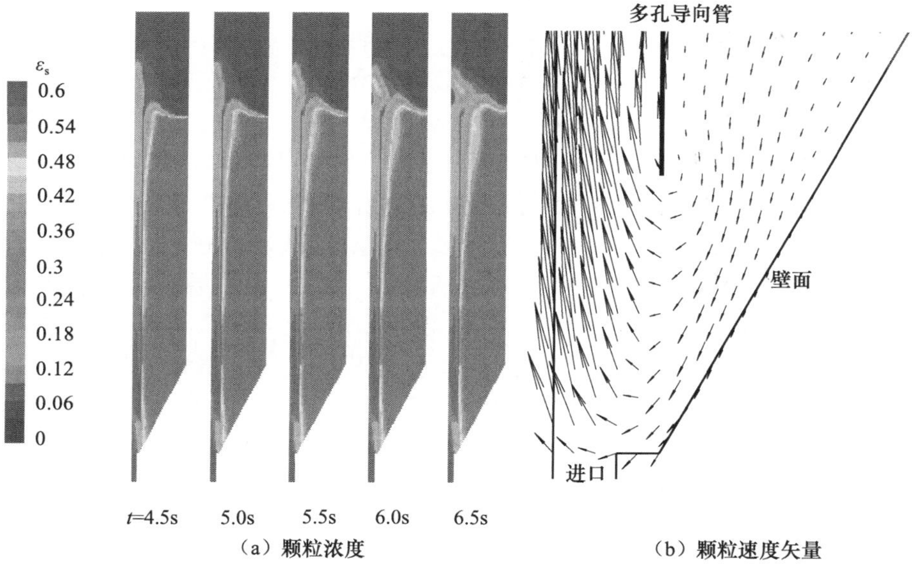

图 8-15　多孔导向管喷动床瞬时颗粒浓度和速度分布（Wang et al.，2010）

入多孔导向管的射流核心区速度变小。进入多孔导向管的射流会继续扩张，但由于多孔导向管内壁的阻挡，会迅速达到稳定的喷动流动。随着气体向多孔导向管出口方向流动，部分气体将通过多孔导向管壁面流出进入环形区，使得在多孔导向管外壁区域颗粒浓度降低。当气体流出多孔导向管喷出后发展为喷泉区。在喷泉区内颗粒依靠重力回落到环形区，并且在环形区下降移动流动，构成颗粒的宏观循环流动。

由颗粒速度矢量变化可见，在锥体入口处，形成的高速气体使得入口压力气体降低，同时形成低颗粒浓度的颗粒夹带区，使得环形区内颗粒依靠重力流向锥体入口，形成床内颗粒循环流动。数值模拟结果表明，当多孔导向管喷动床形成稳定的喷动时，入口喷动气体进入后，一部分气体向环形区底部扩散，在一定条件下，由于多孔导向管底端的距离影响，气体有流入导向管的趋势，但是，最终仍有一定量的气体流经夹带区后进入环形区颗粒床层。在其他条件不变的情况下，随着进口喷动气体速度的增加，环形区内气体速度增加至某一恒定值保持不变。这表明进口喷动气体会抑制喷动气体在导向管入口附近的“旁路”趋势。表现为环形区颗粒循环加快，床层压降也有所增加。

多孔导向管喷动床的明显特征是在环形区内，在多孔导向管外侧气体浓度沿流动方向逐渐增大。沿环形区径向方向，低颗粒浓度区域逐渐扩大，高颗粒浓度区逐渐减小。表明在多孔导向管内外两侧，气体由喷动区流向环形区，实现喷动区与环形区之间的气体交换。同时，在多孔导向管的喷动区气体流量逐渐减小，气体速度降低，使得沿流动方向颗粒浓度逐渐增大，形成在多孔导向管入口区域为低颗粒浓度，在出口为高颗粒浓度的流动过程。

图 8-16 表示多孔导向管喷动床内颗粒浓度和速度的变化规律。在多孔导向管内，沿径向方向颗粒浓度逐渐增大，即在多孔导向管中心颗粒浓度低，在多孔导向管壁面颗粒浓度相对较高。并且沿多孔导向管轴向，颗粒浓度逐渐增大。在环形区内，多孔导向管壁面处颗粒浓度低；喷动床壁面处颗粒浓度较高。这是由于气体通过多孔导向管由喷动区流向环形区，使得在多孔导向管处颗粒浓度降低。多孔导向管的加入使得环形区内颗粒浓度分布不均匀。在多孔导向管内，颗粒先经历一个向上运动的加速过程后才能达到稳定的流动。进入多孔导向管底部的颗粒因其所受到的重力与气体曳力不平衡，颗粒被加速，并且占据了相当部分的导向管高度。随着颗粒的加速，气固两相的滑移速度减小，气体曳力也随之减小。同时，部分气体流向环形区，使得沿多孔导向管轴向方向气体质量流量逐渐减小。当气体曳力减小到等于颗粒重力时，颗粒加速过程结束并进入等速流动阶段。之后颗粒速度略有减小，进入减速阶段。

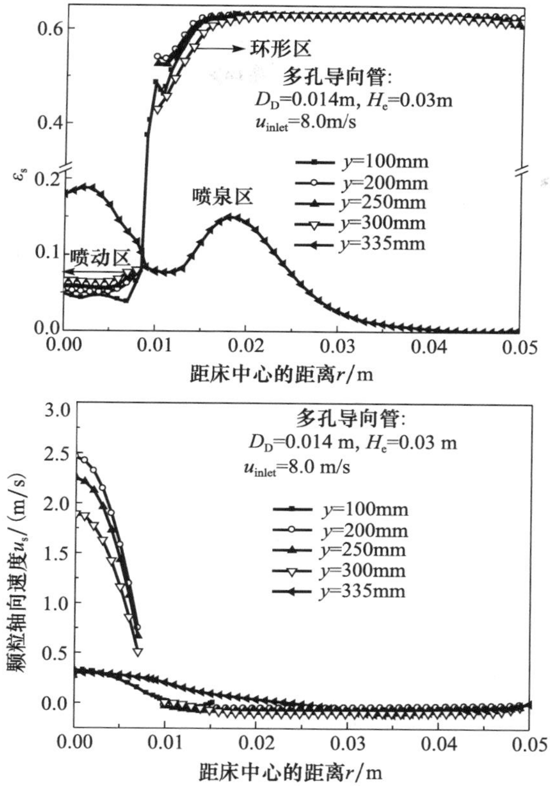

图 8-16　多孔导向管喷动床内颗粒浓度和速度的变化规律

8.6　本 章 小 结

在高颗粒浓度气固两相流动模型中，固相应力应该同时包含颗粒间瞬时碰撞作用和颗粒半持续性接触产生的颗粒间相互作用效应。不同的线性叠加摩擦-碰撞颗粒流模型将影响气固两相流体动力特性的预测。

流化床固相压力、喷动床颗粒浓度和速度试验结果分别是 Campbell 等(1991)、He 等(1994)和 Buijtenen 等的研究成果。线性叠加摩擦-碰撞颗粒流模型是 Johnson et al. (1987)、Schaeffer(1987)和 Syamlal et al. (1993)等的研究成果。但是，线性叠加摩擦-碰撞颗粒流模型的合理性存在疑问，模型没有合理反映颗粒滑动和滚动的半持续性接触作用过程中动量及能量的传递与耗散规律。同时，模型中仅考虑颗粒摩擦作用的固相压力和黏性系数的计算，没有考虑颗粒摩擦对颗粒湍动能(即颗粒拟温度)的贡献。

颗粒广义温度 θ_e 包含颗粒拟温度和颗粒构型温度。颗粒拟温度表征对颗粒速度脉动的度量,反映颗粒弥散和瞬时碰撞引起颗粒速度脉动的强弱。颗粒构型温度表征对颗粒摩擦接触形变速度脉动的度量,反映颗粒滑动和滚动摩擦接触作用的强弱程度。以颗粒广义温度为函数的摩擦-碰撞颗粒流模型应用于高浓度颗粒流动过程,表明以颗粒广义温度为函数的摩擦-碰撞颗粒流模型能够正确揭示颗粒间瞬时碰撞和颗粒半持续性接触过程中颗粒相间作用规律与颗粒之间动量及能量传递和耗散的变化规律。然而,理论中还存在非常多的前沿课题亟待解决,包括流动试验研究等。

参考文献

Buijtenen M S, Dijk W J, Deen N G, et al., 2011. Numerical and experimental study on multiple-spout fluidized beds. Chemical Engineering Science, 66, 2368-2376.

Campbell C S. 2006. Granular material flows—An overview. Powder Technology, 162: 208-229.

Campbell C S, Wang D. 1991. Particle pressures in gas-fluidized beds. Journal of Fluid Mechanics, 227: 495-508.

Dean D S, Lefevre A. 2003. Possible test of the thermodynamic approach to granular media. Physical Review Letters, 90: 198-301.

Edwards S, Oakeshott R. 1989. Theory of powders. Physica A, 157: 1080-1090.

Gidaspow D. 1994. Multiphase Flow and Fluidization: Continuum and Kinetic Theory Descriptions. New York: Academic Press.

Hao Z H, Li X. Lu H L, et al. 2010. Numerical simulation of particle motion in a gradient magnetically assisted fluidized bed. Powder Technology, 203: 555-564.

He Y L, Lim C J, Grace J R, et al. 1994. Measurements of voidage profiles in spouted beds. Canadian Journal of Chemical Engineering, 72: 229-234.

Johnson P C, Jackson R. 1987. Frictional-collisional constitutive relations for granular materials, with application to plane shearing. Journal of Fluid Mechanics, 176: 67-93.

Li X, Wang S Y, Lu H L, et al. 2010. Numerical simulation of particle motion in vibrated fluidized beds. Powder Technology, 197: 25-35.

Lu H L, Sun Y L, Liu Y, et al. 2001. Numerical simulations of hydrodynamic behavior in spouted beds. Chemical Engineering Research and Design, 79: 593-599.

McNamara S, Richard P, de Richter S K, et al. 2009. Measurement of granular entropy. Physical Review E, 80: 031-301.

Nowak E R, Knight J B, Ben-Naim E, et al. 1998. Density fluctuations in vibrated granular materials. Physical Review E, 57: 1971-1982.

Savage S B, Jeffrey D J. 1981. The stress tensor in a granular flow at high shear rates. Journal of Fluid Mechanics, 110: 255-272.

Schaeffer D G. 1987. Instability in the evolution equations describing incompressible granular flow. Journal of Differential Equations, 66: 61-74.

Schroter M, Goldman D I, Swinney H L. 2005. Stationary state volume fluctuations in a granular medium. Physical Review E, 71: 030-301.

Sun L Y, Wang S Y, Lu H, et al. 2014. Simulations of configurational and granular temperatures of particles using DEM in roller conveyor. Powder Technology, 268: 436-445.

Sun L Y, Wang S Y, Lu H, et al. 2015a. Prediction of configurational and granular temperatures of particles using DEM in reciprocating grates. Powder Technology, 269: 495-504.

Sun L Y, Xu W G, Lu H L, et al. 2015b. Simulated configurational temperature of particles and a model of constitutive relations of rapid-intermediate-dense granular flow based on generalized granular temperature. International Journal of Multiphase Flow, 77: 1-18.

Syamlal M, Rogers W, O'Brien T J. 1993. MFIX documentation: Theory guide. Technical Report DOE/METC-94/1004(DE9400087).

Tardos G I. 1997. Fluid mechanistic approach to slow, frictional flow of powders. Powder Technology, 92: 61-74.

Wang S, Li X, Lu H L, et al. 2011. Simulation of cohesive particle motion in a sound-assisted fluidized bed. Powder Technology, 207: 65-77.

Wang S Y, Li X, Lu H L, et al. 2009a. Numerical simulations of flow behavior of gas and particles in spouted beds using frictional-kinetic stresses model. Powder Technology, 196: 184-193.

Wang S Y, Li X, Lu H L, et al. 2009b. Simulations of flow behavior of fuel particles in a conceptual helium-cooled spout fluidized bed nuclear reactor. Nuclear Engineering and Design, 239: 106-115.

Wang S Y, Hao Z H, Sun D, et al. 2010. Hydrodynamic simulations of gas-solid spouted bed with a draft tube. Chemical Engineering Science, 65: 1322-1333.